上海空间电源研究所出版基金

航天电源技术系列

物理电源技术

（第 2 版）

马季军　等　编著

科学出版社
北　京

内 容 简 介

本书密切结合当前航天器电源分系统中物理电源研究、设计、制造和应用，对物理电源的理论、技术、制造和测试进行较为详尽的论述。

全书共10章，内容包括：概述、半导体物理基本知识、太阳电池基本原理、硅太阳电池、砷化镓太阳电池、太阳电池板制造及装配、产品测试和质量检验、太阳电池阵设计、薄膜太阳电池、其他物理电源。

本书可供航天器总体和电源分系统技术领域的专业技术人员和管理人员使用，也可作为高等院校相关专业本科高年级学生和研究生的选修教材和参考书。

图书在版编目(CIP)数据

物理电源技术 / 马季军等编著. —2版. —北京：科学出版社，2020.6
(航天电源技术系列)
ISBN 978-7-03-064901-0

Ⅰ.①物… Ⅱ.①马… Ⅲ.①物理电源 Ⅳ.①TM91

中国版本图书馆CIP数据核字(2020)第066193号

责任编辑：徐杨峰 / 责任校对：谭宏宇
责任印制：黄晓鸣 / 封面设计：殷 靓

科学出版社 出版
北京东黄城根北街16号
邮政编码：100717
http://www.sciencep.com
南京展望文化发展有限公司排版
上海锦佳印刷有限公司印刷
科学出版社发行 各地新华书店经销
*
2015年2月第 一 版 开本：787×1092 1/16
2020年6月第 二 版 印张：21.75
2020年6月第二次印刷 字数：488 000

定价：160.00元

再版前言

上海空间电源研究所是我国空间电源分系统抓总的专业研究所，主要承担航天器、航空器、导弹、火箭及其他特殊设备用电源系统及其设备的研究、设计、制造和试验任务。物理电源在电源分系统中承担着太阳能发电的作用，是电源分系统的重要组成部分。如第1版《物理电源技术》一样，本书的重点依然是空间物理电源的设计、制造、测试和应用，在本版中进一步加入了以上各方面的最新技术进展和工程经验。本书内容全面，强调设计与应用相结合，实用性强，是从事和关心航天器电源分系统技术领域和地面光伏领域研究、设计、制造、测试、应用和管理的专业技术人员、大专院校师生和管理人员的很好的参考书。

全书共分为10章，第1章概述，主要介绍了太阳电池的基本性能和太阳辐射。第2章半导体物理基本知识，主要介绍了半导体物理领域的一些基本概念。第3章太阳电池基本原理，介绍了太阳电池光电转换的基本原理。第4章硅太阳电池，介绍了空间和地面硅太阳电池的硅材料制备、电极材料制备及太阳电池制备的各项工艺流程。第5章砷化镓太阳电池，介绍了砷化镓太阳电池和制备工艺流程及空间应用的质量要求。第6章太阳电池板制造及装配，介绍了太阳电池板的结构和性能，以及空间用(包含刚性、半刚性和柔性太阳电池板)和地面用太阳电池板的制造。第7章产品测试和质量检验，介绍了太阳电池和太阳电池阵帆板的各项参数的测量、质量检验及分析，以及太阳电池的标定方法。第8章太阳电池阵设计，详述了空间太阳电池阵设计和地面太阳光伏电站的设计方法。第9章薄膜太阳电池，介绍了非晶硅、铜铟镓硒、碲化镉及砷化镓四类薄膜太阳电池。第10章其他物理电源，介绍了新型太阳电池、空间核电源和热电转换器件等。

本书由上海空间电源研究所组织编写，其中第1章由马季军、陆剑峰编写，第2章由孙利杰、施祥蕾编写，第3章由杨洪东、李翛然、姜德鹏编写，第4章由雷刚、张闻、何昕煜、沈斌、冯相赛编写，第5章由姜德鹏、何昕煜、肖瑶编写，第6章由陈萌炯、刘智、马聚沙、王志彬、冯相赛、王凯编写，第7章由杨洪东、孟海凤、杨亦强编写，第8章由刘智、葛圣胤、冯相赛编写，第9章由吴敏、周利华、王小顺、孙利杰、范襄编写，第10章由吴敏、殷茂淑、周大勇编写。陆剑锋对本书进行了细致地审稿，对本书提出了大量中肯的意见和修订的建议。全书由马季军统稿。

在该书初稿的编写过程中，得到中国计量科学研究院、北京东方计量测试研究所、上海太阳能工程技术研究中心的大力支持，在此深表谢意。该书初稿完成后，陆剑峰对全书的内容进行了审稿,并提供了宝贵的意见和建议,上海空间电源研究所科学技术委员会专门邀请了专家对本书进行了认真的评审,在此一并表示感谢。该书凝聚了上海空间电源研究所各级领导的关心和支持,各领域同事和朋友的帮助和鼓励,以及各章节作者的心血和智慧。

由于作者水平有限,本书难免会有一些不足之处,恳请广大读者批评指正。

本书编写组

2020年1月

目　　录

第1章　概　　述

1.1　引言

顾名思义，太阳电池是把太阳能直接转换成电能的半导体器件。自1954年美国Bell电话实验室制造出世界上第一个实用的硅太阳电池以来，经过半个多世纪的努力，太阳电池的研究、开发和产业化已取得重大进步，太阳电池在电能源和光电器件两个领域的应用取得了极大的成功。如今，世界95%以上的人造卫星、宇宙飞船、载人空间站和深空探测器等航天飞行器均采用太阳电池作为主能源，其光电转换效率越来越高，已从20世纪60年代的10%发展到如今的30%以上。同时，太阳电池已成为地面无电、少电地区及某些特殊领域的重要电源。随着制造成本的不断降低，以硅为主的太阳电池发电逐步取代煤、石油、天然气等常规能源发电是一个必然的发展趋势。

太阳能是一种取之不尽、用之不竭的洁净的新能源。利用太阳能，既不会带来大气污染，也不会影响生态平衡。太阳电池发电的优点是光电转换效率高、质量轻、寿命长、无污染，使用维护简便，缺点是成本较高。制造太阳电池的材料除硅外，还有砷化镓、碲化镉等。目前，空间主要采用效率为30%～34%(AM0)的砷化镓太阳电池，地面主要采用效率为18%～22%(AM1.5)的硅太阳电池。

中国对太阳电池的研究工作是从1958年开始的。1971年3月3日，中国发射的第二颗人造地球卫星——“实践一号”科学实验卫星首次成功实现了我国对硅太阳电池的空间应用，寿命为8年。1973年，天津港的海面航标灯首次实现我国对太阳电池的地面应用。随后，太阳电池的空间应用在地球同步轨道(geostationary earth orbit, GEO)/近地轨道(low earth orbit, LEO)航天器上不断发扬光大；太阳电池的地面应用也逐渐深入。如硅太阳电池已成功应用于沿海及内河的航标灯、边防哨所的照明灯、无人气象站、铁路信号灯、地质勘探仪、地震观测站、石油管道阴极保护站、农用诱虫黑光灯、割胶灯、电牧栏、医用手术头灯、电钟、手表、收音机、电视差转机等方面的电源，为少煤缺电的山区、农村、海岛普及科学知识，促进电化教育，以及发展工业、农业、医疗、交通运输、航海等事业作出了重要贡献。

1.2　太阳电池的基本性能

1.2.1　太阳电池的结构组成

由于制造太阳电池的基本材料和工艺方法不同，因此太阳电池的结构也多种多样。硅太阳电池的结构如图1.1所示。这是一个由p型硅材料制成的n^+/p结构的太阳电池。由于p型硅有更好的抗辐照性能，因此空间用硅太阳电池通常用p型单晶硅做基质,在上面热扩散磷制成pn结,背面蒸镀金属电极,正面蒸镀金属栅线电极和减反射膜层。基体(p型)厚度约为0.2 mm,扩散层(n型)厚度约为0.15~0.35 μm。扩散层上面有与之形成欧姆接触的上电极,由粗的主栅线和细栅线连接而成;基体下面有与之形成欧姆接触的下电极。上下电极都由金属材料(如Ag-Pd-Ti等)组成,其作用是引出电池产生的电能。处在电池光照面的减反射膜的作用是减少光的反射,使电池接受更多的太阳光能量。其典型尺寸为20 mm×40 mm、25.3 mm×50.9 mm、40 mm×60 mm、40 mm×80 mm、80 mm×80 mm等。地面用的太阳电池,因成本较低,大多选用n型硅材料做基体,从而制成p^+/n结构的太阳电池。两者结构相仿,只不过是基体和扩散层相互置换,热扩散制pn结的方法为硼扩散。其典型尺寸为125 mm×125 mm、156 mm×156 mm等。

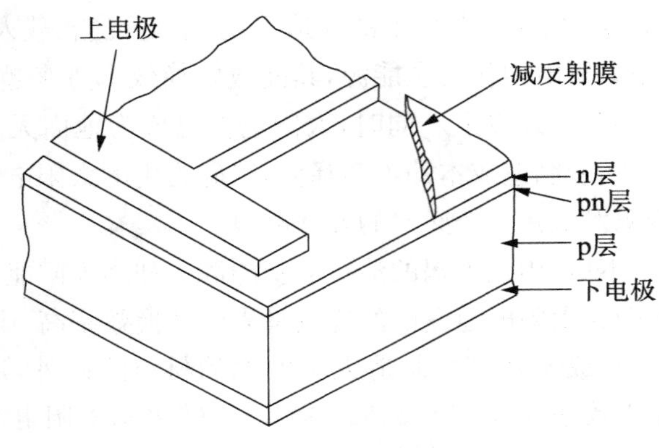

图1.1 硅太阳电池结构示意图

1.2.2 太阳电池发电基本原理

图1.2是太阳电池能带的结构示意图。由于电子和空穴的扩散,在基纤和扩散层的交界区域便会形成pn结,并在结的两边形成内建电场,又称势垒电场。当太阳光照射电池表面时,半导体内的原子受到其能量大于1.1 eV的光子的激发,获得光能而释放电子,

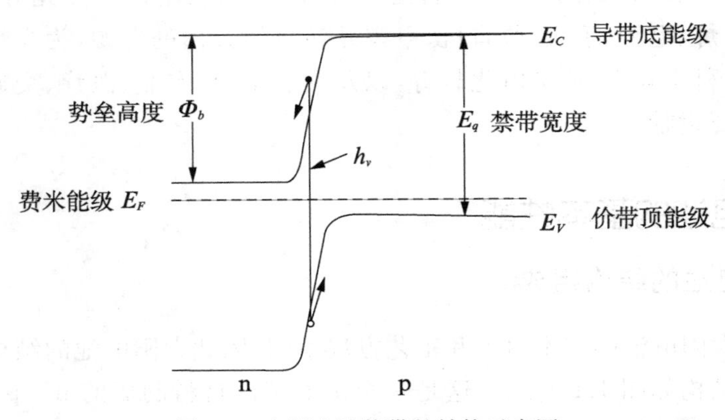

图1.2 太阳电池能带的结构示意图

形成电子—空穴对，并在势垒电场作用下，电子被驱向 n 型区，空穴被驱向 p 型区，从而使 n 型区有过剩的电子(带负电)，p 型区有过剩的空穴(带正电)。这就使 n 型区和 p 型区之间的薄层产生了电动势，即光生伏打电动势。当接通外电路时便有电能输出。只要太阳光源源不断地照射在电池表面上，外电路上便有电能源源不断地输出。这就是太阳电池发电的基本原理。

1.2.3 太阳电池性能参数

硅太阳电池的主要技术参数如下：

光谱响应范围	0.3～1.1 μm；
峰值波长范围	0.80～0.95 μm；
截止波长	1.1 μm；
响应时间	10^{-4}～10^{-3}s；
使用温度	−65～125 ℃；

三结砷化镓太阳电池的主要技术参数如下：

光谱响应范围	0.3～1.8 μm；
截止波长	1.8 μm；
响应时间	10^{-6}～10^{-9}s；
使用温度	−150～200 ℃；

图 1.3(a)为典型硅电池的光谱响应曲线。由图中可以看出：硅电池的响应光谱为 300～1 180 nm，对 700～940 nm 的光响应最强烈。图 1.3(b)是典型三结砷化镓电池的各个结光谱响应曲线，三结砷化镓各个结的光谱响应范围不同，所以只有 3 个结都在响应光谱内，才能使三结砷化镓电池正常工作。由图可见，三结电池的光谱响应范围要比硅电池大很多，为 300～1 850 nm。

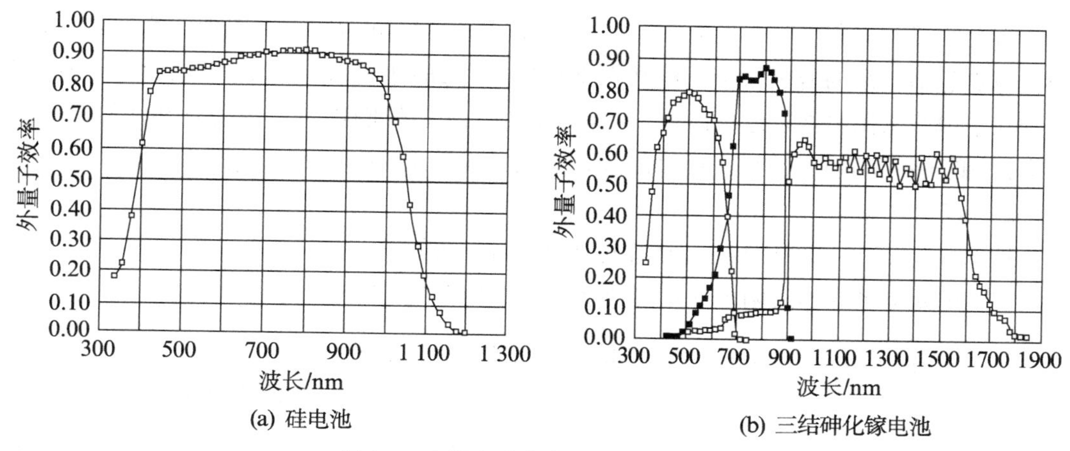

图 1.3 太阳电池的典型光谱响应曲线

图 1.4(a)为典型硅电池(4 cm×2 cm)的电流-电压($I-V$)特性曲线，图 1.4(b)为典型三结砷化镓电池(4 cm×6 cm)的 $I-V$ 特性曲线。其电性能如表 1.1 所示。

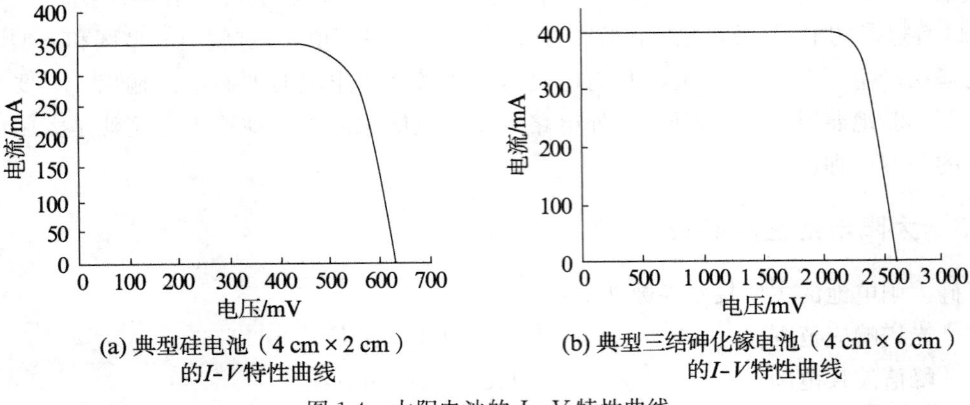

(a) 典型硅电池(4 cm×2 cm)的I-V特性曲线　(b) 典型三结砷化镓电池(4 cm×6 cm)的I-V特性曲线

图 1.4　太阳电池的 $I-V$ 特性曲线

表 1.1　典型太阳电池的电性能参数(AMO)

电池种类	电池厚度/μm	电池单体面积/cm^2	电池质量/($mg\cdot cm^{-2}$)	V_{oc}/mV	J_{sc}/($mA\cdot cm^{-2}$)	V_{mp}/mV	J_{mp}/($mA\cdot cm^{-2}$)	P_{mp}/($mW\cdot cm^{-2}$)	填充因子FF	典型效率/%	效率范围/%	吸收系数α	发射系数ε	电压系数/(mV/℃)	电流系数/($\mu A\cdot cm^{-2}$/℃)
硅太阳电池	200	156×156	55	605	42.5	495	40.5	20.0	0.78	14.8	14.0～15.5	0.76	0.84	−2.3	22
三结砷化镓太阳电池	155	40×80	79	2 740	17.4	2 420	16.7	40.4	0.85	30.0	28.0～34.0	0.92	0.84	−6.8	9

1.2.4　太阳电池的分类及命名

1. 太阳电池的分类

常见的三类太阳电池为硅太阳电池、砷化镓太阳电池和薄膜太阳电池。当然,薄膜太阳电池也包括硅系的薄膜太阳电池和铜铟镓硒、碲化镉薄膜太阳电池等。它与前两者的区别在于薄膜太阳电池随厚度减薄,本身的强度已经无法支撑自己,需要有其他的衬底加以支撑,低质量、高强度的衬底材料使薄膜电池的质量比功率得到大大提高。

2. 太阳电池的命名

按 GB/T 2296—2001 规定,太阳电池的命名方法如下。

(1) 单元素半导体太阳电池型号命名由5部分组成,如下所示:

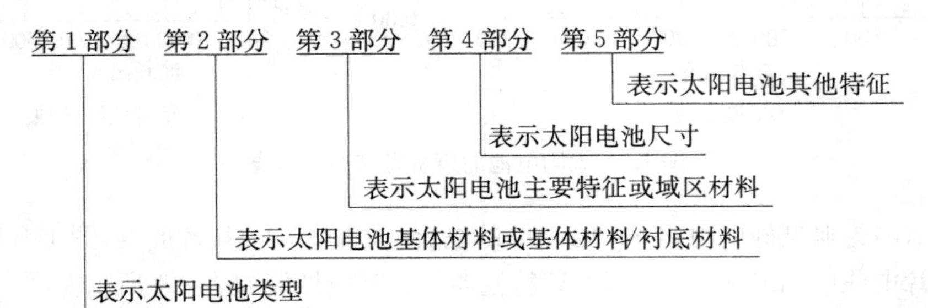

如空间常用的 TDB 40×20、TDJ 40×20 电池的意思为：

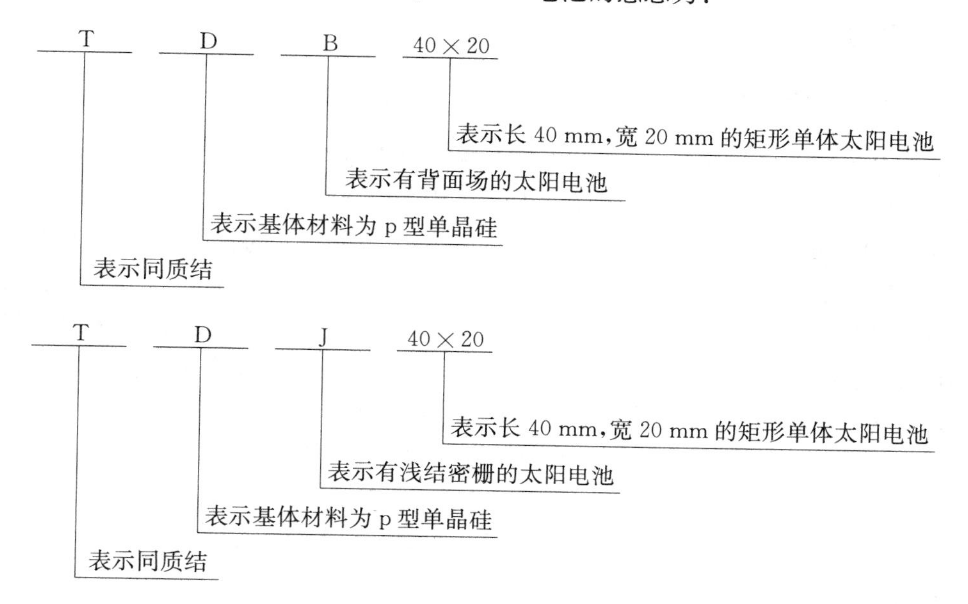

（2）单体化合物半导体太阳电池型号命名由 3 部分组成，如下所示：

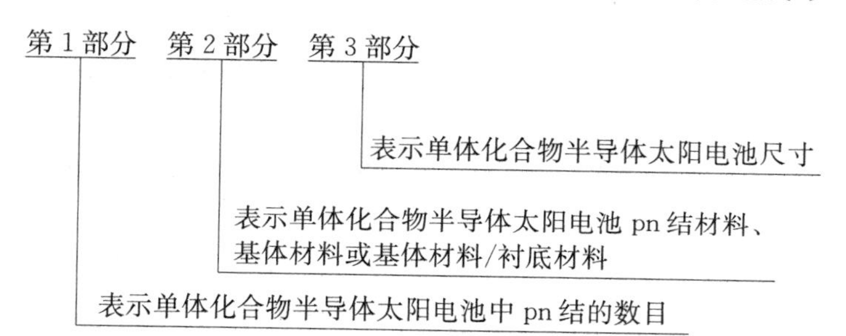

如空间常用的 1J GaAs/Ge 40×20、3J $GaInP_2$/GaAs/Ge 60×40 电池的意思为：

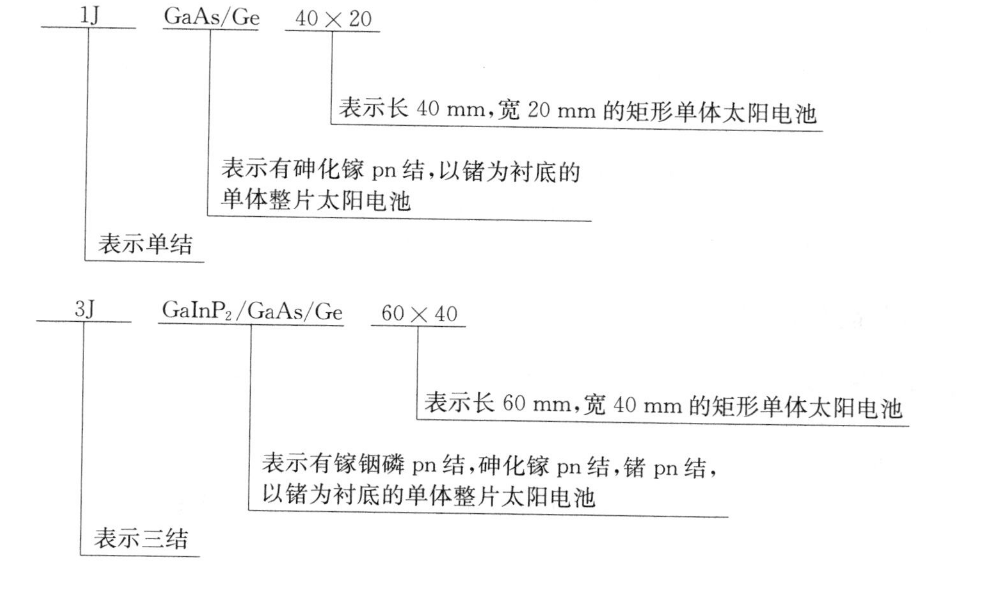

1.3 太阳辐射

1.3.1 太阳和太阳辐射

在宇宙空间,太阳是一个很大的热源,它不断以电磁波形式向外发送能量。它是一个炽热的气态球体,表面温度接近 6 000 K。其直径为 1.39×10^{6} km,质量为 2×10^{30} kg,平均密度为 1 400 kg/m^3。它发射的波长范围也很宽,但 99.8%的辐射能集中在 0.22~20 μm 波长内。太阳辐射能相当大,它 1 s 所产生的热能相当于 115 亿吨标准煤燃料所产生的能量。尽管地球和太阳相距遥远,接收到的太阳能还不到其总辐射能量的二十亿分之一,但到达地球表面上的总能量每年仍有大约 5.44×10^{24} J,这相当于目前地球上各种能源(水力、火力、原子能电站等)同时提供的总能量的数万倍。并且,现在太阳中储存的能量至少还可以供它继续发射几十亿年。可以说,太阳在人类生活中是一个取之不尽、用之不竭的巨大能源。

在太阳电池理论和应用技术中,有关太阳光的知识是十分重要的。特别是了解太阳辐射及其通过大气层的传播特性,对在空间和地面正确使用太阳电池无疑是十分必要的。

地球除绕自转轴自转,还以椭圆形的轨道围绕太阳公转。每转一圈的时间为地球上的 1 年,约为 365.25 天。1 年内,太阳和地球之间距离是不一样的。它以天文单位(AU)来衡量,1 AU$=1.495\ 978\ 930\times10^{8}$ km,这是太阳与地球之间的平均距离。每年 1 月 3 日,地球离太阳最近,近日点约为 1.471×10^{8} km,7 月 4 日地球离太阳最远,远日点约为 1.521×10^{8} km,两者相差约 3%。地球绕太阳运行时,其自转轴的方向与轨道面的法线方向夹角始终保持不变(即 23.45°)。

地球得到的太阳辐射的强弱与地球离太阳的距离的平方成反比。因此,在近日点时,地球得到的总热量稍大些。近日点时,南半球为夏季,而北半球为冬季。远日点时相反。在北半球夏至的时候,太阳直射北纬 23.45°,该纬度称为北回归线。北半球冬至时,南半球为夏至,这时太阳直射南纬 23.45°,该纬度称为南回归线。春分、秋分时,太阳直射赤道。地球绕太阳公转时,还绕地轴由西向东自转,自转一圈的时间约为 24 h,即地球每自转 15°的时间约为 1 h。由于地球自转,地面上某一个固定点每时每刻收到的太阳能量是不一样的。

地球被一层很厚的大气层包围着,从地面一直到无穷远。底为单位面积的垂直圆柱体内所含的气体的质量称为大气层的质量(其平均质量为 1.034×10^{4} kg · m^{-2})。太阳辐射通过大气层时要受到削弱,由于大气状态的变化,其受到削弱的程度也大不相同。

1.3.2 太阳常数和空气质量

辐射是能量传递的一种形式。它是以电磁波的方式传递的,不需要任何物质作为媒介。相反,若在传递空间遇到某种物质,则传递的能量会因被吸收、散射和反射而削弱。辐射的传递速度等于光速。

辐射的波长范围很广,从波长 10^{-10}μm 的宇宙线到波长几千米的无线电波都是辐射的波长范围(图 1.5)。

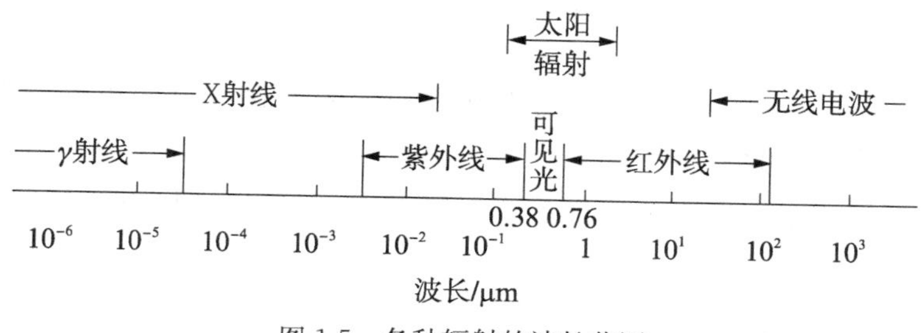

图1.5 各种辐射的波长范围

以太阳辐射能量强度为纵坐标，辐射波长为横坐标所绘制的太阳辐射能量强度随辐射波长变化的曲线称为太阳光谱曲线。太阳光谱中，各波长的能量很不相同，而且还和地点、时间、当地的气候条件等因素有关。因此，确定太阳光的能量值是很复杂的事情。为了得到计量的参考标准，人们定义了太阳常数这一物理量。

在地球的大气层外，在日地平均距离处，太阳在单位时间内投射到垂直于太阳光线方向的单位面积上的全部辐射能称为太阳常数，以 W/m^2 表示。换句话说，太阳常数就是大气层外日地平均距离处，垂直于太阳光线的表面上的辐射能通量。

太阳常数的数值十分重要。例如，太阳电池在空间应用时，人们必须知道准确的太阳常数才能进行太阳电池阵的设计。当已知太阳辐射在大气中的减弱规律时，人们便能由太阳常数找到地面上的太阳辐射值。

1981年10月，世界气象组织仪器和观测方法委员会第八次会议确定太阳常数为1 367 W/m^2[或1.96 $cal/(cm^2 \cdot min)$]。在此之前，1 353 W/m^2 的数值也曾使用多年。

表1.2总结了一年内在不同的日地距离上到达地球的太阳总辐照度的变化情况。在地面，每平方米可获得的最大太阳辐射能为1 000 W左右。

表1.2 1年内太阳总辐照度的变化

时 间	总辐照度/($mW \cdot cm^{-2}$)	时 间	总辐照度/($mW \cdot cm^{-2}$)
1月3日(近日点)	139.9	7月4日(远日点)	130.9
2月1日	139.3	8月1日	131.3
3月1日	137.8	9月1日	132.9
3月20日前后(春分点)	136.5	9月23日前后(秋分点)	134.5
4月1日	135.5	10月1日	135.0
5月1日	133.2	11月1日	137.4
6月1日	131.6	12月1日	139.2
6月21日前后(夏至点)	131.0	12月22日前后(冬至点)	139.8

地面上的情况要比空间复杂得多，因为地面上的任何地方都不可能排除大气的吸收，而大气吸收的状况又与太阳的位置和大气状态有关。为了描述大气吸收对太阳光谱的影响，常利用空气质量的概念(又称为大气质量)。

空气质量为太阳光线通过大气的路程与太阳在天顶(即直射头顶)时太阳光线通过大气的路程之比。例如，该比值为1.5时，就称空气质量为1.5，通常写为AM1.5。

在大气层外,空气质量为零,通常写为AM0。太阳常数就是AM0条件下的太阳光光强。

在地面上,大气质量越大,对太阳光的吸收越严重,太阳光光强越弱。地面上每平方米可获得的最大光强约为1 000 W。

大气吸收还能改变太阳光光谱的能量分布,图1.6给出AM0和AM1.5的太阳光谱分布。

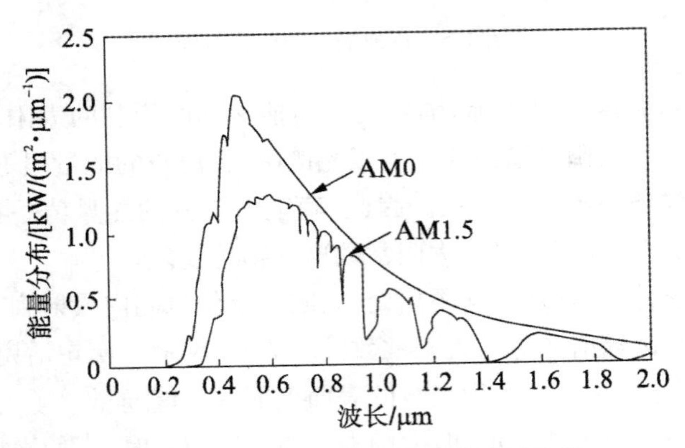

图1.6　AM0和AM1.5的太阳光谱分布

大气对太阳光的吸收除了受大气质量的影响,还与在大气中飘浮的尘埃、臭氧、水蒸气、二氧化碳、沼气及人为污染等因素有关。

思考题

(1) 何为太阳电池?其发电机制是什么?

(2) 画出常规硅太阳电池的结构图。

(3) 写出太阳电池的电性能参数及其物理意义。

(4) 太阳电池的特点是什么?适合哪些地方应用?

(5) 何为太阳常数?它的数据是多少?

(6) 何为空气质量?地面太阳光强与空气质量的关系如何?

第2章　半导体物理基本知识

2.1　半导体的晶格结构和特性

半导体单晶材料和其他固体材料一样，是由大量的原子(或离子)组成的，每立方厘米体积中大约有 10^{23} 个原子。如此巨大数目的原子以一定方式排列，根据排列方式即固体结构的不同，人们将固体材料分为三大类：晶体、非晶体和准晶体。理想晶体中原子排列是十分有规则的，具有周期性或长程有序性。非晶体又称为无定型体，它的原子排列不具有长程的周期性。准晶体则介于晶体和非晶体之间，具有长程的取向序，而没有长程的平移对程序。

晶体的一个基本特点是具有方向性，沿不同晶向的晶面之间的距离也不同。为了区分和标志晶体中的不同方向，通常引入晶向和晶面的概念。将晶体中原子的排列抽象为布拉伐格子，其格点可以看成分列在一系列相互平行的直线上，这些直线称为晶列。每一个晶列定义一个方向，称为晶向。通常用晶向指数来表征晶向，如常见的[100]、[110]、[111]晶向。布拉伐格子的格点还可以看成分列在平行等距的平面系上。这些平面称为晶面。通常用密勒指数来表征不同的晶面，如立方体晶格中常见的(100)、(110)、(111)晶面。根据晶体的对称性，可以将晶体分为三斜、单斜、正交、三角、四方、六角、立方七大晶系，一共包含 14 种布拉伐格子。

由于沿晶体的方向不同，性质也不同，称为各向异性。晶体的各向异性表现在晶体不同方向上的弹性模量、硬度、热膨胀系数、电阻率、磁化率和折射率等都是不同的。半导体晶体材料作为重要的晶体材料之一，具有许多独特的物理性质，这与半导体中的电子状态及其运动特点有关。为了更好地了解和利用半导体的这些特性，本章将依次介绍半导体的晶体结构、电子运动状态及有关的能带理论。

2.1.1　硅的晶体结构和特性

硅是最重要的半导体材料之一，在化学元素周期表中属于第Ⅳ族元素，原子的最外层具有 4 个价电子。大量的硅原子组合成晶体靠的是共价键结合，它的晶格结构与碳原子组成的一种金刚石晶格一样都属于金刚石型结构。这种结构的特点是：每个原子周围都有 4 个最近邻的原子，组成一个如图 2.1 所示的正四面体结构。这 4 个原子分别处在正四面体的顶角上，任一顶角上的原子和中心原子各贡献一个价电子为该两个原子所共有，共有的电子在两个原子之间形成较大的电子云密度，通过它们对原子实的引力把两个原子结合在一起，这就是共价键。这样，每个原子和周围 4 个原子组成 4 个共价键。上述四面体 4 个顶角原子又可以各通过 4 个共价键组成 4 个正四面体。如此推广，将许多正四面体累积起来就得到如图 2.1 所示的金刚石型结构，它的配位数是 4。

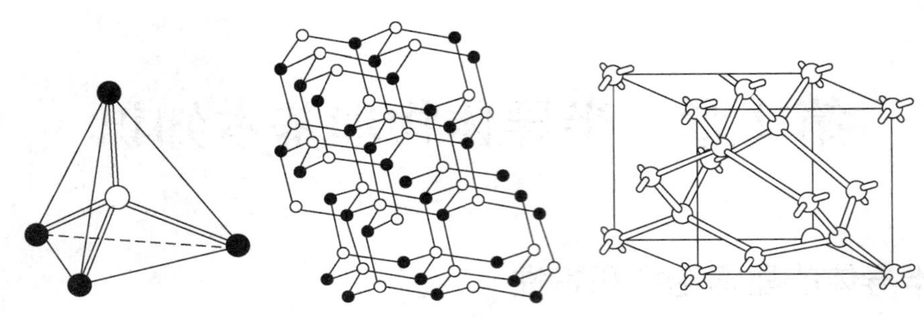
图 2.1　硅的金刚石型结构

在四面体结构的共价晶体中,4 个共价键并不是以孤立原子的电子波函数为基础形成的,而是以 s 态和 p 态波函数的线性组合为基础,构成了所谓“杂化轨道”,即以 1 个 s 态和 3 个 p 态组成的 sp^3 杂化轨道为基础形成的,它们之间具有相同的夹角 109°28′。

金刚石型结构的结晶学原胞如图 2.1 所示,它是立方对称的晶胞。这种晶胞可以看成是两个面心立方晶胞沿立方体的空间对角线互相位移了 1/4 的空间对角线长度套构而成。原子在晶胞中排列的情况是:8 个原子位于立方体的 8 个角顶上,6 个原子位于 6 个面中心上,晶胞内部有 4 个原子。立方体顶角和面心上的原子与这 4 个原子周围情况不同,所以它是由相同原子构成的复式晶格。它的固体物理学原胞和面心立方晶格的原胞相同,差别只在于前者每个原胞中包含两个原子,后者只包含一个原子。

与硅同属于第Ⅳ族的半导体材料锗,其晶体结构和硅完全相同,两者的区别在于原子的间距即晶格常数不同。实验测得硅和锗的晶格常数分别为 0.543 089 nm 和 0.565 754 nm,由此可知硅每立方厘米体积内有 5.00×10^{22} 个原子,锗有 4.42×10^{22} 个原子。两原子间最短距离:硅为 0.235 nm,锗为 0.245 nm。因而它们的共价半径分别为 0.117 nm 和 0.122 nm。

2.1.2　砷化镓的晶体结构和特性

由化学元素周期表中的Ⅲ族元素铝、镓、铟和Ⅴ族元素磷、砷、锑合成的Ⅲ-Ⅴ族化合物,都是半导体材料,它们绝大多数具有闪锌矿型结构,与金刚石型结构类似,区别是前者由两类不同的原子组成。图 2.2 表示闪锌矿型结构的晶胞,它是由两类原子各自组成的面心立方晶格,沿空间对角线彼此位移 1/4 空间对角线长度套构而成。每个原子被 4 个异族原子所包围,例如,如果角顶上和面心上的原子是Ⅲ族原子,则晶胞内部 4 个原子就是Ⅴ族原子,反之亦然。角顶上 8 个原子和面心上 6 个原子可以认为共有 4 个原子属于某个晶胞,因而每一晶胞中有 4 个Ⅲ族原子和 4 个Ⅴ族原子,共有 8 个原子。它们也是依靠共价键结合,但有一定的离子键成分。

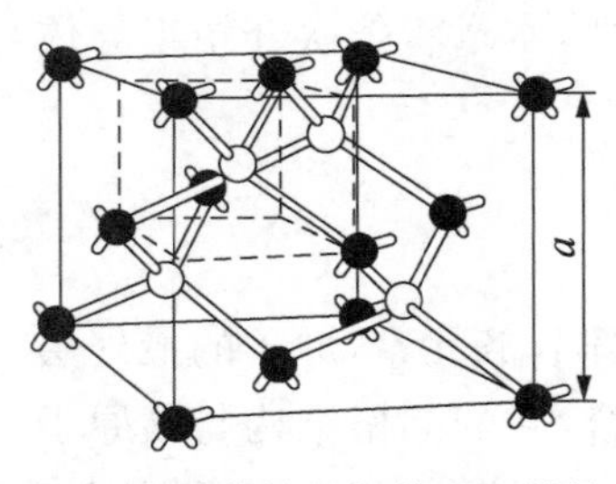

图 2.2　砷化镓的闪锌矿型结构

与Ⅳ族元素半导体的情况类似,这类共价性的化合物半导体中,共价键也是以 sp^3 杂化轨道为基础的。但是,与Ⅳ族元素半导体的一个重要区别在于,在共价性化合物晶体中,结合的性质具有不同程度的离子性,常称这类半导体为极性半导体。对于重要的

Ⅲ-Ⅴ族化合物半导体材料砷化镓，相邻砷化镓所共有的价电子实际上并不是对等地分配在砷和镓的附近。由于砷具有较强的电负性，成键的电子更集中分布在砷原子附近，因而在共价化合物中，电负性强的原子平均来说带有负电，电负性弱的原子平均来说带有正电，正负电荷之间的库仑作用对结合能有一定的贡献。在共价结合占优势的情况下，这种化合物倾向于构成闪锌矿结构。

2.2　能级和能带图

2.2.1　原子的能级和晶体的能带

制造半导体器件所用的材料大多是单晶体。单晶体是由靠得很紧密的原子周期性重复排列而成，相邻原子间距只有零点几纳米的数量级。因此，半导体中的电子状态肯定和原子中的不同，特别是外层电子会有显著的变化。但是，晶体由分立的原子凝聚而成，两者的电子状态又必定存在着某种联系，下面以原子结合成晶体的过程定性地说明半导体中的电子状态。

原子中的电子在原子核的势场和其他电子的作用下，分列在不同的能级上，形成所谓的电子壳层，不同支壳层的电子分别用 1s；2s，2p；3s，3p，3d；4s 等符号表示，每一支壳层对应于确定的能量。当原子相互接近形成晶体时，不同原子的内外各电子壳层之间就有了一定程度的交叠，相邻原子最外壳层交叠最多，内壳层交叠较少。原子组成晶体后，由于电子壳层的交叠，电子不再完全局限在某一个原子上，可以由一个原子转移到相邻的原子上，因而电子将可以在整个晶体中运动。这种运动称为电子的共有化运动。但需要注意的是，各原子中相似壳层上的电子才有相同的能量，电子只能在相似壳层间转移。共有化运动产生的原因在于不同原子的相似壳层间的交叠，例如，2p 支壳层的交叠，3s 支壳层的交叠，如图 2.3 所示。也可以说，结合成晶体后，每一个原子能引起“与之相应”的共有化运动，例如，3s 能级引起“3s”的共有化运动，2p 能级引起“2p”的共有化运动，等等。因为内外壳层交叠程度很不相同，所以只有最外层电子的共有化运动才显著。

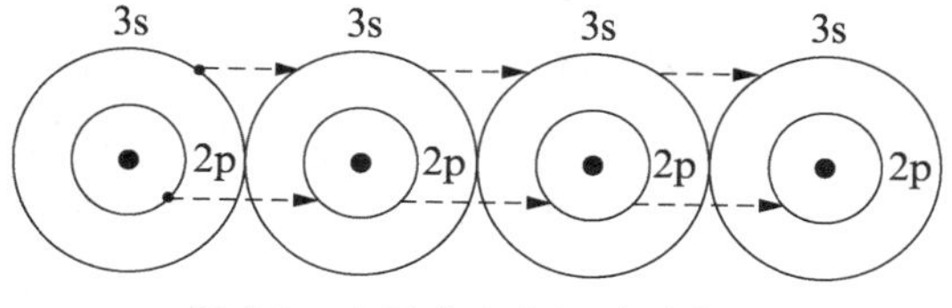

图 2.3　电子共有化运动示意图

晶体中电子作共有化运动时的能量是怎样的呢？先以两个原子为例来说明。当两个原子相距很远时，它们如同两个孤立的原子，原子的能级如图 2.4 所示，每个能级都有两个态与之相应，是二度简并的(暂不计原子本身的简并)。当两个原子互相靠近时，每个原子中的电子除了受到本身原子的势场作用，还要受到另一个原子势场的作用，其结果是每一个二度简并的能级都分裂为两个彼此距离很近的能级；两个原子靠得越近，分裂得越厉害。

图 2.4 示意地画出了 8 个原子互相靠近时能级分裂的情况。可以看到：每个能级都分裂为 8 个相距很近的能级。

两个原子互相靠近时，原来在某一能级上的电子就分别处在分裂的两个能级上，这时电子不再属于某一个原子，而为两个原子所共有。分裂的能级数需计入原子本身的简并度，如 2s 能级分裂为两个能级；2p 能级本身是三度简并的，分裂为六个能级。

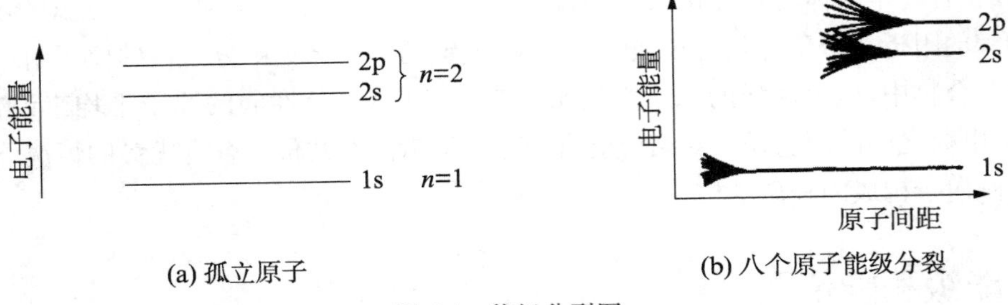

图 2.4　能级分裂图

考虑由 N 个原子组成的晶体。晶体每立方厘米体积内约有 $10^{22}\sim10^{23}$ 个原子，所以 N 是个很大的数值。假设 N 个原子相距很远尚未结合成晶体时，则每个原子的能级都和孤立原子的一样，它们都是 N 度简并的(暂不计原子本身的简并)。当 N 个原子互相靠近结合成晶体后，每个电子都要受到周围原子势场的作用，其结果是每一个 N 度简并的能级都分裂成 N 个彼此相距很近的能级，这 N 个能级组成一个能带。这时电子不再属于某一个原子，而是在晶体中做共有化运动。分裂的每一个能带都称为允带，允带之间因没有能级而称为禁带。图 2.5 示意地画出了原子能级分裂为能带的情况。

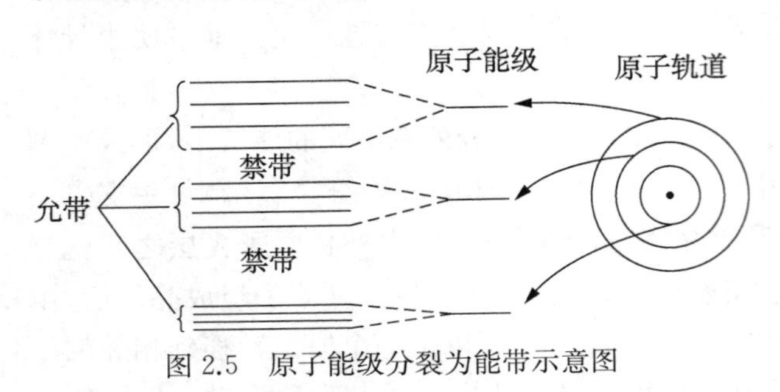

图 2.5　原子能级分裂为能带示意图

内壳层的电子原来处于低能级，共有化运动很弱，其能级分裂得很小，能带很窄，外壳层电子原来处于高能级，特别是价电子，共有化运动很显著，如同自由运动的电子，常称为“准自由电子”，其能级分裂得很厉害，能带很宽。图 2.5 也示意地画出了内外层电子的这种差别。每一个能带包含的能级数(或者说共有化状态数)，与孤立原子能级的简并度有关。例如，s 能级没有简并(不计自旋)，N 个原子结合成晶体后，s 能级便分裂为 N 个十分靠近的能级，形成一个能带，这个能带中共有 N 个共有化状态。p 能级是三度简并的，便分裂成 $3N$ 个十分靠近的能级，形成的能带中共有 $3N$ 个共有化状态。对于实际的晶体，因为 N 是一个十分大的数值，能级又靠得很近，所以每一个能带中的能级基本上可视为连续的，有时称它为“准连续的”。

但是必须指出，许多实际晶体的能带与孤立原子能级间的对应关系，并不都像上述那样简单，因为一个能带不一定同孤立原子的某个能级相当，即不一定能区分 s 能级和 p 能级所过渡的能带。例如，金刚石和半导体硅、锗，它们的原子都有四个价电子，两个 s 电子，两个 p 电子，组成晶体后，由于轨道杂化的结果，其价电子形成的能带如图 2.6 所示，上允带下有两个能带，中间隔以禁带。两个能带

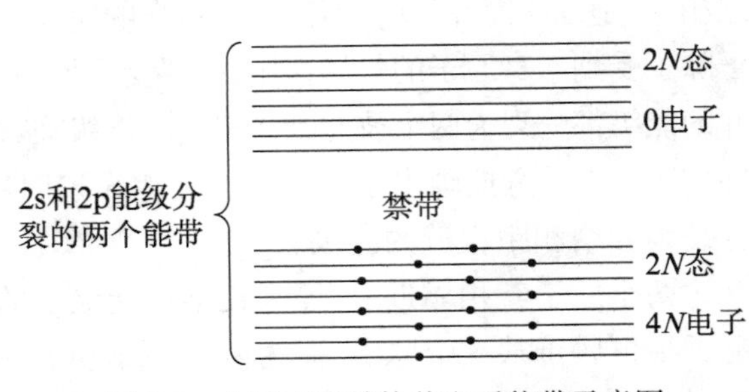

图 2.6　金刚石型结构价电子能带示意图

并不分别同 s 和 p 能级相对应，而是上下两个能带中都分别包含 $2N$ 个状态，根据泡利不相容原理，各可容纳 $4N$ 个电子。N 个原子结合成的晶体，共有 $4N$ 个电子，根据电子先填充低能这一原理，下面一个能带填满了电子，它们对应于共价键中的电子，这个带通常称为满带或价带；上面一个能带是空的，没有电子，通常称为导带；中间隔以禁带。

2.2.2　半导体中电子的状态和能带

晶体中的电子与孤立原子中的电子不同，也和自由运动的电子不同。孤立原子中的电子是在该原子的核和其他电子的势场中运动，自由电子是在一恒定为零的势场中运动，而晶体中的电子是在严格周期性重复排列的原子间运动。单电子近似认为，晶体中的某一个电子是在周期性排列且固定不动的原子核的势场，以及其他大量电子的平均势场中运动的，这个势场也是周期性变化的，而且它的周期与晶格周期相同。

在晶体的周期场中，电子波函数的形式为

$$\psi_k(r)=\mathrm{e}^{ikr}\mu_k(r) \tag{2.1}$$

$$\mu_k(r)=\mu_k(r+\alpha_L) \tag{2.2}$$

式中，k 称为简约波矢，有波矢的量纲，但要在一简约范围内取值；$\hbar k$ 与动量类似，在跃迁过程中守衡，且有 $\dfrac{\mathrm{d}\hbar k}{\mathrm{d}t}=F_{外}$，故称为准动量；$\psi_k(r)$ 为波函数，r 是空间某点的矢径；$\mu_k(r)$ 是一个晶格同周期的周期性函数；α_L 是晶格大小。

在晶体中，k 在一定范围内取值，这个范围称为简约布里渊区，下面以一维为例加以证明。

设晶格周期为 α，由 $\mu_k(x)=\mu_k(x+n\alpha)$ 可知：

$$\begin{aligned}\psi_k(x+\alpha)&=\mathrm{e}^{ik\alpha}\cdot\mathrm{e}^{ikx}\cdot\mu_k(x+n\alpha)\\&=\mathrm{e}^{ik\alpha}[\mathrm{e}^{ikx}\cdot\mu_k(x)]\\&=\mathrm{e}^{ik\alpha}\psi_k(x)\end{aligned} \tag{2.3}$$

式中，$\mathrm{e}^{ik\alpha}$ 表示相邻原胞之间波函数位相差，因此 $-\pi\leqslant k\alpha\leqslant\pi$，三维情形，$\boldsymbol{\alpha}_1$，$\boldsymbol{\alpha}_2$，$\boldsymbol{\alpha}_3$ 三个基矢有 $\psi_k(r+\boldsymbol{\alpha}_n)=\mathrm{e}^{ik\boldsymbol{\alpha}_n}\psi_k(r)$，其中 $n=1，2，3$。

定义矢量 $\boldsymbol{b}_1$，$\boldsymbol{b}_2$，$\boldsymbol{b}_3$ 分别等于：

$$\begin{aligned}\boldsymbol{b}_1&=2\pi\frac{\boldsymbol{\alpha}_2\times\boldsymbol{\alpha}_3}{\boldsymbol{\alpha}_1\cdot\boldsymbol{\alpha}_2\times\boldsymbol{\alpha}_3}\\\boldsymbol{b}_2&=2\pi\frac{\boldsymbol{\alpha}_3\times\boldsymbol{\alpha}_1}{\boldsymbol{\alpha}_1\cdot\boldsymbol{\alpha}_2\times\boldsymbol{\alpha}_3}\\\boldsymbol{b}_3&=2\pi\frac{\boldsymbol{\alpha}_1\times\boldsymbol{\alpha}_2}{\boldsymbol{\alpha}_1\cdot\boldsymbol{\alpha}_2\times\boldsymbol{\alpha}_3}\end{aligned} \tag{2.4}$$

则有 $\boldsymbol{\alpha}_i\boldsymbol{b}_j=2\pi\delta_{ij}$（$\delta_{ij}$ 函数表示，当 $i=j$ 时为 1，$i\neq j$ 时为 0），故称 $\boldsymbol{b}_1$，$\boldsymbol{b}_2$，$\boldsymbol{b}_3$ 为倒矢量，

以 $\boldsymbol{b}_1$，$\boldsymbol{b}_2$，$\boldsymbol{b}_3$ 为基矢组成晶格，称为倒格子。这样定义有倒格子原胞的体积与原晶格原胞的体积相乘之积为常数 $(2\pi)^3$，用 $\boldsymbol{K}n=n_1\boldsymbol{b}_1+n_2\boldsymbol{b}_2+n_3\boldsymbol{b}_3$ 表示倒格矢，则 $\boldsymbol{k}$ 和 $\boldsymbol{k}+\boldsymbol{K}n$ 表示相同状态。

对于金刚石结构的面心立方晶格，倒格子为体心立方，通常取倒格子中 $k=0$ 为原点，作其向近邻格点连线的垂直平分面，由这些平面围成的最小多面体，是第一布里渊区，称为魏格纳-赛兹原胞。

因实际晶体包含的原子是有限的，故每个能带所包含的状态数是有限的，又由于边界条件的差异对大块晶体性质并无本质影响，因而引入周期性边界条件来计算 k 空间的取值密度。

对于一维情形，设一维晶格总长度 $L=N\alpha$（N 为包含原胞总数），周期性边界条件为

$$\psi_k(0)=\psi_k(L)=\psi_k(N\alpha) \tag{2.5}$$

$$\psi_k(0)=\mu_k(0) \tag{2.6}$$

$$\psi_k(N\alpha)=\mathrm{e}^{ikN\alpha}\mu_k(N\alpha)=\mathrm{e}^{ikN\alpha}\mu_k(0) \tag{2.7}$$

所以得到

$$\mathrm{e}^{ikN\alpha}=1 \tag{2.8}$$

故有

$$kN\alpha=2n\pi \qquad (n\text{ 为整数}) \tag{2.9}$$

因此 k 的可取值为

$$k=(2n\pi)/N\alpha \tag{2.10}$$

取值密度：

$$g_k=N\alpha/2\pi=L/2\pi \tag{2.11}$$

对于一维情形，简约布里渊区长度为 $2\pi/\alpha$，因此布里渊区内包含的状态数为 $(2\pi/\alpha)\cdot(L/2\pi)=L/\alpha=N$，正好等于原胞数 N。所以 k 空间的取值密度也可以用原胞总数除以布里渊区长度来计算（对于二维则除以布里渊区面积，三维则除以布里渊区体积）。

对于三维情形，可以类似地求得 k 空间的状态密度：

$$g_k=(N_1\alpha_1\cdot N_2\alpha_2\cdot N_3\alpha_3)/(2\pi)^3\,(N_1,N_2,N_3\text{ 表示三个维度上的原胞数}) \tag{2.12}$$

显然，用倒格子原胞的体积 $(2\pi)^3/\Omega$ 乘以 k 空间的密度 g_k 得到 k 空间的状态数为 $N_1\cdot N_2\cdot N_3$，仍等于晶体所包含的原胞总数。其中，Ω 表示实际晶体原胞体积，有 $\Omega=\alpha_1\cdot\alpha_2\cdot\alpha_3$。

电子准经典运动的两个基本公式为

$$\hbar\frac{\mathrm{d}k}{\mathrm{d}t}=\frac{\mathrm{d}p}{\mathrm{d}t}=F_{外} \tag{2.13}$$

$$v=\frac{1}{\hbar}\ \frac{\mathrm{d}E(k)}{\mathrm{d}k} \tag{2.14}$$

式中，$F_{外}$是外力；$\hbar=h/2\pi$；h 是普朗克常数；v 是电子速度；p 是电子准动量。

2.2.3　导体、半导体、绝缘体

固体按其导电性分为导体、半导体、绝缘体。绝缘体(如熔凝石英、玻璃)的电阻率很高，为 $10^{8}\sim10^{18}\ \Omega\cdot\mathrm{cm}$。导体(如铝、银)的电阻率很低，为 $10^{-8}\sim10^{-3}\ \Omega\cdot\mathrm{cm}$。半导体的电阻率介于绝缘体和导体之间。一般说来，半导体的电阻率对温度、光照、磁场和微量杂质原子都很敏感。电阻率的这种敏感性使半导体成为电子应用领域中最重要的材料之一。

固体的导电机制，可以根据电子填充能带的情况来说明。

固体能够导电是固体中的电子在外电场作用下做定向运动的结果。由于电场力对电子的加速作用，电子的运动速度和能量都发生了变化。换言之，即电子与外电场间发生能量交换。从能带论来看，电子的能量变化，就是电子从一个能级跃迁到另一个能级。对于满带，其中的能级已被电子所占满，在外电场作用下，满带中的电子并不形成电流，对导电没有贡献，通常原子中的内层电子都是占据满带中的能级，因而内层电子对导电没有贡献。对于被电子部分占满的能带，在外电场作用下，电子可从外电场中吸收能量跃迁到未被电子占据的能级，形成了电流，起导电作用，常称这种能带为导带。金属中，由于组成金属的原子中的价电子占据的能带是部分占满的，如图 2.7(c)所示，所以金属是良好的导体。

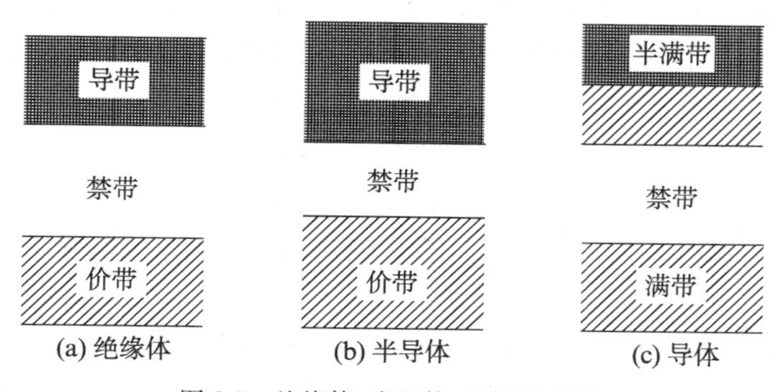

图 2.7　绝缘体、半导体、导体示意图

绝缘体和半导体的能带类似，如图 2.7(a)、(b)所示。即下面是已被价电子占满的满带(其下面还有被内层电子占满的若干满带未画出)，亦称价带，中间为禁带，上面是空带。因此，在外电场作用下并不导电，但是，这只是热力学温度为零时的情况。当外界条件发生变化时，如温度升高或有光照时，满带中有少量电子可能被激发到上面的空带中，使能带底部附近有了少量电子，因而在外电场作用下，这些电子将参与导电；同时，满带中由于

少了一些电子,在满带顶部附近出现了一些空的量子状态,满带变成了部分占满的能带,在外电场的作用下,仍留在满带中的电子也能够起导电作用,满带电子的这种导电作用等效于把这些空的量子状态看成带正电荷的准粒子的导电作用,常称这些空的量子状态为空穴。所以在半导体中,导带的电子和价带的空穴均参与导电,这是与金属导体的最大差别。绝缘体的禁带宽度很大,激发电子需要很大能量,在通常温度下,能激发到导带去的电子很少,所以导电性很差。半导体禁带宽度比较小,数量级在1 eV左右,在通常温度下已有不少电子被激发到导带中,所以有一定的导电能力,这是绝缘体和半导体的主要区别。室温下,金刚石的禁带宽度为6～7 eV,它是绝缘体;硅为1.12 eV,锗为0.67 eV,砷化镓为1.42 eV,它们都是半导体。

2.3 本征半导体

2.3.1 导电机构——空穴

电子可以在晶体中做共有化运动,但是,这些电子能否导电,还必须考虑电子填充能带的情况,不能只看单个电子的运动。研究发现,如果一个能带中所有的状态都被电子占满,那么即使有外加电场,晶体中也没有电流,即满带电子不导电。只有虽包含电子但并未填满的能带才有一定的导电性,即不满的能带中的电子才可以导电。

热力学温度为零时,纯净半导体的价带被价电子填满,导带是空的。在一定温度下,价带顶部附近有少量电子被激发到导带底部附近,在外电场作用下,导带中电子便参与导电。因为这些电子在导带底部附近,所以它们的有效质量是正的。同时,价带缺少了一些电子后也呈不满的状态,因而价带电子也表现出具有导电的特性,它们的导电作用常用空穴导电来描写。

当价带顶部附近一些电子被激发到导带后,价带中就留下了一些空状态。图2.8为硅共价键平面示意图。假定价带中激发一个电子到导带,价带顶出现了一个空状态,这相当于共价键上缺少一个电子而出现一个空位置,在晶格间隙出现一个导电电子。首先,可以认为这个空状态带有正电荷。这是因为半导体是由大量带正电的原子核和带负电的电子组成的,这些正负电荷数量相等,整个半导体是电中性的,而且价键完整的原子附近也呈电中性。但是,空状态所在处,由于失去了一个价键上的电子,因而破坏了局部电中性,出现了一个未被抵消的正电荷,这个正电荷为空状态所具有,它带的电荷是$+q$,如图2.8所示。

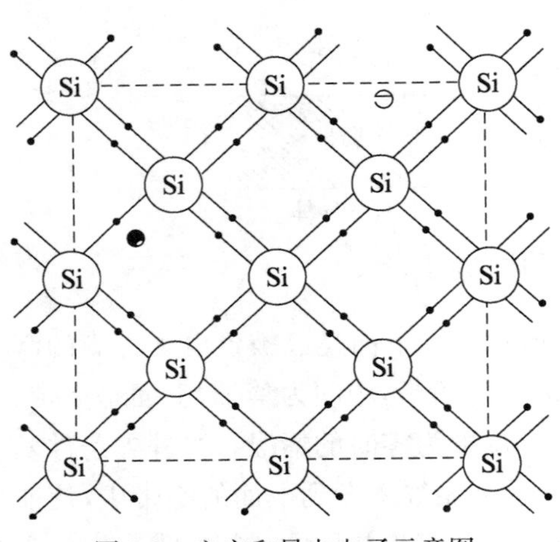

图2.8 空穴和导电电子示意图

从图2.9所示的布里渊区的$E(k)$与k的关系来看,设空状态出现在能带顶部A点。由于k状态在布里渊区内均匀分布,这时除A点外,所有k状态均被电子占据。图2.9示意地画出了这一情况下布里渊区中的电子分布,图中以“•”代表电子,它们均匀分布在布里渊区(除A点外)。

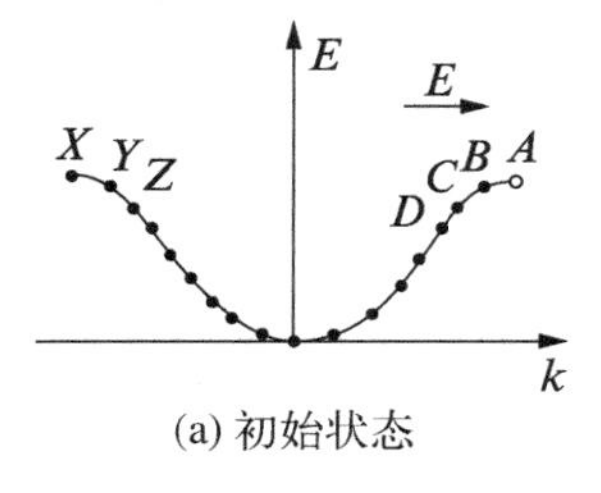

(a) 初始状态

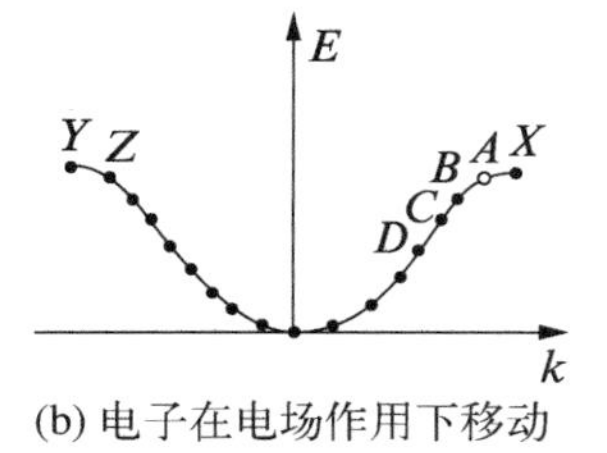

(b) 电子在电场作用下移动

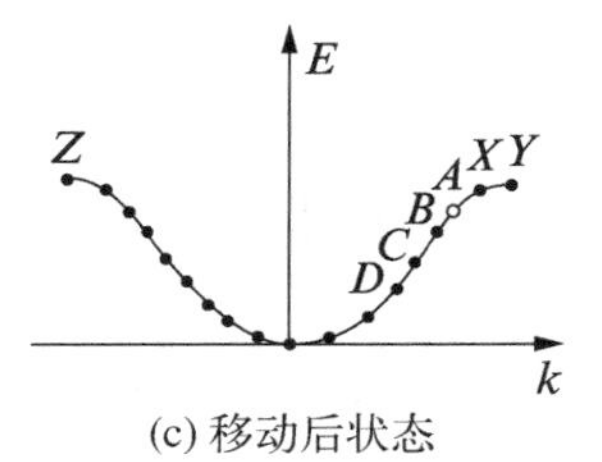

(c) 移动后状态

图 2.9　k 空间空穴运动示意图

当有如图 2.9 所示的外电场 E 作用时，所有电子均受到力 $f=-q\mid E\mid$ 的作用，由式 $f=-q\mid E\mid=h\,\mathrm{d}k/\mathrm{d}t$ 可以看到，电子的状态不断随时间变化，变化率为 $-q\mid E\mid/h$。就是说，在电场 E 的作用下，所有代表点都以相同的速率向左(反电场方向)运动，B 电子移动到 C 的位置，C 电子移动到 D 的位置，$Z\rightarrow Y$，$Y\rightarrow X$。X 电子位于布里渊区边界，X 点的状态和 A 点的状态完全相同，就是说，电子从左端离开布里渊区，同时在右端填补进来，所以 X 电子移动到 A 的位置，电子的分布情况如图 2.9(b)所示。经过一段时间，形成如图 2.9(c)所示的情况，与图 2.9(a)相比，B 电子位于最初 D 的位置……相应地，Z 电子位于最初 X 的位置，Y 到了 A，X 到了 B。特别值得注意的是，在这个过程中，空状态 A 也是从位置 A 移动到最初 B 位置再到 C 位置，与电子 k 状态的变化相同。

价带中一个电子被激发到价带，此时价带为不满带，价带中电子便可导电。设电子电流密度为 J，则

$$J=\text{价带}(k\ \text{状态空出})\ \text{电子总电流}$$

可以用下述方法计算出 J 的值。设想以一个电子填充到空的 k 状态，这个电子的电流等于电子电荷 $-q$ 乘以 k 状态电子的速度 $v(k)$，即

$$k\ \text{状态电子电流}=(-q)v(k)$$

填入这个电子后，价带又被填满，总电流应为零，即

$$J+(-q)v(k)=0$$

因而得到

$$J=(+q)v(k) \tag{2.15}$$

这就是说，当价带 k 状态空出时，价带电子的总电流，就如同一个正电荷的粒子以 k 状态电子速度 $v(k)$ 运动时所产生的电流。因此，通常把价带中空着的状态看成是带正电的粒子，称为空穴。引进这样一个假象的粒子——空穴后，便可以很简便地描述价带(未填满)的电流。

所以，半导体中除了导带上电子导电作用，价带中还有空穴的导电作用。对于本征半导体，导带中出现多少电子，价带中相应地就出现多少空穴，导带上电子参与导电，价带上空穴也参与导电，这就是本征半导体的导电机构。这一点是半导体同金属的最大差异，金属中只有电子一种荷载电流的粒子(称为载流子)，而半导体中有电子和空穴两种载流子。

正是由于这两种载流子的作用,半导体表现出许多奇异的特性,可用来制造形形色色的器件。

2.3.2 有效质量

在经典牛顿第二定律中,$a=\dfrac{f}{m_0}$,其中,f 是合外力,m_0 是惯性质量。但半导体中电子在外力作用下,描述电子运动规律的方程中出现的是有效质量 m_n^*,而不是电子的惯性质量 m_0。这是因为外力 f 并不是电子受力的总和,半导体中的电子即使在没有外加电场作用时,它也要受到半导体内部原子及其他电子的势场作用。当电子在外力作用下运动时,它一方面受到外电场力 f 的作用,同时还和半导体内部原子、电子相互作用,电子的加速度应该是半导体内部势场和外电场综合作用的结果。但是,找出内部势场的具体形式并且求得加速度存在一定的困难,引进有效质量后可使问题变得简单,直接把外力 f 和电子的加速度联系起来,而内部势场的作用则由有效质量加以概括。因此,引进有效质量的意义在于它概括了半导体内部势场的作用,使得在解决半导体中电子在外力作用下的运动规律时,可以不涉及半导体内部势场的作用。特别是 m_n^* 可以直接由实验测定,因而可以很方便地解决电子在外场作用下的运动规律问题。在能带底部附近,$\mathrm{d}^2E/\mathrm{d}k^2>0$,电子的有效质量是正值;在能带顶部附近,$\mathrm{d}^2E/\mathrm{d}k^2<0$,电子的有效质量是负值,这是因为 m_n^* 概括了半导体内部的势场作用。有效质量与能量函数对于 k 的二次微商成反比,对宽窄不同的各个能带,$E(k)$随 k 的变化情况不同,能带越窄,二次微商越小,有效质量越大。内层电子的能带窄,有效质量大;外层电子的能带宽,有效质量小。因此,外层电子,在外力的作用下可以获得较大的加速度。

2.3.3 本征载流子浓度

1. 费米分布函数及其性质

我们认为半导体中的电子为全同粒子,且遵守泡利不相容原理,其分布为费米分布:

$$f(E)=\frac{1}{1+\mathrm{e}^{\frac{E-E_F}{kT}}} \tag{2.16}$$

式中,E 为能级位置;E_F为费米能级;k 为玻尔兹曼常数,$k=1.38\times10^{-23}\ \mathrm{J/K}$;$f(E)$是能量为 E 的电子能级被占据的概率,$\sum\limits_{能级}f(E_i)=N$(电子总数);$1-f(E)$是不被占据的概率,也可以看成是被空穴占据的概率,用 $f_p(E)$ 表示,有 $f_p(E)=1-f(E)$。

费米分布函数的性质如下:

(1) 在 E_F处有 $f(E_F)=0.5$ (2.17)

(2) 当 $E-E_F\gg kT$ 时,有 $f(E)\approx \mathrm{e}^{-\left(\frac{E-E_F}{kT}\right)}\to 0$ (2.18)

(3) 当 $E_F-E\gg kT$ 时,有 $f(E)\approx 1-\mathrm{e}^{-\left(\frac{E_F-E}{kT}\right)}\to 1$ (2.19)

(4) 当 $T=0\,\text{K}$ 时，对于 $E<E_F$，有 $f(E)=1$，对于 $E>E_F$，有 $f(E)=0$。

当 $T\neq 0\,\text{K}$ 时，$f(E)$ 在 E_F 附近 kT 范围内变化，反映了电子的热激发。

2. 利用费米函数求载流子浓度

半导体中载流子包括导带中的电子(浓度用 n 表示)和价带中的空穴(浓度用 p 表示)。有

$$n=\sum_{j(\text{导带中的电子能级})} f(E_j)$$

$$p=\sum_{i(\text{价带电子能级})} f_p(E_i)$$

为了描述能带电子状态的分布，引入态密度 $g(E)$ 表示单位能量间隔内的状态数，则 E 到 $E+\mathrm{d}E$ 内的状态数 $\mathrm{d}N=g(E)\mathrm{d}E$。则电子浓度 $\mathrm{d}n=f(E)g(E)\mathrm{d}E$，因此有 $n=\int_{\text{导带}} f(E)g(E)\mathrm{d}E$，故只要求得 $g(E)$，即可求出载流子浓度。下面我们给出利用 $g(E)=\mathrm{d}N/\mathrm{d}E$ 来求 $g(E)$ 的一般步骤。

(1) 求 k 空间的体积(用 k 表示)，进而利用 $g(k)$ 求得 $N-k$ 关系。

(2) 利用 $E-k$ 关系，导出 $k=f(E)$，代入 $N-k$ 表达式，进而得到 $N-E$ 关系。

(3) 对 $N-E$ 表达式求导，得到 $\mathrm{d}N/\mathrm{d}E$，即 $g(E)$。

3. 载流子浓度的求解

导带电子浓度：$n=\int_{\text{导带}} g(E)f(E)\mathrm{d}E$

两个近似如下。

(1) 玻尔兹曼统计近似：室温下 $kT=0.026\text{ eV}$，$E_C-E_V\gg kT$，在此条件下有

$$f(E)\approx \mathrm{e}^{(E_F-E)/kT} \tag{2.20}$$

(2) 为了计算方便，把积分上限延拓到∞[因为随着 E 的增大，$f(E)$ 指数减小，E 趋近于∞时，$f(E)$ 很小，可以忽略]。

由上面两个近似，得

$$n=\int_{E_C}^{\infty} \mathrm{e}^{E_F-E/kT}\,\frac{4\pi(2m)^{3/2}}{h^3}\cdot(E-E_C)^{\frac{1}{2}}\mathrm{d}E$$

把常数提出积分式外得到

$$n=\frac{4\pi(2m)^{3/2}}{h^3}\cdot \mathrm{e}^{-\frac{E_C-E_F}{kT}}\int_{E_C}^{\infty}\mathrm{e}^{-\frac{E-E_C}{kT}}(E-E_C)^{\frac{1}{2}}\mathrm{d}E \tag{2.21}$$

设 $\xi=\dfrac{E-E_C}{kT}$，则

$$n=\frac{4\pi(2mkT)^{\frac{3}{2}}}{h^3}\cdot\left(\int_0^{\infty}\xi^{\frac{1}{2}}\mathrm{e}^{-\xi}\mathrm{d}\xi\right)\cdot \mathrm{e}^{-\frac{E_C-E_F}{kT}}=N_C\cdot \mathrm{e}^{-\frac{E_C-E_F}{kT}}$$

式中,

$$N_C = 2 \cdot \frac{(2\pi mkT)^{\frac{3}{2}}}{h^3} \tag{2.22}$$

N_C称为有效导带密度,或导带等效态密度。

上面的推导中用到了:

$$\int_0^{\infty} \xi^{\frac{1}{2}} e^{-\xi} d\xi = \frac{\sqrt{\pi}}{2} \tag{2.23}$$

同理可以由 $p = \int_{价带} g_v(E)[1 - f(E)]dE$[其中 $1 - f(E) \approx e^{(E-E_F)/kT}$]求得

$$p = N_V e^{-(E_F - E_V)/kT} \tag{2.24}$$

式中,$N_V = 2 \cdot \frac{(2\pi m_p kT)^{\frac{3}{2}}}{h^3}$,称为价带等效态密度。

从上面的推导结论可以看出,半导体中的载流子浓度 n 和 p 都是 E_F 的函数,两者的乘积 $n \cdot p$ 却与 E_F 无关,对任一给定的半导体,在给定的温度下,电子空穴浓度的乘积总是恒定的,有

$$n \cdot p = N_C N_V e^{-(E_C - E_V)/kT} \tag{2.25}$$

4. 本征载流子浓度及其影响因素

本征半导体:纯净的半导体中费米能级位置和载流子浓度是由材料本身的本征性质决定的,这种半导体称为本征半导体。

本征激发:本征半导体中载流子只能通过把价带电子激发到导带产生,这种激发过程称为本征激发。

本征时由电中性条件得到 $n = p$,设此时的费米能级用 E_i 表示,则

$$N_C e^{-(E_C - E_i)/kT} = N_V e^{-(E_i - E_V)/kT} \tag{2.26}$$

解此方程得

$$E_i = \frac{E_C + E_V}{2} + \frac{kT}{2} \cdot \ln \frac{N_V}{N_C} \tag{2.27}$$

代入 N_C、N_V 的表达式得

$$E_i = \frac{E_C + E_V}{2} + \frac{3kT}{4} \cdot \ln \frac{m_p}{m_n} \tag{2.28}$$

由于空穴的有效质量 m_p 要大于电子的有效质量 m_n,故 E_i 位于禁带中央偏向导带,但由于一般情况下第一项比第二项大得多,只有在温度较高的时候才考虑第二项的影响,

所以一般情况下可以认为本征情况下费米能级位于禁带中央。

利用 E_i 的表达式即可求出本征载流子浓度 n_i 的表达式如下（解的时候可以利用 $n=p$ 把 n、p 的表达式相乘消去 E_i，再开方即可得到 n_i）：

$$n_i=n=p=(N_C N_V)^{\frac{1}{2}}\mathrm{e}^{-\frac{E_C-E_V}{2kT}}=(N_C N_V)^{\frac{1}{2}}\mathrm{e}^{-\frac{E_g}{2kT}} \tag{2.29}$$

对于给定半导体，室温下 n_i 是常数，室温下硅的 $n_i=1.5\times10^{10}\ \mathrm{cm}^{-3}$，锗的 $n_i=2.5\times10^{13}\ \mathrm{cm}^{-3}$。

实际的半导体中总含有少量的杂质，在较低温度下杂质提供的载流子往往超过本征激发，但较高温度下本征激发将占优势，把本征激发占优势的区域称为本征区。

对于任何非简并的半导体，无论 E_F 的位置如何，都有 $n\cdot p$ 等于常数。因此有 $n\cdot p=n_i^2$。

故可以利用 n_i 来表示载流子浓度 n 和 p。表达式如下：

$$\begin{aligned}n&=N_C\mathrm{e}^{-(E_C-E_F)/kT}=N_C\mathrm{e}^{-(E_C-E_i)/kT}\cdot\mathrm{e}^{-(E_i-E_F)/kT}\\&=n_i\cdot\mathrm{e}^{-(E_i-E_F)/kT}=n_i\cdot\mathrm{e}^{(E_F-E_i)/kT}\end{aligned} \tag{2.30}$$

同理可得

$$p=n_i\cdot\mathrm{e}^{(E_i-E_F)/kT} \tag{2.31}$$

由式(2.30)和式(2.31)可以看出，若 E_F 在 E_i 上，则 $n>p$，半导体是n型；反之，E_F 在 E_i 下，则半导体是p型。

利用电中性条件（所谓电中性条件，就是对于电中性的半导体，其负电数与正电荷相等。因为电子带负电，空穴带正电，所以对于本征半导体，电中性条件是导带中的电子浓度应等于价带中的空穴浓度，即 $n_0=p_0$，由此式可导出费米能级）求解本征半导体的费米能级：本征半导体就是没有杂质和缺陷的半导体，在0 K时，价带中的全部量子态都被电子占据，而导带中的量子态全部空着，也就是说，半导体中共价键是饱和的、完整的。当半导体的温度大于零度时，就有电子从价带激发到导带中，同时价带中产生空穴，这就是所谓的本征激发。由于电子和空穴成对产生，导带中的电子浓度应等于价带中的空穴浓度，即 $n_0=p_0$。

本征载流子浓度与温度和价带宽度有关。温度升高时，本征载流子浓度迅速增加；不同的半导体材料，在同一温度下，禁带宽度越大，本征载流子浓度越大。

一定温度下，任何非简并半导体的热平衡载流子的浓度的乘积等于该温度时的本征载流子的浓度的平方，即 $n_0p_0=n_i^2$，与所含杂质无关。因此，它不仅适用于本征半导体材料，也适用于非简并的杂质半导体材料。

$n_0p_0=n_i^2$ 的意义：可作为判断半导体材料的热平衡条件。热平衡条件下，n_0、p_0 均为常数，则 $n_0p_0=n_i^2$ 也为常数，这时单位时间、单位体积内产生的载流子数等于单位时间、单位体积内复合掉的载流子数，也就是说产生率大于复合率。因此，此式可作为判断半导体材料是否达到热平衡的依据式。

实际上，半导体中总是含有一定量的杂质和缺陷的，在一定温度下，欲使载流子主要来源于本征激发,就要求半导体中杂质含量不能超过一定限度。例如,室温下,锗的本征载流子浓度为 $2.4\times10^{13}\ cm^{-3}$,而锗的原子密度是 $4.5\times10^{22}\ cm^{-3}$,于是要求杂质含量应该低于 10^{-9}。对硅在室温下为本征情况,则要求杂质含量应低于 10^{-12}。对砷化镓在室温下要达到 10^{-15} 以上的纯度才可能是本征情况,这样高的纯度,目前尚未实现。

一般半导体器件中,载流子主要来源于杂质电离,而将本征激发忽略不计。在本征载流子浓度没有超过杂质电离所提供的载流子浓度的温度范围,如果杂质全部电离,则载流子浓度是一定的,器件就能稳定工作。但是随着温度的升高,本征载流子浓度迅速地增加。例如,在室温附近,纯硅的温度每升高 8 K 左右,本征载流子浓度就增加约一倍,而纯锗的温度每升高 12 K 左右,本征载流子浓度就增加约一倍。当温度足够高时,本征激发占主要地位,器件将不能正常工作。因此,每一种半导体材料制成的器件都有一定的极限工作温度。超过这一温度后,器件就失效了。例如,一般硅平面管采用室温电阻率为 $1\ \Omega\cdot cm$ 左右的原材料,它是由掺入 $5\times10^{15}\ cm^{-3}$ 的施主杂质锑而制成的。在保持载流子主要来源于杂质电离时,要求本征载流子浓度至少比杂质浓度低一个数量级,即不超过 $5\times10^{14}\ cm^{-3}$。如果也以本征载流子浓度不超过 $5\times10^{15}\ cm^{-3}$,则对应温度约为 526 K,所以硅器件的极限工作温度是 520 K 左右。锗的禁带宽度比硅小,锗器件极限工作温度比硅低,约为 370 K。砷化镓禁带宽度比硅大,极限工作温度可高达 720 K 左右,适宜于制造大功率器件。

总之,因为本征载流子浓度随温度迅速变化,用本征材料制作的器件性能很不稳定,所以制造半导体器件一般都用含有适当杂质的半导体材料。

2.4 掺杂半导体和费米能级

在实际应用的半导体材料晶格中,总是存在着偏离理想情况的各种复杂现象。首先,原子并不是静止在具有严格周期性的晶格的格点位置上,而是在其平衡位置附近振动;其次,半导体材料并不是纯净的,而是含有若干杂质,即在半导体晶格中存在着与组成半导体材料的元素不同的其他化学元素的原子;最后,实际的半导体晶格结构并不是完整无缺的,而是存在着各种形式的缺陷。这就是说,在半导体中的某些区域,晶格中的原子周期性排列被破坏,形成了各种缺陷。

实践表明,极微量的杂质和缺陷,能够对半导体材料的物理性质和化学性质产生决定性的影响。当然,这也严重地影响着半导体器件的质量。例如,在硅晶体中,若以 10^5 个硅原子中掺入一个杂质原子的比例掺入硼原子,则纯硅晶体的电导率在室温下将增加 10^3 倍。

存在于半导体中的杂质和缺陷,为什么会起着这么重要的作用呢?根据理论分析认为,杂质和缺陷的存在,会使严格按周期性排列的原子所产生的周期性势场受到破坏,有可能在禁带中引入允许电子具有的能量状态(即能级)。杂质和缺陷能够在禁带中引入能级,才使它们对半导体的性质产生决定性的影响。

2.4.1 施主和受主

半导体中的杂质,主要来源于制备半导体的原材料纯度不够,半导体单晶制备过程中及器件制造过程中的沾污，或是为了控制半导体的性质而人为地掺入某种化学元素的原子。杂质进入半导体以后，它们分布在什么位置呢？下面以硅中的杂质为例来说明。

硅是化学元素周期表中的第Ⅳ族元素，每一个硅原子具有 4 个价电子，硅原子间以共价键的方式结合成晶体。其晶体结构属于金刚石型，其晶胞为一立方体，如图 2.10 所示。在一个晶胞中包含 8 个硅原子，若近似地把原子看成是半径为 r 的圆球，则可以计算出这 8 个原子占据晶胞空间的百分数。

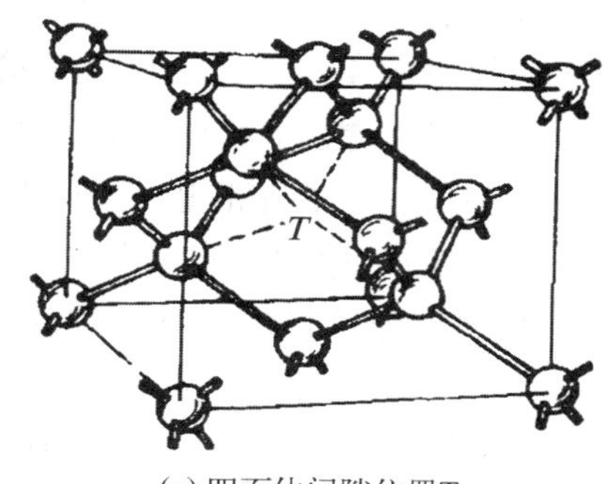

(a) 四面体间隙位置T

(b) 六角形间隙位置H

图 2.10　金刚石型晶体结构中的两种间隙位置

位于立方体某顶角的圆球中心与距离此顶角为 1/4 体对角线长度处的圆球中心间的距离为两球的半径之和 $2r$，它应等于边长为 a 的立方体的体对角线长度 $\sqrt{3}a$ 的 1/4，因此，圆球的半径 $r=\sqrt{3}a/8$。8 个圆球的体积除以晶胞的体积为

$$\frac{8\times\frac{4}{3}\pi r^3}{a^3}=\frac{\sqrt{3}\pi}{16}=0.34 \tag{2.32}$$

这一结果说明，在金刚石型晶体中，一个晶胞内的 8 个原子只占晶胞体积的 34%，还有 66%是空隙。金刚石型晶体结构中的两种空隙如图 2.10 所示。这些空隙通常称为间隙位置。图 2.10(a)为四面体间隙位置，它是由图中虚线连接的 4 个原子构成的正四面体中的空隙 T；图 2.10(b)为六角形间隙位置，它是由图中虚线连接的 6 个原子所包围的空间 H。

由上述可知，杂质原子进入半导体硅以后，只可能以两种方式存在：一种方式是杂质原子位于晶格原子的间隙位置，常称为间隙式杂质；另一种方式是杂质原子取代晶格原子而位于晶格点处，常称为替位式杂质。事实上，杂质进入其他半导体材料中，也是以这两种方式存在的。

图 2.11 为硅晶体平面晶格中间隙式杂质和替位式杂质的示意图。图中 A 为间隙式杂质，B 为替位式杂质。间隙式杂质原子一般比较小，如离子锂(Li^+)的半径为 0.068 nm，是很小的，所以锂离子在硅、锗、砷化镓中是间隙式杂质。

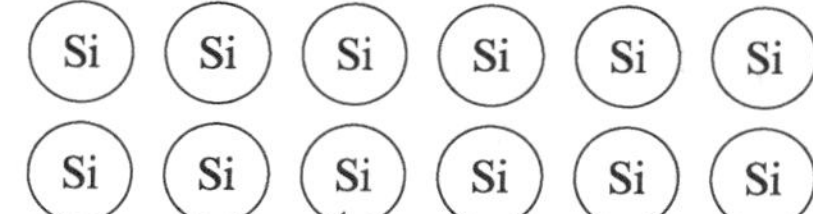

图 2.11　硅中的间隙式和替位式杂质

一般形成替位式杂质时,要求替位式杂质原子的大小与被取代的晶格原子的大小比较相近,还要求它们的价电子壳层结构比较相近。例如,硅、锗是Ⅳ族元素,与Ⅲ、Ⅴ族元素的情况比较相近,所以Ⅲ、Ⅴ族元素在硅、锗晶体中都是替位式杂质。

单位体积中的杂质原子数称为杂质浓度,通常用它表示半导体晶体中杂质含量的多少。

Ⅲ-Ⅴ族元素在硅、锗晶体中是替位式杂质。下面先以硅中掺磷(P)为例,讨论Ⅴ族杂质的作用。如图2.12所示,一个磷原子占据了硅原子的位置。磷原子有5个价电子,其中4个价电子与周围的4个硅原子形成共价键,还剩余一个价电子。同时磷原子所在处也多余一个正电荷$+q$(硅原子去掉价电子有正电荷$4q$,磷原子去掉价电子有正电荷$5q$),称这个正电荷为正电中心磷离子(P^+)。所以磷原子替代硅原子后,其效果是形成一个正电中心P^+和一个多余的价电子。这个多余的价电子就束缚在正电中心P^+的周围。但是,这种束缚作用比共价键的束缚作用弱得多,只要很少的能量就可以使它挣脱束缚,成为导电电子,在晶格中自由运动,这时磷原子就成为少了一个价电子的P^+,它是一个不能移动的正电中心。上述电子脱离杂质原子的束缚成为导电电子的过程称为杂质电离。使这个多余的价电子挣脱束缚成为导电电子所需要的能量称为杂质电离能,用ΔE_D表示。实验测量表明:Ⅴ族杂质元素在硅、锗中的电离能很小,在硅中约为0.04～0.05 eV,在锗中约为0.01 eV,比硅、锗的禁带宽度E_g小得多。

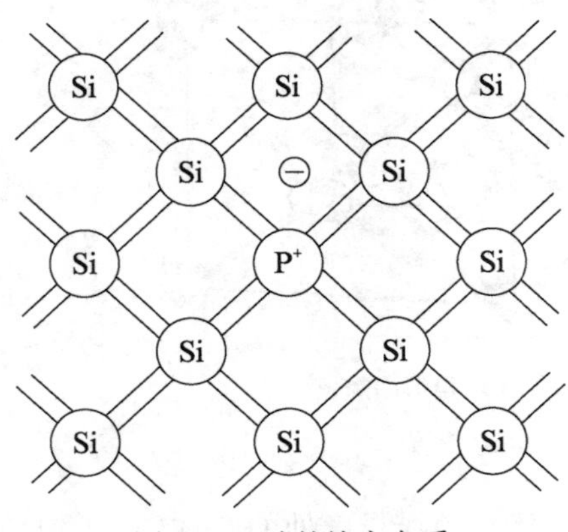

图2.12　硅的施主杂质

Ⅴ族杂质在硅、锗中电离时,能够施放电子而产生导电电子并形成正电中心,称它们为施主杂质或n型杂质。它释放电子的过程称为施主电离。施主杂质未电离时是中性的,称为束缚态或中性态,电离后成为正电中心,称为离化态。

施主杂质的电离过程,可以用能带图表示,如图2.13所示。当电子得到能量ΔE_D后,就从施主的束缚态跃迁到导带成为导电电子,所以电子被施主杂质束缚时的能量比导带底E_C低ΔE_D。将被施主杂质束缚的电子的能量状态称为施主能级,记为E_D。因为$\Delta E_D \ll E_g$,所以施主能级位于离导带底很近的禁带中。一般情况下,施主杂质是比较少的,杂质原子间的相互作用可以忽略。因此,某一种杂质的施主能级是一些具有相同能量的孤立能级,在能带图中,施主能级用离导带底E_C为ΔE_D处的短线段表示,每一条短线段对应一个施主杂质原子。在施主能级E_D上画一个小黑点,表示被施主杂质束缚的电子,这时施主杂质处于束缚态。图中的箭头表示被束缚的电子得到能量ΔE_D后,从施主能级跃迁到导带成为导电电子的电离过程。在导带中画的小黑点表示进入导带中的电子,施主能级处画

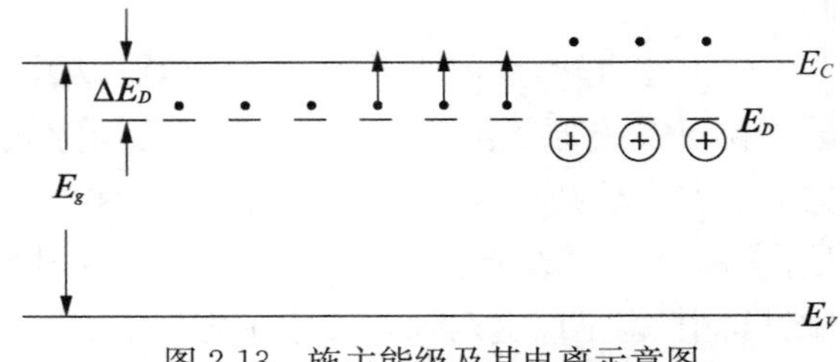

图2.13　施主能级及其电离示意图

的“⊕”号表示施主杂质电离以后带正电荷。

在纯净半导体中掺入施主杂质，杂质电离以后，导带中的导电电子增多，增强了半导体的导电能力。通常把主要依靠导带电子导电的半导体称为电子型或n型半导体。

对受主杂质和受主能级，正好相反。

现在以硅晶体中掺入硼为例说明Ⅲ族杂质的作用。如图2.14所示，一个硼原子占据了硅原子的位置。硼原子有3个价电子，当它和周围的4个硅原子形成共价键时，还缺少一个电子，必须从别处的硅原子中夺取一个价电子，于是在硅晶体的共价键中产生了一个空穴。而硼原子接受一个电子后，成为带负电的硼离子(B^-)，称为负电中心。带负电的硼离子和带正电的空穴间有静电引力作用，所以这个空穴受到硼离子的束缚，在硼离子附近运动。不过，硼离子对这个空穴的束缚是很弱的，只需要很少的能量就可以使空穴挣脱束缚，成为在晶体的共价键中自由运动的导电空穴。而硼原子成为多了一个价电子的B^-，它是一个不能移动的负电中心。因为Ⅲ族杂质在硅、锗中能够接受电子而产生导电空穴，并形成负电中心，所以称它们为受主杂质或p型杂质。空穴挣脱受主杂质束缚的过程称为受主电离。受主杂质未电离时是中性的，称为束缚态或中性态。电离后成为负电中心，称为受主离化态。

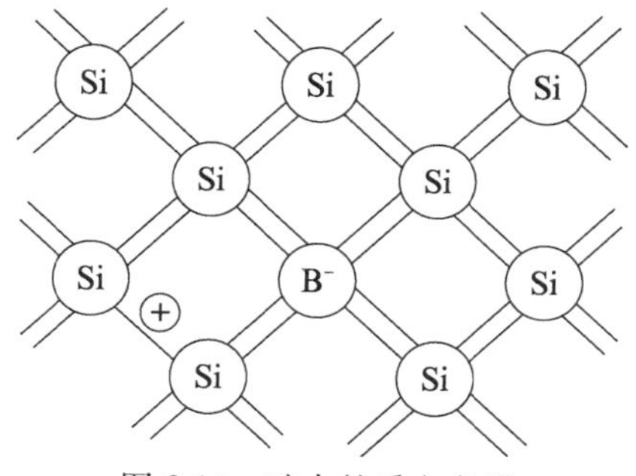

图2.14　硅中的受主杂质

使空穴挣脱受主杂质束缚成为导电空穴所需要的能量，称为受主杂质的电离能，用ΔE_A表示。实验测量表明：Ⅲ族杂质元素在硅、锗晶体中的电离能很小，在硅中约为0.045～0.065 eV(但铟在硅中的电离能为0.16 eV，是一例外)，在锗中约为0.01 eV，比硅、锗晶体的禁带宽度小得多。

受主杂质的电离过程也可以在能带图中表示出来，如图2.15所示。当空穴得到能量ΔE_A后，就从受主的束缚态跃迁到价带成为导电空穴，因为在能带图上表示空穴的能量是越向下越高，所以空穴被受主杂质束缚时的能量比价带顶E_V低ΔE_A。把被受主杂质所束缚的空穴的能量状态称为受主能级，记为E_A。因为$\Delta E_A \ll E_g$，所以受主能级位于离价带顶很近的禁带中。一般情况下，受主能级也是孤立能级。在能带图中，受主能级用离价带顶E_V为ΔE_A的短线段表示，每一条短线段对应一个受主杂质原子。在受主能级E_A上画一个小圆圈，表示被受主杂质束缚的空穴，这时受主杂质处于束缚态。图中的箭头表示受主杂质的电离过程，在价带中画的小圆圈表示进入价带的空穴。受主能级处画的负号表示受主杂质电离以后带负电荷。

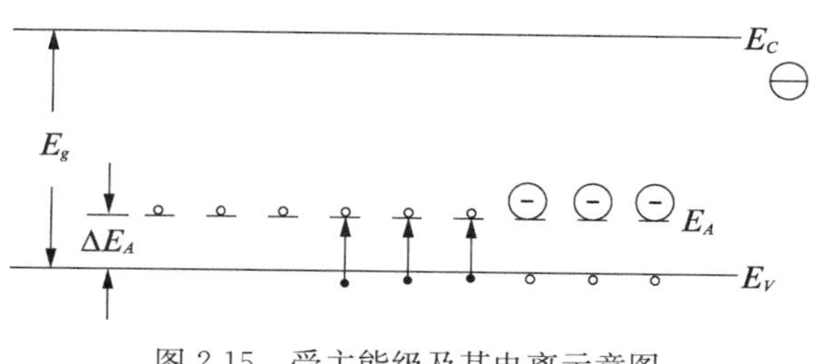

图2.15　受主能级及其电离示意图

当然，受主电离过程实际上是电子的运动，是价带中的电子得到能量ΔE_A后，跃迁到受主能级上，和束缚在受主能级上的空穴复合，并在价带中产生了一个可以自由运动的导电空穴，同时也就形成一个不可移动的受主离子。纯净半导体中掺入受主杂质后，受主杂质电离,使价带中的导电空穴增多,增强了半导体的导电能力,通常把主要依靠空穴导电的半导体称为空穴型或p型半导体。

综上所述,Ⅲ、Ⅴ族杂质在硅、锗晶体中分别是受主和施主杂质,它们在禁带中引入能级:受主能级比价带顶高 ΔE_A,施主能级则比导带底低 ΔE_D。这些杂质可以处于两种状态,即未电离的中性态或束缚态,以及电离后的离化态。当它们处于离化态时,受主杂质向价带提供空穴而成为负电中心,施主杂质向导带提供电子而成为正电中心。实验证明,硅、锗中的Ⅲ、Ⅴ族杂质的电离能都很小,所以受主能级很接近于价带顶,施主能级很接近于导带底。通常将这些杂质能级称为浅能级,将产生浅能级的杂质称为浅能级杂质。

2.4.2 费米能级

半导体中电子的数目是非常多的,例如,硅晶体每立方厘米中约有 5×10^{22} 个硅原子,仅价电子数每立方厘米中就约有 20×10^{22} 个。在一定温度下,半导体中的大量电子不停地做无规则热运动,电子既可以从晶格热振动获得能量,从低能量的量子态跃迁到高能量的量子态,也可以从高能量的量子态跃迁到低能量的量子态,将多余的能量释放出来成为晶格热振动的能量。因此,从一个电子来看,它所具有的能量时大时小,经常变化。但是,从大量电子的整体来看,在热平衡状态下,电子按能量大小具有一定的统计分布规律性,即这时电子在不同能量的量子态上统计分布概率是一定的。根据量子统计理论,服从泡利不相容原理的电子遵循费米统计律。对于能量为 E 的一个量子态被一个电子占据的概率 $f(E)$ 为

$$f(E)=\frac{1}{1+\exp\left(\frac{E-E_F}{k_0T}\right)} \tag{2.33}$$

式中,$f(E)$ 称为电子的费米分布函数,它是描写热平衡状态下,电子在允许的量子态上如何分布的一个统计分布函数;k_0 为玻尔兹曼常数,T 为绝对温度。

式(2.33)中的 E_F 称为费米能级或费米能量,它和温度、半导体材料的导电类型、杂质的含量及能量零点的选取有关。E_F 是一个很重要的物理参数,只要知道了 E_F 的数值,在一定温度下,电子在各量子态上的统计分布就完全确定。它可以由半导体中能带内所有量子态中被电子占据的量子态数应等于电子总数 N 这一条件来决定,即

$$\sum_i f(E_i)=N \tag{2.34}$$

将半导体中大量电子的集体看成一个热力学系统,由统计理论证明,费米能级 E_F 是系统的化学势,即

$$E_F=\mu=\left(\frac{\partial F}{\partial N}\right)_T \tag{2.35}$$

式中,μ 为系统的化学势;F 为系统的自由能。式(2.35)的意义是:当系统处于热平衡状态,也不对外界做功时,系统中增加一个电子所引起系统自由能的变化,等于系统的化学

势，也就是等于系统的费米能级。处于热平衡状态的系统有统一的化学势，所以处于热平衡状态的电子系统有统一的费米能级。

费米分布函数 $f(E)$的特性如下。

当 $T=0\text{ K}$ 时：若 $E<E_F$，则 $f(E)=1$；若 $E>E_F$，则 $f(E)=0$。

图 2.16 中曲线 A 是 $T=0\text{ K}$ 时 $f(E)$与 E 的关系曲线。可见在 0 K 时，能量比 E_F小的量子态被电子占据的概率是百分之百，因而这些量子态上都是有电子的；能量比 E_F大的量子态，被电子占据的概率是零，因而这些量子态上都没有电子，是空的。故在 0 K，费米能级 E_F可看成量子态是否被电子占据的一个界限。

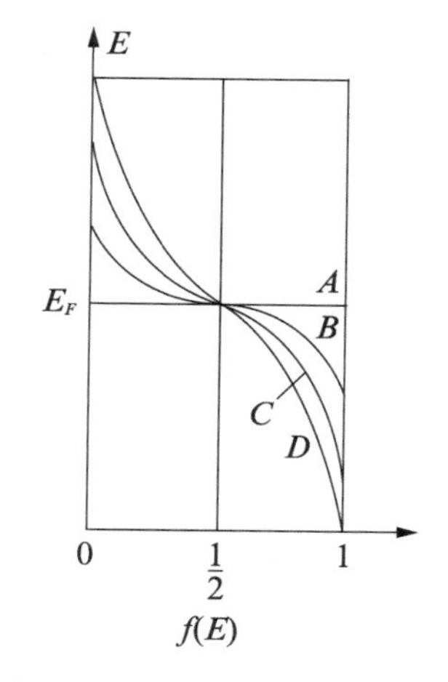

图 2.16　$f(E)$与 E 的关系曲线
［曲线 A、B、C、D 分别是 0 K、300 K、1 000 K、1 500 K 时的 $f(E)$曲线］

当 $T>0\text{ K}$ 时：若 $E<E_F$，则 $f(E)>1/2$；若 $E=E_F$，则 $f(E)=1/2$；若 $E>E_F$，则 $f(E)<1/2$。

上述结果表明：当系统的温度高于 0 K 时，如果量子态的能量比费米能级低，则该量子态被电子占据的概率大于百分之五十；若量子态的能量比费米能级高，则该量子态被电子占据的概率小于百分之五十。因此，费米能级是量子态基本上被电子占据或基本上是空的一个标志。当量子态的能量等于费米能级时，则该量子态被电子占据的概率是百分之五十。

一般可以认为，在温度不是很高时，能量大于费米能级的量子态基本上没有被电子占据，而能量小于费米能级的量子态基本被电子所占据，而电子占据费米能级的概率在各种温度下总是 1/2，所以费米能级的位置比较直观地标志了电子占据量子态的情况，通常就说费米能级标志了电子填充能级的水平。费米能级位置较高，说明有较多的能量，较高的量子态上有电子。

图 2.16 中还给出了温度为 300 K、1 000 K、1 500 K 时费米分布函数 $f(E)$与 E 的曲线。从图中看出，随着温度的升高，电子占据能量小于费米能级的量子态的概率下降，而占据能量大于费米能级的量子态的概率增大。

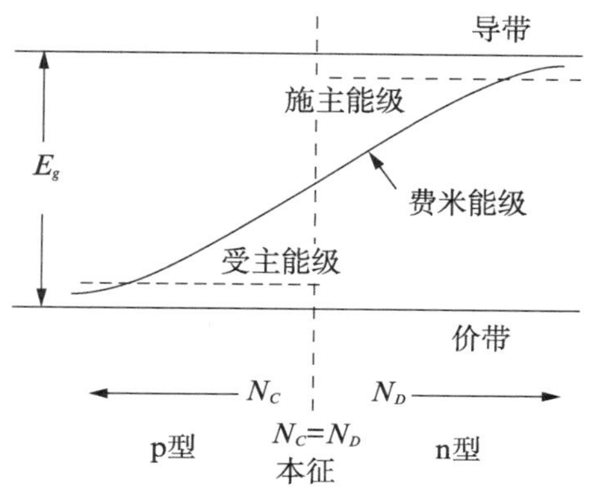

图 2.17　费米能级与杂质浓度的关系

费米能级在本征半导体中几乎位于禁带中央，而在 n 型半导体中靠近导带，在 p 型半导体中靠近价带。同时费米能级将根据掺杂浓度的不同，发生如图 2.17 所示的变化。例如，n 型半导体中设施主浓度为 N_D，则

$$E_C-E_F\approx kT\ln\frac{N_C}{N_D}\qquad(2.36)$$

p 型半导体中设受主浓度为 N_A，则

$$E_F-E_V\approx kT\ln\frac{N_V}{N_A}\qquad(2.37)$$

如果知道了杂质浓度,就可以通过计算求得费米能级。

2.4.3 杂质半导体的载流子浓度

在介绍非本征载流子浓度之前,先介绍杂质能级的占有概率,由于杂质上的电子状态并非互相独立,电子占据施主能级的概率与费米分布函数略有不同,即

$$f_D=\frac{1}{1+\frac{1}{g_D}e^{\frac{E_D-E_F}{kT}}} \tag{2.38}$$

式中,g_D称为施主基态简并度,对于类氢施主有 $g_D=2$。

类似地,对于受主,若以 $1-f_A$ 表示空穴占据受主态的概率,则有

$$1-f_A=\frac{1}{1+\frac{1}{g_A}e^{\frac{E_F-E_A}{kT}}}\Rightarrow f_A=\frac{1}{1+g_A e^{\frac{E_A-E_F}{kT}}} \tag{2.39}$$

同样称 g_A 为受主基态简并度,对于类氢受主有 $g_A=2$。

单一杂质能级情形,以施主杂质为例:它的中性条件不再是 $n=p$,而是

$$n=p+N_D-n_D \tag{2.40}$$

式中,N_D 为施主杂质浓度;n_D 为施主杂质上电子浓度。

式(2.40)的得出基于以下考虑:导带有浓度为 n 的电子,带浓度为 n 的负电荷,价带有浓度为 p 的空穴,带浓度为 p 的负电荷,杂质能级为施主能级,带有浓度为 N_D-n_D 的正电荷,因为半导体整体不带电,所以正负电荷电量相等,也可得到 $n=p+N_D-n_D$。

下面针对不同条件进行化简并计算。

1) 弱电离情形

弱电离情形相应于低温情形,在低温条件下,杂质大部分没有电离,$N_D-n_D\ll N_D$ 此时施主能级基本被电子占据,费米能级必在 E_D 之上,空穴浓度必定远小于电子浓度,电中性条件中可以略去 p,变成 $n=N_D-n_D$。

$$\begin{cases}n=N_C\cdot e^{-\frac{E_C-E_F}{kT}}\\ N_D-n_D=(1-f_D)N_D=\dfrac{N_D}{1+g_D e^{\frac{E_F-E_D}{kT}}}\approx\dfrac{N_D}{g_D}\cdot e^{-\frac{E_F-E_D}{kT}}\end{cases}$$

上式最后一步由于 $E_F-E_D\gg kT$,故省略了分母中的"1"。

代入 n 和 N_D-n_D 的表达式:$N_C\cdot e^{-\frac{E_C-E_F}{kT}}=\frac{N_D}{g_D}\cdot e^{-\frac{E_F-E_D}{kT}}$,则

$$\begin{cases}E_F=\dfrac{E_C+E_D}{2}+\dfrac{kT}{2}\ln\dfrac{N_D}{g_DN_C}\\ n=\left(\dfrac{N_DN_C}{g_D}\right)^{\frac{1}{2}}\cdot e^{-\frac{\varepsilon_D}{2kT}}\end{cases} \tag{2.41}$$

式中，$\varepsilon_D = E_C - E_D$。

同理，对于单一受主能级弱电离时有

$$\begin{cases} E_F = \dfrac{E_A + E_V}{2} - \dfrac{kT}{2}\ln\dfrac{N_A}{g_A N_V} \\ p = \left(\dfrac{N_A N_V}{g_A}\right)^{\frac{1}{2}} \cdot \mathrm{e}^{-\frac{\varepsilon_A}{2kT}} \end{cases} \tag{2.42}$$

式中，$\varepsilon_A = E_A - E_V$。

2）中等电离和强电离情形

以上弱电离的表达式只适用于 E_D 或 E_F 比 E_A 小几个 kT 值的情况，但由于 N_C 也与温度有关，温度稍高时，$g_D \cdot N_C$ 将超过 N_D，$\ln\dfrac{N_D}{g_D N_C}$ 为负，E_F 随温度升高而下降（由于等效态密度上升），温度更高时，E_F 可以接近 E_D，此时就是我们要讨论的中等电离情况。

此时 $\dfrac{1}{1+g_D\mathrm{e}^{\frac{E_F-E_D}{kT}}}$ 不再与 $\dfrac{1}{g_D}\mathrm{e}^{-\frac{E_F-E_D}{kT}}$ 近似，因此要解方程：$\dfrac{N_D}{1+g_D\mathrm{e}^{\frac{E_F-E_D}{kT}}} = N_C\mathrm{e}^{-\frac{E_C-E_F}{kT}}$，为方便解此方程，去分母后把方程看成关于 $g_D\mathrm{e}^{\frac{E_F-E_D}{kT}}$ 的二元一次方程。为表述方便，设 $\chi = \left(\dfrac{N_C}{g_D N_D}\right)^{\frac{1}{2}}\mathrm{e}^{-\frac{E_C-E_D}{2kT}}$，则

$$\begin{cases} E_F = E_D + kT\ln\left(\dfrac{\sqrt{4+\chi^2}-\chi}{2g_D\chi}\right) \\ n = N_D\left[\dfrac{\chi}{2}(\sqrt{4+\chi^2}-\chi)\right] \end{cases} \tag{2.43}$$

当 $\chi \gg 1$ 时，化简得到

$$\begin{cases} E_F = E_D + kT\ln\dfrac{1}{g_D\chi^2} = E_C + kT\ln\dfrac{N_D}{N_C} \\ n = N_D \end{cases} \tag{2.44}$$

因为此时 $n = N_D$，相当于杂质完全电离，故 $\chi \gg 1$ 就是强电离条件。当 $\chi \ll 1$ 时，化简得到的结果与弱电离情形时的表达式相同。$\chi \ll 1$ 是弱电离条件。

3）向本征区过渡

以上1)和2)的讨论中，我们假定了本征激发可以忽略，但在温度进一步增高时，本征激发不能忽略，而因此时完全电离，有 $n_D = 0$，故中性条件简化为 $n = p + N_D$，代入 $p = n_i^2/n$，得到关于 n 的二次方程，解得

$$n = \frac{1}{2}N_D\left[1+\left(1+\frac{4n_i^2}{N_D^2}\right)^{\frac{1}{2}}\right] \tag{2.45}$$

温度很高时 $\frac{n_i}{N_D} \gg 1$，此时约化为

$$n = n_i \tag{2.46}$$

可见掺杂浓度越高，向本征情况过渡的温度越高，可以由 $n_D = n_i$ 来确定是否向本征转变，把 n(或 p) $\gg n_i$ 时称为非本征情形。

实际器件应用时，要求半导体处在强电离范围内，这样器件中载流子浓度随温度变化小，性能稳定。T 升高到本征激发开始时，器件将失效；最高温度由 E_g 决定，E_g 大的半导体称为高温半导体，常见的如 SiC、GaN 等。

4）全温区的变化曲线

(1) 载流子浓度全温区变化曲线 ($\ln n_i$—$1/T$ 曲线)。

在本征区 n 约化为

$$n_i = (N_C \cdot N_i)^{\frac{1}{2}} e^{-\frac{E_g}{2kT}} \tag{2.47}$$

$$\ln n_i = \ln(N_C \cdot N_V)^{\frac{1}{2}} + \frac{-E_g}{2k} \cdot \frac{1}{T} \tag{2.48}$$

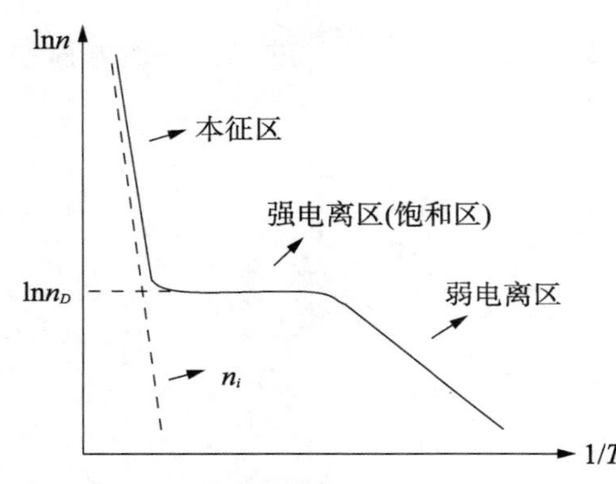

图 2.18　载流子浓度全温区变化曲线

式中，斜率为 $-\frac{E_g}{2k}$。

强电离时 $n = n_D$，曲线为水平。

弱电离时：

$$n_i = \left(\frac{N_D N_C}{g_D}\right)^{\frac{1}{2}} e^{-\frac{E_D}{2kT}} \tag{2.49}$$

式中，斜率为 $-\frac{E_D}{2k}$。

因此，载流子浓度全温区变化曲线如图 2.18 所示。

(2) 费米能级全温区变化曲线。

费米能级全温区变化曲线如图 2.19 所示。

温度较低时(接近 0 K)，杂质未电离，有

$$E_F = \frac{E_C + E_D}{2} + \frac{kT}{2} \ln \frac{N_D}{g_D N_C} \tag{2.50}$$

故 E_F 从 $(E_C + E_D)/2$ 开始随温度升高而上升。当 T 升高至某一值时，$\frac{N_D}{g_D N_C} < 1$ 后，E_F 开始随温度升高开始下降，当温度很高，向本征区过渡时，E_F 开始接近 E_i。

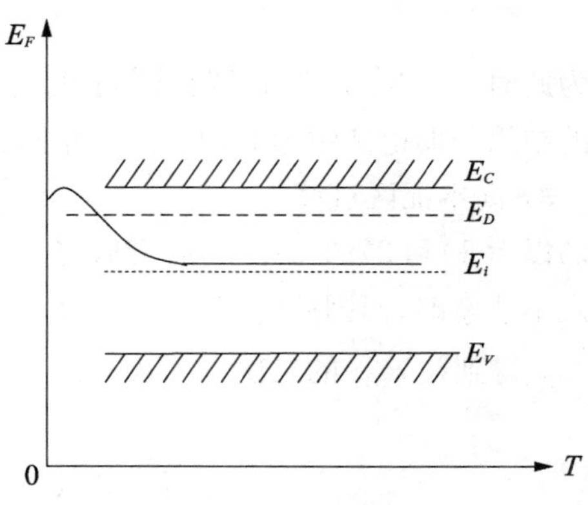

图 2.19　费米能级全温区变化曲线

2.5　载流子的输运

半导体的输运现象包括在电场、磁场、温度差等作用下十分广泛的载流子输运过程。与金属导体相比，半导体的载流子不仅浓度低很多，而且数量和运动速度都可以在很广的范围内变化。因此半导体的各种输运现象具有与金属十分不同的特征。

2.5.1　载流子的漂移运动

在外加电场 ξ 的影响下，一个随机运动的自由电子在与电场相反的方向上有一个加速度 $a=\xi/m$，在此方向上，它的速度随时间不断增加。晶体内的电子处于一种不同的情况，它运动时的质量不同于自由电子的质量，它不会长久持续地加速，最终将与晶格原子、杂质原子或晶体结构内的缺陷相碰撞。这种碰撞将造成电子运动的杂乱无章，换句话说，它将降低电子从外加电场得到的附加速度，两次碰撞之间的“平均”时间称为弛豫时间 t_r，由电子无规则热运动的速度来决定。此速度通常要比电场给予的速度大得多，在两次碰撞之间由电场所引起的电子平均速度的增量称为漂移速度。导带内电子的漂移速度由式(2.51)得出：

$$v_d=\frac{1}{2}at=\frac{1}{2}\frac{qt_r}{m_e^*}\xi \tag{2.51}$$

如果 t_r 是对所有的电子速度取平均，则去掉系数$\frac{1}{2}$。电子载流子的迁移率定义为

$$\mu_d=\frac{v_d}{\xi}=\frac{qt_r}{m_e^*} \tag{2.52}$$

来自导带电子的相应的电流密度将是

$$J_e=qnv_d=q\mu_e n\xi \tag{2.53}$$

对于价带内的空穴，其类似公式为

$$J_h=q\mu h p\xi \tag{2.54}$$

总电流就是这两部分的和。因此半导体的电导率 σ 为

$$\sigma=\frac{1}{\rho}=\frac{J}{\xi}=q\mu_e n+q\mu_h p \tag{2.55}$$

式中，ρ 为电阻率。

实验发现，在电场强度不太大的情况下，半导体中的载流子在电场作用下的运动仍遵守欧姆定律。但是，半导体中存在着两种载流子，即带正电的空穴和带负电的电子，而且载流子浓度又随着温度和掺杂的不同而不同，所以，它的导电机构要比导体复杂些。

一块均匀半导体,两端加电压,在半导体内部就形成电场。因为电子带负电,空穴带正电,所以两者漂移运动的方向不同,电子反电场方向漂移,空穴沿电场方向漂移。但是形成的电流都是沿着电场方向的,因而,半导体中的导电作用应该是电子导电和空穴导电的总和。

导电的电子在导带中,它们是脱离了共价键可以在半导体中自由运动的电子;而导电的空穴在价带中,空穴电流实际上代表了共价键上的电子在价键间运动时所产生的电流。显然,在相同电场作用下,两者的平均漂移速度不会相同,而且导带电子平均漂移速度要大些,电子迁移率与空穴迁移率不相等,前者要大些。若以 μ_n、μ_p 分别表示电子和空穴的迁移率;J_n、J_p 分别代表电子漂移电流和空穴漂移电流;n、p 分别代表电子和空穴浓度,则总电流密度 J 应为

$$J = J_n + J_p = (nq\mu_n + pq\mu_p) \mid E \mid \tag{2.56}$$

在电场强度不太大时,J 与 $|E|$ 间仍遵守欧姆定律式,因此得到半导体的电导率 σ 为

$$\sigma = nq\mu_n + pq\mu_p \tag{2.57}$$

式(2.57)表示半导体材料的电导率与载流子浓度和迁移率间的关系。

对于结晶质量很好的比较纯的半导体来说,使载流子速度变得紊乱的碰撞是由晶体的原子引起的。然而,电离了的掺杂剂是有效的散射体,因为它们带有净电荷。因此,随着半导体掺杂的加重,两次碰撞间的平均时间及迁移率都将降低。

当温度升高时,基体原子的振动更剧烈,它们变为更大的"靶",从而降低了两次碰撞间的平均时间及迁移率。重掺杂时,这个影响就变得不太显著,因为此时电离了的掺杂剂是有效的载流子的散射体。

电场强度的提高,最终将使载流子的漂移速度增加到可与无规则热速度相比。因此,电子的总速度将随着电场强度的增加而增加。电场的增加使碰撞间的时间及迁移率减小。

2.5.2 载流子的扩散

除了漂移运动,半导体中的载流子也可以因扩散而流动。像气体分子那样的任何粒子过分集中时,若不受到限制,则它们会自己散开。此现象的根本原因是这些粒子的无规则的热速度。

当固体中粒子浓度(原子、分子、电子、空穴等)在空间分布不均匀时将发生扩散运动。载流子从高浓度向低浓度(正好是梯度的反方向)的扩散运动是载流子的重要输运方式。例如,一束光入射到半导体材料,半导体对光的吸收沿入射方向是衰减的,在离表面吸收深度的范围内($1/\alpha$,α 为材料的光吸收系数)将激发大量的电子和空穴,形成从表面向体内,光生载流子浓度由高到低的不均匀分布。在此情况下,虽然半导体处于同一温度,载流子分布却是空间位置的函数。设在无光照时,n型半导体电子浓度空间均匀分布为 n_0,光照后,在光照的 x 方向电子浓度分布为 $n(x)$,光生电子沿 x 方向的浓度变化为

$$\Delta n(x)=n(x)-n_0 \tag{2.58}$$

扩散运动形成的电子扩散流密度可表示为

$$J_{n扩}=qD_n\frac{\mathrm{d}\Delta n}{\mathrm{d}x} \tag{2.59}$$

扩散流密度与浓度梯度方向相反，然而电子带负电荷，因此式(2.59)电子的扩散电流密度 $J_{n扩}$ 没有负号。类似地，空穴的扩散电流密度为

$$J_{p扩}=-qD_p\frac{\mathrm{d}\Delta p}{\mathrm{d}x} \tag{2.60}$$

式中，比例系数 D_n、D_p 分别为电子和空穴的扩散系数，单位是 $\mathrm{cm^2/s}$。

热平衡条件下，既没有净的电子流，也没有净的空穴流，此时材料中由载流子分布不均匀导致的扩散流与漂移流平衡。从根本上讲，漂移和扩散两个过程是有关系的，因而，迁移率和扩散常数不是独立的，它们通过爱因斯坦关系相互联系，即

$$D_e=\frac{kT}{q}\mu_e,\ D_h=\frac{kT}{q}\mu_h \tag{2.61}$$

式中，kT/q 是在与太阳电池有关的关系式中经常出现的参数，它具有电压的量纲，室温时为 26 mV。

2.6 载流子的产生、复合与寿命

2.6.1 产生与复合过程

1. 载流子的产生

处于热平衡状态的半导体，在一定温度下，载流子浓度是一定的。这种处于热平衡状态下的载流子浓度，称为平衡载流子浓度，用 n_0 和 p_0 分别表示平衡电子浓度和空穴浓度。在非简并情况下，它们的乘积满足：

$$n_0p_0=N_vN_c\exp\left(-\frac{E_g}{k_0T}\right)=n_i^2 \tag{2.62}$$

本征载流子浓度 n_i 只是温度的函数。在非简并情况下，无论掺杂多少，平衡载流子浓度 n_0 和 p_0 必定满足式(2.62)。因而它也是非简并半导体处于热平衡状态的判据式。

半导体的热平衡状态是相对的，有条件的。如果对半导体施加外界作用，则破坏了热平衡的条件，这就迫使它处于与热平衡状态相偏离的状态，称为非平衡状态。对于处于非平衡状态的半导体，其载流子浓度也不再是 n_0 和 p_0，可以比它们多出一部分。比平衡状态多出来的这部分载流子称为非平衡载流子，有时也称为过剩载流子。

例如，在一定温度下，当没有光照时，一块半导体中电子和空穴浓度分别为 n_0 和 p_0，假设是 n 型半导体，则 $n_0\gg p_0$，其能带如图 2.20 所示。当用适当波长的光照射该半导体时，只要光子的能量大于该半导体的禁带宽度，光子就能把价带电子激发到导带上，产生

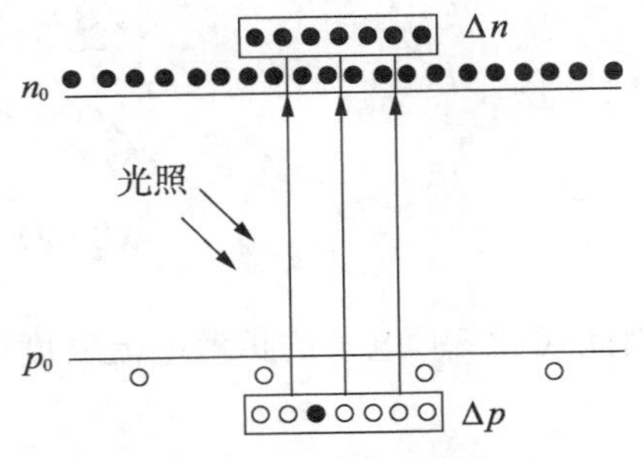

图 2.20　光照产生非平衡载流子

电子—空穴对,使导带比平衡时多出一部分电子 Δn,价带比平衡时多出一部分空穴 Δp,它们被形象地表示在图 2.20 的方框中。Δn 和 Δp 就是非平衡载流子浓度。这时把非平衡电子称为非平衡多数载流子,而把非平衡空穴称为非平衡少数载流子。对 p 型材料则相反。

用光照使得半导体内部产生非平衡载流子的方法,称为非平衡载流子的光注入。光注入时,有

$$\Delta n = \Delta p \tag{2.63}$$

在一般情况下,注入的非平衡载流子浓度比平衡时的多数载流子浓度小得多。满足这个条件的注入称为小注入。即使在小注入的情况下,非平衡少数载流子浓度还是可以比平衡少数载流子浓度大得多,它的影响就显得十分重要了,而相对来说,非平衡多数载流子的影响可以忽略。所以实际上往往是非平衡少数载流子起着重要作用,通常说的非平衡载流子都是指非平衡少数载流子。

要破坏半导体的平衡态,对它施加的外部作用可以是光,还可以是电或其他能量传递的方式。相应的,除了光照还可以用其他方法产生非平衡载流子,最常见的是用电的方法,称为非平衡载流子的电注入。例如,pn 结正向工作时,就是常遇到的电注入。当金属探针与半导体接触时,也可以用电的方法注入非平衡载流子。

2. 载流子的复合

1) 弛豫到平衡

适当波长的光照射在半导体上会产生电子—空穴对。因此,光照射时,材料的载流子浓度将超过无光照时的值。如果切断光源,则载流子浓度就衰减到它们平衡时的值。这个衰减过程通常称为复合过程。下面将介绍几种不同的复合机构。

2) 辐射复合

辐射复合就是光吸收过程的逆过程。占据比热平衡时更高能态的电子有可能跃迁到空的低能态,其全部(或大部分)初末态间的能量差以光的方式发射。所有已考虑到的吸收机构都有相反的辐射复合过程。由于间接带隙半导体需要包括声子的两级过程,所以辐射复合在直接带隙半导体中比在间接带隙半导体中进行得快。

总的辐射复合速率 R_R 与导带中占有态(电子)的浓度和价带中未占有态(空穴)的浓度的乘积成正比,即

$$R_R = Bnp \tag{2.64}$$

式中,B 对给定的半导体来说是一个常数。由于光吸收和这种复合过程之间的关系,由半导体的吸收系数能够计算出 B。

热平衡时,即 $np = n_i^2$ 时,复合率由数目相等但过程相反的产生率所平衡。在不存在由外部激励源产生载流子对的情况下,与式(2.64)相对应的净复合率 U_R 由总的复合率减去热平衡时的产生率得到,即

$$U_R = B(np - n_i^2) \tag{2.65}$$

对任何复合机构，都可定义有关载流子寿命（对电子）和（对空穴），它们分别为

$$\tau_e = \frac{\Delta n}{U}$$
$$\tau_h = \frac{\Delta p}{U} \tag{2.66}$$

式中，U 为净复合率，Δn 和 Δp 是相应载流子从它们热平衡时的值 n_0 和 p_0 的所增加的部分，$\Delta n = n - n_0$，$\Delta p = p - p_0$。

对 $\Delta n = \Delta p$ 的辐射复合机构而言，由式(2.65)确定的特征寿命为

$$\tau = \frac{n_0 p_0}{B n_i^2 (n_0 + p_0)} \tag{2.67}$$

式中，硅的 B 值约为 $2\times10^{-15}\ \mathrm{cm^3/s}$。

正如前面所说的直接带隙材料的复合寿命比间接带隙材料的小得多。利用 GaAs 及其合金为材料的商用半导体激光器和光发射二极管就是以辐射复合过程作为基础的。但对硅来说，其他的复合机构远比这重要得多。

3）俄歇复合

在俄歇（Auger）效应中，电子与空穴复合时，将多余的能量传给第二个电子而不是发射光。图 2.21 示出了这个过程。然后，第二个电子通过发射声子弛豫回到它初始所在的能级。俄歇复合就是更熟悉的碰撞电离效应的逆过程。对具有充足的电子和空穴的材料来说，与俄歇过程有关的特征寿命 τ 分别为

$$\frac{1}{\tau} = Cnp + Dn^2 \text{ 或 } \frac{1}{\tau} = Cnp + Dp^2 \tag{2.68}$$

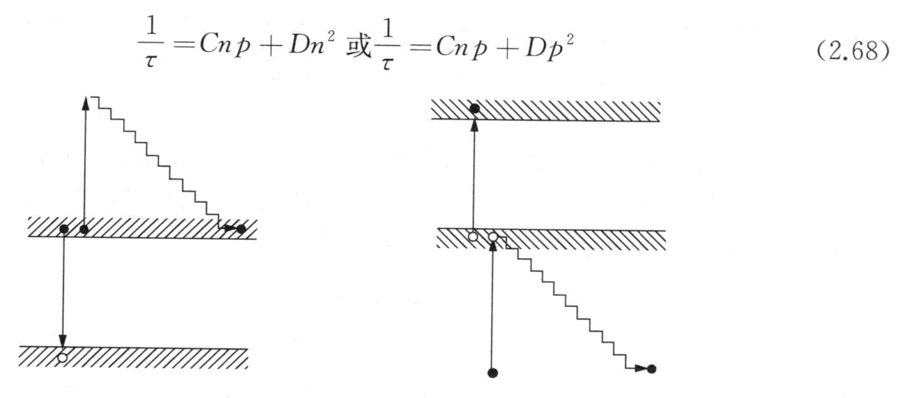

(a) 多余的能量传给导带中的电子　(b) 多余的能量传给价带中的电子

图 2.21 俄歇复合过程

在每种情况下，右边的第一项描述少数载流子能带的电子激发，第二项描述多数载流子能带的电子激发。由于第二项的影响，高掺杂材料中俄歇复合尤其显著。对于高质量硅，掺杂浓度大于 $10^{17}\ \mathrm{cm^3}$ 时，俄歇复合处于支配地位。

4）通过陷阱的复合

前面已指出，半导体中的杂质和缺陷会在禁带中产生允许能级。这些缺陷能级引起

一种很有效的两级复合过程。如图 2.22(a)所示,在此过程中,电子从导带能级弛豫到缺陷能级,然后再从弛豫到价带,结果与一个空穴复合。

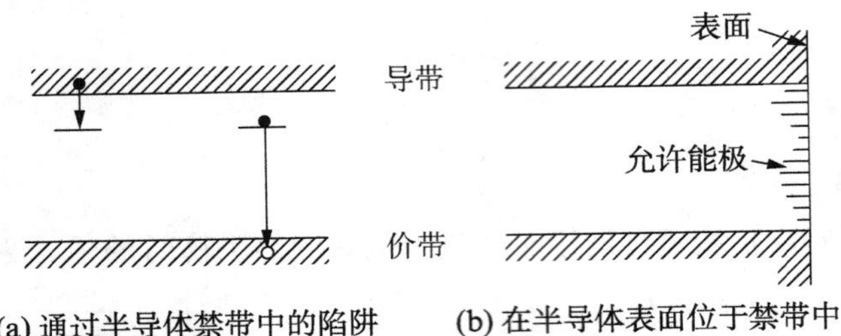

图 2.22　通过陷阱的复合过程

对此过程进行动力学分析,通过陷阱的净复合——产生率U_T可写为

$$U_T = \frac{np - n_i^2}{\tau_{h_0}(n + n_1) + \tau_{e_0}(p + p_1)} \tag{2.69}$$

式中,τ_{h_0}和τ_{e_0}是寿命参数,它们的大小取决于陷阱的类型和陷阱缺陷的体密度;n_1和p_1是分析过程中产生的参数,此分析过程还引入一个复合速率与陷阱能E_t的关系式:

$$n_1 = N_C \exp\left(\frac{E_t - E_c}{kT}\right) \tag{2.70}$$

$$n_1 p_1 = n_i^2 \tag{2.71}$$

式(2.70)在形式上与用费米能级表示电子浓度的公式很相似。如果τ_{e_0}和τ_{h_0}数量级相同,则可知当$n_1 \approx p_1$时,U_T有其峰值。当缺陷能级位于禁带间中央附近时,就出现这种情况。因此,在带隙中央引入能级的杂质是有效的复合中心。

5) 表面复合

表面可以说是晶体结构中有相当严重缺陷的地方。如图 2.22(b)所示,在表面处存在许多能量位于禁带中的允许能态。因此由上面所叙述的复合机构,或者复合机制,在表面处很容易发生。单能级表面态每单位面积的净复合率U_A即

$$U_A = \frac{S_{e_0} S_{h_0}(np - n_i^2)}{S_{e_0}(n + n_1) + S_{h_0}(p + p_1)} \tag{2.72}$$

式中,S_{e_0}和S_{h_0}是表面复合速度。位于带隙中央附近的表面态能级也是最有效的复合中心。

2.6.2　非平衡载流子的寿命

以 n 型硅半导体为例,可以通过观察光照停止后,非平衡载流子浓度Δp随时间变化的规律。研究表明,光照停止后,Δp随时间按指数规律减小。这说明非平衡载流子并不是立刻全部消失,而是有一个过程,即它们在导带和价带中有一定的生存时间,有的长些,有的短些。非平衡载流子的平均生存时间称为非平衡载流子的寿命,用τ表示。相对于

非平衡多数载流子,非平衡少数载流子的影响处于主导、决定的地位,因而非平衡载流子的寿命常称为少数载流子寿命。显然 $1/\tau$ 就表示单位时间内非平衡载流子的复合概率。通常把单位时间单位体积内净复合消失的电子—空穴对数称为非平衡载流子的复合率。很明显,$\Delta p/\tau$ 就代表复合率。

通常寿命是用实验方法测量的。各种测量方法都包括非平衡载流子的注入和检测两个基本方面。最常用的注入方法是光注入和电注入,而检测非平衡载流子的方法有很多。不同的注入和检测方法的组合就形成了许多寿命测量方法。

不同的材料其寿命很不相同。一般来说,锗比硅容易获得较高的寿命,而砷化镓的寿命要短得多。较完整的锗单晶,寿命可超过 10^4μs。纯度和完整性特别好的硅材料,寿命可达 10^3μs 以上。砷化镓的寿命极短,为 $10^{-8}\sim10^{-9}$ s 或更低。即使是同种材料,在不同的条件下,寿命也可在一个很大的范围内变化。制造晶体管的锗材料,寿命通常在几十微秒至二百多微秒范围内,平面器件中用的硅材料,寿命一般在几十微秒以上。

2.6.3　准费米能级

半导体中的电子系统处于热平衡状态时,在整个半导体中有统一的费米能级,电子和空穴浓度都用它来描写。在非简并情况下,有

$$n_0 = N_C \exp\left(-\frac{E_C - E_F}{k_0 T}\right) \tag{2.73}$$

$$p_0 = N_V \exp\left(-\frac{E_F - E_V}{k_0 T}\right) \tag{2.74}$$

正因为有统一的费米能级 E_F,热平衡状态下,半导体中电子和空穴浓度的乘积必定满足式(2.62),因而,统一的费米能级是热平衡状态的标志。

当外界的影响破坏了热平衡,使半导体处于非平衡状态时,就不再存在统一的费米能级,因为前面讲的费米能级和统计分布函数都是指热平衡状态。事实上,电子系统的热平衡状态是通过热跃迁实现的。在一个能带范围内,热跃迁十分频繁,极短时间内就能导致一个能带内的热平衡。然而,电子在两个能带之间,例如,导带和价带之间的热跃迁就特别稀少,因为中间还隔着禁带。

当半导体的平衡态遭到破坏而存在非平衡载流子时,鉴于上述原因,可以认为,分别就价带和导带中的电子讲,它们各自基本上处于平衡态,而导带和价带之间处于不平衡状态。因而费米能级和统计分布函数对导带和价带各自仍然是适用的,可以分别引入导带费米能级和价带费米能级,它们都是局部的费米能级,称为“准费米能级”。导带和价带间的不平衡就表现在它们的准费米能级是不重合的。导带的准费米能级也称电子准费米能级,相应地,价带的准费米能级称为空穴准费米能级,分别用 E_F^n 和 E_F^p 表示。

引入准费米能级后,非平衡状态下的载流子浓度也可以用与平衡载流子浓度类似的公式来表达:

$$n = N_C \exp\left(-\frac{E_C - E_F^n}{k_0 T}\right) \tag{2.75}$$

$$p = N_V \exp\left(-\frac{E_F^p - E_V}{k_0 T}\right) \tag{2.76}$$

已知载流子浓度,便可以由式(2.75)和式(2.76)确定准费米能级 E_F^n 和 E_F^p 的位置。只要载流子浓度不是太高,不使 E_F^n 或 E_F^p 进入导带或价带,此式总是适用的。

图2.23示意地画出了n型半导体注入非平衡载流子后,准费米能级 E_F^n 和 E_F^p 偏离热平衡时的费米能级的情况。在非平衡态时,一般多数载流子的准费米能级和平衡时的费米能级偏离不多,而少数载流子的准费米能级则偏离很大。由电子浓度和空穴浓度的乘积公式得

$$np = n_0 p_0 \exp\left(\frac{E_F^n - E_F^p}{k_0 T}\right) = n_i^2 \exp\left(\frac{E_F^n - E_F^p}{k_0 T}\right) \tag{2.77}$$

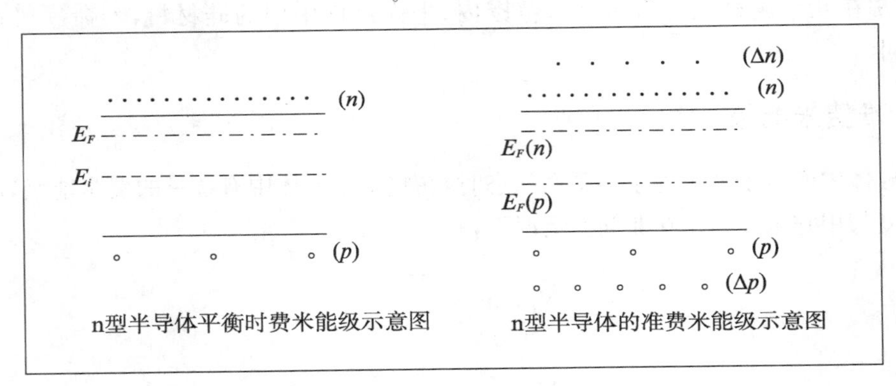

图 2.23　n型半导体准费米能级示意图

可以看出,E_F^n 和 E_F^p 偏离的大小直接反映出 np 与 n_i^2 相差的程度,即反映了半导体偏离热平衡态的程度。两者偏离越大,说明不平衡情况越显著;两者靠得越近,说明越接近平衡态;两者重合时,形成统一的费米能级,半导体处于平衡态。因此引进准费米能级,可以更形象地了解非平衡态的情况。

2.6.4　连续性方程

图2.24为长为 δ_x、横截面积为 A 的单元体积,这个体积中电子的净增加概率等于它们进入的速率减去它们出去的速率,加上该体积中它们的产生率,减去它们的复合率,写成方程为

$$\text{进入速率} - \text{出去速率} = \frac{A}{q}\{-J_e(x) - [-J_e(x+\delta_x)]\} = \frac{A}{q}\frac{\mathrm{d}J_e}{\mathrm{d}x}\delta_x \tag{2.78}$$

$$\text{产生率} - \text{复合率} = A\delta_x(G - U) \tag{2.79}$$

式中,G 为由外部作用(如光照)所引起的净产生率;U 为净复合率。在稳态情况下,净增加率必须为0,这样就有

$$\frac{1}{q}\frac{\mathrm{d}J_e}{\mathrm{d}x} = U - G \tag{2.80}$$

同样，对于空穴有

$$\frac{1}{q}\frac{\mathrm{d}J_h}{\mathrm{d}x}=-(U-G) \tag{2.81}$$

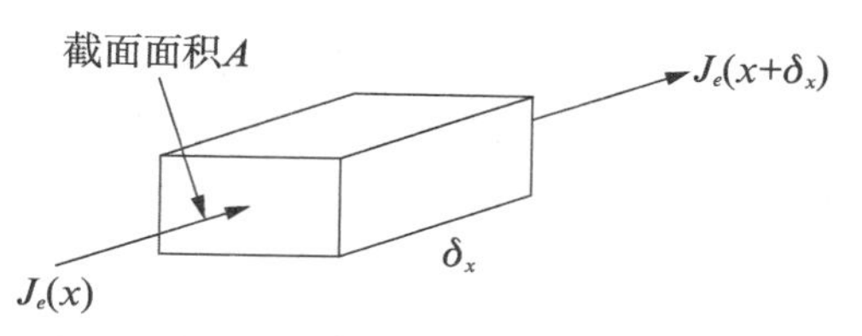

图 2.24　推导电子连续方程用的单元体积

2.7　pn 结及其能带图

2.7.1　基本制备工艺

在一块 n 型(或 p 型)半导体单晶上，用适当的工艺方法(如合金法、扩散法、生长法、离子注入法等)把 p 型(或 n 型)杂质掺入其中，使这块单晶的不同区域分别具有 n 型和 p 型的导电类型，在两者的交界面处就形成了 pn 结。图 2.25 为其基本结构示意图。

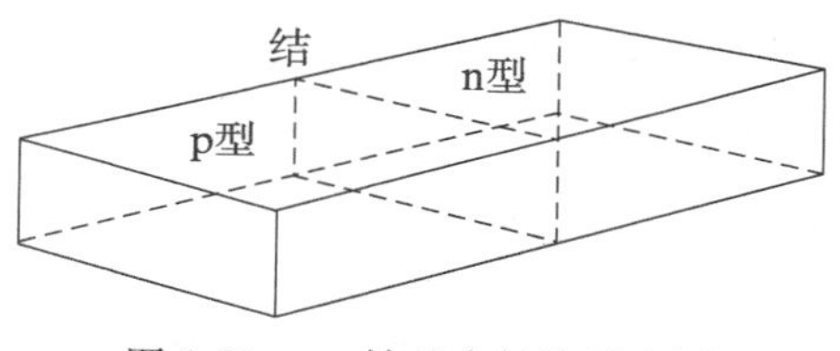

图 2.25　pn 结基本结构示意图

下面简单介绍两种常用的形成 pn 结的典型工艺方法及制得的 pn 结中杂质的分布情况。

(1) 合金法。用合金法制造 pn 结的过程是把一小粒铝放在一块 n 型单晶硅片上，加热到一定的温度，形成铝硅的熔融体，然后降低温度，熔融体开始凝固，在 n 型硅片上形成一含有高浓度铝的 p 型硅薄层。它和 n 型硅衬底的交界面处即为 pn 结(这时称为铝硅合金结)。

采用合金法制备的 pn 结，其杂质浓度分布从 n 型到 p 型是突变的，称这种 pn 结为突变结。

(2) 扩散法。用扩散法制造 pn 结(也称扩散结)的过程是在 n 型单晶硅片上，通过氧化、光刻、扩散等工艺制得 pn 结。其杂质分布由扩散过程及杂质补偿决定。在这种结中，杂质浓度从 p 区到 n 区是逐渐变化的，通常称为缓变结。在扩散结中，如果杂质分布可以用 pn 界面处的切线近似表示，则称为线性缓变结。

综上所述，pn 结的杂质分布一般可以归纳为两种情况，即突变结和线性缓变结。合金结和高表面浓度的浅扩散结(p^+n 结或 n^+p 结)一般可认为是突变结，而低表面浓度的深扩散结，一般可以认为是线性缓变结。

2.7.2　空间电荷区

考虑两块半导体单晶，一块是 n 型，一块是 p 型。在 n 型中，电子很多而空穴很少；在 p 型中，空穴很多而电子很少。但是，在 n 型中的电离施主与少量空穴的正电荷严格平衡电子电荷，而在 p 型中的电离受主与少量电子的负电荷严格平衡空穴电荷。因此，单独的 n 型和 p 型半导体是电中性的。当这两块半导体结合形成 pn 结时，它们之间存在着载流

子浓度梯度,导致了空穴从p区到n区、电子从n区到p区的扩散运动。对于p区,空穴离开后,留下了不可动的带负电荷的电离受主,这些电离受主,没有正电荷与之保持电中性。因此,在pn结附近p区一侧出现了一个负电荷区。同理,在pn结附近n区一侧出现了由电离施主构成的一个正电荷区,通常把在pn结附近的这些电离施主和电离受主所带电荷称为空间电荷。它们所存在的区域称为空间电荷区,如图2.26所示。

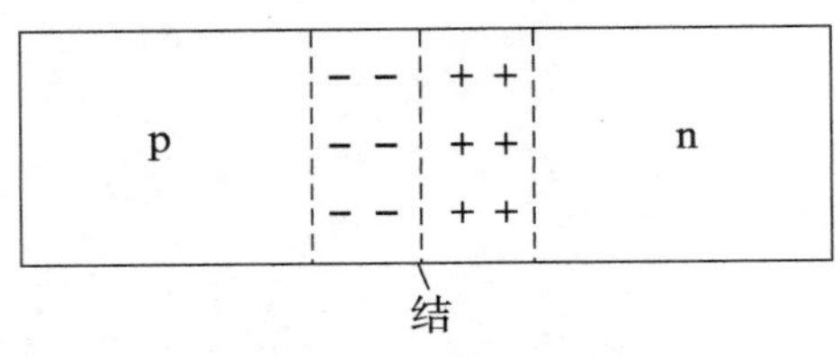

图2.26 pn结的空间电荷区

空间电荷区中的这些电荷产生了从n区指向p区,即从正电荷指向负电荷的电场,称为内建电场。在内建电场作用下,载流子做漂移运动。显然,电子和空穴的漂移运动方向与它们各自的扩散运动方向相反。因此,内建电场起着阻碍电子和空穴继续扩散的作用。

随着扩散运动的进行,空间电荷逐渐增多,空间电荷区也逐渐扩展;同时,内建电场逐渐增强,载流子的漂移运动也逐渐加强。在无外加电压的情况下,载流子的扩散和漂移最终将达到动态平衡,即从n区向p区扩散过去多少电子,就将有同样多的电子在内建电场作用下返回n区。因而电子的扩散电流与漂移电流的大小相等、方向相反而互相抵消。对于空穴,情况完全相似。因此,没有电流流过pn结。或者说流过pn结的净电流为零。这时空间电荷的数量一定,空间电荷区不再继续扩展,保持一定的宽度,其中存在一定的内建电场。一般称这种情况为热平衡状态下的pn结(简称为平衡pn结)。

2.7.3 能带图

平衡pn结的情况,可以用能带图表示。图2.27(a)表示n型、p型两块半导体的能带图,图中E_{F_n}和E_{F_p}分别表示n型和p型半导体的费米能级。

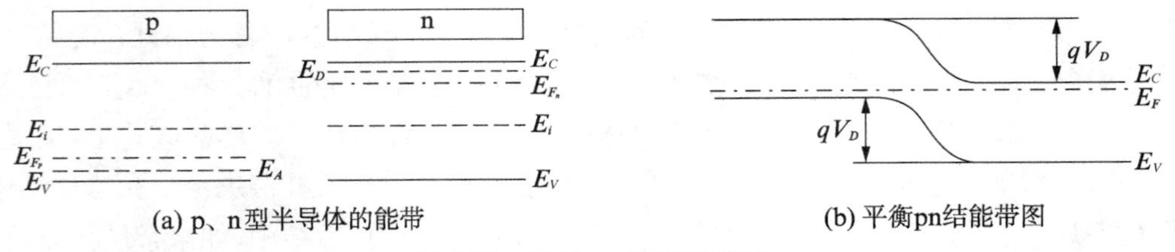

图2.27 平衡pn结的能带图

当两块半导体结合形成pn结时,按照费米能级的意义,电子将从费米能级高的n区流向费米能级低的p区,空穴则从p区流向n区,因而E_{F_n}不断下移,而E_{F_p}不断上移,直至$E_{F_n}=E_{F_p}$时为止。这时pn结中有统一的费米级能E_F,pn结处于平衡状态,其能带如图2.27(b)所示。事实上,E_{F_n}随着n区能带一起下移,E_{F_p}则随着p区能带一起上移。能带相对移动的原因是pn结空间电荷区中存在内建电场。随着从n区指向p区的内建电场的不断增强,空间电荷区内电势$V(x)$由n区向p区不断降低,而电子的电势能$-qV(x)$则由n区向p区不断升高,所以,p区的能带相对n区上移,而n区能带相对p区下移,直至费米能级处处相等,能带才停止相对移动,pn结达到平衡状态。因此,pn结中费米能级处处相等恰好标志了每一种载流子的扩散电流和漂移电流互相抵消,没有净电流通过pn结。

从图 2.27(b)可以看出，在 pn 结的空间电荷区中能带发生弯曲，这是空间电荷区中电势能变化的结果。由于能带弯曲，电子从势能低的 n 区向势能高的 p 区运动时，必须克服这一势能“高坡”，才能到达 p 区；同理，空穴也必须克服这一势能“高坡”，才能从 p 区到达 n 区，这一势能“高坡”通常称为 pn 结的势垒，故空间电荷区也称为势垒区。

2.7.4　电流电压特性

在 pn 结上加偏置电压时，由于空间电荷区内没有载流子（又称为耗尽区）形成高阻区，因而电压几乎全部跨落在空间电荷区上。当外加电压使得 p 区为正时，势垒高度减小，空穴从 p 区向 n 区的移动，以及电子从 n 区向 p 区的移动变得容易，在两个区内有少数载流子注入，因此电流容易流动(称为正向)。当外加电压使得 n 区为正时，势垒高度增加，载流子的移动就变得困难，几乎没有电流流过(此时称为反向)。当存在外加电压时，空间电荷区的 n 区边界和 p 区边界的空穴浓度 p_n 及电子浓度 n_p 如下：

$$\begin{aligned} p_n &= p_{n_0}\exp(qV/kT) \\ n_p &= n_{p_0}\exp(qV/kT) \end{aligned} \tag{2.82}$$

式中，当加正向电压时，$V>0$；当加反向电压时，$V<0$。

外加电压仅跨越在空间电荷区，因而可视为 n 区内没有电场，由空穴构成的电流只是由它的浓度梯度形成的扩散电流。电流密度 J_p 为

$$J_p = q\frac{D_p}{L_p}(p_n - p_{n_0}) = qp_{n_0}\frac{D_p}{L_p}\left[\exp\left(\frac{qV}{kT}\right)-1\right] \tag{2.83}$$

同样，注入 p 区的少数载流子电子的电流密度 J_n 为

$$J_n = qn_{p_0}\frac{D_n}{L_n}\left[\exp\left(\frac{qV}{kT}\right)-1\right] \tag{2.84}$$

因加变压 V 而产生的总电流是空穴电流与电子电流之和，故总电流密度 J 为

$$J = J_p + J_n = J_0\left[\exp\left(\frac{qV}{kT}\right)-1\right] \tag{2.85}$$

$$J_0 = qp_{n_0}\frac{D_p}{L_p} + qn_{p_0}\frac{D_n}{L_n} \tag{2.86}$$

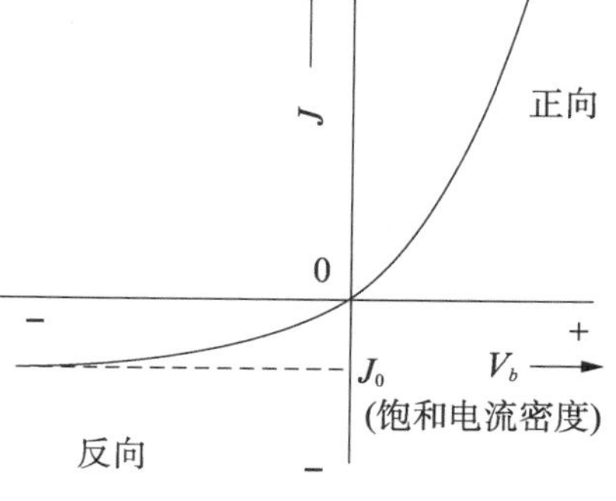

图 2.28　pn 结的电流-电压特性

总电流密度 J 具有如图 2.28 所示的整流特性。正向时，在电压较大的区域，电流密度与 $\exp(qV/kT)$ 成正比；反向时则趋近于 $-J_0$，J_0 为饱和电流密度。

2.7.5　pn 结隧穿效应

实验发现，两边都是重掺杂的 pn 结的电流电压特性如图 2.29 所示，正向电流一开始就随正向电压的增加而迅速上升，达到一个极大值 I_p，称为峰值电流，对应的正向电压

V_p,称为峰值电压。随后电压增加,电流反而减小,达到一极小值 I_v,称为谷值电流,对应的电压 V_v,称为谷值电压。当电压大于谷值电压后,电流又随电压而上升。在 V_p 到 V_v 这段电压范围内,随着电压的增大电流反而减小的现象称为负阻,这一段 $I-V$ 曲线的斜率为负,这一特性称为负阻特性。反向时,反向电流随反向偏压的增大而迅速增大。由重掺杂的p区和n区形成的pn结通常称为隧穿结,由这种隧穿结制成的隧穿二极管,因它具有正向负阻特性而获得了多种用途,如用于微波放大、高速开关、激光振荡源等。

在简并化的重掺杂半导体中,n型半导体的费米能级进入了导带,p型半导体的费米能级进入了价带。两者形成隧穿结后,在没有外加电压,处于热平衡状态时,n区和p区的费米能级相等。隧穿结能带如图2.30所示。

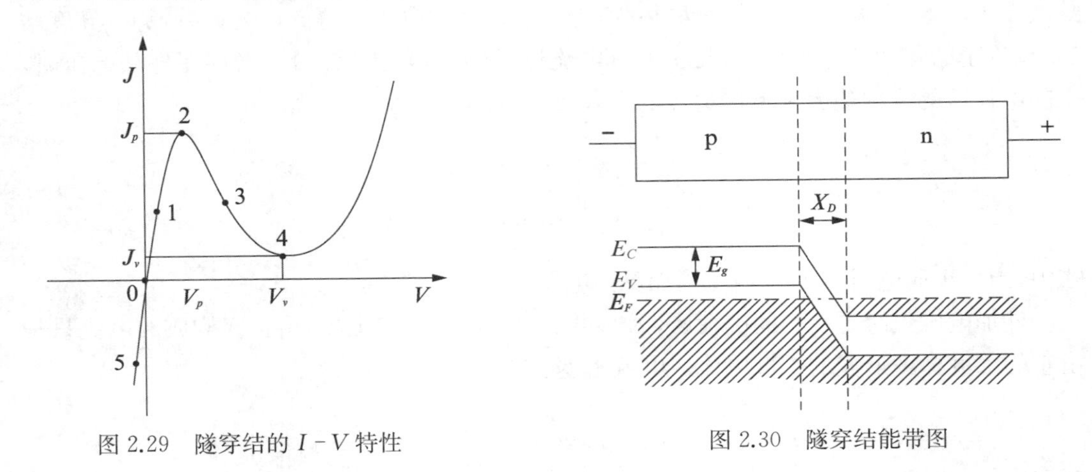

图2.29 隧穿结的 $I-V$ 特性

图2.30 隧穿结能带图

从图2.30中看出:n区导带底比p区价带顶还低。因此,在n区的导带和p区的价带中出现具有相同能量的量子态。另外,在重掺杂情况下,杂质浓度大,势垒区很薄,由于量子力学的隧穿效应,n区导带的电子可能穿过禁带到p区价带,p区价带电子也可能穿过禁带到n区导带,从而有可能产生隧穿电流。隧穿长度越短,电子穿过隧穿的概率越大,从而可以产生显著的隧穿电流。

在隧穿结中,正向电流由两部分组成:一部分是扩散电流,随正向电压的增加而呈指数增加,但是在较低的正向电压范围内,扩散电流是很小的;另一部分是隧穿电流,在较低的正向电压下,隧穿电流是主要的。

隧穿结是利用多子隧穿效应工作的,因为单位时间通过pn结的多子数目起伏较小,所以隧穿二极管的噪声较小。由于隧穿结用重掺杂的简并半导体制成,因而温度对多子浓度影响甚小,使隧穿二极管的工作温度范围增大。又由于隧穿效应本质上是一量子跃迁的过程,电子穿过势垒极其迅速,不受电子渡越时间限制,使隧穿二极管可以在极高频率下工作。这些优点,使隧穿结得到了广泛的应用。

思 考 题

(1) 实际半导体与理想半导体间的主要区别是什么?

(2) 以As掺入Ge中为例,说明什么是施主杂质、施主杂质电离过程和n型半导体。

(3) 以 Ga 掺入 Ge 中为例，说明什么是受主杂质、受主杂质电离过程和 p 型半导体。

(4) 举例说明杂质补偿作用。

(5) 简述非平衡载流子复合的几种方式？

(6) pn 结的制备有哪几种方法？在实际应用中还有什么新的方法？

第3章　太阳电池基本原理

3.1　光电转换的物理过程

1839年，法国物理学家贝克勒尔(Becquerel)发现由两个金属片插入电解质溶液构成的伏打电池，在受到光照时会产生额外的伏打电势。这种现象称为“光生伏打效应”，后来简称为“光伏效应”。

太阳电池中的光伏能量转换有两个必要的步骤。首先，电池吸收光，产生电子-空穴对；然后，由器件结构将电子和空穴分开，电子流向负极，而空穴流向正极，从而产生电流。空间常用pn结型太阳电池光电转换物理过程，如图3.1所示。图3.1(a)描绘了器件的物理结构，以及在能量转换过程中起支配作用的电子传输过程；图3.1(b)为太阳电池能带的结构示意图。

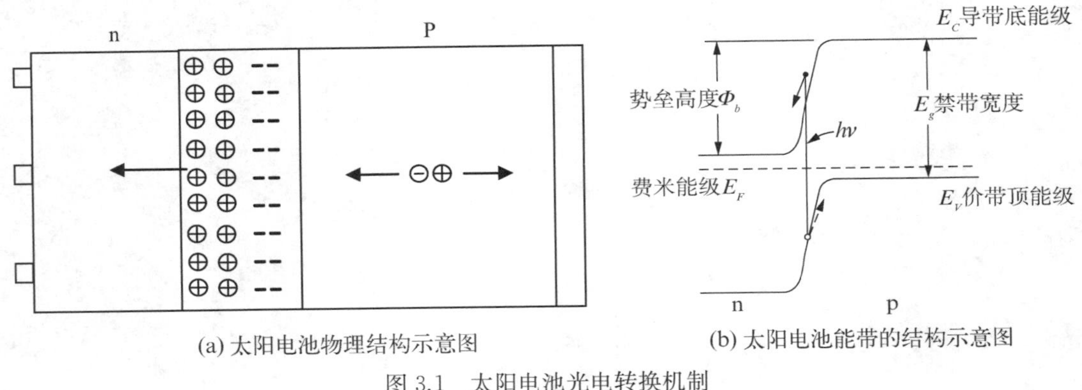

(a) 太阳电池物理结构示意图　　(b) 太阳电池能带的结构示意图

图3.1　太阳电池光电转换机制

由于电子和空穴的扩散，在交界面处会形成pn结，并在结两边形成内建电场，又称为势垒电场。吸收光后，半导体内的原子由于获得大于禁带宽度的能量而使电子成为自由载流子，每个光子形成一个电子—空穴对。在内建电场的作用下，少子扩散到结区并被强内建电场扫过结区，从而使n型区有过剩的电子，p型区有过剩的空穴，分别收集在电池正反面的金属电极上。于是在电池正反面的电极之间产生了电动势，即光生伏打电动势。当接通外电路时，便有电流输出，发出电能。这就是太阳电池发电的基本原理。

3.2　太阳电池的$I-V$特性

3.2.1　理想太阳电池的$I-V$特性

光子垂直于pn结面射入器件，激发产生电子-空穴对，形成非平衡载流子。对于多数载流子浓度，改变很小；对于少数载流子浓度，改变却很大。因此，太阳电池 $I-V$ 特性主要研究光生少数载流子运动。

由半导体物理理论推导出的理想二极管定律(pn 结 $I-V$ 特性关系)见式(2.85)。为了推导在光照条件下的伏安特性，假定光照时电子—空穴对的产生率在整个器件中都相同。即电池受到能量接近于半导体禁带宽度的光照射的特殊情况。此情况的光在整个特征长度内，电子—空穴对的产生率基本不变。因此，产生率 G 不为零，而是常数。在 n 型一侧，由连续性方程得

$$\frac{\mathrm{d}^2\Delta p}{\mathrm{d}x^2}=\frac{\Delta p}{L_h^2}-\frac{G}{D_h} \tag{3.1}$$

式中，p 为空穴浓度；D_h 为空穴扩散系数；L_h 为空穴扩散长度。其中，G/D_h 为常数。式(3.1)的通解为

$$\Delta p=G\tau_h+C\mathrm{e}^{x/L_h}+D\mathrm{e}^{-x/L_h} \tag{3.2}$$

其边界条件如下：在 $x=0$ 处，$p_{xb}=p_{n0}\mathrm{e}^{qV/(kT)}$；在 $x\to\infty$ 时，p_n 有限，因此 $C=0$。

可得特解为

$$p_n(x)=p_{n0}+G\tau_h+[p_{n0}(\mathrm{e}^{qV/(kT)}-1)-G\tau_h]\mathrm{e}^{-x/L_h} \tag{3.3}$$

如图 3.2 所示，p 型一侧的少数载流子 $n_p(x')$ 也有类似表达，则相应的电流密度为

$$J_n(x)=\frac{qD_n p_{n0}}{L_h}(\mathrm{e}^{qV/(kT)}-1)\mathrm{e}^{-x/L_h}-qGL_h\mathrm{e}^{-x/L_h} \tag{3.4}$$

电子电流密度 $J_e(x')$ 也有类似表达[式(3.5)]。

$$J_e(x')=\frac{qD_n p_{n0}}{L_h}(\mathrm{e}^{qV/(kT)}-1)\mathrm{e}^{-x/L_h}-qGL_h\mathrm{e}^{-x/L_h} \tag{3.5}$$

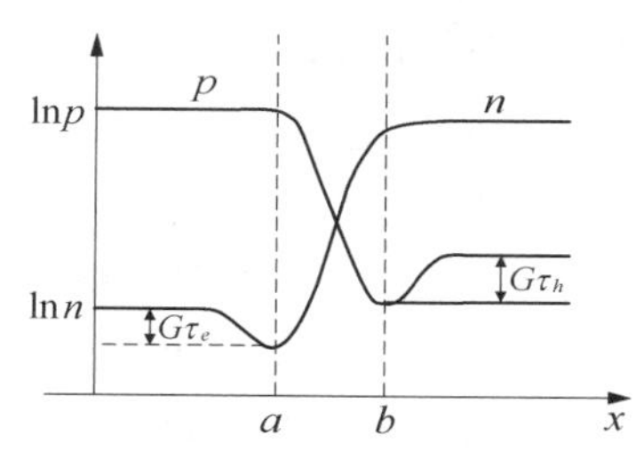

图 3.2　pn 结两侧载流子浓度分布示意图

忽略耗尽区的复合效应 ($V=0$)，只考虑耗尽区的产生效应，则可得该区电流密度的变化为

$$|\delta J_e|=|\delta J_h|=q\int_{-w}^{0}(V-G)\mathrm{d}x=qGw \tag{3.6}$$

因此，可得 pn 结在光照条件下的伏安特性为

$$J=J_0(\mathrm{e}^{qV/(kT)}-1)-J_L \tag{3.7}$$

其中光生电流 J_L 为

$$J_L=qG(L_e+w+L_h) \tag{3.8}$$

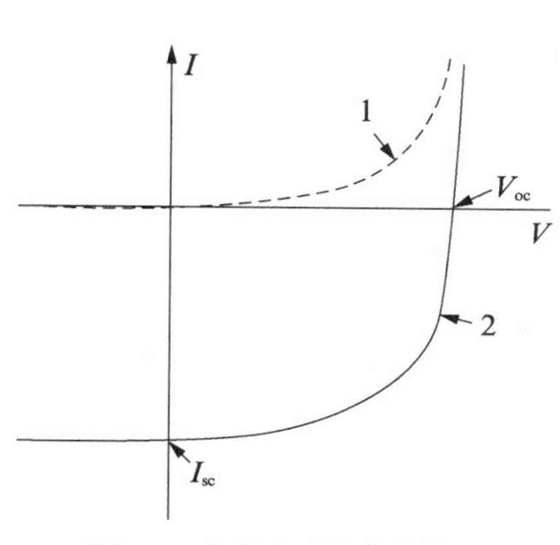

图 3.3　太阳电池的伏安特性

如图 3.3 所示，光照下的特性曲线仅仅是将暗特性曲线下移 I_L。可知光生电流的预期值等于在二极

管耗尽区及其两边少数载流子扩散长度内,全部光生载流子的贡献。

3.2.2 太阳电池等效电路

太阳电池 pn 结外接负载电阻的物理模型如图 3.4 所示。

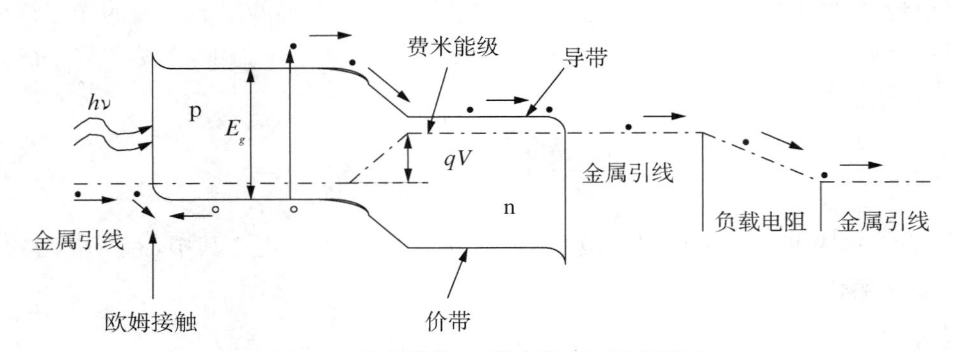

图 3.4 带负载的 pn 结太阳电池能带模型

太阳光中能量 $E=h\nu>E_g$ 的光子照射并透入到太阳电池中后,光与价带中的电子发生光电相互作用,价带电子被激发到导带,产生电子—空穴对。以 p 区内被激发的电子为例,它被激发到比导带底更高的能级上。当达到热平衡时,p 区中少子浓度 n_p 较小,由 $p_p n_p=n_i^2$ 可知,一般 n_p 为 $10^5\sim10^6\ \text{cm}^{-3}$,因而导带能级几乎是空的,电子会很快落到导带底。光生电子及空穴将以总能量 $(h\nu-E_g)$ 做运动,并以声子的形式传给晶格。p 区做热运动的电子,因浓度差的存在而向表面或结扩散,其中一部分在半导体内部或表面复合而消失,形成相应的复合电流,一部分扩散到结的光生载流子,受结区强电场作用流入 n 区中。在 n 区中由于电子是多子,流入的电子按介电弛豫时间的顺序传播。同时为满足 n 区内粒子数守恒的条件,与流入的电子数相同的电子从 n 端接触电极引出线流出,并流入负载电阻 R。设 R 上每秒流入 x 个电子,则加在 R 上的电压 $V=qxR=IR$。由于电路中无其他电源,电压 $V=IR$ 实际上主要加在太阳电池的结上,即结处于正向偏置。电子流过 R 时失去相当于空间电荷区两侧 n 区和 p 区费米能级间电位差所对应的能量 qV。一旦结处于稳定的正向偏置时,二极管电流 $I_D=I_s(e^{qV/kT}-1)$ 朝着与光激发产生载流子形成的光电流 I_{ph} 相反的方向流动。因而,流入 R 的电流可由式(3.9)表示:

$$I=I_{ph}-I_D=I_{ph}-I_s(e^{qV/kT}-1) \tag{3.9}$$

式中,I_{ph} 为光电流;I_s 为流经电阻 R 的电流。

因此,在 R 上一个电子失去的 qV 能量,即等于一个光子的能量 $h\nu$ 转换成 qV 和其他能量损失。流过 R 的电子到达 p 区表面电极处,成为 p 区中的过剩载流子,于是与 p 区中流出的空穴复合。上述光激发产生的电子和空穴以完全相同的方式分别朝相反方向运动,绕电路一周复合,在 R 上输出电流。这与由半导体物理理论推导出的式(3.7)相一致。

此外,须强调的内容如下。

(1) 以上所述均是理想 pn 结太阳电池。其条件为:① 小注入;② 突变耗尽层近似,且耗尽层外是半导体中性区,注入的光生少子在 p 区或 n 区作扩散运动;③ 耗尽区宽度小于基区少子扩散长度，且该扩散长度大于电池厚度；④ 各区杂质已全部电离，满足玻尔兹曼条件；⑤ 电池的串联电阻 $R_s \to 0$，并联电阻 $R_{sh} \to \infty$。

(2) I_{ph} 和 I_D 是光照射在太阳电池上同时形成的。

式(3.9)是理想情况下的结果，但是由于实际太阳电池具有不同的结构、工艺制作条件，在理想光照条件下的 pn 结结构中，还需考虑实际存在的串联电阻、并联电阻，其等效电路如图 3.5 所示。

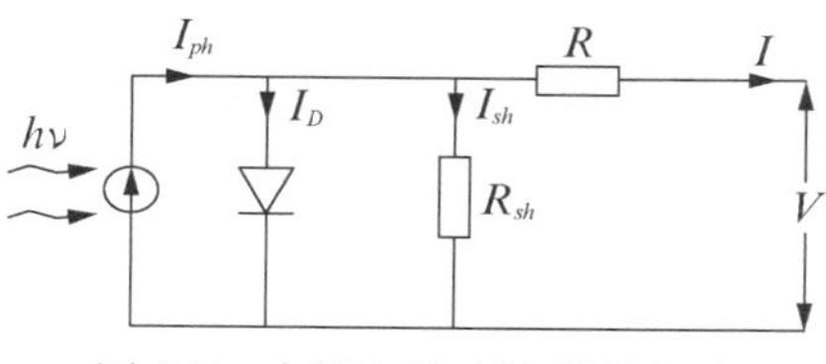

图 3.5　太阳电池直流等效电路

因此，由该等效电路可得实际太阳电池 $I-V$ 关系式为

$$
\begin{aligned}
I &= I_{ph} - I_D - I_{sh} \\
&= I_{ph} - I_0\left(e^{q(V+IR_s)/AkT} - 1\right) - \frac{V+IR_s}{R_{sh}}
\end{aligned}
\tag{3.10}
$$

式中，A 为二极管品质因子，通常为 1～2。当 $A=1$，R_s、R_{sh} 取不同值时，由式(3.10)计算得到的 $I-V$ 特性如图 3.6 所示。

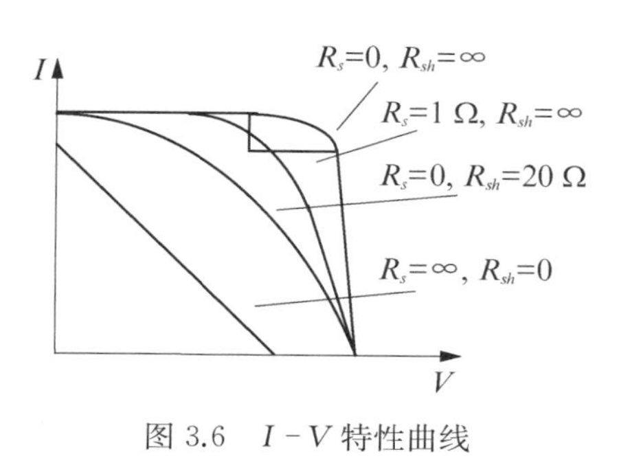

图 3.6　$I-V$ 特性曲线

3.3　太阳电池特性参数

在太阳电池研制分析过程中，用于表征太阳电池特性的参数包括短路电流、开路电压、填充因子、光电转换效率、量子效率、光谱响应等。

3.3.1　短路电流

将太阳电池短路，所得的电流称为短路电流，用 I_{sc} 表示。如果辐射到太阳电池表面的能量大于 E_g 的光子全部都形成电子—空穴对，且全部被 pn 结收集，则此时的最大电流密度应为 $J_{L(\max)} = qN_{ph}(E_g)$。其中，$N_{ph}$ 为单位时间投射到单位面积太阳电池上的能量大于 E_g 的光子数目；q 为电子电荷。

在实际中要考虑到光的反射、电池的厚度等，因此实际收集的电流为

$$
J_L = \int_0^{\lambda_0} \left\{ \int_0^H qF(\lambda)[1-R(\lambda)]\alpha(\lambda)e^{-\alpha(\lambda)}\,dx \right\} d\lambda \tag{3.11}
$$

式中，λ_0 为半导体材料的吸收边相应的波长；R 为与波长有关的反射系数；α 为与波长有关的吸收系数；H 为电池的厚度；x 为离电池表面的距离。

在理想情况下，由式(3.7)知，当 $V=0$ 时，有 $J_{sc}=J_L$，短路电流等于光生电流，则短路电流是由光在 n 区、结区、p 区产生的电流的总和，即 $J_{sc}=J_n+J_p+J_{dr}$。实验与计算都表明：上述三个区对载流子的贡献，首先取决于电池的结构。以 n^+/p 电池为例，顶区对光谱中的紫外光敏感，产生的光生载流子约为 5%～12%；耗尽区对可见光敏感产生的光生载流子为 2%～5%；基区对整个太阳光波长都敏感，产生的光生载流

子约为 90%。

3.3.2 开路电压

将太阳电池开路,所得的电压成为开路电压,用 V_{oc}表示。当太阳电池处于光照下,通过二极管的电流为短路电流与二极管的正向电流之和,两者方向相反,可表示为

$$I(V)=I_{sc}-I_0(e^{qV/AkT}-1) \tag{3.12}$$

式中,V 为二极管的电压;A 为二极管的品质因子;T 为温度;k 为玻尔兹曼常数;I_0为二极管的反向电流。开路时,有 $I(V)=0$,则此时的电压为开路电压 $V=V_{oc}$。

$$V_{oc}=\frac{AkT}{q}\ln\left(\frac{I_{sc}}{I_0}+1\right) \tag{3.13}$$

3.3.3 填充因子

当太阳电池接上负载 R 时,所得的 I-V 曲线如图 3.7 所示。R 可以从零到无穷大。当 M 为最大功率点时,对应的最大功率为 $P_m=I_mV_m$。其中 I_m、V_m分别是最大功率点 M 处的电流和电压。将 V_{oc}与 I_{sc}的乘积与最大功率 P_m之比定义为填充因子 FF,则 FF=$P_m/(V_{oc}I_{sc})=V_mI_m/(V_{oc}I_{sc})$。它是太阳电池输出曲线"方形"程度的量度,对具有适当效率的电池来说,其值为 0.70~0.85。理想情况下,它只是开路电压的函数。若定义归一化开路电压为 $v_{oc}=V_{oc}/(kT/q)$,则当 $v_{oc}>10$ 时,填充因子 FF 的理想(最大)值由经验公式(3.14)给出,图 3.8 给出两者的关系曲线。

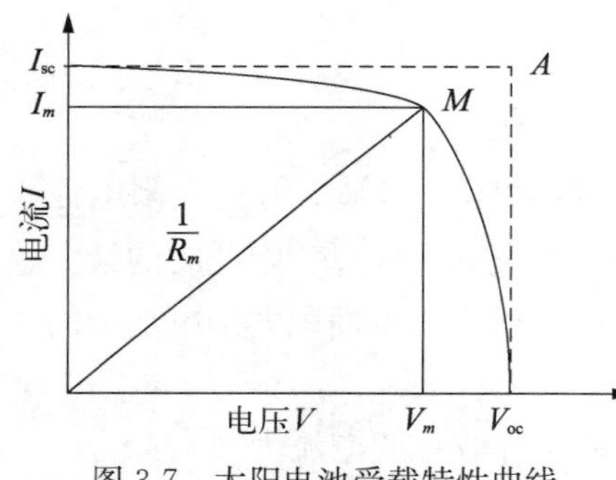

图 3.7 太阳电池受载特性曲线

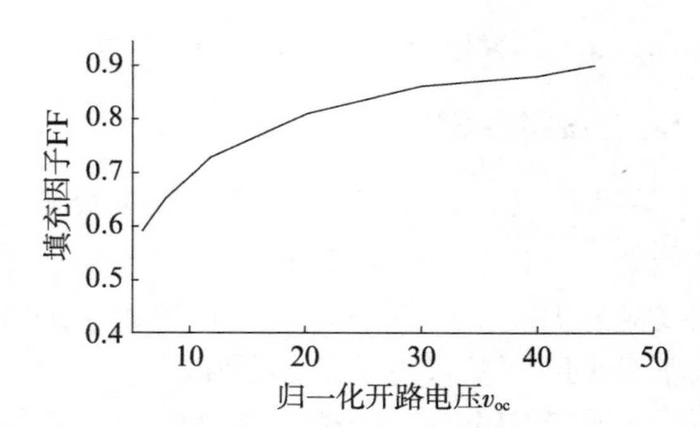

图 3.8 填充因子的理想值与用热电压 kT/q 归一化的开路电压的关系

$$FF=\frac{v_{oc}-\ln(v_{oc}+0.72)}{v_{oc}+1} \tag{3.14}$$

3.3.4 光电转换效率

1. 能量转换过程

太阳电池的能量转换过程如下。

太阳电池的转换过程是基于光伏效应,把太阳辐射转换为导带化学势和价带化学势,

导带化学势和价带化学势合称为化学势。导带化学势相当于电子费米能级，价带化学势相当于空穴费米能级。太阳电池吸收光子，电子从低能量的基态，跃迁到高能量的激发态，在基态上留下空穴。基态和激发态都以能带形式存在，能带由密集排布的能级组成，能带之间形成带隙。激发态和基态之间的带隙远大于室温热离化能。为了使受激电子有足够的时间被电极收集，受激电子维持在激发态的时间必须足够长。

在光照下，大量基态的电子进入激发态，并形成稳定的分布。这与黑暗中的热平衡状态不同，形成准热平衡状态，这时的导带化学势上升。两能级系统的化学势增量用吉布斯自由能表示 $G=N\Delta\mu$，N 为受激发的电子数，而导带化学势和价带化学势的差值是化学势差，反映了准费米能级分裂。因为化学势差依赖于吸收的光子能量 E，也称为辐射化学势。在没有入射光的热平衡状态，化学势差为零。如果初始的基态完全充满，则初始的激发态完全空缺，把光子转换为化学势最有效。

为了完成光伏转换过程，受激的电子必须被分离并收集。半导体的非对称结构可以使受激电子分离出来。负电极和正电极分别收集导带化学势和价带化学势，形成负电极和正电极之间的光生电压。当电子被分离时，电子通过负电极进入外电路，驱动负载。

与太阳光热转换不同，太阳光伏转换只能利用能量比带隙 E_g 大的光子。这些光子增加了化学势差，而增加的内能不多。实际上，如果内能增加，温度 T 升高，则可以减小光伏转换效率，所以太阳电池的设计强调了散热功能，需要与周围环境温度 T_a 有很好的热接触。

2. 热力学效率

根据热力学，可以在理论上计算太阳电池的热力学转换效率。热力学的理论分析需要进行如下假设。

（1）太阳是热物体，具有太阳温度 T_s；

（2）相对太阳，太阳电池是冷物体，具有温度 T；

（3）环境温度 T_a 比太阳电池的温度 T 更低。

为了简化问题，假定太阳和太阳电池分别是一定温度下的黑体，吸收和发射光子的过程满足普朗克辐射定律和斯特藩-玻尔兹曼定律描述的黑体辐射。如果太阳电池接收的辐射是完全聚光，聚光半角等于90°，那么太阳辐射来自半个空间，其立体角 Ω 满足 $0<\theta<\frac{\pi}{2}$，$0<\theta<2\pi$。

冷物体太阳电池吸收热物体太阳的短波长辐射，将一定比例的太阳辐射通过做功的方式转换为电能，将剩下比例的能量通过自发辐射传递给环境。太阳电池会根据温度 T，发射波长较长的电磁波。可以用太阳电池的功率 P 描述太阳电池接收太阳黑体辐射和向环境发射的自发辐射。功率 P 是单位面积上吸收的净辐射，被太阳电池转换为相当的电能。功率为

$$P=\sigma_s T_s^4-\sigma_s T^4 \tag{3.15}$$

$$\sigma_s=5.67\times10^{-8}\ \mathrm{W\cdot m^{-2}\cdot K^{-4}} \tag{3.16}$$

式中，σ_s 为斯特藩-玻尔兹曼常数。

根据热力学,太阳电池将吸收的太阳辐射通过做功的方式转换为电能,是一种热机。理想的热机是卡诺热机,而等熵过程具有最少的能量损失。将太阳电池作为卡诺热机,功率需要用卡诺因子修正。

$$P=(\sigma_s T_s^4-\sigma_s T^4)\left(1-\frac{T_a}{T}\right) \tag{3.17}$$

式中,太阳电池的温度 T 相对环境温度 T_a 较高。因此,热力学转换效率极限为

$$\eta=\frac{P}{\sigma_s T_s^4}=\left[1-\left(\frac{T}{T_s}\right)^4\right]\left(1-\frac{T_a}{T}\right) \tag{3.18}$$

如果太阳温度 T_s 为 5 788 K,太阳电池的温度为 T 为 2 470 K,而环境温度 T_a 为 300 K,那么热力学转换效率极限为 85%。热力学转换效率极限没有考虑热耗散和带隙的影响,认为所有的太阳辐射能量都被最大限度地转换成了电能。

通过对光电转换极限效率的理论计算,结合对单结电池效率损失的分析,提出光伏转换不再局限在单一的基态到单一激发态的光吸收过程,提高效率的基本出发点是:① 充分吸收太阳光谱,尽可能地实现电池吸收光谱与太阳光谱的匹配;② 充分利用每个光子的能量,提高每一个光子所做的输出功;③ 通过光子能量的再分布,拓宽电池吸收光谱范围。基于上述基本考虑,高效光电转换的新思路、新概念被广泛地提出,形成研发新一代或称第三代电池的创新领域,目前提出的新概念的光伏器件可分为以下几类:以充分吸收太阳光谱为主的多能带电池,包括多结叠层电池、中间带电池,通过光子能量的上转换和下转换改变入射光子的能量分布以利于电池对光的充分吸收;另一类新概念电池的宗旨是提高每个光子的转换功率,例如,以提高输出电压为特点的热载流子太阳电池,以及以提高输出电流为目的的碰撞离化电池等;再一类电池是建立在热光电和热光子基础上的光电转换器。

3. Shockley-Queisser 效率

1) 细致平衡原理

太阳电池的光电转换过程,涉及由太阳、电池周围环境及电池三部分组成系统中各子系统之间的能量的交换。这里电池环境通常认为是地球环境。在这系统里,各子系统之间能量的交换是相互的,不仅有太阳的辐射、电池与环境的吸收,也有电池及地球环境光的发射,只是电池及地球环境的温度较低,发射光子的波长较长。最终三部分组成的宏观体系处于平衡态。在此我们将从一个由太阳、地球环境及电池三个子系统组成的宏观体系所满足的平衡条件出发,来讨论太阳电池光电转换效率极限。统计理论指出一个系统宏观平衡的充分必要条件是细致平衡条件,细致平衡是讨论宏观体系的基础。

(1) 热平衡态条件下。热平衡态是指无外场(电、光、热、磁)条件下的稳定状态。对电池而言这里主要是指无太阳光照条件,此时只有光伏电池子系统(标记为 c)和周围环境子系统(标记为 a)之间的相互作用。若把太阳电池与周围环境看成分别具有温度为 T_c 和 T_a 的黑体,电池与环境处于热平衡状态的条件是 $T_c=T_a$。在此条件下,太阳电池从周围环境子系统的光吸收率将与电池辐射到周围环境的光发射率平衡,或周围环境辐射到太阳电池的光发射率与周围环境从太阳电池的光吸收率平衡。

首先讨论环境的光子发射，当环境温度为 T_a，环境辐射几何因子为 F_a，环境辐射到太阳电池表面的光子流谱密度为

$$Q_a(E)=\frac{2F_a}{h^3c^2}\left(\frac{E^2}{e^{E/k_BT_a}-1}\right) \tag{3.19}$$

能量流谱密度为

$$M_a(E)=\frac{2F_a}{h^3c^2}\left(\frac{E^3}{e^{E/k_BT_a}-1}\right) \tag{3.20}$$

为区别太阳的高能量光子的发射，由于环境温度低，称从环境辐射到电池表面的光子为热光子。若一个光子产生一个电子—空穴对，且设电池中光生载流子的分离及输运到电接触端的过程都没有载流子的损失，在此理想情况下，电池从环境吸收的热光子所产生的等效电流密度可表示为

$$J_a(E)=q[1-R(E)]\alpha(E)Q_a(E) \tag{3.21}$$

式中，$R(E)$为电池的反射系数；$\alpha(E)$为电池对光子能量为 E 的吸收系数。在具体计算电流时，由于环境对电池的辐照是双面的，吸收面积应是电池面积的两倍。电池从环境吸收热光子产生的等效电流应是 $2Aq[1-R(E)]\alpha(E)Q_a(E)$。电池背面材料是折射率为 n_s 的材料，电池相应的等效电流是 $A(1+n_s)^2q[1-R(E)]\alpha(E)Q_a(E)$。然而若光照从电池正面入射，在电池背面有一个理想的反射镜，吸收面积与电池面积相同。等效电流密度由式(3.21)表示。

再考虑电池对环境的辐射作用。固体中电子从高能态到低能态的跃迁，有两种能量的释放方式：一种是电声子相互作用，能量转化为晶格的热运动，为非辐射跃迁或非辐射复合；另一种是电子与空穴复合发射光子，为辐射跃迁或辐射复合。鉴于光发射有自发发射和受激发射两种模式，那些不受外来因素影响的辐射复合为自发发射(跃迁)，自发发射是材料的固有性质，是随机性的，而受激发射是固体在外界光的作用下的光发射，它与激发光的强度有关。电池的受激光发射主要是与其周边环境的自发发射(热光子的发射)相联系的。电池的这种受激光发射是可忽略的。原因是，虽然电池接受环境的热光子的辐射，但环境所辐射的热光子强度是很弱的。此外，在热平衡下，电池内处于激发态的电子数极少，故可不考虑电池的受激光发射。

当电池与环境处于热平衡条件时，$T_a=T_c$，温度为 T_c 的电池向环境发射的光子流谱密度具有与温度为 T_a 的环境辐射相同的特征，谱密度表示为

$$Q_c(E)=\frac{2F_c}{h^3c^2}\left(\frac{E^2}{e^{E/k_BT_c}-1}\right) \tag{3.22}$$

与式(3.19)相比的差别是几何因子 F_c，几何因子的确定将在后面讨论。相应地，电池表面光发射到环境的相应的等效电流密度为

$$J_c(E)=q[1-R(E)]\varepsilon(E)Q_c(E) \tag{3.23}$$

式中，$\varepsilon(E)$为能量为 E 的光子的发射概率。应用热平衡条件，$T_a=T_c$，电流密度平衡，

结合式(3.21),得到以下的关系:

$$J_a(E)=J_c(E),\ Q_a(E)=Q_c(E),\ \alpha(E)=\varepsilon(E) \tag{3.24}$$

这就是所谓的细致平衡原理,在热平衡条件下,环境辐射到太阳电池表面的光子流谱密度或能量流谱密度与电池向环境发射的光子流谱密度或能量流谱密度是相等的。电池从环境的吸收率和对环境的发射率是相等的。

(2) 光照条件下。太阳光照射到电池,讨论的系统包括太阳、电池和环境。电池的光吸收来自太阳的光子及周围环境的热光子的辐射,其等效电流密度可表示为

$$J_{吸收}(E)=q[1-R(E)]\alpha(E)[Q_s(E)+(1-F_s/F_c)Q_a(E)] \tag{3.25}$$

式中,第一项代表从太阳的吸收;第二项代表从环境的吸收,这一项的系数扣除了环境辐射被太阳辐射替代的一部分,由它们的几何因子之比来表征。

另外,受光照的电池,有一部分载流子跃迁到高的能态,增加了处于高激发态的电子和空穴密度及它们的电化学势 $\Delta\mu$。在此情况下,光生载流子从高能态跃迁到低能态自发发射一个光子的辐射复合成为重要的过程。

考虑了电池的光发射后,电池实际的等效电流密度应是它从太阳及环境的吸收与电池光发射的差。应用细致平衡条件 $\alpha(E)=\varepsilon(E)$,电池的等效电流密度为

$$J(E)=q[1-R(E)]\alpha(E)[Q_s(E)+(1-F_s/F_c)Q_a(E)-Q_{cc}(E,\ \Delta\mu)] \tag{3.26}$$

式(3.26)由两部分组成,一部分是净吸收:

$$J_{吸收}(E)=q[1-R(E)]\alpha(E)[Q_s(E)+(F_s/F_c)Q_a(E)] \tag{3.27}$$

另一部分是净辐射:

$$J_{净辐射}(E)=q[1-R(E)]\alpha(E)[Q_{cc}(E,\ \Delta\mu)-Q_{cc}(E,\ 0)] \tag{3.28}$$

这里应用了热平衡条件 $Q_{cc}(E,\ 0)=Q_a(E)$。

1961年,Shockley 和 Queisser 在发表的太阳电池转换极限效率计算的文章中认为,根据热力学细致平衡原理的要求,辐射复合是不可避免的,在所建立的双能级转换的模型下,他们计算了简单 pn 结太阳电池转换效率的极限。

半导体中的价带与导带两能级之差为带隙宽度 $E_g=E_C-E_V$($E_g>k_BT_a$,T_a 为环境温度)。对单结电池系统有如图3.9所示的载流子产生与输运的基本过程。电池吸收了能量 $E>E_g$ 的入射光子,电子从基态(价带)激发到高能态(导带)形成电子—空穴对。处于导带中能量为 E 的高能态电子(或价带中空穴)通过与晶格相互作用释放出多余的能量 $E-E_C$、E_V-E(近似地认为电子和空穴高能态的能量是相同的),最终电子与空穴分别回

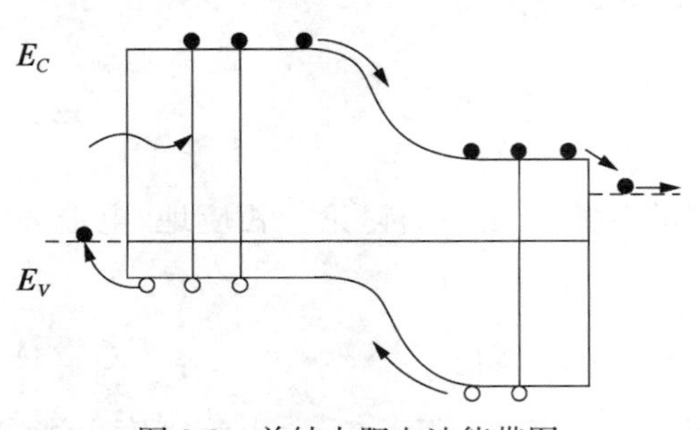

图3.9 单结太阳电池能带图

落到导带底和价带顶，这一过程称为热化过程，在 10^{-7} s 内完成。最终电子的电化学势增加 $\Delta\mu=\mu_c-\mu_v$，其中，μ_v、μ_c 分别为电子基态（价带）和激发态（导带）的电化学势。光生电子和空穴在被收集前实现电荷的完全分离，随后光生载流子输运到无损失的电接触，形成电池对外电路的电压与电流的输出。对于一个理想的光电转换过程，因 $\Delta\mu\neq 0$，电子与空穴有可能有通过辐射复合发射一个光子回到基态的过程，但没有非辐射复合过程。为计算理想条件下光伏电池的极限效率，暂不考虑实际光电转换过程中可能的能量损失机制。以后的讨论是建立在下面的理想假设和条件下的。

（1）电池材料的能隙宽度 $E_g>k_BT_a$，T_a 为环境温度，电池有足够厚度来吸收光子能量范围为 $E\rightarrow\infty$ 的全部光子。

（2）电池仅吸收光子能量 $E>E_g$ 的光子，一个光子产生一个电子—空穴对的概率必须是1。导带与价带的光生载流子与环境温度处于准热平衡状态。

（3）电池中光生载流子可实现完全的分离。载流子迁移率为无限大，即载流子无损失地输运并被输出端收集。

（4）系统满足细致平衡原理，因此辐射复合是电池的唯一复合机制。辐射复合发射的光子的能量通常略大于 E_g，导致电池有个再吸收的过程，因此，只有净辐射复合对效率有影响。

（5）电池具有理想的电接触，即表面复合为零。

电池功率转换效率是电池从太阳吸收能量后输出到匹配负载的功率与太阳入射到电池功率之比。电池输出功率是电池的输出电压和输出电流之积。在理想条件下，根据细致平衡原理以及载流子迁移率无限大和无损失地被输出端收集的假设，化学势 $\Delta\mu$ 在器件内各处是恒定的，输出电压 V 由 $\Delta\mu=qV$ 确定。电池电流的输出应是电池通过吸收产生的光生载流子等效电流密度 J_{ph} 与电池的自发发射（这是向电池以外的发射，看成是光能量未被利用的部分）的等效电流密度 J_{re} 之差。光电流密度为 $J(E)=J_{ph}-J_{re}$。

首先定义 $N(E_1, E_2, T, \mu)$ 为在能量为 $E_1\sim E_2$ 的最大的吸收的或发射的光子流密度，T 为辐射体温度，μ 为化学势。

$$N(E_1, E_2, T, \mu)=\int_{E_1}^{E_2}Q(E, T, \Delta\mu)\mathrm{d}E=\frac{2F_s}{h^3c^2}\int_{E_g}^{\infty}\left[\frac{E^2}{\mathrm{e}^{(E-qV)/k_BT}-1}\right]\mathrm{d}E \tag{3.29}$$

等效电流密度是光子流密度与电子电荷的乘积。在电子—空穴对产生率为1的假设下，设表面无反射（$R=0$），结合能量吸收范围，从式(3.27)可得相应的等效光电流密度为

$$J_{ph}(V)=qN_s=q\int_{E_1}^{\infty}Q_s\mathrm{d}E=q\,\frac{2F_s}{h^3c^2}\int_{E_g}^{\infty}\left[\frac{E^2}{\mathrm{e}^{(E-qV)/k_BT_s}-1}\right]\mathrm{d}E \tag{3.30}$$

式(3.30)表示的是与净发射相关的等效电流密度，根据细致平衡原理，由辐射复合贡献的电流就是电池在无光照条件下的暗电流。

$$J_{re}(E)=qN_r=q\int\left[Q_{cc}(E, \Delta\mu)-Q_{cc}(E, 0)\right]\mathrm{d}E \tag{3.31}$$

因此,

$$J_{re}(E)=qN_r=q\frac{2n_sF_c}{h^3c^2}\int_{E_g}^{\infty}\left[\frac{E^2}{e^{(E-qV)/k_BT_c}-1}-\frac{E^2}{e^{E/k_BT_c}-1}\right]dE$$

太阳电池转换效率可表示为

$$\eta=\frac{V[J_{ph}(V)-J_{re}(V)]}{\sigma T_s^4} \tag{3.32}$$

将式(3.32)对 V 求极值可获得极限效率。式(3.32)中含有 Bose-Einstein 函数的积分,标准解是 Gamma 函数与 Riemann zeta 函数。

具体计算时,还要考虑电池与辐射源之间的几何结构关系,即各种辐射情况下的几何因子,主要是电池与入射光的角范围。

太阳的光谱类似于温度为 5 758 K 的黑体辐射光谱,但在计算中通常设太阳的温度 $T_s=6\ 000$ K,环境温度 $T_a=300$ K。根据式(3.31)和式(3.32)计算电池效率,分析表明,电池效率是太阳表面温度、材料能隙宽度及几何因子的函数。对于一定的电池结构,在确定辐射光谱条件下(太阳表面温度和几何因子固定)电池效率仅与能隙宽度有关。不同条件下电池光电转换效率与能隙宽度存在函数关系。它们之间的依赖关系明显,小的 E_g 可有较宽的吸收光谱,但电池的输出电压是由能隙宽度确定的,小的 E_g 电池输出电压低,而对于过高的能隙宽度,材料的吸收光谱变窄则会降低载流子的激发,减少电流的输出,因此能隙宽度太窄或太宽都会引起效率的损失,存在一优化值。由 S-Q 理论所给极限效率与材料带隙宽度的关系,单结电池在 AM1.5 无聚光条件下,当 E_g 约为 1.3 eV 时,单结电池效率极值为 31%。应该说这极值效率并不算高,主要原因是单结电池只吸收光谱中能量大于 E_g 的光子,同时不管吸收的光子能量比 E_g 大多少,仅产生一个电子—空穴对。而且处于不同能量的光生载流子,它们都通过与晶格作用回落到导带底或价带顶,输出电压是一样的。因此对所吸收的高能光子的能量转换是不充分的,相当一部分能量传递给晶格,转换成热能而损失了。

3.3.5 太阳电池量子效率谱

1. 定义

太阳电池的光谱响应由光谱灵敏度来表征,其定义是短路电流密度 J_{sc} 与单色光辐射强度 E 的比值:

$$S(\lambda)=\frac{|J_{sc}|}{E} \tag{3.33}$$

式(3.32)前加上正负值符号分别代表太阳电池为 np 型或者 pn 型。通过测量辐射强度为 $E(\lambda)$ 的窄频谱光线照射下产生的短路电流密度即可确定光谱灵敏度。实验所确定的 $S(\lambda)$ 的单位是 A/W。

如果将短路电流用单位电荷、照射强度为单个光子能量度量,则可以得到太阳电池的外量子收集效率。该值为单位时间内太阳电池产生的电荷数量与表面接收的光子数之比，即单个光子产生的电荷：

$$\mathrm{QE}(\lambda)=\frac{|J_{\mathrm{sc}}|}{q}\cdot\frac{hv}{E(\lambda)}=\frac{|J_{\mathrm{sc}}|}{E(\lambda)}\cdot\frac{hc}{q\lambda}=S(\lambda)\cdot\frac{hc}{q\lambda} \tag{3.34}$$

这里要区分内外两种量子效率。两者区别在于，并不是所有照射在太阳电池表面的光子都能进入到太阳电池内部并被吸收，实际上总有一部分在表面被反射而无法进入太阳电池内部。在计算内量子效率时，只考虑进入太阳电池内部的光子贡献：

$$\mathrm{QE}_{\mathrm{int}}(\lambda)=\frac{\mathrm{QE}_{\mathrm{ext}}(\lambda)}{1-R(\lambda)} \tag{3.35}$$

实际上 $R(\lambda)>0$，因此 $\mathrm{QE}_{\mathrm{ext}}(\lambda)<\mathrm{QE}_{\mathrm{int}}(\lambda)$。

可以利用内量子效率从物理学角度描述载流子的分离与收集。因为辐射光的入射深度会因波长而改变，所以作为一种非破坏性测量方法，光谱灵敏度测量十分有效。入射深度与入射光波长的关联性揭示了半导体各部位的参数是分段作用于光谱灵敏度曲线的，因此可以对各项参数分别进行独立分析。在光谱蓝区中更多的是半导体电池的表面特性，即发射极的表面特性产生作用，而在光谱长波中则主要是基底参数施加影响。得到测试结果后，可以根据关于扩散长度、复合速率、层厚度和材料构成的理论进行解释。

量子效率 QE(λ)主要取决于三个因素：① 材料对光子的吸收效率；② 载流子的分离效率；③ 载流子的输运效率。

2. 量子效率与光谱响应

每个子电池的短路电流密度 J_{sc}是由该电池的量子效率 QE(即将入射光子转换为光生载流子的能力)和入射光谱 $\Phi\mathrm{inc}(\lambda)$共同决定的。即

$$J_{\mathrm{sc}}=e\int_{0}^{\infty}\mathrm{QE}(\lambda)\Phi\mathrm{inc}(\lambda)\mathrm{d}\lambda \tag{3.36}$$

对于一只基区、耗尽区和发射区分别为 x_b、W、x_e的理想电池，电池总厚度 $x=x_b+W+x_e$，其 QE 可以表述为

$$\mathrm{QE}=\mathrm{QE}_{\mathrm{emitter}}+\mathrm{QE}_{\mathrm{depl}}+\exp[-\alpha(x_e+W)]\mathrm{QE}_{\mathrm{base}} \tag{3.37}$$

基区、耗尽区和发射区的 QE[由式(3.38)、式(3.39)和式(3.40)表示]可由各区的半导体参数吸收系数 α、扩散长度 L、扩散系数 D、复合速度 S、迁移率 μ 等表示，下标是各个区的缩写。

$$\mathrm{QE}_{\mathrm{base}}=f_{\alpha}(L_b)\left(\alpha L_b\cdot\frac{l_b\cosh\left(\frac{x_b}{L_b}\right)+\sinh\left(\frac{x_b}{L_b}\right)+(\alpha L_b-l_b)\exp(-\alpha x_b)}{l_e\sinh\left(\frac{x_b}{L_b}\right)+\cosh\left(\frac{x_b}{L_b}\right)}\right) \tag{3.38}$$

$$\mathrm{QE}_{\mathrm{depl}}=\exp(-\alpha x_e)[1-\exp(-\alpha x_e)] \tag{3.39}$$

$$\mathrm{QE}_{\text{emitter}}=f_{\alpha}(L_e)\left(\frac{l_e+\alpha L_e-\exp(-\alpha x_e)\times\left[l_e\cosh\left(\frac{x_e}{L_e}\right)+\sinh\left(\frac{x_e}{L_e}\right)\right]}{l_e\sinh\left(\frac{x_e}{L_e}\right)+\cosh\left(\frac{x_e}{L_e}\right)}-\alpha L_e\exp(-\alpha x_e)\right) \tag{3.40}$$

$$l_b=\frac{S_bL_b}{D_b},\ l_e=\frac{S_eL_e}{D_e},\ D_b=\frac{kT\mu_b}{e},\ D_e=\frac{kT\mu_e}{e} \tag{3.41}$$

$$f_{\alpha}(L)=\frac{\alpha L}{(\alpha L)^2-1} \tag{3.42}$$

对于高质量的电池,基本可实现吸收一个光子都可以转化为一对光生载流子,则电池的量子效率仅与厚度有关,可表示为

$$\mathrm{QE}(\lambda)=1-\exp[-\alpha(\lambda)x] \tag{3.43}$$

式中,$\exp[-\alpha(\lambda)x]$ 是入射光中透过电池的部分,而不是吸收的部分。对于能量低于带隙的太阳光,电池对其的吸收为零,即 $\alpha(\lambda)=0$,则 $\exp[-\alpha(\lambda)x]=1$。那么顶电池的入射光 Φinc 就是太阳光 Φ_s;而底电池的入射光则应是经过顶电池滤光后的部分 $\Phi_s\exp[-\alpha_t(\lambda)x_t]$。若假设底电池足够厚可以吸收所有入射光,那么顶电池和底电池的短路电流密度可表示为

$$J_{\text{sct}}=e\int_0^{\lambda_t}(1-\exp[-\alpha_t(\lambda)x_t])\Phi_s(\lambda)\mathrm{d}\lambda,\ J_{\text{scb}}=e\int_0^{\lambda_b}\exp[-\alpha_t(\lambda)x_t]\Phi_s(\lambda)\mathrm{d}\lambda \tag{3.44}$$

式中,λ_t、λ_b 为顶电池和底电池的吸收限。

太阳电池的电流电压关系可以表示为

$$J=J_0[\exp(eV/kT)-1]-J_{\text{sc}} \tag{3.45}$$

则

$$V_{\text{oc}}\approx(kT/e)\ln(J_{\text{sc}}/J_0) \tag{3.46}$$

暗电流 J_0 是基区暗电流和发射区暗电流的总和,可表示为

$$\begin{aligned}J_0=&e\left(\frac{D_e}{L_e}\right)\left(\frac{n_i^2}{N_e}\right)\left[\frac{S_eL_e/D_e+\tanh(x_e/L_e)}{(S_eL_e/D_e)\tanh(x_e/L_e)+1}\right]\\&+e\left(\frac{D_b}{L_b}\right)\left(\frac{n_i^2}{N_b}\right)\left[\frac{S_bL_b/D_b+\tanh(x_b/L_b)}{(S_bL_b/D_b)\tanh(x_b/L_b)+1}\right]\end{aligned} \tag{3.47}$$

外量子效率的测试可参阅本书第 7 章,而内量子效率可以由式(3.37)~式(3.42)计算得到(图 3.10),由式(3.48)给出:

$$\mathrm{QE}_{\text{internal}}=\mathrm{QE}_{\text{external}}/(1-R_e) \tag{3.48}$$

式中,R_e 是电池表面的反射率。

图 3.10 还给出电池各部分对 QE 的贡献：发射区主要响应蓝光部分，而基区响应红光部分。图 3.11(a)则示出典型的 GaInP 电池有无窗口层损失时 QE 的比较，以及发射区收集不好时的 QE 计算值。图中虚线表示无窗口层时的 QE，实线表示具有 25 nm 厚度的 AlInP 窗口层吸收时的 QE。下面的两条曲线是 QE 随着前表面复合速度增加而发生的变化，以及 QE 随着发射区扩散长度降低而发生的变化。窗口层的吸收损失明显地区分于发射区损失，但前表面复合损失和发射区材料质量差却较难区分，两条曲线非常接近。然而，在某种程度上，采用不同的基区厚度，可以较容易地区分基区材料质量和背面钝化存在的问题[图 3.11(b)]。具有较厚基区的电池，对扩散长度较为敏感；对于较薄的基区，背场作用的影响则更为显著。

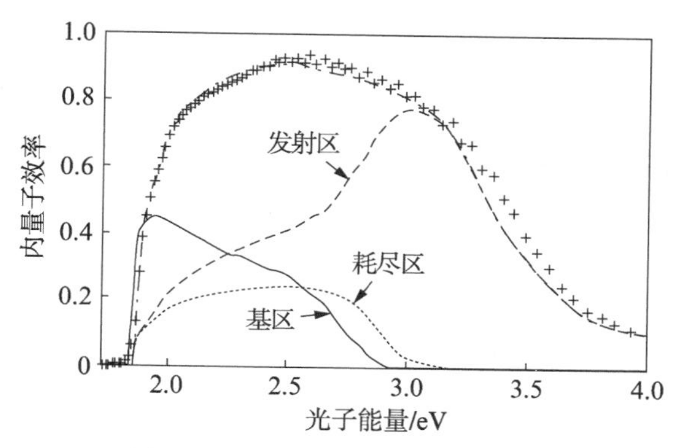

图 3.10　GaInP 电池内量子效率的测试值(×)和模拟值(实线)

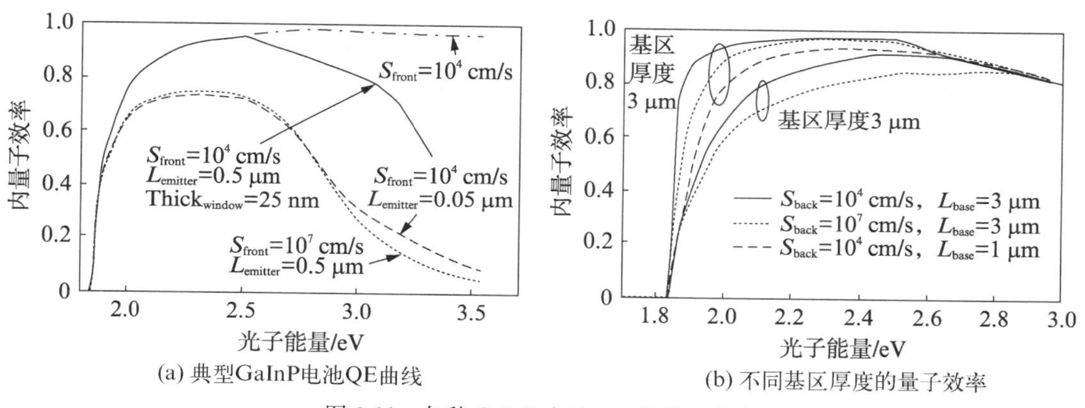

图 3.11　各种 GaInP 电池 QE 的模拟曲线

3.4　非理想影响因素

3.4.1　有限电池尺寸对电流的影响

由式(3.13)可知，太阳电池的 V_{oc} 大小由 I_0 决定。I_0 的计算公式为

$$I_0 = A\left(\frac{qD_e n_i^2}{L_e N_A} + \frac{qD_h n_i^2}{L_h N_D}\right) \tag{3.49}$$

在理论推导过程中，隐含有太阳电池在结的两边延伸无限远距离的假定。然而实际的器件并非如此，一个有限大小的太阳电池如图 3.12所示。

这就需要对饱和电流 I_0 的值进行修正。修正值取决于外露表面的表面复合速率。可以考虑两种极端情况：① 复合速率很高，接近于无限大；② 复合速率很低，接近于零。

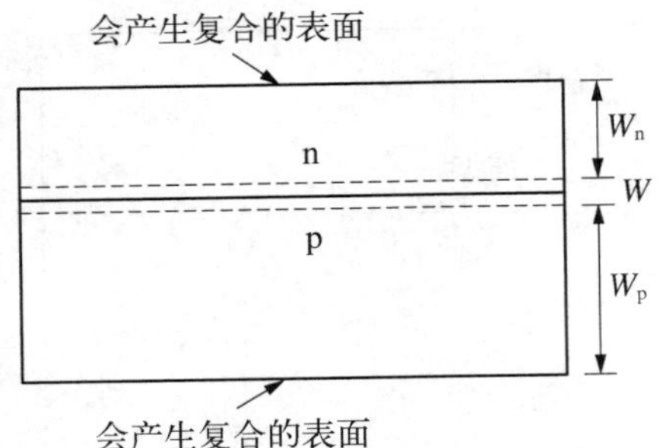

图 3.12　太阳电池有限尺寸示意图

在第一种情况下,表面过剩载流子浓度为零;在第二种情况下,流入表面的少数载流子电流为零。用这些边界条件,可以求出修正 I_0 的表达式为

$$I_0 = A\left(\frac{qD_e n_i^2}{L_e N_A}\cdot F_p + \frac{qD_h n_i^2}{L_h N_D}\cdot F_n\right) \tag{3.50}$$

如果太阳电池 p 型一侧的表面具有高复合速率,则 F_p 由式(3.51)表达:

$$F_p = \coth\left(\frac{W_p}{L_e}\right) \tag{3.51}$$

如果 n 型一侧的表面具有高复合速率,则表达式相同。如果此表面是低复合速率表面,则 F_n 的值由式(3.52)给出:

$$F_n = \tanh\left(\frac{W_n}{L_h}\right) \tag{3.52}$$

如果 p 型一侧的表面也是低复合速率表面,则 F_p 也具有相同的表达式。当两个表面都具有最低的复合速率时,I_0 会达到极小值,因此得到最大的 V_{oc}。

3.4.2　寄生电阻

1. 串联电阻

串联电阻主要包括电极的接触电阻 R_{ct1}、发射区的薄层电阻 R_{st}、体电阻 R_B,如图 3.13 所示。

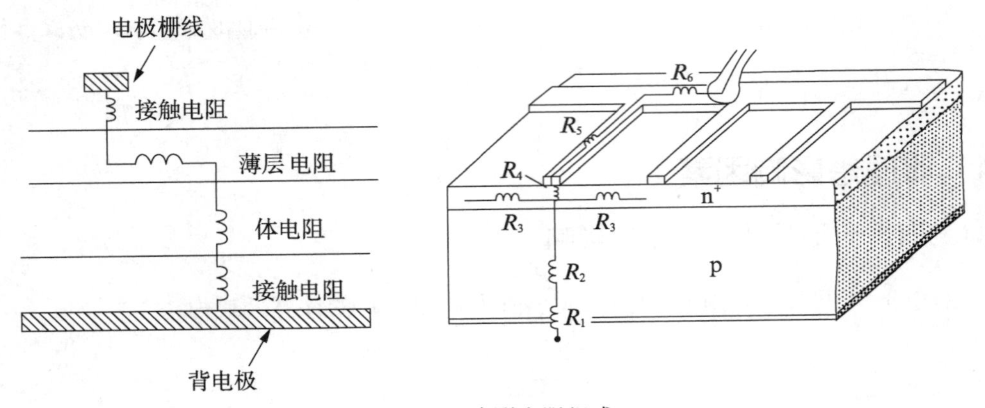

图 3.13　串联电阻组成

1) 薄层电阻

电池体内电流方向一般是垂直于电池表面的,而在电池表面,电流则是横向流动的。对于均匀掺杂的 n 型层,电阻率为

$$\rho = \frac{1}{nq\mu_n} \tag{3.53}$$

薄层电阻(图 3.13)则表示为电阻率除以这层的厚度 t,即

$$\rho_{\square} = \frac{1}{nq\mu_n}\frac{1}{t} \tag{3.54}$$

式中,μ_n 为电子迁移率,单位为$\mu m^2 \cdot s^{-1} \cdot V^{-1}$。

dy 段薄层电阻引起的功率损耗为

$$dP = I^2 dR \tag{3.55}$$

式中,$dR = \rho\frac{dy}{bt} = \rho_{\square}\frac{dy}{b}$;$I$ 为横向电流,且栅线正中间的 I 值为零,而在栅线处则为最大。故 $I = Jby$,J 为电流密度。

由薄层电阻引起的总功率损耗为

$$P_{损耗} = \int I^2 dR = \int_0^{d/2} \frac{J^2 b^2 y^2 \rho_{\square} dy}{b} = \frac{J^2 b \rho_{\square} d^3}{24} \tag{3.56}$$

而在这个区域最大功率点时产生的功率为 $\frac{V_{mp} I_{mp} bd}{2}$。

其相对功率损耗为

$$\frac{P_{损耗}}{P_{总}} = \frac{\rho_{\square} d^2 J_{mp}}{12 V_{mp}} \tag{3.57}$$

2）栅线电阻

设栅线的平均宽度为 W_F,电池的长、宽分别为 A、B,且宽度方向为栅线的方向。电池栅线的间距为 d(图 3.14),则栅线 $dR = \rho_{smf}\frac{dB}{W_F}$,而 $I = JB\frac{d}{2}$,这样则由栅线电阻引起的总功率损耗为

$$P_{损耗} = \int I^2 dR = \int_0^B \frac{J^2 B^2 \left(\frac{d}{2}\right)^2 \rho_{smf} dB}{W_F} \tag{3.58}$$

而在这个区域最大功率点时产生的功率为 $V_{mp} I_{mp} Bd$。

则其相对功率损耗为

$$\frac{P_{损耗}}{P_{总}} = \frac{1}{m} B^2 \rho_{smf} \frac{J_{mp}}{V_{mp}} \frac{d}{W_F} \tag{3.59}$$

式中,ρ_{smf} 为栅线的薄层电阻,且 $\rho_{smf} = \frac{体电阻率}{层厚}$。$m$ 为栅线因子,当电极宽度线性地逐渐变细时,$m = 4$;若宽度是均匀的,则 $m = 3$。

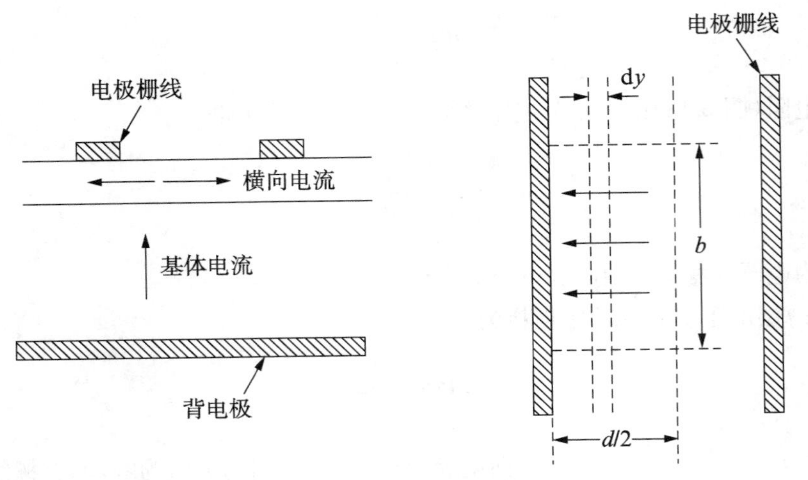

图 3.14　薄层电阻计算模型

3）主栅线电阻

设主栅线的平均宽度为 W_B，则从推导栅线电阻可以同理得出由主栅线电阻引起的相对功率损耗为

$$\frac{P_{\text{损耗}}}{P_{\text{总}}}=\frac{1}{m}A^2B\rho_{\text{smb}}\frac{J_{\text{mp}}}{V_{\text{mp}}}\frac{1}{W_B} \tag{3.60}$$

式中，ρ_{smb} 为主栅线的薄层电阻。

2. 并联电阻

并联电阻也称旁路电阻、漏电阻或结电阻，它由 pn 结的微分电阻及工艺缺陷造成的旁路电阻并联而成。漏电电流与工作电压成比例。R_{sh} 是在无光照时的暗电阻。

$$I_{\text{sh}}=\frac{V+IR_s}{R_{\text{sh}}} \tag{3.61}$$

3. 对效率的影响

串、并联电阻的变化对 FF 的影响较大，很高的 R_s 和很低的 R_{sh} 还会分别对 I_{sc} 和 V_{oc} 产生影响。利用电池的 $I-V$ 特性方程可以算出 R_s、R_{sh} 对电池输出特性的影响(图 3.15)。

$$I=I_L-I_0\left(\mathrm{e}^{\frac{q(V+IR_s)}{nkT}}-1\right)-\frac{V+IR_s}{R_{\text{sh}}} \tag{3.62}$$

$$\left|\left(\frac{\mathrm{d}I}{\mathrm{d}V}\right)_{I=0}\right|\approx\frac{1}{R_s},\quad\left|\left(\frac{\mathrm{d}I}{\mathrm{d}V}\right)_{V=0}\right|\approx\frac{1}{R_{\text{sh}}} \tag{3.63}$$

根据式(3.62)和式(3.63)，有

$$R_{\text{sh}}=\frac{kT}{q}\frac{1}{I_0} \tag{3.64}$$

由此可见，串联电阻与结深、杂质浓度、欧姆接触等因素有关。

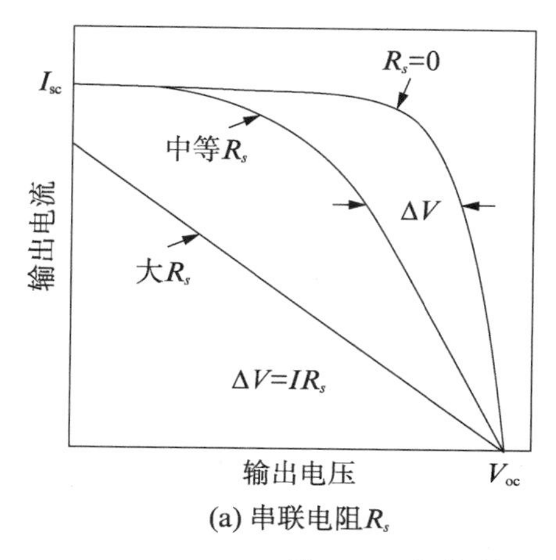

(a) 串联电阻R_s

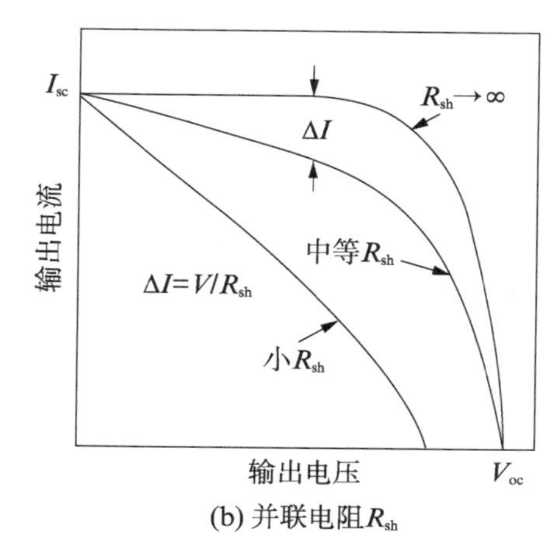

(b) 并联电阻R_{sh}

图 3.15　串联、并联电阻对电池输出特性的影响

3.4.3　温度

以硅太阳电池为例，太阳光的有效范围是 350～1 120 nm，而绒面电池对整个光谱范围内的光都具有良好的减反射作用，在增加对可见光利用的同时，也使得对光电转换无用的光线的吸收率大大增加了，这些光线中包含了大量会使电池工作温度升高的红外光、紫外光，大量的红外光和紫外光能量被陷在电池的内部不能释放，最终被转换为晶格的热能，从而造成太阳电池的 α 吸收系数的增加。该参数若平均增大 0.01，则电池工作温度将升高 1℃。温度的升高会降低电池的效率，抵消因反射率降低而带来的增益，严重时甚至会使电池失效，这在空间应用时是必须避免的。对于空间太阳电池，由于其工作环境的特殊要求，必须保证电池高效稳定地工作，其首要条件就是降低电池的工作温度。下面是电池的短路电流和开路电压随温度的变化关系。

$$\frac{\mathrm{d}I_{sc}}{\mathrm{d}T}=A\gamma T^{\gamma-1}\mathrm{e}^{q(V_{oc}-V_{g_0})/kT}+AT^{\gamma}\left(\frac{q}{kT}\right)\left[\frac{\mathrm{d}V_{oc}}{\mathrm{d}T}-\left(\frac{V_{oc}-V_{g_0}}{T}\right)\right]\mathrm{e}^{q(V_{oc}-V_{g_0})/kT} \tag{3.65}$$

$$\frac{\mathrm{d}V_{oc}}{\mathrm{d}T}=-\frac{V_{g_0}-V_{oc}+\gamma(q/kT)}{T} \tag{3.66}$$

从式(3.65)和式(3.66)中可以看出电池的短路电流并不强烈地依赖于温度，随着温度的升高，短路电流略有增加，这是由于半导体禁带宽度通常随温度的升高而减小，使得光吸收随之增加。电池的其他参数，如开路电压和填充因子则都随着温度的上升而减小。式(3.67)表明，随温度的升高，V_{oc}近似线性地减小。

对于硅太阳电池，V_{g_0} 约为 1.2 V，V_{oc}约为 0.6 V，γ 约为 3，当温度 $T=300$ K 时，计算得到

$$\frac{\mathrm{d}V_{oc}}{\mathrm{d}T}=-2.3\ \mathrm{mV}\cdot ℃^{-1} \tag{3.67}$$

$$\frac{\mathrm{d}J_{sc}}{\mathrm{d}T}=0.107\ \mathrm{mA}\cdot\mathrm{cm}^{-2}\cdot ℃^{-1} \tag{3.68}$$

$$\frac{\mathrm{d}P_M}{\mathrm{d}T}=-0.45\%\cdot ℃^{-1} \tag{3.69}$$

$$\frac{\mathrm{d}\eta_T}{\mathrm{d}T}=-0.045\%\cdot ℃^{-1} \tag{3.70}$$

上述结果表明,温度对电池性能的影响是很大的。温度每升高1℃,对硅太阳电池来说,V_{oc}下降约0.4%。理想的填充因子取决于用kT/q归一化的V_{oc}的值,所以填充因子也随温度的上升而减小。V_{oc}的显著变化导致输出功率和效率随温度的升高而下降,电池的温度每升高1℃,输出功率将减少0.4%~0.5%。

3.4.4 表面复合

在硅片表面处原子周期性的中断和破坏以及杂质的吸附,使得在电池表面处存在许多能态,其能量位于能带的禁带中,这些能态同体内的复合中心一样也能俘获非平衡的电子和空穴并促进其复合。其表面结构主要包括以下内容。

(1) 体内延伸到表面的晶格结构在表面中断,表面原子出现悬空键,从而出现了表面能级,即表面态,而表面态中靠近禁带中心的能级是有效的表面复合中心。

(2) 硅片表面层中严重的损伤或内应力造成比体内更多的缺陷和晶格畸变,这将增加有效复合中心。

(3) 表面层几乎总是吸附着一些带正、负电荷的外来杂质,它们在表面层中感应出异号电荷,因而容易在表面形成反型层。

同体复合一样,表面复合率可用单位时间内单位表面上复合的电子—空穴对数目来表示,它与该表面的非平衡载流子浓度成正比。其表面复合率$U=\sigma\nu_t N_t(n_p-n_{p_0})=S(\Delta p)$,其中,$S$为表面复合速度。由于有表面复合的影响,电池的少子浓度总是从体区到表面逐渐减少。

3.4.5 辐照度

因为载流子的产生和复合都是线性的,辐照度和入射光强的增加,会使光生电流线性增加。在聚光太阳电池中,短路电流J_{sc}与聚光系数X成正比。由式$V_{oc}=\frac{AkT}{q}\ln\left(\frac{I_{sc}}{I_0}+1\right)$可知,开路电压$V_{oc}$随辐照度以对数函数的方式递增。所以,聚光太阳电池是一种高效率的太阳电池。目前,国内外对其研究也越来越多,下面详细介绍一下辐照度和温度对聚光电池性能的影响。

聚光电池是聚光系统的关键部分。聚光太阳电池的结构和理论与非聚光太阳电池本质是一样的,但严格说来仍然有些不同。聚光太阳电池可以在几十个到一千个太阳下工作。在如此高的发光强度(以下简称光强)下,电池扩散层,基区的载流子的扩散迁移和复合发生很大的变化,这就使聚光太阳电池的开路电压V_{oc}、短路电流J_{sc}、填充因子FF、串联电阻R_s等不同于常规太阳电池的参数。

1) 光强对聚光电池J_{sc}的影响

聚光太阳电池的J_{sc}与光强成正比关系,图3.16表示常温下一个小型硅电池(具有极小的串联电阻)的 J_{sc}、V_{oc}和 η 的实验值和外推值。从图中可以看出，J_{sc}随聚光率成正比增加，这意味着对太阳光的收集效率是个常数。但在高光强下还有场助效应，场助效应是由于基区中出现强大的光生电流，这个电流在基区产生一个促使基区中光生少子流向 pn 结的电场，因而有利于收集效率的提高。场助效应与光吸收区掺杂浓度有关，掺杂浓度低时，它的影响较大，反之则小。这个关系几乎是呈线性的。

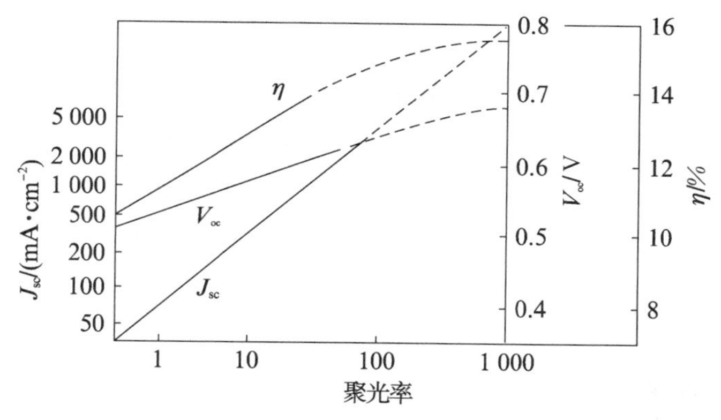

图 3.16　小型硅电池的 J_{sc}、V_{oc}和 η 的随聚光率的变化曲线

实线为实验值，虚线为理论值

2）光强对聚光电池 V_{oc}的影响

高光强对聚光电池开路电压有大的影响，它是影响太阳电池电性能的主要因素之一。由于 J_{sc}的增加，V_{oc}也随聚光率的增加而增加。如式(3.71)所示：

$$V_{oc}=\frac{nkT}{q}\ln\left(\frac{I_{sc}}{I_0}+1\right) \tag{3.71}$$

式中，V_{oc}为开路电压；n 在 1～2 内变化；k 为玻尔兹曼常数；T 为温度；q 为电子电荷；I_{sc}为聚光率为 x 时太阳电池的短路电流；I_0为反向饱和电流。

在高光强下，由于高注入效应，V_{oc}曲线在高聚光倍率处的斜率会下降。此外，高光强使太阳电池的工作温度升高。一般来说，高温对太阳电池的电性能不利，尤其对 V_{oc}影响较大。V_{oc}有负的温度系数。对理想的硅电池 pn 结来说，温度系数计算值为-2 mV・℃$^{-1}$。

3）光强对聚光电池 FF 的影响

填充因子 FF 是决定聚光太阳电池效率的重要参数，它的数值取决于太阳电池的串联电阻 R_s，在低光强范围内，认为太阳电池的 R_s是不变的，但到了高光强时，电池的 R_s与光强和光的均匀性密切相关。

在很高的光强下，太阳电池的 pn 结两侧过剩少子的浓度很高，可以超过基区的多子浓度，而满足大注入条件。载流子的大幅度增加，改变了扩散层表面和基区的导电能力，使太阳电池总的串联电阻减小，从而提高电池的 FF。但如果同一太阳电池上光强不均匀，则会降低 FF。如果太阳电池由若干个相同的子电池并联而成，那么由于光强不同，每个子电池实际通过的电流也不同，这会造成加在每个 pn 结上的结电压有明显的差别，从而使每个子电池并非工作在同一最佳工作点上，这一现象会使整个太阳电池的 FF 下降。

4)温度对聚光电池吸收系数的影响

聚光太阳电池能在较高的温度下工作,大约在100℃。与热利用相配合的聚光太阳电池阵,其实际工作温度还要高。温度变化对太阳电池光子的吸收有较明显的影响。太阳电池工作温度升高,可以使太阳电池对阳光中长波的吸收有所提高,这是J_{sc}增加的另一因素。在确定太阳电池实际工作光强的电性能时,还应当考虑太阳电池工作温度的影响。

5)串联电阻对聚光电池效率的影响

串联电阻使太阳电池存在电压降,在低聚光率情况下,电压降较小,则对η的影响很小。在高聚光率情况下,电流很大,则电压降较大,从而η损失较大,因此对于聚光电池尤其是高倍率聚光太阳电池,要尽量减小串联电阻。串联电阻来源于引线、金属接触栅或电池体电阻。不过,通常情况下串联电阻主要来自薄扩散层。因此通过金属线的密布可以减小串联电阻。

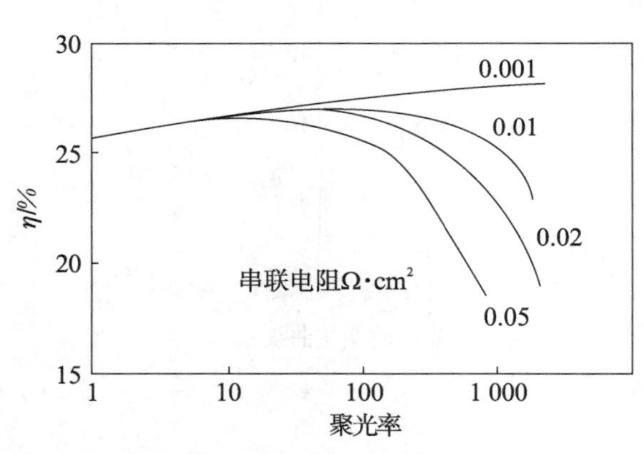

图3.17　GaAs电池效率在不同串联电阻下随聚光率变化的曲线

在不同的聚光倍率下,电池的串联电阻决定了效率曲线的上峰。图3.17是对GaAs电池计算的效率随聚光率变化的曲线,它以不同的串联电阻作为参数。

6)聚光太阳电池的伏安特性

考虑到串联电阻的影响,实际聚光硅太阳电池的$I-V$特性可由式(3.72)表示。

$$I=I_{sc}-I_0 e^{\frac{q(V-IR_S)}{nkT}} \tag{3.72}$$

3.5 太阳电池器件模拟

3.5.1 器件模拟的意义

太阳电池是一类由光能转换成电能的光电转换器件。要提高电池转换效率,需要讨论的问题分为两大类:一类涉及那些可被电池吸收的太阳光子数目及其在电池内的空间分布,这属于光学设计的问题;另一类是由吸收光子所产生的那些光生电子—空穴对,在电池内的产生、输运、分离(或复合),以及在电极处所能收集到的数目,这涉及由器件内载流子输运机制导致的光电转换特性的问题,由此计算出电池的光、暗态下的$I-V$特性、QE谱,以及它们与光照条件、材料性能(电学特性、掺杂特性、缺陷态密度等)及器件结构(层构造、尺寸)的关系等。其中与光吸收相关的光学问题,是产生光生载流子的源头;光生载流子的分离、输运和收集是产生光电转换的基础。可见电池中光的有效利用(光管理),以及材料特性和电池结构的优化(电学管理)是最为重要的。

从光利用角度,要求电池能够最大限度地吸收并有效利用太阳光子。为此要拓宽电池的光谱响应，以能更多地吸收太阳光子；另外又要减少在入射面的光反射损失和在背面的透过损失。例如，对硅这样折射率较高(可见光区域硅的折射率3.5～3.8)的间接带隙材料，裸硅表面的反射率可达30%以上，因此探索减少表面反射的各种技巧，成为目前创造单晶硅电池世界纪录的关键手段之一。

从光电转换而言，应使那些已吸收进入电池的光子产生的电子—空穴对，都能被分别收集到电极两端，形成电流，对外做功；减少光生载流子在输运过程中，因材料自身性质，以及因表面和体内复合而造成的电压或电流损失，也是极为重要的。这就需要电池减少由光生载流子各类复合而造成的光能损失。从优良的电学特性材料、器件结构入手，努力优化工艺，使其具有高的光电转换能力。

在晶态电池发展的里程中，通过对光伏器件的理论研究和对效率极限的讨论，建立器件特性的物理模型和数学参数表述，获得了提高电池效率的主要方向。围绕构建电池的材料选择，电池结构和工艺技术等多方面的研究，已逐步完善其物理模型与模拟计算的理论，找到了电池性能与材料之间的相关性，使得光伏器件的性能和效率得到明显提高。Ⅲ-Ⅴ族电池最高效率达40.7%，晶体硅电池达24.7%。这种理论与实验相得益彰的发展，成就了当今晶体硅电池庞大的光伏产业。

对后起的薄膜光伏器件，鉴于材料物理模型与目前应用的晶体材料之间的明显差异，它无法像晶体硅电池那样，可以在稳定的高质量的材料基础上发展电池工艺，而是经历了从材料到器件的认识，到对材料的再认识，直至电池性能的再提高，这样一个反复的历程。其原因在于薄膜电池的特点是“材料和器件同步完成”。例如，由于非晶硅电池无序材料理论建立的不完全性，为适应其特性，使得其电池结构完全不同于晶体电池的结构；需建立新的理论模型来描述无序结构输运、复合特性及稳定性问题，通过不断和实验进行对比验证，才能更好阐述薄膜器件的工作原理。

对晶体电池而言，其背面是不透明的衬底，如果厚度足够厚，解决其光利用问题只能在入射面上做文章。对于由多层薄膜构成的薄膜电池，衬底的透明性使得要考虑的光学界面增多，需考虑各层内的吸收特性及在各界面的反射、透射特性。要做好光管理，除了采用多结结构来分段利用太阳光谱，与晶体电池主要集中于上表面的各种减反图形的设计不同，薄膜电池可在入射面的减反、中间层的光分配和背面的增反三方面着手，使模拟设计有更多的灵活性。

电池的光电转换能力，取决于有源材料的光电转换特性以及结构的合理优化，加强光生载流子及时分离与收集效果。体电池的模拟设计是建立在对材料特性完全认识的基础上，通过结构及规范性的工艺优化获得的。薄膜电池中，如氢化非晶硅(a-Si：H)中原子排列的长程无序，带给它远高于晶体硅的光吸收能力。然而其无序结构又带给它极低的迁移特性(故而需要构建不同于pn结的p-i-n结形式)，以及由高缺陷态密度导致的高复合率与不稳定性(故而需要认真设计各层尺寸及其界面过渡，并优化材料性能)。这就使得薄膜电池有着与晶体电池不同的设计理念。这是因为，薄膜性能的优化涉及诸多因素，电池制备与薄膜沉积同步完成，因此电池的性能，将取决于制备构成电池的沉积条件及其过渡过程的优化。材料特性、结构尺寸，以及沉积条件的多元性和相关性，使得薄膜电池特性的优化难度加大。如果不能预先认识和理解它们之间的相互关系，仅由实验来

摸索经验,将耗时又费力,难于获得理想结果。因此通过理论模拟,找到材料、工艺之间对影响电池性能的相互关系及其规律性趋势.对实际工艺控制起到有效的指导作用。

无论对哪一种电池,理论模型及其模拟计算,认识和预测影响效率的因素,以便优选光伏材料,构建合理结构,确定先进工艺技术,获得提高电池效率与稳定性的途径,使理论真正具有预示性和指导的意义。模拟的目也就在于此。

器件模拟设计的历史,要追溯到 1955 年。贝尔电话实验室 Princ 发表在应用物理杂志上题名为“Silicon Solar Energy Converters”(硅太阳能转换器)的文章,是理论设计的开篇。而那个时候离扩散掺杂制备硅 pn 结的研究成功,也不过一年的时间。从 1961 年 Shockley 等首次计算电池极限效率的模型开始,至今历经了半个世纪,研究范围涉及对不同阳光条件下的模拟,如不同大气参数、不同云雾参数等;研究涉及对不同类型光伏材料的优化模拟。不同电池材料的模拟,如单晶硅材料、各类半导体化合物材料、各类薄膜材料、染料敏化材料、有机材料等,涉及对不同类型电池结构的模拟,如 pn 结、p－i－n 结、单结、异质结、多结、串联叠层式、并联叠层式等。对发展较晚的硅基薄膜电池的模拟问题,是随电池的进步而逐渐发展起来的。当今,一些用于单晶硅器件模拟的大型商业软件包,如 TMA 公司的 Medici、Silvaco 公司的 Atlas、Crosslight 公司的 Apsys,在当前能源研究日益热门的时候,亦随之跟进,将描述多晶硅和非晶硅的器件,如薄膜晶体管(thin film transistor, TFT)和太阳电池的内容不断添加进来,以利扩大其应用范围。这些程序的优点在于模块化功能较强,用户只需利用模块进行很少的设置即可。但是它们在一定程度上,对硅基薄膜所建立的模型过于简化,并不能完全适用。于是工作在该领域的科学家开始自己建立模拟非晶硅、微晶硅、甚至叠层太阳电池的计算机程序。例如,由 Hack 和 Shur 于 1985 年建立的模型、1988 年宾夕法尼亚大学 Fonash 等开发的 AMPS 程序,以及 1997 年由荷兰 Delft 大学 Zeman 等开发的 ASA 软件包等。还有一些发布在网站上供自由采用的模型,如德国 Stangl 教授基于光生载流子输运机制开发的描述同质和异质结太阳电池的专用模拟软件 Afors－Het2.0,只要输入太阳电池光学和电学参数,即可模拟计算异质结电池、非晶硅、微晶硅电池的 QE、$I-V$ 等特性参数。该软件与其他太阳电池模拟软件相比具有界面人性化、操作简单、速度快等优点。这些后起开发出来的模型或程序,令人惊喜的是,它们较以前的软件,能较为“精细”描述硅基薄膜材料的性质和器件的工作过程,能实现非晶硅电学性质的模拟。

但是理论模型的建立,是在描述该器件或某个物理参数的理论公式结合构建电池所用材料、结构参数所建立的模型基础上的。为了能够计算或者便于计算,对用以计算的公式,都会按需要作某些简化或者加入某些假设的条件,以使理论公式能获得解析解,或者能进行数字计算,便于得到最终结果。至今理论模型的正确与否,数字解的收敛程度,或者可解的程度,都决定着该模拟的有效性、正确性和可靠性。同时它的发展又离不开实验结果的验证。因此模拟计算与实验验证,仍在不断进步之中。

3.5.2 相关模拟工具介绍

1. PC1D 软件

常用的太阳电池器件模拟分析软件 PC1D 是 1985 年建立的较为完整的半导体器件

模型，它描述了半导体器件中电子和空穴的传输行为，目前，该软件已经被广泛应用于太阳电池研究领域。在深入对太阳电池器件物理的研究上这个软件起着关键作用，特别是对硅太阳电池，并且它已经成为光电器件模拟计算的世界标准。PC1D现在已经改进到可以在Windows环境下运行。

它解决了单晶半导体器件中一维电子和空穴输运与时间有关的非线性方程，尤其是光伏器件。通过它，可以把理论模型更精确应用到那些可以通过模拟分析来进行器件分析和优化结构设计的领域。在PC1D的第二版中，增加了绒面太阳电池的光学模型和电子输运模型。实现了适合于表面织构化的一维器件模拟。而对适用于Windows版本的PC1D则具有两个独立的光源，五种材料数据，独立的器件和设计参数，掺杂和热复合系数，基于方块电阻和结深的掺杂平面形貌，黑体辐射，能够实现器件内部不同区域连接的四个电路参数，数据复制粘贴功能，快速帮助提示等功能。

对于晶体硅太阳电池，由于对材料特性了解得最为清楚，使得计算结果更为精确。伴随着硅太阳电池模型的改进，载流子浓度、重掺杂效应、光学吸收、表面复合速率与掺杂浓度和能带弯曲情况的关系逐步清晰。另外，随着电池的减薄和材料的改进，体复合对于器件性能的影响逐步降低，表面和界面作用变得日益重要。这些发展提供了硅太阳电池模型建立的基础。PC1D包括了在室温条件下，硅太阳电池的最好的可实现的默认值，并且可将许多内部模型结合起来，这些模型中很多关键参数随着温度和掺杂浓度的变化而自动变化，如迁移率、体复合和表面复合等。由于这些模型，实现了硅太阳电池设计的全方位模拟。

2. AMPS-1D软件

AMPS-1D(analysis of microelectronic and photonic structures)是美国宾夕法尼亚大学开发的一维多层光电子分析的计算程序。软件依据半导体物理基本方程(泊松方程、自由空穴的连续方程和自由电子的连续方程)来计算出半导体电子或光电子器件的物理输运性质，即通过软件计算得到器件的能带图、光生载流子的分布、光伏安特性曲线等。AMPS-1D模拟的材料可以是晶体、多晶、非晶硅或者化合物，所模拟器件的结构包含了同质和异质结太阳电池。

AMPS-1D软件采用迭代法计算材料的性能，即通过迭代法计算泊松方程和连续性方程。由于这个方程组是相互关联的非线性方程组，所以需要确定了边界条件才能计算出具体的结果。

3. Synopsys TCAD软件

美国Synopsys公司开发了功能强大的TCAD，整合了Synopsys公司、Avanti公司和Integrated Systems Engineering(ISE)公司的TCAD产品。包含四个工艺仿真工具：Sentaurus Process、Taurus TSUPREM-4、Sentaurus Lithography和Sentaurus Topography，可以仿真不同半导体材料中的注入、扩散杂质激活、刻蚀、淀积、氧化和外延生长等工艺步骤，由工艺模拟可得到用于器件仿真的二维或三维器件结构。器件模拟可采用Taurus Medici或Sentaurus Device工具进行，前者进行二维模拟，后者可进行二维或三维模拟。器件仿真工具可用来模拟半导体器件的电学、热学和光学等性能。目前，仿真太阳电池使用较多的为Sentaurus Process和Sentaurus Device。

Sentaurus可以模拟单晶硅太阳电池、多晶硅太阳电池、GaAs多结太阳电池以及各类薄膜(a-Si、CdTe、CIGS)太阳电池。对于光学性能模拟,可针对不同的结构选用不同的模拟方法,包括光线追踪法、传递矩阵法、时域有限差分法等;对于电学性能模拟,可考虑体内、表面复合、界面效应、电极接触、连接损失等影响,获得电池的暗特性和光谱响应等性能。Sentaurus集成了大量物理模型,可以模拟载流子扩散、漂移、隧穿、热发射、各类缺陷复合、能带变窄、温度效应、量子效应等各因素。Sentaurus还引入了很多最新的小尺寸模型,增强了仿真工具对新材料、新结构及小尺寸效应的仿真能力。Sentaurus还可以通过将数值模拟与集总电路元件模型相结合来进行混合模拟,从而将物理电池设计与较大规模的电路级行为连接起来,模拟太阳电池连接成组件时,由欧姆损耗而引起的效率下降。Sentaurus还能利用工艺经验模型(process compact model, PCM)进行统计分析,从而优化太阳电池制作过程的良率。

4. Silvaco TCAD软件

美国Silvaco公司的TCAD也是一款成功的商业软件,提供的工艺模拟工具主要是Athena、Ssuprem和Victory Process,前两个用于二维模拟,后一个用于三维模拟,可模拟的工艺包括半导体的离子注入、扩散、刻蚀、淀积、光刻、氧化及硅化等。器件模拟工具包括Atlas和Victory Device,前者用于二维模拟,后者用于三维模拟。对于太阳电池,Atlas中的S-Pisces模块用于模拟晶硅太阳电池,有大量电池仿真可用的物理模型,包括表面/体迁移率、复合、碰撞电离和隧穿模型等;Blaze模块用于模拟化合物太阳电池,包括一个二元、三元以及四元半导体材料库,能够模拟多结太阳电池;TFT或TFT3D模块用于模拟非晶或多晶薄膜材料太阳电池;Luminous或Luminous 3D模块用于进行光学模拟,主要采用光线跟踪法,但是可以采用传递矩阵法分析多层结构的相干效应,采用光束传播法分析模拟衍射效应,同时,本模块用于模拟太阳电池的光照条件,并提取电池的光电转换性能参数,如量子效率、开路电压和短路电流等。

思考题

(1) 什么叫光生伏特效应?太阳能电池的转换效率的表达式是什么?

(2) 太阳电池的非理想影响因素主要有哪些?

(3) 简述太阳电池的量子效率定义、内量子效率和外量子效率的区别。

(4) 太阳电池的理论计算效率有几种计算方法?在实际应用中,其效率损失主要在哪些方面?

(5) 简述太阳电池器件模拟的意义,并列举目前常用的模拟软件。

第4章　硅太阳电池

4.1　硅太阳电池简述

4.1.1　发展简史和分类

1941年，美国贝尔实验室的Ohl首次在硅锭上发现光伏效应，并通过切割包含n区和p区的硅锭制成了第一个硅太阳电池，如图4.1(a)所示。1950年早期Ohl参与了一项通过将高能He注入到p型多晶硅形成表面结的实验，1952年Kingsbury和Ohl采用这种方法制成的电池效率达1%，如图4.1(b)所示。1954年贝尔实验室的Chapin等研究人员首先采用直拉单晶和高温扩散制结的方法制成了第一种实用的硅太阳电池，效率达到6%，如图4.1(c)所示，这一发现开创了太阳电池发电的新纪元。

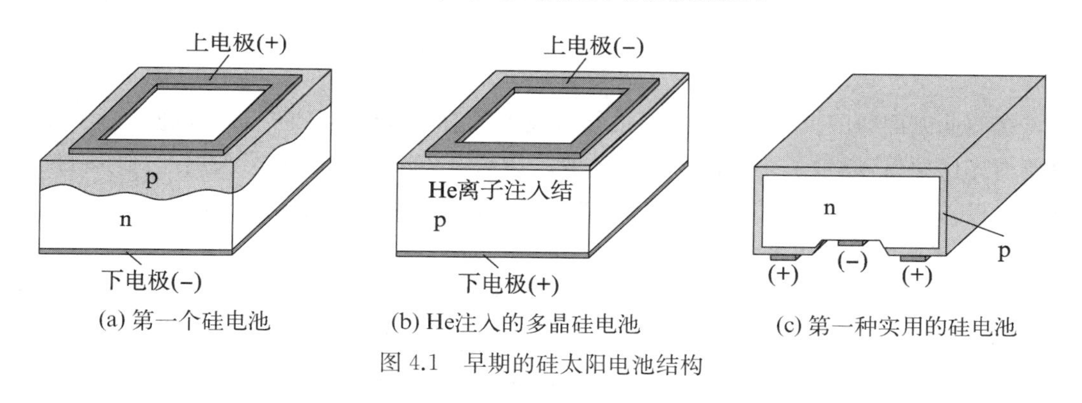

图4.1　早期的硅太阳电池结构

在亚利桑那大学召开的国际太阳能会议上，Hoffman电子推出光电转换效率为2%的商业化太阳电池产品，当时的售价高达1 785美元/W。在此后的几年里，Hoffman电子的商业化单晶硅太阳电池转换效率不断得到突破，1957年达到8%，1959年突破10%，通过采用栅线电极大幅度减少串联电阻，1960年效率达到14%，更具有深远意义的是第一个多晶硅太阳电池在1960年问世，效率为5%，但显然高昂的价格成为太阳电池商业化应用的主要障碍。

1958年美国信号部队的Mandelkorn制成可实用化的n/p型空间用单晶硅太阳电池，同年发射的先锋1号(Vanguard I)卫星是第一个采用太阳电池供电的卫星，1959年探险者6号卫星发射成功，采用的9 600片的电池提供了20W的功率。空间应用促使电池技术快速发展，到了1960年，实现了在地面阳光照射下能量转换效率约为15%的电池，并且为越来越多的卫星提供能源，太阳电池取得了稳固的市场位置。

从1960年初期开始，在十年内基本的电池设计几乎没有变化，如图4.2(a)所示。到1970年初期，COMSAT实验室的研究表明采用更浅的扩散和更密的金属栅线可以改善对蓝光的响应，从而极大地提高电池的效率，这种电池被称为“紫电池”，如图4.2(b)所示。另外在背接触下方形成的重掺杂薄层，即所谓的“背面场”，也起到了改善作用。此后不久，COMSAT实验室利用各向异性的化学腐蚀办法在硅表面形成金字塔形状，极大地降低了电池表面的反射，这进一步提高了电池的效率，使得地面电池的效率在17%以上[图4.2(c)]，这种电池又被称为“黑电池”。这一期间的电池改进主要是改善了电池收集光生载流子的能力。

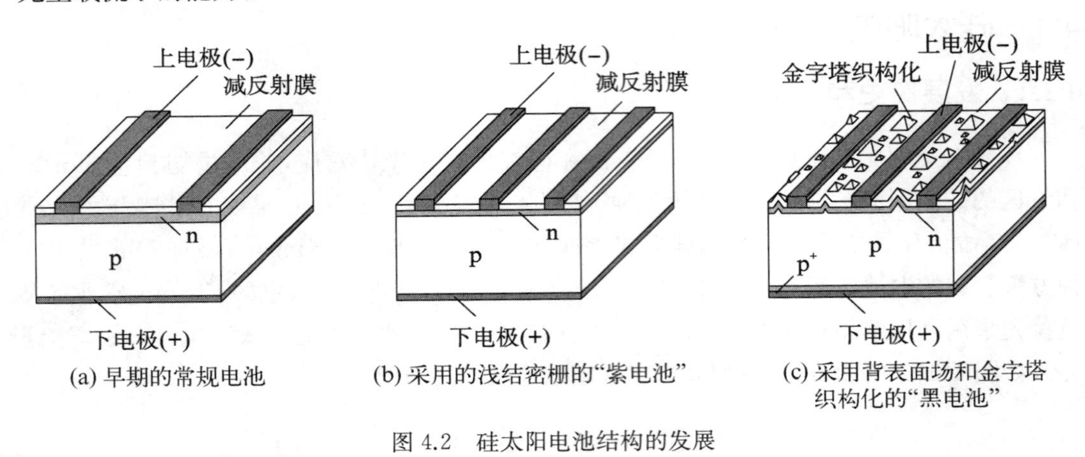

图4.2　硅太阳电池结构的发展

在商业方面，1970年代初期的石油禁运催生了对可替代能源的广泛兴趣。由于美国政府的光伏项目，诞生了一些地面光伏企业。1975年Spectrolab公司采用丝网印刷技术制备电极，1976年又采用了层压技术制造光伏组件，这些成了后来地面用电池的商业标准。1976年首次出现了专门为地面市场开发的多晶硅电池。

从1980年开始新南威尔士大学采用发射极钝化技术使得硅电池效率的记录不断被刷新，另一个改进是斯坦福大学开发的背面点接触电池，主要特征是在电池的上下表面均采用了氧化层钝化，并且pn结和正负电极均制备在电池背面。新南威尔士大学在此基础上做了进一步的改进，采用了正面发射极、双面钝化的设计，开发出一系列的新型电池，包括PERL电池、PERT电池、PERF电池等，至今新南威尔士大学仍保持着硅电池最高效率的世界纪录。从1993年开始，美国SUNPOWER公司和日本SHARP公司基于PERL电池结构分别研制出空间用高效硅电池，最高效率达到18.3%，这种电池在2004年之前得到了大规模应用，装备于50多颗卫星。同时期美国SUNPOWER公司基于背面点接触技术开始研制指状交叉背面接触电池(IBC)，通过持续的改进，这种大面积低成本电池的效率在2010年达到创纪录的24.2%(AM1.5光谱)，广泛应用于无人机领域。

硅太阳电池分类的方法很多，一般习惯上按基体材料可分为单晶硅太阳电池和多晶硅太阳电池，按用途则可分为空间用硅太阳电池和地面用太阳电池，而按照电池的结构可分为常规电池、浅结背反射器电池、背场背反射器电池、背面接触电池等。随着技术的发展，一些新型硅太阳电池逐步出现，如带状硅太阳电池、HIT太阳电池、微球硅太阳电池，这些也被列入硅太阳电池的行列。

4.1.2 常规电池

常规电池是最早的实用化空间用太阳电池，这种电池为 n^+/p 型结构，如图 4.3 所示。这种电池采用 0.2～0.5 mm 的 p 型单晶硅片，采用高温扩散的方法在硅片表面形成重掺杂的 n^+ 层，结深为 0.5 μm 左右，上电极采用 Ti/Pd/Ag 结构，下电极采用 Pd/Ag 结构，上表面还蒸镀有单层或双层结构的减反射膜，典型效率为 10%～11%(AM0)。该电池的缺点是 pn 结较深，对短波光的响应较差，转换效率低。

常规电池的工艺流程如图 4.4 所示，首先对硅片进行表面处理，去除损伤层和表面污染，再用扩散的方法制备 pn 结，用腐蚀的方法去除硅片背面的结和侧面的边结，用真空镀膜的方法制备上、下电极，上电极的栅线图形采用金属掩模或光刻的方法形成，通过合金处理使电极获得高附着力和低的接触电阻，最后用真空镀膜的方法制作减反射膜，蒸镀减反射膜需要采用掩模或涂胶的方法保护主电极的焊接区，防止将减反射膜蒸镀到焊接区上。

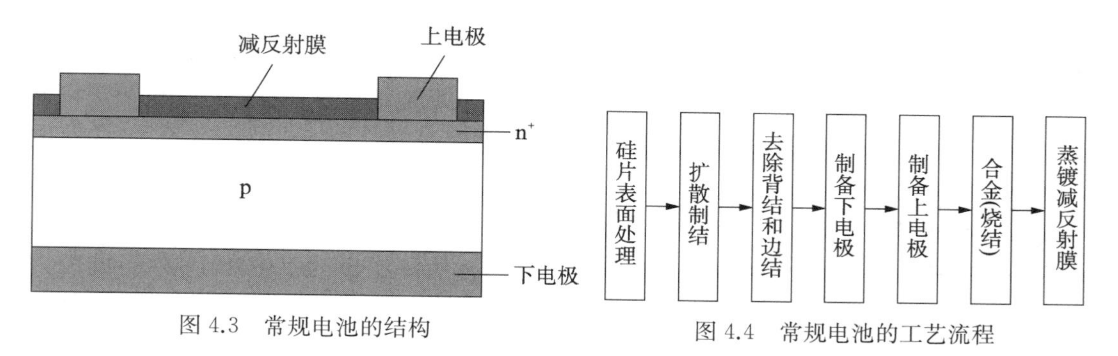

图 4.3 常规电池的结构

图 4.4 常规电池的工艺流程

4.1.3 浅结背反射器电池(BSR 电池)

为了进一步提高硅电池的效率，对常规电池的结构进行了改进，采用浅的 pn 结，通常为 0.2 μm，改善了对短波光的响应，另外在电池背面采用了铝背反射器结构(即下电极为 Al/Ti/Pd/Ag)，使得不易被硅吸收的长波光在到达电池背面后被铝层反射回硅中，增加了长波光的吸收路径，因此改善了对长波光的响应。另外为了克服采用浅结带来的上表面横向电阻大的问题，采用了密栅厚电极，即减小了栅线间距和栅线宽度，同时提高了栅线的厚度。这种电池的结构如图 4.5 所示，效率一般可达到 12%左右，主要优点是抗辐照性能较好，目前在国内高轨道卫星上仍有应用。

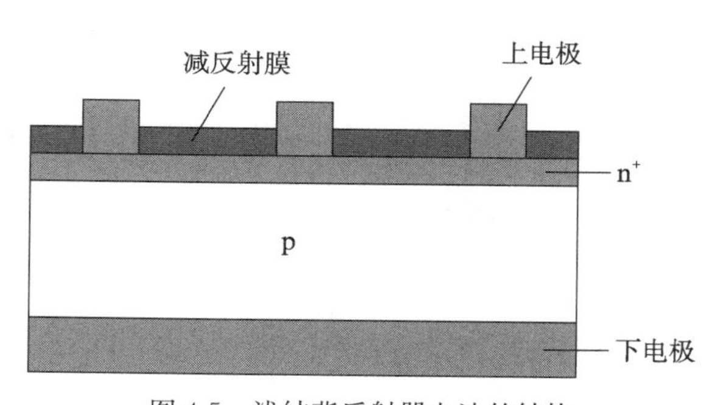

图 4.5 浅结背反射器电池的结构

浅结背反射器电池的工艺流程如图 4.6 所示，其过程与常规电池大致相同，区别在于制备下电极时先要蒸镀一薄层铝作为背反射器，然后蒸镀 Ti、Pd、Ag 等金属，另外由于采用圆形硅片,需要通过划片工序将圆片切割成方形电池。蒸镀减反射膜也可放到划片前进行。

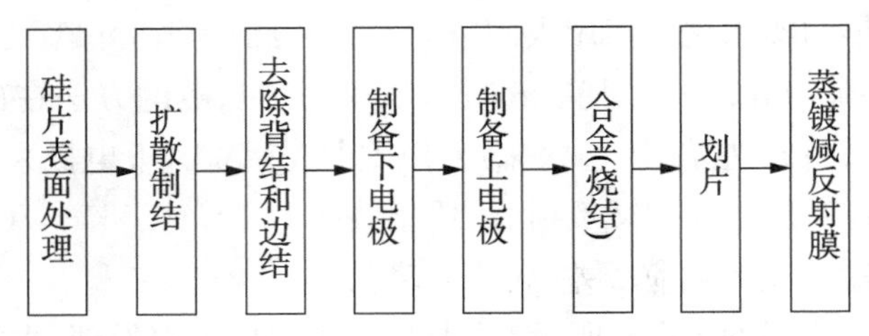

图4.6　浅结背反射器电池的工艺流程

4.1.4　背场背反射器电池(BSFR电池)

在浅结背反射器电池的基础上,通过扩散技术在电池背面形成 p^+ 区,即背表面场,由此形成背场背反射器电池,如图4.7所示。这种背表面场提高了电池的势垒,对载流子的收集起到了加速作用,因此提高了电池的短路电流和开路电压,其效率为14.5%～15%。这种电池的效率较高,但抗辐照性能比浅结背反射器电池略差,在20世纪80～90年代广泛应用于各类卫星,目前国内在多个低轨道卫星上仍有应用。

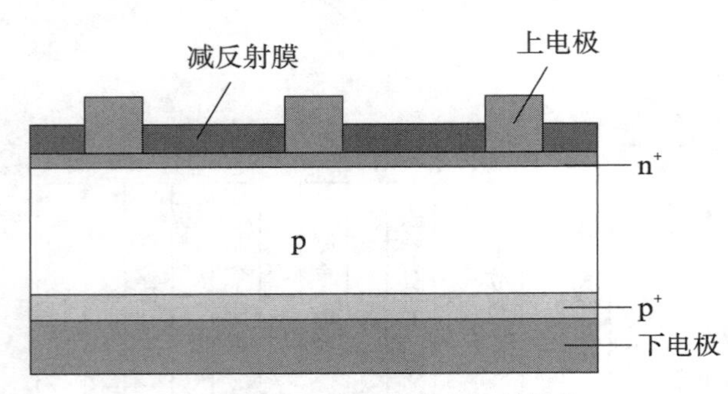

图4.7　背场背反射器电池的结构

背场背反射器电池的工艺流程如图4.8所示,对硅片处理后,采用热氧化的方法在硅片正面形成硼扩散的掩蔽层,硅片背面的氧化层需要用氢氟酸去除,然后通过硼扩散在硅片背面形成背场结构,用热氧化或涂二氧化硅乳胶源的方法对硅片背面进行二次掩蔽,再通过磷扩散在硅片正面形成pn结,后面的工艺与浅结背反射器电池相同。

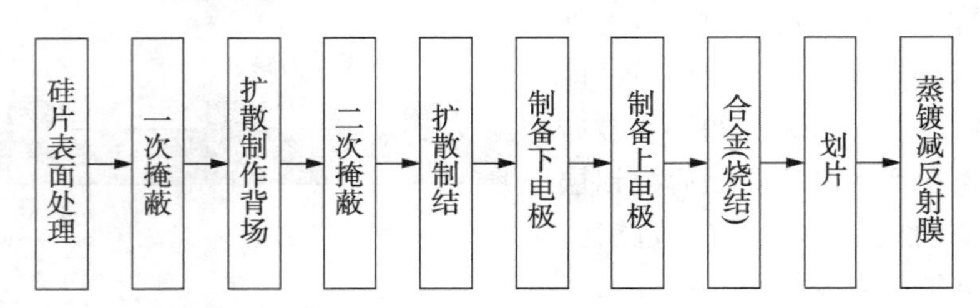

图4.8　背场背反射器电池的工艺流程

4.1.5　钝化发射极和局部背场电池(PERL电池)

PERL电池最早是由澳大利亚新南威尔士大学发明的,是目前转换效率最高的电池,效率达到24.7%(AM1.5)。在20世纪90年代末,美国SUNPOWER公司和日本SHARP公司分别针对空间应用研制了这种结构的电池,效率为17%～18.3%,在三结砷化镓电池普遍应用前,是航天器电源的最佳选择,装备了50余颗卫星。该电池的结构如

图4.9所示，其主要特点是，衬底通过减薄处理使厚度降低到100 μm左右，既降低了体内复合，又提高了电池抗辐照能力，电池正面采用光刻和碱腐蚀的方法制备了倒金字塔形状的陷光结构，提高了对光的吸收，上电极和下电极的接触区域制备了重扩散的n^+区和p^+区，降低接触电阻，电池的上下表面均采用热氧化制备的薄氧化层进行钝化处理，降低表面复合速率。这种电池的缺点是工艺流程复杂，需要通过5～6次精确对准的光刻来实现复杂的电池结构。

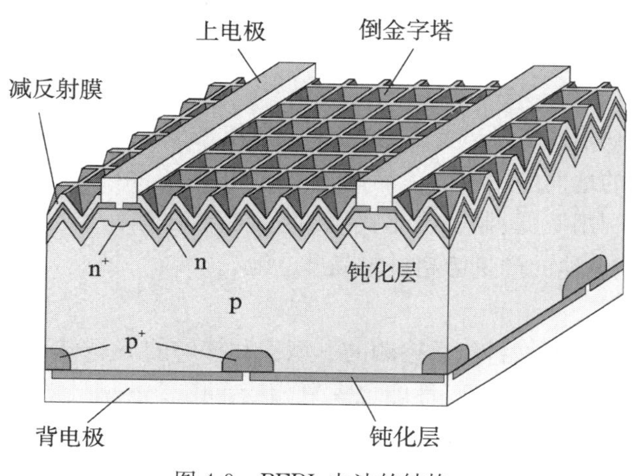

图4.9 PERL电池的结构

PERL电池的工艺非常复杂，需要经过多次光刻。对硅片进行表面处理后，首先用热氧化的方法在硅片表面形成薄氧化层，再通过光刻的方法使正面的氧化层形成倒金字塔的图形，用选择性腐蚀的方法刻出倒金字塔结构，用热氧化的方法制备扩硼的掩蔽层，通过光刻制作扩硼窗口，然后扩散制作局部背场，用热氧化的方法进行二次掩蔽，再通过光刻制作扩磷窗口，用高温浓磷扩散制作上电极的接触区域(n^+区)，去掉正面氧化层后再进行低温浅磷制作pn结，用热氧化的方法在电池正、背面形成钝化层，通过光刻制作正、背面的电极接触窗口，其余的蒸镀电极等工艺与背场电池相同，工艺流程如图4.10所示。

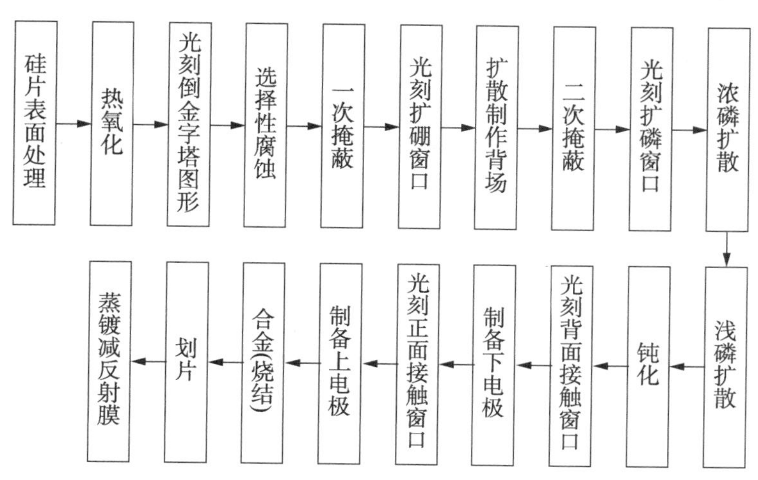

图4.10 PERL电池的工艺流程

4.2 硅材料制备

4.2.1 硅材料的选择

硅材料作为太阳电池的衬底,对电池的性能有很大的影响,而且不同的用途和电池结构对硅材料的要求也不相同,一般来说需要考虑的因素主要有晶体类型、导电类型、电阻率、晶向、位错、少子寿命等,其他还包括硅材料的形状、尺寸、厚度等。对于地面应用,硅材料的价格也是主要的参考依据。

1) 晶体类型

单晶硅材料的缺陷比多晶硅要少得多,制成的电池效率更高,因此空间用电池均采用单晶硅材料。早期的地面应用也以单晶硅为主,但由于单晶硅材料需要采用直拉等方法制造,能耗大、材料利用率低、制造成本高,因此多晶硅在地面用电池上的应用越来越广泛,目前多晶硅太阳电池的产量已超过单晶硅电池。

2) 导电类型

硅太阳电池常用的硅材料包括掺硼的p型硅和掺磷的n型硅,从理论上来说,p型硅和n型硅都可用来制造太阳电池,性能也大致相当。由于p型硅的抗辐照特性优于n型硅,因此空间用太阳电池都是用p型硅制成的,地面用电池技术由于继承于空间用太阳电池,因此也以p型硅为主。在硅材料价格较高的一段时期,也有一些厂商采用n型硅来制造电池。另外,n型硅的光致衰退效应要小于p型硅(一般认为光致衰退效应是由于硅中的硼原子与氧结合成硼—氧对引起的),因此有些厂商选择用n型硅制造高效率电池。电子的迁移率要高于空穴,因此在相同的少子寿命下,n型硅的少子扩散长度要明显高于p型硅,背面接触电池对少子扩散长度有严格的要求,因此背面接触电池一般采用n型硅。

3) 电阻率

电阻率和转换效率有密切的关系,对于没有背场结构的电池,随着电阻率的增加,转换效率先逐渐上升,在0.5 Ω·cm左右时达到最大值,然后逐渐下降。对于有背场结构的电池,随着电阻率的增加,转换效率先逐渐上升,在0.5 Ω·cm左右时达到最大值并保持基本不变。因此为获得高的转换效率,一般选用0.5～5 Ω·cm的电阻率。但对于空间应用来说,除了考虑效率,还要考虑抗辐照能力,一般随着电阻率的增加,硅材料的抗辐照能力越强,因此空间用太阳电池综合考虑抗辐照特性和效率要求,一般选用7～12 Ω·cm的电阻率,对于部分工作寿命不长的航天器,也有选用0.5～2 Ω·cm的情况。

4) 晶向、位错、少子寿命

一般情况下硅电池对晶向并无特别要求,[100]和[111]晶向的硅片均可制作太阳电池,性能也无差异。但[100]晶向的硅片可采用各向异性腐蚀形成各种陷光结构,因此实际上大部分太阳电池均采用[100]晶向的硅片。空间应用对硅片的质量要求较高,要求无位错缺陷、少子寿命大于50 μs,对于地面应用应优先考虑材料价格,对位错密度和少子寿命没有严格的要求,但对于背面接触电池,对少子寿命有特殊要求,一般要达到1 ms以上。

5) 形状、尺寸、厚度

空间用太阳电池尺寸较小,且需要控制电池的质量,一般选用直径为3～4 in(1 in=

2.54 cm)、厚度为200 μm左右的圆形单晶硅片。地面应用为了充分利用材料和提高组件效率，一般采用125 mm×125 mm或156 mm×156 mm的方片，而厚度主要是考虑硅片成本和电池制造水平等因素，随着硅片切割技术和电池制造技术的进步，硅片厚度有逐步降低的趋势，目前150 μm的薄硅片已开始应用于实际生产。

4.2.2　高纯硅提炼

硅材料按纯度划分，可分为金属硅和半导体硅(电子级)。金属硅是低纯度硅，是提炼高纯多晶硅的原料，也可作为有机硅等制品的添加剂，高纯多晶硅是铸造多晶硅锭、单晶硅锭的原料，是硅太阳电池制造的基础。金属硅是利用自然界的高纯石英砂制成的，将纯度为99%以上的石英砂和焦炭或木炭在2 000℃左右进行还原反应，生成纯度约为95%～99%的多晶硅，称为金属硅或冶金硅，这种硅材料对于半导体工业或太阳电池行业来说含有的杂质太多，需要进行提纯，提纯采用化学或物理方法进行，主要有西门子法、硅烷热分解法和四氯化硅氢还原法等几种，经过提纯的高纯多晶硅纯度可达到99.999 999%～99.999 999 9%。

1) 西门子法

该方法是德国西门子公司在1954年发明的，是广泛采用的高纯多晶硅提炼方法，主要原理是将金属硅和HCl反应，生成中间化合物$SiHCl_3$，此外还包括$SiCl_4$、SiH_2Cl_2等气体以及其他杂质的氯化物，然后采用化学蒸馏的方法提纯，经过粗馏和精馏，$SiHCl_3$的杂质含量可降低到10^{-7}数量级以下，再将$SiHCl_3$和H_2通入反应室，将反应室内的原始高纯多晶硅细棒加热至1 100℃以上，通过还原反应生成的高纯硅淀积在细硅棒上，制成半导体级多晶硅。

2) 硅烷热分解法

首先将硅化合物通过化学反应生成SiH_4，反应的方法包括日本Komatsu公司发明的利用Mg_2Si和NH_4Cl反应生成SiH_4以及美国Union Carbide公司提出的利用$SiCl_4$和Si、H_2的多次歧化反应生成SiH_4，对SiH_4进行精馏提纯后通入反应室，同样将反应室内的多晶硅棒加热至850℃以上，硅烷分解后产生的多晶硅淀积到硅棒上。硅烷热分解法的优点是硅烷易于提纯，在硅烷制备过程中金属杂质不易形成挥发性的金属氢化物，另外硅烷可以热分解直接形成多晶硅，分解温度低。硅烷法制备的多晶硅质量较好，但综合生产成本高。

3) 四氯化硅氢还原法

这是早期最常用的技术，由于材料利用率低、能耗大，现在已很少采用。该方法是利用金属硅和Cl_2反应生成$SiCl_4$，同样进行精馏提纯后利用H_2在1 100℃～1 200℃的温度下还原$SiCl_4$生成多晶硅。

半导体级多晶硅的生产成本很高，而太阳电池对于材料中的杂质容忍度比半导体器件要大得多，因此太阳电池用硅原料通常利用半导体行业废弃的头尾料和废料，然而随着光伏产业的快速发展，半导体行业的硅材料已不能满足光伏行业的需求，为此开始发展将金属硅进行低成本提纯成为太阳能级硅材料的技术，主要是将金属硅中的杂质含量降低

到 10^{-6} 以下，主要的技术包括在真空中定向凝固金属硅使得杂质在表面挥发，利用化学反应使金属硅中的杂质形成挥发性物质，利用化学反应使杂质形成炉渣等几种。在硅中的金属杂质由于分凝系数较小能够通过定向凝固的方法去除，但对于B和P则很难通过定向凝固来去除，由于没有一种经济的方法去除B和P，目前还没有一种有效的太阳能级硅材料提纯技术能够投入大规模工业生产。

4.2.3 铸锭

铸锭是为了将高纯硅原料制成特定规格的块体材料。根据对硅材料的不同要求，有很多种铸锭的方法。单晶硅材料的拉制方法主要有直拉法和区熔法，其他还有高磁直拉等方法。多晶硅铸造的方法主要为直熔法，其他还有电磁连续拉晶(EMC)等方法。另外还有直接在硅熔体中生长出带状硅材料的几种方法正在发展中，如定边喂膜生长(edge-defined film-fed growth，EFG)技术、线牵引生长(string ribbon growth，SRG)技术、枝状蹼(dendritic web growth，DWG)技术、衬底带硅生长(ribbon growth on substrate，RGS)技术和工业粉末带硅生长(silicon sheet of powder，SSP)技术等，具有可省略切片工序、材料损耗低的优点，但生长的带硅材料缺陷较多、质量较差，其中前3种技术已实现了小规模的商业化生产。下面对几种最主要的铸锭方法进行介绍。

1) 直拉法

直拉法又称Czochralski法，简称CZ法，其原理如图4.11所示，先将电子级多晶硅原料放在坩埚内，密封反应室通入高纯保护气体，通过射频加热线圈使硅料熔融，将安装在夹具上的具有一定晶向的籽晶伸入熔融硅料中，然后将籽晶缓缓提起，同时使籽晶以一定的速度旋转，熔融的硅料就开始在籽晶底部生长出和籽晶晶向相同的单晶体，这被称为“引晶”。当籽晶与熔料接触时，由于热应力和熔料表面张力的作用，籽晶晶格会产生大量的位错，这需要通过“缩颈”来消除对单晶生长的影响，即提高籽晶的提升速度，使生长出的晶体直径缩小到3～6 mm，当该颈部具有足够长度时，能使位错沿着滑移面延伸到晶体表面而消失。随后通过降低晶体的提升速度和温度调节，使生长的单晶体直径逐渐增加到所需的尺寸，这被称为“放肩”。再通过逐渐提高晶体的提升速度及控制硅料的温度使单晶体以均匀的直径生长，即“等颈生长”。当晶体长度达到预定要求时，通过控制生长条件逐渐缩小晶体的直径，直至最后缩小为一个点而离开熔融的液面，即“收尾”，收尾主要是为了防止位错的反延。直拉法生长的单晶硅棒如图4.12所示。直拉法经过多年的发展，技术已非常成熟，是目前最主要的单晶硅材料拉制方法，其缺点是坩埚会污染硅材料，生长的单晶中C、O含量较高。

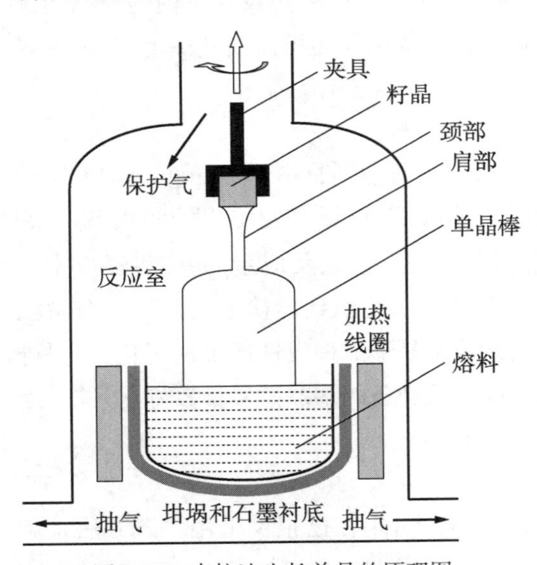

图4.11　直拉法生长单晶的原理图

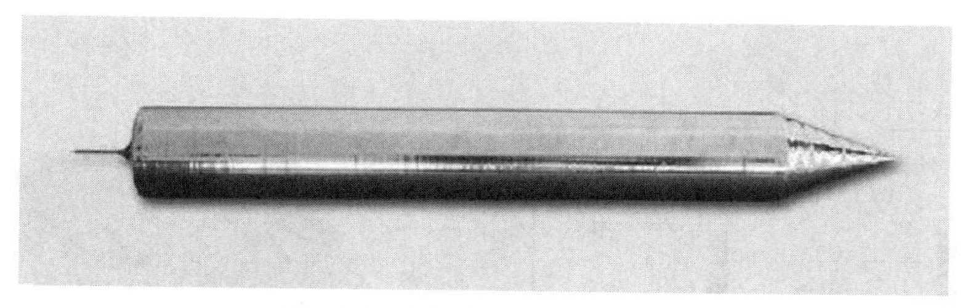

图4.12　直拉法生长的单晶硅锭

2）区熔法

区熔法又称Float Zone法，简称FZ法，其原理如图4.13所示，将多晶硅棒上端固定在上夹具上，下端与固定在下夹具上的籽晶相接触（或事先熔接在一起），射频感应线圈先对籽晶和多晶硅棒连接处加热并形成一个狭窄的熔融区，然后使线圈逐渐上移，熔融区也逐步上移，从而使整根硅棒逐步凝固成单晶材料，由于硅棒熔融区不与坩埚等其他物质接触，因此在生长过程中污染极少，可以获得纯度很高的单晶材料。整个区熔生长过程在有保护气氛的密闭反应室内进行，或在真空系统中进行，在整个生长过程中，籽晶和多晶硅棒以一定的速度做相反方向的旋转，同直拉法类似，也需要经过缩颈、放肩、等颈生长等过程。

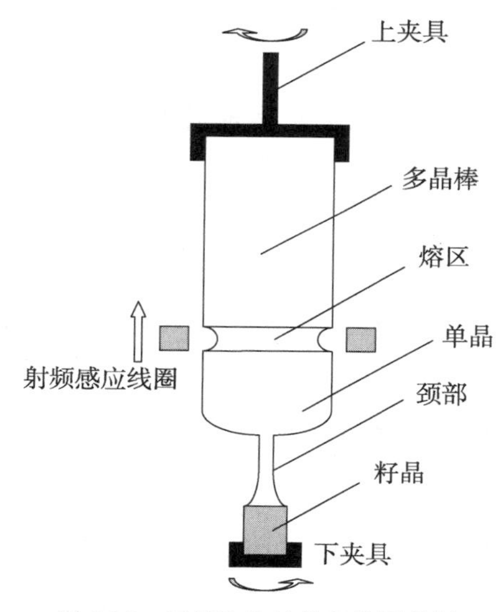

图4.13　区熔法生长单晶的原理图

3）直熔法铸造多晶硅

直到20世纪90年代，太阳电池还是主要建立在单晶硅的基础上，为了降低太阳电池的成本，自20世纪80年代铸造多晶硅技术发明以来，多晶硅的增长非常迅速，1996年底，它已占整个太阳电池材料的36%左右，21世纪初已占50%以上，成为最主要的太阳电池材料。与单晶硅相比，铸造多晶硅的主要优势是材料利用率高、能耗小、生产成本低、易于生长大尺寸材料，因此其发展非常迅速，缺点是含有晶界，位错密度、各类微缺陷和杂质浓度较高，多晶硅电池要比直拉单晶硅电池的效率低1%～2%。

早期铸造多晶硅的方法为浇铸法，即在一个坩埚内将硅原料熔化后浇铸在另一个经过预热的坩埚内进行冷却定向凝固成多晶硅，目前主要采用直接熔融定向凝固法，简称直熔法（布里奇曼法），由于该方法铸造的多晶硅质量较好，在国际上得到了广泛的应用。

直熔法的主要原理如图4.14所示，先将硅原料装入石墨或石英制成的方形坩埚内，把反应炉抽真空然后通入保护气体，通过加热器使硅原料熔化，然后使坩埚逐渐向下移动，同时对冷却板通入冷却水，从而使熔料的温度自底部开始逐渐降低，多晶硅体首先在底部形成，并呈柱状向上生长，在生长过程中固液界面始终保持水平状态，因此生长的主要晶粒自底部向上几乎垂直于底面，生长完成后需要将晶锭保持在硅熔点附近退火2～4 h，以减少热应力，最后关闭加热器进行冷却。目前铸造多晶硅锭的尺寸可达到700 mm×700 mm×300 mm，质量可达到250～300 kg，晶粒的大小为10 mm左右，如图4.15所示。

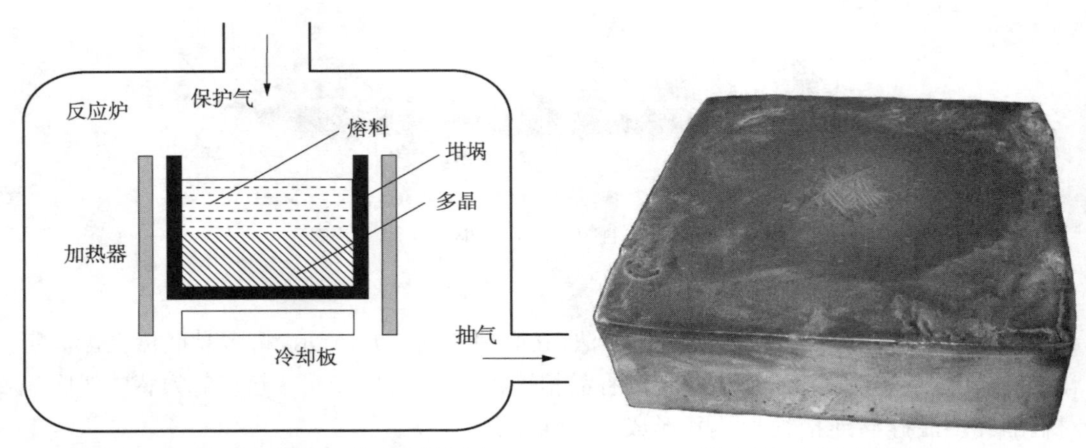

图 4.14　直熔法铸造多晶硅的原理图　　　图 4.15　铸造的多晶硅锭

直熔法铸造多晶硅的生长速度慢、坩埚不能重复使用、硅锭的底部和顶部各有几厘米厚的区域质量差而不能使用,为此开发了电磁连续拉晶法,主要是利用电磁感应来熔化硅原料而使坩埚保持冷态,减少了坩埚对晶锭的污染,另外可以实现连续浇铸,晶锭尺寸可达到 350 mm×350 mm×3 000 mm,但由于生长的晶粒较细小,且固液界面为严重的凹形导致晶体缺陷较多,因此晶锭的少子寿命较差,该方法尚未得到广泛应用。

4.2.4　切片

硅锭完成后,需要将硅锭切割成一定厚度的硅片供电池制造商使用。对于生长的单晶硅棒,在切片前需要切除直径较小的头尾料,然后通过磨削的方法制成具有精确尺寸的硅棒,有时还要在硅棒上磨出晶向的定位面,对于地面应用,通常是将硅棒磨制成具有圆角的长方体棒。对于铸造的多晶硅锭,需要采用外圆切割机或带锯切割成 100 mm×100 mm、125 mm×125 mm 或 156 mm×156 mm 的长方体,便于后续的切片加工。经过磨削和切割加工的硅棒如图 4.16 所示。

(a) 圆柱和方形单晶硅棒

(b) 多晶硅棒

图 4.16　经过磨削和切割加工的硅棒

切片有内圆切割和线切割两种方法，内圆切割的刀片较厚，硅材料损耗大、效率低，已逐步被线切割技术取代，其原理如图4.17所示。将单晶硅棒黏结在石墨衬底板上，使单晶硅棒向着高速旋转的内圆刀刃移动，在刀刃的作用下将硅棒逐次切割成薄片，由于刀刃的厚度在250μm左右，因此由于切割造成的材料损失在50%左右。

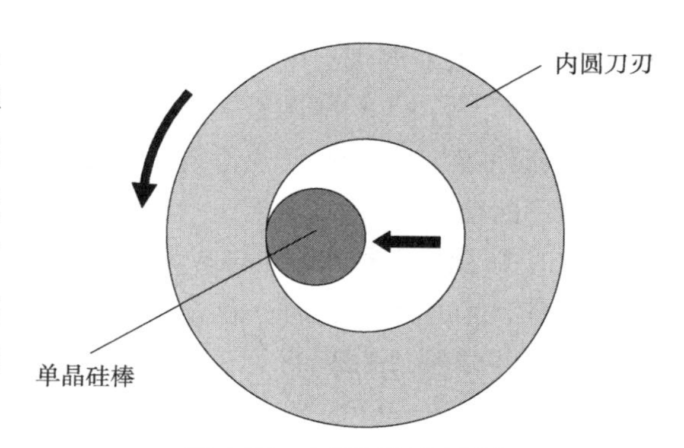

图4.17　内圆切割的原理

线切割的原理如图4.18所示，采用的线锯为一条长达数百千米、直径为一百多微米的钢丝，穿在高精度的导线槽上，由电机驱动使线锯移动，将硅锭朝着线锯方向移动，同时将磨粉浆通过喷嘴喷到线锯上，线锯即对硅锭进行切割。线锯的优点是硅料的切割损失小，一次可同时切割数百片的硅片，生产效率很高。

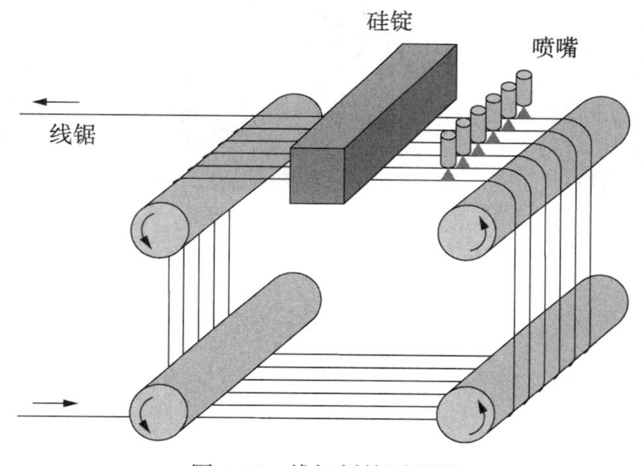

图4.18　线切割的原理图

4.2.5　其他处理

切片后，根据不用的用途还需要对硅片表面进行研磨、腐蚀、抛光等处理，去除硅片表面在切片过程中形成的机械损伤层，并使表面粗糙度满足特定的要求。

研磨是为了去除硅片表面在切片过程中产生的锯痕和20～50μm深的机械损伤层，并使硅片具有一定的几何尺寸精度。研磨一般采用双面研磨技术，即将硅片放在研磨机的上下磨盘之间，加入合适的液体研磨料，使硅片相对磨盘做行星运动，在压力和研磨料的作用下实现对硅片的两个表面进行研磨加工。一般硅片双面研磨的总加工量为60～80μm，研磨后表面粗糙度 Ra 可以达到20 nm以下，表面损伤层的深度减少到2μm以下。

腐蚀是利用化学腐蚀作用去除硅片表面的机械损伤层，一般分为碱腐蚀和酸腐蚀两种。碱腐蚀可采用浓度接近饱和的NaOH或KOH溶液，腐蚀温度在80℃以上，碱腐蚀的腐蚀速率较慢，腐蚀后硅片平坦度较好，但表面比较粗糙容易吸附杂质。酸腐蚀采用HNO_3、HF、CH_3COOH配置的混合溶液，CH_3COOH主要起到缓冲剂和表面活性剂的作用，酸腐蚀的硅片表面光亮不易吸附杂质，但硅片平坦度较差，控制不好容易形成中间厚边缘薄的枕形。

有时为了满足多次光刻的要求，需要将硅片表面抛光成光滑的“镜面”，这通常是采用化学机械抛光方式实现的。抛光时将硅片表面在抛光布上作高速旋转，同时加入含有SiO_2胶粒的碱性抛光液，硅片表面与抛光液中的碱进行化学反应生成可溶性的硅酸盐，通过粒度为50～70 nm的SiO_2胶粒的吸附作用以及快速转动的抛光布的机械摩擦作用及时除去反应物从而达到抛光目的。抛光一般需要进行从粗抛光到精抛光的3～4个步骤，总加工量为20～30 μm，抛光后表面粗糙度可达到1 nm以下。

各种加工好的硅片如图4.19所示。

(a) 圆形单晶硅片

(b) 方形单晶硅片

(c) 多晶硅片

图4.19　制造太阳电池的各种硅片

4.3　硅片表面处理

4.3.1　化学清洗

化学清洗是制造太阳电池的第一步，主要是为了去除硅片表面的各种杂质和污染。硅片表面的污染物大致可分为三类：油脂、松香、蜡等有机物质；金属、金属离子及各种无机化合物；尘埃以及其他可溶性物质。下面介绍几种常用的化学清洗剂。

1）硫酸

热的浓硫酸对有机物有强烈的脱水碳化作用。热的浓硫酸除了能溶解许多活泼金属及其氧化物外，还能溶解不活泼的铜，并能与银作用，生成微溶于水的硫酸银，但是不能与金作用。

2）王水(HNO_3 : HCl = 1 : 3)

王水具有极强的氧化性、腐蚀性和强酸性，在清洗中主要利用它的强氧化性。王水不仅能溶解活泼金属、氧化物等，而且几乎能溶解所有不活泼金属，如铜、银以及金、铂等。王水能溶解金等不活泼金属是由于王水溶液中生成了氧化能力很强的初生态氯和氯化亚硝酰，他们能把金氧化成三氯化金，同时王水中含有的大量盐酸，可与三氯化金形成稳定的可溶性络合物。

3）酸性和碱性过氧化氢溶液

碱性过氧化氢清洗液又称为Ⅰ号清洗液，由去离子水、30%的过氧化氢和25%的浓氨水混合而成，他们的体积比为水∶过氧化氢∶氨水=5∶1∶1到5∶2∶1。

酸性过氧化氢清洗液又称为Ⅱ号清洗液，由去离子水、30%的过氧化氢和37%的浓盐酸按比例混合而成，他们的体积比为水∶过氧化氢∶盐酸=6∶1∶1到8∶2∶1。

Ⅰ号和Ⅱ号清洗液一般应在75～85℃下进行清洗，时间为10～20 min，然后用去离子水冲洗干净。也有人认为Ⅰ号液煮沸即可，Ⅱ号清洗液必须煮沸数分钟为宜。主要清洗原理是利用过氧化氢的强氧化性，有机物和无机物杂质被氧化而除去的。另外，由于这类清洗液中混合有络合剂，对一些难以氧化的金属以及其他难溶物质，可通过络合作用形成络合物而除去。

实际中，经常配合使用以上几种清洗液能够达到很好的清洗效果。硅片的一般清洗顺序为：有机溶剂（如甲苯）初步去油，再用热的浓硫酸去除残留的有机和无机杂质，经过HF酸表面腐蚀后，再用热王水或Ⅰ号、Ⅱ号清洗液彻底清洗，在每种清洗液使用后，都必须用去离子水充分冲洗。

4.3.2 表面腐蚀

在硅电池的制造过程中，通常需要对表面进行腐蚀，腐蚀的目的包括硅片减薄、去除表面结或去除氧化层，即采用化学腐蚀的方法去除硅或氧化硅。对于氧化硅的腐蚀液主要为氢氟酸，其原理是氧化硅和氢氟酸（络合剂）作用生成易溶解于水的六氟硅酸，从而去除表面的硅，反应式为

$$SiO_2 + 6HF \longrightarrow H_2[SiF_6] + 2H_2O \tag{4.1}$$

氢氟酸的浓度越高，腐蚀速率越快，在实际使用中，通常根据不同的用途用去离子水稀释氢氟酸配置成不同浓度的腐蚀液，如去除自然氧化层时可使用水∶氢氟酸=1∶10的配比，去除掩蔽用的厚氧化层时可使用水∶氢氟酸=1∶1的配比。另外有时需要精确控制腐蚀速率，通常在氢氟酸溶液中加入氟化铵（缓冲剂）。

对于硅的腐蚀有酸腐蚀和碱腐蚀两种方法。酸腐蚀通常采用硝酸和氢氟酸的混合溶液，反应机制是硝酸首先将硅氧化成氧化硅，氧化硅进一步和氢氟酸作用生成六氟硅酸溶于水中，新露出的硅继续被氧化和溶解，从而使反应可以持续下去。为了控制腐蚀速率，通常需要加入乙酸（缓冲剂）。一般情况下酸腐蚀为各向同性腐蚀，腐蚀后的硅片表面较为光滑，但在某些配比下也呈现出各向异性腐蚀的特性。酸腐蚀在常温下就有较快的腐蚀速率，但不容易控制，且容易出现“塌边”的情况，即腐蚀后硅片边缘的厚度明显小于中心的厚度，因此通常用于去除扩散结。

碱腐蚀可采用NaOH、KOH或其他碱性溶液（如乙二胺和邻苯二酚的水溶液、氢氧化四甲基铵、磷酸钠等），其反应机制是硅与氢氧根反应生成可用于水的偏硅酸根，其反应式为

$$Si + 2OH^- + H_2O = SiO_3^{2-} + 2H_2\uparrow \tag{4.2}$$

碱腐蚀为各向异性腐蚀,但在高浓度碱溶液的情况下,各向异性的特性很不明显,因此可用于去除硅片表面的机械损伤层或硅片减薄处理。碱腐蚀的优点是具有较高的均匀性,腐蚀速率容易控制,但腐蚀速率较慢,通常要在较高的温度下进行,且碱腐蚀的硅片暴露在空气中容易出现难以去除的斑纹,因此腐蚀后的硅片需要立即浸入盐酸溶液去除残留在硅片表面的碱腐蚀液。

4.3.3 表面织构化

对于高效率电池,需要在电池表面形成金字塔、倒金字塔、V形槽等陷光结构,提高对光的吸收。这种表面织构化处理主要是利用了碱腐蚀的各向异性特性,其原理是:在硅的不同晶面上,悬挂键的数目不同导致在不同的晶面上硅与氢氧根的反应速度不同,(111)晶面比(110)、(100)晶面每单位面积拥有更多的化学键,因此(111)晶面腐蚀的速率较慢。而在(100)晶面的腐蚀速率比(110)、(111)晶面要快得多。碱腐蚀对于不同晶面的腐蚀速率和溶液浓度以及添加络合剂密切相关,KOH溶液对(100)和(111)晶面的腐蚀速率比如图4.20所示,由图可知在添加了异丙醇(IPA)的情况下,40%的KOH溶液对(100)晶面的腐蚀速率是(111)晶面的30多倍,各向异性特性最为明显。

硅片经过各向异性腐蚀,会形成由(111)晶面构成的金字塔结构,如图4.21所示。如果硅片事先采用光刻的方法制成正方形或长方形的网格掩膜,则腐蚀后将形成倒金字塔或V形槽的陷光结构。

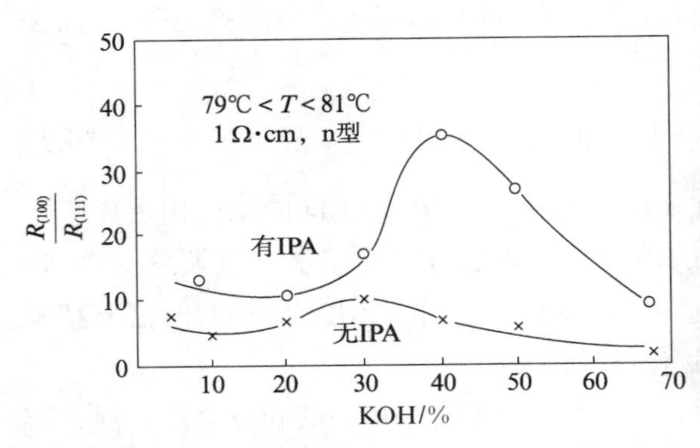

图4.20 硅(100)和(111)晶面的腐蚀速率比

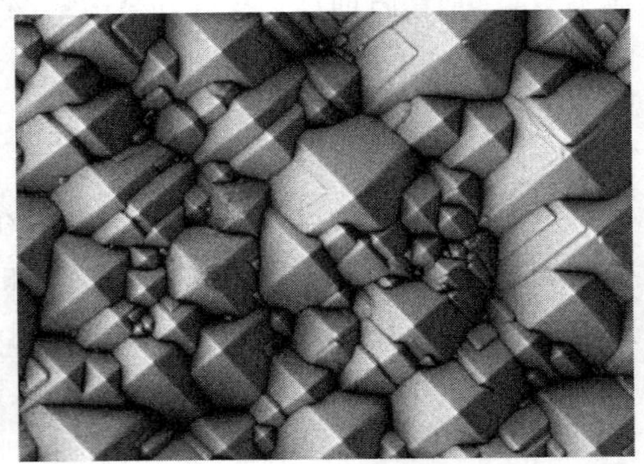

图4.21 各向异性腐蚀后的硅片表面

4.4 扩散制结

4.4.1 扩散的基本原理

扩散是指在高温下将一定数量的杂质掺入到硅晶体中以改变硅的电学性质的过程。在太阳电池制造中,扩散用于制备电池的pn结或表面场结构,是太阳电池制造的最关键的一步。

1. 杂质扩散机制

扩散主要是利用了微观粒子的热运动使浓度分布趋于均匀的原理,杂质在固体态晶体中的扩散机制主要有间隙式扩散和替位式扩散二种。

1）间隙式扩散

一些半径较小且不容易与晶体材料键合的原子主要存在于晶格的间隙中，这类杂质称为间隙杂质，典型的间隙杂质如 Na、Li 等。间隙式杂质在晶体中的运动是从一个间隙位置到另一个间隙位置，这被称为间隙式扩散，如图 4.22 所示，图中的圆圈表示晶格上的硅原子，黑点表示间隙杂质。

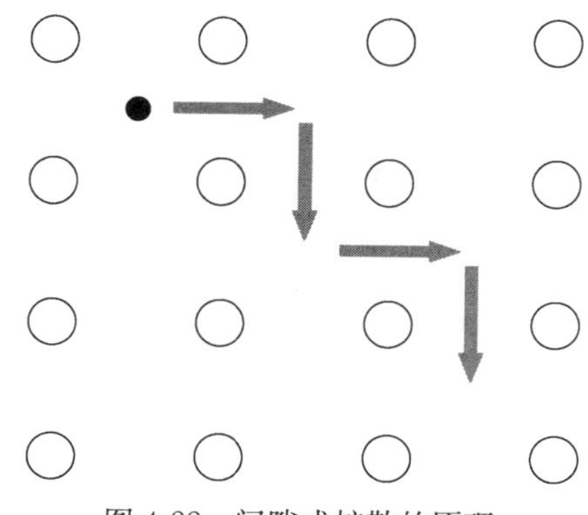

图 4.22 间隙式扩散的原理

间隙杂质在间隙位置上的势能为极小值、而在相邻两个间隙之间的势能为极大值，因此间隙杂质从一个间隙位置运动到近邻的间隙位置时需要越过一个势垒，这个势垒的高度 W_i 一般为 0.6～1.2 eV。间隙杂质原子一般情况下在间隙处以频率 ν_0 作热振动，该原子的振动能符合玻尔兹曼统计规律，只有当振动能大于势垒高度 W_i 时该原子才能跳跃到近邻的间隙位置上，跳跃率 P_i 为

$$P_i = \nu_0 \exp(-W_i/kT) \tag{4.3}$$

式中，k 为玻尔兹曼常数；T 为温度，因此间隙杂质的运动与温度有密切的关系，在常温下，间隙杂质的平均振动能约为 0.026 eV，因此跳跃率很低，随着温度的升高，跳跃率呈指数形式增加。

2）替位式扩散

另一些原子主要存在于晶格位置上，称为替位杂质，如 As、Sb 等，这类杂质在晶体中的运动是从一个晶格位置到另一个晶格位置，称为替位式扩散。如果替位杂质的近邻位置没有空位，则替位杂质要运动到近邻晶格位置上必须和晶格原子通过换位才可实现，这种换位需要相当大的能量，因此很难实现，如图 4.23(a)所示。如果替位杂质的近邻晶格上有空位，则替位杂质能够相对容易地运动到近邻空位上，因此空位交换模式是替位杂质的主要扩散机制，如图 4.23(b)所示。

当替位杂质在晶格上时其势能相对最低，而在间隙处其势能相对最高，替位扩散必须越过这个势垒，其高度为 W_s，因此替位杂质越过该势垒到达近邻的晶格位置上的概率 P_s 为

$$P_s = \nu_0 \exp(-W_s/kT) \tag{4.4}$$

另外晶体中每个格点出现空位的概率 P_0 为

$$P_0 = \exp(-W_0/kT) \tag{4.5}$$

式中，W_0 表示将格点上的晶格原子放到晶体表面上所需的能量。因此替位杂质的跳跃率 P_v 为 P_0 和 P_s 的乘积：

$$P_v = P_0 P_s = \nu_0 \exp[-(W_0 + W_s)/kT] \tag{4.6}$$

由式 4.6 可知，替位杂质的运动比间隙杂质要更为困难，因为 $W_0 + W_s$ 要比 W_i 大得多，另

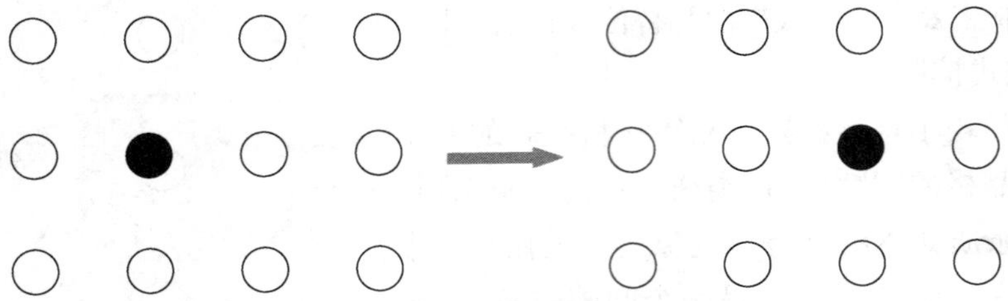

(a) 杂质原子和晶格原子直接交换

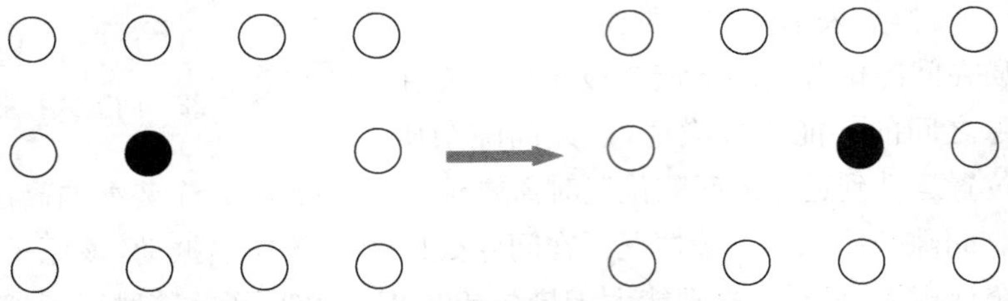

(b) 杂质原子和空位交换

图 4.23 替位式扩散的原理

外替位杂质的运动同样与温度密切相关。实际上由于替位杂质会引起周围晶格的畸变，在替位杂质近邻出现一个硅空位所需的能量比 W_0 要小一些，同样替位杂质要越过的势垒高度也会受到影响，实验测定的替位杂质实现扩散运动所需的激活能约为 3～4 eV，比式(4.6)中 W_0+W_s 要小。

3) “推填”与“踢出”机制

上述是两种扩散机制单独起作用的情况，实际上这两种扩散机制在大多数常用杂质的扩散运动中往往同时起着作用，如一个间隙硅原子把一个处在晶格上的替位杂质“推挤”到间隙中而自身填充到晶格位置，如图 4.24(a)所示。而被“推挤”到间隙的杂质以间

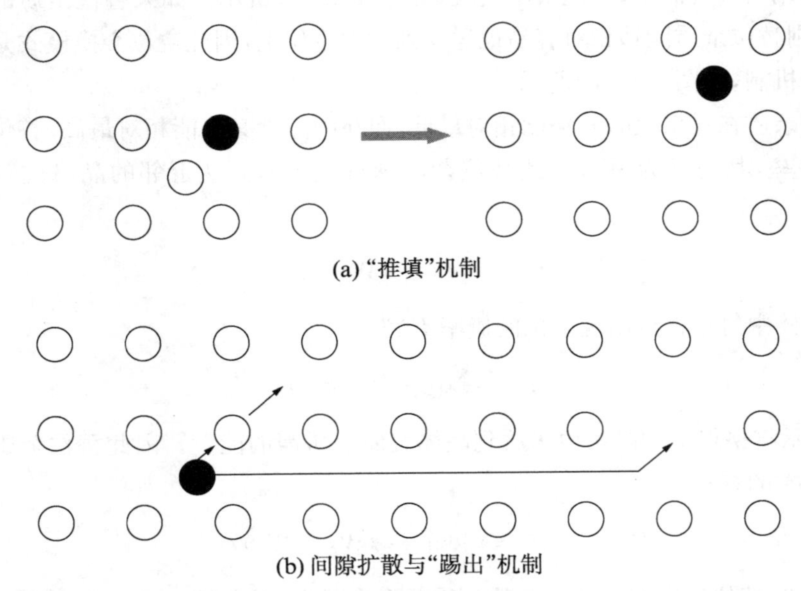
(a) “推填”机制

(b) 间隙扩散与“踢出”机制

图 4.24 间隙与替位两种扩散机制同时起作用的情况

隙式扩散向前运动，当遇到空位时被俘获称为替位杂质，或是“踢出”晶格位置上的硅原子而成为替位杂质，被“踢出”的硅原子成为间隙原子，如图4.24(b)所示。像B、P等杂质往往同时依靠两种机制进行扩散，哪一种扩散机制占主导地位取决于具体的工艺条件，因此在计算这类杂质的扩散情况时需要将这两种方式都考虑进去。

2. 扩散方程与扩散系数

1）扩散方程

根据菲克第一定律，对于一维扩散运动可表示为

$$J=-D\frac{\partial C(x,t)}{\partial x} \tag{4.7}$$

式中，$C(x,t)$为杂质的浓度分布；J为扩散流密度，即单位时间内通过单位面积的杂质数；D为扩散系数(或称为扩散率)；x为由表面算起的垂直距离；t为扩散时间。

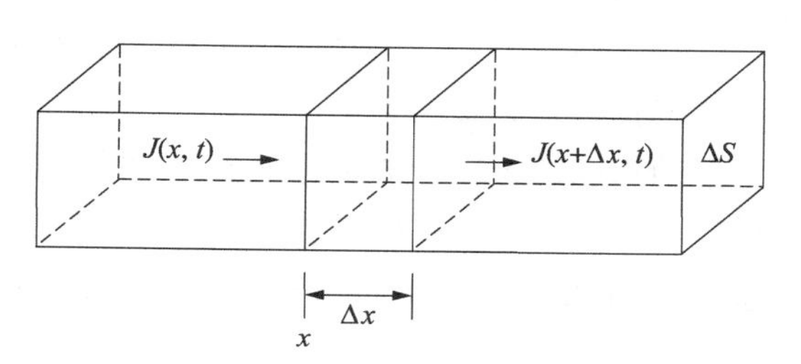

图4.25 一维扩散的小体积元

对于如图4.25所示的一段具有均匀横截面积ΔS的x处的小体积元，经过Δt时间后杂质量的变化应等于该体积元两个面的流量差，即

$$-[C(x,t+\Delta t)-C(x,t)]\Delta S\Delta x=[J(x+\Delta x,t)-J(x,t)]\Delta S\Delta t \tag{4.8}$$

式(4.8)可转换为

$$-\frac{\partial C(x,t)}{\partial t}=\frac{\partial J(x,t)}{\partial x} \tag{4.9}$$

将式(4.7)代入，可得菲克第二定律：

$$\frac{\partial C(x,t)}{\partial t}=\frac{\partial}{\partial x}\left(D\frac{\partial C(x,t)}{\partial x}\right) \tag{4.10}$$

如果假设扩散系数D为常数，比如在低浓度扩散的情况下，则可得

$$\frac{\partial C(x,t)}{\partial t}=D\frac{\partial^2 C(x,t)}{\partial x^2} \tag{4.11}$$

2）扩散系数

再讨论扩散系数D的实际物理意义，对于图4.26所示的替位式扩散模型，设晶格常数为a，t时刻在单位时间内通过x处单位面积的扩散流密度$J(x,t)$等于替位杂质从$(x-a/2)$处跳到$(x+a/2)$处的粒子数目与替位杂质从$(x+a/2)$处跳到$(x-a/2)$处的粒子数目之差，即

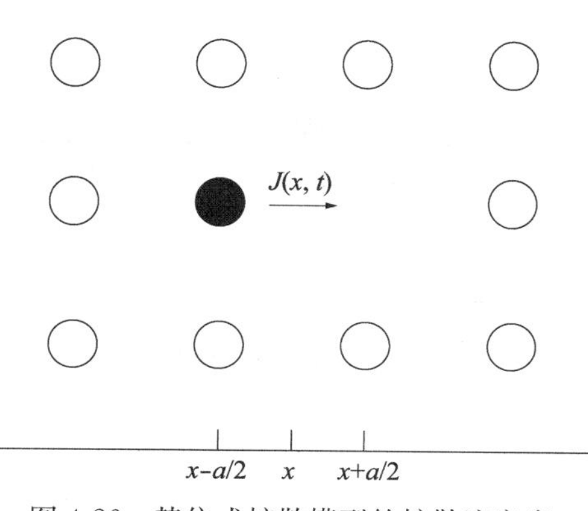

图4.26 替位式扩散模型的扩散流密度

$$J(x,t)=C(x-a/2,t)aP_v-C(x+a/2,t)aP_v=a^2P_v\frac{\partial C(x,t)}{\partial x}\tag{4.12}$$

代入式(4.6)和式(4.7)可得

$$D=a^2\nu_0\exp[-(W_0+W_s)/kT]=D_0\exp(-\Delta E/kT)\tag{4.13}$$

式中,$D_0=a^2\nu_0$,称为表观扩散系数,即温度趋向于无限大时扩散系数 D 的极限值;$\Delta E=W_0+W_s$,称为扩散激活能。由此可见扩散系数与晶格常数 a、杂质振动频率 ν_0、扩散激活能 ΔE 和扩散温度 T 有关,对于特定的晶体和杂质,a、ν_0 和 ΔE 均为常数,此时扩散系数主要取决于扩散温度(实际上扩散激活能会受到很多具体条件的影响,因此即使在同一温度下,扩散系数也并非是严格的常数)。

对于间隙杂质,可进行类似的推导,差异在于此时扩散激活能 ΔE 等于 W_i,因此间隙杂质的扩散系数要大于替位杂质。

前人已通过实验测定了很多元素的扩散系数,如在[111]晶向硅材料的低杂质浓度扩散时的部分元素的扩散系数见表 4.1 和图 4.27。由于扩散系数还受到杂质浓度等其他因素的影响,更详细的数据可查阅相关的半导体数据手册。

表 4.1　一些杂质的表观扩散系数和扩散激活能

杂质元素	表观扩散系数 D_0 /($cm^2\cdot s^{-1}$)	扩散激活能 ΔE/eV
Ag	0.002	1.60
Al	4.8	3.36
As	68.6	4.23
Au	0.001	1.12
B	25.0	3.51
Fe	0.006	0.87
H	0.01	0.48
He	0.11	1.26
O	135.0	3.50
Sb	12.9	3.98

3. 扩散杂质的分布

根据式(4.11)和相应的边界条件以及初始条件,可以求出扩散的杂质分布情况,按照不同的边界条件可分为恒定表面源扩散和有限表面源扩散两种情况。

1) 恒定表面源扩散

恒定表面源扩散是指在扩散过程中,硅片表面的杂质浓度始终保持不变。假定杂质在表面的浓度为 C_S,杂质在硅内的扩散深度远小于硅片厚度,另外在扩散开始时硅片内部的杂质浓度均为 0,则可求出式(4.11)的解为

$$C(x,t)=C_S\times\operatorname{erfc}\left(\frac{x}{2\sqrt{Dt}}\right)\tag{4.14}$$

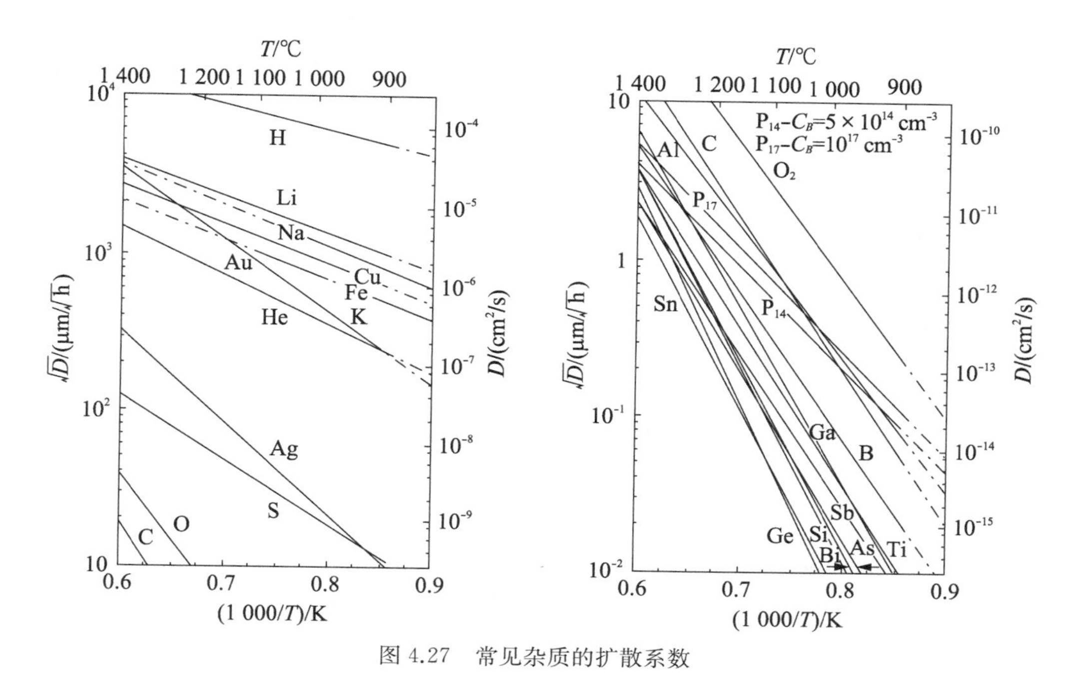

图 4.27　常见杂质的扩散系数

式中，erfc 为余误差函数，对式(4.9)按照 x 积分，可求得通过单位表面积扩散到硅片内部的杂质总量为

$$Q(t)=\int_0^{\infty} C(x,\ t)\mathrm{d}x=\frac{2}{\sqrt{\pi}}C_S\sqrt{Dt} \tag{4.15}$$

如果扩散的杂质与硅片原有杂质的导电类型不同，则在两种杂质浓度相等处形成 pn 结，根据式(4.14)令 $C(x_j,\ t)=C_B$，可求得扩散的结深为

$$x_j=2\sqrt{Dt}\times \mathrm{erfc}^{-1}\frac{C_B}{C_S}=A\sqrt{Dt} \tag{4.16}$$

式中，A 是仅与 C_B、C_S 有关的常数，可通过查找图 4.28 中的实线求得 A 值。

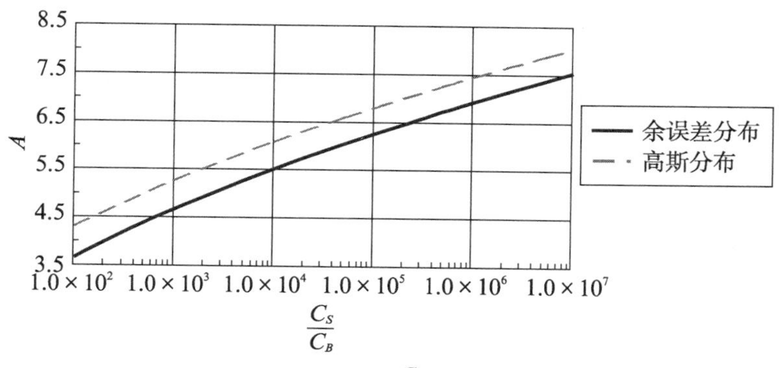

图 4.28　A 值与 $\frac{C_S}{C_B}$ 的关系曲线

根据上述表达式可知恒定表面源扩散的主要特点，其杂质分布如图4.29所示，随着扩散时间的增加，杂质扩散得越深，扩到硅内的杂质总量也越多，即结深和杂质总量均与扩散时间的平方根成正比，而杂质的表面浓度保持不变。恒定表面源扩散的杂质表面浓度，基本由该杂质在扩散温度下的固溶度所决定，而在通常900～1 200℃的扩散温度范围内，固溶度随温度的变化不大，因此恒定表面源扩散的表面浓度很难进行调节。另外结深与扩散系数的平方根成正比，而扩散系数随着扩散温度的增加呈指数增长，因此扩散温度对结深和分布的影响比扩散时间更为明显。

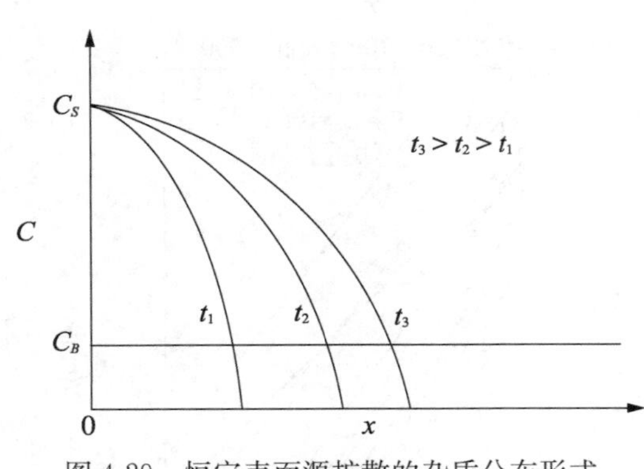

图4.29 恒定表面源扩散的杂质分布形式（余误差函数分布）

2）有限表面源扩散

另一种情况为有限表面源扩散，即扩散前杂质源集中在硅片表面的一个薄层内，整个扩散过程中没有外来杂质源的补充，也就是说扩散过程的杂质总量 Q 保持不变。在扩散深度远大于杂质初始的薄层厚度、硅片厚度远大于杂质扩散深度时，可求得式(4.11)的解为

$$C(x,t)=\frac{Q}{\sqrt{\pi Dt}}\exp(-x^2/4Dt) \tag{4.17}$$

式中，$\exp(-x^2/4Dt)$ 为高斯函数，将 $x=0$ 代入上式可求出任何时刻 t 的表面浓度为

$$C_S(t)=\frac{Q}{\sqrt{\pi Dt}} \tag{4.18}$$

同样根据式(4.17)，令 $C(x_j,t)=C_B$，可求得有限表面源扩散的结深为

$$x_j=2\sqrt{Dt}\sqrt{\ln\left(\frac{C_S}{C_B}\right)}=A\sqrt{Dt} \tag{4.19}$$

式中，A 与 C_B、C_S 有关，但由于 C_S 随时间而变化，因此 A 也随时间而变化，A 与 C_B、C_S 的关系可通过查找图4.27求得。

由此可知，有限表面源扩散的主要特点，其杂质分布如图4.30所示，随着扩散时间的增加，表面浓度逐渐下降，因此这种扩散方式的表面浓度是可控的。在扩散时间较短时，有限表面源扩散的结深与扩散系数和扩散时间的平方根成正比，与恒定表面源扩散相同，扩散温度对结深和分布的影响比扩散时间更为明显。

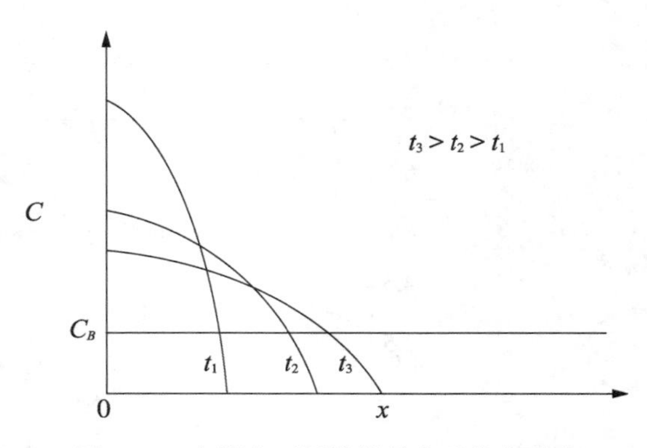

图4.30 有限表面源扩散的杂质分布形式（高斯函数分布）

3）两步扩散

在实际生产中，为了使表面浓度、杂质数量、结深等同时满足要求，有时也是工艺流程的要求（如扩散之后采用高温进行氧化掩蔽，氧化的同时，实际上之前扩散的杂质进行了再次扩散），往往采用上述两种扩散方式的结合，即扩散分为两步完成，这种结合的扩散工艺称为“两步扩散”，其中第一步称为预淀积或预扩散，第二步称为再分布或主扩散。

预淀积是采用恒定表面源扩散方式在硅片表面掺杂，目的是控制扩散杂质的总量，再分布是将预淀积的杂质作为扩散源进行扩散，目的是控制表面浓度与结深。经过两步扩散的杂质最终分布形式，取决于具体的扩散条件，如果预淀积的扩散系数和扩散时间的乘积远大于再分布的扩散系数和扩散时间的乘积，则预淀积起着决定作用，杂质基本上按照余误差函数的形式分布，反之如果再分布的扩散系数和扩散时间的乘积远大于预淀积的扩散系数和扩散时间的乘积，则杂质基本上按照高斯函数的形式分布，如果不属于上述两种情况，则经过两步扩散之后的杂质分布形式比较复杂，可查阅相关资料。

4）影响杂质分布的其他因素

实验发现杂质的扩散除了与空位有关，还与硅中的其他类型的点缺陷有密切的关系，这导致上述理论计算在有些情况下与实际结果有偏差。这些点缺陷影响扩散的情况分别为：杂质浓度影响扩散系数（前面的计算假定了扩散系数是与杂质浓度无关的常数，实际上扩散系数与杂质浓度是有关系的，只有当杂质浓度比扩散温度下的本征载流子浓度低时才能认为扩散系数与杂质浓度无关）、氧化增强效应、发射区推进效应、横向扩散效应（在进行选择性扩散时，杂质除了通过扩散窗口以垂直硅片表面的方向向硅片内部扩散，还会在窗口边缘以平行硅片表面的方向进行横向的扩散）等，由于在硅太阳电池的制造中，这些因素的影响很小，这里不作详细论述。

4.4.2 扩散工艺

1. 扩散设备

扩散最常用的设备为扩散炉，其基本结构如图4.31所示，主要包括控制柜、推舟机构、炉体柜、气源柜四大部分。其中：① 控制柜控制着扩散炉升降温、推舟、开关气源等各种操作，现在的扩散炉一般由计算机实现控制，可以通过编制程序的方式使整个扩散工艺过程实现自动操作。② 推舟机构的作用是将装载硅片的石英舟送入石英炉管进行扩散或在扩散完成后将硅片拉出，在推舟机构的侧方和上方设置高效过滤器从而向石英舟吹送经过净化的空气，以免使空气中的灰尘污染硅片。③ 炉体部分主要是炉膛和石英炉管，炉膛通过缠绕的电阻丝进行加热，加热功率通过计算机控制可实现自动调节，从而使石英炉管内部可以稳定在需要的温度对硅片进行扩散，炉膛外部通过风冷的方式进行散热以保护设备，热空气流到炉体柜顶部经水冷后由排风口排出。④气源柜主要负责向石英炉管输送所需的保护气体、反应气体以及杂质源，气体的流量通过质量流量计和电磁阀实现精确的控制。为保证安全，气源柜和石英炉管口设有通风管道，通过排气扇使扩散过程产生的有毒废气排入废气处理塔。扩散炉一般为四管形式，即由四套控制器、四套推舟机构、四套炉膛和石英管、四套气源系统组成四个独立工作的系统，根据需要每个系统可以进行相同功能的操作，也可以分别进行热氧化、硼扩散、磷扩散、二次掩蔽等不同功能的操作。

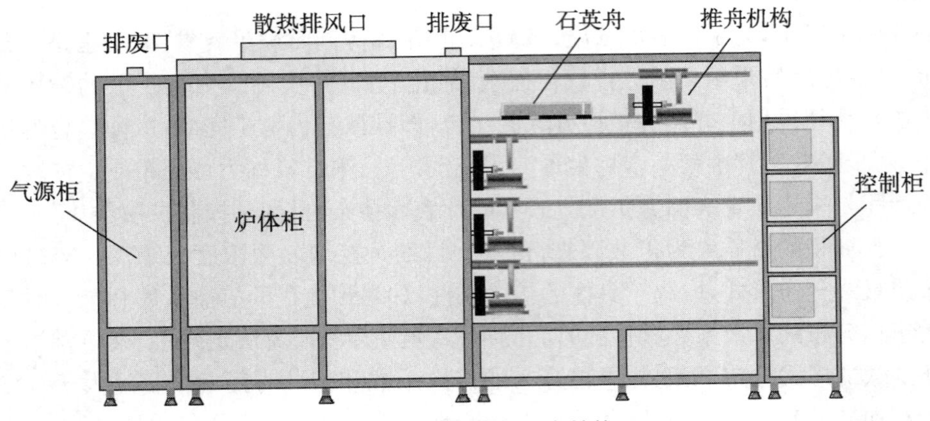

图 4.31　扩散炉的基本结构

由扩散原理可知温度是影响扩散最主要的因素，为了提高扩散的均匀性，炉膛一般采用分段控温的方式，如图 4.32 所示，即炉膛内的电阻丝分成几段，每一段独立工作负责加热炉管的一个区域，炉管的每一个区域由一支热电偶进行测温，由控制系统对热电偶的测温结果和设定温度相比较，通过 PID 模式控制该段电阻丝的加热功率，使该段区域的石英炉管温度稳定在所需的温度。一般较多采用的是三段控温的方式，有些高精度的扩散炉采用了五段控温。

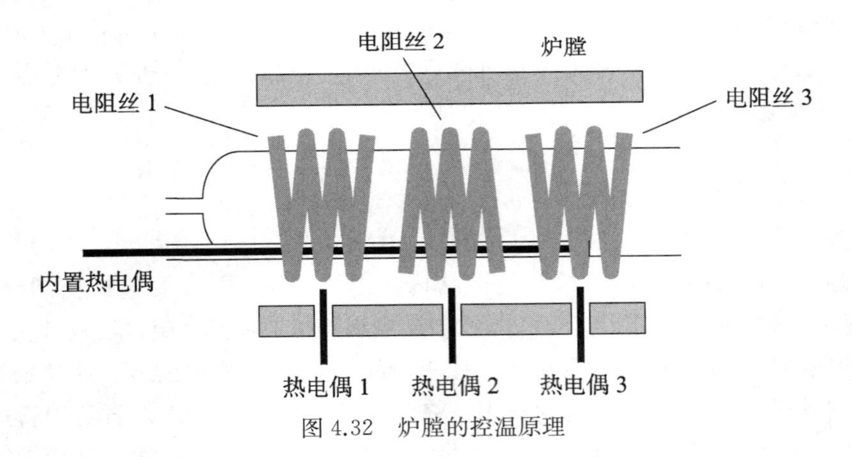

图 4.32　炉膛的控温原理

由于石英炉管内的气体流动以及炉管口的散热，并不是整个电阻丝加热区域都有较好的温度均匀性，而只有中间一段能保持较好的温度均匀性和稳定性，这段区域被称为恒温区，硅片的扩散或氧化都要在恒温区内进行才能保证良好的均匀性。对于 1 500～2 000 mm 的炉膛，一般恒温区长度为 500～1 000 mm，恒温区的温度稳定性可以达到±1℃。由于热电偶测量的石英炉管外部的温度和实际的内部温度存在一定的偏差，因此有些扩散炉在石英炉管的底部通入一个封闭的小石英管，在小管内部放入几支内置热电偶，每一支内置热电偶和一支炉管外的热电偶对应，通过内置热电偶的测温来消除这种温度偏差，提高控温精度。

2. 涂布源扩散

这种扩散方法是将含有杂质源的溶液采用旋涂的方法涂布在硅片表面，再将硅片放入石英炉管内，通入氮气并加热到所需的扩散温度，经过一段时间后再将硅片取出，如图4.33所示。杂质源一般为P_2O_5或B_2O_3，在扩散时，杂质源与硅发生反应，生成的磷或硼在高温作用下向硅内部扩散，形成pn结或pp^+结，反应式为

$$2P_2O_5 + 5Si \xrightarrow{\Delta} 5SiO_2 + 4P \tag{4.20}$$

$$2B_2O_3 + 3Si \xrightarrow{\Delta} 3SiO_2 + 4B \tag{4.21}$$

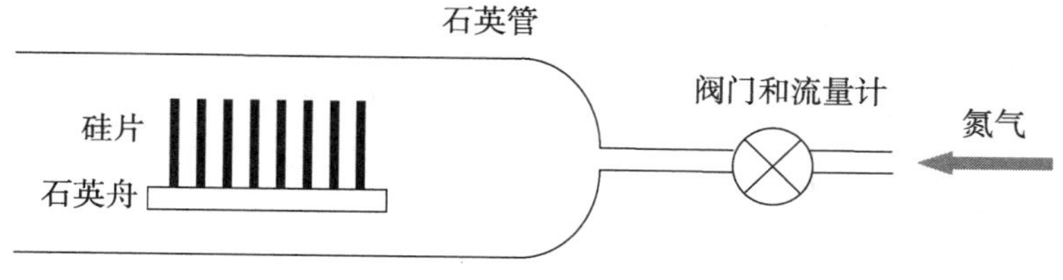

图4.33 涂布源扩散的原理

涂布源扩散理论上属于有限表面源扩散，但对于太阳电池来说，由于扩散时间短（一般不超过30 min），扩散结束后涂布的杂质并没有全部进入硅片内部，因此可近似地看作恒定表面源扩散。

3. 液态源扩散

液态源扩散是将液态源装入密闭的源瓶，用携带气体（一般为氮气）通入源瓶使液态源的蒸汽进入石英炉管，然后和氧气反应生成的P_2O_5或B_2O_3并沉积在硅片表面，P_2O_5或B_2O_3按照式(4.20)或式(4.21)反应生成磷或硼在高温作用下向硅内部扩散，如图4.34所示。液态源扩散属于典型的恒定表面源扩散。

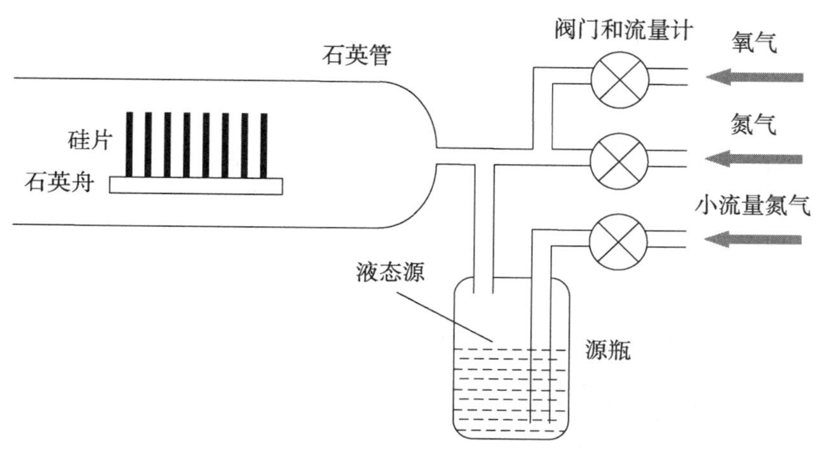

图4.34 液态源扩散的原理

常用的液态源包括$POCl_3$和BBr_3，反应式为：

$$4POCl_3 + 3O_2 \longrightarrow 2P_2O_5 + 6Cl_2\uparrow \tag{4.22}$$

$$4BBr_3 + 3O_2 \longrightarrow 2B_2O_3 + 6Br_2\uparrow \tag{4.23}$$

应注意$POCl_3$和BBr_3均有一定的毒性，且容易与水发生水解反应，因此采用液态源

必须保证扩散系统具有良好的密封性,源瓶应放置在通风柜内,石英炉管口应具有废气管道,通过排风扇及时将反应生成的废气排出。

4. 固态源扩散

固态源扩散是将圆片状的固态源片和硅片间隔排列后放入石英炉管,通入氮气保护,源片中的 P_2O_5 或 B_2O_3 挥发后沉积到硅片上,按照式(4.20)或式(4.21)反应生成磷或硼在高温作用下向硅内部扩散,如图 4.35 所示。

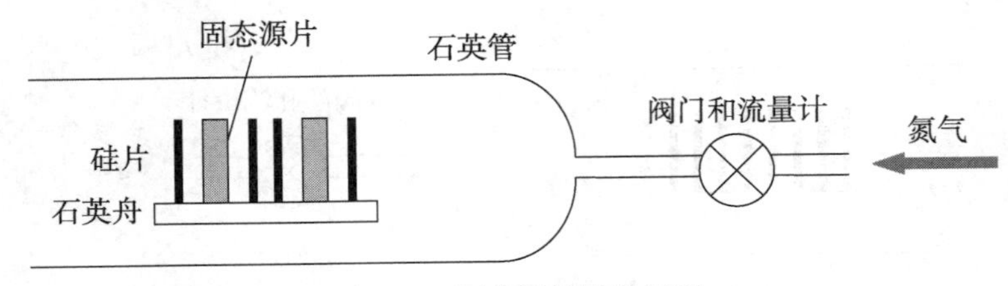

图 4.35 固态源扩散的原理

常用的固态源包括 P_2O_5、B_2O_3 和 BN 几种,使用 P_2O_5、B_2O_3 时,不需要对源片进行额外的处理就可直接使用,使用 BN 源片时,需要预先对 BN 源片在高温下通入氧气进行激活方可使用,激活过程实际上是使 BN 反应后在源片表面生成 B_2O_3,反应式为

$$4BN + 3O_2 \xlongequal{} 2B_2O_3 + 2N_2\uparrow \tag{4.24}$$

4.4.3 扩散的质量控制

扩散制结是硅太阳电池制造的关键过程,结特性决定了太阳电池的性能,一般来说太阳电池对结的要求是"浅结高浓度",一般要求磷扩散的表面浓度为 $10^{20}\ cm^{-3}$ 数量级,结深为 0.2～0.3 μm,硼扩散的表面浓度为 $10^{20}\ cm^{-3}$ 数量级,结深为 0.5～0.8 μm,因此太阳电池的扩散时间较短。

检测扩散质量的最直观方法是测试扩散的杂质分布,这可以通过二次离子质谱仪、电化学 C-V 测试仪、扩展电阻测试仪等多种仪器测试,但这些方法均为破坏性测试,而且测试费时、成本较高,一般在科研领域采用,在生产过程中一般采用测试薄层电阻的方法。

对于如图 4.36 所示的衬底上的薄膜材料,电阻率为 ρ,其厚度为 t,假定有一电流沿着薄膜水平方向均匀地流过,取薄膜上边长为 L 的正方形区域进行分析,则该正方形区域薄膜的电阻为

$$R = \rho\frac{L}{L\times t} = \frac{\rho}{t} \tag{4.25}$$

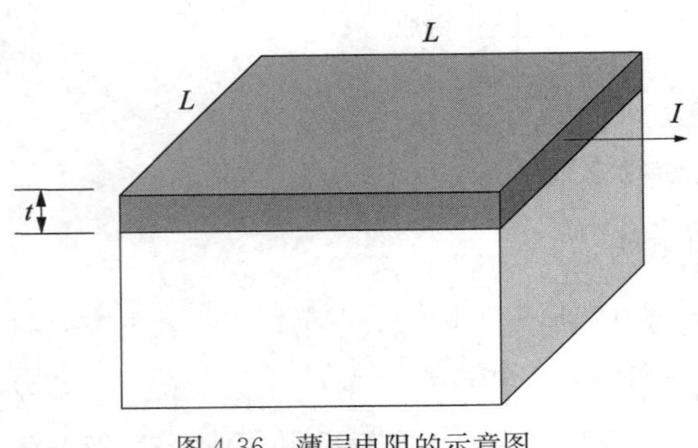

图 4.36 薄层电阻的示意图

从式(4.25)可以看出,对于薄膜在正方形区域水平方向的电阻,与材料的电阻率 ρ 和薄膜的厚度 t 有关,而与正方形边长的具体数值无关,由此定义薄膜的

薄层电阻 ρ_S 为

$$\rho_S = \frac{\rho}{t} \tag{4.26}$$

薄层电阻反映的是正方形薄膜在水平方向上的电阻，因此又叫方块电阻，其单位为Ω/□，注意薄层电阻的物理量纲和电阻一样均为Ω，□没有物理意义，仅用于表示该电阻为薄层电阻，以与一般意义上的电阻相区别。由于薄层电阻测量比较方便，因此在表征薄膜的电学特性方面应用较为广泛。

对于扩散形成的薄掺杂区，同样可用薄层电阻进行表征，参见图4.36，如果掺杂区的结深为 t，掺杂区的载流子浓度在扩散方向的分布为 $C_e(x)$，与载流子浓度有关的载流子迁移率为 $\mu(C)$，则该掺杂区在水平方向上的电阻率 ρ 为

$$\rho = \frac{1}{q\int_0^t \mu(C)C_e(x)\mathrm{d}x} \tag{4.27}$$

则该掺杂区的薄层电阻 ρ_S 为

$$\rho_S = \frac{1}{qt\int_0^t \mu(C)C_e(x)\mathrm{d}x} \tag{4.28}$$

一般情况下载流子浓度等于掺杂的杂质浓度，因此薄层电阻 ρ_S 与杂质浓度分布及结深均有关系，在实际生产中可通过测量薄层电阻来判断扩散的质量。

测量薄层电阻一般采用四探针法，其测试原理如图4.37所示，将四根金属探针以间距 S 排成一直线，并以一定压力压在硅片表面，在探针1、4之间通入电流 I，并测量探针2、3之间的电压 V，如果硅片的相对于探针间距为无限大，且掺杂区结深远小于探针间距的一半时，可推导出掺杂区的薄层电阻为

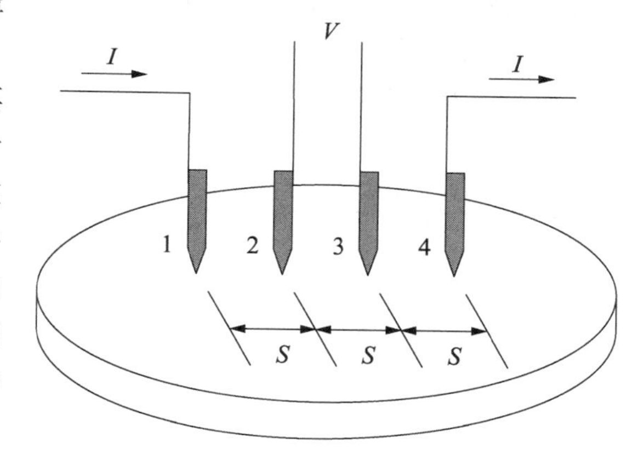

图4.37 四探针测试薄层电阻的原理

$$\rho_S = \frac{\pi}{\ln 2}\left(\frac{V}{I}\right) = k\left(\frac{V}{I}\right) \tag{4.29}$$

式中，系数 k 的值为4.532，如果结深或硅片直径对于探针间距不可忽略时，需要对系数 k 进行修正，各种结深和硅片直径下的 k 的修正值可查阅四探针测试仪的使用手册或其他资料。

4.4.4 背结去除和周边腐蚀

扩散时在硅片的两个表面和周边均会掺入杂质，而电池的结构只需要在硅片的一个表面进行掺杂，对于常规电池和BSR电池，通常采用扩散后去除背结和周边腐蚀的方法，

如图4.38所示,在扩散后的硅片正面涂上黑胶并烘干,再将硅片浸入酸腐蚀液中使背面和周边的n区去除,最后去除黑胶。

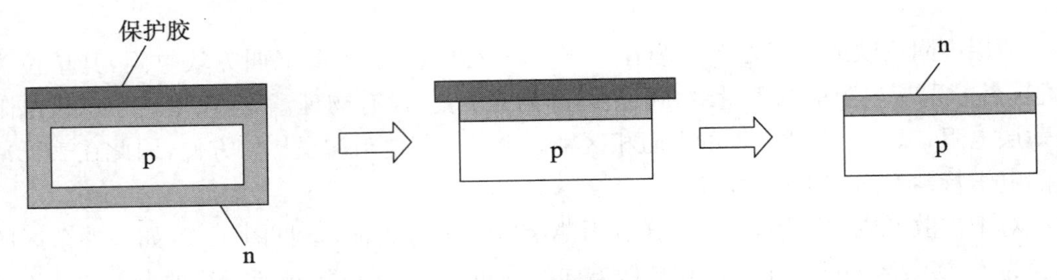

图4.38　背结去除和周边腐蚀示意图

黑胶是用真空封蜡溶于二甲苯或松节油等有机溶剂中制成的,通常1 000 ml溶剂中加入100～200 g真空封蜡。去胶时将硅片依次浸入8～10个盛有二甲苯或松节油的容器中,每个容器浸30 s左右,然后用丙酮去除二甲苯或松节油,最后用乙醇进行脱水。

4.5　扩散的掩蔽

4.5.1　掩蔽的基本原理

对于BSFR和PERL等电池,需要进行多次扩散分别制备pn结和pp^+结,为了防止扩散时杂质原子掺入不需要进行扩散的表面,需要对该表面进行掩蔽处理。掩蔽的原理是在硅片表面生长一层SiO_2,利用杂质在SiO_2中的扩散速度明显比在硅中小的特点,阻止杂质在该表面的扩散。

二氧化硅层要能够实现掩蔽,就要求杂质在二氧化硅层中的扩散深度要小于二氧化硅层本身的厚度。杂质在SiO_2中的扩散同样遵循菲克定律,根据杂质源的具体情况,杂质在SiO_2中的扩散分布分为余误差函数分布和高斯函数分布两种情况,因此可以根据式(4.16)和式(4.19)求出在不同扩散温度和扩散时间下掩蔽所需的二氧化硅层最小厚度,需要注意的是此时式中的D为杂质在SiO_2中的扩散系数,一般情况下杂质在SiO_2中的扩散系数要比杂质在硅中的扩散系数要小得多,因此掩蔽所需的二氧化硅层厚度要比杂质在硅中扩散的结深要小得多,如图4.39所示。为便于生产中的使用,图4.40列出了在不同扩散温度和扩散时间下掩蔽所需的二氧化硅层最小厚度。

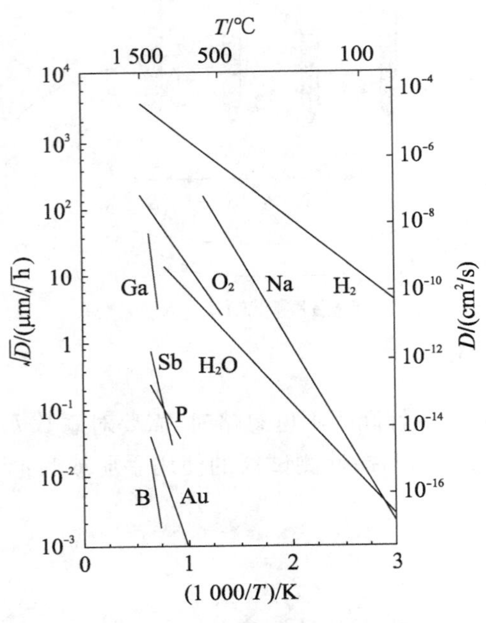

图4.39　几种常用杂质在二氧化硅中的扩散系数

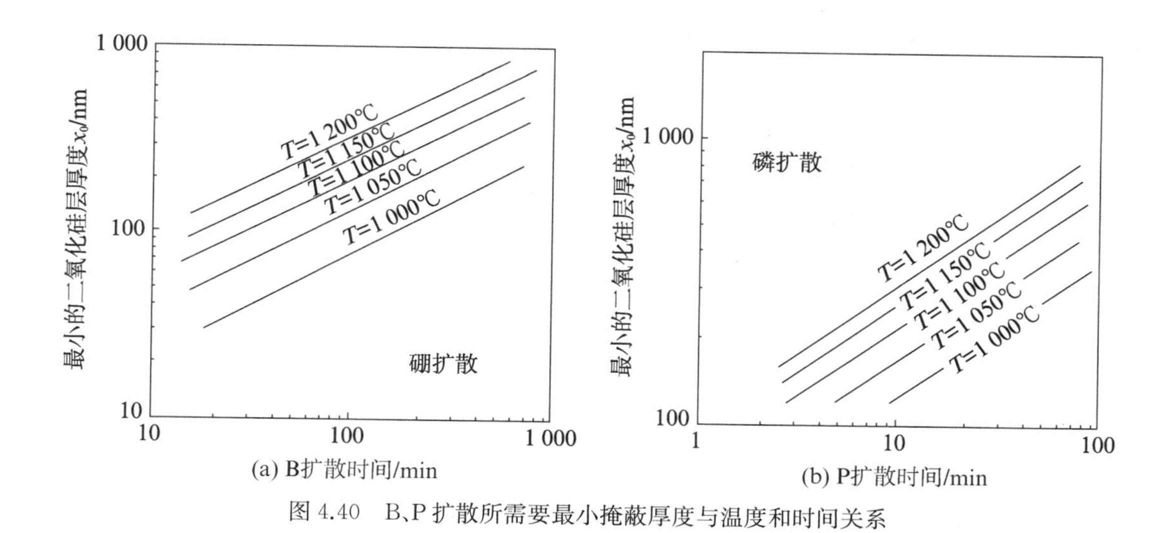

图4.40 B、P扩散所需要最小掩蔽厚度与温度和时间关系

4.5.2 热氧化掩蔽

热氧化是普遍应用的掩蔽方法，又分为干氧氧化、水汽氧化、湿氧氧化几种。

1）干氧氧化

干氧是将硅片放入石英炉管，在高温下通入高纯氧气与硅表面的原子反应生成SiO_2，此后，随着硅片表面SiO_2层的形成，氧分子以扩散的形式通过SiO_2层，到达SiO_2-Si界面与硅原子反应，生成新的SiO_2层，即氧化是由硅表面向硅片纵深依此进行的，如图4.41所示。

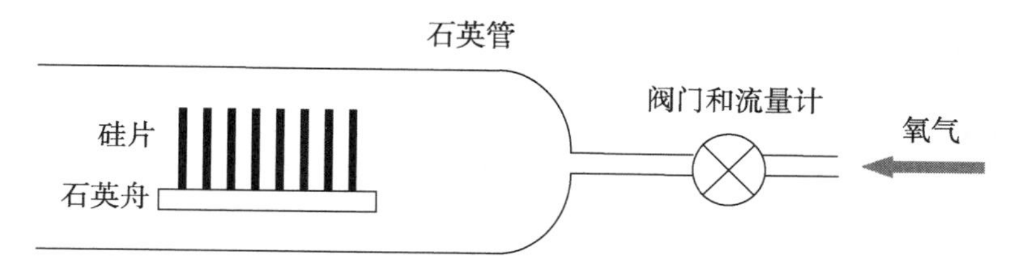

图4.41 干氧氧化示意图

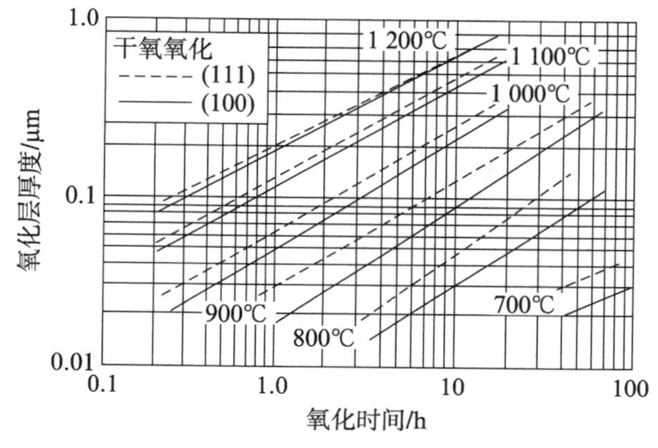

图4.42 干氧氧化氧化层厚度与氧化时间关系

干氧氧化的反应式如下：

$$Si + O_2 \longrightarrow SiO_2 \qquad (4.30)$$

干氧氧化的氧化速率较慢，但形成的氧化层较为致密，且与光刻胶具有良好的黏附性，一般结合光刻开窗口的方法用作局部扩散的掩蔽层。干氧氧化的氧化层厚度与氧化时间的关系如图4.42所示。

2）水汽氧化

水汽氧化是用氮气通入源瓶，使

源瓶中的水蒸气进入炉管与硅直接反应生成氧化硅，如图4.43所示。

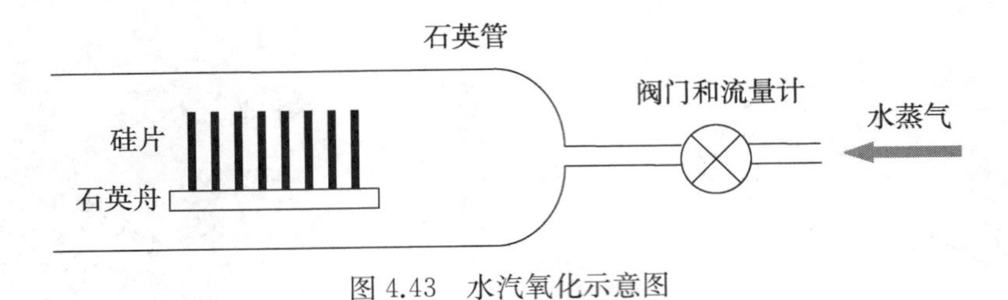

图4.43　水汽氧化示意图

水汽氧化的反应式为

$$Si + 2H_2O \longrightarrow SiO_2 + 2H_2\uparrow \tag{4.31}$$

水汽氧化的氧化速率较快，但形成的氧化层较为疏松，掩蔽效果差，一般用于硼源扩散后去除硼硅相，而不用做掩蔽层。

3）湿氧氧化

湿氧氧化是同时向石英炉管内通入氧气和水蒸气，湿氧氧化的过程既包括干氧氧化、又包括水汽氧化过程，其生长速率和致密程度介于干氧氧化和水汽氧化之间，一般用于生长较厚的掩蔽层。湿氧氧化的氧化层厚度与氧化时间的关系如图4.44所示。

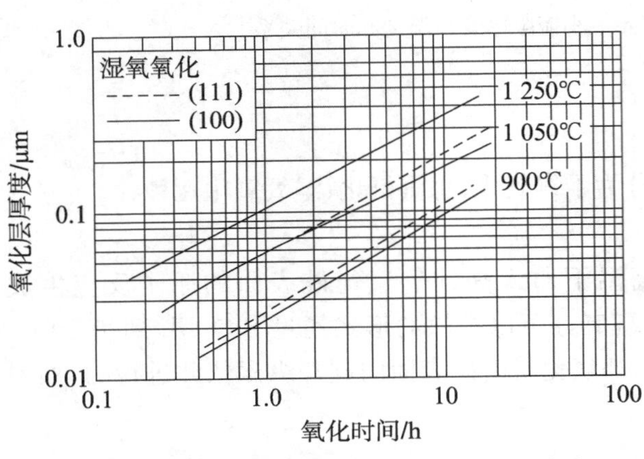

图4.44　湿氧氧化氧化层厚度与氧化时间关系

4.5.3　涂布源掩蔽

涂布源掩蔽的方法和装置与涂布源扩散基本相同，不同的是涂布的二氧化硅源不含掺杂剂，而是一种由有机硅氧烷的水解聚合物溶解于有机溶剂中形成的具有一定黏度的液体，这种聚合物经过100～400℃的烘烤可形成无定形的二氧化硅，采用更高的温度处理可以使其更为致密。一般来说采用涂布源方法制备的掩蔽层致密程度不如热氧化的方法，但由于工艺简单、处理温度低，在硅电池的二次掩蔽中应用较多。

4.6　表面钝化

4.6.1　钝化的基本原理

理想的硅表面是原子有规则排列终止所形成的平面，如图4.45所示。在这个平面的内部，硅原子同表面上的原子组成共价键；而在外部，则没有硅原子或其他原子，因此，表面的硅原子在这个方向上的价键是未饱和的。但由于硅片是暴露在环境气氛中，因而不可避免地有一层很薄的天然氧化层以及吸附的杂质。一般，刚从氢氟酸中取出洗净的硅片表面的天然氧化层厚度为零点几纳米到几纳米。这样，真实的硅表面包括：半导体与天然氧化层交界的内表面；氧化层同外界接触的外表面。

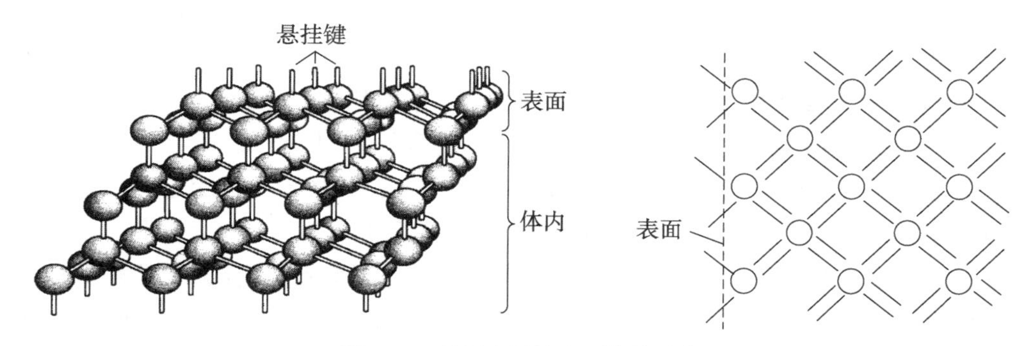

图 4.45　理想半导体表面的键示意

内表面同体内原子组成共价键，但也同天然氧化层中的氧原子或硅原子组成不确定的结合，可能缺少或多余电子，称为内表面能级，又称快态能级。它同理想半导体表面的不同之处：① 内表面能级既有受主型也有施主型，而理想表面都是受主型；② 内表面能级的密度要比原子面密度低好几个数量级，在硅中约为 $10^{11} \sim 10^{12}\ cm^{-2}$，因其表面大部分的未饱和键都被天然氧化层中的硅或氧原子所填补。

外表面则由于吸附杂质离子等原因，故存在外表面能级，又称慢态能级，密度约在 $10^{13}\ cm^{-2}$ 以上，但很容易受环境气氛的影响。

内、外表面能级都可以同半导体体内交换电子，但交换的速率相差比较大。快态可以在毫秒或更短的时间内同体内交换电子，而慢态交换电子要通过一层薄氧化层，所需要的时间将很长，可以从毫秒到几个小时。慢态能级在制备时不容易控制，并对外界气氛极为敏感，因而硅表面性能极不稳定，这样对裸露的硅表面的硅片进行少子寿命测量就比较困难，不同时间的测量值将有很大的差异，如图 4.46 所示。

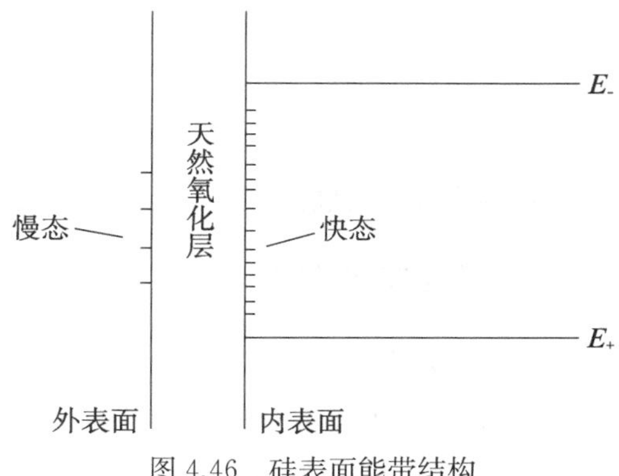

图 4.46　硅表面能带结构

由于热生长的氧化层比较厚，所以外表面能级几乎无法同体内交换电子，这样慢态和外界气氛对半导体体内的影响就大大减少，SiO_2 膜则起到了钝化作用。但 SiO_2 同硅交界处附近存在缺陷或电荷，这些不利因素的存在将影响电池的性能。

热氧化是氧扩散到界面与硅结合的结果。在氧扩散所达到的 SiO_2-Si 界面附近，一般总是缺氧多硅，而过剩的硅将以带电的硅离子的形式存在，它的密度与最后的高温氧化或退火条件有关。这些硅离子是形成氧化层电荷或电子能态缺陷的主要来源。在热生产氧化层的缺陷中，存在固定正电荷、可动电荷、界面态、辐射感应电荷、氧化层外表面电荷。

可动电荷：主要是带正电的碱金属离子，因钠离子的迁移率比较大，故可动碱金属离子主要是钠离子。各种工艺材料，如化学试剂、水、玻璃器皿、石英和人体等都是玷污的来源。高温氧化时,炉子的氧化铝管和耐火材料中的钠也容易透过石英管壁而进入硅片的氧化层中。

固定正电荷:分布在靠近 SiO_2-Si 界面处约10 nm的范围内,密度为 $10^{11}\sim10^{12}$ cm^{-2}。氧化温度越低,固定正电荷密度越大;湿氧氧化比干氧氧化的固定正电荷多;低温氧化后再在干氮或氢中高温退火,在氮气中长时间1 200℃退火,固定正电荷密度增大,因为在高温下的热能可以打破原来的硅-硅键或硅-氧键,因而增加了电离硅原子数或由于在高温下的外扩散使它离开了界面区;对于初始密度较低的硅片,则固定电荷随退火时间的延长而增加;初始密度较大的,则在开始短时间内先变小而后再增加。

界面态:由硅和氧化层界面附近的缺陷或界面附近的杂质引起,它可以有效地成为电池少子的产生和复合中心,会增加表面复合速度和降低表面迁移率。当界面处的电场或电势发生时,电子在界面态中的填充情况也会发生变化,因而界面态会充放电。在刚氧化好的硅表面,界面态的初始密度同固定正电荷密度成正比。在高温氮气中退火,界面态密度增加。而低温退火可使它降低到 10^{10} $cm^{-2}\cdot eV^{-1}$。低温退火要在金属化以后,在300~400℃的氢气气氛或混合气体(5%氢和95%氮)中退火0.5 h,这时候金属电极铝与退火气氛中的水分发生反应,产生活泼的氢原子,进入 SiO_2,使界面态密度降低。

4.6.2 热氧化钝化

高效率太阳电池普遍采用的是热氧化钝化,由于干氧的氧化层致密、钝化效果最好,因此钝化处理均采用干氧工艺。具体生长方法与掩蔽采用的干氧方法相同,不同的是由于钝化是在扩散完成后进行的,因此钝化所用的氧化温度较低,实践表明采用800~900℃干氧的钝化效果较好。另外由于氧化硅的折射率较低,当钝化层厚度较大时会严重影响上面的减反射膜的效果,因此钝化层的厚度控制在20 nm以下。

4.6.3 其他钝化方法

对于硅太阳电池,还有一些其他的钝化方法,如采用PECVD方法制备 Si_3N_4 或非晶硅,均能对硅片表面进行良好的钝化。Si_3N_4 钝化是目前地面用电池的标准技术,除了起到钝化作用外,Si_3N_4 的折射率较高,因此还是良好的减反射膜。非晶硅钝化最典型的应用是在日本Sharp公司开发的HIT电池中,这种电池可以获得700 mV以上的开路电压,说明非晶硅的钝化效果非常好。另外PECVD钝化的优点是工艺温度低,可以大幅度降低能耗,适用于工业化生产。

4.7 电极制备

4.7.1 电极的接触

电极的作用是将电池产生的电流引出,因此要求和电极相关的电阻越小越好,包括电极材料本身的电阻以及电极与硅材料的接触电阻,此外还要考虑到电极材料和硅的接触牢固度。在各种金属材料中,与硅材料能形成低接触电阻且牢固度高的主要有Pd、Al,另外 Ti 与高掺杂的硅材料也能形成较低的接触电阻，这几种金属是硅电池常用的电极接触材料。

4.7.2　电极的材料

可用于电极接触层的金属电阻率较高，为了降低整个电极的电阻，通常在接触材料上用 Ag 制备低电阻的导电层，为了防止 Ag 和 Ti 之间的不良反应，还需要在两者之间加入 Pd 作为阻挡层，因此硅电池的上电极一般采用 Ti/Pd/Ag 三层结构，而下电极根据电池结构不同有几种形式，常规电池可采用 Pd/Ag 二层结构，背场电池可采用 Ti/Pd/Ag 三层结构。目前空间用电池一般均采用了背反射技术，即在硅片背面用较薄的 Al 层来反射到达电池背面的太阳光，因此实际上普遍采用了 Al/Ti/Pd/Ag 四层结构。

4.7.3　电极的图形

电池的电极分为上电极和下电极，对于下电极无特殊要求，通常为覆盖在整个电池背面的金属层，而电池正面需要接收太阳光，因此上电极需要设计成细条状，并汇聚到主电极上实现电流的收集，几种可行的太阳电池电极图形如图 4.47 所示。

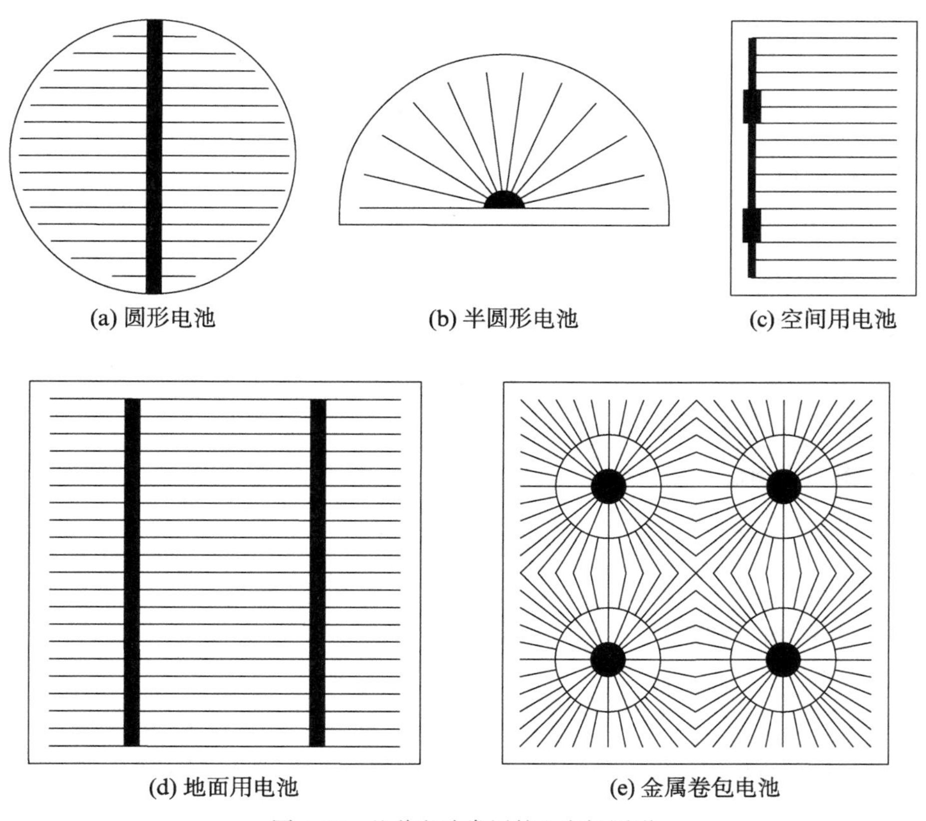

图 4.47　几种电池常用的上电极图形

在上电极设计时，主要考虑要尽可能减小与电极相关的功率损失，有几种和上电极有关的功率损失机制，一种是电池顶部扩散层的横向电流所引起的损耗，一种是金属线的串

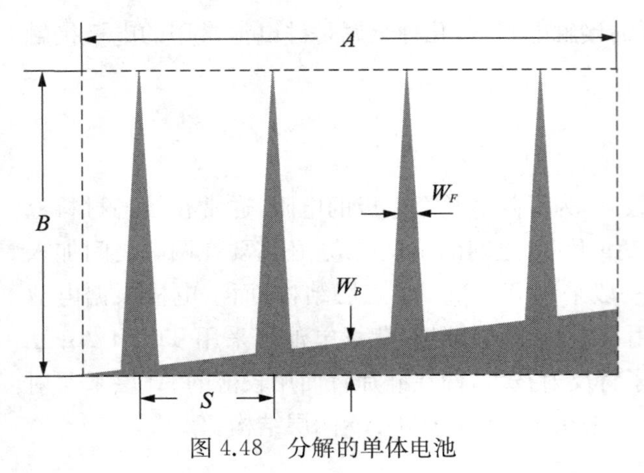

图 4.48　分解的单体电池

联电阻以及这些金属线和半导体之间的接触电阻引起的损耗,还有由于电池被这些金属栅线遮蔽所引起的损失。这些功率损失都会影响电池的转换效率,因此需要对上电极进行优化设计,尽可能地减少这些功率损失,从而提高转换效率,尤其对于大面积电池,上电极引起的功率损失更为明显,因此对上电极进行优化更为重要。

对于空间用太阳电池,可分解成如图 4.48 所示的单电池。

根据相关资料,用单体电池的最大输出功率归一化后,这种单电池的栅线的电阻功率损耗为

$$P_{\mathrm{rf}}=\frac{1}{m}B^2\rho_{\mathrm{smf}}\frac{J_{\mathrm{mp}}}{V_{\mathrm{mp}}}\frac{S}{W_F} \tag{4.32}$$

主线的电阻功率损耗为

$$P_{\mathrm{rb}}=\frac{1}{m}A^2B\rho_{\mathrm{smb}}\frac{J_{\mathrm{mp}}}{V_{\mathrm{mp}}}\frac{1}{W_B} \tag{4.33}$$

栅线的遮蔽功率功耗为

$$P_{\mathrm{sf}}=\frac{W_F}{S} \tag{4.34}$$

主线的遮蔽功率功耗为

$$P_{\mathrm{sb}}=\frac{W_B}{B} \tag{4.35}$$

栅线接触电阻引起的功率损耗为

$$P_{\mathrm{cf}}=\rho_{\mathrm{c}}\frac{J_{\mathrm{mp}}}{V_{\mathrm{mp}}}\frac{S}{W_F} \tag{4.36}$$

顶层横向电流引起的损耗为

$$P_{\mathrm{tl}}=\frac{\rho d^2J_{\mathrm{mp}}}{12V_{\mathrm{mp}}} \tag{4.37}$$

式中,A 为单电池的长度;B 为单电池的宽度;S 为栅线间距;W_F 为栅线的平均宽度,W_B 为主线的平均宽度;ρ_{smf} 和 ρ_{smb} 为栅线和主线金属层的薄层电阻;J_{mp} 和 V_{mp} 为电池最大功率点的电流密度和电压;ρ_{c} 为栅线金属层和电池发射极的接触电阻;ρ 为发射极的薄层电阻;m 为常数,当栅线和主线为等宽时 m 的值为 3,当栅线和主线为线性变细时 m 的值为 4。

主线的最佳尺寸可通过将式(4.33)和式(4.35)相加后对 W_B 求导后求出，当主线的电阻损失等于其遮盖损失时，其尺寸为最佳，即

$$W_B = AB\sqrt{\frac{\rho_{\text{smb}} J_{\text{mp}}}{m V_{\text{mp}}}} \tag{4.38}$$

同时这部分的功率损失的最小值为

$$(\rho_{\text{rb}} + \rho_{\text{sb}})_{\min} = 2A\sqrt{\frac{\rho_{\text{smb}} J_{\text{mp}}}{m V_{\text{mp}}}} \tag{4.39}$$

栅线的设计更为复杂，从数字上讲，当栅线的间距 S 变得非常小，以至于横向电流损耗可忽略不计时，出现最佳值，因此最佳值由下面条件给出：

$$S \to 0 \tag{4.40}$$

$$\frac{W_F}{S} = B\sqrt{\frac{\rho_{\text{smf}} + \rho_{\text{c}}\ \text{m}/B^2}{m} \times \frac{J_{\text{mp}}}{V_{\text{mp}}}} \tag{4.41}$$

$$(\rho_{\text{rf}} + \rho_{\text{sf}} + \rho_{\text{cf}} + \rho_{\text{tl}})_{\min} = 2B\sqrt{\frac{\rho_{\text{smf}} + \rho_{\text{c}} m/B^2}{m} \times \frac{J_{\text{mp}}}{V_{\text{mp}}}} \tag{4.42}$$

实际上不可能得到这个最佳性能，在这种情况下，可通过简单的迭代法实现最佳栅线的设计，若把栅线宽 W_F 取作由于工艺水平限制的最小值，则对应于这个最小值的 S 的最佳值能够用渐近法求出。对于某个试验值 S'，可计算出相应的各部分功率损失，然后可按式(4.43)求出一个更接近最佳值的值 S''：

$$S'' = \frac{S'(3P_{\text{sf}} - P_{\text{rf}} - P_{\text{cf}})}{2(P_{\text{sf}} + P_{\text{tl}})} \tag{4.43}$$

这个过程将很快收敛到相应于最佳值的一个不变的值上。采用上述方法就可以选择出主线和栅线的最佳尺寸。从式(4.41)计算的 S 是一个过高的估计值，用该式计算的 S 值的一半作为初始试验值可得到稳定的迭代结果。

以 10 cm×2.5 cm 的单电池为例，其发射极的薄层电阻为 40 Ω/□，最大功率点电压为 450 mV，电流密度为 30 mA · cm^{-2}，电极材料为锡，其体电阻率为 15 μΩ · cm，厚度为 50 μm，发射极的接触电阻为 370 μΩ · cm^2。电极采用丝网印刷技术制作，栅线厚度为 42 μm，主线厚度为 80 μm，栅线采用等宽设计，由于工艺限制其最小值为 150 μm，主线采用线性变细的设计。

根据式(4.26)可计算出栅线和主线的薄层电阻分别为

$$\rho_{\text{smf}} = \frac{15 \times 10^{-6} \times 10^{-2}}{42 \times 10^{-6}} = 3.57 \times 10^{-3}(\Omega/\square)$$

$$\rho_{\text{smb}} = \frac{15 \times 10^{-6} \times 10^{-2}}{80 \times 10^{-6}} = 1.875 \times 10^{-3}(\Omega/\square)$$

根据式(4.38)可计算出主线的平均宽度为

$$W_B = 10 \times 2.5 \times \sqrt{\frac{1.875 \times 10^{-3} \times 30}{4 \times 450}} = 0.14(\text{cm})$$

根据式(4.41)求出：

$$S = \frac{150 \times 10^{-4}}{2.5\sqrt{\frac{3.57 \times 10^{-3} + 370 \times 10^{-6} \times 3 \div 2.5 \div 2.5}{3} \times \frac{30}{450}}} = 0.657\,5(\text{cm})$$

取上式计算值的一半即 0.328 6 cm 作为初始试验值 S'，根据式(4.32)、式(4.34)、式(4.36)、式(4.37)分别求出此时各部分的功率损失为

$$P_{\text{rf}} = 0.010\,9$$
$$P_{\text{sf}} = 0.045\,6$$
$$P_{\text{cf}} = 0.000\,5$$
$$P_{\text{tl}} = 0.024\,0$$

再代入式(4.43)可计算出第一次迭代结果 S'' 为

$$S'' = \frac{0.328\,6 \times (3 \times 0.045\,6 - 0.010\,9 - 0.000\,5)}{2 \times (0.045\,6 + 0.024\,0)} = 0.296\,2(\text{cm})$$

根据式(4.32)、式(4.34)、式(4.36)、式(4.37)分别求出此时各部分的功率损失为

$$P_{\text{rf}} = 0.009\,8$$
$$P_{\text{sf}} = 0.050\,6$$
$$P_{\text{cf}} = 0.000\,5$$
$$P_{\text{tl}} = 0.019\,5$$

再代入式(4.43)可计算出第二次迭代结果 S'' 为 0.299 1 cm，继续进行迭代，该 S'' 基本不变，说明 S 值收敛于 0.299 1，因此最佳的栅线间距为 0.299 1 cm。

从上述分析可知，对于太阳电池的栅线，一般要求厚度越厚越好，而栅线宽度应在工艺可以实现的情况下尽可能地小，相应地由栅线引起的功率损失也越小。

4.7.4 真空镀膜

1. 真空镀膜的原理

真空镀膜是在真空条件下加热蒸发源，使该材料的原子或分子从表面逸出形成蒸汽流并入射到衬底表面凝结成固态薄膜的方法。真空镀膜具有设备简单、制备的薄膜纯度较高、厚度控制比较精确、成膜速率快等优点，根据使用的原材料种类，可分为金属镀膜和光学镀膜(使用介质材料)两大类，在空间用太阳电池生产中金属镀膜主要用于制备电池的电极，光学镀膜主要用于制备电池的减反射膜。

1) 蒸汽压

在一定温度下，在真空中蒸发材料的蒸汽与固态或液态达到平衡时所表现出来的压力成为该材料在此温度下的饱和蒸汽压 p_e。只有当环境中蒸发物质的分压降到其饱和蒸汽压以下时才可能进行物质的蒸发。蒸发材料的原子或分子要逸出材料表面，必须获得足够高的能量，以克服固相(或液相)的原子间的吸引力，这个能量就是汽化热 ΔH。汽化热 ΔH 随温度的变化很小，可视为常数，在这种情况下饱和蒸汽压 p_e、汽化热 ΔH 以及温度 T 之间存在近似关系：

$$\ln p_e = A - \frac{\Delta H}{RT} = A - \frac{B}{T} \tag{4.44}$$

式中，R 为理想气体常数，数值为 $8.314\ \mathrm{J\cdot K^{-1}\cdot mol^{-1}}$，因此对于同一种材料来说，随着温度的升高，饱和蒸汽压也相应升高，对于不同的材料，在相同的温度下汽化热大的材料其饱和蒸汽压较低。一般规定在某物质在饱和蒸汽压为 1.333×10^{-2} Pa(10^{-4} Torr)时的温度，称为该物质的蒸发温度，对于大多数金属来说，其蒸发温度高于熔点，也就是说需要加热到溶化之后才能有效地蒸发，而少数金属的蒸发温度低于熔点，即在固体状态下就可形成足够的蒸汽压，这种状态称为升华，如 Mg、Cd、Zn 等。

材料的这些特性对于真空镀膜有重要的影响，是确定具体镀膜参数的主要依据，图 4.49 和表 4.2 列出了一些常用金属的蒸发特性。

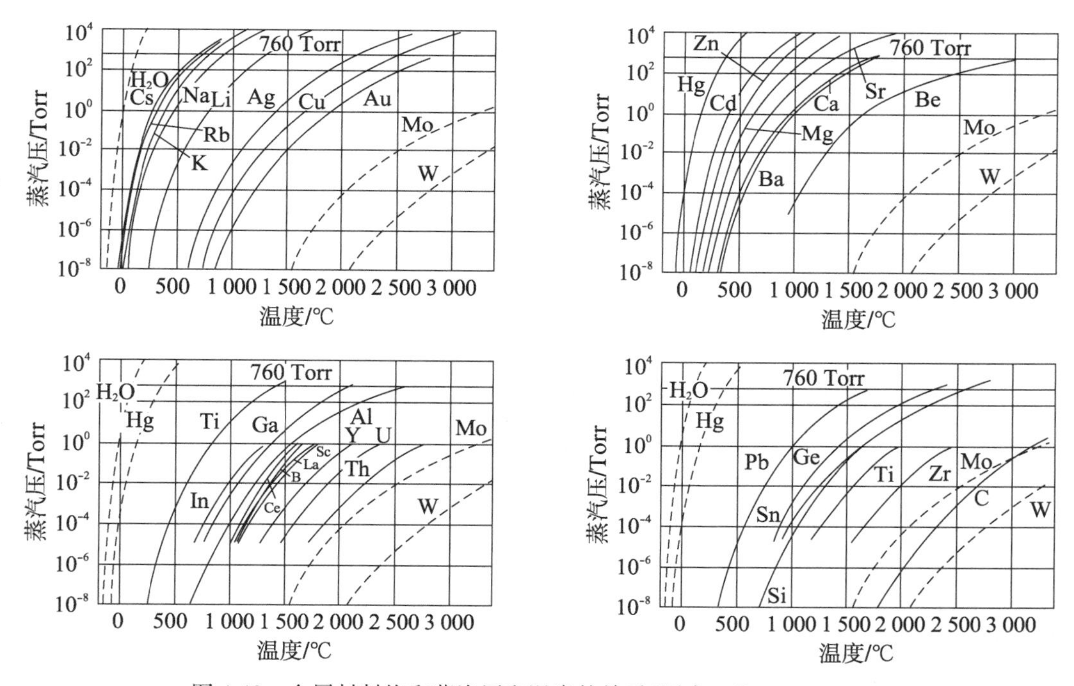

图 4.49 金属材料饱和蒸汽压和温度的关系(图中 1 Torr=133 Pa)

表 4.2 一些常用金属材料的蒸发特性

材料名称	熔点/℃	蒸发温度/℃	沸点/℃
Ag	961	832	2 162
Al	660	1 010	2 463
Au	1 063	1 132	2 600

续表

材料名称	熔点/℃	蒸发温度/℃	沸点/℃
Cr	1 890	1 157	2 665
Cu	1 083	1 032	—
Mo	2 622	2 390	—
Ni	1 455	1 535	—
Pt	1 769	1 742	3 824
Ta	2 996	2 860	—
W	3 370	3 030	—
Zn	419	520	—
Ti	1 812	—	—

2）真空度

真空是指在一定的空间内处于压力低于一个大气压的稀薄气体状态下,常用压强来表示气体的稀薄程度,即真空度。习惯上常把真空划分为四个等级,各个等级的划分和主要物理特性如表4.3所示。

表4.3 真空等级的划分和主要物理特性

真空等级	超高真空	高真空	低真空	粗真空
真空度/Pa	$<1\times10^{-6}$	$1\times10^{-6}\sim1.33\times10^{-1}$	$1.33\times10^{-1}\sim1\ 333$	$1\ 333\sim1.01\times10^{-5}$
真空度/Torr①	$<1\times10^{-8}$	$1\times10^{-8}\sim1\times10^{-3}$	$1\times10^{-3}\sim10$	$10\sim760$
气流特性	1. 以气体分子与器壁的碰撞为主 2. 分子流	1. 以气体分子与器壁的碰撞为主 2. 分子流	过渡区域	1. 以气体分子间的碰撞为主 2. 黏滞流
平均吸附时间	气体分子以在固体上的吸附停留为主	气体分子以空间飞行为主	气体分子以空间飞行为主	气体分子以空间飞行为主
主要应用场合	表面分析、粒子物理	蒸发、分子束外延	溅射、LPCVD	CVD

蒸发的原子或分子在运动过程中,如果与真空系统中的残余气体分子碰撞会改变方向并降低运动速度,很难保证蒸发的原子或分子淀积到衬底上,或是因原子或分子的能量降低影响与衬底的结合力,残余气体中的氧和水汽还会使蒸发的金属材料氧化。因此在蒸发过程中要保证蒸发物质的原子或分子在系统中运动的平均自由程(即原子或分子在系统中发生两次碰撞过程之间直线飞行的平均距离)要远大于蒸发源到衬底片的距离。气体平均自由程$\bar{\lambda}$与气体压强p之间的关系为

$$\bar{\lambda}=\frac{kT}{\sqrt{2}\pi d^2 p} \tag{4.45}$$

式中,k为玻尔兹曼常数,等于1.38×10^{-23} J·K^{-1};d为分子直径;T为绝对温度。可见气体压强越小,即真空度越高,蒸发的原子或分子的平均自由程也越大,一般真空镀膜过

① 1 Torr$=1.333\ 22\times10^2$ pa。

程中蒸发源和衬底片之间的距离为 0.5～1 m，一般气体分子直径在 0.3 nm 左右，可计算出真空度要达到 10^{-3} Pa 以上，因此真空镀膜通常是在高真空状态下进行的。

3）淀积速率

根据气体分子运动论，由理想气体的状态方程可计算出单位体积的分子数量为

$$n=\frac{p}{kT} \tag{4.46}$$

理想气体分子热运动的速度分布为

$$v_{\mathrm{rms}}=\sqrt{\frac{3kT}{m}} \tag{4.47}$$

分子的平均速度为

$$\bar{v}=\sqrt{\frac{8kT}{\pi m}} \tag{4.48}$$

分子的均方根速度为

$$v_{\mathrm{rms}}=\sqrt{\frac{3kT}{m}} \tag{4.49}$$

分子的平均动能为

$$\bar{E}=\frac{1}{2}mv_{\mathrm{rms}}^{2}=\frac{3}{2}kT \tag{4.50}$$

装在容器中的达到完全平衡的气体，单位时间内碰撞于单位面积器壁上的分子数量为

$$J=\frac{n\bar{v}}{4}=\frac{p}{\sqrt{2\pi kmT}} \tag{4.51}$$

式中，m 为分子质量；k 为玻尔兹曼常数；T 为绝对温度；p 为气体压强。根据这些方程可以计算出，当蒸发温度在 1 000～2 500℃范围内，常用金属材料的分子平均速度约为 10^3 m/s，平均动能约为 0.1～0.2 eV，而每个分子的汽化热高达 4 eV 左右，因此真空蒸发时加热材料的热能绝大部分是用于克服凝聚相中原子间的引力，仅很小一部分转化为动能。在密闭腔体内的气体，压强越大，单位时间内碰撞到器壁的分子数量越多，因此在蒸发过程中如果真空度不高，残余气体较多，则残余气体分子在衬底表面的淀积速率较高，影响薄膜的纯度。

还可将式(4.51)应用到计算坩埚的蒸发速率上，设坩埚内蒸发源的表面积为 S，蒸发的饱和蒸汽压为 p_e，假定整个坩埚内蒸发源的温度为均匀分布的恒定值，将式(4.51)乘以蒸发材料的分子质量 m 和 S，则得到蒸发源在单位表面积上的质量蒸发速率为

$$R=J\times m=p_e\sqrt{\frac{m}{2\pi kT}} \tag{4.52}$$

由于蒸发材料表面常常有污染物的存在，实际上的蒸发速率需要在式(4.52)上再乘以一个小于 1 的修正系数。

蒸发出的分子到达温度较低的衬底表面发生凝结并淀积成薄膜，淀积速率 R_d 和蒸发速率R 之间存在正比关系。对于如图 4.50 所示的点蒸发源(蒸发源表面积 S 与蒸发距离 l 相比很小、假定蒸发分子作直线运动而不发生碰撞)，如果衬底法线与蒸汽入射方向的夹角为 θ，可以推导出：

$$\frac{R_d}{R}=\frac{S\cos\theta}{4\pi l^2} \tag{4.53}$$

从上式中可以看出，对于点蒸发源，如果衬底表面与蒸汽入射方向垂直，即 θ 为 0，则衬底表面的淀积速率仅与衬底和蒸发源之间的距离有关。

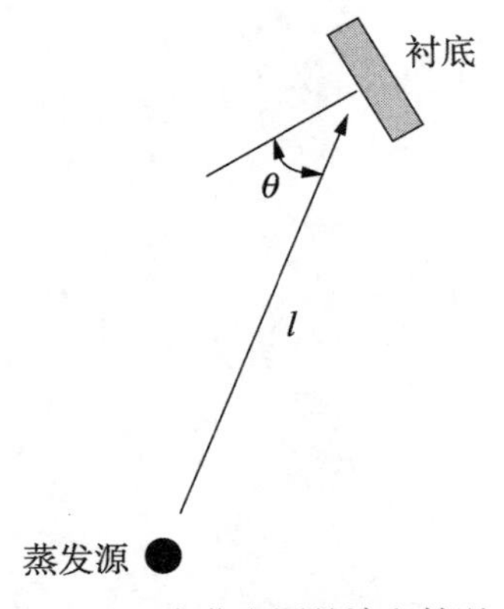

图 4.50　点蒸发源的淀积情况

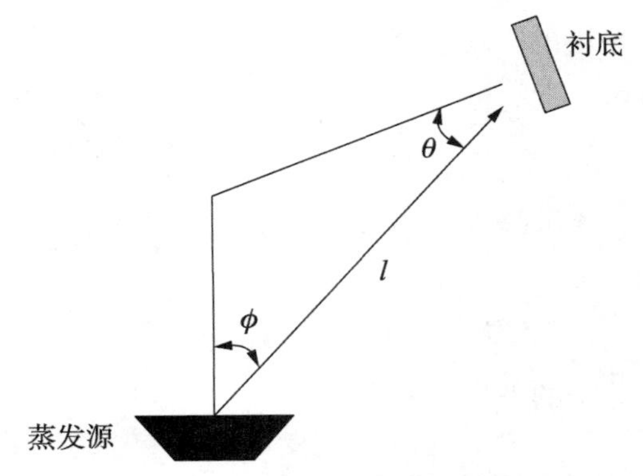

图 4.51　面蒸发源的淀积情况

而实际上大部分的蒸发情况应视作面蒸发源，如图 4.51 所示，如果蒸发源表面的法线与蒸汽入射方向的夹角为 ϕ，可推导出：

$$\frac{R_d}{R}=\frac{S\cos\theta\cos\phi}{\pi l^2} \tag{4.54}$$

由式(4.54)可知，对于面蒸发源，在 θ 为 0 时，衬底表面的淀积速率不仅与蒸发距离 l 有关，还与衬底片的方位有关，坩埚正上方的衬底片将比旁边的衬底片具有更高的淀积速率。

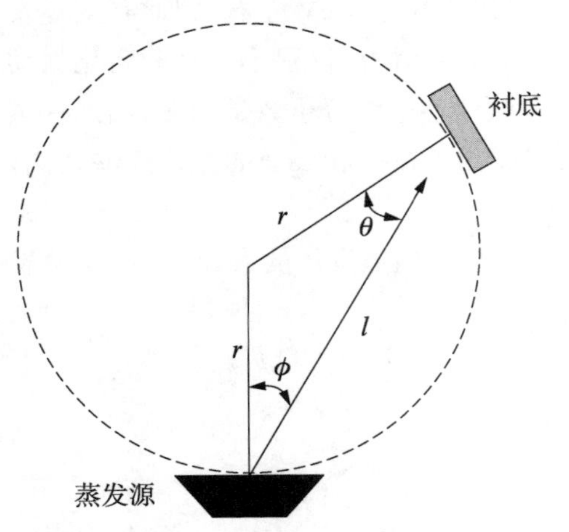

图 4.52　蒸发源和衬底片位于球面上的面蒸发源的淀积情况

为了得到好的均匀性，通常把坩埚和圆片放在一个半径为 r 的球表面上，蒸发源表面以及衬底的表面和球相切，如图 4.52 所示，此时有

$$\cos\theta=\cos\phi=\frac{l}{2r} \tag{4.55}$$

因此对于放在球表面任何位置的衬底片，其淀积速率均为

$$\frac{R_d}{R}=\frac{S}{4\pi r^2} \tag{4.56}$$

4）薄膜淀积过程与薄膜结构

薄膜的性能和薄膜结构密切相关，而薄膜的结构主要取决于淀积过程的条件，根据薄膜的生长模式可以分为三种情况。

（1）在沉积温度足够高时，沉积的原子具有较强的扩散能力，薄膜生长表现为如图4.53(a)所示的岛状模式，即随着沉积原子的不断增加，衬底上形成许多岛状核心，随着淀积的进行，岛状核心逐渐增大直至最后形成连续的薄膜，这是由于沉积的材料与衬底之间的浸润性较差，因此沉积的材料更倾向于和自身键合而避免与衬底原子键合，很多金属在非金属衬底上的淀积都是这种模式，显然这种模式的薄膜表面粗糙度较差。

（2）当沉积的材料与衬底之间的浸润性较好时，沉积的材料更倾向于和衬底键合，因此薄膜在生长时自发地平铺于衬底表面，从而降低系统的总能量，并在随后的淀积过程中一直保持这种模式，这被称为层状模式，如图4.53(b)所示，这种模式生长的薄膜表面较为光滑。

（3）第三种情况是图4.53(c)所示的层状-岛状模式，在这种模式下，开始生长的一两个原子层为层状模式，之后转化为岛状模式，导致这种转变的原因是生长过程中各种能量的消长，在开始时层状生长的自由能较低，而随后岛状生长模式在能量上变得更为有利。

沉积速率和衬底温度是影响薄膜沉积过程的两个最主要因素，一般来说，高的沉积速率和低的衬底温度将导致高的核心形成速率和细密的薄膜结构，因此要想得到大晶粒甚至是单晶结构的薄膜，需要提高沉积温度并降低沉积速率，而低温、高沉积速率往往导致多晶甚至是非晶态的薄膜，更详细的薄膜生长机制可参见相关文献。

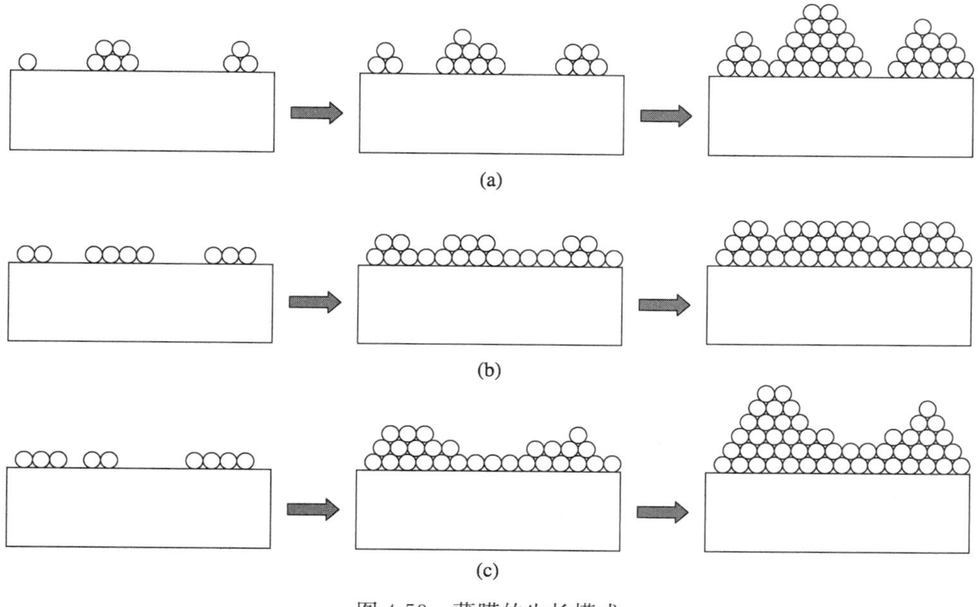

图4.53 薄膜的生长模式

2. 真空镀膜机

真空镀膜机的基本结构如图4.54所示，主要由真空系统、蒸发系统、工件盘及加热系统组成。① 真空系统的作用是为蒸发过程提供真空环境，包括真空室、真空泵、真空计、管道及阀门,工作时首先打开阀1,由低真空泵对真空室抽气,使真空室内的真空度达到1～10 Pa后关闭预抽阀,打开阀2和阀3,由低真空泵和高真空泵共同将真空室抽至高真空状态;② 蒸发系统的作用是加热蒸发源使材料形成蒸汽,包括坩埚和加热装置;③ 工件盘用于放置衬底片,为提高均匀性一般在蒸发过程中工件盘以一定的速度进行旋转;④ 加热系统用于将衬底片加热到一定的温度。

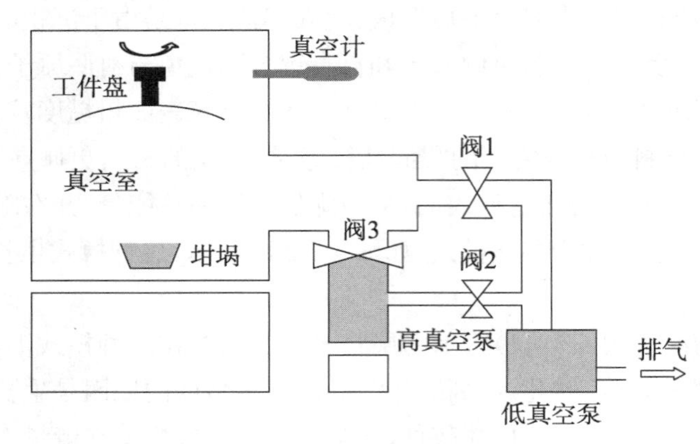

图4.54　真空镀膜机的基本结构

1) 真空泵

真空泵是获得真空的主要工具,种类非常多,根据工作原理可分为机械运动、蒸汽流喷射、吸附作用三大类,根据所能达到的极限真空可以分为粗真空泵、低真空泵、高真空泵和超高真空泵等,下面主要介绍在工业生产中常用的几种。

油封旋片式机械泵是利用旋转运动使工作室的容积周期性地扩大和缩小、从而压缩气体并排出来获得真空。为了起到密封、润滑和冷却的作用,工作时整个泵体需浸没在泵油中,这种泵可以获得的极限真空为0.1～1 Pa,既能独立工作获得低真空,又能作为高真空泵的前级泵。由于结构简单、成本低,应用较为广泛,但泵油可能会产生“返油”现象污染真空室。如果将两个旋片系统串联构成双级泵,极限真空可以达到0.01 Pa。

罗茨泵也是利用旋转运动来获得真空的,不同的是罗茨泵有两个“8”字形共轭转子以相反方向旋转,转子之间以及和泵壁间不直接接触而是有一个非常小的间隙,因此不用油封,消除了“返油”的影响,但其压缩率较低。这种泵的抽速非常高,因此有时将罗茨泵连在旋片式机械泵的前端来提高旋片式机械泵的抽速。

干泵是由许多像罗茨泵那样的转子级联而成的泵,干泵的体积大、价格昂贵,但由于没有油污染的问题,因此通常用在对镀膜质量要求很高的场合。

扩散泵是利用蒸汽流带动气体分子作单向运动来获得真空的。在扩散泵底部的泵油被加热成为油蒸汽,油蒸汽从泵顶部的喷嘴中高速向下喷出使喷嘴周围压强降低,附近的气体随即向喷嘴区域扩散并随油蒸汽一起向下运动而被带走,油蒸汽经水冷后凝结成液态回到泵体内循环使用。扩散泵是一种高真空泵,为防止油蒸汽氧化,只能在真空度高于1 Pa的情况下使用,因此需要和油封旋片式机械泵等低真空泵配合使用。扩散泵结构简单、维护容易,但油蒸汽会在一定程度上污染真空室。

涡轮分子泵是利用高速运动的物体表面传递给气体分子的动量使气体分子产生定向

流动的原理来达到抽气的目的。涡轮分子泵由一系列的动、静相间的叶轮相互配合组成，每个叶轮上的叶片与叶轮水平面倾斜成一定角度，动片与定片倾角方向相反，主轴带动叶轮在静止的定叶片之间高速旋转，高速旋转的叶轮将动量传递给气体分子使其产生定向运动，从而实现抽气。涡轮分子泵必须在分子流状态下工作，因此在前段连接低真空泵，另外分子泵对大分子具有理想的抽气效果，但对小分子尤其是氢气抽气非常困难。

低温泵是利用气体在低温下凝结在固体表面的原理工作的，其工作过程是通过以氦气为介质的循环冷冻机将冷头冷却到 20 K 左右，冷头一般由铜或银制成，还可覆盖一层活性炭以提高吸附效果，此时气体会在冷头凝结从而实现抽真空。低温泵是一种"洁净"泵，适用于对污染敏感的场合，低温泵必须在达到一定的真空度后才能开启，否则抽气能力将大大减小，因此需要和低真空泵配合使用。

2）真空计

真空计用于测量真空度的高低，真空计的种类较多，在使用中需要根据测量范围、用途等选择合适的真空计，在工业生产中，最常用的是热偶式真空计和电离真空计两种。

热偶式真空计主要利用测量热电偶的热电势来工作，由钨或铂制成的热丝通过一定的电流而发热，通过测定与热丝相连的热电偶的电动势可以得到热丝的工作温度，由于在不同的真空度下气体的热传导也不相同，真空度越高则热丝的工作温度也越高，因此可以通过测定热电势来推算出相应的真空度。热偶式真空计的测量误差较大，适用于粗真空和低真空的测量。

电离真空计主要利用了在低压下气体分子被电离时产生的粒子数与真空度成正比的原理，通常采用热阴极发射电子或冷发射(场致发射、光电发射)产生的电子经加速后轰击气体使气体电离，通过测量离子流的大小可以测得相应的真空度。电离真空计的测量精度相对较高，测量范围较大，但要注意电离真空计只能在高真空或超高真空下工作，否则容易烧毁。

在实际应用中，为方便实用往往采用复合真空计，即在粗真空和低真空时采用热偶式真空计进行测量，真空度达到 0.1 Pa 以上时自动切换为电离真空计测量。

3）蒸发系统

蒸发系统按照蒸发源加热方式的不同可分为电阻蒸发、电子束蒸发、高频感应蒸发、激光束蒸发四种，其中电阻蒸发和电子束蒸发是生产中最常用的。

电阻蒸发是利用电阻热效应使材料蒸发的方式，通常采用高熔点的金属(如钨、钼、钽等)制成特定形状的蒸发源(图 4.55)，将蒸发材料放在蒸发源上，通强电流使蒸发源产生高温从而使蒸发材料熔化、蒸发。蒸镀多种材料时，需要准备多个蒸发源，每个蒸发源中放入一种蒸发材料，镀膜时依次给相应的蒸发源通电进行蒸发。电阻蒸发结构简单、成本

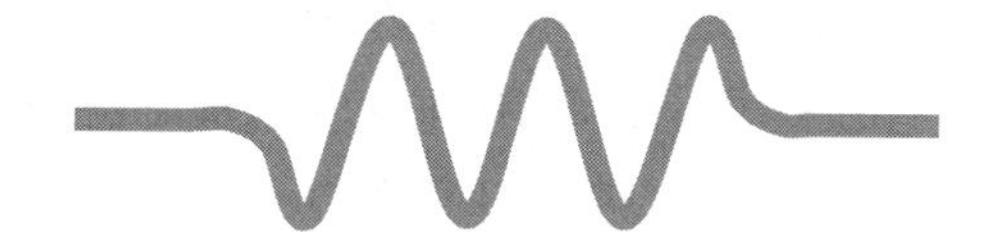

(a) 金属丝制成的螺旋状蒸发源

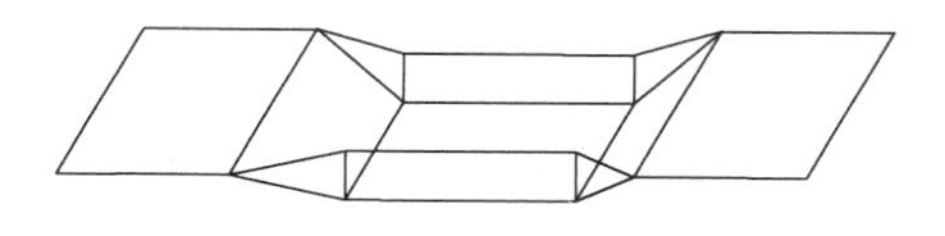

(b) 金属箔制成的舟状蒸发源

图 4.55　常用的电阻蒸发源形状

低,但不适用于难熔金属以及氧化物材料的蒸发,蒸发速率不易控制,另外由于蒸发源本身的蒸发会影响淀积薄膜的纯度,因此在很多场合已被电子束蒸发所取代。

电子束蒸发是利用电子束轰击蒸发材料使之熔化、蒸发的方式。其原理如图4.56所示,灯丝加热后发出电子束,经阳极加速后在磁场作用下偏转轰击到坩埚内的蒸发材料上,蒸发材料吸收电子能量而被加热。为了实现多种材料的连续蒸镀,通常将多个坩埚装在一个可以旋转的底座上,坩埚内装上不同的材料,蒸发完一种材料后,关闭电子枪,转动底座使下一种材料的坩埚转到蒸发的位置,再打开电子枪进行蒸发。电子束的优点是能量密度高,可以蒸镀高熔点的金属材料和非金属材料,坩埚一般采用水冷方式避免坩埚材料的蒸发以及与蒸发材料的反应,从而有利于提高薄膜纯度。

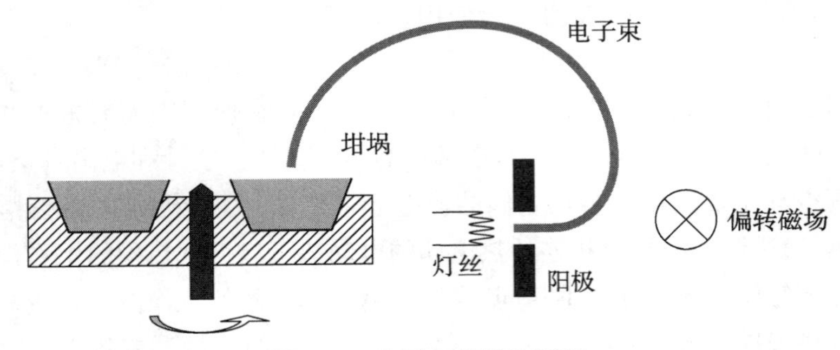

图4.56 电子束蒸发的原理

3. 真空镀膜工艺

太阳电池真空镀膜的基本过程如下。

(1) 对衬底片清洗以去除各种污染和杂质,从而提高电极和衬底的牢固度,有时还要用氢氟酸去除表面的氧化层,衬底片清洗后进行甩干或烘干。

(2) 打开镀膜机真空室,在蒸发源或坩埚内装入相应的金属材料,在工件盘上装上衬底片,关闭真空室后开启真空泵抽真空。

(3) 当真空度达到 10^{-3} Pa后开始进行蒸镀,蒸镀下电极时一般先要对衬底进行烘烤处理。在挡板关闭的状态下对蒸镀材料进行预熔处理,使蒸发材料充分熔融并稳定,打开挡板进行蒸发,到达规定的时间或规定的膜厚时关闭挡板,并关闭蒸发源,用同样的方法依次蒸镀其他材料。

(4) 蒸镀结束后关闭真空泵,当真空室内的温度降到80℃以下时打开放气阀,将空气或氮气充入真空室使真空室内的气压达到一个大气压,然后打开真空室取出衬底片。

4.7.5 化学电镀

化学电镀是利用镍盐溶液在强还原剂(如次磷酸盐、氢硼化钠等)的作用下,将镍离子还原成金属淀积在硅片表面上形成电极。另外还有在用真空镀膜制备电极的基础上,用化学电镀的方法在电极上电镀银层,使电极厚度增加。化学电镀可以制作很厚的电极,但镀层的牢固度不佳。随着光刻剥离技术的进步,采用真空镀膜和光刻剥离的方法已可实现5~10 μm厚度的细栅线,因此目前空间用太阳电池已不采用化学电镀的方法。

4.8 光刻制备图形

4.8.1 光刻的基本原理

光刻是制作太阳电池的一项重要工艺。光刻工艺是利用类似照相制版的原理，在硅片表面的掩膜层上面刻蚀精细图形的表面加工技术。也就是使用紫外光把器件图案投影到覆有感光材料的硅片表面，再经过定影、显影工艺去除无用部分，所剩就是图形本身，其原理如图4.57所示。具体来说，首先将光刻胶旋涂在硅片上形成一层薄膜。接着，在曝光装置中，光线通过一个具有特定图案的掩模投射到光刻胶上。曝光区域的光刻胶发生化学变化，在随后的化学显影过程中被去除。最后，掩模的图案就被转移到了光刻胶膜上。在随后的蚀刻工艺中，此光刻胶的图案转移到了下面的薄膜上。

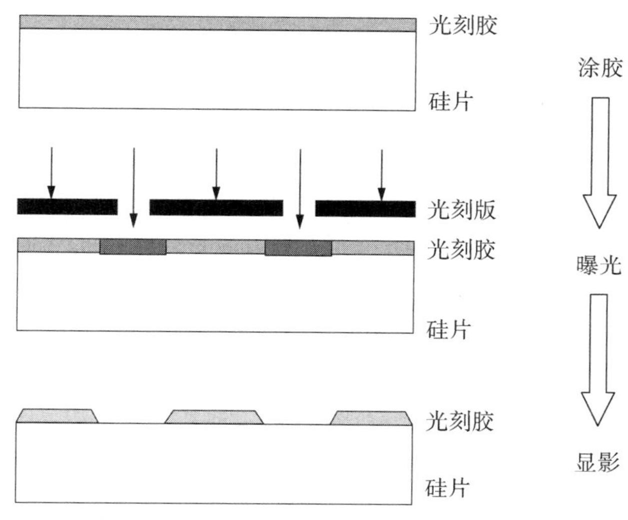

图4.57 光刻的原理示意图(正性光刻胶)

光刻机的类型有接触式/接近式光刻机、投影光刻机两大类。投影光刻机的分辨率很高，一般应用在集成电路行业，对于太阳电池来说，器件结构的分辨率达到1 μm就可以了，因此通常采用接触式/接近式光刻机，这种光刻机的基本结构如图4.58所示，高压汞灯发出的光线经过椭球反射镜汇聚，再经反射镜和准直器形成平行光，通过滤光镜使曝光所需波长的紫外光透过而其他波长的光被滤除，复眼系统的作用是提高光线在有效光照面积内的分布均匀性，最后经反射镜和聚光透镜组形成曝光所需的平行光。接触式曝光是将光刻版直接与光刻胶层接触，曝光出来的图形与光刻版上的图形分辨率相当，但存在光刻胶污染光刻版、光刻版磨损易损坏等缺点，因此已逐渐被接近式曝光方式所淘汰。接近式曝光是在光刻版和光刻胶基底层保留一个微米级的缝隙。在硅片与光刻版完成找平、对准后，让二者移动到已设定好的间距再进行曝光，即曝光时硅片与光刻版之间是有间隙的，曝光分辨率根据曝光间隙的不同有所区别，目前分辨率可达1 μm，同时可以有效避免与光刻胶直接接触而引起的光刻版损伤。

光刻胶通常有树脂、感光化合物、溶剂三种成分。根据采用的感光化合物的类型，光

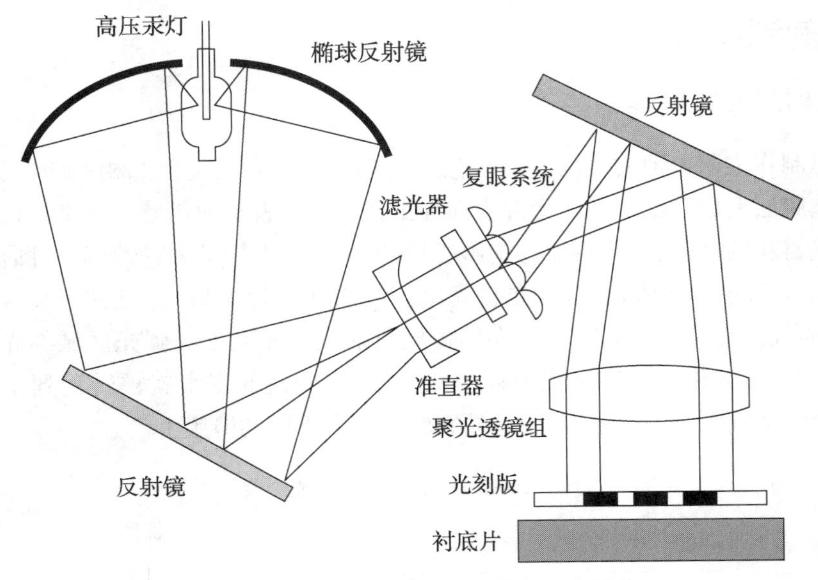

图 4.58　接触式/接近式光刻机的基本结构

刻胶可以分为负胶光刻和正胶光刻两类,太阳电池制造中这两种光刻胶均有应用。光透过光刻版,选择性地对光刻胶进行曝光,利用光刻胶的感光性和抗蚀性,经过化学显影,制作出与光刻版图形一致或者相反的光刻胶图形。正胶是一种光致分解的光刻胶,其感光化合物在曝光前作为一种抑制剂,降低光刻胶在显影溶液中的溶解速度,在暴露于紫外光下时发生化学反应,并形成增强剂,增加了胶的溶解速度,因此正胶在曝光、显影、刻蚀后产生的图形与光刻版相同;而负胶则刚好相反,是一种光致固化的光刻胶,感光化合物在曝光前为增强剂,在曝光后为抑制剂,产生的图形与光刻版相反,如图 4.59 所示。由于正胶不会发生交联,它的软化温度处于 110～130℃(同时也是光刻涂胶的典型温度),因此会导致光刻图形软化,造成后续剥离困难。在曝光过程中会形成光强在光刻胶的梯度,形

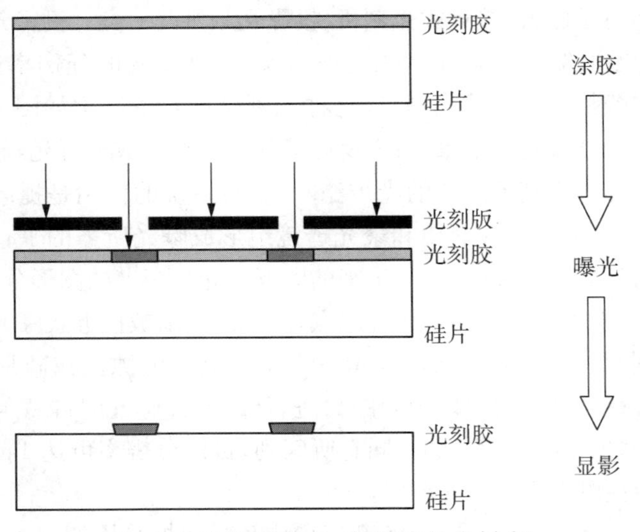

图 4.59　光刻的原理示意图(负性光刻胶)

成正梯形或倒梯形的形貌,其中倒梯形这种结构可以较好地剥离与胶层厚度相同的金属。对于负胶而言,曝光过程中由于顶部光强大于底部光强,顶部溶解速率慢,底部溶解速率快,可以形成“倒梯形”的形貌,考虑到后续金属剥离难易程度,通常采用负性光刻胶进行光刻正面电极图形。

4.8.2 刻蚀法制备图形

对于高效率硅太阳电池,通常需要在氧化层上制作电极接触孔或扩散窗口,这些通常采用光刻后刻蚀的方法来制作,其原理如图4.60所示。将经过曝光显影后的硅片放入腐蚀液中进行刻蚀,在无光刻胶保护的部分,因腐蚀作用将氧化层去除,而有光刻胶保护的部分被保留,去胶后即可得到所需的结构。需要注意的是,湿法腐蚀存在侧向腐蚀,使得刻蚀后的氧化层形成上窄下宽的梯形,氧化层的宽度也会略小于光刻版的图形。

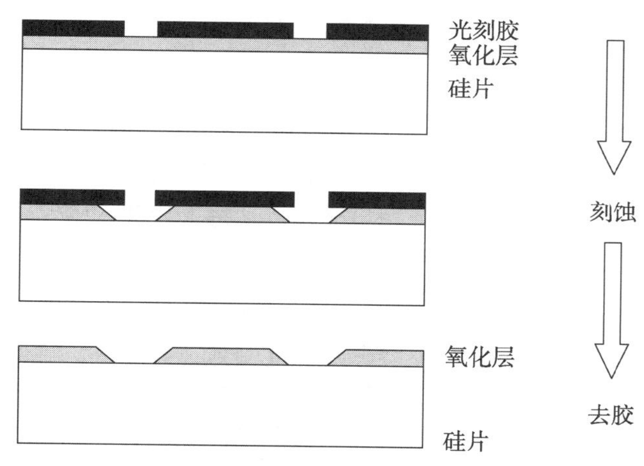

图4.60 刻蚀法制备图形的原理示意图

另外,在以前的太阳电池制作工艺中,刻蚀法也通常用来制作上电极,基本原理和图4.60相同,只是氧化层变成了蒸镀的金属层,腐蚀液变成了金属腐蚀液,由于硅电池的上电极有Ti、Pd、Ag三种金属,因此需要依次浸入三种腐蚀液中才能实现金属刻蚀。由于这种方法操作较为麻烦,且受到侧向腐蚀效应的影响,难以制作高宽比大的细栅电极,批产的一致性也较差,容易出现过腐蚀而断栅,因此基本被剥离法取代。

4.8.3 剥离法制备上电极

剥离法主要用于制作上电极,其原理如图4.61所示,先用光刻的方法在硅片上形成图形,光刻胶通过控制工艺参数控制形成上宽下窄的形状,便于后继的剥离操作。显影过后,用真空镀膜的方法将整面蒸镀上金属。

剥离方法主要分为湿法剥离及单片式剥离。

湿法剥离过程首先将装有硅片的花篮置于溶液中浸泡或超声一定时间,使光刻胶软化、脱落并溶解,同时蒸镀在光刻胶上的金属也随之脱落,而蒸镀在硅上的金属被保留,由此形成所需的电极图形。湿法剥离制备电极操作简单,栅线宽度可以有效控制。此外,金

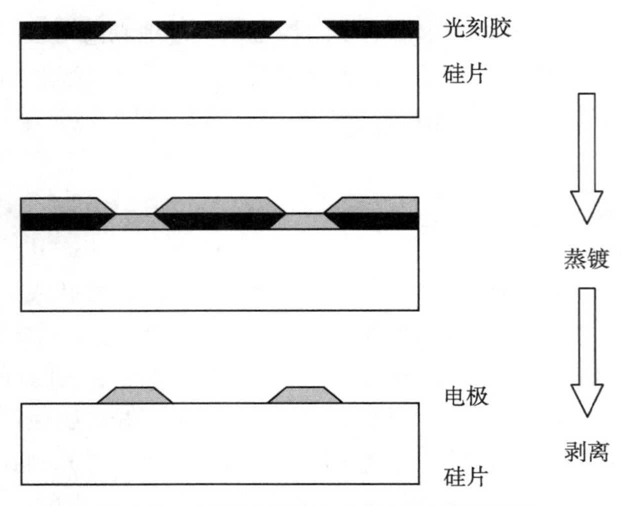

图 4.61　剥离法制备上电极的原理示意图

属剥离一般需要光刻胶的厚度达到金属层的2倍,以便于剥离操作,随着光刻胶技术的进步,剥离用光刻胶的厚度越来越大,目前已可实现10 μm厚的金属电极的制作。

另一种剥离方法为单片式剥离法(图4.62),同湿法剥离一样,首先将装有硅片的花篮置于溶液中浸泡一定时间,然后手动或用机械臂自动将单片硅片固定于旋转平台上,旋转平台以第一转速进行旋转,进行药液喷淋,机械手臂摆动,并且带动高压喷淋头摆动,形成摆动轨迹,使药液喷淋到硅片的整个上表面,通过喷淋压力及摆臂速度的控制,将硅片表面的光刻胶及金属冲洗掉,得到所需电极图形;提高旋转平台的转速到第二转速,进行去离子水喷淋过程,机械手臂将喷淋头置于硅片中心上方,使喷淋头以硅片的中心为定点进行去离子水的定点喷淋,通过高压冲洗,清洗硅片表面;完成去离子水喷淋过程之后,调整旋转平台的转速到第三转速,对硅片进行干燥过程;最后,将硅片取出旋转平台。单片式清洗可以较好地控制药液在半导体衬底表面的分布,并且硅片自身可以高速旋转使半导体衬底表面的药液具有更高的相对速度,与传统的湿法剥离方式相比,单片式清洗具有药液消耗少、制作工艺环境控制能力高、占地小的优点,并且药液在不断更新,能够有效防止交叉污染,使其清洗效果更强、工艺稳定性更好。在目前的半导体制造工艺中,单片式剥离及清洗方式已得到广泛应用。

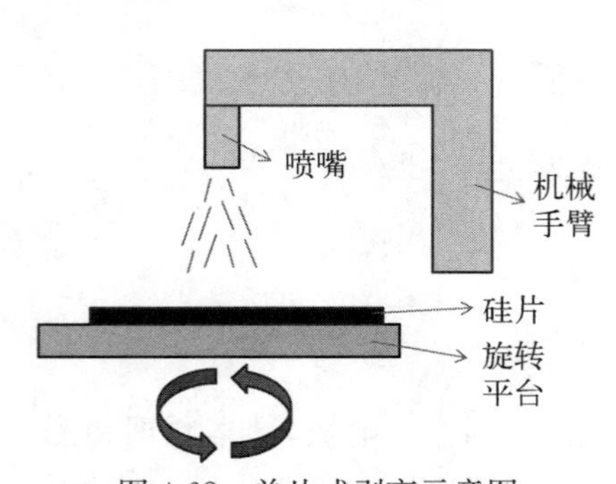

图 4.62　单片式剥离示意图

4.9　减反射膜制备

4.9.1　减反射膜的基本原理

一般在裸硅表面太阳光的反射率达到了30%以上,使得大量的太阳光被反射掉,入射到电池内部的光子数减少了,光生载流子数也随之减少,降低了短路电流,从而电池的光电转换效率降低。为提高太阳电池的光电转换效率，必须要减少电池表面被反射掉的光子数，解决方法是在电池表面制备减反射膜，减反射膜是一层或多层透明的介质膜，利用光波在减反射膜上下表面反射所产生的光程差，使得两束反射光干涉相消，从而减弱反射，如图4.63所示。制备减反射膜的方法就是在电池表面制备透明的介质膜，利用光波在减反射膜上下表面反射所产生的光程差，使得两束反射光干涉相消，从而减弱反射，增加透射。所以我们可以给减反射膜下一个简单的定义：在太阳电池表面制作一层或多层合适的薄膜，利用薄膜干涉的原理，可以使光的反射大为减少，电池的短路电流和输出就有很大增加，这种膜就称为太阳电池的减反射膜。

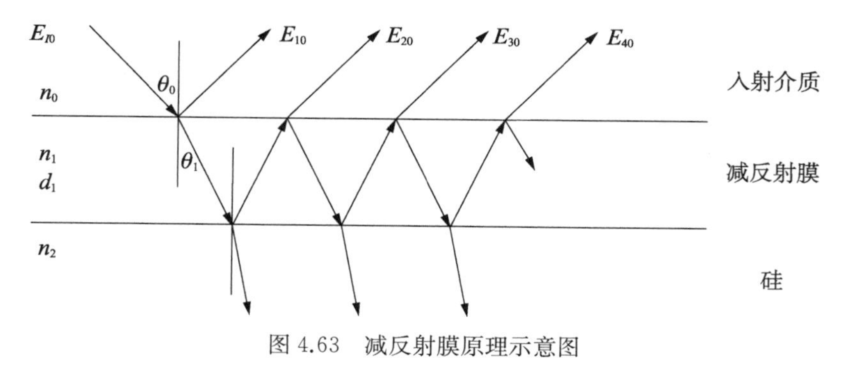

图4.63　减反射膜原理示意图

根据薄膜干涉原理，单层减反射膜仅对单一波长具有较好的减反射效果，而硅太阳电池要求在400～1 100 nm的范围内均具有良好的减反射膜，因此在空间用硅太阳电池中常用的是多层减反射膜系，它可对宽谱范围内的太阳辐射产生有效的减反射效果，这些多层膜通常为某一中心波长的四分之一膜系，即满足：

$$n \times d = \frac{\lambda_0}{4} \tag{4.57}$$

式中，n 为减反射膜任意一层的折射率；d 为该层的厚度；λ_0为中心波长。

尽管太阳电池为了降低光的反射制作了减反射膜，且根据理论推导有：如果减反射膜的折射率是其两边材料的折射率的几何平均值，则其反射率为零，即

$$R_{\min} = \frac{(n_1^2 - n_0 n_2)^2}{(n_1^2 + n_0 n_2)^2} \tag{4.58}$$

但由于折射率是一个与波长有关系的参数，不同波长对同一种物质都有不同的折射率，因而减反射膜在设计的过程中只能保证在某个波长处的反射率达到最小时整体反射率加权平均值最小。这样不可避免地将有相当一部分的光被电池反射掉。

由单个波长点反射率、入射光子通量、硅材料的内部量子效率，可计算出在整个光谱范围内的加权平均反射率为

$$R_{\mathrm{W}} = \frac{\int_{\lambda_1}^{\lambda_2} F(\lambda) Q(\lambda) R(\lambda) \mathrm{d}\lambda}{\int_{\lambda_1}^{\lambda_2} F(\lambda) Q(\lambda) \mathrm{d}\lambda} \tag{4.59}$$

式中,$F(\lambda)$为入射光子通量;$Q(\lambda)$为硅的内部量子效率;$R(\lambda)$为减反射膜在对应波长点的反射率;λ_1、λ_2为光谱波长上下限,$\lambda_1 = 300$ nm、$\lambda_2 = 1\,100$ nm。加权平均透射率为

$$T_W = 1 - R_W \tag{4.60}$$

减反射膜可使光的反射降低到较低的程度。目前通常利用不同减反射材料形成的多层膜来改善性能,它的设计虽然复杂,但能够在较宽的波段上减少反射。

4.9.2 减反射膜的材料

根据减反射膜原理,对于减反射膜的材料有严格的要求,如图4.64所示,对于入射介质折射率为n_0、硅衬底折射率为n_g、减反射膜各层折射率和厚度为n_1、n_2、……的减反射膜系统,一般要求满足:

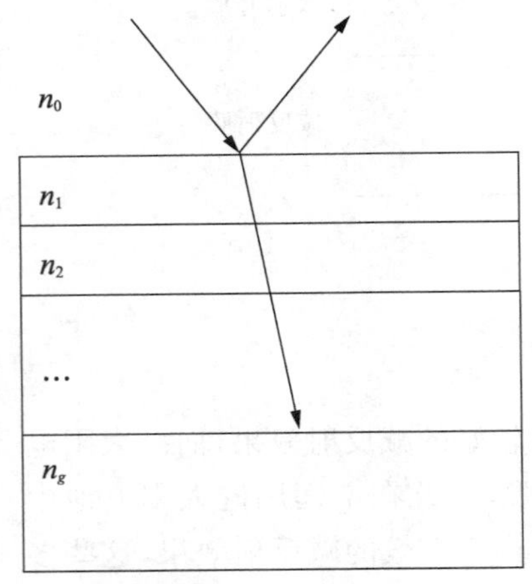

图4.64 太阳电池多层减反射膜示意图

$$n_0 < n_1 < n_2 < \cdots < n_g \tag{4.61}$$

对于单层膜系,为取得最佳的减反射效果,还应满足:

$$n_1^2 = n_0 \times n_g \tag{4.62}$$

对于双层膜系,为取得最佳的减反射效果,还应满足:

$$n_1 \times n_2 = n_0 \times n_g \tag{4.63}$$

对于硅太阳电池,n_g约为3.42,在入射介质为空气时n_0为1,在入射介质为玻璃时n_0为1.45,因此根据式(4.62)和式(4.63)可计算出各种情况下减反射膜的理想折射率。虽然理论上减反射膜材料可以有很多种组合,但受到实际原材料的限制,以及空间应用还要考虑到膜的硬度、牢固度等性能,因此一般常用的减反射膜材料有限,见表4.4。

表4.4 空间用太阳电池常用的减反射膜材料与光学特性

材料名称	折射率	材料名称	折射率
二氧化硅(SiO_2)	1.4～1.5	氧化钽(Ta_2O_5)	2.0～2.2
氧化铝(Al_2O_3)	1.6～1.7	氧化钛(TiO_2)	2.1～2.3
一氧化硅(SiO)	1.6～1.9		

膜材料选择要求如下。

(1) 适宜的透明范围,在应用波段光吸收最小;

(2) 良好的光学、化学稳定性;

(3) 与电池表面材料结合以及膜层之间的结合性能好、牢固度好;

(4) 保证膜层之间、膜与电池表面材料之间的折射率相匹配。

4.9.3 减反射膜的几种制法

减反射膜的折射率和厚度对减反射膜的性能起着决定性影响，因此在制作过程中应严格控制这些参数，而折射率与膜的制造方法密切相关，膜厚的控制精度也受到具体制造方法的限制。

减反射膜的制造方法可分为物理镀膜和化学镀膜两类。物理镀膜包括真空蒸发，化学镀膜包括化学气相沉积、旋涂法、喷涂法。化学气相沉积的方法主要在地面用太阳电池中广泛应用，将在后面作详细介绍，旋涂法和喷涂法是利用旋涂或喷涂的方法将钛酸乙酯、硅酸乙酯等有机物涂覆到硅片表面，再经过烘烤形成二氧化钛或二氧化硅，由于旋涂法和喷涂法的方法形成的薄膜牢固度差、均匀性差、重复性差，一般用于对减反射膜要求不高的场合。

空间用太阳电池的减反射膜主要采用真空蒸发的方式，故下面着重介绍该方法制作减反射膜的原理和过程。

减反射膜的真空蒸发基本原理与金属真空蒸发大致相同，它的基本原理是把被蒸发材料加热到蒸发温度，使之蒸发沉积到衬底上形成所需要的膜层。蒸发过程中对材料的折射率稳定性控制要求较高。通过对折射率的主要因素分析，必须选取适当大工艺参数对薄膜折射率的稳定性进行考量。

1）基片温度对薄膜折射率的影响

由于常规蒸发方法制备的薄膜存在疏松的柱状结构，需要适当的提高基片温度可以使疏松的结构得到一定程度的改善，提高薄膜的结晶度，从而提高膜的折射率。例如，蒸镀 TiO_2时，基片温度可以促进失氧的 TiO_2蒸汽分子与氧分子的反应，从而减少 TiO_2的失氧，有助于折射率值的提高；随着基片温度的增加，基片上原子的迁移率增大，晶格上的缺陷减小，晶粒尺寸增加，膜料分子的聚集程度越大，膜层的聚集密度就会越大，膜的折射率也就越高。

2）真空度对薄膜折射率的影响

真空度的影响主要有两个方面。一方面气相碰撞使得镀膜分子动能损失，另一方面蒸发分子要与残余气体之间进行化学反应。由此可知，残余气体的压强和成分都必须加以控制。减反膜制备过程中，如果压强过大，氧气分子过多，碰撞会使蒸发分子动能损失。真空度的高低会改变真空室内的残余气体分子的数量。真空度越高，膜料分子在向基片运输的过程中与其他分子碰撞的机会就越小，到达基片的膜料分子的动能就越大，膜层越致密，折射率越高。

3）沉积速率对薄膜折射率的影响

沉积速率大会使成膜的粒子动能增加，原子在基地表面的移动速率增加，因此增加了凝结速率和粒子的生长速率，也加速了粒子的接合。沉积速率过高或过低均对薄膜的性能不利。沉积速率过低，成核率也较低，沉积分子会在基片表面有充分的时间进行迁移，从保持系统的自由能处于最低状态的要求出发，薄膜中的晶粒将在某些低指数晶片上出现择优生长，这样就会造成膜的结构松散，密度较小，留下很多缺陷引起水分的吸收，对膜性能极为不利。反之，提高沉积速率可以增加薄膜生长初期的形核密度，从而使结晶细化,膜密度也随之增大。同时沉积速率的增加会减少薄膜中的气体分子的含量,相应的也会提高折射率。但是沉积速率过高,使沉积出来的膜的成分达不到理想值,会对折射率有影响,而且到达基片表面的沉积原子来不及规律排列,造成大量的晶格缺陷,薄膜表面粗糙,吸收增加。

另外蒸镀减反射膜对于膜厚的控制有很高的要求,一般在真空镀膜机内安装有膜厚检测装置。膜厚检测装置主要有光控法和晶振法两种。

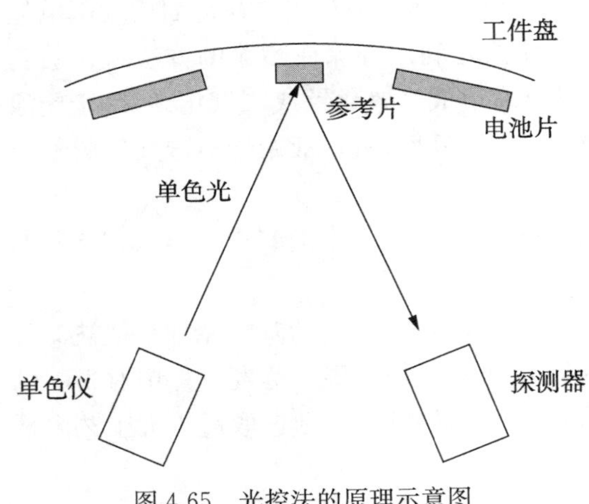

图 4.65 光控法的原理示意图

光控法的原理如图 4.65 所示,即用单色光仪发出的某一波长(即减反射膜设计的中心波长)的单色光照射在参考片(安装在工件盘中心位置的硅片)表面,然后检测该参考片的反射光强度,当参考片表面蒸镀的薄膜材料厚度逐渐增加时,由于薄膜材料的干涉作用反射光强度也将随之改变。根据薄膜干涉原理,反射光强度将随着薄膜厚度的增加而逐渐降低,当反射光强度达到最低值开始上升时,此时薄膜的厚度刚好达到四分之一波长的要求。

光控法的缺点是控制精度较低,在蒸镀非标准的四分之一波长膜系时非常麻烦,对蒸镀过程中的薄膜淀积速率无法监控。

石英晶振法的原理主要是利用了石英晶体的压电效应和质量负荷效应,当石英晶体发生机械变形时,例如,拉伸或压缩时能产生电极化现象,称为压电现象。石英晶体在 9.8×10^4 Pa 的压强下,承受压力的两个表面上出现正负电荷,产生约 0.5 V 的电位差。压电现象有逆现象,即石英晶体在电场中晶体的大小会发生变化,伸长或缩短,这种现象称为电致伸缩。石英晶体压电效应的固有频率不仅取决于其几何尺寸、切割类型,而且还取决于芯片的厚度。当芯片上镀了某种膜层,使芯片的厚度增大,则芯片的固有频率会相应地衰减,石英晶体的这个效应是质量负荷效应。石英晶体膜厚监控仪就是通过测量频率或与频率有关的参量的变化而监控淀积薄膜的厚度。用于石英膜厚监控用的石英芯片采用 AT 切割,对于旋光率为右旋晶体,所谓 AT 切割即为切割面通过或平行于电轴且与光轴成顺时针的特定夹角。AT 切割的晶体片其振动频率对质量的变化极其灵敏,但却不敏感于温度的变化,在 $-40\sim90$℃,温度系数大约是 $\pm10^{-6}$/℃数量级,这些特性使 AT 切割的石英晶体片更适合于薄膜淀积中的膜厚监控。AT 切割的石英芯片压电效应的振动频率变化 Δf 满足:

$$\Delta f=-\frac{\rho_m}{\rho_Q}\frac{f^2}{N}\Delta d_m \tag{4.64}$$

式中,ρ_m 为薄膜的密度;ρ_Q 为石英晶体的密度;f 为石英晶体的固有频率;N 为常数;d_m 为薄膜的厚度。

令 $-\frac{\rho_m}{\rho_Q}\frac{f^2}{N}=s$，则

$$\Delta f = s \cdot \Delta d_m \tag{4.65}$$

对于某一种确定的镀膜材料，薄膜材料的密度为常数，在膜层不是很厚，即淀积的膜层质量远小于石英芯片质量时，固有频率变化不会很大，这样我们可以近似地把 s 看成常数，于是由式(4.65)表达的石英晶体频率的变化 Δf 与淀积薄膜厚度的变化 Δd_m 就有了一个线性关系。因此可以借助检测石英晶体固有频率的变化，实现对膜厚的监控。有一个明显的好处是随着镀膜时膜层厚度的增加，频率单调地线性下降，不会出现光学监控系统中控制信号的起伏，并且很容易进行微分得到淀积速率的信号。因此，在光学监控膜厚时，还可用石英晶体法来监控淀积速率。石英晶体膜厚控制仪有非常高的灵敏度，可以做到 0.1 nm 数量级，从而可以较好地满足带通滤光薄膜厚度的精确控制要求。

晶振法的缺点是测量的是薄膜的物理厚度，对于光学薄膜，控制其光学厚度更有意义，因此有些高精度镀膜机采用了晶振法和光控法的综合控制方法，晶振法主要用于控制淀积速率，而光控法采用计算机数据处理可以实现高精度的镀膜，这种方法一般用于几十层至几百层复杂膜系的精确控制。

4.10　空间用太阳电池制造

4.10.1　浅结背反射器电池(BSR)

在硅片选用时，需要综合考虑转换效率、抗辐照性能、空间可靠性等方面的因素，一般采用电阻率为 7～12 Ω·cm、少子寿命大于 50 μs、晶向为[100]的 p 型直拉单晶硅片，硅片厚度为 150～250 μm，直径为 3～4 in(1 in＝2.54 cm)，表面经过化学腐蚀或抛光处理。

硅片经过化学清洗后用去离子水冲洗，当水的电阻率大于 10 MΩ·cm 后将硅片进行甩水和烘干处理，放入扩散炉中进行磷源扩散制备 pn 结，扩散温度一般控制在 800～900℃，时间为 15～25 min。

扩散后用稀氢氟溶液去除磷硅玻璃，正面用黑胶保护后用 HF、HNO_3、CH_3COOH 的混合溶液腐蚀以去除背结，腐蚀后去除黑胶。去除背结时可通过测量背面的薄层电阻来判断背结是否去除干净，一般要求腐蚀后背面的薄层电阻达到扩散前硅片的薄层电阻。

硅片经过再次清洗和甩水后用真空镀膜的方法蒸镀下电极，在 10^{-3} Pa 以上的高真空环境下依次蒸镀 Al、Ti、Pd、Ag 材料，下电极的厚度控制在 2～5 μm。然后用正胶光刻的方法在电池正面制作上电极图形，用真空镀膜的方法蒸镀 Ti/Pd/Ag 上电极，上电极的厚度要控制在 4 μm 以上，蒸镀完成后用剥离的方法去除光刻胶和多余的金属从而形成符合要求的上电极。

在真空环境下对电池进行合金处理使电极和硅材料之间形成欧姆接触，合金温度一般为 400～500℃。

用划片机将硅片切割成规定大小的方形电池，经无水乙醇溶液去除有机物后，用稀 HF 溶液去除氧化层，再用真空镀膜的方法制备减反射膜，减反射膜一般采用 SiO_x/TiO_x

或 Al_2O_3/TiO_x 体系的双层结构。

4.10.2 背场背反射器电池(BSFR)

背场背反射器电池采用的硅片和浅结背反射器电池相同,经清洗后首先采用干-湿-干氧化工艺在硅片表面生长300 nm以上的氧化层作为扩散的掩蔽层,氧化温度一般采用1 100～1 200℃,时间为4 h以上。

氧化完成后在硅片正面用黑胶保护,用HF将硅片背面的氧化层腐蚀去除,腐蚀后去除黑胶,经再次清洗后进行硼源扩散制作背表面场,扩散温度为1 100～1 150℃,扩散时间为20～30 min。

扩散后采用旋涂的方法在硅片背面涂上二氧化硅乳胶源,经过400～600℃的烘烤固化后形成一层二氧化硅层,作为磷源扩散时的掩蔽层。

在硅片背面用黑胶保护,用HF将硅片正面的氧化层腐蚀去除,腐蚀后去除黑胶,经清洗后进行磷源扩散制作pn结,扩散温度为800～900℃,时间为15～25 min。

扩散后用稀HF溶液去除磷硅玻璃和背面的氧化层,再经过600～700℃、10min以上的湿氧处理和稀HF溶液腐蚀去除背面的硼硅玻璃。

经过以上步骤完成电池背表面场结构和pn结构的制作,后继电极以及减反射膜等结构的制作工艺和浅结背反射器电池完全相同。

4.11 地面用太阳电池制造

4.11.1 低成本产业化技术

晶体硅太阳电池是目前技术最成熟、应用最广泛的太阳电池,地面用太阳电池的基本结构与原理和空间用太阳电池基本相同,晶体硅太阳电池是目前地面用光伏市场的主流产品,其又可分为多晶硅电池和单晶硅(C-Si)电池,晶硅电池成本较低,在光伏市场中的比例超过90%,并且在未来相当长的时间内都将占据主导地位。对于地面用太阳电池,降低成本尤为重要,在全球光伏电站装机容量突飞猛进的当下,通过改善制造工艺实现降低晶硅电池成本、提高电池的转换效率是低成本产业化的硅太阳电池技术的永恒话题,这些措施主要包括以下内容。

(1) 采用大面积的方形硅片,从而避免采用额外的划片工序,另外硅片尽量采用低登记的单晶硅片(少子寿命一般为10 μs)降低硅片成本,或干脆采用多晶硅片。

(2) 通过多晶硅表面制绒工艺技术,降低表面反射率、提高少子寿命,进而降低多晶硅电池成本。

(3) 从晶硅原材料角度入手,采用粉末冶金的方法在较低温度下对金属硅进行有效提纯,采用铝背场技术,通过降低铝浆的印刷厚度来实现减小电池翘曲和碎片率。

(4) 采用磷吸杂、表面抗反射、钝化、长晶过程控制以及制备良好的欧姆接触等方法来提高冶金发多晶硅太阳电池的光电转换效率。

随着硅材料和硅片切割技术的进步,单晶硅片的成本持续下降,且未来市场对高效率的高端光伏产品需求日益增长。为了进一步降低晶硅电池的成本,近几年普遍采用的技术措施有：开发先进的减反技术(新型的绒面陷光结构和材料)以提高光的利用率，引入低电阻金属化技术降低串联电阻，优化 pn 结制备技术以及器件结构等。

4.11.2 等离子刻蚀

等离子刻蚀是产业化晶体硅太阳能电池片工艺流程中刻蚀工艺常用的一种，该工艺具有刻蚀速度快、刻蚀均匀、无需化学清洗、刻蚀时间可控等特点，该工艺广泛应用于去除硅片的边缘磷硅玻璃和边缘 pn 结，以避免电池前后表面 pn 结联通导致漏电现象，等离子刻蚀制绒工艺已广泛应用于多晶硅太阳电池的产业化生产当中。

等离子刻蚀技术是干法刻蚀中最常见的一种形式，其基本原理是在辉光放电(射频功率激发)条件下，电子区域的反应气体电离成等离子体，电离气体原子通过电场加速时，活性反应基团和被刻蚀物质在表面发生化学反应并形成挥发性物质，反应生成物脱离表面并被真空泵抽离。典型的等离子刻蚀反应腔体结构如图 4.66 所示。等离子刻蚀对被刻蚀材料具有选择性，这一特殊性可以有效地对衬底进行局域刻蚀。等离子刻蚀工艺直接影响到太阳能电池片的反向电流、漏电情况，进而关系到太阳能电池片的整体性能。

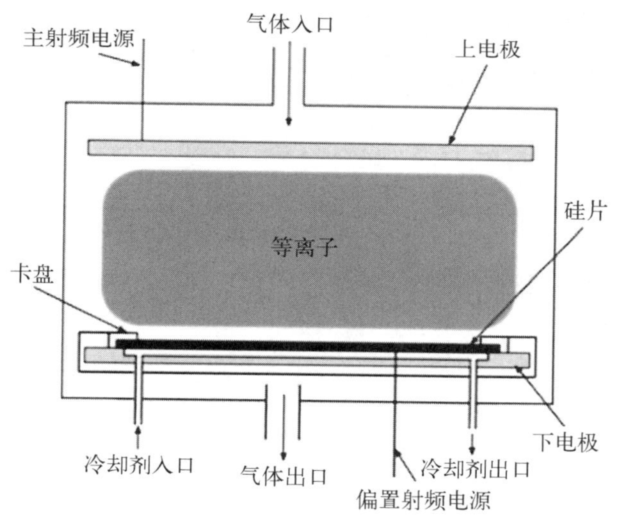

图 4.66 等离子刻蚀反应腔体结构示意图

4.11.3 等离子体化学气相沉积

化学气相沉积(chemical vapor deposition, CVD)是反应物质在气态条件下发生化学反应，生成固态物质沉积在加热的固态基体表面，进而制得固体材料的工艺技术，而等离子体化学气象沉积(plasma enhanced chemical vapor deposition, PECVD)是 CVD 的一种。

化学气相沉积技术是将两种或两种以上的气态原材料导入到一个反应室内，不同气态原材料相互之间发生化学反应，形成一种新的材料，沉积到晶片表面上。

PECVD 等离子体增强化学气相沉积。等离子体是气体在一定条件下受到高能激发，发生电离，部分外层电子脱落原子核，形成电子，正离子和中性粒子混合物组成的一种形态,这种形态就称为等离子态即第四态。PECVD技术原理是借助微波或射频等使含有薄膜组成原子的气体电离,在局部形成等离子体,而等离子化学活性很强,很容易发生反应,在硅片上沉积出所期望的薄膜。

PECVD技术是借助于辉光放电等离子体使含有薄膜组成的气态物质发生的化学反应,从而实现薄膜材料生长的一种新的制备技术。由于PECVD技术是通过反应气体放点制备薄膜的,有效地利用了非平衡等离子体的反应特征,从根本上改变了反应体系的能量供给方式。

目前众多光伏企业都采用PECVD的方法在太阳能电池的表面沉积一层氮化硅减反射薄膜。这除了可以大大减少光线的反射率,它还起到了良好的表面钝化和体钝化效果,达到提高电池的光电转换效率和短路电流的目的,而氮化硅稳定的化学性质起到了抗腐蚀和阻挡金属离子的目的,能够为电池长期的保护。所以,高质量的氮化硅薄膜对太高电池的性能和质量都有重要作用。常见的PECVD设备如图4.67所示。

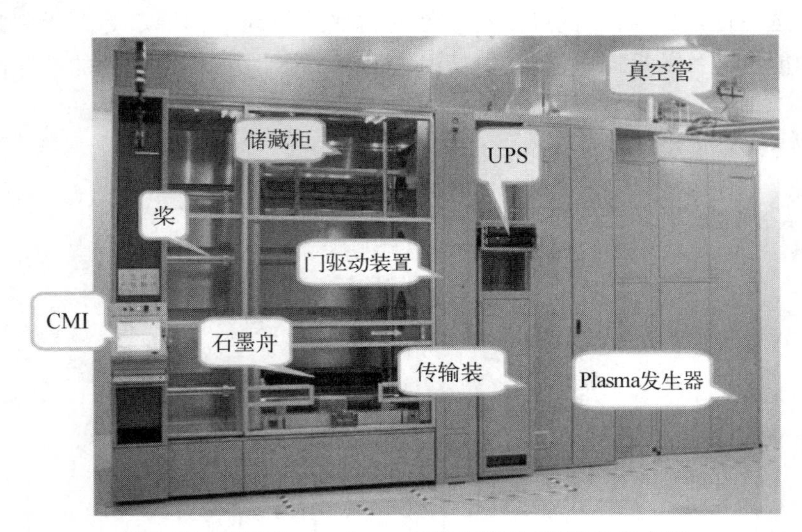

图4.67　德国Centrotherm制造的管式PECVD设备图

管式PECVD主要的结构由工艺及电阻加热炉、净化系统、气路系统、电气控制系统、计算机控制系统、真空系统、射频系统7大部分组成。PECVD工艺较为复杂,影响PECVD成膜均匀性和膜层折射率的参数很多,如温度、高频功率、压力、流量、电极板间距等,PECVD工艺流程如图4.68所示。

PECVD是在太阳能电池及硅晶片的表面镀一层SiN薄膜,这层薄膜可以减少太阳光的反射率,增加光电转换效率。它还具有良好的抗氧化和绝缘性能,同时具有良好的掩蔽金属和水离子扩散的能力,化学稳定性良好,除氢氟酸和热磷酸能缓慢腐蚀外,其他酸基本不起作用。PECVD的主要作用是生成SiN_x减反膜和H钝化。

4.11.4　丝网印刷与烧结

在晶硅太阳电池制作过程中,正面电极图形主要采用印刷的方式来实现,丝网印刷技术主要是指经刮条挤压丝网弹性形变,于需要进行印刷的材料上对浆料漏印,作为良好的

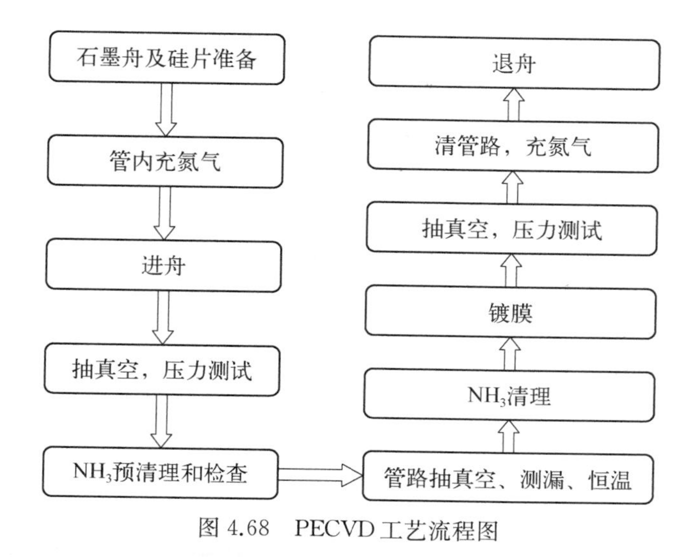

图 4.68　PECVD 工艺流程图

印刷方式，成为当前应用较为广泛的电池工艺。通过实施丝网印刷的举措，把存在金属的导电浆料经丝网网孔于硅片上展开压印，进而产生电极或电路，最后把光生电子从电池内导出。将金属浆料印于已产生 pn 结的多晶硅硅片上面，实施背面银铝浆印刷以后产生了背电极，进而利于组件的焊接。实施第二道印刷铝浆，形成重掺杂获得 p^+ 层，由于铝背场将载流子复合有效减少或者削弱，增加对正电荷的收集进而提升开压。实施第三道印刷银浆，主要目的为促进对电子的吸收产生上电极，丝网印刷技术原理图如图 4.69 所示。

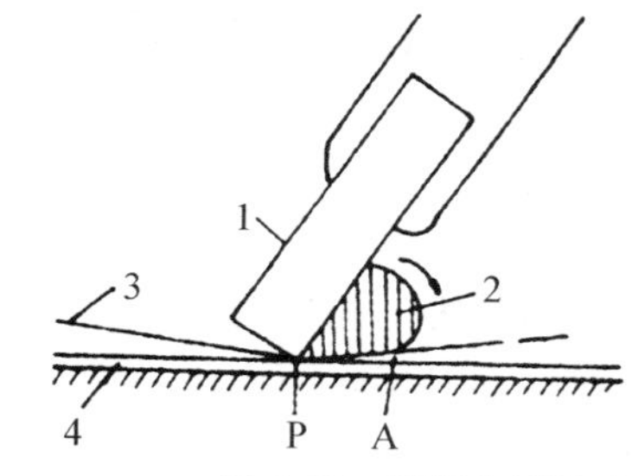

图 4.69　丝网印刷技术原理图

丝网印刷工艺作为多晶硅太阳电池最关键的步骤之一，印刷质量的好坏与否，对电池片的性能包括电池片的外观等均可构成直接影响，因此，充分获得较高的印刷质量是重要工作。丝网印刷工艺的基本原理是利用掩膜的方式，将含有金属的导电浆料以一定的网状图案印刷在硅片的正背面，通过烘干、烧结使金属浆料与硅基片形成良好的欧姆接触，而印刷是否最优是通过最终检测的转换效率来体现的。目前，硅太阳能企业都在通过各种途径进行电池片转换效率的提升工作，而丝网印刷工艺的优化无疑是最直接有效的方式。

丝网印刷工艺要在硅片表面印刷电极，这些电极的存在减少了硅片的受光面积，如何在高效收集电流的同时，降低硅太阳能电池正面金属电极的遮光损失（约占 6%受光面积），也是目前提高硅太阳能电池转换效率的重点；要提高电池片的转换效率，需要减少金属浆料在电池片串联电阻方面的损失，这就要设定合理的烧结条件以保证形成稳定良好的银-硅欧姆接触。铝背场钝化可以降低载流子符合概率，同时提升电池片的转换效率。

丝网印刷通常采用常规网版和无网结网版两种工艺技术，常规网版在张网时丝网和网框是按照一定的角度进行处理的，同时曝光时钢丝线的光折射和散射现象会造成印刷图案不精准、不完整。若图案刚好和网布构成三角截面时,在显影阶段会有显影不完全的缺点。另外,由于经线和纬线的交叉点在显影区的重复出现,在印刷使用时有效的透墨面积减少,同时,浆料会在网结和小的三角区域不断积累,很容易造成堵网、线条图形缺失形成虚印和断栅,造成电池片品质和电性能明显下降。

无网结技术制作的网版经纬线成垂直交叉状态,直接杜绝了常规网版经线和纬线的交叉点在显影区的重复、大量的出现的现象,增加印刷使用时有效的透墨面积,同时,浆料也不会再在图形边缘处不断累积,浆料印刷更加顺畅,显著改善线条图形缺失形成虚引和断栅的问题,提高电池片的转换效率和电池片的品质。无网结网版的开口率高达 80%,极大地增加了过墨量,非常适合与高黏度浆料匹配,通过对印刷条件及浆料配合的优化,可以获得更佳的高宽比。

常规网版和无网结网版如图 4.70 所示:

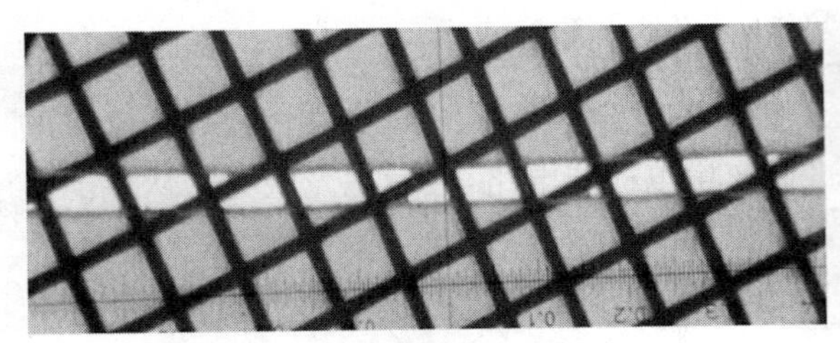

(a) 常规网版　　(b) 无网结网版

图 4.70　常规网版和无网结网版示意图

在产业化生产期间,为了充分确保电池片印刷具有较高的质量,应该要掌握好电池片抽测印刷浆料的质量,同时保障图形印刷具备完整性。重点的检查工作为以下内容,包括背电极印刷图案完整性、线条流畅性、有无发生偏移或者漏浆问题、是否存在硅片崩边状况;背电场印刷图案完整性,是否存在偏移、漏浆、崩边情况,有无漏硅、缺失、脱落问题,以及是否具有铝珠、铝苞或者铝刺等情况;正面电极印刷图案,检查是否缺损、具有偏移、毛边或者崩边和断线问题,以及主电极缺失和正电极翘曲等现象。加强质量管理,充分提升对每一程序印刷质量以及外观检测的重视度。

为了保证电池片印刷的质量和稳定,必须对电池片抽测印刷质量、检查图形印刷的完整性。主要检查以下几个方面:背电极印刷图案是否完好、线条流畅、无漏浆、无偏移、无崩边等现象;背电场印刷图案是否完好,有无漏浆、偏移、崩边、缺失、漏硅和脱落、铝苞、铝珠、铝刺等现象;正面电极印刷图案是否完好,有无毛边、偏移、崩边、断线、虚印、细栅线加粗、主电极缺失、正电极翘曲等现象;对各道印刷质量检测。

烧结(cofiring)工艺通常是晶硅太阳能电池片制备流程中最后一道工艺,其目的是通过高温烧结:① 形成致密度高、导电性能良好的正面银电极;② 促使银电极与硅形成良好的欧姆接触,从而实现光生电流收集与传导;③ 银与硅接触使栅线具有较好的附着力。

晶硅太阳能电池实际制备工艺中,通常采用红外链式烧结炉进行快速烧结制各前电极,烧结过程很短,通常只有几分钟的时间。典型的硅太阳能电池烧结温度曲线如图 4.71 所示,可分为烘干阶段、燃烧阶段、烧结阶段及冷却阶段,也分别对应烧结炉不同的温区。

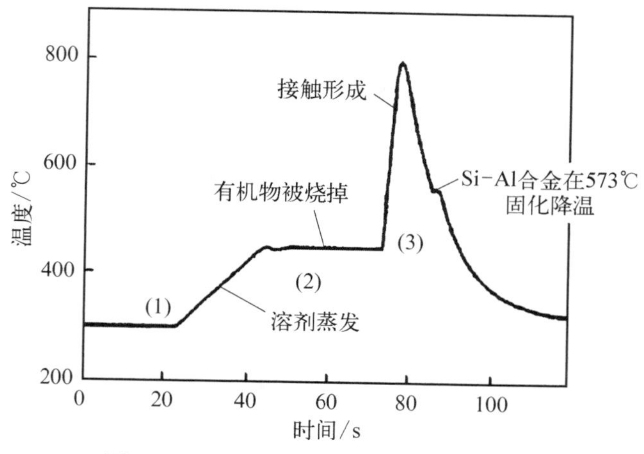

图 4.71　硅太阳能电池典型烧结温度曲线

各阶段电极栅线银浆发生的变化及温度范围如下。

(1) 烘干阶段：主要发生的是有机载体中有机溶剂的挥发，温度越高，挥发速度越快，一般控制在 200℃左右。

(2) 燃烧阶段：主要发生的是有机载体中有机物的燃烧，例如，增稠剂、触变剂、表面活性剂、分散剂等，温度一般控制在 300～400℃。

(3) 烧结阶段：此阶段首先是载体中玻璃料软化（温度大于玻璃料软化点），溶解有银的熔融玻璃料的沉积到硅发射极表面，在 PbO 的作用下腐蚀氮化硅层，打开通道使银颗粒与硅发射极接触；同时在熔融玻璃料的作用下，银颗粒发生重排、凝聚，电极收缩等过程，主要影响因素是烧结时间和烧结峰值温度。

(4) 冷却阶段：此阶段主要发生的是再生银晶粒在硅发射极表面生长，这些再生银晶粒被认为是实现光生电流传输的关键因子。

4.11.5　其他新技术

目前，多晶硅电池成本较低，市场份额较大，但其效率较低；单晶硅电池成本相对偏高，但其效率更高，市场份额小于多晶硅电池。随着硅材料和硅片切割技术的进步，单晶硅片的成本持续下降，且未来市场对高效率的高端光伏产品需求日益增长。因此，高效率的单晶硅电池将受到更多的关注。

目前，最高效率是日本 Kaneka 公司创造的 26.6%，其他效率达到或者超过 25%的晶硅电池包括钝化发射极背面局部场接触（passivated emitter and rear cell，PERL）电池、交叉指式背接触（interdigitated back contact，IBC）电池、硅异质结（silicon hetero junction，SHJ）电池、交叉指式背接触异质结（interdigitated back contact，HBC）电池、隧穿氧化层钝化接触（tunneling oxide layer passivation contact，TOPCon）电池、多晶硅氧化物选择钝化接触（polysilicon on oxide，POLO）电池等。

1) 等离子刻蚀技术

一种基于等离子刻蚀技术的背面接触晶体硅太阳电池的制备方法，在硅片衬底上通

过热氧化形成二氧化硅层和氮化硅,以形成双层钝化复合膜,随后在硅片衬底背面丝网印刷有空心阵列图案的、无玻璃料的铝浆料层并烧结,将硅片放入等离子刻蚀设备中通过等离子体去除硅片衬底背面空心图案处的氮化硅,随后在硅片背面丝网印刷含玻璃料铝浆料层,经烘干烧结烧穿背面薄层二氧化硅,以形成背面点接触电极或线接触电极及局域铝背场。改技术采用丝网印刷及等离子刻蚀等成熟技术,完成高效背面接触电池的制备,其投入成本低,可产业化生产。

2) 氧化铝钝化膜的PECVD沉积工艺

该技术是一种晶硅太阳电池氧化铝钝化膜的PECVD沉积工艺,包括以下步骤:① 将反应腔体抽真空至30 Pa以下,然后加热反应腔体;② 将工艺气体通入反应腔体内,并将至少一对微波发生器产生的微波导入反应腔体,工艺气体吸收微波能量后产生等离子体,等离子体被反应腔体内部的磁场加速后形成等离子体场;③ 将晶硅片以设定传送速率经过反应腔体的等离子体场区,等离子体打在晶硅片表面,发生化学反应生成氧化铝钝化膜。该工艺具有可制备均匀和高质量的氧化铝钝化膜,从而提高晶硅片表面的钝化效果,提高太阳电池的少子寿命等优点。

3) 无网结分布印刷

将无网结技术引入分步印刷,利用无网结技术高开口率,可以极大地增加过墨量,配合高黏度浆料,提高印刷烧结后细栅线高宽比,获得短路电流的提升,从而提高电池转换效率。从印刷浆料单耗方面来说,分步印刷可以节省每片的用浆料,降低电池生产成本。

思 考 题

(1) 简述BSR电池和BSFR电池在结构上的区别。

(2) 为避免真空泵对真空室的污染从而获得高质量的金属薄膜,可以选用哪种真空系统?

(3) 画出空间用背场背反射器太阳电池的制造工艺流程图。

(4) 如何选择硅太阳电池的材料?

(5) 硅片表面处理的目的是什么? 如何处理?

(6) 扩散的基本原理是什么?

(7) 硅太阳电池常用的扩散方法有哪些? 各有什么有缺点? 选取扩散条件应注意哪些问题?

(8) 为什么要去除背结? 有哪些方法?

(9) 怎样实现电极的欧姆接触? 怎样设计电极图形和选用电极材料?

(10) 试说明真空蒸镀电极的原理。

(11) 试述减反射膜的作用和原理。

(12) 怎样选择减反射膜材料? 目前主要有哪些减反射膜? 各有哪些特点?

第5章 砷化镓太阳电池

5.1 砷化镓太阳电池概述

以砷化镓(GaAs)为代表的Ⅲ-Ⅴ族化合物电池由于具有较高的光电转换效率受到人们的普遍重视。GaAs是典型的Ⅲ-Ⅴ族化合物半导体材料,其能隙为能对太阳光高吸收率的值,与太阳光谱的匹配较适合,且能耐高温,在250℃的条件下,光电转换性能仍良好,特别适合做高倍率聚光太阳电池。

砷化镓生产方式和传统的硅晶圆片生产方式大不相同,砷化镓需要采用磊晶技术制造。这种磊晶圆片的直径通常为4~6 in(1 in=2.54 cm),比通常硅晶圆片的12 in要小得多。磊晶圆片需要特殊的机台,同时砷化镓原材料成本高出硅很多,最终导致砷化镓成品IC成本比较高。GaAs太阳电池大多采用金属有机物化学气相沉积(metal-organic chemical vapor deposition, MOCVD)技术制备。GaAs太阳电池效率高达30%以上,产品耐高温和辐射,但生产成本高,产量受限,目前主要作航天器主电源用,或应用于高倍率聚光发电系统。

随着空间科学和技术的发展,对空间电源提出了更高的要求。20世纪80年代初期,苏联、美国、英国、意大利等开始研究GaAs基系太阳电池。80年代中期,GaAs太阳电池已经用于空间系统,如1986年苏联发射的“和平号”空间站,装备了10 kW的GaAs太阳电池,单位面积比功率达到180 $W \cdot m^{-2}$。8年后,电池阵输出功率总衰退不大于15%。

已研究的GaAs系列太阳电池有单结砷化镓、多结砷化镓、镓铝砷-砷化镓异质结、金属-半导体砷化镓、金属-绝缘体-半导体砷化镓太阳电池等。GaAs基系太阳电池经历了从液相外延(liquid phase epitaxy, LPE)到MOCVD,从同质外延到异质外延,从单结到多结叠层结构发展变化,其效率不断提高。从最初的16%增加到34%(AM0,135.3 $mW \cdot cm^{-2}$,25℃),工业生产规模年产达数千千瓦,并在空间系统得到广泛的应用。更高的效率减小了太阳电池阵的大小和质量,增加了火箭的装载量,减少火箭燃料消耗,因此整个航天器电源系统的费用更低。

5.1.1 发展简史

自1958年3月17日世界首颗太阳电池供电的卫星Vanguard Ⅰ成功送入太空,太阳电池开始成为航天器主电源。GaAs太阳电池的研究始于20世纪60年代末期,制备方法多采用LPE技术。直到80年代末,MOCVD技术和分子束外延(molecular beam epitaxy, MBE)技术被应用到了GaAs基系太阳电池的研究中。这两项先进技术的采用,特别是MOCVD技术的应用,大大扩展了Ⅲ-Ⅴ材料的选择范围。并且MOCVD技术能生长出各种复杂的器件结构,使多结叠层电池的研究和规模生产成为可能。MOCVD技术的应用,不仅提高了GaAs基系Ⅲ-Ⅴ族太阳电池的研究水平,而且为其实现产业化找到了一条切实可行的道路。现在MOCVD技术已成为GaAs基系Ⅲ-Ⅴ族太阳电池研究和生产的主要技术手段。Ⅲ-Ⅴ族化合物太阳电池有许多种类,以材料分类,主要有两大系列:一类为GaAs基系太阳电池;另一类为InP基系太阳电池。在单结电池研究领域,这两类电池是分别进行研究的,但在多结叠层电池领域,这两个系列电池的研究便结合在一起了。三结叠层GaInP/GaAs/Ge太阳电池的研制成功便是这两类电池相结合的最好范例。

1) 单结GaAs/GaAs太阳电池

单结GaAs/GaAs(即以GaAs单晶材料为衬底)太阳电池是最早进行研究的一种Ⅲ-Ⅴ族化合物太阳电池。

20世纪60年代,同质结GaAs太阳电池和材料的制备、性能研究开始发展,一般设计为同质结p-GaAs/n-GaAs太阳电池。1956年Jenny在n型GaAs单晶衬底上扩散Cd,首先研制成功光电转换效率为6.5%的GaAs太阳电池。但是,由于GaAs的表面复合速率大于10^6 cm·s^{-1},入射光在近表面处产生的光生载流子除一部分流向n-GaAs区提供光生电流外,较大部分将流向表面形成表面复合电流而损失,这使得同质结GaAs太阳电池的光电转换效率较低,其效率和发电成本都无法与硅太阳电池相竞争,发展一直较慢。

直到20世纪70年代,采用异质结结构后,GaAs太阳电池才引起人们的普遍关注。1972年,Woodall和Hovel设计研制了p-AlGaAs/p-GaAs/n-GaAs三层结构,即:在GaAs表面LPE一层AlGaAs窗口层,使界面处形成导带势垒,以阻止光生电子向表面运动。由于$Al_xGa_{1-x}As$与GaAs有很好的晶格匹配,异质界面间的复合速率可低于10^4 cm·s^{-1},实现了p-GaAs层高表面复合转变为低表面复合,获得16%的转换效率。由于高Al组分的$Al_xGa_{1-x}As$有较大的带隙E_g,对能量小于E_g的入射光而言是一种透明的窗口层;并且,当$Al_xGa_{1-x}As$层制作得很薄时,其表面层的吸收损失也是很小的。1973年,这一结构的效率达到21.9%。之后,研究者们进一步改进$Al_xGa_{1-x}As$/GaAs异质界面结构,使LPE-GaAs电池的效率大大提高,最高达到22%~23%的水平。

对于单结GaAs太阳电池,采用LPE技术得到最好效率是25%。Agert等以MOCVD技术,制得AlGaAs/GaAs太阳电池的效率为24%。近些年来,GaAs基系太阳电池的制备工艺经历了从LPE到MOCVD、MBE,从同质外延到异质外延。转换效率也由最初的16%增加到现在的25%,并在空间系统中应用广泛。尤其在小卫星空间电源系统中,GaAs组件所占的比例在20世纪80年代仅为43%,到90年代已经增加到75%以上,至今仍然占据空间主电源的重要地位。1985年苏联发射的和平号轨道空间站,以及1995年发射的阿根廷科学卫星SAC-B的GaAs电池(约1 000片,寿命初期功率215 W)等都是采用这样的结构。

LPE技术的改进主要是实现了多片外延,国外不少单位都达到了每炉生长上百片(2 cm×2 cm或2 cm×4 cm)GaAs外延片的水平,使得LPE-GaAs太阳电池的规模生产成为可能。我国也提出了一些新型的液相外延设计,如分离三室推挤式多片外延舟,即一个外延舟分为溶液室、生长室和脱Ga室。利用该外延舟,研制的p^+-AlGaAs/p-n-

n^+-GaAs结构太阳电池效率达到19.8%(AM0,135.3 mW·cm^{-2},25℃)。

1990年以后,MOCVD技术逐渐被应用到了GaAs太阳电池的研究和生产中。MOCVD技术生长的外延片表面平整,各层的厚度和浓度均匀并可准确控制。因而用该技术制备的GaAs太阳电池的性能明显改进,效率进一步提高,最高效率已超过25%。

2) 单结GaAs/Ge太阳电池

在GaAs衬底上生长的GaAs/GaAs同质结构太阳电池能获得很高的转换效率,但是GaAs衬底材料不但价格昂贵,而且密度大,质量大,机械强度也不高,易碎。这些缺点使GaAs/GaAs同质结构太阳电池的应用受到限制。为了克服这些缺点,人们试图寻找各种廉价衬底,以取代GaAs衬底,形成异质结构的GaAs太阳电池。

到目前为止,GaAs/Ge异质结构太阳电池是最成功的一种异质结构。Ge的晶格常数(5.646)与GaAs的晶格常数(5.653)相近;热膨胀系数两者也比较接近;所以容易在Ge衬底上实现GaAs单晶外延生长。Ge衬底不仅比GaAs衬底便宜(Ga在地球上含量不丰、价格昂贵),而且Ge的机械牢度是GaAs的两倍,不易破碎,从而提高了电池的成品率。虽然早就认识到,Ge衬底是GaAs衬底最好的替代品,但在MOCVD技术和MBE技术应用到GaAs太阳电池的研究领域之前,一直未能生长出实用的GaAs/Ge异质结构。在LPE技术中,一般都采用Ga作母液,而在高温下Ge在Ga里的溶解度非常大,在700℃以上的生长温度下,当Ge衬底与Ga母液接触后,经过半小时的降温生长过程后,Ge衬底几乎被Ga母液完全溶解,根本不能实现GaAs/Ge异质外延生长。

目前,这种光伏性能相当、具有更高质量比功率的GaAs/Ge太阳电池,在空间电源应用获得广泛重视,并已进入批量生产及使用阶段。20世纪80年代中后期,美国Spectrolab、Tecstar、Spire,意大利CISE,日本MELCO,英国EEV等公司,采用MOCVD技术大批量生产GaAs/Ge太阳电池,批产平均效率已达18.0%～19.5%(AM0,135.3 mW·cm^{-2},25℃)。我国也于20世纪90年代中后期,采用MOCVD技术研制GaAs/Ge太阳电池,典型平均效率为19%(AM0,135.3 mW·cm^{-2},25℃)。

MBE技术研制的GaAs/Ge太阳电池的效率不如用MOCVD技术研制的同类电池的效率高。但是近年来,美国的一个研究小组用MBE技术在亚毫米的多晶锗衬底上研制出大面积(4 cm^2),高效率(约20%,AM1.5)的多晶GaAs太阳电池。它的特点是,在P^+-GaAs发射区与n-GaAs基区之间插入一层未掺杂的GaAs过渡层,可以阻止p^+区与在n区晶粒间界上形成的n^+子区之间的隧道穿透。从而改善了电池的性能。多晶GaAs/Ge电池的研制成功,为进一步在玻璃或Mo衬底上研制GaAs电池开辟了道路。

3) 多结叠层GaAs太阳电池

基于只有能量高于半导体带隙宽度的光子才能激发产生光生载流子的原理,由单一半导体材料构成的单结太阳电池只能将太阳光谱中的一部分有效转化为电能。能量低于半导体带隙宽度的光子无法将价带电子激发到导带,不能对光生电流产生贡献,构成光电转换中的电流损失;而能量高于半导体带隙宽度的光子只能将一个电子激发到导带,把与带隙宽度相当的能量传给光生载流子,多余的能量则将以声子的形式传给晶格,变成热能,构成光电转换中所谓的电压损失。因此,若选择窄带隙半导体,则太阳电池的短路电流密度高而开路电压低;若选择宽带隙半导体,则太阳电池的开路电压高而短路电流密度

低。因此,除非引入新的机制,单结太阳电池的光电转换效率为材料固有带隙宽度所限制,非聚光条件下的理论上限为30%。显然,以多种带隙宽度不同的半导体材料构成级联太阳电池,以各级子电池吸收利用与其带隙宽度最相匹配的太阳光谱,从而减小光电转换过程中的“电流损失”和“电压损失”,是突破上述光电转换效率限制的最好途径。即用不同带隙宽度E_g的材料做成太阳电池,按E_g大小从上而下迭合起来,让它们分别选择性地吸收和转换太阳光谱的不同子域,可大幅度地提高电池的转换效率。叠层电池是目前被称为第三代电池中唯一一种率先从概念变成现实的高效率电池。

事实上,早在硅太阳电池在贝尔实验室诞生的第2年,就已经有研究者提出这样的设计思想。从20世纪70年代起,在硅和砷化镓等单结太阳电池达到较高性能水平后,为了实现更高的光电转换效率,人们开始更多地注意多结级联太阳电池的研究,有越来越多的论文对理论设计和方案选择开展探讨。叠层电池一般可分为两类:一类为光谱劈裂叠层电池有两个以上的输出端,各子电池在光学上是串联的,在电学上是各自独立的,只是在计算电池效率时把各子电池的效率相加;另一类为单片多结叠层电池,只有两个输出端,各子电池在光学上和电学上都是串联连接的。

早期实现多结级连太阳电池结构是分别制备各级子电池,然后将其机械堆叠起来。有报道用带隙为1.42 eV的Ⅲ-Ⅴ族化合物半导体GaAs和带隙约为1.0 eV的Ⅰ-Ⅲ-Ⅵ族化合物半导体$CuInSe_2$构成的双结电池获得23.1%的光电转换效率(AM0)。美国Fraas首先提出GaAs/GaSb机械叠层电池,即GaAs电池和GaSb电池用机械的方法相叠合而成。GaAs顶电池和GaSb底电池在光学上是串联的,而在电学上是相互独立的,用外电路的串并联实现电流匹配。其效率等于GaAs顶电池和GaSb底电池的效率之和,因而容易获得高效率。1990年,GaAs/GaSb机械叠层电池的效率已达到35%(AM1.5,200倍聚光)。1987年报道了GaAs/Ge机械叠层双结电池,效率达到26.1%。然而,这种电池尽管有较高的光电转换效率,但其机械堆叠的方法具有难以克服的缺点。以双结电池为例,首先,顶电池对于底电池必须是“透明”的。当使用厚衬底时,掺杂浓度不能太高。另外,顶层电池的下电极金属接触必须像上电极一样做成栅线构型(图5.1),而且要与两级子电池的上电极图形精确对准。两级子电池一般具有4个输出端,通常要在电学上先把几个同级子电池互联,再去与另一级子电池相连接,对外构成一个两端器件。就$GaAs/CuInSe_2$双结电池而言,需要先将4只$CuInSe_2$电池串联得到与Ga(Al)As顶电池的电压匹配后,再把两级电池并联成两端器件。电学互联的复杂程度限制了这种电池的大规模的生产与应用;同时,各级子电池一般都要使用各自的衬底,大大增加了制造成本。

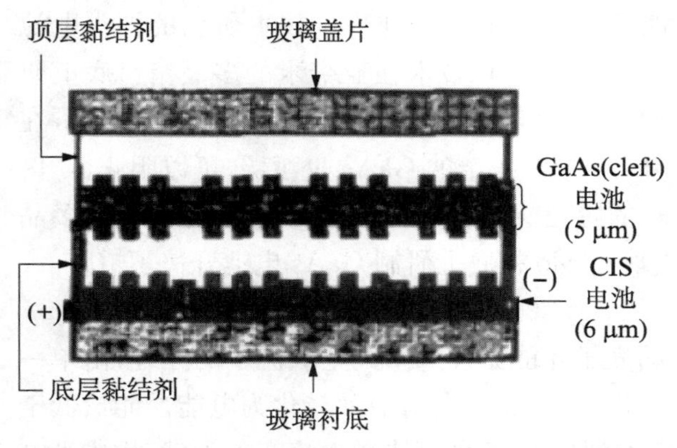

图5.1　$GaAs/CuInSe_2$双结机械叠层太阳电池示意图

在叠层电池研究的历程中，首先是Fan等于1982年的理论分析给人们带来了信心：叠层电池可以获得理论效率36%～40%。半导体材料外延生长技术，特别是Ⅲ-Ⅴ族化合物半导体的金属有机物化学气相外延技术的成熟发展使得制备单片集成式多结级联太阳电池成为可能。$Al_xGa_{1-x}As$作为GaAs太阳电池的窗口层材料所获得的成功，使人们在研究叠层电池时，自然首先想到把它作为与GaAs太阳电池相匹配的顶电池材料。因而，$Al_xGa_{1-x}As$/GaAs系列结构是最早进行研究的叠层电池结构，其理论效率可达到36%。日本在1987年实现了高转换效率AlGaAs/GaAs双结电池。Chung等在1988年报道，用MOVPE技术生长了$Al_{0.37}Ga_{0.63}As$/GaAs双结叠层电池，其AM0和AM1.5效率分别达到23.0%和27.6%，电池面积为0.5 cm^2。其中的困难首先是生长高质量的$Al_{0.37}Ga_{0.63}As$层。由于铝容易氧化，对气源和系统中的残留氧很敏感，致使少子寿命明显缩短，无法显著地提高太阳电池的电流密度，所以采用了多重吸气技术以降低残留氧含量。其次是如何实现上下电池之间的电学串联连接。工作中没有解决高电导的隧道连接问题，而是通过后腐蚀开窗口的办法，用金属互联上下电池。这种连接在器件工艺上十分复杂，而且增加了金属线的挡光。为减小金属互联线的遮光作用，他们借助于棱镜盖玻璃以偏转入射光。此外，不容忽视的是$Al_{0.37}Ga_{0.63}As$电池的抗辐照性能与GaAs电池相仿，不能有效地提高双结太阳电池的空间应用寿命。正是由于这些困难的存在，以后没有人在这个方向取得新的进展。

$GaInP_2$是另一个宽带隙的与GaAs晶格匹配的系统，与$Al_{0.37}Ga_{0.63}As$/GaAs体系相比，由于$Ga_{0.5}In_{0.5}P$/GaAs界面复合速率很低(约为1.5 cm・s^{-1})，并且$GaInP_2$电池具有InP电池相似的抗辐照性能。美国国家可再生能源实验室(National Renewable Energy Laboratory，NREL)的Olson等在20世纪80年代末提出并开展了$GaInP_2$/GaAs叠层电池结构的研究。他们采用MOCVD技术，在p^+-GaAs衬底上生长$GaInP_2$/GaAs叠层电池，在顶电池与底电池之间实现了隧道结连接，电池结构如图5.2所示。他们首先对$GaInP_2$材料进行了仔细的研究，比较了$GaInP_2$/GaAs与另外两个晶格匹配系统$Al_{0.4}Ga_{0.6}As$/GaAs和$Al_{0.5}In_{0.5}P$/GaAs的界面质量。根据光致发光衰减时间常数推算，$GaInP_2$/GaAs界面的复合速率最低，约为1.5 cm・s^{-1}；而$Al_{0.4}Ga_{0.6}As$/GaAs和$Al_{0.5}In_{0.5}P$/GaAs界面复合速率分别为210 cm・s^{-1}和900 cm・s^{-1}。这表明$GaInP_2$/GaAs界面的质量最好。同时，Kurtz和Olson等还对$GaInP_2$的带隙宽度与生长温度和生长速率之间的关系进行了细致的研究。在同样组分条件下，$GaInP_2$的E_g可以在1.82～1.89 eV内变化，取决于结构的有序程度。在这些工作的基础之上，他们获得了创纪录的叠层电池效率。1990年，Olson等报道了在p^+-GaAs衬底上生长了出小面积(0.25 cm^2)$GaInP_2$/GaAs双结叠层

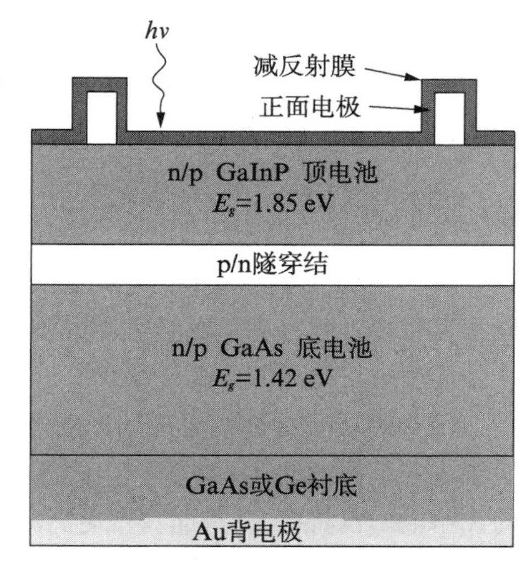

图5.2　$GaInP_2$/GaAs/Ge双结太阳电池示意图

电池,其AM1.5效率达27.3%。

1994年,Bertness和Olson等报道了进一步改进的结果,$GaInP_2/GaAs$叠层电池的AM0和AM1.5效率分别达到25.7%和29.5%。值得注意的改进是:① AM0效率最佳的电池结构,仅仅是将上电池基区的厚度从0.6 μm减小到0.5 μm。电池结构的改进,首先是采用了背场结构(BSF)。对于下电池,背场为0.07 μm薄层GaInP,p型掺杂浓度为3×10^{17} cm^{-3},并且指出如果降低此浓度将影响开路电压。对于上电池,其背场也是采用0.05 μm厚的$GaInP_2$,但具有较宽的$E_g=1.88$ eV。② 优化栅线的设计,从所占面积5%降为1.9%,而不影响电池的填充因子,这是由于叠层电池的光电流密度近乎减半,而发射极的薄层电阻又减小到420 Ω/□的缘故。③ 降低窗口层AlInP中的氧含量,将磷烷进行纯化或用乙硅烷取代硒化氢作掺杂剂。④ 在隧道结生长过程中减少掺杂记忆效应,用Se-C取代Se-Zn,同时调整降低了砷烷分压。同年,Kurtz等报道了$GaInP_2/GaAs$在经受1 MeV、1×10^{15} $e\cdot cm^{-2}$电子辐照之后,效率仍能够保持在19.6%(AM0),较硅电池寿命初期的效率高很多,非常适合在空间使用。

日本能源公司Takamoto等在InGaP/GaAs双结叠层电池的研究领域也获得了非常好的结果。1997年他们报道了在p^+-GaAs衬底上研制了大面积(4 cm^2)InGaP/GaAs双结叠层电池,其AM1.5效率达到30.28%。同J. Olson等的电池结构相比较,主要的改进之点是采用InGaP隧道结取代GaAs隧道结;并且隧道结处在高掺杂的AlInP层之间,对下电池起窗口层作用,对上电池起背场作用,其结果提高了开路电压和短路电流;填充因子虽略有下降,而总的效率却有所提高。

Olson等在$GaInP_2/GaAs$双结电池研究中所取得的成果,在20世纪90年代中期很快以技术转让的形式在美国的两个空间电池生产厂家(Spectrolab和Tecstar)实现商业化应用。Spectrolab主要采用n-on-p(即p型Ge为衬底)形式,而Tecstar采用p-on-n(即n型Ge为衬底)形式。1997年8月,装备了Ge衬底$GaInP_2/GaAs$双结电池的第一颗商业通信卫星被发射升空。这颗美国休斯公司的HS601电视直播卫星,不改变太阳电池阵的原有设计,仅仅以平均效率为21.6%的$GaInP_2/GaAs/Ge$双结电池取代Si太阳电池,太阳电池阵的输出功率就从4.8 kW提高了一倍,达到10 kW,大大增加了卫星的有效载荷,成为空间能源系统的一个新的里程碑。

考虑到双结太阳电池只能吸收空间太阳光谱的短波段和中波段太阳光,而无法吸收长波段太阳光,制约了光电转换效率的提高。在材料外延关键技术解决的前提下,$GaInP_2/GaAs/Ge$三结叠层太阳电池其研制和生产成本与双结太阳电池几乎相同,但性能和可靠性将明显优于双结太阳电池。因此,从1998年起,双结太阳电池作为一个过渡产品逐渐被三结太阳电池所取代。

$GaInP_2/GaAs$双结电池的短路电流只有GaAs单结太阳电池的一半,如果将Ge衬底制成一个有效结,Ge电池产生的短路电流可远高于$GaInP_2/GaAs$双结电池;而且电池的开路电压也将提高,进而获得更高的光电转换效率。于是,研究者们开始将重心逐渐转移到$Ga_{0.5}In_{0.5}P/GaAs/Ge$三结电池上。

从图5.3可以看到,$GaInP_2$、GaAs和Ge从上到下三点成一线,带隙宽度分别为

1.86 eV、1.42 eV 和 0.67 eV，正好构成晶格匹配的级联三结电池材料系统，虽然并不完全理想。在外延生长 GaAs 中间电池和 $GaInP_2$ 顶电池的同时，通过控制Ⅴ族和Ⅲ族元素向 Ge 衬底中的扩散，可以在 Ge 衬底表面形成 pn 结，构成底电池，从而形成 $GaInP_2$/GaAs/Ge 整体叠层三结结构。

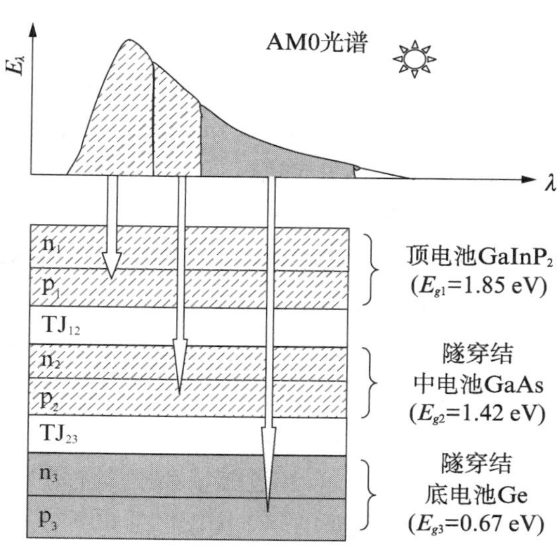

图 5.3　$GaInP_2$/GaAs/Ge 三结太阳电池示意图

$GaInP_2$/GaAs/Ge 双结电池在 Spectrolab 和 Tecstar 很快演变为三结电池。尽管 p/n(即 p－on－n)极性的 $GaInP_2$/GaAs/Ge 三结电池也曾实现了很高的转换效率，但相反极性，即 n/p(n－on－p)型的 $GaInP_2$/GaAs/Ge 三结电池被证明在两个方面更具优越性：① 相对于 p/n 型构型，n/p 型顶电池更易于制备成浅结却又不影响发射区的薄层电阻，从而改进顶电池短波响应；② p－GaAs 基区比 n－GaAs 具有高得多的迁移率和抗辐照性能。从 20 世纪 90 年代后期开始，随着 Spectrolab 在 1996 年第一次报道了 n/p 型的 $GaInP_2$/GaAs/Ge 三结电池的小批量生产结果，各空间电池生产厂家都全力以赴投入 n/p 型 $GaInP_2$/GaAs/Ge 三结电池的研究。电池性能记录被不断刷新，新的产品相继被应用于新一代的大功率商业通信卫星。

图 5.4 展示了国际研制和生产 $GaInP_2$/GaAs/Ge 三结电池的发展历程。

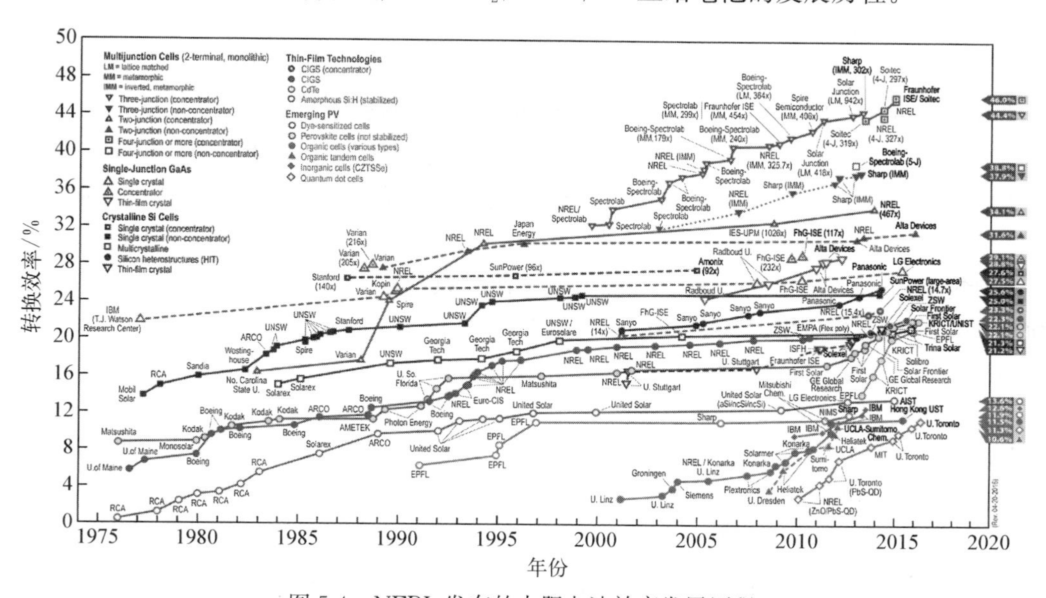

图 5.4　NERL 发布的太阳电池效率发展历程

具体来说，第一颗应用该技术的商业卫星 HS 601HP 于 1997 年发射，其采用的是美国光谱实验室研制的以 Ge 为基底的双结 GaInP/GaAs 电池，寿命初期 BOL 效率是

21%～22%。在此基础上，$GaInP_2$/GaAs/Ge基系三结电池的性能得到极大改进，达到一个新的台阶。例如，美国光谱实验室研制的改进型三结电池(ITJ)经过过去三年的努力，寿命初期BOL(beginning of life)效率已高于26.5%，较双结电池提高了20%～25%。截至2004年，该公司在轨运行的三结电池已达到225 kW，充分体现出技术的稳定与可靠。寿命初期效率为25.1%的三结砷化镓电池首次应用是在2001年11月，有超过38 kW的电池在轨运行(GEO)；寿命初期效率为26.8%的改进型三结砷化镓电池首次是2002年6月应用于GEO，2003年1月应用于TRL LEO，已有超过119 kW的电池(TRL 9 GEO，11 LEO)在轨运行。Galaxy IIIC卫星首次成功应用Spectrolab效率26.5%(AM0)三结砷化镓太阳电池。通过改进，美国光谱实验室2003的三结电池(UTJ)产品将电池性能推上了一个新的台阶。其寿命初期BOL在最高功率点平均效率达到28.0%(AM0，28℃，135.3 $mW\cdot cm^{-2}$)，经过能量和累计注量为1 MeV、10^{15} $e\cdot cm^{-2}$的电子辐照后，功率仍能保持86%；更重要的是，当电池在60℃工作环境下，15年(GEO)后的效率为22.0%，较ITJ电池提高5.5%。目前，该公司已生产超过两百万只大面积多结电池，其主要太阳电池产品平均光电转换效率达到28.6%以上。

Azur Space公司生产的三结GaInP/GaInAs/Ge太阳电池平均效率达到28.3%，也已成功应用于数颗卫星，如Galileo、Venus Express和Mars Express等。至今，以美国和德国为代表的世界研制生产机构，已使三结太阳电池在轨电池总量达到800 kW以上。2012年后，空间用InGaP/(In)GaAs/Ge三结电池主力产品的光电转换效率为29%～30%(AM0)。

各国研究机构经过改进，将InGaP/(In)GaAs/Ge三结电池的效率提高到30%(AM0)和31%～32%(AM0)。这些改进措施包括：宽带隙双异质隧穿结的采用、锗底电池和第一层InGaP异质外延层的结合、加入1%的In获得更好的晶格匹配。此外，顶电池采用带隙为1.95 eV的AlInGaP材料，可以进一步提高电池效率；而正装三结小失配砷化镓太阳电池，主要采用同时降低顶中电池带隙，通过提升电流密度进而提升光电转换效率。为提高空间应用可靠性，在技术方面可进行如在中电池基区低掺杂层加入电场、以调整顶电池来确保寿命末期的电流匹配等改进。对于用于聚光系统的三结电池，还调整了电池的正面栅线设计和电池尺寸，使电池在100～500倍聚光下，效率达到40%(AM1.5G)以上。

光电转换效率的不断提高以及制造成本的持续降低，使光伏技术在空间和地面都得到了越来越广泛的应用。其中，基于GaAs的Ⅲ-Ⅴ族化合物半导体多结叠层太阳电池技术的迅速发展是最引人瞩目的里程碑式突破。目前，$GaInP_2$/Ga(In)As/Ge三结叠层太阳电池大规模生产的平均效率已达30%(AM0，135.3 $mW\cdot cm^{-2}$，25℃)，甚至小失配三结叠层砷化镓太阳电池平均效率已接近34%(AM0，135.3 $mW\cdot cm^{-2}$，25℃)，空间能源应用领域硅太阳电池已几乎让出了全部空间市场。在高倍聚光条件下，这种多结太阳电池的实验室AM1.5效率已达40%以上。发展动态表明，Ⅲ-Ⅴ族化合物半导体多结太阳电池，作为光伏领域内新的技术突破，有着广阔的发展与应用前景。

5.1.2 结构、性能和命名方法

砷化镓系列太阳电池从结构上可以分为以下几种。

1）同质结太阳电池

指采用相同的半导体材料构成pn结的太阳电池。大部分的单结太阳电池都属于这种类型，如GaAs/GaAs太阳电池。

2）异质结太阳电池

指采用不同的半导体材料构成pn结的太阳电池。这是早期GaAs太阳电池研究的重要思路之一，可提高电池的开路电压，如AlGaAs/GaAs太阳电池。

3）肖特基结太阳电池

指用金属和半导体接触组成一个“肖特基势垒”的太阳电池（又称为MS电池）。其原理是基于一定条件下金属-半导体接触时产生类似于pn结可整流接触的肖特基效应。这种结构的电池已发展成为金属—氧化物—半导体太阳电池（即MOS太阳电池）、金属—绝缘体—半导体太阳电池（即MIS太阳电池）。

4）叠层太阳电池

指将两种或两种以上对太阳光波吸收能力不同的半导体材料叠在一起构成多个pn结的太阳电池。通常是让波长较短的光波被最上边的宽带隙材料的电池吸收，波长较长的太阳光由下边带隙较窄的材料电池吸收，以实现最大限度将光能变为电能的目的。

从应用方式上可以分为普通型（即非聚光型）太阳电池和聚光型太阳电池。聚光太阳电池的原理是，用凸透镜或凹面镜把太阳光聚焦到几倍，几十倍，或几百倍，甚至上千倍，然后投射到太阳电池上。在理想情况下，太阳电池的短路电流I_{sc}应当与入射光强成正比，而开路电压V_{oc}应当随光强的对数而增加，则与在一个太阳光强下工作的普通型太阳电池相比较，聚光型太阳电池不仅能产生出高达数十倍，甚至数百倍的电能；而且，聚光太阳电池的效率也比普通太阳电池的效率有所提高。

从太阳电池材料用量上，可以分为薄膜太阳电池和体材料太阳电池。大多数太阳电池均属于体材料太阳电池。而薄膜太阳电池是指利用薄膜技术将很薄的半导体材料制作在其他半导体材料或非半导体材料衬底上而构成的太阳电池。这种太阳电池可大大减少半导体材料消耗，从而有效降低太阳电池发电成本。

下面分别介绍五种典型的砷化镓太阳电池结构。

1）单结GaAs/Ge太阳电池

单结GaAs/Ge太阳电池以Ge单晶材料为衬底，以MOCVD技术外延GaAs等薄膜，既具备较高的机械强度，又能兼具GaAs电池的高转换效率、强耐辐照性能和强耐高温性能的优点，可显著提高质量比功率。

通常在n-Ge单晶衬底上外延生长1～2 μm厚掺杂n^+-GaAs缓冲层，作为后续有效生长的起始层。在其上生长掺Si施主浓度为$1.0\times10^{17}\sim1.5\times10^{17}$ cm^{-3}、厚度约为3 μm的基区，再接着生长掺Zn受主浓度约为3×10^{18} cm^{-3}、厚为0.50μm的p^+-GaAs发射区，之后生长GaInP窗口层，其厚度为40～50 nm，以满足1/4波长的减反射光学设计，起钝化发射区表面和提高光通过的作用最后制作双层减反射膜（anti-reflection coating）。整个电池的结构如图5.5所示。

如图5.6所示，典型的$GaInP_2$/GaAs/Ge三结电池由近20层材料结构构成。每一层的晶体质量和外延生长工艺控制都会影响器件的性能。

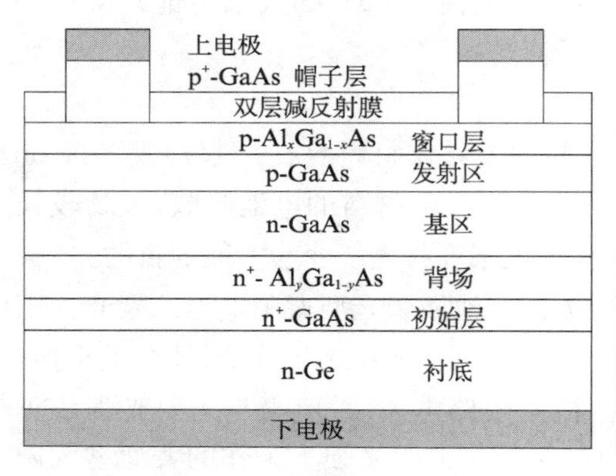

图 5.5 GaAs/Ge 太阳电池结构示意图

上电极
n^{++}-GaAs 帽子层
减反射膜
顶电池
n-$Al_xIn_{1-x}P$ 窗口层
n^+-$GaInP_2$ 发射层
n^--$GaInP_2$ 发射层
$p^-$$GaInP_2$ 基层
p^+-$GaInP_2$ 背场
p^+-AlInP 背场
TJ
p^+
N^{++}
中电池
n-AlInP 窗口层
n-InGaAs 发射层
p-InGaAs 基层
p^+-$GaInP_2$ 背场
TJ
p^{++}-
n^{++}
底电池
n-GaAs 缓冲层
n-$GaInP_2$ 初始层
n^+-Ge 扩散层
p-Ge 衬底
下电极

图 5.6 典型的 GaInP/GaAs/Ge 三结电池结构示意图

2) Ge 底电池

Ge 底电池的 pn 结是在外延生长 $GaInP_2$ 或(Al)GaAs 时扩散形成的，对整个叠层电池的性能产生重要影响：① Ge 底电池的电性能，对整个叠层电池的效率贡献约为10%；② GaAs - Ge 异质界面的扩散特性和缺陷，对整个叠层电池的影响甚至更大。从电池的结构参数等方面分析了对 Ge 底电池的开路电压 V_{oc}、短路电流 I_{sc} 和填充因子 FF 的影响情况，结果表明：控制发射层的表面复合，并减薄其厚度可以提高开路电压 V_{oc}，并可以有效提高短路电流 I_{sc}。

选择合适的 Ge 电池窗口层材料，一方面减少入射光的吸收，另一方面降低窗口层材料与 Ge 材料的界面复合速度，其厚度选择必须足以避免 Ge 反扩散对后续外延层产生不利影响，其浓度选择则应保证窗口层材料有足够的少子扩散长度。选择不同窗口层材料的研究结果(表 5.1)显示：$GaInP_2$ 可有效降低界面复合，获得较高性能的 Ge 底电池。

表 5.1 不同窗口层材料的 Ge 底电池性能比较

窗口层材料	V_{oc}/mV	J_{sc}/(mA·cm^{-2})	FF	η/%
无	160.1	17.5	0.340	0.704
AlGaAs	165.8	19.6	0.363	0.872
GaAs	172.8	20.2	0.385	0.993
GaInP	230.1	54.6	0.517	4.798

3) GaAs中电池

与很多异质材料相比，GaAs与Ge的晶格失配很低，仅为0.128%。但由此造成的界面复合，仍成为降低少子寿命、抑制光生电流的主要因素。第一代GaInP/GaAs/Ge三结电池的外延层是与GaAs晶格匹配的，与Ge衬底则构成晶格失配。即使如此小的晶格失配也会在GaAs外延层中引起应力，从而影响到少数载流子寿命。在GaAs掺入约1%的In，则可以实现与Ge的严格晶格匹配，完全消除Ga(In)As外延层中的应力，使少数载流子寿命提高达两个数量级，将大大改进Ga(In)As中间电池对光生载流子的收集，提高电池的短路电流密度。而且In的掺入将使Ga(In)As的带隙变窄。图5.7是给出的外延生长的晶体质量X射线双晶衍射测试结果，$In_xGa_{1-x}As$与Ge衍射峰较接近(约67″)，GaAs与Ge衍射峰间距(约276″)，表明$In_xGa_{1-x}As$材料的确与Ge有更好晶格匹配；此外，图中还可观察到InGaP/$In_xGa_{1-x}As$/Ge体系中InGaP、$In_xGa_{1-x}As$及Ge的衍射峰强度明显高于InGaP/GaAs/Ge体系中InGaP、GaAs及Ge的衍射峰，其半高宽(FWHM)亦明显优于后者。就$In_xGa_{1-x}As$与GaAs相比，前者的FWHM仅为21.74″，而GaAs材料FWHM为52.58″。因此，中电池改用$In_xGa_{1-x}As$材料，不仅可提高中电池外延质量，Ge底电池外延层及InGaP材料晶体质量也显著改善；InGaP、$In_xGa_{1-x}As$、Ge各材料晶格匹配也随之改善。这就意味着，由晶格失配引起的复合及饱和暗电流将明显减小。此外，在GaAs中掺入In后，其带隙变窄，即使吸收限红移，也可提高对太阳光中波段部分的利用。以$x=0.008$情形为例，所得到的InGaP/(In)GaAs/Ge三结叠层太阳电池吸收光谱与太阳光谱有更好的光学匹配。GaAs掺入0.8%的In后，E_g下降约12 meV，其吸收限将红移到约0.88 μm，可提高中电池对红光的响应，使电流密度有所提高。

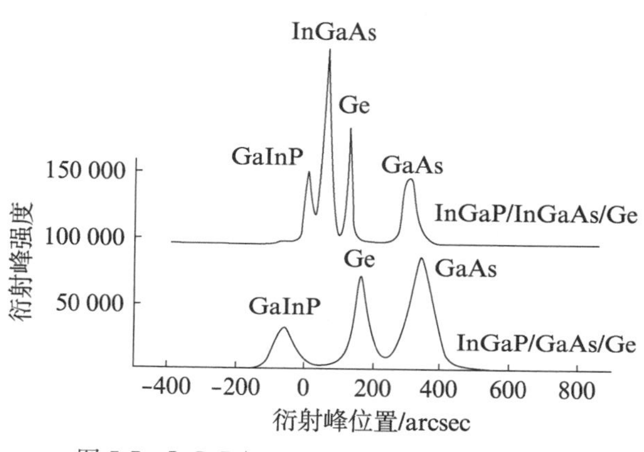

图5.7　InGaP/Ga(In)As/Ge三结叠层太阳电池X射线双晶衍射谱图

Spectrolab所研制的第二代产品(ITJ)正是基于此项改进，使电流密度提高8%左右，升至17 mA・cm^{-2}；同时，开路电压也增加近20 mV，其原因就是外延层中应力的消除显著改进了Ga(In)As的晶体质量。

4) GaInP顶电池

由于InGaP材料有较高带隙，使其电流较低，很容易成为限制叠层电池电流的重要原因。然而，InGaP材料的少子寿命通常较低，导致n^+/p^+结构顶电池的光电流较低，进而严重抑制了叠层电池的总电流。设计并使用了具有场助收集效应的n^+-n^-/p^--p^+结构。其中，① n^+和p^+层的高掺杂使电池的电压V_{oc}得到保证；② 低掺杂的n^-/p^-层可明显降低因复合而产生的暗电流，获得尽可能高的光生电流；③ 各层间的浓度差形成利于光生载流子收集的漂移场，可显著提高少子寿命，有效提高电池J_{sc}。

增加了正面和/或背面的高掺杂层之后，整个 p/n 结电池的能带示意图如图 5.8 所示。它由三个结组成：p^+-p^-结、p^-/n^-结和n^--n^+结，其势垒的方向是一致的，因此总的势垒高度为$qV_D+qV_{g1}+qV_{g2}$，显然比单一 p/n 结的势垒高度有较大的提高。对于光生载流子的收集，在 p 区产生的光生电子，一部分向 n 区扩散而被电池收集，这部分的收集概率大小与引入的场助效应无关，另一部分向p^+方向扩散。如果没有掺杂浓度差，则可能在体内或达到表面后被复合；$p-p^+$区掺杂浓度差的存在，可以将 p 区产生的光生载流子被$p-p^+$结势垒反射回去而重新被收集；同时，在$p-p^+$结势垒区和在p^+区中产生的光电子可以被这里的内建电场加速，增加有效扩散长度，因而也增加了这部分少子的收集概率，提高了电池的短路电流。对于在 n 区及n^+区中产生的光生空穴，由于$n-n^+$结势垒的存在，有类似的分析，收集概率及相应的短路电流都会因此而提高。图 5.9 给出了这一结构改进对量子效率的提高。

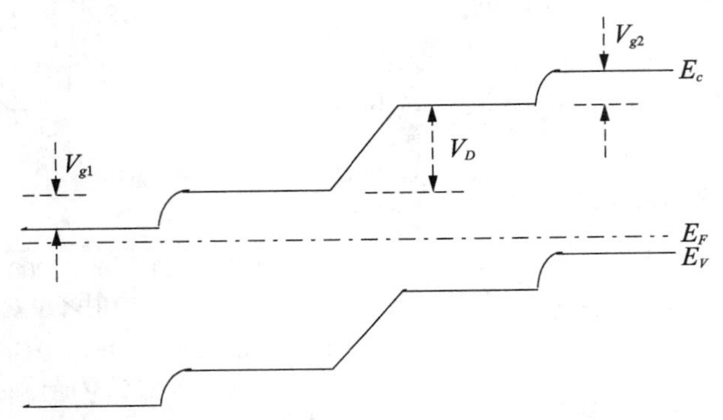

图 5.8 具有场助收集效应的电池在平衡时的能带示意图

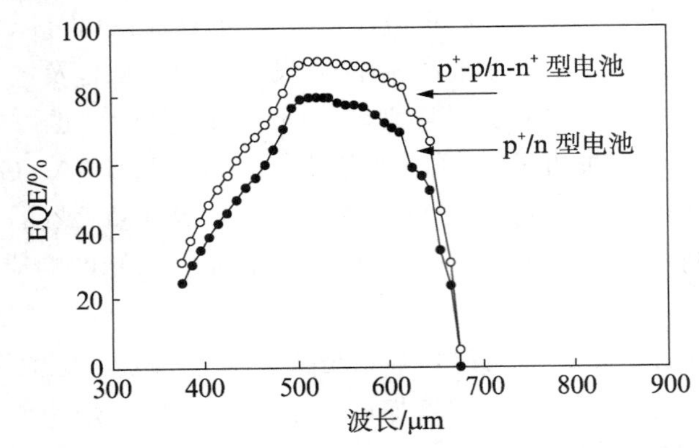

图 5.9 p^+-n和$p^+-p^--n^--n^+$ $GaInP_2$顶电池量子效率对比

5）隧穿结

在 Esaki 等发现高掺杂的 pn 结中存在电子隧道效应之后，隧穿结的研究得到了广泛的开展。从器件的角度来说，pn 结的隧道特性早期主要是针对隧道二极管进行研究，研究的主要问题是其$I-V$特性，以及在电路中的特殊应用。在多结叠层太阳电池中，由于各分电池由 pn 结组成，如果直接串联在一起，则由于 pn 结反偏而不导电，采用隧穿结结构可以解决这一问题。为了获得高效率的太阳电池，必须采用高电导率，高隧穿电流的隧穿结。因此，需要增大隧穿结的掺杂浓度，并且解决由于高掺杂所带来的一系列工艺问题，如掺杂剂的扩散等。

pn 结界面的扩散势垒宽度一般是 $1\times10^{2}\sim1\times10^{3}$ nm，电子几乎不能隧穿通过它，因此用普通的 pn 结不能观察到电子隧穿现象。而对于高掺杂半导体的 pn 结，由于掺杂浓度高，使其中扩散势垒宽度变小，并且费米能级分别进入了 p 区和 n 区的价带和导带，外加偏压时能带发生倾斜，于是电子可以从价带隧穿进入导带，产生隧道电流。隧穿二极管性能可以通过提高掺杂浓度、降低宽度来实现，从而获得较高的隧穿电流、较低的电压损失。通常，隧穿结厚度约几十纳米，而掺杂浓度应使其能带达到简并。比较掺杂浓度、带隙对隧穿电流影响的结果显示在图 5.10 中，四条曲线在横轴正半轴由低到高依次代表 GaAs 材料掺杂浓度 2×10^{19} cm^{-3}、掺杂浓度 5×10^{19} cm^{-3}、掺杂浓度 1×10^{20} cm^{-3} 和 $Ga_{0.5}In_{0.5}P$ 掺杂浓度 1×10^{20} cm^{-3}（虚线）。可见，对于相同材料（如 GaAs）掺杂浓度越高，隧穿电流也增强；对于相同的掺杂，带隙的提高可使隧穿电流显著增强如图 5.11 所示。为此，人们研制了 p^{+}-GaAlAs/n^{+}-GaInP，p^{+}-GaInP/n^{+}-GaInP 以及 p^{+}-GaAlAs/n^{+}-InGaAlP 等宽带隙隧穿结。但是，随着带隙宽度的升高，隧穿结的隧穿概率和峰值电流会下降。实际上，作为宽带隙隧穿结，应用得最多的还是 p^{+}-GaAlAs/n^{+}-GaInP 材料体系。

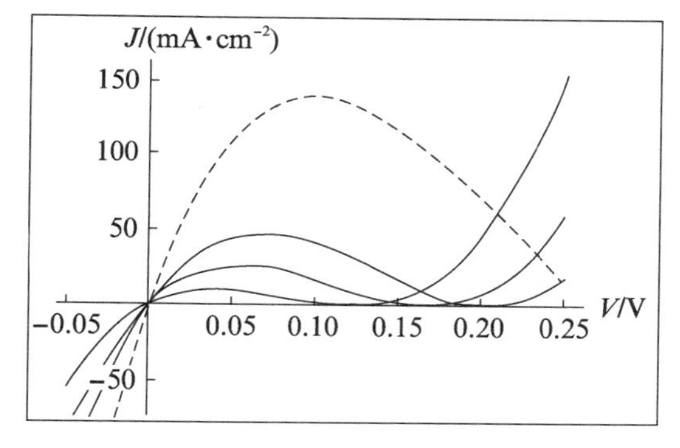

图 5.10　隧穿结电流浓度与掺杂浓度和材料禁带宽度的关系示意图（温度 300 K）

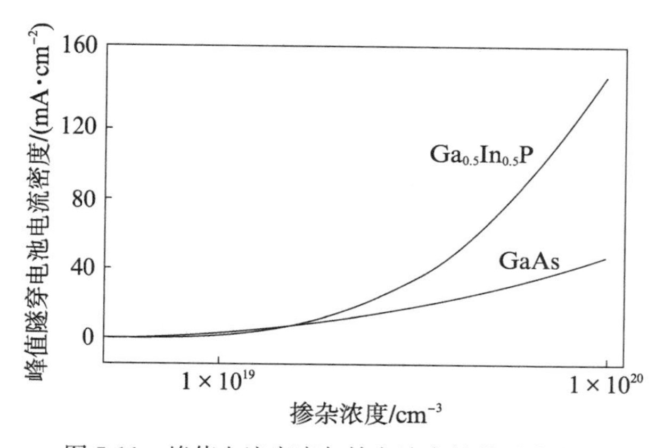

图 5.11　峰值电流密度与掺杂浓度的关系曲线图

5.1.3　砷化镓太阳电池的特性

以 GaAs 为代表的Ⅲ-Ⅴ族化合物材料具有许多优点，其中多数材料具备直接带隙性质，因而光吸收系数大，特别适合于制备太阳电池。以 GaAs 材料为例，它具有与硅相似的闪锌矿晶体结构，不同的只是 Ga 和 As 原子交替占位。GaAs 具有直接能带隙，以及很高的光吸收系数，已成为当今光电子领域的基础材料，也正在太阳电池领域扮演日益重要的角色。以 GaAs 材料为基础的太阳电池的优势主要有以下几个方面。

(1) GaAs 太阳电池的光电转换效率高。GaAs 的带隙 E_g 为 1.42 eV，处于太阳电池材料所要求的最佳带隙宽度范围。目前 GaAs 太阳电池所获得的效率是所有类型太阳电池中最高的。无论是单结电池还是多结叠层电池，最高效率都是由 GaAs 太阳电池以及与其他相关的Ⅲ-Ⅴ族化合物材料构成的叠层电池所获得的。

(2) GaAs 材料的光吸收系数大。GaAs 的光吸收系数，在光子能量超过其带隙宽度后，剧升到 $10^4\ cm^{-1}$ 以上。经计算，当光子能量大于其 E_g 的阳光进入 GaAs 后，仅经过 1 μm 左右的厚度，其光强因本征吸收激发光生电子—空穴对便衰减到原值的 1/e 以上(这里 e 为自然对数)，在 3 μm 以后，95%以上的这一光谱段的阳光已被 GaAs 吸收。所以，GaAs 太阳电池的有源区厚度多选取在 3 μm 左右。这一点与具有间接能带隙的硅材料不同。硅的光吸收系数在光子能量大于其带隙宽度 ($E_g=1.12$ eV) 后是缓慢上升的，在太阳光谱很强的可见光区域，它的吸收系数都比 GaAs 小一个量级以上。因此，硅材料需要厚达数十微米，甚至 200～300 μm 才能充分吸收太阳光。因而，除非采用陷光结构，Si 太阳电池的厚度通常为 200～300 μm，而 GaAs 太阳电池的有源层厚度只有 3～5 μm。

(3) GaAs 太阳电池的抗辐照性能好。据报道，经过 1 MeV 高能电子辐照，其剂量达到 $1\times10^{15}\ cm^{-2}$ 之后，GaAs 基系电池的能量转换效率仍能保持原值的 75%以上；而先进的高效空间 Si 电池在经受同样辐照的条件下，其转换效率只能保持其原值的 66%。对于高能质子辐照的情形，两者的差异尤为明显。以低地球轨道的商业卫星发射为例，对于 BOL 效率(初期效率)分别为 18%和 13.8%的 GaAs 电池和 Si 电池，经低地球轨道运行的质子辐照后，其 EOL 效率(终期效率)将分别为 14.9%和 10.0%，即 GaAs 电池的 EOL 效率为 Si 电池的 1.5 倍。

(4) GaAs 太阳电池的温度系数小，能在较高的温度下正常工作。众所周知，太阳电池的效率随温度的升高而下降，这主要是由于电池的开路电压 V_{oc} 随温度升高而下降的缘故；而电池的短路电流 I_{sc} 对温度不敏感，随温度还略有上升。在较宽的温度范围内，电池效率随温度的变化近似是线性关系，GaAs 电池效率的温度系数约为$-0.23\%\cdot℃^{-1}$，而 Si 电池的温度系数约为$-0.48\%\cdot℃^{-1}$。GaAs 电池效率随温度升高，降低比较缓慢，因而可以工作在更高的温度范围。例如，当温度升高到 200℃，GaAs 电池效率下降近 50%，而硅电池效率下降近 75%。这是因为 GaAs 的带隙较宽，要在较高的温度下才会产生明显的载流子的本征激发，因而 GaAs 材料的暗电流随温度的提高增长较慢，这就使与暗电流有关的 GaAs 太阳电池的开路压减小较慢。

但是，GaAs 基系太阳电池也有其固有的缺点，主要有以下几方面。

(1) GaAs 材料的密度较大($5.32\ g\cdot cm^{-3}$)，比 Si 材料密度($2.33\ g\cdot cm^{-3}$)大两倍还多，因此质量比功率($W\cdot g^{-1}$)会受到影响。

(2) GaAs 材料的机械强度较弱，易碎。

(3) GaAs 材料价格昂贵，约为 Si 材料价格的 10 倍。

所以，GaAs 基系太阳电池的效率尽管很高，但因有这些缺点，多年来一直得不到广泛应用，特别是在地面应用领域微乎其微。但近年来，由于高效多结叠层电池的研究和生产的迅速发展，再加上聚光太阳电池系统的不断完善，以 GaAs 为基础的Ⅲ－Ⅴ族太阳电池不但在空间能源领域将得到愈来愈广泛的应用，而且随着成本的明显降低，它们开始在地面的一些特殊领域也得到应用。

5.1.4　砷化镓太阳电池的材料特性

1. GaAs

GaAs 是目前生产量最大、应用最广泛，因而是最重要的化合物半导体材料，也是仅次于 Si 的最重要的半导体材料。

1）能带结构

300 K 时 GaAs 的能带简图如图 5.12 所示。其主要特点是：① 导带极小和价带极大均处于布里渊区中心，即波矢 $\kappa=0$ 处，是典型的直接跃迁型能带，这使 GaAs 材料具有较高的光电转换效率，是制备多种光电器件的优良材料；② 有另外两个“位置”较高的导带极小，分别位于导带极小值（$\kappa=0$ 处）上方 0.31 eV 和 0.48 eV，即导带中有两个子能谷（L，X）。在每个导带极小中，电子有效质量不同，但它们的能量差不大，使电子在高电场下可转移到子能谷上去，而处于主能谷中电子有效质量较小，迁移率较高，一旦“进入”了子能谷，其有效质量增大，迁移率下降；同时，子能谷中态密度也较大。当外电场超过某一阈值时，电子就可由主能谷转移到子能谷中，而出现电场增强，电流减小的负阻现象，这就是转移电子效应或称体效应；这一效应是 1963 年根(Gunn)发现的，故亦称 Gunn 效应或根氏效应；③ 双重简并价带极大值在 $\kappa=0$ 处，第二个自旋轨道分裂价带在价带极大值 0.34 eV 以下；④ GaAs 带隙较大(300 K 时带隙为 1.42 eV，见图 5.12)所制器件可工作在较高温度，并且承受较大功率。

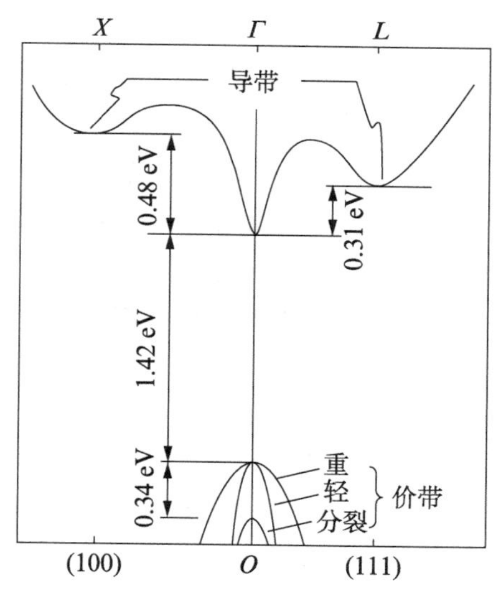

图 5.12　GaAs 的能带结构(300 K)

2）物理、化学性质

GaAs 晶体呈暗灰色，有金属光泽；其分子量为 144.64，平均原子序数 32，原子密

度 4.42×10^{22} cm^{-3};生成焓 -83.7 $kJ\cdot mol^{-1}$。正常情况下,结晶为闪锌矿结构,其晶格常数与温度、化学计量偏离有关,如图5.13所示。室温时,GaAs晶体或薄膜材料对水蒸气和氧是稳定的。大气中将其加热到600℃以上开始氧化,真空中加热到800℃以上开始离解。GaAs在常温下不溶于盐酸,可与浓硝酸发生反应,易溶于王水。GaAs的线膨胀系数与温度有关,如图5.14所示。在约10~55 K的低温范围内,其膨胀系数 α 为负值;在10 K以下,GaAs晶格中原子振动是谐波式的,因而其 α 值接近于0;300 K时的 α 值,文献报道的有 5.39×10^{-6} K^{-1}、6.0×10^{-6} K^{-1} 和 6.86×10^{-6} K^{-1}。

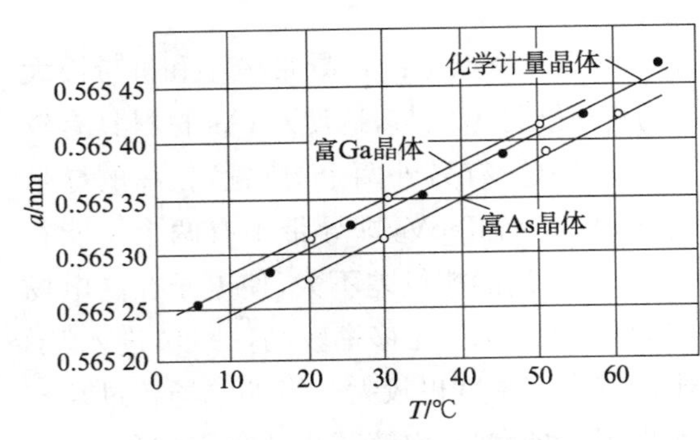

图5.13 GaAs晶格常数与温度的关系

图5.14 GaAs热膨胀系数α与温度的关系

3) GaAs晶体中的杂质

GaAs的本征载流子浓度为 1.3×10^{6} cm^{-3}。为了控制GaAs晶体的电阻率及其他电学性能,GaAs晶体需要进行掺杂。掺杂的原则是:在满足器件要求的同时,掺杂剂的浓度尽可能低。因为过量的掺杂剂掺入会造成晶体中杂质的相互作用,杂质的局部沉淀,从而影响材料的电学性能。

根据不同的晶体生长方式,GaAs利用的掺杂剂是不同的;而且对于不同的用途,所用的掺杂剂也是不同的。例如,利用液封直拉法生长GaAs单晶薄膜时,由于Si和液封物质 B_2O_3 可以反应,引入大量B污染,所以不能用Si作掺杂剂。一般地,GaAs体单晶的n型掺杂剂是Te、S、Sn、Si、Se,p型掺杂剂是Be、Zn、Ge;而半绝缘GaAs的掺杂剂是Cr、Fe和O。对于太阳电池用GaAs单晶,n型掺杂剂一般是Si,p型掺杂剂则选Zn。采用MOCVD技术生长GaAs薄膜是,可用 SiH_4 为气体源掺Si作为n型掺杂剂,二乙基锌为气体源掺Zn作为p型掺杂剂。同时,近年来人们发现,C也可以作为GaAs、AlGaAs材料的p型掺杂剂,具有广泛应用前景。与传统的Zn、Be、Mg受主杂质相比,C具有其独特的优点:掺杂水平高,活化率高,载流子浓度可在 $10^{17}\sim10^{21}$ cm^{-3} 范围内精确控制;C杂质的扩散系数低,热稳定性好,例如,在800℃时,C在GaAs中的扩散系数仅为 10^{-16} $cm^2\cdot s^{-1}$,比Zn的扩散低4个数量级,有利于pn结的精确控制;C掺杂易于获得陡峭界面,这对于太阳电池的高性能是至关重要的。例如,在Ge或GaAs衬底上外延的GaInP/GaAs叠层电池结构中,常选用n-GaAs/p-GaAs作隧穿结。此时要求隧穿结很薄、掺杂浓度高、pn结陡峭,而且在电池结构的外延过程以及电池的后工艺过程中仍然需要保持良好的隧穿结特性,此时用Zn作p型掺杂剂难以满足要求,须选用C作掺杂杂质。GaAs 晶体的掺杂剂量是与晶体生长方式紧密相关，可用一些经验公式处理。

杂质对 GaAs 材料性能的影响取决于杂质的性质和在 GaAs 晶体中的位置。一般而言，杂质在 GaAs 晶体中可能处于间隙位置或不同的替代位置。

对于Ⅲ族元素 B、Al、In 或Ⅴ族元素 P、Sb 的杂质，在 GaAs 晶体中分别替代 Ga 原子或 As 原子，未改变价电子数目，对材料的电学性能不产生影响。当然，如果这些杂质浓度过量，就会产生沉淀，形成诱生位错、层错。

对于Ⅵ族元素 S、Te、Se 等杂质，在 GaAs 晶体中替代 As 原子，占据其晶格位置，由于比 As 多一个价电子，在 GaAs 晶体中是施主杂质，表现为浅施主性质。

对于Ⅱ族元素 Zn、Be、Mg、Cd 和 Hg 等杂质，在 GaAs 晶体中替代 Ga 原子，占据其晶格位置，由于比 Ga 少一个价电子，在 GaAs 晶体中是受主杂质，表现为浅受主性质。有时，这些杂质亦可以与晶格缺陷结合，形成各种复合体，表现出深受主的性质。

对于Ⅳ族元素 C、Si、Ge、Sn 和 Pb 等杂质，在 GaAs 晶体中既可以替代 Ga 原子，又可以替代 As 原子，甚至可以同时替代两者，表现出两性杂质的特点。如果替代 Ga 原子，多提供一个价电子，为施主；如果替代 As 原子，少提供一个价电子，为受主。以 GaAs 中 Si 杂质为例，研究证明，当 Si 掺杂浓度小于 $1\times10^{18}\ \text{cm}^{-3}$ 时，Si 原子替代 Ga 原子，起施主作用，这时掺 Si 浓度与电子浓度一致；而 Si 掺杂浓度大于 $1\times10^{18}\ \text{cm}^{-3}$ 时，部分 Si 原子又开始取代 As 原子位置，出现补偿作用，导致电子浓度下降，如图 5.15 所示。

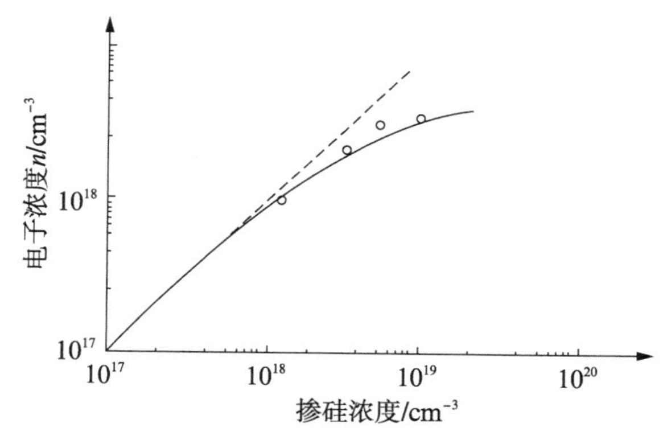

图 5.15　电子浓度与 Si 掺杂浓度的关系

与晶体硅一样，金属杂质(特别是过渡金属杂质)在 GaAs 中一般都是深能级杂质，有些还是多重深能级，可以利用深能级瞬态谱仪等测试技术进行探测。通常，Cu、Au、Fe、Cr 是主要的金属杂质，高浓度的金属杂质会影响载流子浓度，甚至使材料电阻率大大降低，最终变为半绝缘体。

实际上，杂质在 GaAs 中的性质比较复杂，一方面它们本身可以占据不同的晶格位置，表现出不同的性质；另一方面，它们又可能与缺陷作用，形成各种复合体，更表现出不同的性质。表 5.2 列出不同杂质在 GaAs 晶体中的类型和能级位置。一些重要杂质的电离能列于表 5.3。

表5.2 不同杂质在GaAs晶体中的类型和能级位置

族	杂质	类型	能级/eV
Ⅰ	H	N	
	Li	A	Ev+0.023
			Ev+0.044
			Ev+0.143
			Ev+0.23
			Ev+0.51
	Na	A	
	Cu	A	Ev+0.145
			Ev+0.44
			Ev+0.463
	Ag	A	Ev+0.238
	Au	A	Ev+0.31
Ⅱ	Be	A	Ev+0.028
	Ca	A或D	
	Mg	A	Ev+0.028
			Ev+0.125
		D	Ec−0.03
	Zn	A	Ec−0.030 7
	Cd	A	Ev+0.034 7
			Ev+0.4
	Hg	A	
Ⅲ	Al		
	In		

族	杂质	类型	能级/eV
Ⅳ	C	A	Ev+0.026
		D	Ec−0.005 9
	Ge	D	Ec−0.005 91
		A	Ev+0.040 4
			Ev+0.08
	Sn	D	Ec−0.005 82
		A	Ev+0.170
	Pb	D	Ec−0.005 77
Ⅴ	N	N	
	P	N	
	Sb	N	
	V	A	Ev+0.737
Ⅵ	O	D	Ec−0.17
			Ec−0.4
			Ev+0.63
	S	D	Ec−0.005 89
	Se	D	Ec−0.005 87
		A	Ev+0.53
	Te	D	Ec−0.005 89
		A	Ev+0.03
	Cr	A	Ev+0.57
			Ev+0.810

族	杂质	类型	能级/eV
Ⅶ	Cl	N	
	Mn	A	Ev+0.012
			Ev+0.109
Ⅷ	Fe	A	Ev+0.370
			Ev+0.520
	Co	A	Ev+0.540
			Ev+0.840
			Ev+0.530
			Ev+0.420
Ga空位-施主杂质（辐射受主中心）			
	Si		Ev+0.332
	Ge		Ev+0.312
	Sn		Ev+0.315
	S		Ev+0.314
	Se		Ev+0.287
	Te		Ev+0.295
As空位-受主杂质（辐射施主中心）			
	Zn		Ec−0.143
	Cd		Ec−0.148
	Si		Ec−0.94
	Ge		Ec−0.54

注：D—施主；A—受主；N—中性。

表5.3 GaAs中杂质的电离能

施主杂质	电离能/eV	受主杂质	电离能/eV	受主杂质	电离能/eV
Si	0.005 8	C	0.026	Cu	0.14,0.19,0.23,0.41
Se	0.005 9,0.89	Zn	0.031	Fe	0.37,0.52
Ge	0.006	Mg	0.028	Cr	0.79
S	0.006	Cd	0.035	Pb	0.12
Sn	0.006	Si	0.035	Ag	0.11
Te	0.003	Ge	0.04,0.07	Au	0.09
O	0.4,0.75	Sn	0.17		

4）光学性质

作为太阳电池材料，GaAs具有良好的光吸收系数，图5.16示出几种Ⅲ-Ⅴ族化合物半导体材料与 Si、Ge 的光吸收系数。由图可见，在波长 0.85 μm 以下，GaAs 的光吸收系数急剧升高，达到 $10^4\ cm^{-1}$ 以上，较硅材料高一个数量级，而这正是太阳光谱中最强的部分。因此，对于 GaAs 太阳电池，只要厚度达到 3 μm，就可以吸收太阳光谱中约 95%的能量。

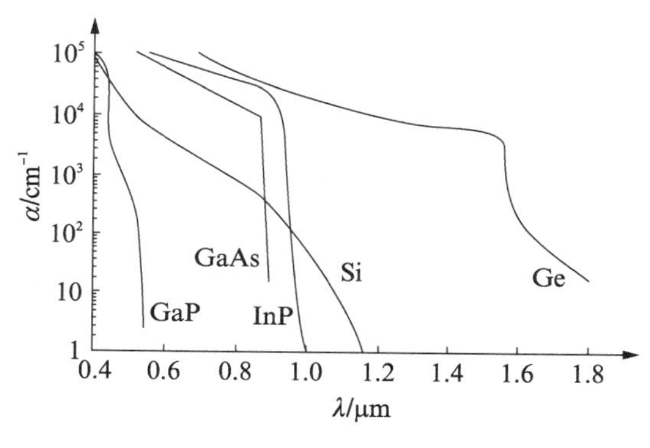

图 5.16　几种Ⅲ-Ⅴ族化合物半导体材料与 Si、Ge 的光吸收系数

GaAs 的折射率 n 与温度、光子能量 E（0.3～1.4 eV）的关系分别为

$$n = 3.255(1 + 4.5 \times 10^{-5} T) \tag{5.1}$$

$$n = [7.10 + 3.78/(1 - 0.18E^2)]^{1/2} \tag{5.2}$$

2. InP

早在 1910 年，蒂尔（Thiel）就合成出了 InP，它是最早被制备出来的Ⅲ-Ⅴ族化合物。InP 单晶体呈暗灰色，有金属光泽。常温下在空气中稳定，360℃开始离解。溶于王水、溴甲醇，室温下可与盐酸发生反应，与碱溶液的反应非常缓慢。常压下，InP 单晶为闪锌矿结构，其价带极大值、导带极小值均位于 $\kappa = 0$ 处。当压力大于 13.3 GPa 时，结构变为 NaCl 型面心立方结构。

InP 在室温下的本征载流子浓度 n_i 为 $6.9 \times 10^7\ cm^{-3}$，在 700～920 K 温度范围内，本征载流子浓度 n_i 与温度 T(K)的关系由式(5.3)表示：

$$n_i = 8.4 \times 10^{15} T^{3/2} \exp[-1.34/(2kT)] \tag{5.3}$$

式中，k 为玻尔兹曼常数，kT 的单位是 eV。

InP 常见的杂质为 Si、S、C、Zn 等。Ⅳ族元素不表现为两性杂质，如 Si、Sn 是施主杂质，而 Ge、C 为受主杂质。Fe 和 Cr 是有效的电子陷阱，用于制备半绝缘材料。InP 中若干杂质的电离能列于表 5.4。

表 5.4　InP 中若干杂质的电离能

杂　质	电离能/eV	杂　质	电离能/eV
Zn	Ev+0.048，Ev+0.046 4	Cu	Ev+0.06～Ev+0.073
Cd	Ev+0.057	Mg	Ev+0.031
Hg	Ev+0.098	Ti	Ec−0.63，Ev+0.21
C	Ev+0.041 3	Cr	Ec−0.39，Ev+0.96，Ev+0.56
Ge	Ev+0.21	Fe	Ec−0.65，Ev+0.785
Mn	Ev+0.27，Ev+0.21	Co	Ev+0.24

300 K 时 InP 有关光学性质与光子能量的关系列于表 5.5。

表 5.5　300 K 时 InP 光学常数与光子能量的关系

光子能量/eV	折射率	消光系数	反射系数	吸收系数/cm^{-1}
1.5	3.456	0.203	0.305	30.79×10^3
2.0	3.549	0.317	0.317	64.32×10^3
2.5	3.818	0.522	0.349	129.56×10^3
3.0	4.395	1.247	0.427	379.23×10^3
3.5	3.193	1.948	0.403	691.21×10^3
4.0	3.141	1.730	0.376	701.54×10^3
4.5	3.697	2.186	0.449	996.95×10^3
5.0	2.131	3.495	0.613	$1\,771.52\times10^3$
5.5	1.426	2.563	0.542	$1\,428.14\times10^3$
6.0	1.336	2.114	0.461	$1\,285.10\times10^3$

3. $Al_xGa_{1-x}As$

$Al_xGa_{1-x}As$ 是研究得最为充分、应用得较为广泛的固溶体材料，其特点是 GaAs 与 AlAs 的晶格常数非常接近(分别是 0.566 35 和 0.566 22)，在 GaAs 衬底上生长该固溶体基本上不产生晶格失配。其 300 K 时的基本性质由表 5.6 列出。

表 5.6　300 K 时 $Al_xGa_{1-x}As$ 的基本性质

性　质		参　数
原子密度/(个·cm^{-3})		$(4.22-0.17x)\times10^{22}$
密度/(g·cm^{-3})		$5.32-1.56x$
晶格常数/nm		$0.565\,33+0.000\,78x$
带隙/eV		$1.424+1.247x(0\leqslant x\leqslant0.45)$；$1.9+0.125x+0.143x^2(0.45\leqslant x\leqslant1)$
本征载流子浓度/cm^{-3}		$2.5\times10^5(x=0.1)$；$2.1\times10^3(x=0.3)$；$2.5\times10^2(x=0.5)$；$4.3\times10^1(x=0.8)$
载流子迁移率/[cm^2·$(V·s)^{-1}$]	电子	$8\times10^3-2.2\times10^4x+10^4x^2(0\leqslant x\leqslant0.45)$；$-255+1\,160x-720x^2(0.45\leqslant x\leqslant1)$
	空穴	$370-970x+740x^2$
本征电阻率/(Ω·cm)		$4\times10^9(x=0.1)$；$10^{12}(x=0.3)$；$10^{14}(x=0.5)$；$5\times10^{14}(x=0.8)$
击穿电场/(V·cm^{-1})		$4\times10^5\sim6\times10^5$
红外折射率		$3.3-0.53x+0.09x^2$
介电常数		$12.9-2.84x$(静态)；$10.89-2.73x$(高频)
熔点/℃		$1\,240-58x+558x^2$(固相线)；$1\,240+1\,082x-582x^2$(液相线)
热导率/(W·cm^{-1}·K^{-1})		$0.55-2.12x+2.48x^2$
线膨胀系数/K^{-1}		$(5.73-0.53x)\times10^{-6}$

$Al_xGa_{1-x}As$ 固溶体的能带结构、折射率与波长的关系，以及吸收系数与光子能量的关系，分别由图 5.17、图 5.18 和图 5.19 示出。

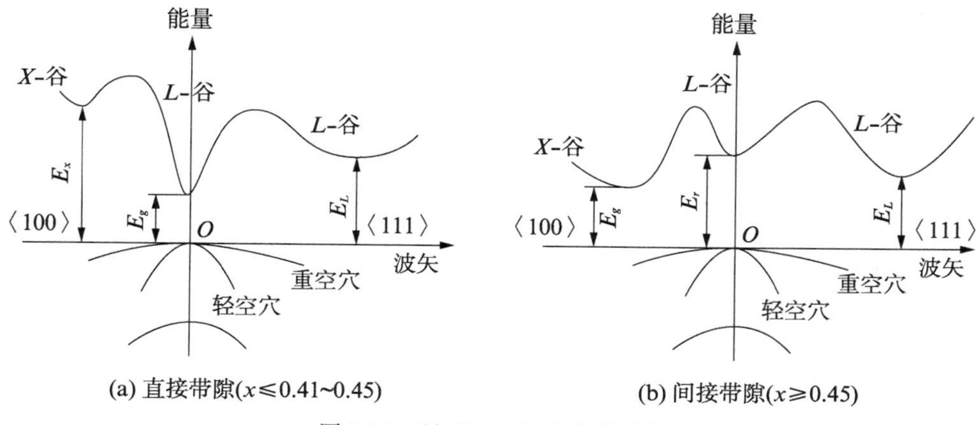

图 5.17　$Al_xGa_{1-x}As$ 的能带结构

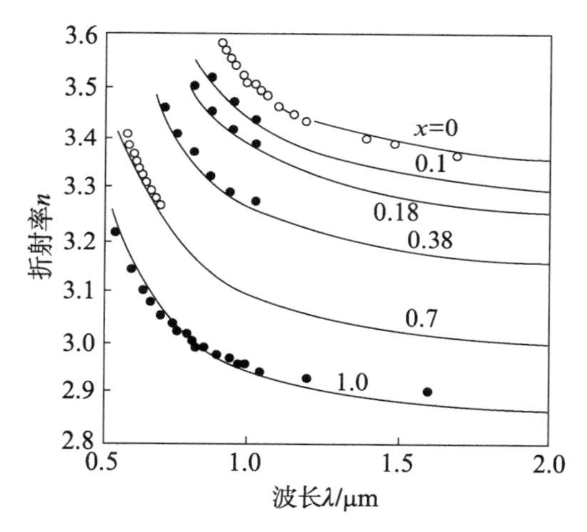

图 5.18　$Al_xGa_{1-x}As$ 的折射率与波长的关系图

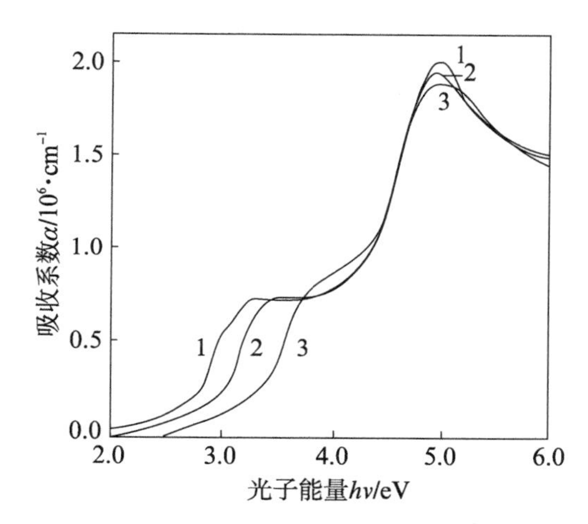

图 5.19　$Al_xGa_{1-x}As$ 的吸收系数与光子能量的关系

曲线 1：$x=0.1$；曲线 2：$x\approx 0.42$；曲线 3：$x=0.8$

4. $Ga_xIn_{1-x}As$

该固溶体在整个组分范围内均为直接带隙材料。只有在 $x=0.47$ 时，才能与 GaAs 晶格匹配；室温时，这一高纯材料电子迁移率可达到 12 000 $cm^2\cdot(V\cdot s)^{-1}$，远大于 GaAs 的电子迁移率。300 K 时的基本性质由表 5.7 列出。

该固溶体的带隙与组分 x、温度 T 的关系可以表示为

$$E_x(x, T)=0.42+0.625x-\left[\frac{5.8}{T+300}-\frac{4.19}{T+271}\right]\times 10^{-4}T^2x$$
$$-4.19\times 10^{-4}\times\frac{T^2}{T+271}+0.475x^2 \tag{5.4}$$

$Ga_xIn_{1-x}As$ 能带结构如图 5.20 所示。

表 5.7　300 K 时 $Ga_xIn_{1-x}As$ 的基本性质

性　质		参　数
原子密度/(个·cm^{-3})		$(3.59-0.83x)\times 10^{22}$
密度/(g·cm^{-3})		$5.68-0.37x$
晶格常数/nm		$0.605\,83-0.040\,5x$
带隙/eV		$0.36+0.63x+0.43x^2$
本征载流子浓度/cm^{-3}		$6.3\times 10^{11}(Ga_{0.47}In_{0.53}As)$
载流子迁移率/$cm^2\cdot(V\cdot s)^{-1}$	电子	$(40-80.7x+49.2x^2)\times 10^3$
	空穴	300～400
击穿电场/V·cm^{-1}		约 $2\times 10^5(Ga_{0.47}In_{0.53}As)$
红外折射率		$3.51-0.16x$
介电常数		$15.1-2.87x+0.67x^2$(静态);$12.3-1.4x$(高频)
熔点/℃		约 1 100$(Ga_{0.47}In_{0.53}As)$
热导率/(W·cm^{-1}·K^{-1})		$0.05(Ga_{0.47}In_{0.53}As)$
线膨胀系数/K^{-1}		$5.66\times 10^{-6}(Ga_{0.47}In_{0.53}As)$

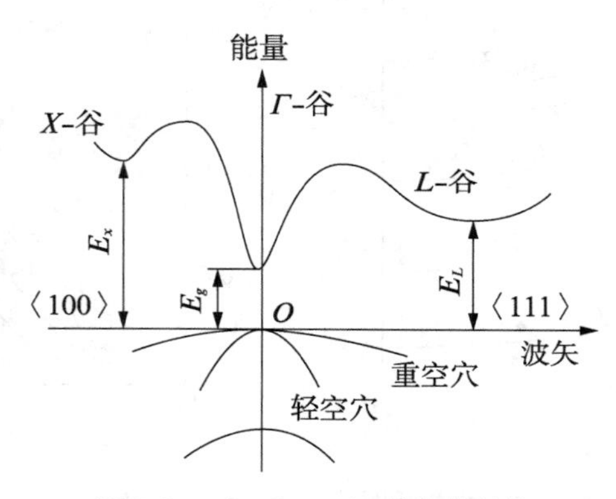

图 5.20　$Ga_xIn_{1-x}As$ 的能带结构

5. $Ga_xIn_{1-x}P$

$Ga_xIn_{1-x}P$ 固溶体在相当大的组分范围内 ($x<0.7$) 是直接带隙材料;而当 $x\geqslant 0.7$ 时,变为间接带隙材料。当 $x\approx 0.51\sim 0.56$,它与 GaAs 晶格匹配,其直接带隙如下。

气相外延材料:

$$E_g=1.469+0.511x+0.604x^2\text{(eV)(300 K)},\ 0.49\leqslant x\leqslant 0.55$$

$$E_g=1.903\text{(eV)(300 K)},\ x=0.56$$

分子束外延(MBE)材料:

$$E_g=1.295+1.151x\text{(eV)(300 K)},\ 0.50<x<0.53$$

金属有机气相外延(MOVPE)材料:

$$E_g=1.902\text{(eV)(300 K)},\ x=0.515$$

$Ga_xIn_{1-x}P$ 固溶体在 300 K 时，直接带隙与组分的关系为

$$E_g(x)=1.351+0.643x+0.786x^2 \tag{5.5}$$

$Ga_xIn_{1-x}P$ 固溶体的基本性质，见表 5.8。

表 5.8　300 K 时 $Ga_xIn_{1-x}P$ 的基本性质

性　质		参　数
原子密度/(个·cm^{-3})		$4.46\times10^{22}(x=0.51)$，$(3.96+0.98x)\times10^{22}$
密度/(g·cm^{-3})		$4.47(x=0.51)$，$4.81-0.67x$
晶格常数/nm		$0.5653(x=0.51)$
带隙/eV		$1.849(x=0.51)$，$1.34+0.69x+0.48x^2(0<x<0.63)$
有效质量 m_0	电子	$0.088(x=0.51)$，约 $2.26(0.77<x\leqslant1)$
	空穴	0.7(重)，0.12(轻)，$(x=0.51)$；$0.6+0.19x$(重)，$0.09+0.05x$(轻)
击穿电场/(V·cm^{-1})		$5\times10^5\sim10\times10^5$
红外折射率		$3.06(x=0.51)$，$3.1-0.08x$
介电常数		$12.5-1.4x$(静态)；$9.61-0.5x$(高频)

5.2　砷化镓太阳电池制备

5.2.1　工艺流程

砷化镓太阳电池的通用工艺流程一般如图 5.21 所示，除外延生长、化学腐蚀，各工艺基本原理同硅太阳电池(参见第 4 章硅太阳电池部分)。

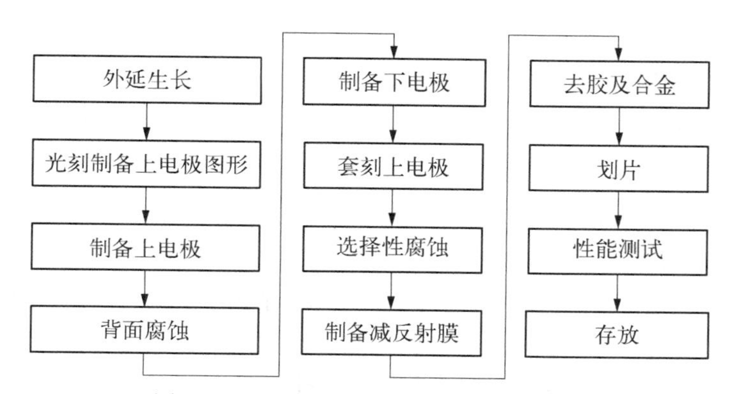

图 5.21　砷化镓太阳电池通用工艺流程图

5.2.2　外延生长

1. 外延分类

英文中外延一词 epitaxy 是由希腊文“Επι(Epi)”和“ταξιο(taxio)”引申而来的，意思是“在……之上排列”。晶体生长中它是指在有一定结晶取向的衬底上延伸出并按一定晶体学方向生长薄膜的方法，这个生长出来的单晶层被称为外延层。

现在已发展了很多种外延方法,主要常用的有1961年及1963年相继出现的气相外延和液相外延,1968年出现的金属有机气相外延和分子束外延,以及1984年发展出现的化学束外延技术。

1) 液相外延

液相外延(liquid phase epitaxy, LPE)是指在一定取向的单晶衬底上,利用溶质从过饱和溶液中析出生长外延层的技术。LPE的优点是生长设备简单、生长速度快、纯度比较高,外延层的位错密度通常低于所用的衬底、操作安全。其主要缺点是表面形貌比较差、对外延层与衬底的晶格匹配要求较高,当溶液中含有固-液分凝系数与1相差较大的组分时,很难在生长方向上获得均匀的固熔体组分或掺杂,在生长多种材料和薄层、超薄层及复杂结构方面有局限性。

2) 气相外延

气相外延(vapor phase epitaxy, VPE)是将含有组成外延层元素的气态化合物输运至衬底上,进行化学反应而获得单晶层的方法。氯化物气相外延(Cl-VPE)、氢化物气相外延(HVPE)和后来发展起来的金属有机化学气相外延(MOCVD)都属于气相外延。

氯化物气相外延中金属和非金属都以氯化物形式输运。例如,为生长GaAs,氢气携带$AsCl_3$蒸气流经石英反应管内加热到850℃的盛液态Ga的石英舟表面,发生反应。

$$AsCl_3 + 3Ga \longrightarrow \frac{1}{4}As_4 + 3GaCl \tag{5.6}$$

开始生成的砷溶解到Ga中,直到Ga表面析出GaAs壳。此后气态的As_4和GaCl混合物流到750℃的生长区,在衬底上进一步发生GaCl的歧化反应得到外延层:

$$3GaCl + \frac{1}{2}As_4 \longrightarrow 2GaAs + GaCl_3 \tag{5.7}$$

氯化物气相外延的特点是设备比较简单、外延层纯度高、易于批量生产。但和所有的VPE方法一样,使用的气体源或易挥发的液体源,具有毒性和腐蚀性。因而不仅要求生长系统密封性好并且耐腐蚀,还需要有防毒、防爆、防火的安全措施。

氢化物气相外延(HVPE)与氯化物气相外延的区别在于采用非金属的氢化物取代氯化物。两者的共同缺点是必须在反应室内建立两个温区,以完成各自的反应。HVPE的原材料中的非金属砷和磷的氢化物毒性比Cl-VPE使用的砷和磷的氯化物更大。

MOCVD与上述两种气相外延不同的是它是利用金属有机化合物进行金属输运的气相外延。以生长GaAs为例,用氢气通过盛有$(CH_3)_3Ga$的鼓泡瓶,携带其蒸气和AsH_3一同进入反应室,在加热到650℃的衬底表面,发生反应:

$$(CH_3)_3Ga + AsH_3 \longrightarrow GaAs + 3CH_4 \tag{5.8}$$

生长出GaAs外延层。这种热分解一合成反应是在单一温区内完成的。MOVPE适于生长薄层、超薄层,乃至超晶格、量子阱材料等低维结构,而且可以进行多片和大片的外延生长,易实现产业化。MOVPE技术除使用具有毒性的氢化物外,还使用了在空气中易自燃,并有一定毒性的MO源,安全问题更加重要;使用的原材料价格昂贵;为了得到需要的大面积均匀和批次稳定的外延层，在生长过程中必须严格控制大量工艺参数。

3）分子束外延

分子束外延（molecular beam epitaxy，MBE）是20世纪60年代末期在真空蒸发沉积的基础上发展起来的一种外延技术。它是在超高真空条件下，将构成外延层各组元的原子或分子束流，以一定的速率喷射到被加热的衬底表面，在其上进行化学反应，并沉积成单晶薄膜的方法。仍以GaAs为例，在超高真空条件下，Ga和As分别从各自的束预案炉以可控速度蒸发出来，并且以分子束的形式喷射到加热的衬底表面上，当衬底表面存在Ga原子时，As_4分子到达表面时的黏附系数就为1，与Ga原子结合成GaAs化合物分子并入晶格。

MBE的优点是生长温度低、生长速率低、纯度高、均匀性和重复性好，生长界面陡峭。MBE技术虽然能用于生产，但装置费用和运转费用昂贵。此外，相当低的生长速率限制了MBE在某些含有厚层结构器件方面的应用，表面卵形缺陷也难于克服。这些因素都不利于MBE在器件生产上的应用。

4）化学束外延

MBE有许多衍生技术，如既用Ⅲ族MO源又用Ⅴ族氢化物气体源的，称为"化学束外延"（chemical beam epitaxy，CBE）。CBE技术综合了MBE和MOCVD的特点。由于反应室处于超高真空状态，将原来MOCVD技术使用的MO源的输运从黏滞流变成分子流，Ⅲ族元素的原子是通过金属有机化合物在热衬底上热解获得的，因而保证了材料的均匀性。此外，在高生长速率下也不产生卵形缺陷。由于引入了气体源和MO源，CBE生长系统需要在MBE装置的基础上增加气体引入控制和尾气处理装置。同时外延系统由于大的气体负载，真空装置需使用特殊的扩散泵或分子泵。另外，由于MO源的纯度以及带来的碳沾污，CBE外延层的纯度要比固体源MBE差。目前CBE仍作为研究手段，难用于生产。

以上各外延方法优缺点是相对的，因为各种外延方法自身都在发展，而且不断融合，互相补充和促进。液相外延和氯化物、氢化物气相外延技术都对半导体的发展起过很大促进作用，随着材料和器件结构进入纳米量级，MOCVD和MBE逐渐成为主要的生长手段，而MOCVD技术在生产中的应用更为重要。砷化镓太阳电池的外延生产主要应用的是MOCVD技术。

2. MOCVD生长基本原理

MOCVD是目前研究和生产Ⅲ-Ⅴ族化合物太阳电池的主要技术手段。同LPE技术相比较，MOCVD技术的设备和气源材料价格昂贵，技术复杂，而且这种气相外延生长使用的各种气源，包括各种金属有机化合物以及砷烷（AsH_3）、磷烷（PH_3）等氢化物都是剧毒气体，因而MOCVD技术具有一定的危险性。但是MOCVD技术在材料生长方面有一些突出的优点。例如，用MOCVD技术生长出的外延片表面光亮，各层的厚度均匀，浓度可控，因而研制出的太阳电池效率高，成品率也高。用MOCVD技术容易实现异质外延生长，可生长出各种复杂的太阳电池结构，因而有潜力获得更高的太阳电池转换效率。因为在同一次MOCVD生长过程中，只需要通过气源的变换，便可生长出不同成分的多层复杂结构，增大了电池设计的灵活性，使多结叠层电池结构的生长成为可能。而且近年

来,各MOCVD设备生产厂家已对设备进行了改进,实现了一炉多片生长,扩大了MOCVD设备的生产规模,因而可大大降低生产成本。

MOCVD技术的系统工作原理如图5.22所示。首先将用于生长的原料与其他物质合成为复杂成分的气体。其中对Ⅲ族的Ga、Al、In等,通常与甲烷合成为三甲基金属有机物作为气相生长的正离子源,如三甲基镓(TMGa)、三甲基铝(TMAl)、三甲基铟(TMIn)。而第Ⅴ族的P、As等则与H_2气反应生成砷烷(AsH_3)、磷烷(PH_3)等氢化物。所合成的这些化合物可能为气态、液态或固态。通过升温可以使其气化,并对其气体分压进行控制。

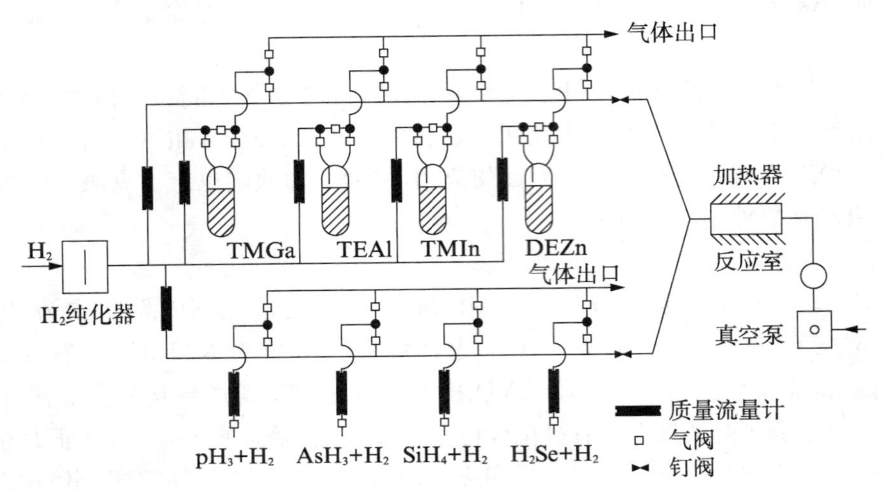

图5.22 GaAs薄膜的MOCVD生长系统示意图

生长过程:载气(H_2)把TMGa、TMAl、TMIn等金属有机化合物气体和AsH_3、PH_3等氢化物,按照一定比例混合,携带入真空腔体中,在适当条件下(一定温度)进行多种化学反应,生成GaAs、GaInP、AlInP等Ⅲ-Ⅴ化合物,并在GaAs衬底或Ge衬底上沉积,实现化合物晶体生长。其中,每一个气源的开关和气体的压力可以独立控制,从而可以对混合气体的组成及各组元的分压进行实时调节。n型掺杂剂为硅烷(SiH_4)、H_2Se,p型掺杂剂采用二乙基锌(DEZn)或CCl_4。生长源可以在热衬底上的蒸气中或者热衬底表面形成Ⅲ-Ⅴ族化合物,以TMGa和AsH_3生长GaAs,TMIn和PH_3生长InP为例,化学反应可以表示为

$$(CH_3)_3Ga + AsH_3 \longrightarrow GaAs + 3CH_4\uparrow \tag{5.9}$$

$$(CH_3)_3In + PH_3 \longrightarrow InP + 3CH_4\uparrow \tag{5.10}$$

式中,GaAs和InP在衬底表面沉积并入晶体中,CH_4则挥发到气相中。如果同时通入TMIn、TMGa和AsH_3,则可以外延生长$In_xGa_{1-x}As$三元固溶体。

$$x\cdot(CH_3)_3In + (1-x)\cdot(CH_3)_3Ga + AsH_3 \longrightarrow In_xGa_{1-x}As + 3CH_4\uparrow \tag{5.11}$$

从式(5.9)到式(5.11)仅仅是反应器内部一系列化学反应的简化形式,实际生长过程中存在复杂的源分解反应、预反应和寄生反应等。

MOCVD是一种典型的气相—固相生长,遵循气相—固相晶体生长的共同规律,也就

是外延层的表面(气相—固相界面)化学反应和表面状况决定了晶体生长规律和晶体性质。反应器内的热量输运和质量输运决定了气相反应的进程以及反应源向固相表面的输运速率和形态,从而影响外延层的厚度、组分和掺杂的均匀性,也影响异质结构的界面组分梯度。反应器的几何形状、工作压力、温度梯度以及载气的性质和流速都是影响输运过程的重要因素。而且,在输运过程中还伴随复杂的化学反应。

整个MOCVD外延生长过程,如图5.23所示,具体可以分为如下步骤。

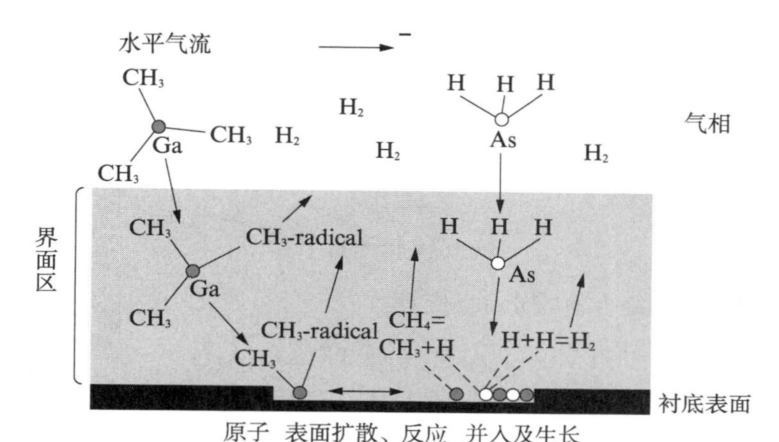

图5.23　MOCVD生长过程的简化示意图

(1) Ⅲ族源(MO源)和Ⅴ族源(如氢化物)注入反应器中。

(2) 反应源混合均匀后,被载气(一般是H_2)输运到沉积区域。

(3) 在沉积区域,高温导致反应源的分解及其他气相反应,生成了薄膜生长所需的源及一定的副产物。

(4) 源通过扩散输运到晶体生长表面。

(5) 源被表面吸附。

(6) 源扩散到生长位置。

(7) 通过表面反应,薄膜生长所需的原子并入到外延薄膜中,而表面反应的副产物则从晶体表面脱附,表面反应的副产物输运回远离沉积区域的主气流中,进而通过尾气管道排出反应器。

MOCVD反应动力学包括同相反应和异相反应,发生在气相中的所有化学反应被统称为同相反应,发生在固体表面的反应被统称为异相反应。因此,又可将同相反应称作气相反应,将异相反应称作表面反应。气相反应是指反应物在达到固相表面之间,在气相中进行的化学反应,通常是在边界层中进行的。用TMGa和AsH_3生长GaAs时,气相反应可能包括有如下反应机制。

(1) TMGa的分解反应:

$$(CH_3)_3Ga \longrightarrow (CH_3)_2Ga + CH_3 \tag{5.12}$$

$$(CH_3)_2Ga \longrightarrow (CH_3)Ga + CH_3 \tag{5.13}$$

$$(CH_3)Ga \longrightarrow Ga + CH_3 \tag{5.14}$$

(2) AsH_3的分解反应：

$$AsH_3 \longrightarrow AsH_2 + H \tag{5.15}$$

$$AsH_2 \longrightarrow AsH + H \tag{5.16}$$

$$AsH \longrightarrow As + H \tag{5.17}$$

(3) GaAs的合成反应：

$$Ga + AsH_n \longrightarrow GaAs + n \cdot H \quad (n=0,\ 1,\ 2,\ 3) \tag{5.18}$$

(4) CH_4的合成反应：

$$CH_3 + H \longrightarrow CH_4 \uparrow \tag{5.19}$$

(5) H_2的合成反应：

$$H + H \longrightarrow H_2 \uparrow \tag{5.20}$$

(6) 气相预反应和络合物的分解反应等：

$$TMGa + AsH_3 \longrightarrow TMGa : AsH_3 \tag{5.21}$$

$$TMGa : AsH_3 \longrightarrow GaAs + 3CH_4 \uparrow \tag{5.22}$$

TMGa和AsH_3一般不会在气相中发生寄生反应,但如果反应器内部质量输运的分布不均匀、停留时间不足,则可能使TMGa发生寄生反应。寄生反应的产物是几乎不能分解的大分子络合物,消耗了气相中的反应源,影响生长速率以及外延层的厚度均匀性。

用TMIn和PH_3生长InP时,气相反应的反应机制同样有TMIn的分解反应,PH_3的分解反应,InP的合成反应,CH_4的合成反应,H_2的合成反应和气相预反应与络合物的分解反应等。

表面反应是指反应源在固相表面进行的化学反应。表面反应既包含固相成分又包含气相成分,用(g)来代表气相反应剂,用(s)来代表固相反应源。

以GaAs材料的外延生长为例。

第一种情况,表面为富Ga表面,则可能存在反应:

$$Ga(s) + AsH_n(g) \longrightarrow GaAs(s) + \frac{n}{2} \cdot H_2(g) \quad (n=0,\ 1,\ 2,\ 3) \tag{5.23}$$

第二种情况,表面为富As表面,则可能存在反应:

$$As(s) + Ga(CH_3)_n(g) \longrightarrow GaAs(s) + n \cdot CH_3 \quad (n=0,\ 1,\ 2,\ 3) \tag{5.24}$$

第三种情况,TMGa和AsH_3已经形成络合物TMGa：AsH_3并被吸附到固相表面,可能存在反应:

$$TMGa : AsH_3 \longrightarrow GaAs(s) + 3CH_4 \uparrow \tag{5.25}$$

式(5.18)和式(5.23)虽然形式一样,但性质截然不同。式(5.18)是对晶体生长有贡献的,而式(5.23)气相寄生反应则没有贡献,还消耗反应源。

MOCVD外延生长对反应源的基本要求如下。

(1) 纯度高。

(2) 低毒性。

(3) 室温下能以液体形式存在。

(4) 室温下具有合适的饱和蒸汽压。

(5) 不与其他源发生寄生反应。

(6) 没有记忆效应。

(7) 在外延层中引入的碳污染尽可能低(对于有意的碳掺杂情况除外)。

(8) 具有良好的长期稳定性(不能在 Bubble 中分解)。

(9) 分解温度应与最佳外延生长温度匹配。

(10) 价格便宜,适于大批量外延生长所需。

外延薄膜的生长速率与气体流速、生长温度、反应器压力、基座转速、源的物质的量浓度、衬底取向,以及反应器的几何结构等因素有关。当其他因素固定不变时,生长速率与生长温度的倒数之间的关系揭示出有关生长机制的重要信息,这称为 Arrhenius 图。以 TMGa 和 AsH_3生长 GaAs 为例,将 GaAs 的 Arrihenius 图被分为三个区域,如图 5.24 所示。在 550℃以下的低温生长区 A,生长速率随生长温度的上升而按指数关系急剧上升,而且生长速率与衬底的取向有关,这说明生长速率由反应动力学控制,由该段直线的斜率就可以计算出反应活化能,将区域 A 称为反应动力学控制区;在 550～750℃的中温区 B,生长温度对生长速率的影响很小,衬底的取向与生长速率几乎无关,生长速率仅由 TMGa 到达衬底表面的输运速率所控制,我们将区域 B 称为质量输运控制区或扩散控制区,在该区维持其他条件不变,增加 TMGa 的浓度和气体流速,就可以加快 TMGa 向衬底表面的输运速率,进而提高 GaAs 的生长速率;生长温度大于 750℃的区域 C,生长速率随着生长温度的上升而下降,生长速率的下降可能是热力学因素造成的,也可能是气相反应造成反应物消耗或反应物被在固相表面吸附造成。

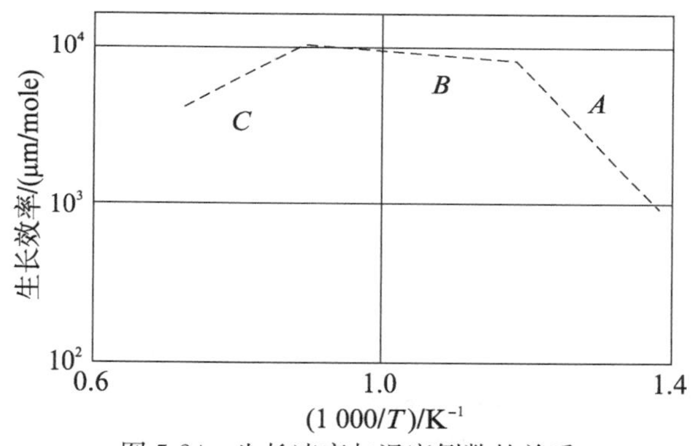

图 5.24　生长速率与温度倒数的关系

$P_{TMGa} = 1.78 \times 10^{-4}$ atm①, $P_{AsH3} = 3.3 \times 10^{-3}$ atm,

3. MOCVD 生长系统

MOCVD 生长系统一般包括反应室系统、气体输运系统、尾气处理系统和生长控制系统。

1) 反应室系统

反应室是生长系统的核心。目前比较通用的反应室类型如图 5.25 所示。各著名 MOCVD 设备公司主流反应室如下所述,Veeco 使用的立式旋转盘反应室,Thomas Swan 使用的立式紧耦合喷淋反应室,Aixtron 使用的行星式水平反应室。

① 1 atm = 1.013 25 × 10^5 Pa。

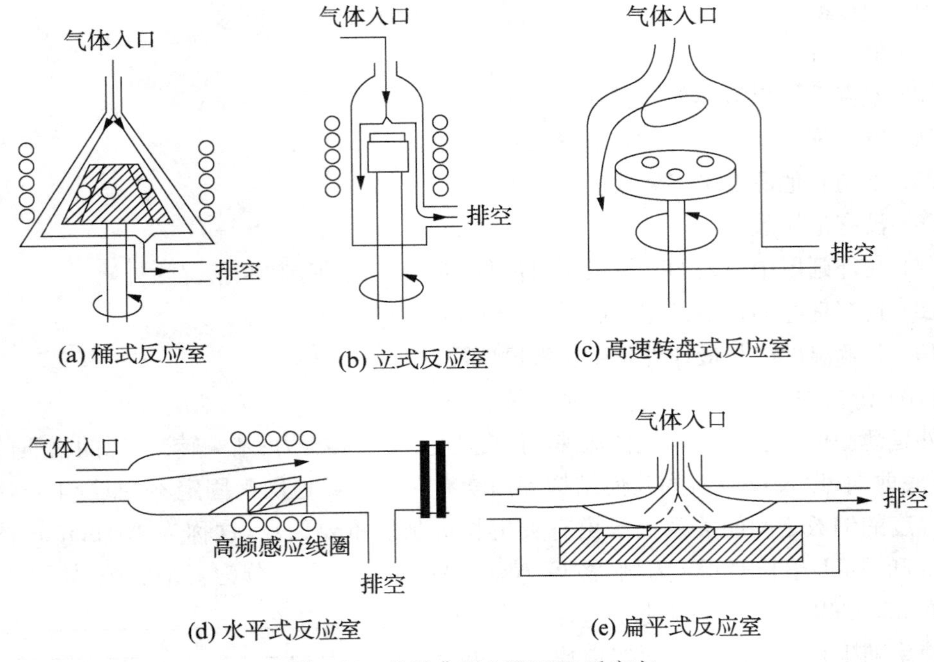

图 5.25　几种典型 MOCVD 反应室

Veeco 公司的立式旋转盘反应室最大容量可达到 57 片 2 in(1 in＝2.54 cm)的外延片。反应剂由顶部特殊设计的气流法兰盘喷口注入,基座高速旋转,尾气从下部流出。利用基座高速旋转产生的泵效应,来抑制反应室中由于喷口与基座的距离大而引起的对流漩涡。在适宜的转速下,基座旋转可以使反应室内的气体平稳流过衬底基座而不产生任何涡流的活塞流,同时改善基座上方的温度分布均匀性和温度梯度,从而提高生长速率的均匀性。立式旋转盘反应室反应时壁沉积很少,生长室可以经过多次生长后才需要清洗,提高了设备利用率。生长室配备装卸片的真空空气锁,通过阀门与盛片室连接。衬底预先放置在衬底托盘上,每个托盘可以放置多个衬底,用更换衬底托盘的方法减少装卸片的时间,甚至可以在较高温度下装卸衬底,通过装配机械手可以自动完成卸片动作。

Thomas Swan 公司的立式紧耦合喷淋反应室最大容量可达到一次生长 30 片 2 in (1 in＝2.54 cm)的外延片。其特点是注入反应剂的喷淋头与衬底之间距离小,为 10～20 mm。从流体力学角度,缩短喷淋头与衬底的距离利于抑制基座上方涡流的形成,但距离减小,会使喷淋头表面受热辐射引起高温而产生沉积,必须加以冷却。反应室壁也需用水冷却。立式紧耦合喷淋反应室中采用不锈钢制成的水冷喷淋头,喷淋头由许多内径 0.6 mm 的不锈钢管规则排列而成,喷孔密度达 15.5 个 · cm^{-2}。喷孔间距要小到使分别从两组相间的喷孔注入的Ⅲ族源和Ⅴ族源,在经过短距离到达衬底前也能充分混合。基座采用三组电阻加热,以保证温度均匀。为了使气流从各个喷孔中均匀流出,喷淋头中跨过喷孔的压降要远大于(至少 10 倍)分配室的压降。喷淋头将反应气体均匀分配到基片上方,从而使到达基片上各点的反应气体浓度基本相同,形成厚度均匀的边界层,从而得到均匀的外延层。反应室在低压下操作形成无涡流的层流流动。基座的旋转速率通常为 100～500 r · min^{-1}。生长室总流速(Q)、压力(p)、喷口与衬底距离(H)和基座旋转速率(ω)是影响外延层生长速率、均匀性和原材料利用率的主要因素。生长速率大体上与$H^{-\frac{1}{2}}$、$Q^{1/2}$、和$(\omega p)^{\frac{1}{2}}$成正比。由于H小,源迅速到达衬底,导致高的源利用率和陡峭的异质结构。

Aixtron公司的行星式水平反应室的最大容量达到每次生长95片2 in(1 in=2.54 cm)外延片。行星式水平反应室的Ⅲ族和Ⅴ族反应剂分别从上盖中央水冷三层喷口进入反应室,通过格栅被迫转向沿放置衬底的大石墨基座和石英/石墨天棚之间的360°环形空间内呈辐射状向外缘水平流动,经有孔的石英侧环流出。这种流出方式消除了水平反应室的侧壁,侧壁效应也随之消失。天棚和基座靠得很近,抑制了对流旋涡获得层流。三层流喷口的上、下两层走Ⅴ族气流,中间层为Ⅲ族气流。而水冷则有利于抑制预反应。大石墨基座上有多个放置衬底的石墨行星转盘呈环形均匀分布。大公转石墨基座的旋转用磁流体密封轴直接驱动,而行星石墨转盘则由气垫旋转技术驱动。衬底随大石墨基座公转又随行星转盘各自自转,实现了衬底自转加公转的行星式旋转。公转转盘可以全部由石墨制成,也可以在其上行星转盘以外的部分用石英覆盖,在取片时更换石英部件。后一种设计能缩短清洁公转转盘的时间,提高反应室的利用效率。反应室的顶部为石英和石墨天棚,其上是水冷不锈钢外壳,两者间隔仅为0.5 mm,并且通入N_2和H_2混合气体。利用N_2和H_2热导率低的特点,通过改变混合气的比例来调节天棚的温度,以降低在其上的沉积。与石英天棚相比,石墨天棚不但降低了天棚温度,改善径向温度分布,降低了寄生反应,并且石墨与沉积物之间有较好的黏附性,特别是膜表面发射率有了沉积物后并无大的变化,于是就可以取消更换石英天棚后为保证外延生长重现性的预沉积步骤。利用衬底的自转加公转在整个衬底表面上获得均匀的生长速度。通过反应室的总气体流速是调整外延层生长均匀性的最重要参数。利用控制上层和下层流速比和天棚的温度也可以细调衬底均匀性。自转加公转还提高了片与片之间的均匀性。对于氮化物体系采用高频感应加热,而对于生长温度较低的材料基座采用红外灯辐射加热。可用红外辐射高温计测量衬底温度。若用带发射率校正的光学高温计,控温系统可以更好地控制衬底的温度,从而提高外延层生长组分的重现性。此种行星旋转式反应室设计有较高的原材料利用率。生长室配备装卸片氮气手套箱,也可配备机械手完成自动化装卸片操作,提高反应室的利用效率。

2) 气体输运系统

气体输运系统的功能是向反应室内输运各种反应剂,并精确控制其计量、送入的时间和顺序,以便生长特定成分与结构的外延层。气体输运分系统由载气供应子系统、氢化物供应子系统、MO源供应子系统和生长/放空多路组合阀等组成。

3) 尾气处理系统

MOCVD尾气处理系统是将有毒尾气进行无害化处理,使其浓度达到规定排放标准以下。尾气中除了含有有毒气体(未反应完的氢化物、MO源和某些反应副产物),还有很多颗粒,如有毒的砷粉尘。常用的去除有毒气体方法有利用化学反应吸收毒气的湿式过滤器,由液槽、填料式喷淋塔和循环液体的泵等组成。对于不同的有毒气体,使用不同的化学药剂。例如,处理尾气的AsH_3和PH_3可用两个湿式过滤器串联使用,第一级使用$NaBrO_3$或NaClO等氧化剂溶液,将AsH_3和PH_3氧化成相应的砷酸、亚砷酸根和磷酸、亚磷酸根。第二级用 KOH 或 NaOH 等碱性溶液,对第一级产生的物质进行中和。

4) 生长控制系统

MOCVD 生长控制系统主要由上位的工业控制计算机和下位的多个可编程控制器(PLC)等组成。上位计算机负责材料生长过程监控、控制系统的监控界面运行、数据记录、报警记录、数据趋势图以及操作人员的人工控制功能等。下位的 PLC 负责整个控制系统运行,包括各种信号采集、数据处理以及各种输出信号控制。输入信号包括各类仪表传感器的流量、压力、温度、报警信号等。输出信号涉及电磁阀、接触器、电机、压力控制器、流量控制器、加热器等控制量。MOCVD 生长控制系统至少需完成下列功能。

(1) 材料生长程序的生成、运行、分析和统计功能。

(2) 手动控制功能。

(3) 安全功能。

其他功能如维修提示、辅助生长条件选择等。

4. MOCVD 电池外延生长工艺流程

1) Ge 底电池

(1) pn 结的形成。Ⅲ族或Ⅴ族元素杂质向 Ge 衬底的扩散是形成 pn 结最普遍的方法。由于Ⅲ-Ⅴ族外延层的接近以及外延过程中的高温,使得Ⅲ族和Ⅴ族元素向 Ge 衬底里的扩散是无法避免的。关键就在于控制这些过程,获得良好的 Ge 电池性能。主要影响因素有如下。

① 温度对扩散系数有极大的影响,因此,只有较低的生长温度才能获得稳定的掺杂和 pn 结。

② 研究表明,700℃时 As 在 Ge 内的扩散系数高于 Ga,但 Ga 的固体溶解度大于 As。

③ 对于 GaInP/GaAs/Ge 三结叠层电池中,只有 V_{oc} 能够表现出 Ge 底电池的器件性能。Ge 底电池的 V_{oc} 对器件工艺条件、Ⅲ-Ⅴ/Ge 界面的外延质量非常敏感。

④ AsH_3 对 Ge 有腐蚀作用。腐蚀速率随温度、AsH_3 压力增加而增加。AsH_3 的强腐蚀导致 Ge 表面的粗糙。因此,应避免 AsH_3 在 Ge 表面的长时间作用;而 PH_3 对 Ge 的腐蚀作用较小,对表面的粗糙作用也较小。600℃时,P 的扩散系数较 As 的小两个量级。因此,PH_3 较 AsH_3 更适用于 Ge 的 n 型掺杂。

(2) Ⅲ-Ⅴ族异质外延。在非极性的 Ge 衬底上外延生长 GaAs 这样的极性材料,容易形成反相畴(APD)缺陷。但这在早期的 Ge 衬底 GaAs 太阳电池的外延生长技术中已得到较好的解决。对于多结电池来说,现在要解决的是,第一层外延层,即成核层的沉积,除了要为后继外延层的高质量生长提供基础外,还要通过控制Ⅲ和Ⅴ族杂质向 Ge 衬底内的扩散在 Ge 衬底表面形成 pn 结,以形成性能良好的底电池。对于 p/n 结构,Ⅲ族的扩散应占主导,以在 n 型 Ge 衬底内形成 p^+/n 结。而对于 n/p 结构,则Ⅴ族的扩散应占主导,以在 p 型 Ge 衬底内形成 n^+/p 结。早期的 n/p 型 GaInP/GaAs/Ge 三结电池仍沿用 GaAs/Ge 单结电池外延工艺,使用 GaAs 成核层。后来的工作表明,以 GaInP 作为成核层,通过 P,而不是 As 的扩散,可以更好地控制 $n^+/p-Ge$ 结的性能。控制 Ge 结深度,改进发射区表面钝化,形成性能优良的 Ge 底电池是提高三结电池转换效率的关键之一。

2) GaAs 中电池

(1) Ge(100)衬底上的 GaAs 质量。尽管 GaAs 和 Ge 衬底晶格非常接近,但是 GaAs

的质量仍然是易变的。通常地，如果镜面外延层表面没有或几乎没有反向畴或其他缺陷特征(如凹坑、小丘等)，则表明具有好的晶体质量。对于这个镜面外延层，可以观察到模糊的交叉阴影线图案，这些图案就反映的是GaAs/Ge界面的失配位错。有时，由于线位错的缓解可使交叉阴影线图案消失。线位错的浓度过高，可以影响GaAs和GaInP少子的输运性能，因此也是应该避免的。生长在GaAs上的$Ga_xIn_{1-x}P$外延层的表面形貌可直接表征初始GaAs外延表面质量。

(2) 窗口层和背场。对于GaAs太阳电池，$Ga_xIn_{1-x}P$和$Al_xIn_{1-x}P$都是较合适的窗口层和背场材料。理论上，由于$Al_xIn_{1-x}P$具有较大的带隙，较$Ga_xIn_{1-x}P$更适合作GaAs电池的窗口层。但是，$Al_xIn_{1-x}P$对氧含量非常敏感，使得$Al_xIn_{1-x}P$/GaAs界面质量较$Ga_xIn_{1-x}P$/GaAs界面差，而未掺杂的$Ga_xIn_{1-x}P$/GaAs界面具有非常低的界面复合速度($S<1.5\ cm\cdot s^{-1}$)。此外，若向实现$Al_xIn_{1-x}P$的p型掺杂浓度达到$p>1\times 18\ cm^{-3}$是非常困难的。基于这些原因，通常在GaInP/GaAs叠层电池中，$Ga_xIn_{1-x}P$更合适用作窗口层和背场材料。

3) GaInP顶电池

(1) 晶格匹配。晶格失配是在成核过程中，由于位错的传播形成的，主要依赖于失配的数量和每一层外延层的厚度。这些位错将成为非辐射复合中心，限制少子寿命或扩散长度，进而影响电池效率。25℃时，外延在GaAs上的$Ga_xIn_{1-x}P$与GaAs完全晶格匹配，此时$x=0.516$(设为x_{LM})，则外延薄层$Ga_xIn_{1-x}P$在x_{LM}周围微小变化时会表现出较高的晶体质量。图5.26示出上述情形，图中画出$Ga_xIn_{1-x}P$结的光电流随$\Delta\theta$变化的情况。$Ga_xIn_{1-x}P$的生长条件为生长温度700℃；V/Ⅲ比[PH_3/(TMGa+TMIn)]是140。$\Delta\theta$是X射线双晶衍射测试中衍射峰宽度值，实际也是组分x的测试结果，单位是弧秒，即图中相当于描述了光电流与带隙的关系。如果$Ga_xIn_{1-x}P$的厚度小于依赖于组分的临界厚度，那么$\Delta\theta$可以表述为

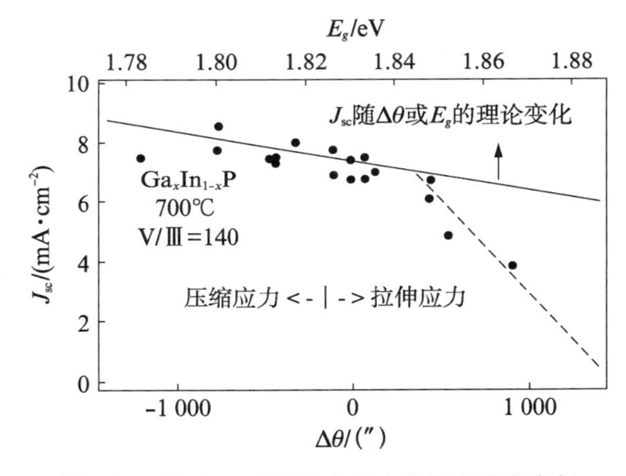

图5.26　$Ga_xIn_{1-x}P$的饱和光电化学电流密度与X射线双晶衍射测得的晶格匹配的关系

$$\Delta\theta=\tan\theta_B\left(\frac{xa_{GaP}+(1-x)a_{InP}-a_{GaAs}}{a_{GaAs}}\right)\left(\frac{1+[\nu_{GaP}x+\nu_{InP}(1-x)]}{1-[\nu_{GaP}x+\nu_{InP}(1-x)]}\right)\quad(5.26)$$

式中，θ_B是布拉格角；$\nu_{GaP}x+\nu_{InP}(1-x)$是$Ga_xIn_{1-x}P$的泊松比(Possion ratio)，可由GaP和InP的泊松比计算得到。泊松比的定义是单轴向应力下，横向应力与纵向应力之比的负值。如果外延层是完全应力消除的，则式(5.26)中第二项多项式变为1。

$Ga_xIn_{1-x}P$的厚度通常是1μm或更小，因此其临界晶格失配小于2×10^{-4}或$|\Delta\theta|\leqslant 50(″)$。以下列出几个影响因子，可导致容许限制值的增加或降低。

① 热膨胀系数,在室温时晶格匹配的材料,在生长温度时是不匹配的。例如,625℃生长温度时晶格匹配的外延层,在室温时将表现出晶格失配,$\Delta\theta$ 约为-200 弧秒;或者说,室温时晶格匹配的材料,在生长温度为625℃时,将表现出晶格失配,$\Delta\theta$ 约为200弧秒。其原因是,高温时更容易引入失配位错,所以在生长温度时获得晶格匹配可能会比较好。因此,生长温度时±50弧秒的失配,可在室温时产生$-250<\Delta\theta<-150$ 弧秒的失配。

② 在压缩应力之下的材料通常较在拉伸应力作用下的材料稳定形成应力消除。

③ 力学散射效应,对厚度小于1 μm的外延层测试的 $\Delta\theta$ 值低于具有相同组分和晶格失配的厚外延层测试的结果。

④ 非奇(100)衬底上的外延层的 $\Delta\theta$ 值不是唯一的,它依赖于衬底的取向。$\Delta\theta$ 有效值是两次测试的平均值。第一次是传统的测试方法,第二次则是将样品旋转180°后测试。对于(100)衬底,晶向偏离6°时,两次测试相差约10%;而对于{511}衬底,两次测试相差可接近50%。

(2) GaInP的有序度。1986年以前,通常认为Ⅲ-Ⅴ族化合物合金的带隙只与组分有关,很多文献报道 $Ga_xIn_{1-x}P$ 与GaAs晶格匹配,带隙为1.9 eV。1986年,Gomyo等人的研究结果显示,MOCVD生长的 $Ga_xIn_{1-x}P$ 的带隙小于1.9 eV,而且与生长条件有关。随后的报道提出:带隙的变化与Ga和In在Ⅲ族子晶格上的有序度有关系,这一有序结构具有交替的 $Ga_{0.5+\eta/2}In_{0.5-\eta/2}P$\{111\}面和 $Ga_{0.5-\eta/2}In_{0.5+\eta/2}$\{111\}面。其中,$\eta$ 是长程有序参数。对于完美有序的GaInP,$\eta=1$,由GaP和InP的{111}面组成。最早处理 $Ga_xIn_{1-x}P$ 有序问题的是Kondow及其合作者,他们采用的是紧束缚理论;Kurimoto和Hamada,他们采用的是"第一原则"线性放大平面波(LAPW)理论。

Capaz和Koiller首次提出的带隙的变化 ΔE_g(单位是meV)与GaInP有序度的关系可以表示为

$$\Delta E_g=-130\eta^2+30\eta^4 \tag{5.27}$$

而最近的结果则给出式(5.28)的关系式:

$$\Delta E_g=-484.5\eta^2+435.4\eta^4-174.4\eta^6 \tag{5.28}$$

各种生长参数对 $Ga_xIn_{1-x}P$ 带隙和有序度影响的研究已在广泛开展。$Ga_xIn_{1-x}P$ 带隙不仅有赖于生长温度,还与生长速率、PH_3 压力、衬底晶向偏离、掺杂浓度等有关。图5.27给出这些影响情况。尽管这些影响行为非常复杂,但是有些特点需要指出。例如,对于衬底仅偏离(100)面数度,采用典型的生长温度、生长速率、PH_3 压力,则 $Ga_xIn_{1-x}P$ 带隙更接近1.8 eV;也可以通过采用特殊的生长温度、生长

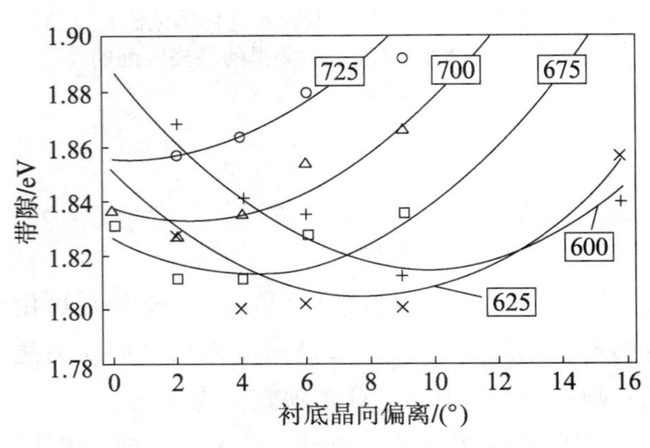

图5.27 $Ga_xIn_{1-x}P$ 带隙与生长温度(600~725℃)、衬底晶向偏离的关系

速率、PH_3压力获得更接近于1.9 eV的带隙值，但材料有可能存在少子寿命、组分或形貌等的问题。获得较宽带隙的最直接方法是，使用衬底明显从(100)晶向偏向{111}面，偏角大于15°，较高的生长速率，合适的生长温度以及较低的PH_3压力。还有一些其他因素将对材料的有序度产生影响，包括光学各向异性、输运各向异性以及表面形貌。

(3) 窗口层和背场。窗口层的作用是钝化表面态，这些表面态是少数载流子的陷阱。通常采用表面复合速度S来描述这一钝化作用。对于未作钝化的GaInP，表面复合速度在$10^7\ cm \cdot s^{-1}$的量级；而对于高质量的AlInP/GaInP界面，该复合速度可以降低到小于$10^3\ cm \cdot s^{-1}$。显然，高的复合速度将降低GaInP太阳电池的光响应，特别是对于蓝光部分的影响会非常严重。因此，作为n-on-p电池有效的窗口层，必须有如下特性。

① 与GaInP晶格匹配或非常接近。

② 带隙大于发射区材料的带隙。

③ 相对于发射区材料，具有较大的价带偏离量，可形成光生空穴势垒。

④ 具有相对高的电子浓度，应大于$10^{18}\ cm^{-3}$的量级。

⑤ 材料质量好，可产生较低的界面复合速度。

AlInP半导体是较有希望的候选材料。$Al_x In_{1-x} P$与GaAs晶格匹配时的组分为$x=0.532$，为直接跃迁材料，带隙为2.34 eV，较GaInP材料高0.4～0.5 eV。$Al_x In_{1-x} P$/GaInP能带偏离为$\Delta E_c \sim 0.75E_g$，$\Delta E_v \sim 0.75E_g$，即对n-on-p电池可形成较好的空穴势垒。采用Si或Se都能够较容易地获得n型高掺杂。具有较好AlInP窗口层的GaInP太阳电池在3.5 eV能量处可以得到高于40%的内量子效率。但是，由于AlInP中的Al与氧有较强的亲和力，而氧是AlInP的深能级施主杂质；因此，如果反应室或源材料内含有水蒸气或其他氧化物，那么AlInP的质量将受到很大影响。低质量的AlInP会衰减GaInP电池的蓝光响应，以及填充因子(即影响接触电阻)。

背场的作用是钝化电池基区和隧穿结界面。因此，它有可能降低隧穿结的掺杂浓度。但是更为重要的是，较高的界面复合速度会影响光响应(特别是红光响应)和电池的开路电压V_{oc}。为此，有必要建立一个良好的背场势垒层，对于n-on-p电池，这一势垒必须有如下特性。

① 与GaInP晶格匹配或非常接近。

② 带隙大于GaInP的带隙。

③ 相对于GaInP，具有较大的导带带偏离量。

④ 具有相对高的空穴浓度，应在$p=1\times10^{18}\ cm^{-3}$的量级。

⑤ 具有相对较好的少子输运特性。

⑥ 对于下层的GaAs电池有较高的透明度。

早期Friedman等的研究指出，相较于AlGaInP，对于无序或高带隙的GaInP是低带隙的GaInP电池较好的背场材料。其原因可以解释为，AlGaInP层存在氧，可以作为深能级受主杂质，影响AlGaInP质量。一些研究者则认为，应变、富Ga的$Ga_x In_{1-x} P$较无序的$Ga_x In_{1-x} P$或AlGaAs性能更优越。近些年来，最好的商业化叠层电池都采用AlGaInP或AlInP作背场。

4) 隧穿结

整体多结级联电池的另一项基本关键技术是用隧穿结将相邻的两级子电池连接起来,既不能造成明显的电压损失(隧穿结上的压降),也不能引起太大的电流损失(隧穿结的光吸收)。最早,人们只能设法用金属把相邻两级子电池之间的反极性界面短路掉。但金属短路法需要进行多步光刻套刻和电池结构的逐层腐蚀,工艺复杂,而且会影响到电池的填充因子和电流密度等性能。MOVPE 技术的进步使得 GaAs 隧穿结的整体生长成为可能。其关键要求是:① 高度均匀的超薄外延层生长;② 高掺杂的 n^+ 层和 p^+ 层之间具有陡峭的界面。即隧穿结可以是简单的 $p^{++}-n^{++}$ 结,只是 p^{++} 和 n^{++} 为高掺杂或简并掺杂材料,$p^{++}-n^{++}$ 结的耗尽区应仅为 10 nm 左右。隧穿结的电流正比于如式(5.29)的指数关系。

$$J_p \propto \exp\left(-\frac{E_g^{\frac{3}{2}}}{\sqrt{N^*}}\right) \tag{5.29}$$

式中,E_g 是材料的带隙,$N^* = N_A N_D/(N_A + N_D)$ 是有效掺杂浓度。

早期的 GaAs 隧穿结应用于 GaAs 中间电池和 Ge 底电池之间的连接虽无问题,但用来连接 GaInP 顶电池和 GaAs 电池时,尽管隧穿结的电学性能在后来得到了很大改进,隧穿结的光吸收会影响到 GaAs 中间电池的短路电流密度。为此,对于 GaInP 顶电池和 GaAs 中电池必须采用宽带隙隧穿结材料。目前,应用最为广泛的是 Jung 提出的 p^{++}-GaAlAs/n^{++}-GaInP 材料体系,它们对 GaAs 中电池来说是透明的,其隧穿电流据报道可达到 80 A·cm^{-2},可保证整个器件获得较高的光电流。这种器件结构是稳定的:当 650℃退火 30 min,J_p 降低到约 70 A·cm^{-2};而 750℃退火 30 min,J_p 降低到约 30 A·cm^{-2}。需要说明的是,由于隧穿结每层厚度且浓度相当高,掺杂浓度的控制就成为生长高质量隧穿结的关键。由于掺杂剂的记忆效应和在隧道结高掺杂的掺杂剂的扩散等作用变得显著,背表面场和 pn 结质量会受到影响,恶化电池性能,尤其对顶电池和中电池性能的影响更为严重。实际生长中,应通过选择合适的掺杂剂(如 C 为 p 型掺杂、Si 或 Se 为 n 型掺杂),并严格控制源气流量、生长速率、生长温度,调整Ⅴ/Ⅲ比,并采用合适的掺杂技术等措施,来降低杂质的扩散。

5.2.3 器件制备

1. 光刻

砷化镓太阳电池的光刻原理及操作过程参见第 4 章硅太阳电池部分。

由于砷化镓太阳电池的电流密度与硅太阳电池相比较小,正表面栅线通常选择相对更细的设计,一般在十几个微米左右,甚至达到几个微米。同时为保证串联电阻的稳定,电极的厚度也会相应地增加。细栅厚电极是三结砷化镓太阳电池的光刻图形的难点。一般选用的光刻胶体系有正胶及负胶两种。光刻胶需满足以下几条要求。

(1) 需对太阳电池表面有良好的黏性,能够覆于电池表面。

(2) 涂胶后厚度必须大于 8 μm。

(3) 曝光后分辨率高,光刻图形与设计图形偏差在 5 μm 以内。

(4) 显影后胶槽形状为类正梯形,保证蒸镀电极后光刻胶易于剥离。

(5) 显影后的光刻胶能在 100℃的环境中保持形态,不发生软化,膨胀等现象。

2. 电极制备

砷化镓太阳电池表面电极的制备是通过选择易于与表面半导体材料形成欧姆接触的金属,通过电子束真空蒸镀沉积在半导体表面形成的。金属半导体的欧姆接触原理(电极材料的选择)及电子束蒸发基本原理参见第 4 章硅太阳电池。

如 5.1.2 中所示,单结砷化镓太阳电池及三结砷化镓太阳电池的上电极接触层半导体材料分别为 p-GaAs 和 n-GaAs,下电极接触层半导体材料分别为 n-Ge 和 p-Ge。

对于 GaAs 半导体材料而言,Ti 是有反应活性的金属,合金时会与半导体发生融合。这种融合是不确定的,在低掺杂浓度的 n 型 GaAs 中,Ti 与 GaAs 接触通常仍表现为肖特基接触,但在高浓度 p 型 GaAs 中却起到了降低势垒高度的作用,使欧姆接触能够顺利形成。因此一般 p-GaAs 选用 Ti 作为接触层,选用 Ag 作为导电层,为了防止在潮湿等条件下 Ti 与 Ag 发生不良反应,选用 Pd 作为过渡层,为加强贮存可靠性,最表面金属可以选用 Au 作为保护层,以防止长期贮存时 Ag 的氧化。n-GaAs 一般选用 AuGeNi 作为接触层,选用 Au 作为过渡层,选用 Ag 作为导电层,表面选用 Au 作为保护层。

在 Ge 上制备下电极,一般可采用 PdAgAu。Pd 与 Ge 可形成高可靠欧姆接触,Pd 的采用是为了加强 Ag 与 Ge 的牢固度,又防止地面贮存时湿气对电极牢固度的影响,Ag 是一种理想的导电焊接材料,在 Ag 外面蒸镀的 Au 是为了防止 Ag 氧化,保证焊接的稳定性。

为保证电极的可焊性,Ag 层厚度需在 2 μm 以上(大量试验表明 Ag 层厚度低于 1.5 μm,可焊性较差,不能稳定地保证焊接的可靠性)。

3. 湿法腐蚀

由于大多数Ⅲ-Ⅴ族材料的器件需要使表层下的材料暴露出进行金属接触,或者形成平台结构与同一衬底上的邻近器件电绝缘,所以腐蚀就成了器件制造过程中的关键工序。"湿法"(液相)腐蚀是设备要求最简单的腐蚀方法,因为只需要玻璃容器(或使用 HF 时,应用塑料容器)即可。当然,湿法腐蚀既有优点又存在缺点。在实际选择一种特殊腐蚀工序时,需要着重考虑的要点有:速率、均匀性、选择性、严格的尺寸控制、形貌以及表面损伤。这些因素都将影响电学特性而降低器件性能。

湿法腐蚀的最可取之处是腐蚀过程对表面没有实质性损伤。干法腐蚀由于离子轰击导致表面损伤,从而影响器件表面电学特性。因此,在表面电学特性要求较高时,湿法腐蚀成为优先选择。湿法腐蚀的最大缺点是在应用过程中,无论对于水平和垂直方向腐蚀速度相同(各向同性)的情况,或是速度随晶向而变化的情况,都不可避免地存在侧向钻蚀,很难进行精确的尺寸控制。

因此,当尺寸控制要求低于表面电性能要求时,湿法腐蚀为首选;当需要精确控制垂直角度、微小尺寸控制时,干法腐蚀为首选。

1) 背面腐蚀

由于在外延过程中,气体会通过衬底边缘在背表面进行沉积,在衬底背面边缘甚至中心区域形成Ⅲ-Ⅴ族材料的薄膜。其影响有两个方面,一是可能形成局部的反向 pn 结构,影响电池性能;二是阻碍背电极与衬底的接触。因此需要在背电极蒸镀前对衬底背表面进行腐蚀和清洗。背面腐蚀可选用酸性腐蚀液进行腐蚀处理(腐蚀液配方为硝酸∶氢氟酸∶冰乙酸=2∶1∶6~8),腐蚀时间根据需要去除的厚度及腐蚀速率选取。

2) 选择性腐蚀

在三结砷化镓太阳电池设计时,在外延层的最表面为金属接触层,一般称为帽子层,其作用是通过高浓度的掺杂,使半导体与表面金属更加容易形成欧姆接触,同时也防止金属对结区的过扩散引起的pn结损坏。除正面电极附着的区域外,其他区域的帽子层需要去除,使后续蒸镀的减反射膜能够与帽子层下的外延层一起形成利于光吸收的薄膜体系。由于帽子层(n-GaAs材料)与窗口层(AlInP材料)紧密相连,而且同属于Ⅲ-Ⅴ族材料,根据表5.9和表5.11,选择了柠檬酸和双氧水体系对帽子层进行腐蚀去除,因为该溶液对两种材料的腐蚀速率相差很大,因此称该工艺为选择性腐蚀。

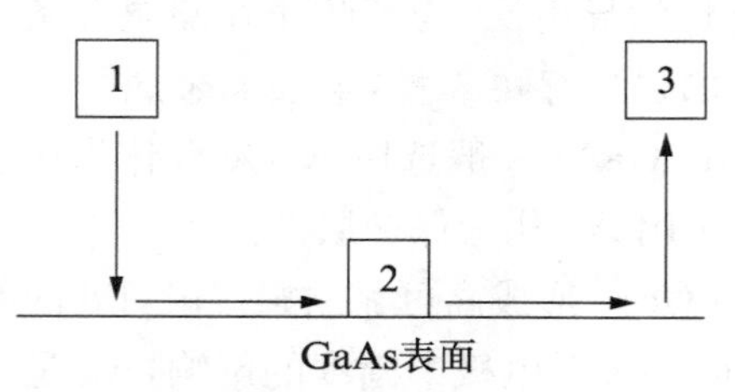

图5.28　湿法腐蚀过程示意图

1. 腐蚀剂扩散到表面;
2. 与表面反应生成氧化物;
3. 腐蚀剂将氧化物溶解并从表面带走

以砷化镓为例,其湿法腐蚀机制是首先表面被氧化成Ga和As的氧化物,紧接着氧化物被酸或碱分解掉(图5.28)。

很多GaAs腐蚀需要加入H_2O_2作为氧化剂来氧化表面,尤其是对于n型材料。通过双氧水等氧化剂将表面电子移走,形成电子缺乏,空穴丰富的表面等待形成氧化物。HNO_3,$K_2Cr_2O_7$,CrO_3,I_2和Br_2也可以作为腐蚀GaAs的氧化剂。其中速率控制由表面氧化决定,而形貌控制则由酸或碱对氧化物的分解决定。

选择湿法腐蚀的重要决定因素是腐蚀形貌。因为形貌的控制主要取决于腐蚀化学反应是由反应速率决定还是扩散速率决定。下面几个方程式给出了GaAs腐蚀的典型化学过程。

腐蚀开始时,氧化剂在GaAs表面形成氧化物。

$$\mathrm{GaAs} + (\mathrm{oxidiser}) \longrightarrow \mathrm{GaO}_x/\mathrm{AsO}_y \tag{5.30}$$

反应速率(rate)为

$$\mathrm{rate} = k_{\mathrm{ox}}[\mathrm{oxidiser}]^m\{\mathrm{GaAs}\}\exp(-E_{\mathrm{ox}}^*/kT) \tag{5.31}$$

式中,[oxidiser]指氧化剂的浓度;m是氧化一个Ga和一个As所应用的氧化剂分子个数;{GaAs}是反应表面暴露的Ga和As原子的“浓度”;k_{ox}是反应系数;E_{ox}^*是氧化反应的活化能;k是玻尔兹曼常数;T是绝对温度。本反应可以影响整体速率,例如,提高氧化剂浓度可以加快反应。而第二步,氧化物的分解则主要控制形貌轮廓。

表面氧化物被酸溶解后生成Ga^{3+}和AsO_4^{2-}离子。

$$\mathrm{GaO}_x/\mathrm{AsO}_y + (\mathrm{acid-or-base}) \longrightarrow \mathrm{Ga}^{3+} + \mathrm{AsO}_4^{2-} \tag{5.32}$$

这是腐蚀过程的第二步反应,通常决定了腐蚀受限于反应速率还是扩散速率。

$$\mathrm{rate} = k_{\mathrm{diss}}[\mathrm{acid-or-base}]^n\{\mathrm{oxide}\}\exp(-E_{\mathrm{diss}}^*/kT) \tag{5.33}$$

式中,[acid-or-base]指酸或碱的浓度;n指在溶解反应中最慢一步中H^+或OH^-的数目；{oxide}指溶解反应中表面氧化物有效浓度；k_{diss}指反应系数；E^*_{diss}指分解反应的活化能。

假设氧化剂充分，无论溶解过程由酸或碱供给（扩散控制）还是溶解反应的活化能（反应速率）影响，其速率都要由各自相关的条件决定。任何反应都有可能受反应速率和扩散速率限制，主要归结为在腐蚀过程中哪种条件占主导。假如腐蚀过程中反应活化能 5 kcal · mol^{-1}①，那么很可能就是受扩散速率限制，而活化能值大于 10 kcal · mol^{-1}时，则可能会受反应速率限制。

通过以上方程可知，改变浓度，腐蚀剂组分或者温度都会改变腐蚀进度的受限形式。一般低浓度腐蚀剂主要受反应速率限制，而高浓度和高黏度腐蚀剂主要受扩散速率限制。当然，一般腐蚀液经常处于受限转换点上，如果控制不当，则容易得到意外的结果从而毁掉器件。

外延层材料主要由Ⅲ-Ⅴ族化合物构成，因此和底电池的 Ge 材料相比，可以选择的腐蚀液较多。根据氧化-络合-稀释原则，由于 P 与其他原子半径结合比 As 牢固，因此需要用氧化性比较强的酸来氧化含 P 化合物，用 H_2O_2来氧化 As，通常用 HCl 来溶解氧化物。根据大量实验结果，各种腐蚀液对外延材料的选择性如表 5.9 所示，各种腐蚀剂对特定材料腐蚀参数如表 5.10 及表 5.11 所示。

表 5.9　材料选择性腐蚀表

刻　蚀　剂	GaAs	InP	InGaAs	InGaAsP	GaInP	GaAsP	AlGaP	AlGaAs	AlInP	InAlAs	InGaAlAs	SiO2
HCl：H_3PO_4	S	E	S	S	E				E			
H_3PO_4：H_2O_2：H_2O	E	S	E		S							
H_2SO_4：H_2O_2：H_2O	E	S	E	E								
$C_6H_8O_7$：H_2O_2	CD	S	CD					CD		CD		
HCl：HNO_3：H_2O	E	E	E		E		E	E	E			
HNO_3：H_2SO_4：H_2O	E					E						
HCl：H_2O_2：H_2O	E	E				E						
HCl：H_2O	S	E	S		E			E	E	CD	CD	
BHF：H_2O								CD				E

注：其中 S 表示具有选择性，即腐蚀速率非常慢；E 表示可以有效刻蚀；CD 表示刻蚀速率与溶液浓度及材料组分有关。

表 5.10　各种腐蚀剂对材料的腐蚀参数

刻　蚀　剂	反应受限类型	刻蚀参数(温度为 25℃)
HCl：H_3PO_4	受反应速率限制	配比 1：1，对 InP 约 2.5 μm/min 对 GaInP 约 0.60 μm/min
H_3PO_4：H_2O_2：H_2O	受反应速率限制	配比 3：1：25，对 GaAs 约 0.30 μm/min 配比 1：1：8，对 InGaAs 约 0.40 μm/min 配比 1：1：38，对 InGaAs 和 InAlAs 约 0.10 μm/min

① 1 kcal · mol^{-1}=4.184 kJ · mol^{-1}。

续表

刻 蚀 剂	反应受限类型	刻蚀参数(温度为25℃)
H_2SO_4 ∶ H_2O_2 ∶ H_2O	H_2SO_4浓度大于33%,受扩散速率限制; H_2SO_4浓度低于33%,受反应速率限制	刻蚀速率受Ga,As组分限制, 配比1∶1∶10,对InGaAsP约0.10 μm/min
HCl ∶ HNO_3 ∶ H_2O		由于材料组分变化,对AlInP/GaAs和AlGaP/GaAs刻蚀速率变化,并且可能有选择性
HNO_3 ∶ H_2SO_4 ∶ H_2O		由于变化的速率可能对GaAs上的GaAsP有选择性
HCl ∶ H_2O		配比1∶2,对AlInP约0.45 μm/min 配比3∶1,对InAlAs约0.65 μm/min 配比3∶1,对InGaAlAs(AlAs=0.34)约0.11 μm/min,(AlAs=0.20)速率非常快

表5.11 $C_6H_8O_7$ ∶ H_2O_2,配比的不同导致不同的腐蚀参数

$C_6H_8O_7$ ∶ H_2O_2	刻蚀速率 Å/min									
	GaAs	$Al_{0.3}Ga_{0.7}As$	$In_{0.2}Ga_{0.8}As$	$In_{0.53}Ga_{0.47}As$	$In_{0.52}Al_{0.48}As$	InP	InAs	$Al_{0.5}Ga_{0.5}Sb$	$GaAs_{0.85}Sb_{0.15}$	GaSb
1∶2	60	27	346	1 235	21	12	655	0	41	7
1∶1	69	27	751	1 116	22	11	826	0	47	6
2∶1	85	24	1 442	1 438	26	9	—	—	—	9
3∶1	2 169	24	2 318	—	—	—	—	—	—	—
4∶1	2 235	23	2 777	—	—	—	—	—	—	—
5∶1	3 140	27	2 588	1 433	44	5	895	0	52	9
7∶1	2 882	89	2 231	1 421	63	3	—	—	1 523	—
10∶1	2 513	1 945	1 219	1 020	154	4	727	0	1 284	7
15∶1	1 551	1 082	882	1 013	—	—	—	—	—	—
20∶1	762	918	624	665	204	2	473	0	997	7
50∶1	397	512	384	303	174	5	—	—	—	—

注:其中柠檬酸为50%重量比的水溶液

根据表5.9、表5.10、表5.11,对外延层腐蚀可选用HCl ∶ HNO_3 ∶ H_2O单一溶液或$C_6H_8O_7$ ∶ H_2O_2与纯盐酸或H_3PO_3 ∶ H_2O_2 ∶ H_2O与纯盐酸两种溶液体系;对接触层GaAs的腐蚀需考虑对下层外延层的保护,因此需要选取选择性较强的溶液体系,如$C_6H_8O_7$ ∶ H_2O_2,同时选取特定配比及温度以获得理想腐蚀效果。

对Ge衬底的化学腐蚀有酸腐蚀和碱腐蚀,其中酸腐蚀最常用的体系为HNO_3-HF体系,其优点是腐蚀表面光滑,缺点是硝酸和氢氟酸都具有极强的腐蚀性,腐蚀产物中存在大量NO_x气体;碱腐蚀一般采用NaOH-H_2O_2体系,其优点是比较环保,缺点是腐蚀速度及粗糙度会随反应过程中溶液配比变化而变化较大,容易造成反应物在表面沉积和表面粗糙。图5.29为两种体系腐蚀的Ge表面状态。

图 5.29　酸碱腐蚀后的锗片表面形貌对比

4. 减反射膜蒸镀

蒸镀减反射膜的基本原理参见第 4 章硅太阳电池。

对于硅太阳电池及单结砷化镓太阳电池，只要获得整个电池吸收波段的最小反射率就达到了设计目的，而多结太阳电池如三结砷化镓太阳电池的各子电池设计吸收的波段不同(图 5.30)。因此，如何调配各子电池短路电流接近设计值是减反射膜蒸镀需要考虑的问题。

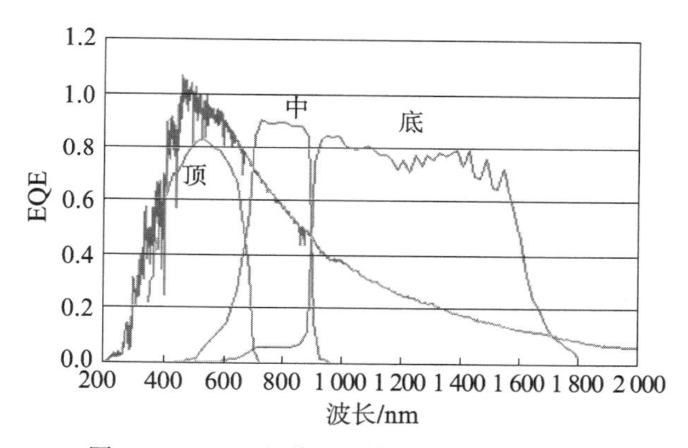

图 5.30　AM0 光谱及三结电池 EQE 测试图

三结砷化镓太阳电池电子束真空蒸镀减反射膜制备过程一般如下。

(1) 计算模拟获得减反射膜体系，选取对应原材料。

(2) 通过调整真空度、沉积速率、基片温度获得各单层减反射膜目标折射率。

(3) 按各层减反射膜的设计厚度蒸镀多层减反射膜。

(4) 测试太阳电池反射谱及内外量子效率，判断受限光谱波段，调整减反射膜设计。

5. 合金与划片

当正、背电极及减反射膜蒸镀完成后，需要对太阳电池外延片进行合金工艺。其目的是使表面膜系更加牢固地附着在半导体表面。

划片目的是将外延片按设计的电池尺寸划分成单片太阳电池。主要控制的参数有划片速率、刀高等。

砷化镓太阳电池金属与半导体的合金与划片工艺基本原理参见第 4 章硅太阳电池。

6. 性能测试

三结砷化镓太阳电池的电性能测试是通过太阳模拟器照射在太阳电池上，测试太阳电池工作状态的 $I-V$ 特性的过程。详见第 7 章产品测试和质量检验。

5.3 砷化镓太阳电池空间质量要求

太阳电池在空间中的应用与地面应用存在着很大的不同,在可靠性方面,空间应用要求极高。在复杂的空间环境作用下航天材料的性能可靠是航天器在轨稳定运行的重要保证。太阳电池在轨运行期间会经历恶劣的空间环境,如高低温交变、带电粒子辐照等,这些会造成电池性能衰降,直接影响航天器在轨运行可靠性和使用寿命。因此科学有效地开展砷化镓太阳电池地面可靠性测试和规范砷化镓太阳电池产品要求是对其空间质量保证的重要组成部分。按照砷化镓太阳电池产品规范,可靠性测试主要包括温度冲击、反向偏置、稳态湿热、带电粒子辐照等。

5.3.1 外观、机械缺陷要求

在空间应用中,不能像地面那样可以更换损伤的太阳电池片,因此,太阳电池片的损伤可能导致整个发射任务的失败,造成不可挽回的损失。太阳电池中存在的碎片是影响太阳电池阵可靠性的一个重要方面。包括缺损、崩边、缺口等在内的机械缺陷和电极的缺损会导致在后续各项地面振动与热真空试验过程中,以及空间运行状态中,易引起扩展,导致太阳电池电路电性能输出降低,引发故障。因此,需按照产品规范对太阳电池的外观情况和机械缺陷进行控制。

5.3.2 电性能要求

根据太阳电池电路任务书或技术要求,由太阳电池电路输出功率等要求规定所需太阳电池的光电转换效率、最佳工作点电压、最佳工作点电流等参数。同时规定太阳电池在焊接上电极互连片后电性能衰降范围,以保证太阳电池在轨运行期间的电性能满足电源系统所需的功率输出。

5.3.3 反向耐压要求

当太阳电池在空间中被阴影遮挡时,会承受一个由旁路二极管导通带来的电压,因此需要对太阳电池的反向耐压能力进行测试。一般进行恒压反向偏置和反偏交变试验考核太阳电池在轨经受反向偏置的能力。

5.3.4 高低温环境适应性要求

对于不同轨道,砷化镓太阳电池需承受极高、极低以及高低温循环的服役环境,受温度交变影响,太阳电池出现开路性破裂,将损失该片太阳电池所在电池串的输出,或者太阳电池出现非开路性破裂,视破裂情况会减少该片太阳电池所在电池串的输出。目前已知的太阳电池电路高低温交变范围,各类轨道极端低温可达-180℃,极端高温达$+150$℃。为考核三结砷化镓太阳电池产品在轨耐受温度冲击能力,需根据详细技术条件要求进行一定范围的温度冲击试验。在轨工作阶段,受温度交变产生应力影响,互连片的焊点脱开或互连片出现断裂将影响太阳电池串联可靠性。因此需对经过温度冲击试验后的太阳电池的焊点抗拉强度进行试验。

5.3.5　耐受湿热储存环境要求

为了考核砷化镓太阳电池的耐受湿热储存环境的能力，应根据技术条件要求，进行湿热储存试验，同时为考核电极牢固度，需对经过湿热试验的电池电极进行剥拉，验证其牢固度。

为了考核砷化镓太阳电池的耐受湿热储存环境的能力，应根据技术条件要求，进行湿热储存试验，同时为考核电极牢固度，需对经过湿热试验的电池电极进行剥拉，验证其牢固度。

5.3.6　抗辐射要求

太阳电池属半导体器件，对电离总剂量敏感，其性能输出会受到空间辐射的影响，尤其在航天器寿命末期，如恰逢太阳耀斑高峰年，则输出性能的衰降将会更明显，必须对太阳电池的衰降趋势进行充分分析和采取适当的防护措施，以确保在寿命末期能为航天器提供充足的能源。

因此太阳电池耐受电离辐射损伤能力，应覆盖各种轨道空间辐射剂量的要求，并需考虑一定设计余量。无飞行经验或试验数据证明其抗电离辐射能力的材料，必须通过地面总剂量辐照试验方能使用。

需根据技术要求进行特定辐照总剂量的带电粒子辐照试验，同时测试辐照前后的温度系数，考核砷化镓太阳电池在轨工作的辐照衰降，为其设计寿命提供数据。

5.3.7　热物理系数要求

太阳电池在使用过程中始终处于辐射环境中，应充分考虑不同材料之间的热收缩系数和热应力的影响与匹配。为测试砷化镓太阳电池的热物理参数，为太阳电池阵设计提供数据支持，需对太阳电池太阳吸收率和半球向辐射率进行测试。对于空间实际应用而言，太阳电池吸收系数 α_S 每上升 0.01，太阳电池阵的工作温度就会提高 1℃，温度的升高会带来输出功率的降低，所以在保证电性能的前提下必须降低太阳电池吸收系数 α_S。同时，电池吸收的太阳能，除了按效率值转换成电能外，其余最终变为热能。这些热能的大部分将向外辐射（即由电池的半球向辐射率 ε_H 的大小决定），其余小部分热能则用于电池的加热，使电池的工作温度提高，较高的工作温度将降低太阳电池的输出电压，进而导致输出功率的下降。因此，为了降低工作温度必须尽可能减少热量的发生和增加其热辐射系数。因此，在不影响太阳电池电性能的前提下，尽量减小太阳电池吸收系数 α_S 和提高半球向辐射率 ε_H，就可以减少太阳电池吸收的光并将多余的光能尽可能地转换为热量辐射出去，降低电池的温度。

一般三结砷化镓叠层太阳电池的太阳吸收率和半球发射率要求分别为：$\alpha_S \leqslant 0.92$、$\varepsilon_H = 0.84 \pm 0.03$。

5.3.8　翘曲度、弯曲度要求

太阳电池的强度和刚度需适应基板形变的要求，同时考虑到太阳电池串联焊接和贴

片工序的过程碎片,进行太阳电池翘曲度及耐弯曲能力试验。

思　考　题

(1) 结合砷化镓太阳电池的材料特性,阐述一下砷化镓太阳电池与硅太阳电池相比在空间应用方面的优势。

(2) 某一批三结砷化镓太阳电池的结构为 GaInP2/GaAs/Ge,若要提高该太阳电池的性能,在材料结构上需要做哪些改进?会起到何种效果,为什么?

(3) 对于三结叠层电池来说,一般认为 $I_{sc}=\min\{I_{sc1}, I_{sc2}, I_{sc3}\}$。$I_{sc1}$、$I_{sc2}$、$I_{sc3}$ 分别为三个子电池的短路电流。对某一片电池来说,三个子电池短路电流分别为 16.8 mA/cm^2、16.0 mA/cm^2 和 30.0 mA/cm^2。整体电池测试时,I_{sc} 为 16.6 mA/cm^2。测试误差为 $\pm1\%$。请解释产生该测试结果的原因。

(4) 阐述三结砷化镓太阳电池器件工艺中哪些工序在什么情况下会造成开路电压和短路电流的变化。

(5) 举出几种常用于太阳电池的Ⅲ-Ⅴ族材料,列出其晶格常数及禁带宽度。

(6) 在结构类型上砷化镓太阳电池分为哪几种?

(7) 阐述一下三结叠层太阳电池由上至下材料选择的基本原则。

(8) 造成硅太阳电池和砷化镓太阳电池厚度差异的基本原因是什么?

(9) 举出几种外延方法。

(10) 简述 MOCVD 生长材料的主要步骤。

(11) 画出三结砷化镓太阳电池制造的流程图。

第6章 太阳电池板制造及装配

6.1 引言

太阳电池板，是光伏发电系统中的核心组成部分，其作用是利用太阳电池的光伏效应将太阳光的辐射能量转化为电能，既可以直接为负载供电，也可以通过充电控制器同蓄电池连接，将电能存储起来。在地面应用中，太阳电池板又称为太阳电池组件或光伏组件。由若干太阳电池板按一定的机械和电气方式组装在一起，有固定的支撑结构而构成的直流发电单元称为太阳电池阵。根据使用要求不同，可将太阳电池阵分为地面用太阳电池阵和空间用太阳电池阵两大类，使用环境的不同也决定了太阳电池板的结构和组成也不同。地面太阳电池阵需要能够经受各种与地面气候有关环境的影响，例如，防风、防水、防冰雹冲击、防盐雾、紫外辐照等；空间太阳电池阵需要能够承受各种空间环境的影响，例如，真空、原子氧、等离子体、高低温交变、高能带电粒子辐照、紫外辐照、微流星及空间碎片等。太阳电池板的质量和成本是整个光伏发电系统质量和成本的决定因素。

空间太阳电池阵一般由太阳电池电路、基板、连接架、驱动、压紧及展开机构等部分组成，其作为航天器供电电源首次在1958年3月17日美国发射的“先锋一号”卫星上得到应用，开创了太阳电池阵空间应用的新阶段。在国内，1971年3月我国发射的第一颗科学实验卫星“实践一号”上成功使用了我国自行研制的硅太阳电池阵。目前，航天器的主电源仍以太阳电池阵为主，广泛应用在近地轨道的对地观测卫星、气象卫星、科学试验卫星、载人飞船以及中高轨道的导航卫星、通信卫星、气象卫星等，也在月球探测、火星探测、小行星探测等深空探测领域得到广泛应用。空间太阳电池阵的分类按航天器上的安装方式通常分为体装式太阳电池阵和展开式太阳电池阵。体装式太阳电池阵是安装在航天器外壳上的太阳电池阵，外壳形状可以是圆柱体、圆锥体、多面体，其太阳电池温度环境和辐照环境好，但有效光照面积小、输出功率低；展开式太阳电池阵是安装在航天器外伸结构上的太阳电池阵。展开式太阳电池阵就其构造又可分为卷式太阳电池阵和折叠式太阳电池阵，前者使用前被卷在一个滚筒或滚轴上，后者则在使用前被折叠在一起，二者使用时可伸展成一个较大面积的太阳电池阵。展开式太阳电池阵同体装式相比，相同面积的太阳电池阵的输出功率明显增加。展开式太阳电池阵按照对日定向方式分为定向式和不定向式两种。对日定向可以使太阳电池阵获得最大的功率输出，但驱动机构较为复杂。定向式太阳电池阵又可分为单轴定向太阳电池阵和双轴定向太阳电池阵。前者采用单轴转动方式来跟踪太阳，这种方式不能很精确地跟踪太阳，为了尽可能地跟踪太阳可在安装时预设一个安装角；后者用两个不同方向的轴的转动来跟踪太阳，这种方式可以准确地跟踪太阳，从而获得最大输出功率。定向式太阳电池阵中还有一种是太阳电池阵和航天器刚性连接在一起，通过航天器的姿态控制使太阳电池阵对日定向。安装有聚光器的太阳电池阵称为聚光太阳电池阵。它是通过利用反射镜或透射镜增加照射到太阳电池上的太阳光,达到增加太阳电池阵的输出功率的目的。聚光太阳电池阵可以减小太阳电池阵的面积,从而降低研制成本。一般应用的太阳电池阵都是无聚光器的太阳电池阵。衡量空间太阳电池阵性能好坏的主要指标有输出功率、工作寿命、质量比功率、面积比功率、收拢体积比功率和可靠度,其中质量比功率、面积比功率和收拢体积比功率直接反映了太阳电池阵的技术水平。

地面太阳电池阵一般由太阳电池组件、防逆流二极管、旁路二极管、连接电缆、直流接线箱、直流防雷配电箱和固定支架等部分组成,为了防止鸟粪等玷污太阳电池组件表面引起"热斑效应",还需要在顶端安装驱鸟器。地面太阳电池阵的应用起始于20世纪50年代。直到70年代,人们逐渐认识到地球矿物的资源有限,开始了大规模推动光伏技术的应用。当前,光伏发电系统已经广泛应用于工业、农业、科技、国防及人民生活的方方面面,例如,无人值守的通信站、农村程控电话、士兵定位终端供电、道路信号灯、路灯、航标灯灯塔、石油钻井平台生活及应急电源、大型光伏电站、光伏建筑一体化并网发电系统等,预计到21世纪中叶,太阳光伏发电将成为重要的发电方式,在可再生能源结构中占有一定的比例。地面光伏发电系统按大类可分为独立光伏发电系统和并网光伏发电系统两类,其中独立光伏发电系统又可分为直流光伏发电系统和交流光伏发电系统以及交、直流混合光伏发电系统。并网光伏发电系统也分为有逆流光伏发电系统和无逆流光伏发电系统。地面太阳电池组件种类较多,根据太阳电池的类型不同可分为晶体硅(单晶硅、多晶硅)太阳电池组件、非晶硅薄膜太阳电池组件及砷化镓太阳电池组件等;按照用途的不同可分为普通型太阳电池组件和建材型太阳电池组件,其中建材型太阳电池组件又分为单面玻璃透光性光伏组件、双面夹胶玻璃光伏组件和双面中空玻璃光伏组件。地面太阳电池组件主要的性能参数有短路电流、开路电压、峰值电流、峰值电压、峰值功率、填充因子和转换效率。

由于空间太阳电池板和地面太阳电池板的结构不同,也就决定了两者的制造工艺流程和工艺方法也不同,本章重点对两类太阳电池板的制造及装配技术进行介绍。

6.2 刚性太阳电池板的结构和性能

6.2.1 刚性太阳电池板结构

太阳电池板的核心的部件是太阳电池,除此之外,还包括用于串并联连接的互连元件、用于环境防护的封装材料、起到供电安全作用的二极管元件和提供支撑的结构部件。下面以中巴资源卫星用刚性太阳电池板和地面用平板式太阳电池组件为例来介绍太阳电池板的结构组成。

空间用刚性太阳电池板由太阳电池电路和基板两大部分组成,结构示意图如图6.1所示。基板提供结构支撑,太阳电池电路实现太阳电池板的功率输出。太阳电池基板采用碳纤维/铝蜂窝复合结构形式,具有刚性好、质量小的特点。太阳电池电路是由贴有抗辐照玻璃盖片的太阳电池以及引出电缆、接插件等部分组成,太阳电池通过黏结剂粘贴在基板上。空间太阳电池板的实物照片如图6.2和图6.3所示。

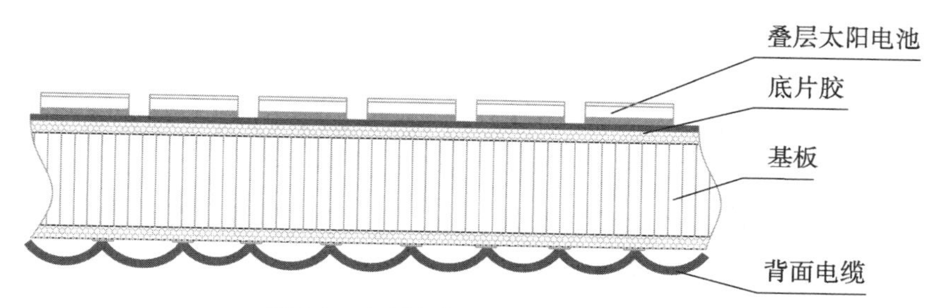

图 6.1　空间太阳电池板组成示意图

图 6.2　空间太阳电池板实物照片(正面)

图 6.3　空间太阳电池板实物照片(背面)

1) 基板

刚性太阳电池阵的基板是由铝蜂窝/碳纤维/黏结剂复合而成的多层结构,其结构示意图如图 6.4 所示。铝蜂窝夹芯面板有铝箔、Kapton 纤维和碳纤维复合材料等,其中以碳纤维复合材料做面板的刚性基板最轻,面密度为 1.0～1.3 $kg \cdot m^{-2}$。在基板表面需粘贴一层聚酰亚胺膜,以满足太阳电池与基板间的电绝缘要求。刚性基板具有结构简单可靠,刚度较大,对空间粒子有一定的屏蔽效应,易于实现热控措施等优点。以中巴资源卫星为例,基板尺寸为 2 581 mm×1 755 mm,厚度为 22 mm,主要由高模量碳纤维/环氧网格面板、超薄铝蜂窝夹芯、薄壁网状槽形截面碳纤维/环氧边缘件、钛合金压紧点加强件、碳纤维/环氧拐角连接件以及聚酰亚胺薄膜等胶接而成,钛合金压紧点加强件、碳纤维/环

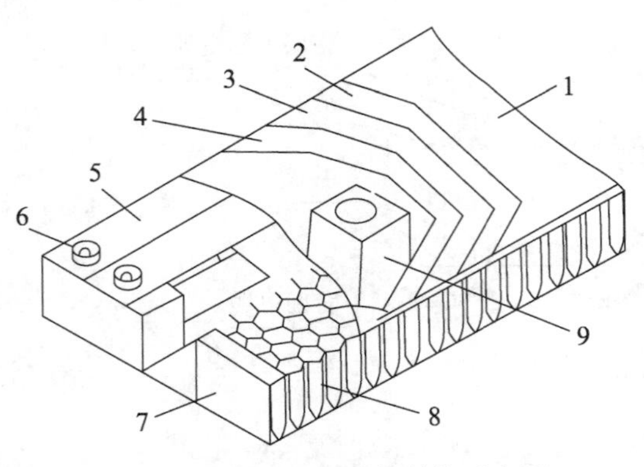

图 6.4 空间太阳电池板结构示意图

1. 聚酰亚胺薄膜;2. 碳纤维/环氧网格面板;3. 碳纤维/环氧面板加强件;4. 胶膜;5. 碳纤维/环氧拐角加强件;6. 聚酰亚胺衬套;7. 碳纤维/环氧边缘件;8. 铝蜂窝夹芯;9. 钛合金帆板压紧点加强件

氧拐角连接件和铰链连接件等镶嵌在铝蜂窝夹芯中,并与面板胶接在一起,将发射、展开锁定、姿态机动等引起的载荷传递到基板的夹层结构中去。

(1) 铝蜂窝夹芯。铝蜂窝夹芯是基板的重要组成部分,需要承受剪切应力的作用。目前在太阳电池基板设计中以正六角形芯格使用最为广泛,为了有效排出挥发逸出物,使蜂房内腔和外界的压力平衡,需要在蜂窝上打孔,如图 6.5 所示。制造时使用夹心胶将成形好的铝箔黏接在一起,夹芯胶应具有足够的节点胶接强度、低挥发份含量和优异的工艺性能。中巴资源卫星太阳电池基板的铝蜂窝夹芯选用 Hexcel 公司的 CR111-3/8-5056-0007P1.01 铝蜂窝夹芯,性能如表 6.1 所示。

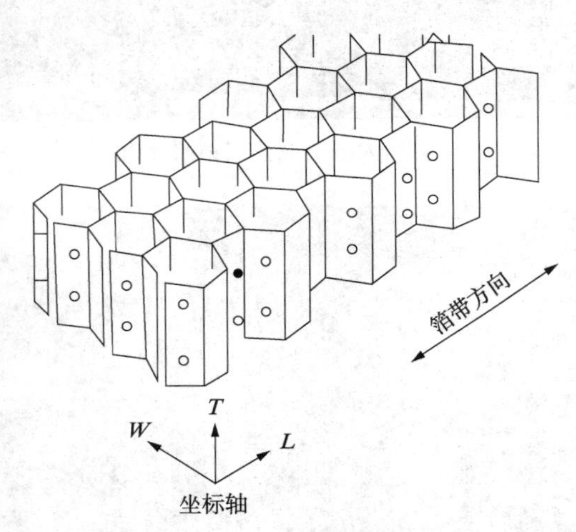

图 6.5 有孔铝蜂窝夹芯

表 6.1 铝蜂窝夹芯性能

项　目	性　能	项　目	性　能
纵向平面剪切模量/MPa	102	压缩模量/MPa	102
横向平面剪切模量/MPa	238	压塌强度/kPa	238

(2) 碳纤维面板。面板材料在基板结构中主要承受弯曲应力的作用,为了减轻结构的质量,面板应选用高比强度、高比模量的材料。在太阳电池基板中以高强度碳纤维/环氧复合材料最为常用,早期的太阳电池基板也使用过铝合金面板。在中巴资源卫星太阳电池基板上,使用了高模量碳纤维 M40-1000B 和耐低温性能好的 TDE-85 树脂,网格面板成形时在 Φ1 000×3 000 圆筒模上缠绕机编制成网格,碳纤维经树脂浸胶槽以一定的张力缠到圆筒上。网格面板格子的规格纵向间距为 5.3 mm,横向间距为 3.8 mm,网格面板尺寸为 2 581 mm×1 755 mm,面密度≤0.12 kg·m^{-2}。

（3）胶黏剂。太阳电池基板结构中胶接部位很多，例如，面板与加强板之间、端框之间、铝蜂窝夹芯与面板之间、铝蜂窝夹芯之间，以及局部加强和填充泡沫胶等，对不同的部位黏接，使用不同的胶黏剂及不同的胶接工艺。

铝蜂窝夹芯与面板之间用结构胶黏接而成，因此结构胶黏结剂是极为关键的材料，其主要要求如下。

① 能满足铝蜂窝夹层结构件高低温下的强度要求。

② 有一定的韧性。

③ 耐湿热老化性能良好。

④ 耐紫外、高能粒子辐照。

⑤ 真空下失重小于 1%，真空可凝挥发物小于 0.1%。

⑥ 固化时有一定的流动性，能自行爬升，与铝蜂窝芯形成圆角。

⑦ 呈胶膜状，厚度均匀，无溶剂，在常温下不自黏。

由于碳纤维材料同金属胶接时，两种材料的膨胀系数不同，固化温度越高，冷却后产生的热变形也越大，容易产生翘曲变形，因此适合使用中温固化的结构胶。在太阳电池基板制造中，使用较多的中温固化胶为 J－47，是以双酚 A 缩水甘油醚环氧为基体，羟基丁腈和固体丁腈橡胶为增韧剂，改性双氰胺为固化剂所组成。J－47A 为无溶剂结构胶，用于铝合金与碳纤维复合材料及碳纤维复合材料之间的胶接；J－47B 用作底胶；J－47C 为无溶剂不浸胶瘤的蜂窝结构胶；J－47D 为泡沫胶。J－47 胶的黏接性能如表 6.2～表 6.6 所示。

表 6.2　J－47 胶接剂对不同材料的胶接强度

胶接剂＼材料	铝合金	钛合金	不锈钢	碳纤维/环氧
J－47A 胶接强度/MPa	36.4	33.5	32.8	20.3
J－47C 胶接强度/MPa	37.8	32.9	36.8	—

表 6.3　不同温度下 J－47 胶接剂的胶接强度

胶接剂＼温度	－196℃	－150℃	－100℃	20℃	120℃
J－47(B+C)胶接强度/MPa	18.4	16.2	18.2	21.8	14.9

表 6.4　J－47C 胶接剂的湿热老化性能(100℃、相对湿度 95%以上)

性能＼时间	起　始	500 h	1 704 h	3 000 h
100℃剪切强度/MPa	24.2	26.1	19.3	—
剪切强度下降率/%	—	—	20	—
90℃剥离强度/MPa	57.8	54.9	51.9	49
剥离强度下降率/%	—	5	10	15

表 6.5　J－47A 胶接剂的耐辐照性能

性能＼辐照剂量	起　始	辐　照　后	
		1×10^5 Gy	1×10^8 Gy
剪切强度/MPa	29.8	29.7	29.5

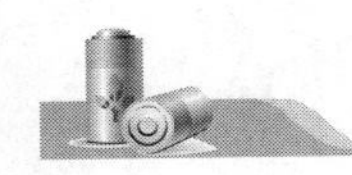

泡沫胶既有胶接作用,又有对间隙起到填充的作用,因此在太阳电池基板的铝蜂窝夹芯拼接、铝蜂窝夹芯的局部加强、铝蜂窝夹芯与预埋件之间的黏接、铝蜂窝夹芯与端框之间黏接等部位均需使用泡沫胶。泡沫胶一般呈带状和颗粒状,在基板制作中多用J-47D泡沫胶,其性能见表6.6。

表6.6　J-47D泡沫胶的主要性能

项　　目	性　　能	项　　目	性　　能
视密度/g·cm^{-3}	0.5	流淌/mm	5～6
管剪强度/MPa	4.9	膨胀比/%	2.5～3

(4) 聚酰亚胺膜。基板表面的聚酰亚胺薄膜主要起到太阳电池与碳纤维面板之间的绝缘作用,中巴资源卫星上使用的聚酰亚胺薄膜为Dupont公司的Kapton薄膜,性能如表6.7所示。聚酰亚胺薄膜的黏接要求平直、无凸起,粘贴后的绝缘性能大于10 MΩ(250 V)。系列胶或Redux 312胶作蜂窝夹芯与碳纤维/环氧网格面板的主结构胶,常使用的胶黏剂为sat-4胶,其性能如表6.8所示。

表6.7　聚酰亚胺薄膜性能

项　　目		性　　能
电阻率/(Ω·cm)		10^{18}
热导率/(W·(cm·℃)$^{-1}$)		1.55×10^{-3}
热膨胀系数/℃$^{-1}$		2×10^{-5}
太阳吸收率 α_s		0.35
半球辐射率 ε_H(25℃)		0.61
出气率/%	TML	1.3
	CVCM	0.02

表6.8　sat-4胶的剪切强度

条　　件	剪切强度/MPa
室温	11
+70℃	8.7
-170℃	8.45
-196～+70℃冷热交变7次	11.2

2) 太阳电池电路

空间太阳电池板的电路部分是由太阳电池、抗辐照玻璃盖片、互连片、盖片胶、底片胶、电缆、接插件等部分组成,太阳电池是核心元件。首先在单体太阳电池上焊上互连片,再用盖片胶黏结剂粘贴上抗辐照玻璃盖片而形成叠层太阳电池(cover integrated cell, CIC),其结构示意图见图6.6;然后叠层太阳电池再通过一定的串并联连接组成满足设计所需输出电压和电流要求的太阳电池组件;使用底片胶黏结剂将太阳电池组件粘贴在基板上,通过引出线将太阳电池组件的输出端引至基板背面的接插件中,通常情况在基板背

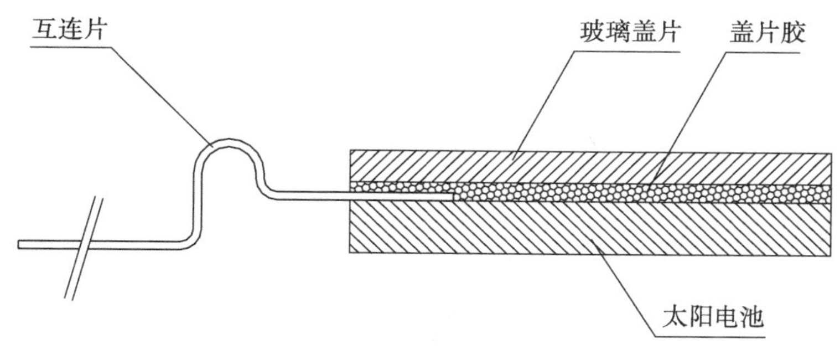

图6.6　叠层太阳电池结构示意图

面还需安装太阳电池电路同母线隔离的隔离二极管。

(1) 太阳电池。单体太阳电池是组成太阳电池阵的基础,正确合理地选择单体太阳电池对太阳电池阵的设计至关重要。选择单体太阳电池的基本原则是选取性能优良、技术成熟、能批量生产并经过飞行验证的电池。对水平先进,技术、工艺尚不成熟的新型高效太阳电池必须进行搭载试验,经过飞行考核验证后方可选用。

单体太阳电池关键的技术参数主要有光电转换效率、抗辐照能力、开路电压、短路电流、填充因子等电性能指标。目前,用于空间太阳电池阵的太阳电池主要有硅太阳电池、单结砷化镓太阳电池和三结砷化镓太阳电池。单体硅太阳电池从常规结构电池发展到紫光电池、背场太阳电池、绒面电池、背反射电池、背场背反射电池、背栅电池,光电转换效率不断提高。日本 NASDA 在 1999 年发射的大型地球观测卫星 ADEOS-Ⅱ上使用了 SHARP 公司开发的效率为 16.7%的高效硅太阳电池。化合物太阳电池也逐步从研究阶段发展到了大规模的空间应用。目前,GaAs/Ge 单结太阳电池的典型效率已达到 20%(AM0,135.3 $mW \cdot cm^{-2}$);$GaInP_2$/GaAs 双结太阳电池的典型效率已达到 25.7%(AM0,135.3 $mW \cdot cm^{-2}$);三结太阳电池典型效率为 30%(AM0,135.3 $mW \cdot cm^{-2}$)。自 2002 年美国 Spectrolab 平均效率高达 26.5%的三结 $GaInP_2$/GaAs/Ge 太阳电池首次成功地应用于 Galaxy IIIC 卫星起,目前已大批量生产并广泛应用的三结电池的平均效率已达 30%。在欧洲,德国 RWE 公司生产的三结 $GaInP_2$/GaAs/Ge 太阳电池平均效率已达 30.0%,已成功应用于数颗卫星。

(2) 抗辐照玻璃盖片。玻璃盖片的主要作用是降低空间辐射环境对太阳电池的影响,同时起到增加光透射到太阳电池表面的作用,在太阳电池阵的组装过程中还可以起到保护太阳电池免受机械损伤的作用。太阳电池阵在轨运行时,玻璃盖片还可以提高太阳电池热辐射能力,以降低太阳电池的工作温度,从而使太阳电池获得较高的光电转换效率,提高太阳电池阵功率输出能力。用于空间太阳电池阵的抗辐照玻璃盖片材料性能包括抗带电粒子和紫外滤光的能力、密度、透过率(波长约为 300～1 100 nm 范围内)、红外发射率、热膨胀系数、脆性以及可加工性。最常用的玻璃盖片是熔融石英盖片和掺铈玻璃盖片。

熔融石英是一种合成的、无色的、高度透明的二氧化硅玻璃,它几乎不含杂质,而紫外等级的熔融石英更是完全不含杂质,因此不必担心杂质在经受紫外或带电粒子辐照后产生导致透射损伤的色心。由于熔融石英的热膨胀系数很低,因此它能经受剧烈的热冲击而不会发生破裂。但由于熔融石英的光透射波段宽,导致透过的紫外线将引起盖片胶的暗化,因此必须在熔融石英盖片内表面涂紫外反射层。掺铈玻璃是在玻璃成分中加入少量的氧化铈,它可以防止玻璃在受到紫外和带电粒子辐射后形成色心。厚度为0.1 mm的掺铈玻璃能吸收波长小于350 nm的紫外光,所以需要涂紫外反射层。玻璃盖片的基本性能如表6.9所示。

表6.9 抗辐照玻璃盖片的主要性能

项　目		参 考 值
光学性能	截止波长/nm	≤330(透过率≤1%)
	光谱透过率(空中垂直入射)	400 nm:≥88% 450 nm:≥90% 500～1100 nm:平均≥90%
比例/($g\cdot cm^{-3}$)		2.51～2.58
折射率 Nd		1.51～1.53
线性膨胀系数 α/℃$^{-1}$		90×10^{-7}(20～120℃平均值)
太阳吸收率 α_S		0.04±0.01
半球辐射率 ε_H		0.80±0.02

为了更大限度地减少玻璃盖片正面的反射损失,需要在外表面涂敷减反射的材料,通常用真空蒸发一层MgF_2膜作为增透膜,减反射膜的厚度通常为太阳电池在AM0光谱下光谱响应峰值波长的1/4,这样可以使表面的反射损失从约3%减少到2%。

(3) 盖片胶。盖片胶是用作抗辐照玻璃盖片同太阳电池之间的黏接,除求具有一般黏结剂的物化性能外,还要求高透明、耐辐照、耐紫外、真空热失重小、耐高低温交变冲击。国内卫星及飞船的太阳电池阵上使用的用于粘贴抗辐照玻璃盖片的盖片胶有两种,一种是双组分的缩合型室温硫化硅橡胶,通过加入适量的催化剂即可固化,但属于普通的商品级硅橡胶,热真空失重约为3%,脆化温度为－60℃,远达不到空间级热真空失重<1%和耐空间辐照环境使用的要求,而且固化体积收缩较大;另一种是空间级加成型的双组分硅橡胶(KH－STS－1),除了能满足热真空失重和空间环境使用的要求,在室温下或中温加热条件下均可以很好固化,脆化温度为－110℃。美国的DC－93500和德国的RTV－S695被认为是最好的空间级透明硅橡胶,它们的失重约为0.22%,现已广泛用作为太阳电池与盖片的黏结剂,但RTV－S695力学性能较低,这两种硅橡胶的脆化温度为－110℃。

盖片胶的主要性能指标如表6.10所示。

表6.10 盖片胶主要性能指标

项　目	参 考 值
光谱透过率	450～1 100 nm:≥92%
固化温度/℃	室温或不高于80

续表

项　　目		参　考　值
黏度/(mPa·s)		2 000～6 000
脆化温度/℃		<-110
比例/(g·cm^{-3})		1.1～1.2
折射率 Nd		1.40～1.41
太阳吸收率 α_S		0.04±0.01
半球辐射率 ϵ_H		0.80±0.02
出气率/%	TML	≤1
	CVCM	≤0.1
耐电子辐照		经 1×10^6 eV 能量，1×10^{15} e·cm^{-2}通量辐照后透光率变化不大于 2%
耐紫外辐照		经 11 000ESH 紫外辐照后，透光率变化不大于 2%

(4) 互连片。互连片是叠层太阳电池中的一个重要元件。在太阳电池阵中把各个单片太阳电池串联或并联起来的导电元件称为互连片。互连片可以简单地由一根导线组成，但一般都用金属网格和刻蚀或冲剪成形的金属条构成。互连片的功能就是在太阳电池阵的规定运行寿命内把各个电池产生的电能传导到太阳电池阵的输出电缆上，因此要求互连片必须导电性好、耐温度交变、耐振动、冲击性能好、可靠性高。对某些航天器的太阳电池阵还要求互连片材料采用非磁性材料或原子序数低的金属制成，或要求互连片具有可卷性或可折叠性，某些情况下还要求具有抗原子氧腐蚀能力。

互连片材料的选择是一个复杂的问题，它要选用既要电导率高又要热膨胀系数低的材料，但这种材料实际上是不存在的。因此在选择材料时只能综合考虑，经测试下述材料均能满足在恶劣的温度交变条件下长期工作：① 退火的无氧铜(无镀层或镀银)；② 退火的纯银箔；③ 退火的镀银可伐合金；④ 退火的镀银殷瓦合金；⑤ 退火的无镀层或镀银纯铝；⑥ 退火的镀银钼带；⑦ 退火的镀银或焊锡的铜铍合金。

空间用硅太阳电池要受到各种与温度有关的机械应力的影响。在一定的时间内，可能引起太阳电池阵输出功率的衰降，在较高温度(100℃以上)下会产生蠕变，而在较低温度(−100℃)下会引起太阳电池的破裂，这些都可能导致太阳电池阵的焊点发生开路失效。即使是在不太恶劣的工作温度范围内，由于太阳电池阵周期性的温度交变也会引起大的交变应力而致使太阳电池的互连片及其焊点发生疲劳破裂。因此，必须在互连片和太阳电池接点处形成一个伸缩环，常称为减应力环(图 6.6)，这样在温度交变时，可以减少互连片和太阳电池接点的应力，避免出现太阳电池互连故障。

(5) 底片胶。底片胶用于太阳电池同基板之间的黏接，在航天器发射和在轨运行过程中起到固定太阳电池的作用。由于太阳电池板在空间运行过程中要经历高低温交变的环境，因此底片胶会承受不同程度的剪切应力。由于硅橡胶有耐高低温、耐辐照、耐原子氧、绝缘性能好、温度变化对力学性能影响小等许多优异性能，太阳电池阵上使用的底片胶一般选择硅橡胶黏结剂。底片胶的主要性能指标如表 6.11 所示。

表6.11 底片胶的主要性能指标

项目		参考值
固化温度/℃		室温或不高于80
黏度/(mPa·s)		6 000~10 000
拉伸强度/MPa		>2
剪切强度(铝对聚酰亚胺)/MPa		>2
剥离强度(铝对聚酰亚胺)/($N \cdot cm^{-1}$)		>15
比例/($g \cdot cm^{-3}$)		1.1~1.2
出气率/%	TML	≤1
	CVCM	≤0.1
适应工作温度范围/℃		−165~+100

(6) 旁路二极管。在光照期间,太阳电池阵中受到遮挡的太阳电池可能会由于高反向电压而受到过量的加热,形成所谓的"热斑"。如果太阳电池在12 min或更长时间受到超过15 V的反向电压,电池的功率输出可能发生一定的永久性损失,当太阳电池经受高温、高反向偏压和高功耗的综合作用时,可能发生永久性短路失效,如果安装旁路二极管就可以限制这种有害的高反向偏压。

在太阳电池阵中应用的旁路二极管,可最大限度地减小局部"阴影"下太阳电池阵的输出损失,并且避免出现"热斑",保护太阳电池阵。在阳光受到部分遮挡的太阳电池阵上,它的功率下降的比率远大于根据遮挡面积算出的百分比。在得到完全照射的太阳电池阵中,如果有的太阳电池开路失效(如太阳电池断裂、互连片断裂等),它的结果将等于太阳电池阵受到部分遮挡时引起的功率下降。

旁路二极管连接在单片太阳电池、太阳电池组件并联条的两端,它和太阳电池反向连接。当太阳电池组件没有受到遮挡时,旁路二极管处于反向偏置。如果有电池被遮挡或破裂,则流过该电池所在并联条的电流就要受到限制。此时这个并联条就自动地变成反向偏压,而旁路二极管变成了正向偏压,并开始导电,保证了正常的流通。尽管因为旁路二极管两端出现的电压降会降低输出能力,但和不接旁路二极管引起的输出损失相比可减少许多损失。

目前应用于空间太阳电池阵的旁路二极管有:① 常规封装的整流二极管;② 不封装的二极管芯片;③ 与太阳电池组成整体的集成二极管太阳电池。

选用旁路二极管主要考虑它的体积和在太阳电池阵的安装位置,常规封装的整流二极管由于体积较大,影响了它在太阳电池阵上作为旁路二极管的应用,因为一般太阳电池阵的安装表面很难容得下这种体积较大的二极管,也可以把不封装的二极管芯片放到太阳电池的背后,这样可以不占用粘贴太阳电池的任何位置,对提高太阳电池板光照面积利用率非常有利。整体二极管太阳电池是在太阳电池表面的角上做成一个二极管,因为是和太阳电池用同一工艺制作的,所以对提高可靠度极为有利,缺点是占用了一点太阳电池的活性面积。

旁路二极管的主要性能要求如表6.12所示。

表 6.12　旁路二极管的主要性能要求

项　　目	参　考　值	
	分立式硅二极管	集成式砷化镓旁路二极管
正向压降 V_F	≤1 V@1.2I_{sc}	≤4.0 V@1.2I_{sc}
反向漏电流 I_R	≤0.01 mA@4.0 V	≤1 mA@4.0 V

注：I_{sc}为所保护太阳电池的短路电流。

（7）隔离二极管。隔离二极管起隔离太阳电池电路和母线的作用。因为未受光照的太阳电池组件相当于一串串联在一起的二极管，它们以正向导通的方式接到太阳电池阵的输出母线上。如果接到母线上的所用并联太阳电池组件不接隔离二极管，未受光照的太阳电池组件就成了一个负载，将增加太阳电池阵的功率消耗。

太阳电池阵输出与蓄电池组调节器的输出是并联在一条母线上的。在阴影期如果没有隔离二极管把太阳电池阵和输出母线隔离开，那么整个太阳电池阵就成为蓄电池组的负载，连接隔离二极管后，隔离二极管即处于截止状态。切断了太阳电池阵与蓄电池组之间的回路。

在太阳电池阵中适当地安装隔离二极管，可以防止太阳电池组件、电缆、接插件出现短路，或太阳电池组件和金属基板等结构件发生短路时，太阳电池阵不致发生严重的、甚至灾难性的故障。隔离二极管可以选用高可靠性的常规整流二极管，一般应考虑以下因素。

① 在有一定余量的工作电流和实际工作温度下二极管的正向电压降要小。

② 根据辐射后的最恶劣温度环境、叠加瞬变电压脉冲的最高母线电压以及太阳电池组件短路失效的假设条件，确定足够的反向峰值电压。

③ 选用“开路”失效模式的二极管，一方面，二极管可以并联使用，增加备份，提高可靠度，另一方面，不致使太阳电池阵发生灾难性故障。

④ 满足空间恶劣的环境条件，尤其是剧烈的温度交变后不发生灾难性机械和电性能故障。

⑤ 在允许范围内，尽可能提高稳定的工作温度，以减小二极管本身的功率损耗。

除了常规的整流二极管外（如玻璃钝化封装的整流二极管），也可以制成和太阳电池结构相似的片状整流二极管，安装时表面同样粘贴抗辐照玻璃盖片。另外，还可以直接制作在太阳电池的背面，这样可以节省二极管的安装位置，减少接点，提高可靠性。

隔离二极管在工作时由于自身的电压降，会引起能力的损失，一般约占太阳电池阵产生总能量的 2％～3％，尽管这样，隔离二极管依然是空间太阳电池阵不可缺少的重要元件，另外，由于隔离二极管的正向压降产生的热量有可能造成局部温升，其安装位置和安装方式需要慎重考虑。

隔离二极管的主要性能要求如表 6.13 所示。

表 6.13　隔离二极管的主要性能要求

项　　目	参　考　值	
	硅整流二极管	平面隔离二极管
正向压降	≤0.8 V@（0.2 A，25℃）	≤0.8@（0.2 A，25℃）
反向耐压	≥400 V@25℃	≥250 V@25℃

续表

项　　目	参　考　值	
	硅整流二极管	平面隔离二极管
反向漏电流	≤0.1 mA@(80 V,25℃)	≤0.1 mA@(80 V,25℃)
额定电流	≥1 A	≥1 A
最高结温	≥150℃	≥150℃

(8) 电缆。太阳电池阵电缆是功率收集线路的一部分,它包括电缆引线和接插件或接线头。太阳电池阵电缆设计除考虑可靠性以外最关心的就是电缆的质量。由于大多数航天器都受到质量的限制,一般都不会允许导线的尺寸大到使电缆的电压降接近于零,而是对增加的质量进行权衡,然后确定一个最大的功率损失允许值。对于输出功率为千瓦级的太阳电池阵,电缆的总功率损失控制在 10^{-2} 量级,其变化范围在 0.5%～5.0%之间。

电缆线的芯线几乎无例外的使用铜导线。常用多股绞合线,而较少使用单股导线。电缆线护套用的绝缘材料必须能耐带电粒子和紫外辐射环境,还必须有低的放气特性。常用的绝缘材料有聚乙烯和聚酰亚胺,前者工作温度较低,可用电热方法剥离线头。聚乙烯安装线护套一般为白色,如在舱外使用为防止紫外辐射要制成黑色护套。后者工作温度高达 250℃,耐辐射性能好,适用于航天器舱外应用,缺点是剥离线头必须用机械方法,操作不当易使芯线受伤,聚四氟乙烯工作温度亦较高,缺点是不耐辐射,不宜用于舱外,但是聚四氟乙烯丙烯(FEP)工作温度较高,而且耐辐射性能也好,常用作电缆绝缘护套材料。

太阳电池阵的电缆中除用圆线芯的安装线以外,还可以用特制的扁平电缆敷设在太阳电池阵背面。体装式太阳电池阵也可以应用环氧覆铜箔布,用化学蚀刻的方法制成一定图形的电缆条,直接黏结在壳体内壁作为太阳电池阵的母线,不仅不需要预设许多紧固件和绑扎固定导线,而且便于隔离二极管的安装。选用电缆线时,除要计算导线的功率损失,选取导线截面积,还要考虑导线的载流能力,尤其是在空间的真空环境中应用,必须考虑由于电流引起导线温度升高的问题,在导线截面积选取时留有必要的安全系数。

国内空间太阳电池板上的电缆一般选用 Raychem 公司的宇航级导线,绝缘层采用为耐辐照四氟乙烯(ETFE)共聚物材料,具有良好的耐紫外辐照、抗潮湿、耐摩擦、抗化学腐蚀、阻燃性等优点,其主要性能如表 6.14 所示。我国东三平台多数卫星上使用瑞典 Habia H-ZT 导线,其主要参数对比如下表 6.15 所示。

表 6.14　Raychem 公司的宇航级导线主要性能参数

项　　目	55/0112-26-9	55/0112-24-9	55/0112-22-9	55/0112-20-9	55/1112-26-9-9
类型	单层绝缘单根基本型				单根屏蔽型
导体材料	铜镀银				
额定温度/℃	−65～+200				
抗拉强度/(N·mm⁻²)	35				
耐受电压/V	600				

续表

项　　目	55/0112-26-9	55/0112-24-9	55/0112-22-9	55/0112-20-9	55/1112-26-9-9
收缩率/%	<1				
介电常数	2.7(1 kHz,ASTM D150)				
耐热性	200℃,10 000 h				
抗辐照剂量/Gy	5×10^6				
导体股数	19/0.102 mm	19/0.127 mm	19/0.16 mm	19/0.203 mm	19/0.102 mm
标称外径/mm	0.81	0.94	1.09	1.27	1.71
最大质量/($g\cdot m^{-1}$)	2.08	2.98	4.17	6.40	6.85
负载电流*/A	5.5	7.5	10.0	13.0	5.5

注：在 40℃的自由空气下,单根电缆温度升高 60℃时的负载电流。

表 6.15　Raychem 公司 55/导线和瑞典 Habia 导线主要性能对比

导　　线	导体材料	耐受电压/V	工作温度/℃	抗辐照剂量/Gy	导体股数
Raychem 55/导线	镀银铜丝	600	−65～+200	5×10^6	19
Habia H-ZT 导线	镀银铜丝	250	−65～+150	1×10^6	19

(9) 电连接器。太阳电池板上的电连接受到太阳电池阵收拢时板间距的限制,一般选用扁平式电连接器。目前,国内航天器太阳电池阵的板上电连接器多数选用 Raychem 公司的 MTC 系列宇航级产品。该类型电连接器具有结构紧凑、拆卸方便、环境密封性好等优点,并配套有焊接套管、外壳、尾夹等标准配件,还提供专用的工具,如拆卸插片、插针取送工具、热风枪、安装夹具、加热器、专用对接螺丝刀等。MTC 系列电连接器的主要性能参数如表 6.16 所示。

表 6.16　MTC 系列电连接器的主要性能参数

项　　目	性　能　参　数
介质耐压/V	600
额定电流/A	5/针
最高接触对温度/℃	150

(10) 其他黏结剂。在太阳电池板的正背面均敷设有电缆线,在太阳电池背面还需要安装电缆固定夹,因此需要用到固定导线用的固封胶、黏接固定夹的硅橡胶以及用于金属部件同基板导通的导电胶。常用的固封胶有底片胶、GD414C 硅橡胶,导电胶常用 DAD-40 导电胶黏结剂,其主要性能如表 6.17、表 6.18 所示。

表 6.17　GD414C 硅橡胶主要性能参数

项　　目	性　　能
表面硫化时间/min	30～120
硫化后拉伸强度/MPa	≥3.9

续表

项目		性能
硫化后伸长率/%		≥300
硫化后剪切强度(铝对铝)/MPa		≥1.5
硫化后撕裂强度/($kN\cdot m^{-1}$)		≥12
硫化后介电强度/($MV\cdot m^{-1}$)		≥15
热导率/[$W\cdot(m\cdot ℃)^{-1}$]		≥0.2
出气率/%	TML	≤1%
	CVCM	≤0.1%

注：表中数据引自《Q/20194000－7·136－2008 GD414C 低放气率单组分室温硫化硅橡胶》。

表 6.18 DAD－40 导电胶黏结剂主要性能参数

项目	性能
不挥发物含量/%	≥95.0
体积电阻率/($\Omega\cdot m$)	≤1.0×10^{-5}
拉伸剪切强度/MPa	≥4.90@(23±2)℃

注：表中数据引自《Q/GHAE 14－2011 DAD－40 导电胶黏剂》。

6.2.2 刚性太阳电池板性能

衡量太阳电池板性能好坏的主要指标有输出功率、质量比功率、面积比功率。另外，表观质量、绝缘性能、电接口的正确性也是重要技术指标。

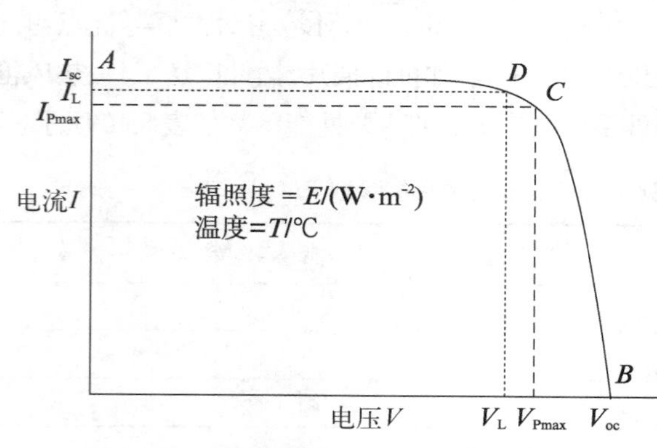

图 6.7 太阳电池电路的 $I-V$ 曲线示意图

太阳电池组件或太阳电池电路输出电性能最直接的表征是光照条件下的 $I-V$ 曲线，它直接反映了太阳电池板的输出功率，如图 6.7 所示。$I-V$ 曲线的纵坐标为电流，横坐标为电压，可以从 $I-V$ 曲线上得到的电性能参数：短路电流 I_{sc}、开路电压 V_{oc}、最大功率 P_{max}、规定的负载电压 V_L下的负载电流 I_L。

6.3 半刚性太阳电池阵的构型和性能

6.3.1 半刚性太阳电池阵构型

半刚性太阳电池阵是一种介于刚性太阳电池阵和柔性太阳电池阵之间的一种太阳电池阵，通常采用绷弦式的基板结合刚性太阳电池的模块组成的，如图 6.8 所示。这种太阳电池阵常应用于俄罗斯的航天器。

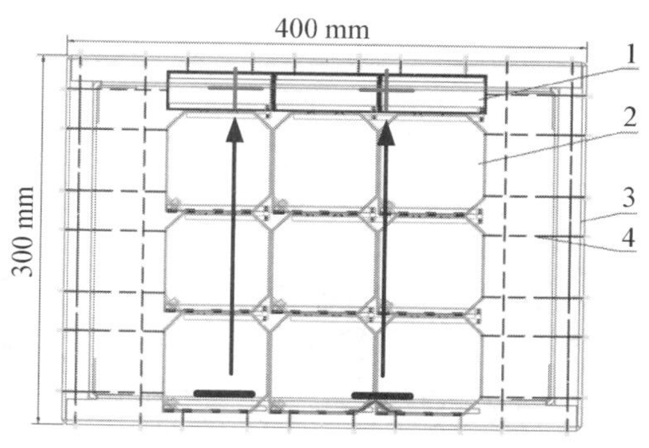

图 6.8　半刚性太阳电池结构示意图

1. 汇流条；2. 太阳电池；3. 基板；4. 绷弦

俄罗斯和平号空间站半刚性大面积太阳电池阵见图 6.9，MIR 空间站使用的是拉网式的半刚性太阳电池阵，截止到 1995 年，主舱和各个实验舱共装有 12 个展开式太阳电池翼，其中两个翼使用了单结砷化镓太阳电池板，其余均使用硅太阳电池。

和平号的半刚性单结砷化镓太阳电池阵，使用了挂钩式的组装形式，其示意如图 6.10 所示。电池模块的前后玻璃盖片都进行了减薄。电池模块的背面镶有镀银铜条，把铁质挂钩焊于铜条上，挂钩从四个方向扣在网格上。整个电池阵的布片率达到 0.93。除了 MIR 号空间站，俄罗斯还有其他卫星采用半刚性太阳电池阵，如图 6.11 所示。

图 6.9　俄罗斯和平号国际空间站

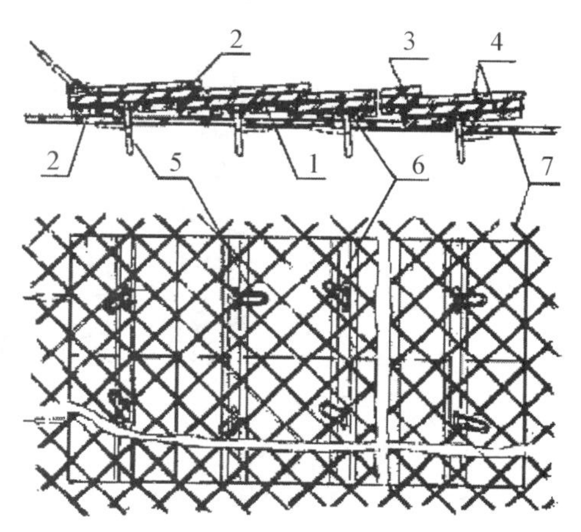

图 6.10　挂钩式半刚性太阳电池阵

1. GaAs 太阳电池；2. 硼酸（2%锗）玻璃盖片；3. 铜镀银焊带；4. 硅胶；5. 固定扣；6. 铜带；7. 玻璃纤维衬底

半刚性太阳电池的核心是半刚性基板、半刚性太阳电池模块及其钩挂结构（通常采用固定钉形式），如图 6.12 所示，半刚性太阳电池模块采用双面玻璃盖片进行封装，封装后的总厚度不超过 0.5 mm。半刚性太阳电池基板采用碳纤维边框结合复合玻璃纤维绷弦方式，如图 6.13 所示。半刚性挂钩直接安装于半刚性太阳电池模块背后，如图 6.14 所示，数量可根据使用环境选择，确保其使用过程中提供足够的结合力。

图 6.11　俄罗斯大型对地观测卫星和大型通信卫星采用的半刚性太阳电池阵

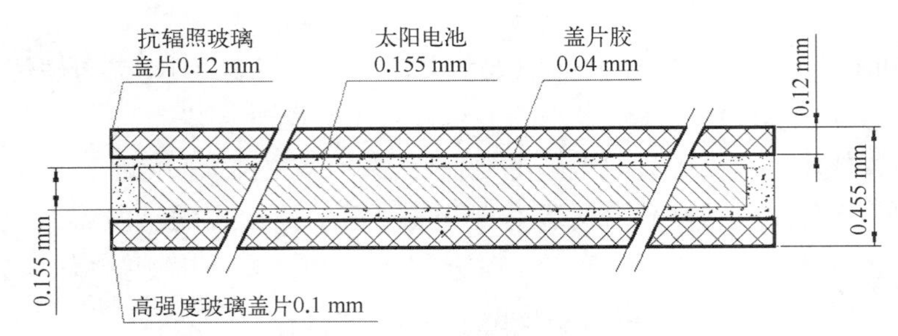

图 6.12　半刚性太阳电池模块

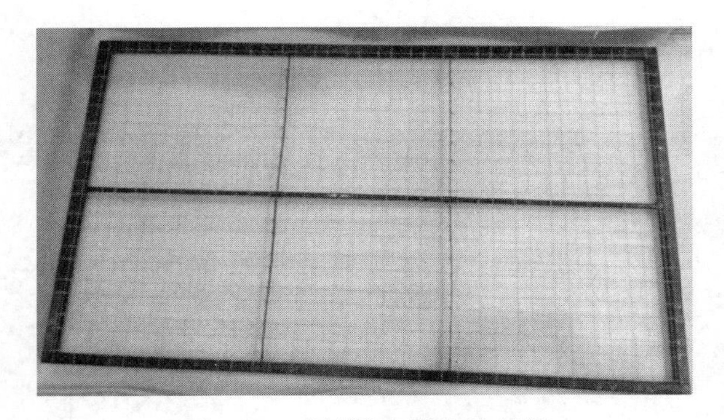

图 6.13　半刚性太阳电池基板

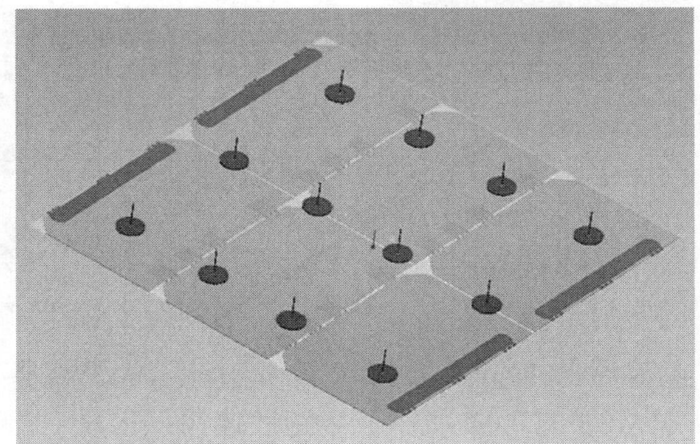

图 6.14　半刚性太阳电池阵连接挂钩

6.3.2　半刚性太阳电池阵性能

半刚性太阳电池阵的发电性能也是用 $I-V$ 曲线来表征，这和刚性太阳电池阵的性能表征是类似的，此处不再赘述，详细参见 6.2.2 部分描述。

不同于刚性太阳电池阵的是由于其基板是绷弦式的，太阳电池阵的力学响应特性较为复杂，所以半刚性太阳电池板的力学响应是半刚性太阳电池板的重要性能之一。

本小节内容以我国某半刚性太阳电池阵的力学响应分析为例进行说明。其主要工作是通过仿真对太阳电池模块进行了模态分析，分析各阶模态的振形、频率。局部结构、结构模型如图 6.15 所示。模型前 4 阶模态分别如图 6.16 所示。

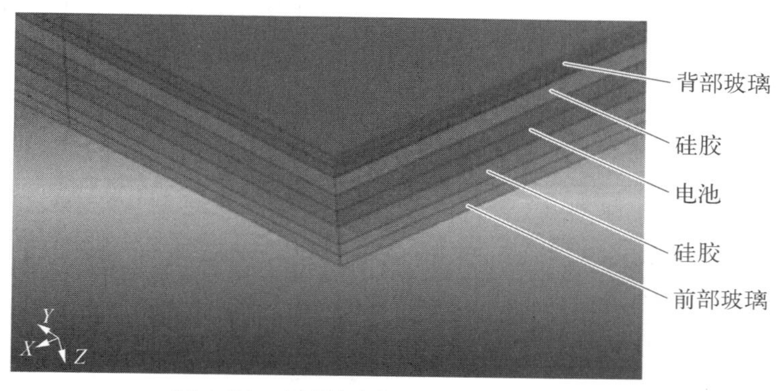

图 6.15　半刚性太阳电池模块局部结构

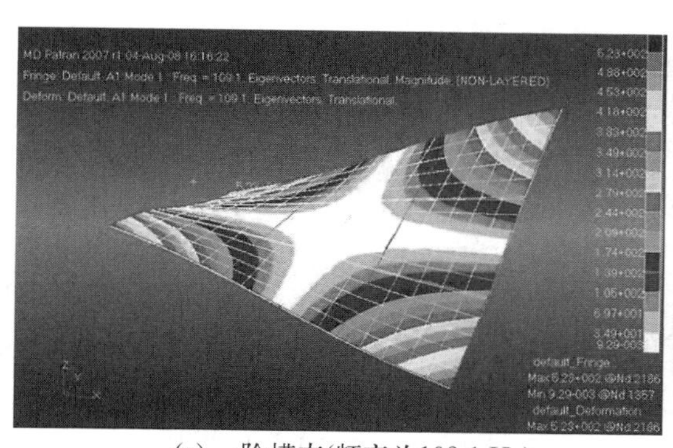

(a) 一阶模态(频率为109.1 Hz)

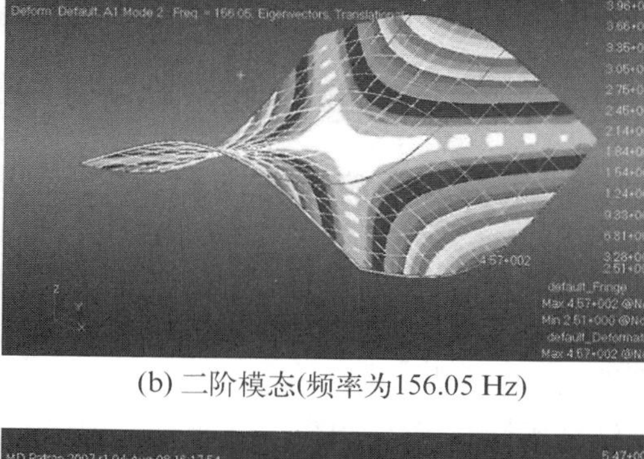

(b) 二阶模态(频率为156.05 Hz)

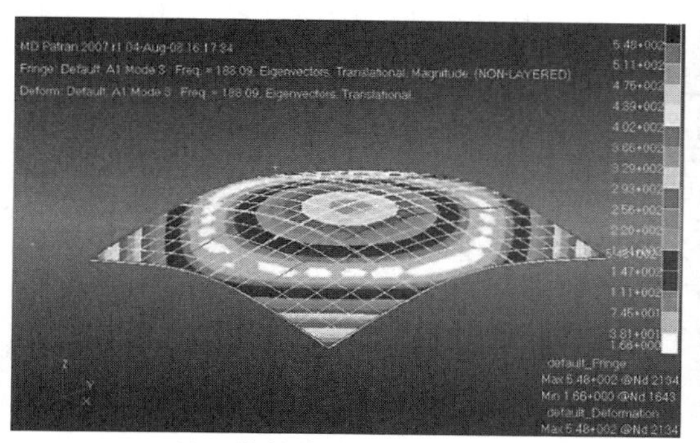

(c) 三阶模态(频率为188.09 Hz)

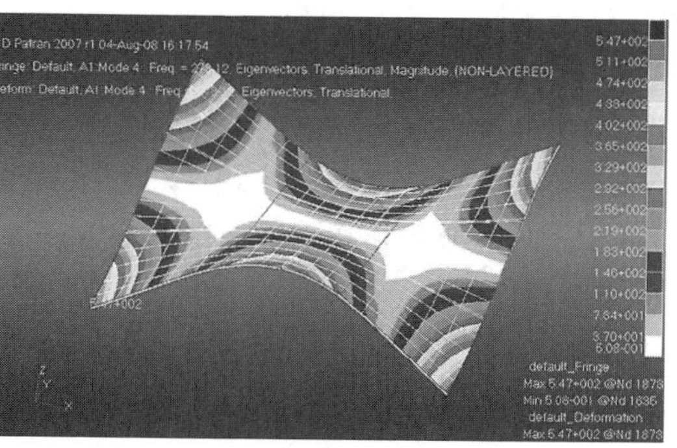

(d) 四阶模态(频率为278.12 Hz)

图 6.16　一阶到四阶模态分析

图 6.17　振动试验状态

根据仿真分析结果可以看出,半刚性太阳电池模块一阶频率高于 109 Hz,表明半刚性太阳电池模块具有较强的刚度,前后两侧玻璃能起到很好的刚度加强作用,证明模块封装形式是合理的,且表明半刚性太阳电池模块不易与半刚性基板发生共振而产生破碎。

不仅对半刚性太阳电池阵完成了仿真的分析,还通过了试验的验证。如图 6.17 所示,该产品进行了振动试验,振动后对太阳电池阵进行了检测,检测结果见表 6.19,结果表明,合理设计的半刚性太阳电池阵可以通过复杂的力学试验条件。

表 6.19　试验前后测试结果

编　号	检 测 项 目	合 格 判 据	实际结果	满足程度
1	太阳电池	无裂纹	无	满足
2	玻璃盖片	裂片率在 10%以内	0	满足
3	组件连接片及互连片	无断裂	无	满足
4	挂钩	无脱落	无	满足
5	固封胶	无脱落	无	满足
6	太阳电池模块	无脱落	无	满足

6.4　柔性太阳电池阵的构型和性能

6.4.1　柔性太阳电池阵构型

柔性太阳电池阵是指将太阳电池按特定的要求安装在柔性衬底上,太阳电池阵不仅要承担发电的任务,还要能抵抗一定力学形变。柔性太阳电池阵使用的太阳电池可以是刚性的,也可以是柔性的,根据目前的技术成熟度,柔性太阳电池阵通常是由刚性太阳电池结合柔性基板。如图 6.18 所示,这是我国的空间站用的柔性太阳电池阵,采用了刚性的三结砷化镓太阳电池结合柔性基板通过铰接杆展开的方式发电。

柔性太阳电池阵不如刚性太阳电池电池阵发展成熟,也不如刚性太阳电池阵标准化,可以根据展开方式的不同,柔性太阳电池阵可以初步分为折叠式柔性太阳电池阵、卷绕式柔性太阳电池阵和超柔性太阳电池阵。以下分类说明一下不同构型的柔性太阳电池阵的一般构造。

1. 折叠式柔性太阳电池阵

1) 国际空间站(ISS)

ISS 使用的是可伸缩折叠式柔性太阳电池阵。其首次正式投入使用的时间为 2000 年。国际空间站(ISS)采用了柔性太阳电池翼,如图 6.19(a)所示。太阳电池阵的母线电

图 6.18　柔性太阳电池阵

(a) 使用柔性太阳电池翼的国际空间站

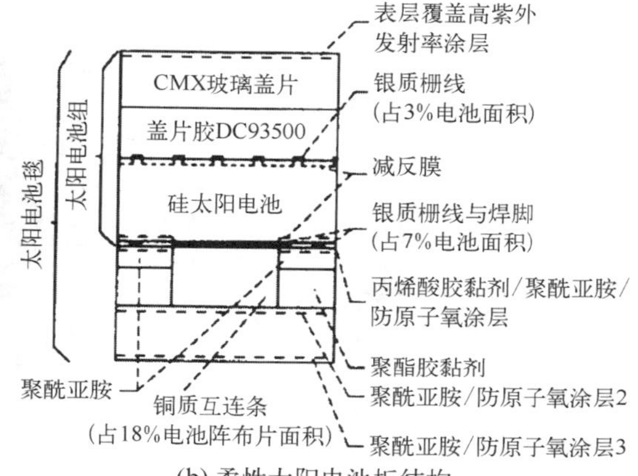

(b) 柔性太阳电池板结构

图 6.19　国际空间站柔性太阳电池阵及其结构

压达到 160 V，采用了平均效率为 14.2% 的 80 mm×80 mm 卷包式硅太阳电池。为了进一步提高太阳电池翼的工作效率，ISS 的太阳电池翼为双面发电模块。太阳双面电池贴在柔性基板上(其背面产生的电量约为正面的三分之一)。柔性太阳电池板为结构如图 6.19(b)所示，两层聚酰亚胺薄膜热压铜箔，其厚度仅为 0.35 mm。其中基板上下表面的 Kapton 波末涂覆了厚度为 1 300 Å 的原子氧防护涂层。

2) EOS－AM 卫星

美国于 1999 年发射了 EOS－AM 卫星，该卫星采用柔性的基板，其电池使用了单结砷化镓，母线电压达到 120 V，和 ISS 母线电压基本相同(126 V 母线)，太阳电池阵如图 6.20 所示。EOS－AM 是首颗采用了砷化镓电池的高压柔性太阳电池阵，其基板不同于

图 6.20　EOS－AM 柔性太阳电池阵

国际空间站采用了碳纤维增强的柔性基板,基板内不含电路。

3) ADEOS-Ⅱ卫星

日本于 2002 年发射了环境观察技术卫星 ADEOS-Ⅱ(“绿色Ⅱ”卫星)。该卫星功率传输采用预埋式电池电路,即将功率和信号传输电缆是预埋在柔性基板之内的。图 6.21 为卫星太阳电池阵上电路结构,太阳电池阵功率传输线和信号传输线均匀分布于整个柔性基板上,为了整板应力均匀和热平衡,在基板空白区域还设计了虚拟印制电路。在板间设计了桥结构实现机械连接,板间通过焊接方式实现功率和信号的传输。传输连接处也如“人”字尖。整翼的功率达到 5.3 kW(EOL)。

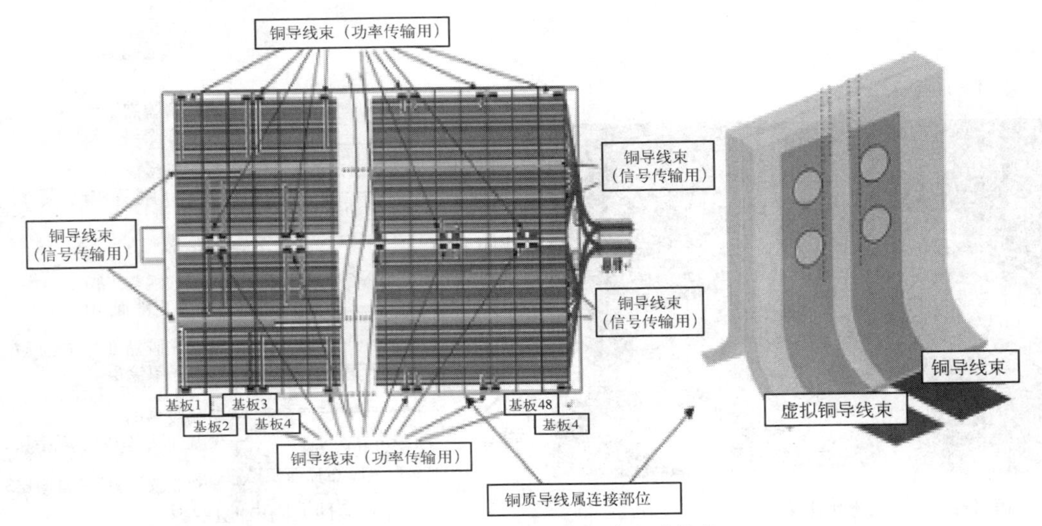

图 6.21 卫星太阳能电池阵电路结构

2. 卷绕式柔性太阳电池阵

Hubble 望远镜是最早使用柔性太阳电池阵在轨飞行的航天器。Hubble 于 1990 年 4 月 24 日发射,使用了卷式柔性太阳电池阵,其衬底是玻璃纤维增强的 Kapton 材料,如图 6.22 所示,电池使用 BSFR 的硅太阳电池。Hubble 所用柔性太阳电池阵基板纵向分布依次为玻璃纤维(填充 DC93500)、Kapton H 胶黏剂(DP46971)、银电路、Kapton H 胶黏剂(DP46971)、玻璃纤维(填充 DC93500)。其结构对称,电路内置,采用导电性较好的银电路作为内联电路,其外部电池片之间的连接结构则和刚性太阳电池阵类似。

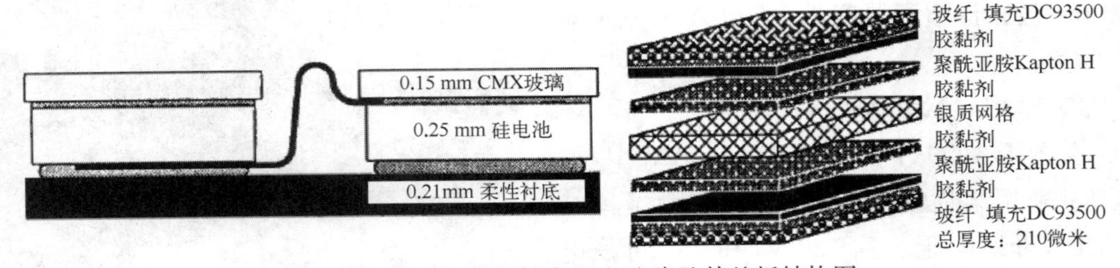

图 6.22 Hubble 的柔性太阳电池阵及其基板结构图

3. 超柔性太阳电池阵

近年来结构类似于伞形展开的柔性太阳电池阵是研究的热点,该柔性电池阵又称为超柔性(UltraFlex)太阳电池阵。如图 6.23 所示,NASA 的“凤凰号”火星着陆器是首个使用超柔性(UltraFlex)太阳电池阵的航天器,太阳电池选用高效率长寿命的三结砷化镓太阳电池,并针对火星特殊光谱进行了改进。

图 6.23　“凤凰号”火星探测器太阳电池阵照片

此外轨道科学公司计划在第四次任务时改采用天鹅座飞船扩展型版本,太阳电池阵改为使用美国 ATK 公司研发的超柔性太阳电池阵(UltraFlex solar arrays),如图 6.24 所示,相比于目前的太阳电池阵,其能在太阳电池阵质量减少的情况下使得天鹅座飞船能够多为国际太空站增加 700 公斤的有效载荷。

图 6.24　ATK 的超柔性太阳电池阵图

6.4.2　柔性太阳电池阵性能

柔性太阳电池阵的发电性能也是用 $I-V$ 曲线来表征,这和刚性太阳电池阵的性能表征是类似的,此处不再赘述,详细参见 6.2.2 部分描述。

不同于刚性太阳电池阵的是由于其基板是柔性的,太阳电池阵面临着更多的力学形变,所以需要对力学及其相关可靠性进行额外的表述。由于不同的航天器任务需求不同,这里以我国某柔性太阳电池阵为例进行力学性能的描述。

对柔性太阳电池阵的力学环境及其造成的失效模式进行分析。对太阳电池电路造成的影响如表 6.20 所示。

表 6.20　柔性太阳电池阵力学环境影响分析

项　目	可能受影响的部件	可能的失效模式
轴向应变(多次)	底片胶	脱胶,分层
	互连片	脱焊
	汇流条	脱焊
切向应变(多次)	底片胶	脱胶,分层
	互连片	脱焊
	汇流条	脱焊
弯曲应变(多次)	叠层太阳电池	玻璃盖片碎裂、太阳电池碎裂
	隔离二极管	OSR 片碎裂、二极管芯片碎裂
	底片胶	脱胶,分层
	互连片	脱焊
	汇流条	脱焊

对上述的失效影响进行分析后进行相关的设计及验证,如图 6.25 所示,进行弯曲试验的考核,确保其耐弯性能满足要求。弯曲前后,无新增太阳电池碎片,无脱胶,电性能无变化。考虑其弯曲的疲劳特性,还需进行弯曲疲劳试验,如图 6.26 所示。试验前后的数

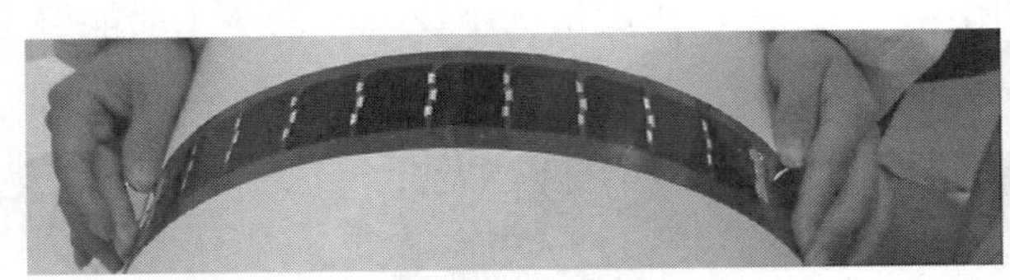
(a) 正向弯曲试验

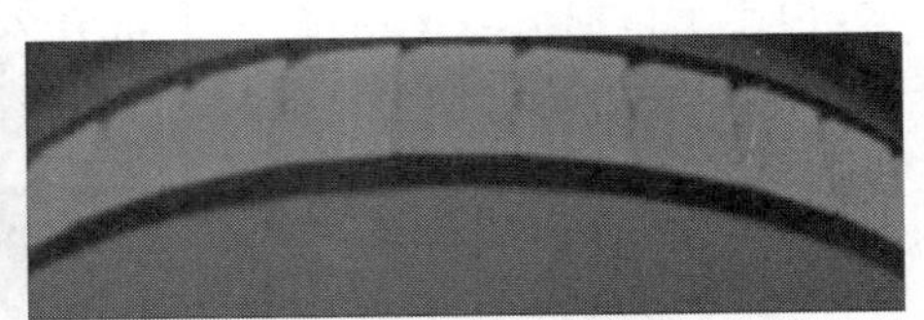
(b) 正向弯曲试验暗特性

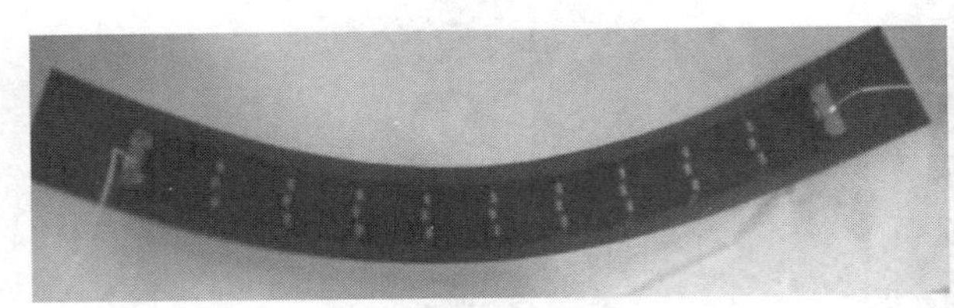
(c) 反向弯曲试验

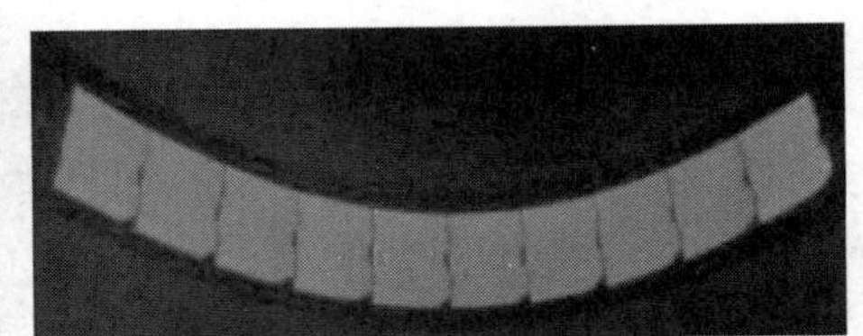
(d) 反向弯曲试验

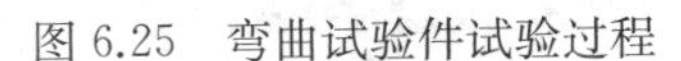
图 6.25　弯曲试验件试验过程

图 6.26　耐弯曲试验

据对比如表 6.21 所示，太阳电池电性能无变化，能满足其使用要求。

表 6.21　弯曲疲劳试验后的组件电性能对比

	最佳工作点 V_m/V	最佳电流点 I_m/A	最大功率点 P_m/W	结　论
试验前	6.296	0.463	2.918	性能正常
试验后	6.336	0.458	2.902	

6.5　空间用太阳电池板制造及装配

6.5.1　空间太阳电池板制造流程

不同类型太阳电池阵的制造流程和制作方法是不同的。结合目前国内空间太阳电池阵的应用情况，以典型的折叠式刚性太阳电池阵为例介绍一下空间太阳电池阵的制作过程。折叠式刚性太阳电池阵制造的基本流程见图 6.27 所示。

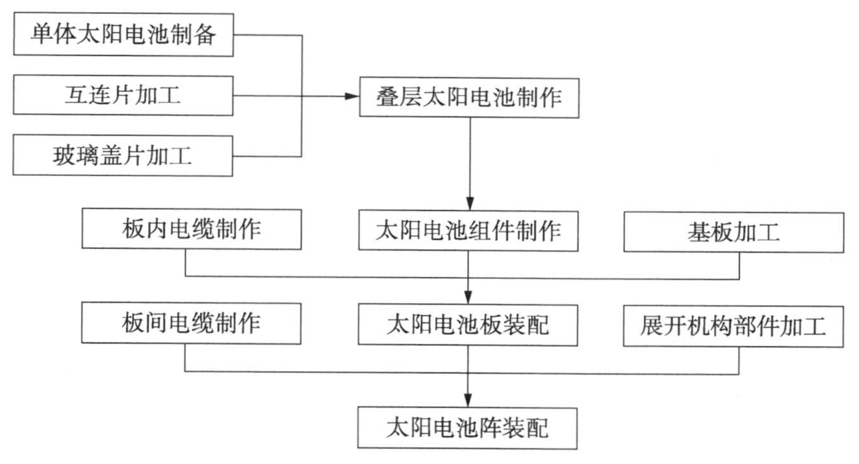

图 6.27　太阳电池阵制造流程图

6.5.2　叠层太阳电池制作

叠层太阳电池制作主要包括单体太阳电池焊接和玻璃盖片粘贴两个工序。

1）单体太阳电池焊接

单体太阳电池的焊接就是将互连片焊接在太阳电池正面（光照面）焊接区上，它是空间太阳电池阵研制过程中十分重要的一个环节，焊点的牢固度和空间环境适应能力直接影响太阳电池阵在轨运行的可靠性。

根据互连片材料的不同或承制单位工艺技术发展状况，单体太阳电池焊接方法可采用钎焊、熔焊、热压、超声焊等方法。

钎焊是最早采用的一种焊接方法，焊料的典型成分为 36%的铅、62%的锡、2%的银，由于焊料在高温下强度会降低，在大约 170℃时，焊点强度会降到零，疲劳寿命也受到影响，因此在工作温度较高的空间太阳电池阵上不能使用焊料。

热压连接是焊件在高温和高压下形成冶金的结合。热压连接同电阻焊接不同的是,在热压连接中熔化温度低于每种要连接的金属或合金的熔点或共晶点温度,而且所施加的压力要大,热压时间长。由于热压过程中,接触电阻并不重要,对热压电极的定位精度要求也不高,能够同时热压多个焊件,因此热压连接具有潜在的吸引力。热压过程中,提高热压时的温度或增加压力可以提高抗拉强度。但是,在大气环境下操作时,太阳电池的焊接区和互连片的表面氧化很快,限制了热压连接时的温度,太阳电池本身材料的机械强度又限制了热压时的压力。因此,目前国内外很少采用这种方式。

用在太阳电池焊接中的熔焊也称作平行微间隙电阻焊接,是一种不使用焊料的焊接方法。其原理是将一对间隔很小的电极平行地压在焊件上,通过在电极之间施加一定的电压或电流,利用产生的电阻热将焊件升温后形成扩散再结晶焊点。焊接示意图见图 6.28。

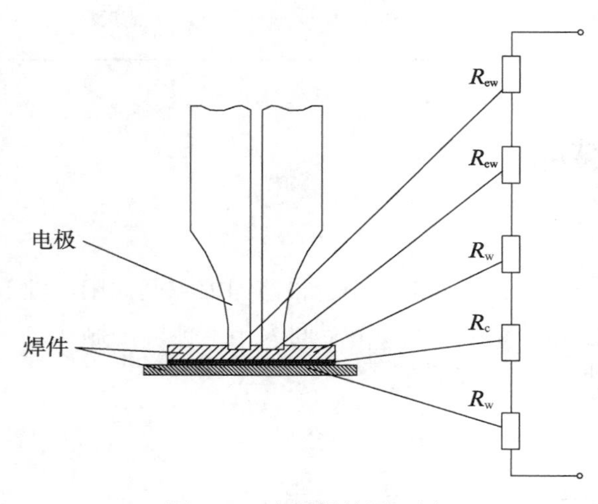

图 6.28 电阻焊接原理图

R_{ew}. 电极与焊件间接触电阻;R_w. 焊件内部电阻;R_c. 焊件间接触电阻

1968 年,AEG-德律风根(AEG-Telefunken)公司在欧洲首创了太阳电池平行微间隙电阻焊的焊接方法。目前,国内研制的空间太阳电池普遍使用了这种电阻焊焊接方法。电阻焊接质量的好坏主要与以下因素有关。

(1) 焊接电极的长度、尺寸及间隔。

(2) 焊接电极的表面状态(平直度、氧化状况等)。

(3) 太阳电池的材料热性能。

(4) 焊接电压、焊接电流和焊接功率。

(5) 焊接脉冲的上升、保持和下降时间。

(6) 互连片材料的电导率、热导率。

(7) 太阳电池焊接区、互连片表面的不平整度、清洁程度和氧化情况。

由于电阻焊焊接的质量无法检测,因此需将电阻焊工艺作为特殊过程来控制,进行首末件检验,焊点的抗拉强度应满足工艺要求。

2) 玻璃盖片粘贴

国内,在空间太阳电池阵抗辐照玻璃盖片的粘贴工艺方面都还是以手工贴片方式为主。贴片前需要对太阳电池和玻璃盖片进行保护,贴片后还要进行清胶,贴片工序繁琐,容易造成太阳电池和玻璃盖片的破碎,生产周期长,生产过程很难控制。

空间太阳电池自动封装系统由 x、y、z 直角坐标移动机构、计算机控制系统、滴胶装置、封装装置及电池片、玻璃片的定位托盘等部分组成。

根据空间太阳电池自动封装系统的特点和盖片胶的固化性能,自动贴片工艺的操作流程如图 6.29 所示。

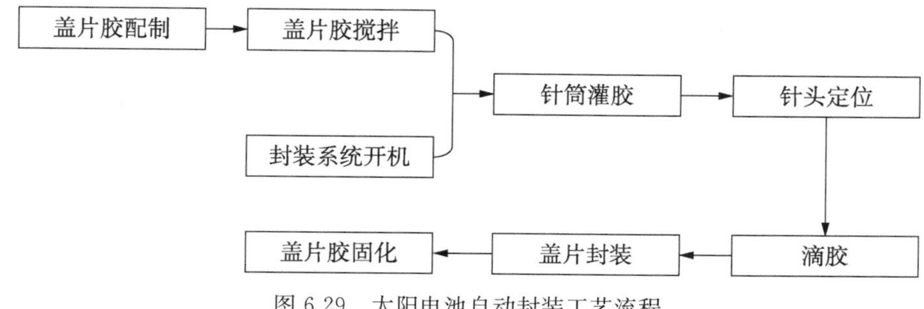

图 6.29　太阳电池自动封装工艺流程

6.5.3　太阳电池组件制作

一般情况下，太阳电池组件是由叠层太阳电池通过一定的焊接方式串联而成。在进行串联焊接之前，为了减少串联损失，通常对叠层太阳电池在规定电压下进行电流测试分档。

太阳电池组件串联焊接是指已焊接在叠层太阳电池上的互连片同下一片叠层太阳电池背电极间的焊接，简单来讲就是太阳电池的背电极焊接。焊接方式可以采用钎焊、电阻焊或其他焊接方式，目前国内外的空间太阳电池阵的串联焊接大都采用电阻焊工艺。为了保证太阳电池组件的平直，在进行串联焊接时需要专门设计加工串联焊接工装，对叠层太阳电池起到准确定位的作用。由于不同太阳电池阵或太阳电池阵中不同电路的串联数不同，所以在进行太阳电池组件的串联焊接时需要根据设计情况进行分段焊接，然后再进行串联焊接，最终得到设计所需串联数的太阳电池组件。

太阳电池组件串联焊接完成后需要在太阳电池组件测试仪上测试其 $I-V$ 曲线，判断太阳电池组件性能是否正常，同时还需要进行碎片检查，若有太阳电池碎片需要进行更换。

6.5.4　电缆制作

空间太阳电池阵的电缆起到传输太阳电池阵功率以及太阳翼展开指示、太阳敏感器、温度测量等信号的作用，电缆制作的品质直接影响太阳电池阵功能的实现，对太阳电池阵的可靠性起到非常重要的作用。根据电缆功能和位置的不同可以大致分为板内电缆和板间电缆两大类。刚性太阳电池阵电缆制作的基本流程如图 6.30 所示。

考虑到太阳电池阵基板的安全性和操作的方便性，电缆的制作先在海报上进行，海报可按 1∶1 比例反映导线走向，制作结束并检验合格后再移装至真实的太阳电池板上。对暂时无法准确确定长度的导线，截取时一般保留 100 mm 左右长度的余量，后工序再根据电缆敷设的实际情况进行截取。在进行板间电缆的制作时，需要在整翼的海报上进行，这样可以保证在最终挂装后不会因为电缆线的长或短影响太阳电池阵展开。在整个太阳翼部装结束后需要检查一下板间电缆的状态，确认太阳翼收拢后不会出现电缆的叠压，防止对太阳电池板造成机械损伤。太阳翼最终收拢压紧后也需要检查电缆是否同航天器本体或其他部件发生钩挂现象，防止电缆钩挂造成太阳翼展开故障。

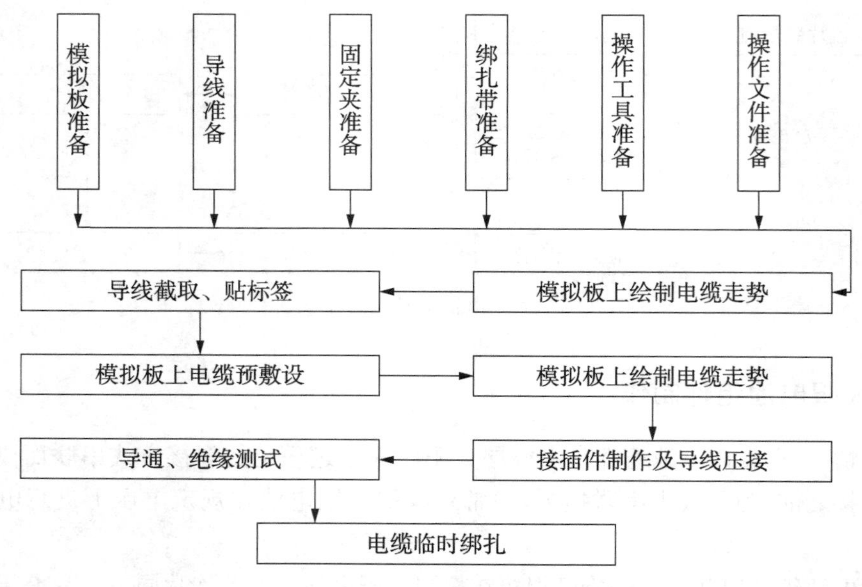

图6.30 太阳电池阵电缆制作流程图

1. 板上电连接器制作

安装在太阳电池板背面的MTC100系列电连接器有两种制作方法,第一,采用热风焊工艺方法,第二采用手工锡焊工艺方法,具体如下。

1) 热风焊工艺方法。

(1) 导线剥头。使用热剥器对需焊接的导线进行剥头处理,同时对端头处理,绝缘层剥除的长度正好可以使脱头的导线通过焊接套管插至针脚底部且不裸露在套管外面为宜。

(2) 导线放置。使用Raychem公司的专用MODELN0CE160-3200焊接夹具,将进行剥头处理的导线套上相应型号的焊接套管,然后放置在接插件对应接点的焊杯处。

(3) 热风焊接。使用AA400热风枪对焊接套管处加热3~5 s,使锡环溶化完成导线同接插件的焊接。注意,用热风枪吹前须将氮气压力调整至5 MPa,保证热吹风的质量。

(4) 导通检查。对焊接好的导线进行导通测试,确保焊接接点的正确性。

(5) 电连接器外壳安装。将电连接器内芯A面与B面背向合拢,使用Raychem公司的专用工具CTA-1160中的插入插片将内芯装入电连接器外壳内,听到"嘎达"声后表明安装完成,安装时注意确保电连接器内芯的A面和B面与外壳的A面和B面在同一侧。然后使用十字螺丝刀将电连接器外壳根部十字盘槽螺钉拧紧,确保根部导线不滑动。

2) 手工锡焊工艺方法

(1) 导线剥头。使用热剥器对需焊接的导线进行剥头处理,同时对端头处理,绝缘层剥除的长度与电连接器焊杯长度一致为宜。

(2) 手工锡焊。将电烙铁头置于焊接连接部位,等焊料熔化后,将导线垂直插入焊杯中,同时烙铁头带熔融焊料移动一个距离,以保证焊料覆盖整个焊接部位,形成一个表面光滑、明亮，略显导线引线外形轮廓的焊点。

(3) 导通检查。对焊接好的导线进行导通测试，确保焊接接点的正确性。

(4) 电连接器外壳安装。将电连接器内芯 A 面与 B 面背向合拢，使用 Raychem 公司的专用工具 CTA - 1160 中的插入插片将内芯装入电连接器外壳内，听到“嘎达”声后表明安装完成，安装时注意确保电连接器内芯的 A 面和 B 面与外壳的 A 面和 B 面在同一侧。然后使用十字螺丝刀将电连接器外壳根部十字盘槽螺钉拧紧，确保根部导线不滑动。

2. 导线压接

在太阳电池板电缆制作过程中，常使用 Raychem 公司的压接筒进行导线的连接、并接，例如，使用 D436 - 36、D436 - 37 实现 AWG26、AWG24、AWG22、AWG20 导线的连接，操作时需要使用 Raychem 公司的专用压接钳 AD - 1377 进行压接。由于不同规格的压接筒孔径尺寸不同，因此设计时需按照 Raychem 公司的产品规范进行导线线径选择和并接导线数量的确定。

Raychem 公司的压接筒的压接属于坑压式，GJB 5020—2001《压接连接技术要求》中规定了坑压式压接件导线在压接筒内的所在位置：导线线芯在压接筒的检查孔内可见，压接筒外导线绝缘层与压接筒之间可见的线芯长度 a 为 1 mm(极限值 0～2 mm)，压线筒同导线绝缘层之间的距离 b 为 1 mm(线芯截面小于 6.5 mm^2)，如图 6.31 和图 6.32 所示。

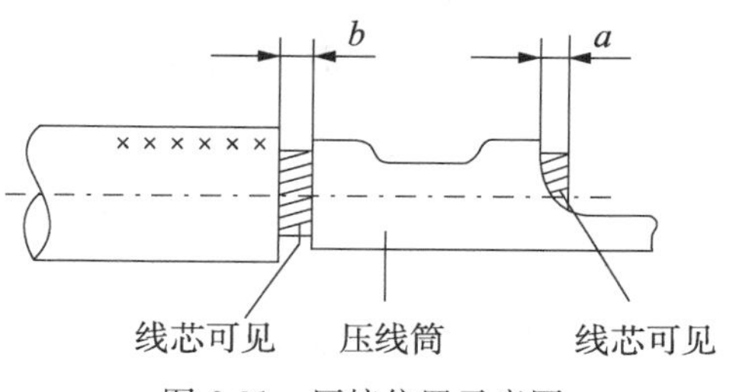

图 6.31　压接位置示意图

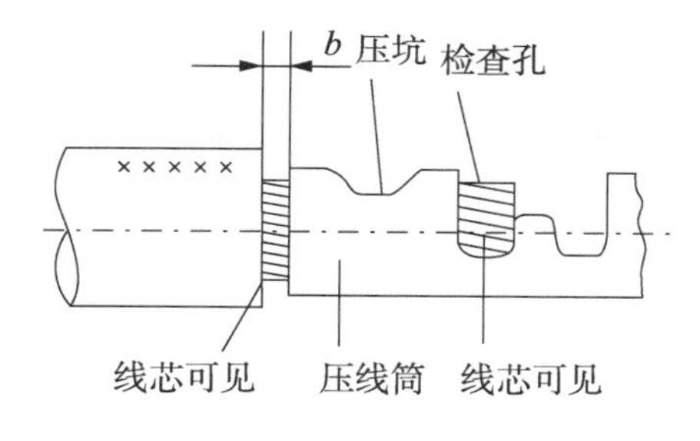

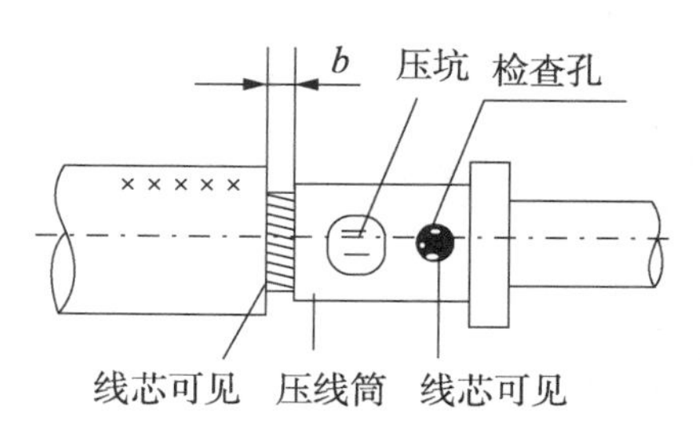

图 6.32　压接外观示意图

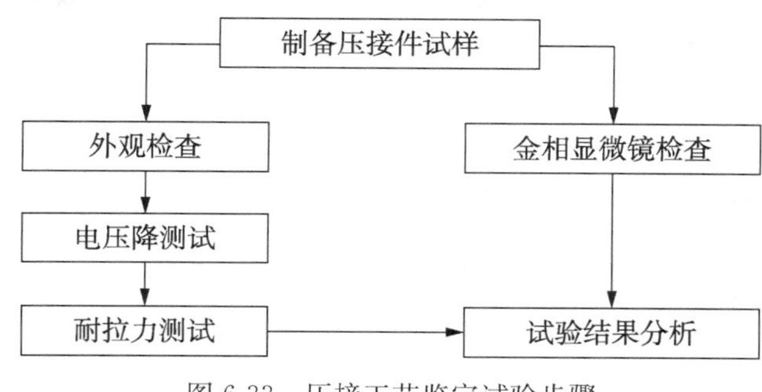

图 6.33　压接工艺鉴定试验步骤

由于压接后的质量无法检测，因此压接过程需作为特殊过程来控制，进行首、末件检验，检验结果符合工艺要求。进行正式产品的压接前，需要对选用的压接钳、压接筒、导线进行压接工艺鉴定，步骤如图 6.33 所示，典型的压接合格压接件如图 6.34 所示。

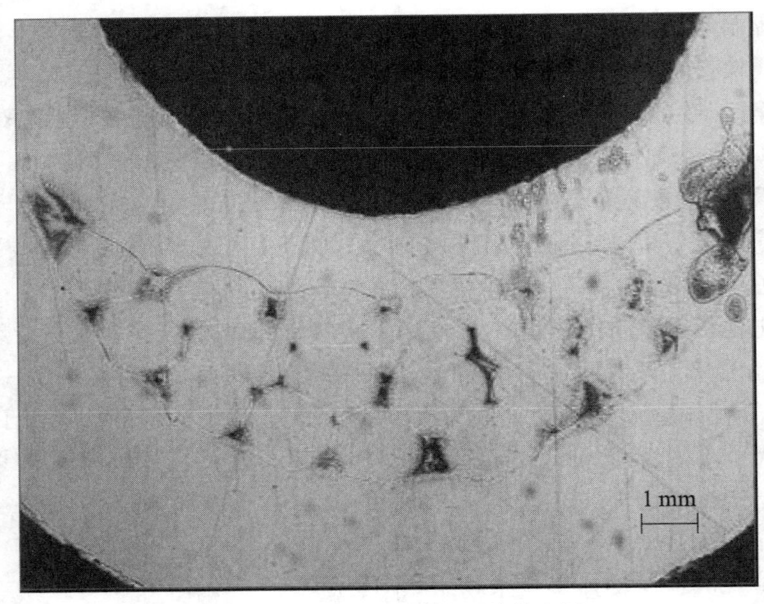

图6.34　典型的压接合格压接件实例

压接质量的主要要求如下。

(1) 外观质量：压接件的变形只允许是由压接工具压模压出的压痕;压接后的压接件不应有变曲、扭曲等影响使用的变形,不应有压线筒开裂、镀层损坏;导线线芯应全部被压线筒整齐的包裹,不得有线芯外漏、折断等情况。

(2) 电压降：坑压式压接部位的电压降增量最大值要求如表6.22所示。

(3) 耐拉力：坑压式压接部位的耐拉力要求如表6.22所示。

表6.22　压接部位的电压降及耐拉力要求

序号	被压铜镀银导线 AWG	导线尺寸范围/mm^2	通过电流/A	电压降增量最大值/mV	耐拉力/N
1	20	0.52	7.5	4.0	89
	24	0.20	3.0	4.0	36
2	22	0.32	5.0	4.0	54
	26	0.13	2.0	4.0	23

(4) 压接截面金相显微镜检查。将压接件试样从压接部位处横向切割开,经打磨后通过金相显微镜检查其压接截面,应符合下列要求。

① 压接部位截面内不应有杂质。

② 压线筒的变形应均匀。

③ 所有空隙所占面积应小于导线所占空间总面积的10%。

④ 导线与压线筒之间呈气密性连接,所有导线的圆形截面均已发生变形。

⑤ 变形后的压线筒及其镀层不应有破裂或损伤。

6.5.5　基板制作

在太阳电池基板制作过程中,由于碳纤维/环氧网格面板脆而刚度差,制作过程需特别小心，搬运过程中应用专用工装；为了保证压紧点和铰链连接位置精度符合要求并考虑到碳纤维/环氧网格面板膨胀系数要求，应设计碳纤维/环氧网格面板工艺定位板，铝蜂窝夹芯之间的拼接需要使用发泡胶带；在进行网格面板与铝蜂窝夹芯黏接时，首先需要在铝蜂窝夹芯上浸胶，形成一定的胶瘤并在网格上刷胶，然后再进行黏合胶接。上述方法工序多，劳动强度大。目前，还常使用一种热破胶技术，将热破胶贴到网格面板上后同铝蜂窝进行复合胶接，在升温过程中，当达到一定温度下，胶膜从网格中间破裂，胶靠张力收缩到网格和铝蜂窝夹芯上，使网格面板与铝蜂窝夹芯进行复合胶接，此方法工序少，操作方便。某卫星太阳电池基板的研制流程如图6.35所示。

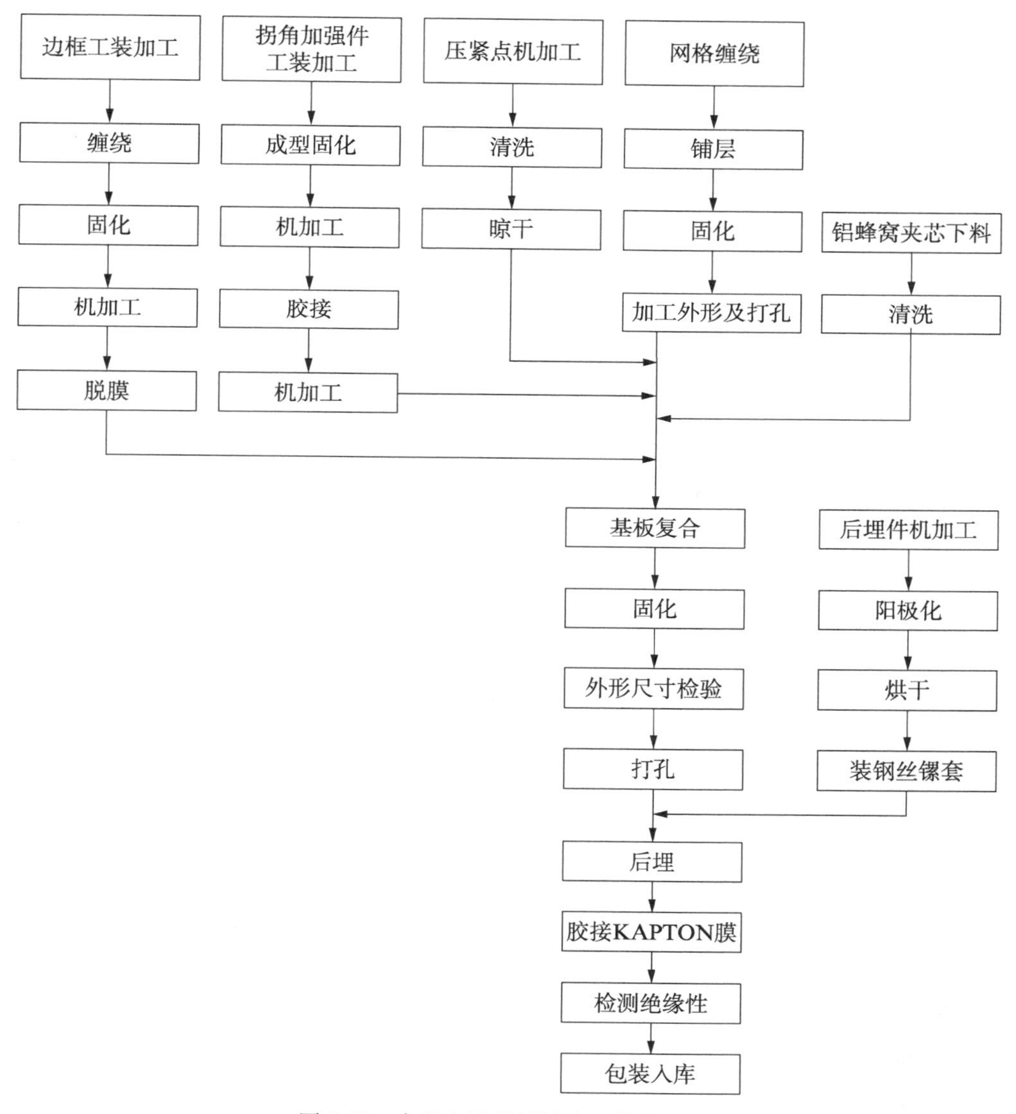

图6.35 太阳电池基板制造工艺流程图

1）铝蜂窝夹芯的拼接

在基板加工过程中受到铝蜂窝夹芯尺寸的限制，在制作过程中需要将多块铝蜂窝夹

芯块进行拼接。另外,由于压紧点处的受力情况同其他部位不同,需要使用密度更大的铝蜂窝夹芯,此时也需要进行拼接。铝蜂窝夹芯的拼接方法有嵌接、对接、用带状泡沫胶胶接等多种形式,如图6.36所示。

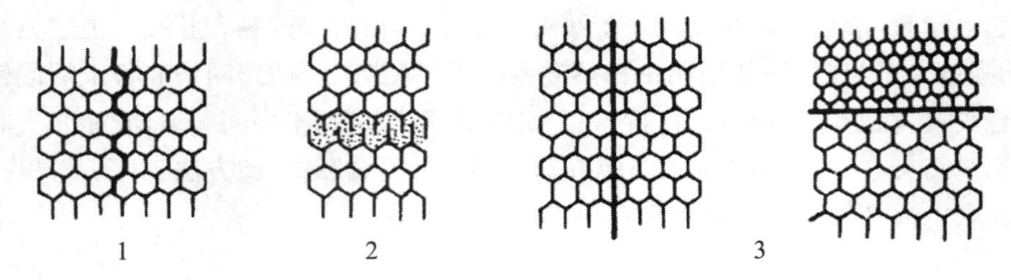

图6.36 铝蜂窝夹芯的拼接示意图

1. 嵌接;2. 对接;3. 用带状泡沫胶进行胶接

在进行铝蜂窝夹芯的嵌接、对接时,先用胶黏剂涂于铝蜂窝夹芯的侧面并对齐、压平,之后用电热夹夹紧、加热和固化。采用带状泡沫胶进行胶接时,先将铝蜂窝夹芯放置在平板上,按照蜂窝格的间距计算出泡沫胶带的层数并放入铝蜂窝夹芯之间,然后将铝蜂窝夹芯对齐、压平,用水银灯进行加热或在烘箱中加热、发泡和黏接。目前常用的是用带状泡沫胶进行胶接,但蜂窝夹芯之间的最大间隙不应超过6 mm。使用泡沫胶进行拼接、填充和加强时,由于需要在一定温度下产生气泡从而达到发泡的目的,因此在胶接过程中不应同时抽真空。铝蜂窝拼接过程需要借助工装来完成,工装的设计和使用应注意以下事项。

(1) 确定好装配基准。

(2) 工装材料和零件材料的热膨胀系数应尽可能一致。

(3) 工装模具应具有适宜的刚度。

(4) 合理选择工装模具表面的制造精度。

(5) 工装模具应有良好的气密性。

2) 埋件、面板和铝蜂窝夹芯共固化技术

埋入埋件的方法有两种:一种是在铝蜂窝夹层结构复合组装时就埋入埋件,进行共固化,称为预埋;另一种是面板和铝蜂窝夹芯复合固化后,再在铝蜂窝夹层结构上开孔、灌胶、埋入埋件并固化,称为后埋。

预埋方式的铝蜂窝夹层结构共固化工艺流程如图6.37所示。先将下面板放于工艺板上,并用定位螺钉固定埋件,放置蜂窝夹芯;再埋入埋件,放置上面板和工艺板或垫块来固定埋件。定位螺钉上应涂脱模剂并应防止脱模剂污染零件,零件上应加盖透气隔离布和透气毡,用真空薄膜和密封条进行密封,经试抽真空并验证密封良好后,放入热压罐中加温加压固化。铝蜂窝夹层结构组装示意图如图6.38所示。固化过程中,为了防止由温差引起的热应力造成蜂窝夹层结构产生翘曲变形,应尽量降低固化设备升、降温的速率;另外在固化零件上加盖保温层,缩小上、下面板之间的温差,以减少热应力。

3) 后埋技术

后埋时,先在铝蜂窝夹层结构板上加工孔,再将埋件胶粘于工艺板上后连同埋件埋入铝蜂窝夹层结构板内并灌胶和固化,最后去除工艺板并进行清洗。工艺板的作用是方便

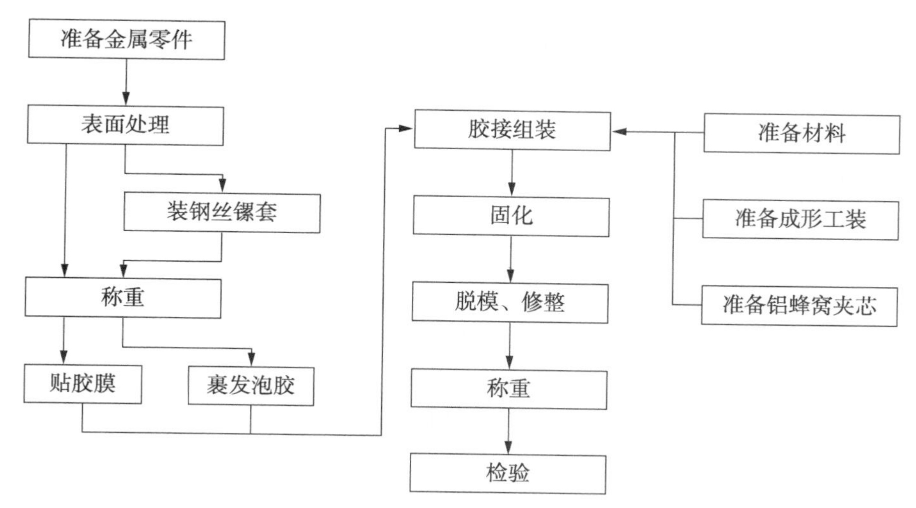

图 6.37　铝蜂窝夹层结构共固化工艺流程图

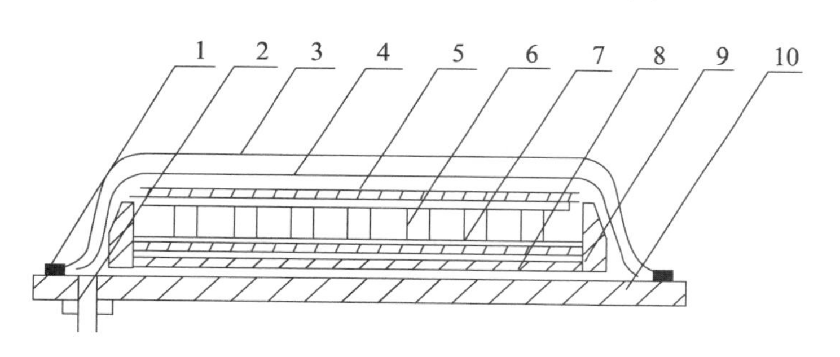

图 6.38　铝蜂窝夹层结构组装示意图

1. 密封胶条；2. 抽真空接嘴；3. 真空袋膜；4. 透气毡；5. 透气隔离布；
6. 工件；7. 隔离层；8. 工艺板；9. 挡块；10. 固化模板

埋件的安装和固定，使用时工艺板与埋件之间使用不干胶或双面压敏胶带进行黏接固定。灌注胶需要常温固化，并具有较高的剪切强度和压缩强度，还需满足空间环境要求。目前常用的灌注胶主要性能如表 6.23 所示。后埋技术具有加工周期短、成本低、装配工艺简单等优点，但同预埋相比，后埋时灌注胶用量大，增加了结构质量。

表 6.23　灌注胶的主要性能

项　　目		J－153(国产)	EA934NA(进口)
剪切强度/MPa		35	23.20
压缩强度/MPa		67.7	24.80
出气率/%	TML	0.99	0.37
	CVCM	0	0.02

6.5.6　太阳电池组件粘贴及集成装配

1. 太阳电池组件黏接

太阳电池组件黏接过程是太阳电池板装配过程中的重要环节，要求太阳电池组件粘

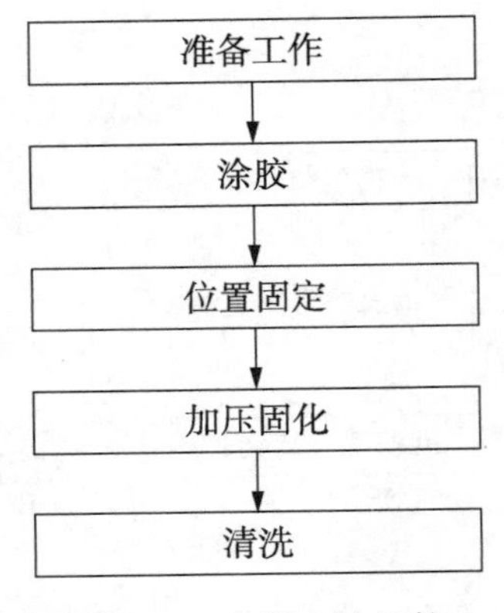

图 6.39　太阳电池组件粘贴工艺过程

贴平整、牢固。由于太阳电池电路是由叠层太阳电池经过串并联而成的,因此,太阳电池组件的粘贴需要以太阳电池串或太阳电池模块的形式整体粘贴。为了保证粘贴位置和太阳电池之间间距的准确性,粘贴过程中需要借助工装和设备装置来完成。粘贴过程主要包括涂胶和加压固化两大步骤,具体工艺过程如图 6.39 所示。

1) 准备工作

太阳电池组件粘贴前需完成的主要准备工作如下。

(1) 基板检验合格。

(2) 待粘贴的太阳电池组件检验合格,包括串联数、无太阳电池及玻璃盖片破碎、太阳电池正背电极的电阻焊点牢固无脱焊。

(3) 底片胶黏结剂入所检验合格,并进行过抗拉强度检验,拉力值满足工艺要求。

(4) 所需涂胶用工装加工完成,并检验合格。

2) 涂胶

涂胶一般采用刮涂方式,可以将底片胶涂于基板表面,也可涂于太阳电池背面,涂胶之间需要保证黏接界面清洁、无油脂等污染物。为了防止底片胶外溢污染互连片和玻璃盖片,需要合理设计涂胶工装,保证加压固化后底片胶不外溢。涂胶工装可以选用金属材料、非金属材料或其他满足工艺要求的复合材料。涂胶过程中,应尽量将胶层涂均匀,一次涂胶量根据底片胶的可操作时间长短来确定。除了刮涂方式外,还可以使用滴胶、丝网印刷方式进行涂胶,需要根据底片胶的黏度和固化特性进行大量的工艺试验来确定滴胶参数和丝网印刷的目数、图形、移动速度、刮刀角度等工艺参数。

3) 位置固定

由于底片胶在固化之前有一定的流动性,因此在加压固化之前需要利用工装或工艺胶带对太阳电池组件的位置进行固定。

4) 加压固化

同太阳电池基板复合固化工艺一样,加压固化有两种方式:一种是正压,即在太阳电池组件上面施加一定的正压力,可以使用压块或气囊加压;另一种是负压,即使用真空袋通过抽气,利用真空袋内外压差给太阳电池组件施加压力。加压固化时间根据底片胶的固化性能来确定。

5) 清洗

待底片胶固化后,需去除加压工装或缓冲层,用蘸有清洗剂的纱布对叠层太阳电池表面进行擦洗。

2. 太阳电池板电缆装配

太阳电池板电缆装配是将在模拟板上完成电连接器制作和预敷设的电缆转移到太阳电池板背面。在转移电缆之前需要在基板背面粘贴电缆固定夹,并涂导电胶,防止出现孤立导体。如果太阳电池板背面设计安装隔离二极管时,还需粘贴起绝缘和电连接作用的印制板或聚酰亚胺薄膜、金属箔片。若太阳电池板上装测试太阳电池工作温度的测温电阻时，还需要在基板的相应位置埋入热敏电阻托架，将热敏电阻黏接固定在靠近太阳电池背面电极的部位，注意热敏电阻的测温元件需同太阳电池背电极接触，保证测温的准确性。

板上电缆转移到太阳电池基板背面后，首先应固定电连接器，然后依次使用绑扎带将电缆线固定在电缆固定夹上。在绑扎过程中，应保证两个电缆固定夹之间和转弯处的电缆线留有一定的减应力裕度，防止在轨运行过程中因电缆线紧绷产生应力引起电缆线电连接部位发生开路故障失效，对波浪线方式敷设的电缆需要借助电缆固定夹的走向进行绑扎。

3. 太阳电池板正、背面电路焊接

太阳电池板正背面均需要进行焊接操作，主要完成太阳电池组件正负输出端的导线、隔离二极管输入输出端等功率电路的焊接以及接地电阻、热敏电阻等信号电路的焊接。目前，太阳电池电路的焊接有两种方式：一种是有焊料的锡焊；另一种是无焊料的电阻焊接。在国内，以锡焊方式居多，但随着航天器寿命的不断延长，电阻焊接将是必然发展趋势。进行正面电路焊接前，需要在太阳电池基板上需要穿引导线的部位打孔，孔的大小与穿过的导线根数有关，但原则是不破坏基板的结构强度。

1）锡焊焊接

锡焊工艺流程如图6.40所示。焊接前需要使用电烙铁测温仪器检查生产使用的电烙铁头部温度，通过调节电烙铁温度调节器，确保电烙铁头部所产生的温度恒定在270～320℃。并在搪锡和焊接之前按照松香：无水乙醇＝3：7(质量比例)配制助焊剂，用丙酮棉球对待焊接的元器件、导线、印制板焊盘进行清洁。

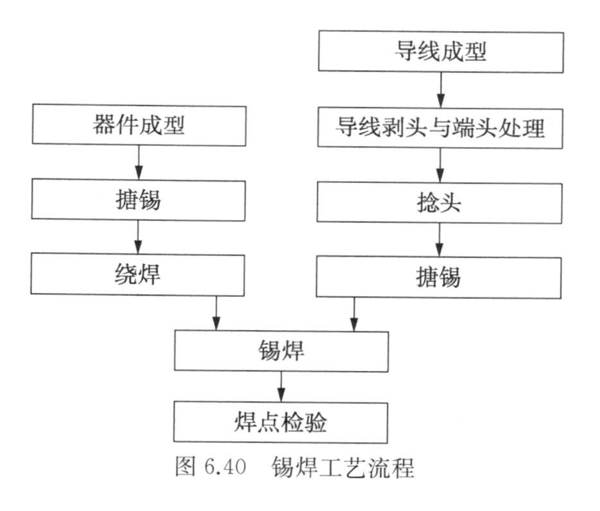

图6.40　锡焊工艺流程

2）电阻焊接

太阳电池电路的电阻焊接方法同太阳电池正背电极的电阻焊接原理相同，只是焊接接头形式不同，焊接参数需要通过大量的焊接试验来确定。由于焊接操作直接在太阳电池板上进行，因此焊接过程的安全性至关重要，需采取措施防止对太阳电池基板造成损伤。

4. 太阳电池板点胶固封

太阳电池板的电路焊接完成后，需要对基板的穿线孔处和无法绑扎固定的导线进行点胶固封。对较大的固封点需要分次进行点胶。点胶时，需要保证固封点同太阳电池基板充分接触，否则在太阳电池板运输或力学试验过程中容易引起脱胶。另外，对太阳电池板上的紧固件也需要进行点胶固封。

6.5.7　太阳电池板功率测试

太阳电池板装配完成后，需要在模拟空间光照条件的光源下定量测试太阳电池电路的输出功率,这也是太阳电池板出厂的最后一个工序。目前,该过程已列为强制检验点。太阳电池板的测试电路框图如图6.41所示。

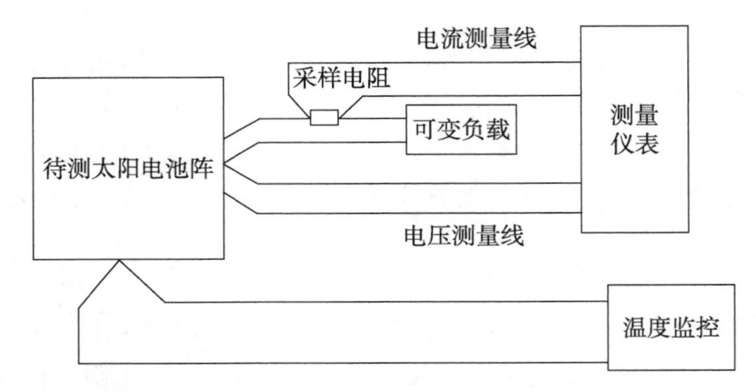

图6.41 太阳电池板测试电路框图

太阳电池阵的测试已大量地采用电子负载来代替传统的可变电阻器。电子负载是电子元器件构成的有源电路,它的偏压可以抵消电池引线压降的影响,使电池两端电压等于零,可读取短路电流。另一方面,电子负载中的晶体管截止时,漏电流很小,相当于太阳电池阵处于开路状态,这时可以读取太阳电池阵的开路电压。如果应用脉冲式太阳模拟器作为测试光源,电子负载必须和计算机数据采集处理系统配合使用,否则无法在毫秒级的瞬间测量记录伏安特性曲线上的成百对电压和电流值。与计算机配合使用的电子负载一般使用阶梯形的扫描电压。这样可以保证某一个电压阶梯上测量相对应的电流,测量的伏安特性曲线以电压电流对的方式贮存在计算机的存储器,最后处理成所要求的各项参数。目前国内外已有各种各样的太阳电池阵测试系统。其主要特点是用数—模变换器代替可变电阻器,用模—数变换器测量太阳电池阵的电压和取样电阻上的电压降。这些原始数据可储存到磁盘上,处理成图形或数据输出,并能对由于光源波动引起的电流变化加以修正,重复性可达±0.1%。

大太阳模拟器是进行太阳电池板电性能测试的重要装备。目前最权威的脉冲式模拟器就是美国光谱实验室生产的LAPSS(large area pulse solar simulator)大面积脉冲太阳模拟器。该太阳模拟器使用脉冲线性氙弧闪光灯管,在触发时,光辐射上升形成一个平顶脉冲,其光辐照度在9 m处约为1个太阳常数、持续时间约为17 ms。在中间的1 ms时间内由计算机采集标准太阳电池的短路电流和太阳电池阵的输出。测量的太阳电池阵输出数据被自动换算成标准状态(1个太阳常数、标准温度)。这些数据可以用打印机打出。为了适应多结电池太阳电池阵的测试,光谱实验室研制了第二代LAPSS产品,具备了分段调节光谱的功能,性能更加优越。由于采用脉冲闪光,太阳电池阵的温升就很小,所以在测试时几乎可以不用考虑温升的影响。

6.5.8 板间电缆装配

太阳电池阵装配是在气浮平台或展开支架上用铰链将太阳电池板连接起来,再将展开锁定机构安装到固定位置,完成太阳电池阵的机械装配。最后将制作好的板间电缆敷设在太阳电池板的背面，完成太阳电池阵的电连接。

6.6　空间用半刚性太阳电池板制造及装配

6.6.1　太阳电池模块制造

太阳电池模块制造是半刚性太阳电池的核心，制造良好的半刚性太阳电池模块，在热真空环境和振动环境下不易碎裂，推荐采用真空形式进行封装。以某产品的电池模块制造工艺进行介绍，工艺过程如图6.42所示。

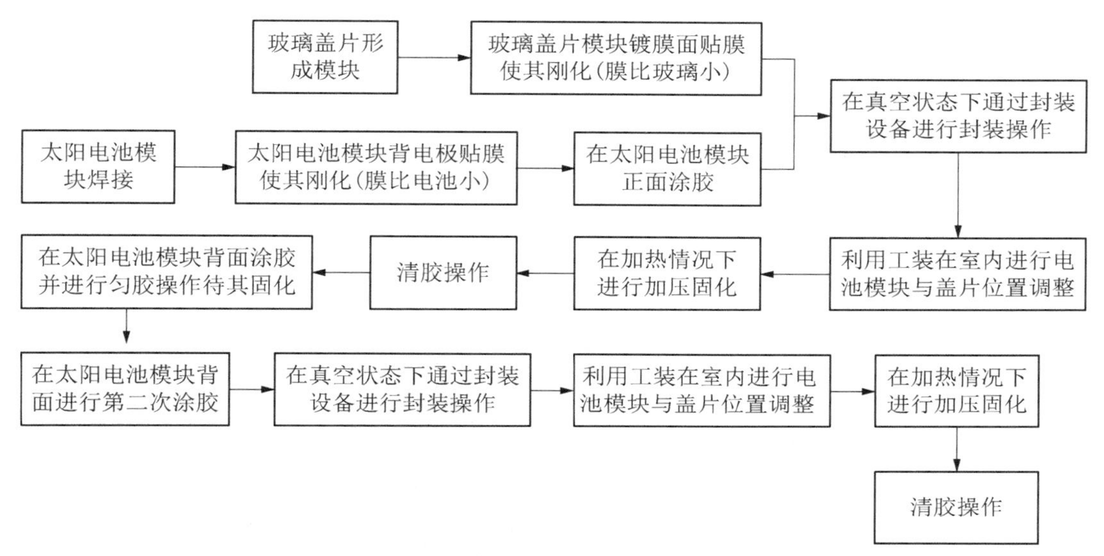

图6.42　半刚性太阳电池模块工艺

（1）采用串联焊接工装在半刚性太阳电池背面布贴定位膜，固定太阳电池的串并联间隙，正背面玻璃盖片一体式粘贴成型，定量涂覆盖片胶。

（2）采用专用真空封装系统，待盖片胶流平后置于真空封装系统，见图6.43，盖片与电池初始角度大于30°，保证盖片不接触盖片胶。

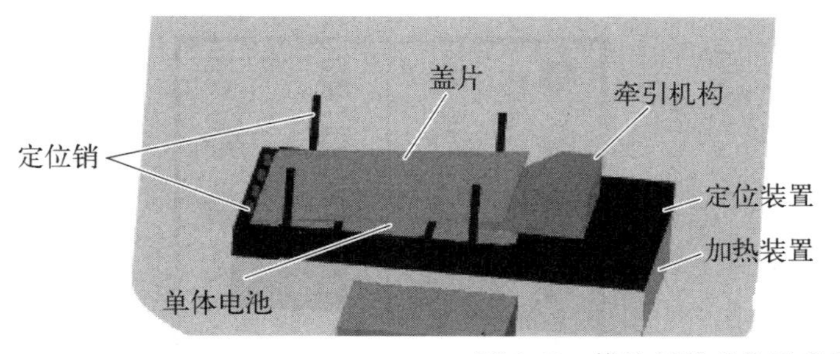

图6.43　模块封装动作示意图

（3）为避免封装过程中产生气泡，真空度小于1 Pa后采用自动机械式牵引机构按设定速度退出，盖片在其自身重力作用下逐渐下降，直至滑块完全退出，然后利用真空室内配重压块对玻璃盖片与太阳电池模块进行初步贴合均匀施压，放气至内外压强平衡后取出电池模块。

(4) 采用定位工装对盖片与电池进行四角定位,采用正压形式施加正压控制胶层厚度,并使单面盖片胶胶层布满电池面,盖片胶固化后进行溢出盖片胶清除,采用相同工艺进行第二面玻璃盖片封装,两面封装秩序以背面优先。

6.6.2 固定钉制造

半刚性太阳电池模块连接挂钩为固定钉,为圆钉状,由底盘和钉阵构成,如图6.44所示。底盘与钉针材料均采用镍铜合金具有良好的焊接性能,可以采用激光焊的方法进行连接。

焊接时采用焊接工装,如图6.45所示。该工装由定位基座、支座及调节螺栓三部分构成,使用时将钉针及钉盘依次装入定位基座中,钉针伸出钉盘端面的长度可以通过调节螺栓进行调节。激光焊接完焊接接头熔深需满足要求,焊缝组织需均匀,焊缝内部不存明显的气孔、未焊透等焊接缺陷。

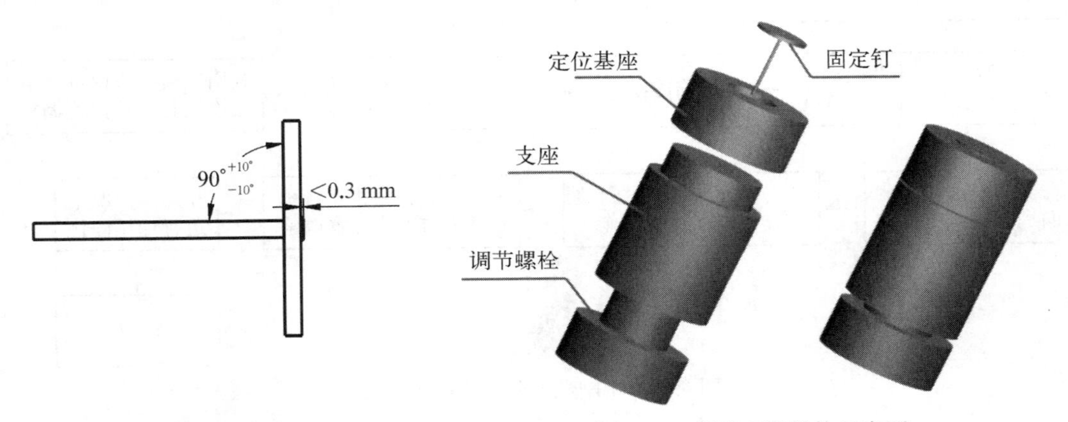

图6.44 固定钉焊接整件尺寸图

图6.45 焊接工装结构示意图

完成固定钉制造后需要将固定钉粘贴在半刚性电池模块背面的确定位置,均匀分布应力以提高模块力学适应性。建议设计专用定位模具,确保固定钉粘贴位置精度,见图6.46,

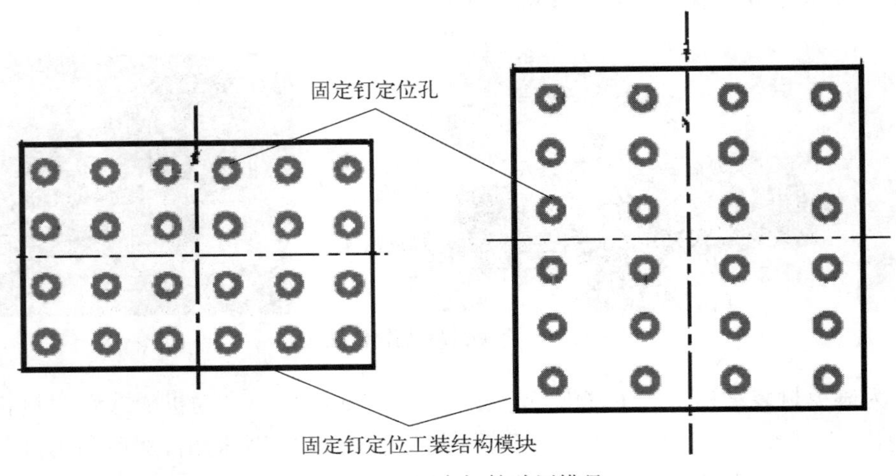

图6.46 固定钉粘贴用模具

采用专用工装后不仅保证了工艺安全性、有效降低了盖片碎片率，固定钉粘贴位置精度偏差≤0.25 mm。黏接面为固定钉底与盖片石英玻璃表面，黏接前用丙酮棉球充分清洁黏接面。粘贴完固定钉的模块如图 6.47 所示。

图 6.47　固定钉粘贴后的模块

6.6.3　太阳电池模块上板装配

半刚性太阳电池阵电池模块完成制备后，根据电路设计要求按相应的布局挂装至太阳电池阵网格基板上，随后进行固定钉钉针成型（弯折）与点胶固定。流程如图 6.48 所示。

图 6.48　半刚性太阳电池模块上板流程

具体工艺方法如下。

（1）将半刚性模块按照模块设计图纸的顺序依次将半刚性模块（固定钉朝上）摆放到相应位置。为了保证上板后半刚性模块间的串并联间隙一致，设计了专用的模块上板辅助工装。

（2）半刚性模块上板，将半刚性模块的基板边缘与工装对齐，然后按照从左至右，从上到下的顺序依次固定半刚性模块，将半刚性模块的固定钉依次伸出半刚性基板的玻璃纤维网格，如遇到干涉，采用镊子转动固定钉钉针，使其超出玻璃纤维网格。

（3）弯折固定钉，半刚性模块的固定钉钉针完全伸出玻璃纤维网格之后，将伸出的固定钉钉针放入固定钉弯折工装的 U 形槽内，然后沿垂直于玻璃纤维的方向弯折固定钉，使固定钉的钉针与弯折工装接触到。弯折效果如图 6.49 所示。另外，在固定钉弯折成形的过程中，为了保证半刚性模块在基板上定位牢固，模块各方向受力均有保证，需要遵循一个基本的准则，即模块上同一列的固定钉在玻璃纤维的弯折应该是各个方向均有，对整个模块而言，每个方向上弯折的固定钉的数量应至少保证有 4 个。

图 6.49　固定钉弯折效果及半刚性太阳电池模块上板效果

（4）固定钉点胶，取半刚性模块最外侧的三个固定钉（呈“L”型）处进行点胶固定，点胶的位置是在玻璃纤维与被弯折固定钉的交汇处。

（5）目测胶点及太阳电池模块外观，进行专检并进行记录。

6.6.4 太阳电池电缆制造

半刚性太阳电池板电缆制造方法同刚性太阳电池板，详见6.5.4。

6.6.5 太阳电池板测试

半刚性太阳电池板测试方法同刚性太阳电池板，详见6.5.7。

6.7 空间用柔性太阳电池板制造及装配

6.7.1 叠层太阳电池制作

叠层太阳电池的制造与刚性太阳电池阵的相同，参见6.5.1。

6.7.2 太阳电池组件制作

叠层太阳电池通过一定方式焊接串并联形成太阳电池组件后采才能粘贴上板。柔性板的太阳电池组件制作如图6.50所示。

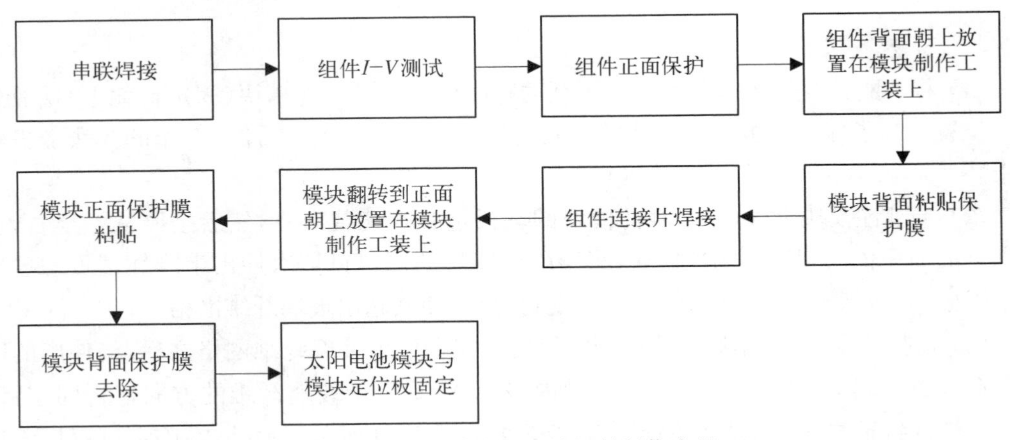

图6.50 柔性阵太阳电池组件制作流程

图6.51 模块制作工装设计图

具体工艺方法如下。

(1) 将太阳电池组件正面朝上放置在串联焊接工装上，采用透明膜对太阳电池组件正面进行粘贴，从而固定太阳电池组件，保持太阳电池表面清洁；

(2) 组件 $I-V$ 测试主要是检测太阳电池组件的性能是否正常，对于电性能不满足要求的电池进行更换；

(3) 将太阳电池正面透明膜保留；

(4) 将太阳电池组件背面朝上放置在模块制作工装上，如图6.51所示，将太阳电池组件与并联间隙控制工装的定位区域对准，太阳电池并联间隙控制要求太阳电池组件往同一边靠紧。调整好位置后，打开吸气阀，将太阳电池组件固定。模块制作工装定位精度优于 0.05 mm，可保证太阳电池组件模块并联间隙满足工艺指标要求；

(5) 模块背面粘贴保护膜。采用透明膜粘贴在太阳电池背面，透明膜要求避开太阳电池背面的互连片；

(6) 太阳电池组件的 pn 极与组件连接片焊接。调整组件连接片的位置符合设计图纸要求，吸气固定后进行电阻焊接；

(7) 将太阳电池模块翻转为正面朝上，将组件正面覆满透明膜，随后撕掉背面保护膜；

(8) 太阳电池模块与模块定位板固定。模块定位板的四角均有一个限位片，将太阳电池模块的对准限位片确定位置后，使用胶带将太阳电池模块与模块定位板固定，如图 6.52 所示。

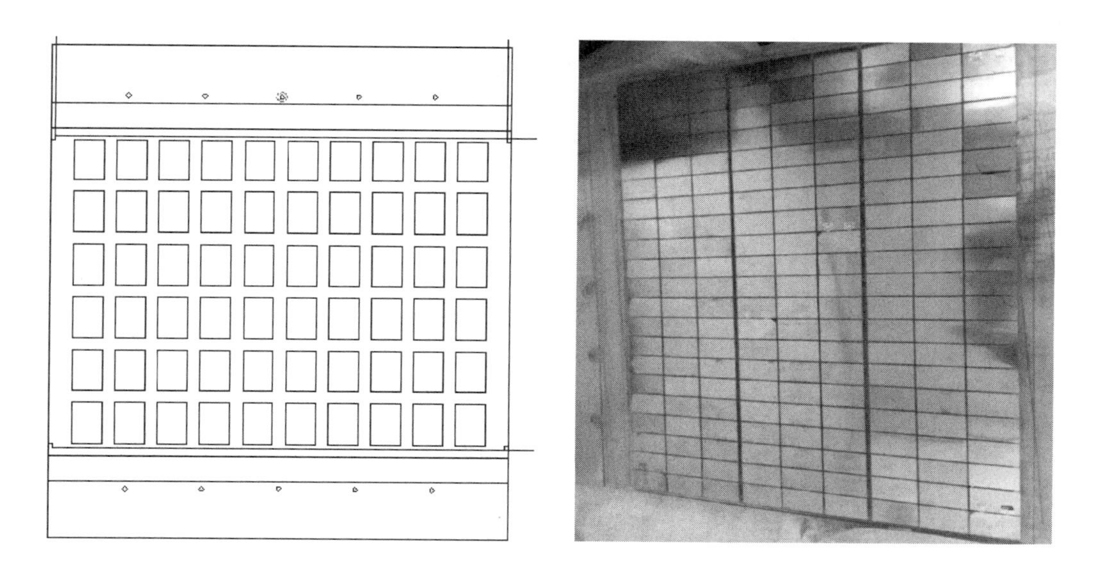

图 6.52　太阳电池模块与模块定位板固定

6.7.3　扁平式板间电缆制造

柔性太阳电池阵由于收拢体积的限制，不能采用传统的圆柱形的导线，必须采用 FPC 式的柔性扁平式板间电缆。由于其特殊性，制造工艺较为复杂，工艺流程如图 6.53 所示。由于扁平式板间电缆属于印制电路板行业的特殊工艺，本书不再赘述，有兴趣的读者可以查阅 FPC 领域相关书籍。

6.7.4　太阳电池组件粘贴

太阳电池模块制作完成后，可进行上板粘贴。太阳电池模块粘贴工艺流程如图 6.54 所示。

具体工艺方法如下。

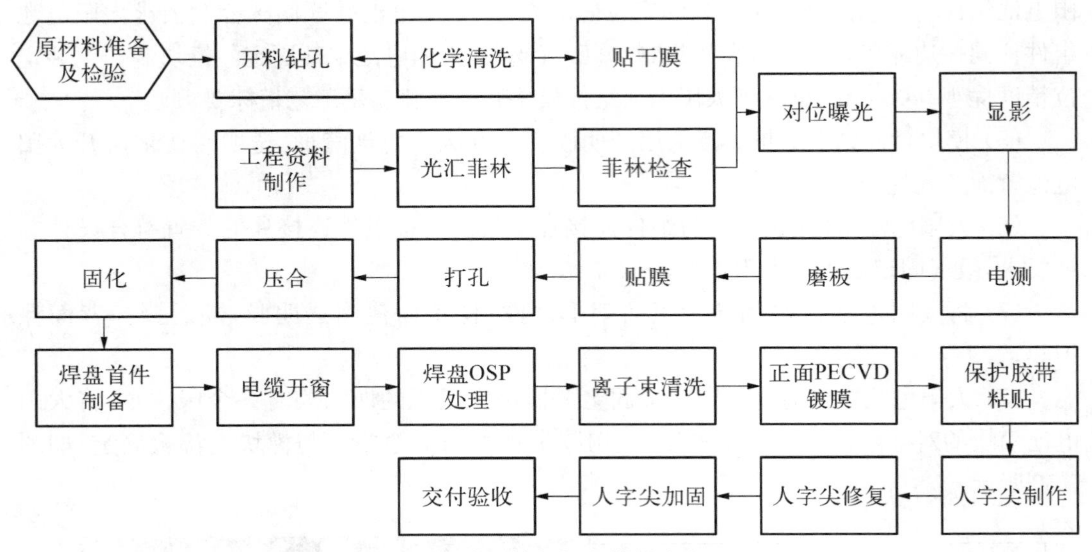

图 6.53　扁平式板间电缆制造流程

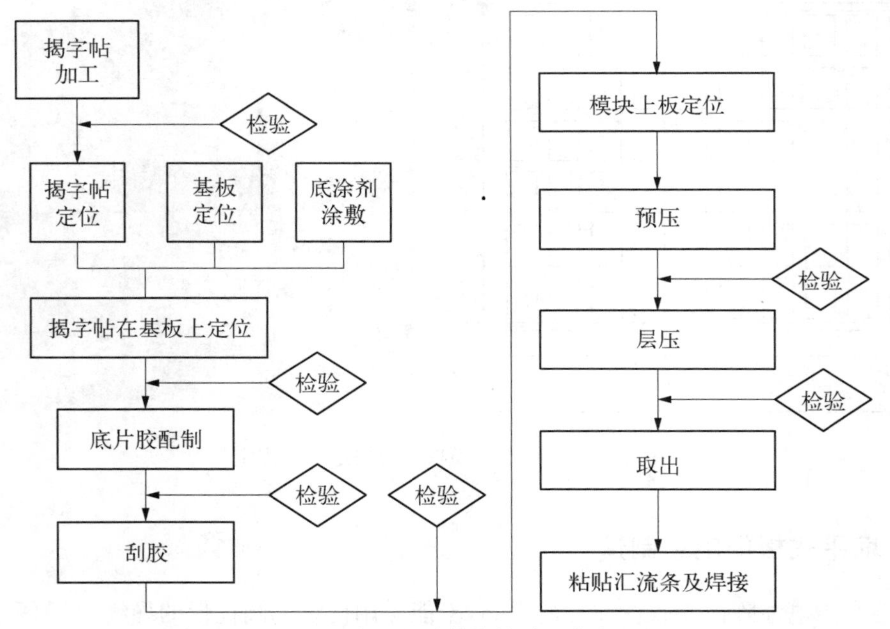

图 6.54　太阳电池模块粘贴工艺流程

(1) 揭字帖的加工。揭字帖图形根据设计要求调整。

(2) 揭字帖固定在模块定位工装上。按照太阳电池模块与模块固定工装相同的工艺方法将揭字帖固定在模块固定工装上,如图 6.55 所示。

(3) 基板固定在支撑板上,将柔性基板放置在支撑板上,柔性基板即具备刚性特征,便于后续工艺开展。

(4) 揭字帖转贴在柔性基板上。按压模块固定工装,使揭字帖与柔性基板紧密粘贴。

(5) 揭字帖粘贴完成后,撕下定位胶带,取下模块固定工装。

图 6.55　揭字帖固定及粘贴

图 6.56　刮胶效果图

（6）基板表面清洗。使用镊子夹取无纺布，然后蘸取清洗剂，将底涂剂均匀涂敷在电池背面及柔性基板上，清洗完成后再涂覆底片胶。

（7）底片胶配置。底片胶配置完成后，首先按照通用工艺要求制作底片胶陪样件，用以检验底片胶的抗剪切强度和抗剥离强度，确认底片胶配制符合工艺要求。

（8）将配好的底片胶倒在揭字帖上，使用专用刮胶板进行刮胶，确保刮胶区域底片胶充分填充，不能出现缺胶现象。刮胶完成后撕去保护胶带和揭字帖。刮胶完成后的效果如图 6.56 所示。

（9）模块上板粘贴。采用揭字帖粘贴相同的方法将太阳电池模块粘贴在基板上。随后撕去固定胶带，取下模块固定工装。

（10）预压。在太阳电池粘贴完成后进行预压。

（11）预压完成后，取下压板和气囊，将太阳电池阵的支撑工装一同搬至层压机中。层压机的压强设置到 98 Pa，加压时间不少于 2.5 h。

图 6.57　粘贴后效果

（12）层压完成后，取出柔性太阳电池阵产品，放置 24 小时后撕去定位胶带和正面保护膜。完成太阳电池模块粘贴的底片胶效果如图 6.57 所示，黑色直线表明的区域为底片胶区域，可以看到底片胶形状满足设计要求，同时无肉眼可见气泡。

6.7.5　太阳电池板上焊接

上板后的太阳电池组件需要和汇流条焊接，其工艺流程如图 6.58 所示。

具体工艺方法如下。

（1）按照设计要求在柔性基板粘贴区域涂底片胶，在基板上汇流条粘贴区域边缘粘贴定位膜，从而保证汇流条粘贴位置的精准度。

（2）对汇流条进行加压固化，固化 4 小时后取下压块，固化 24 小时后取下固定工装。

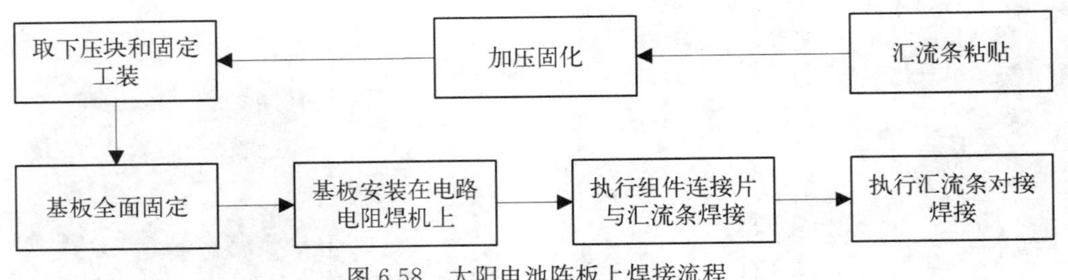

图 6.58　太阳电池阵板上焊接流程

(3) 汇流条焊接采电阻焊接，此时需要柔性基板垂直放置在焊接设备框架上，如图6.59所示。

图 6.59　太阳电池板电阻焊接安装图

(4) 基板全面固定后，将带基板的支撑板安装在电路电阻焊接设备上。

(5) 通过对焊接样品的焊点抗拉强度测试，组件连接片与汇流条焊接、汇流条与汇流条焊接的焊点抗拉强度大于指定值，且焊点破坏形式均为焊点处材料本体撕破，焊接强度可靠，满足工艺指标要求。

6.7.6　太阳电池板测试

柔性太阳电池板测试方法同刚性太阳电池板，详见6.5.7太阳电池板功率测试。

6.8　地面用太阳电池组件制造

我国光伏市场在“630”抢装、“930”抢装、光伏扶贫、领跑者政策推动、光伏上网电价下调预期而导致的抢装等多种因素拉动下，光伏发电装机量实现了前所未有的超越，连续6年新增装机位居世界第一。累计装机超过1.7亿千瓦，中国仍然是全世界最大的光伏市场。根据国家能源局2019年3月的统计数据显示，截至2018年底，全国光伏发电装机达到1.74亿千瓦，较上年新增4 426万千瓦，2017年的新增光伏装机容量曾达到了创纪录的 5 283 万千瓦。

虽然我国光伏电站装机容量和出货量连年世界领先，但是国内的光伏组件生产工厂仍属于劳动密集型企业，生产效率较低，劳动强度高，生产过程中组件隐裂等质量问题难以控制，严重制约产能，大大拉升了制造成本。针对以上问题，全自动太阳能电池组件封装生产线技术应运而生。实践证明，全自动太阳能电池组件封装生产线能够实现从太阳能电池片至太阳能光伏组件的全部封装过程，具有适用范围广、自动化程度高、智能化程度高的特点，能够避免人工操作误差大、效率低等问题，极大地降低人工成本，提高了组件生产效率。

太阳能电池组件是一种光电器件，其主要部件是太阳能电池片，但由于太阳能电池片自身的缺陷，暴露在阳光、雨水等自然条件下就会造成永久性破坏，因此必须对太阳电池组件进行封装，所谓太阳电池封装就是把框架、玻璃盖片、太阳电池精确封装在一起。太阳能电池组件封装按照玻璃、EVA、电池串、EVA、背板的顺序敷设，通过层压机抽真空加热使 EVA 熔化，将玻璃、电池串及背板封装在一起。同时太阳能电池在上述生产过程后还要使用专用设备，消耗大量铝材对其进行装配边框工作，铝边框装配完毕后还需要专门工序黏接接线盒，组装过程工序繁多，常见的单面光伏组件结构如图 6.60 所示。

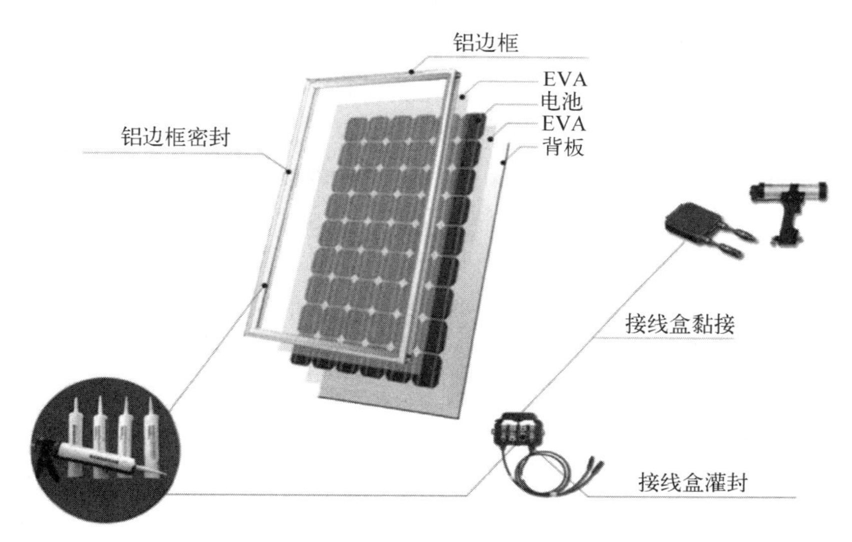

图 6.60　光伏组件结构

全自动太阳能组件生产线通过全自动传输线连接组件封装各个生产环节，主要由太阳电池组件串焊机、排版机、汇流条焊接机、层压机、组框机以及测试仪等多个功能单元构成，整条生产线可根据客户要求，加装不同封装设备模块，实现太阳电池组件全套生产流程。常见的光伏组件制造工艺流程如图 6.61 所示。

全自动太阳能电池组件封装生产线运用电脑三维辅助功能，利用三维建模方式，可为客户提供整线布局个性化定制方案，自动化控制系统集中了分布式 IO、伺服控制、Ethercat 网络传输通信等技术，通过伺服驱动，定位准确；分布式的应用将设备模块化、标准化；Ethercat 现场总线的应用，使得信息传输更加快捷迅速。存储有程序语言的 PLC 模块向机械系统发出程序命令，控制各功能单元完成上料、运行、传输、下料等机械运动，实现光伏组件生产全过程。采用 Ethercat 现场总线技术进行信息传输和信号传递，传输

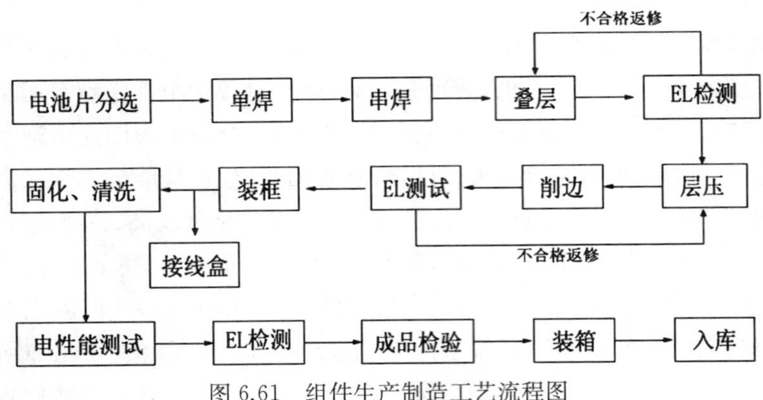

图 6.61　组件生产制造工艺流程图

快捷精准,能够有效解决信号传输过程中传递延时、信号受干扰而衰减的问题,从而提高设备的操作精度。

太阳能电池组件封装生产线一般由多个生产线单元组成,主要包括:单、串焊设备单元、输送单元、叠层单元、太阳能电池组件层压机、目视检查单元、组件 EL 测试单元、转角分流单元、排序分流单元、人工(或自动)修边单元、层压检测单元、缓存堆栈单元、纵(横)向规正单元、自动组框机、清洁修整单元、接线盒安装单元、耐压绝缘测试单元、组件 IV 测试仪组件测试及分流单元、自动堆垛单元、恒温、恒湿固化室等。

单、串焊设备单元包括手工焊接台、自动焊接机、焊接辅助设备等,该单元主要是利用伺服控制、机器人控制等技术实现电池片—焊带—电池片焊接成串,采用机械手及辅助定位机构,实现电池串按照一定的规则进行排版。

输送单元按产品的输送方式分为纵向输送单元、横向输送单元、多功能输送单元。

叠层单元是将成卷的 EVA/TPT 按照工艺要求裁切并冲孔(用于后续汇流条引出),按照 EVA - TPT 的顺序层叠于流水线传过来的组件上,一般包括电池串铺设、焊接汇流条、贴固定胶带、铺 EVA 和背板等工位单元。

太阳能组件层压是电池组件生产的关键一步,通过太阳能电池组件层压机完成。层压温度与层压时间是层压过程的关键参数,主要由 EVA 的性质决定。经过目视和 EL 检验合格后的组件传输至层压机腔体内后,在真空环境下,加热至 140℃左右,使 EVA 融化,将电池片、玻璃、背板黏接在一起,然后自动传输层压机通过工艺控制,使得 EVA 在 9 min 左右实现快速融化与固化,完成组件的层压。

组件削边主要是去除固化 EVA 与层叠时多出组件的 TPT 毛边,为后续装框做准备。组件削边机主要由电池组件传输单元、电池组件定位单元和电池组件削边单元组成,其中电池组件削边单元由削边装置、支撑架体、削边驱动装置组成,其工作原理是由电池组件传输单元将电池组件传输到工作台上,由电池组件对中单元调整电池组件的位置,然后由削边驱动装置驱动削边装置沿电池组件的边部行走,同时由削边机构进行削边,可实现自动化削边作业,能有效降低人工成本,提高工作效率。

封装生产线也可增加选配下列设备单元:① 周转车;② EVA/TPT 手动裁切机;③ EVA/TPT 自动裁切机;④ 自动(或手动)电池分选机;⑤ 玻璃清洗机;⑥ 90°转向单

元;⑦ 电池串自动排版单元;⑧ 自动(或手动)贴胶带单元;⑨ 自动打胶机;⑩ 自动堆垛单元;⑪ 固化输送机;⑫ 恒温、恒湿固化室;⑬ 自动分档机械手;⑭ 其他辅助设备。

生产线根据需要设有PLC配置及触摸屏,能够显示单元工作状况,传输流水线与伺服单元独立控制,可避免在某单元需要调整时导致全段停止运行情况发生;控制系统具有手动/自动切换功能,人机界面系统便于工艺参数和基本操作的分类管理,料位传感器工作可靠,系统联锁和容错性能好;设备可以设置必要的保护措施,在紧急断电后最大限度不使组件产生破碎;部分设备具有气源,真空等检测功能,在气源,吸盘真空未达到运行条件时,报警并停止相关段运行动作。全自动太阳能组件生产线实现机械化、智能化生产,避免人工操作不当对组件生产质量的影响,极大地降低人工成本,提高组件生产效率;传输单元采用PU同步带传输,具有传动平稳、吸振力强、噪声低、寿命长等特点,避免发生位移,保证传输安全。

虽然全自动化产线能够降低组件不良率,提高组件生产效率,但是在实际生产过程中,还应该从各个方面控制关键节点,保证组件质量的全面合格。

1) 不良品的控制

(1) 人员:员工的流动性,员工的操作熟练程度,会影响产品质量控制。

(2) 定期训练:企业需要稳定的员工,更希望员工的工作高效高质,就需要定期对员工队伍进行培训,让员工知道在做什么,要怎么做。

(3) 贯标:员工执行标准作业,是必须要按照三按三检去做,只有企业标准化,才能稳定发展。

(4) 现场8S:现场混乱会影响产品质量,造成返修率升高,增加材料损失,所以要产品质量稳定,现场工作环境很重要。

(5) 产品检验:每天对产品进行抽检,可以及时的发现产品存在的问题,分析原因,提供整改措施,质量得到改善。

(6) 材料设备供应商:供应商要稳定,工艺材料的匹配性和稳定性直接影响到产品质量,不能为了降成本使用那些质量差的材料,虽然公司利润会少一点,但是保证了产品质量和企业的形象。

2) 生产材料质量控制点

(1) 电池片分选:电池片不能有崩边缺角,电池污染,印刷不良,单片电池片要保证颜色均匀,同一块组件上的电池片颜色要保持统一,不要有明显调色。电池要保证工作电流分挡统一,组件中电池片的工作电流应在同一等级,减少组件等级混的发生。

(2) 材料裁切:在裁剪背板(TPT)/EVA及涂锡带时必须按照物料清单规定的图纸尺寸进行裁剪,定时对其进行检查测量,确保裁切质量,做好发放记录,并且要保证储存的时间和温湿度环境。

(3) 钢化玻璃:首先要确定外观尺寸是否符合图纸要求,使用中对来料不良要及时确认隔离。

(4) 接线盒:领用时检查接插件线长是否符合图纸要求。

3) 焊接工序质量控制点

(1) 焊机质量控制点。首先就是根据不同的电池片调整好焊接机的工艺参数,确保焊接质量和拉力合格。焊接电池片：不能有虚焊、脱焊、漏焊、焊接错位。电池片外观检查：不能有电池污染，丝网印刷不良，崩边崩角等电池缺陷。

(2) 串焊质量控制错位：不能有相邻电池片间距不一致和相邻串之间的错位，保证串长一致。

(3) 敷设工序质量控制点敷设工序电池串摆放，汇流条的焊接位置，固定胶带的粘贴位置须符合工艺图纸设计要求，确保敷设质量。并且要做好外观检查，组件内不允许有杂质异物锡渣，电池片无崩边缺角。EL测试图不能有可视的隐裂，电池缺陷，少功率等现象，严格按照组件成品检验标准执行。

(4) 层压质量控制点。层压机的参数设置必须按照工艺文件要求，如果有不同厂家的材料要及时做好调整。层压时所用的高温布和硅胶板要及时清理，避免残留的EVA压出背板凹坑，导致电池片损坏，还要做好设备点检保证层压交联度符合标准。

(5) 装框工序质量控制点。来料先要确定铝边框的尺寸是否符合图纸要求，组框机设备点检调试好，确保组装铝边框无角缝错位，并对组装好的边框对角线进行测量，确保符合图纸要求。

(6) 测试工序质量控制点。测试区域(温湿度)环境必须要符合行业标准，标准板要有国家级检测机构标定的方可使用，每天要做EL测试，确保标板没有隐裂，在生产测试中要每两个小时对设备校准一次，确保测试的准确性。严格按照作业指导书和组件检验标准进行操作，测试后组件标贴合格标签。

(7) 包装质量控制点。包装工序也很关键，员工的操作动作要规范，以免对组件造成伤害，出现电池隐裂，背板划伤等问题。

总之，目前行业内光伏件设计使用寿命是25年，但随着时间的推移，组件质量不过关的问题将会大量出现。影响光伏组件质量的重要因素还很多，包括原材料的质量控制及匹配、组件的工艺设计、生产设备精度、员工操作熟练程度、制程控制等。所以质量管理体系是控制组件质量问题的关键。剖析不合格组件的原因、分析解决，制定预防措施，来达到减少不合格组件的目的。从“人、机、料、法、环”五个各方面去完善太阳能光伏电池组件的质量管理体系。实践出一套行之有效的控制管理办法是保证光伏组件高良品率的关键所在。

组件安装直接关系太阳能光伏发电系统安装质量，光伏组件处于不合理的安装情况下，会对光伏组件的使用可靠性造成影响，因此现场施工时应围绕以下几方面保证组件安装质量：① 组件参数核对。施工人员需要在组件安装前做好参数的核对工作，核对可采用测量检查方式进行，如同时测量组件的短路电流和开路电压，由此保证参数符合设计要求，即可保证组件能够满足太阳能光伏发电系统高质量运行需要；②避免组件间出现干扰。为避免组件间的干扰影响系统运行，需将参数相近的组件安装在同一方阵，同时避免太阳能面板安装时出现碰撞或磕碰、关注面板边框预制安装连接质量，也能够为太阳能光伏发电系统安装质量提供保障；③保证太阳能组件安装平衡。为满足系统运行需要，机架与太阳能组件必须保证8 mm以上空隙，组件的平衡也需要得到保证。线缆连接与防雷要点连接线缆需遵循先简后复、先外后内的布设顺序，同时线缆的防护处理、线缆布设松紧度控制也必须得到关注。值得注意的是，防雷接地处理属于太阳能光伏发电系统的重要组成，该环节需保证发电系统支架与避雷针接地线缆间存在一定距离。

思　考　题

（1）空间用太阳电池板和地面用太阳电池组件的结构有哪些不同之处？并简述太阳电池板设计时需考虑哪些因素。

（2）空间太阳电池板电路部分的制造过程中需要使用哪几种类型的黏结剂？请列出黏结剂的类型和牌号，并简述其主要性能参数。

（3）在空间太阳电池板电路部分的制作过程中有哪些工序要使用黏结剂？并简述每种黏结剂在使用过程中的工艺要求及注意事项。

（4）空间太阳电池板在制造过程中会使用到哪些电连接技术？请简述每种电连接技术的工艺原理及过程控制措施。

（5）在空间太阳电池板制作过程中，哪些工序需要对太阳电池的电性能进行测试？请阐述每项测试的目的及测试手段。

（6）在空间太阳电池板用基板的制作过程中何为共固化技术？请简述共固化技术的工艺原理及主要步骤。

第7章　产品测试和质量检验

从太阳电池的研制到航天器太阳电池阵的设计制造，太阳电池电流、电压和效率等电性能参数的准确测试都是最基本的要求。由于航天器太阳电池阵由大量太阳电池组合而成(通常需数千至数万片单体电池)，因此太阳电池单体电性能的测量误差将对太阳电池阵的设计、制造和运行产生重大的影响。太阳电池因其本身复杂的吸收特性，在测试时需要考虑光强、光谱分布、温度等因素，因此大大提高了准确测试电池电性能的难度。本章将从电池的测试标准开始，详细地介绍电池电性能、温度系数和辐照损伤等影响电池在空间应用的一些参数的测试，并对太阳电池阵测试进行详细阐述；同时对太阳电池和太阳电池阵质量检验和相应的分析进行简单的介绍。

7.1　太阳电池电性能测量

7.1.1　标准测试条件和标准太阳电池

对于太阳电池来说，最主要的性能指标就是电池的转换效率：

$$\eta = \frac{J_{sc} \times V_{oc} \times \mathrm{FF}}{E} \tag{7.1}$$

式中，J_{sc}为电池的短路电流密度；V_{oc}为电池的开路电压；FF为电池的填充因子；E为单位面积上照射的太阳强度。

在式(7.1)中，影响电池效率的电流、电压和太阳强度，都要受到客观因素的影响。因此在不同的测试条件下，会得到不同的效率。基于这个原因，在我们评定某个电池的效率时，需要有一个统一的标准，这就是我们所说的太阳电池标准测试条件。

我国航天用太阳电池电性能的标准测试条件：在AM0标准阳光光谱下(光谱分布如图7.1所示)；标准辐照强度为1 367 W·m^{-2}；标准测试温度为25℃；标准测试温度的允差为±1℃。该标准测试条件也是国际上规定的空间用太阳电池的标准测试条件。

在地面测试设备光强和光谱校准方面，目前国际上通用的测量方法，是采用标准电池法，即选一片太阳电池，首先在某一特定的标准状态(光源)下进行短路电流数值的测定，然后用它做参考电池去校准测试时所用光源的光强，再用此光强测量其他的被测电池。我们把作为参考的电池在一定的光源状态下，确定短路电流的过程叫做标定。而标定所得到的电池就称为标准电池。根据标定的过程和方法的不一样，标准电池分为一级标准、二级标准和工作标准。经过多次标定并用于其他标定法对比后，标定值能很好吻合的一批电池称为一级标准。一级标准电池都按一定的结构和规范进行封装，并都保存在干燥

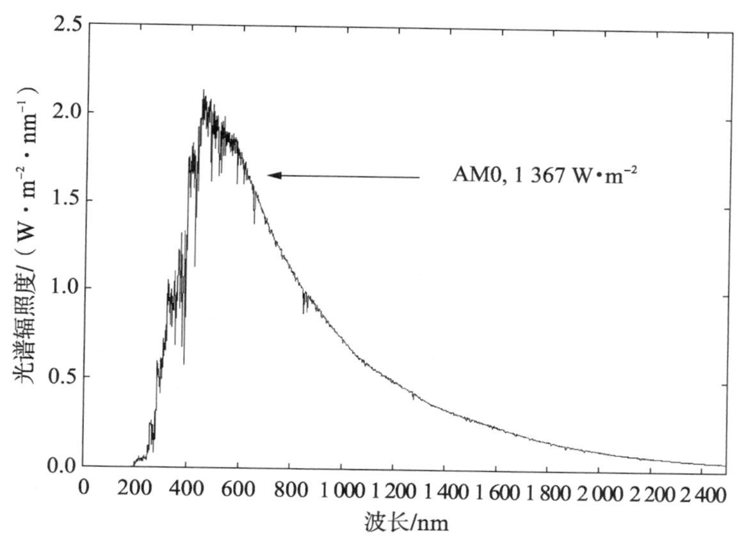

图 7.1　AM0 光谱分布图

的空气中。二级标准电池按复现的要求，除在模拟光源下测过短路电流外，都进行了光谱修正。二级标准电池都能严格跟踪一级标准的精度。

标定每次测试前光源用的标准电池称为工作标准。一般工作标准分为多晶硅电池、背场电池、多结子电池、多结整体电池等。这些工作标准都按复现因子进行修正。在使用它们时，按被测太阳电池类型用各自的工作标准校对光强。工作标准电池经常要和二级标准电池比对，而二级标准电池则需要定期到有关部门进行校验。

在使用标准电池时还要考虑一个复现的问题。一般来说太阳模拟器的光谱特性与标准太阳光谱相比总是存在着不小的差别，而且标准电池的光谱响应也总是与被测电池有着一定的差别，因此对于复现来说，就必须建立对模拟器、标准电池和被测电池之间相互的光谱关系。

一级和二级标准太阳电池应给出如下参数。

(1) 标准条件下的标定值 I_{sc}(mA)。

(2) 标准条件下的开路电压 V_{oc}(mV)。

(3) 短路电流的温度系统 α(mA·℃$^{-1}$)。

(4) 开路电压的温度系数 β(mV·℃$^{-1}$)。

(5) 相对光谱响应 S_r。

(6) 填充因子 FF。

(7) 标定精度(%)。

工作标准太阳电池应给出如下参数。

(1) 标准条件下的标定值 I_{sc}(mA)。

(2) 短路电流的温度系数 α(mA·℃$^{-1}$)。

(3) 填充因子 FF。

(4) 标定有效期。

7.1.2 太阳电池 $I-V$ 测试

1. $I-V$ 曲线及其测试电路

$I-V$ 曲线是太阳电池的最主要参数。它直接反映了电池输出功率。在一定太阳光(或模拟光源)照射下,这曲线完全由电池的pn结特性和电阻分散参数确定。图7.2是在一定的辐照度和温度下测得的一条 $I-V$ 曲线示例,其纵坐标为电流,横坐标为电压,可以从 $I-V$ 曲线上得到的电性能参数如下:

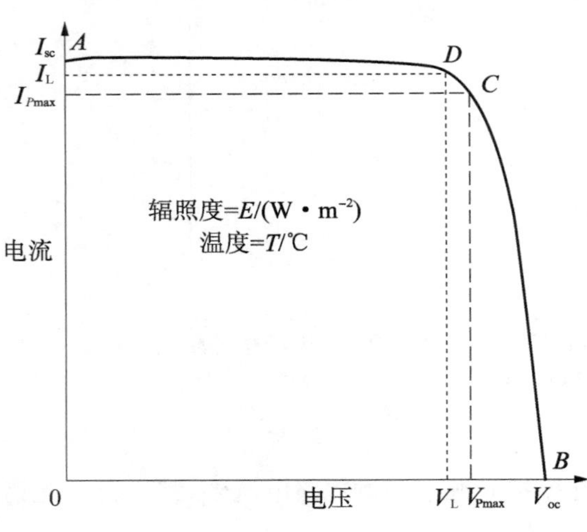

图7.2 $I-V$ 曲线示例

(1) 短路电流(I_{sc})。$I-V$ 曲线与电流轴 $V=0$ 相交点,A 点的电流值。

(2) 开路电压(V_{oc})。$I-V$ 曲线与电压轴 $I=0$ 相交点,B 点的电压值。

(3) 最大功率(P_{max})。$I-V$ 曲线上电流与电压乘积取最大值的点,C 点的功率。

(4) 负载电流(I_L)。在某一规定的负载电压 V_L 下测得 D 点的电流 I_L。

在测试电池 $I-V$ 曲线时,为了避免测试结果受到导线电阻的影响,需要采用"四线制"连接。电池用两根粗线连接,通过电流,另两个线测电压用。短路电流应在零电压条件下测量,即采用一个可变的偏压(采用三极管控制输出端电压)进而补偿外部串联电阻的电压降,实现0 V点的电流测试。太阳电池 $I-V$ 曲线测试原理示意图如图7.3所示。

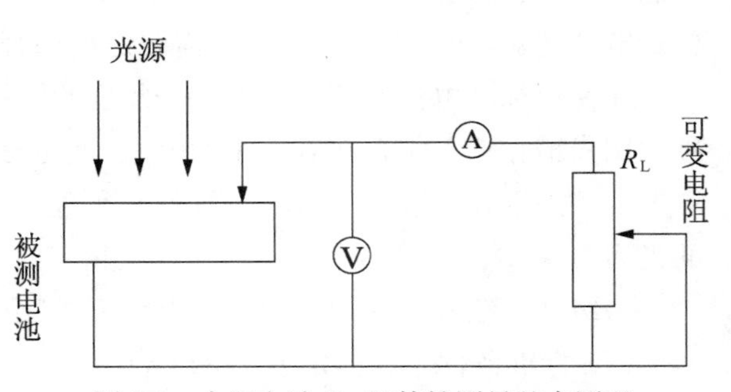

图7.3 太阳电池 $I-V$ 特性测量基本原理

进行太阳电池 $I-V$ 特性测试时,应注意以下几点。

(1) 校准所用的标准电池应具有与被测样品电池基本相同的相对光谱响应。

(2) 电池测试时,如果实测温度与标定温度之差超出±1℃的测试范围,应对标定值按实测温度进行校正。

(3) 电压表的内阻不低于20 kΩ・V^{-1}。

2. 太阳模拟器

从实际出发,不可能把大量的太阳电池送到大气层外进行真正的AM0光谱测试,因此很多情况下采用太阳模拟器作为光源在室内测定太阳电池的特性。太阳模拟器的光源光谱与真实的AM0光谱的一致程度直接影响着测试结果——太阳电池的 $I-V$ 特性的正确性。性能较差的模拟器，由于它的光谱与太阳光谱不匹配，在测试上将引起很大的误差。因此在测量电池效率的时候，除了需要标准电池外，与真实太阳 AM0 光谱相匹配的太阳模拟器是必不可少的。

在多结电池未研制出来前，太阳电池测试中主要用的是单光源模拟器。一般单光源模拟器都是用一盏氙灯作为光源，通过滤波器，反射镜反射出来一束平行光。其优点就是操作简单，一般在确定滤波器之后，其光谱就不会有太大的变化，调节灯的功率只是提高或降低光强而已；而其缺点就是光谱一旦确定后就不能再调节，不能因为所测电池的特性而去改变光谱。目前国际上最权威的由美国光谱实验室研制的太阳模拟器 X－25 光谱如图 7.4 所示。

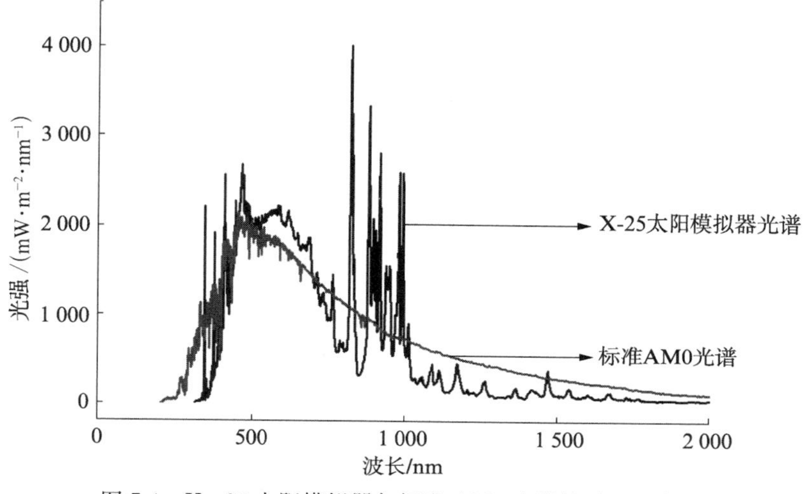

图 7.4　X－25 太阳模拟器与标准 AM0 光谱的对比示意图

近年来，Ⅲ－Ⅴ族化合物多结太阳电池技术有了快速的发展。例如，$GaInP_2/GaAs/Ge$ 三结太阳电池的光电转换效率已达到 30%以上。采用多结太阳电池的太阳电池阵比相同寿命末期功率的单晶硅太阳电池阵的面积可减少 50%以上、质量可减少 20%，同时还具有良好的抗辐照性能。由于多结电池本身的复杂性，使得以前传统的单光源模拟器不再适用，因此国际上开始研制多光源模拟器，对于多结电池的测试由于多结太阳电池的光谱响应具有复杂的形状和较宽的波长范围(图 7.5)，一般的太阳模拟器的光谱辐照度与该标准光谱辐照度有较大的差异。加上多结电池内部的"电流限制"作用的影响，使得测试光源的设定不能像测试单结太阳电池那样通过简单地调节模拟器的光强来完成。例如，一个 $GaInP_2/InGaAs/Ge$ 三结标准太阳电池，在电流匹配很好的理想情况下，在标准 AM0 光照条件下各子电池的光电流应相等并等于三结太阳电池的短路电流。而同一个三结标准太阳电池在传统的模拟器光谱下，无论如何调节模拟器的光强都无法使各子电池的光电流相同，差别可达 20%以上。显然，在这种情况下将无法用标准太阳电池设定一个等效于标准 AM0 的光照条件，即无法完成测试光源的设定。如果这时能通过某种方法改变模拟器的光谱就可以使得三结标准太阳电池中每一个子电池的光电流相等且等于其 AM0 标定值，虽然这时的光照条件并不一定与标准 AM0 条件一致，但对三结太阳电池测试的结果与在AM0光照条件下的测试结果一致。因此采用光强和光谱均可调节的太阳模拟器才能满足多结太阳电池的测试时光照条件的设定要求,从而保证多结太阳电池效率的测试准确性。

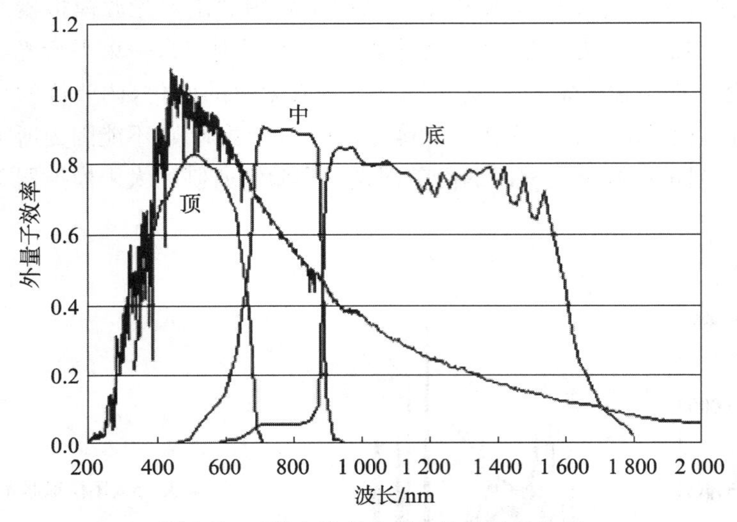

图7.5　三结电池各个子电池的量子效率

目前国际上具备生产这种光谱分段可调模拟器能力的厂家主要有美国的Spectrolab和英国的Ts-space公司。两家公司的产品都得到国际光伏产业的认可。美国光谱实验室生产的X-25是目前商业化水平最高的太阳模拟器,其光谱分段可调的原理是通过调整滤波器而达到的,因此在调节波段范围时活动性更大,不仅能测试三结电池也能测四结、五结电池。英国Ts-space公司采用的光谱分段可调原理是采用多盏灯模拟光谱,每盏灯各自负责模拟一段光谱,这样通过调节每盏灯的光谱就达到了分段可调的目的,英国Ts-space公司采用的是多光源的方式,用多个光源各自独立提供某段光谱的方法,研制出的多光源模拟器能模拟出和标准AM0光谱比较吻合的太阳光谱。德国的RWE公司,美国的EMCORE公司,URL美国华盛顿海军研究实验室(United States Naval Research Laboratory, NRL)都用该公司的多波段、高精度模拟器。Ts-space公司的模拟器光路图如图7.6所示。

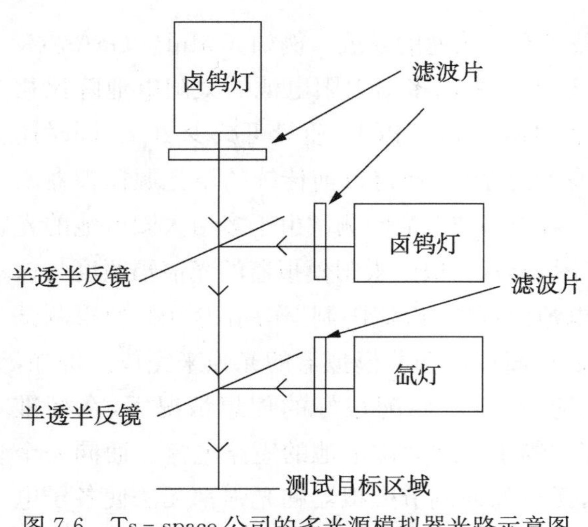

图7.6　Ts-space公司的多光源模拟器光路示意图

在该多光源模拟器中,氙灯和另外两盏卤钨灯分别提供了300～700 nm、700～1 200 nm、1 200～2 400 nm三段波长,基本上与三结电池的三个子电池吸收波段相对应。该模拟器模拟出来的光谱如图7.7所示。

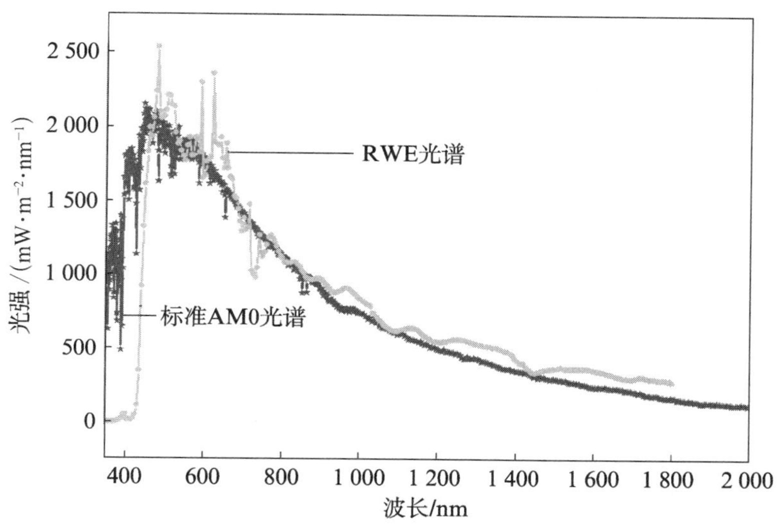

图 7.7　Ts - space 公司的多光源模拟器模拟光谱

7.1.3　太阳电池光谱响应测试

太阳电池的光生电流(短路电流)的大小,由两个因素决定:光源的光谱辐照度和电池对各种光谱辐照度的响应。响应是指一定能量的单色光照到太阳电池上,产生的光生载流子被收集后形成的光生电流的大小。因此,它不仅取决于光量子的产额,而且取决于收集效率 Q_λ。 它的数学表达式为

$$Q_\lambda = \frac{\mathrm{d}j(\lambda)}{\mathrm{d}\phi(\lambda)} \tag{7.2}$$

式中, $\mathrm{d}j(\lambda)$ 为某波长下光照产生的电流密度; $\mathrm{d}\phi(\lambda)$ 为该波长下辐照度。

任何一光源在某一距离的任意垂直光束的平面上光谱辐照度 e_λ 的定义为

$$e_\lambda = \frac{\mathrm{d}\phi(\lambda)}{\mathrm{d}\lambda}\bigg|\lambda \tag{7.3}$$

所以,太阳电池在这样的辐照度下产生的短路电流密度 J_{sc} 为

$$J_{sc} = \int e(\lambda)Q(\lambda)\mathrm{d}\lambda \tag{7.4}$$

由式(7.4)可看出,在同一光源下,不同光谱响应的电池测出的电流密度是不同的。

太阳电池光谱响应测试时所采用的分光仪器分为干涉滤波片和单色仪。所有的测量方法都分两部分:测太阳电池的光谱电流密度和测相应波长的相对光谱能量,按式(7.2)求出 $Q(\lambda)$。

1) 用单色仪测量

用单色仪测量,可手动操作也可自动操作。为了让各种波长都有相同的能量,有几种方法:① 改变狭缝宽度,而固定其他因素,狭缝的宽度可手调,也可自动调整;② 改变光源的亮度,让从狭缝出来的单色光能量相等;③ 比较常用的方法,其所有条件都固定不

变，测出的光谱电流密度和光谱能量相比即可。测量的时候单色仪狭缝不能太宽，否则波长误差太大。因为

$$Q(\lambda)=\frac{\Delta j(\lambda)}{\Delta \phi(\lambda)} \tag{7.5}$$

式中，$\phi(\lambda)$ 实际上是单色光在 $\Delta\lambda$ 带宽时所具有的能量。式(7.2)是微分形式，式(7.5)是平均形式。俄罗斯科学院物理技术研究所(Ioffe 物理技术研究所)研制的光谱响应测试设备如图 7.8 所示。

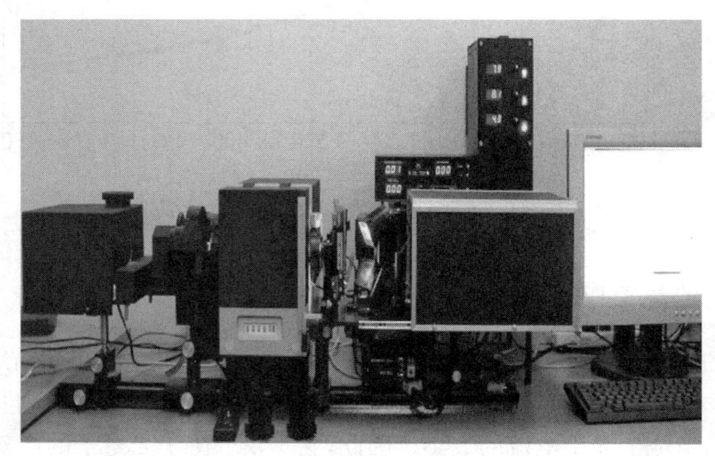

图 7.8　Ioffe 物理技术研究所研制的量子效率测试仪

2）交流测量法

为了能精确的测量经分光后成单色光的微弱能量和电池产生的相应于此能量的微电流，目前很多国家都采用锁相放大技术。首先把光用调制器变成一定频率的交变光，这个交变的单色光照到电池上，产生的交变电流信号和同样频率调制的参考信号通过相敏放大后变成直流输出，其原理见图 7.9。

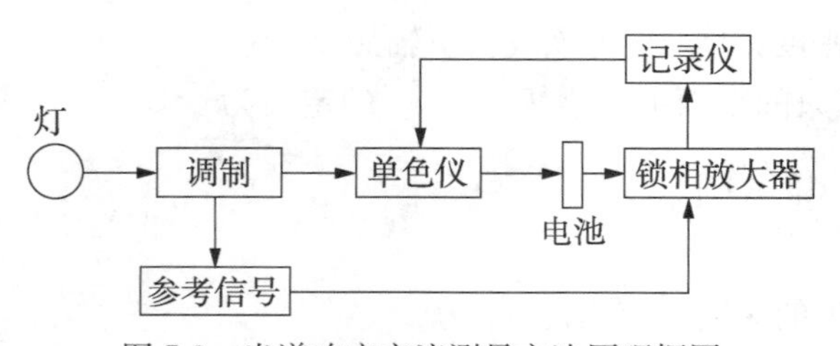

图 7.9　光谱响应交流测量方法原理框图

由于锁相放大能抑制各种频率和相位的噪声，所以测量的精度很高，而且被测电池可以不加任何屏蔽装置。测出的电压信号实际上是并联在电池两端的电阻上的电压降，为了让此电压正比于电池的光谱电流，所用的电阻不应太大。

交流测量法还有一个重要特点，那就是可以使已经照射交变光的太阳电池上再叠加任意光强的恒定白光起偏置作用。

一个电池在太阳光照射下，接受了阳光中各个波长的能量。对任何一个波长的光束来说，它在半导体内产生的电子空穴对都不是在空白的环境内唯一存在的；而是在除它外其他全部波长产生的电子空穴对的“海洋”里，特别是在强光注入的情况下更是如此。当结区存在复合中心，在有“海洋”的情况下，它们很快被填满，对附加的单色光产生的电子

空穴对不起作用；但是当没有“海洋”存在时，它产生的部分电子空穴对就将被复合掉，其结果导致收集效率的下降。因此，为了反映太阳电池的实际状况，特别是对某些类型的太阳电池如薄膜 CdS 太阳电池，无定型硅太阳电池和聚光硅太阳电池——只用单独的单色光辐照是不能反映真实工作情况的；必须根据实际工作状态，让电池本身处在产生相对的电子空穴对“海洋”的基础上，测定各种单色光的效应。所以在测太阳电池光谱响应时应给电池一定的白色偏置。

在三结太阳电池光谱响应测试中，由于其是由三个子电池组成，如果直接采用单结电池光谱响应的测试方法，测到的始终都是整体电池的响应。在测试多结电池时，往往需要的数据是各个子电池的光谱响应，因此对于多结电池光谱响应测试需要采用另外一种思路。

多结电池的各子电池在电学上表现为串联连接，光电流将限于各子电池光电流最小者。因此如果想要测试顶电池的光谱响应，只需要保证在整个测试波段范围内，多结电池的电流密度都受限于顶电池。现在国际上采用的方法就是在测试多结电池光谱响应时，加偏置光。例如，在测试 $GaInP_2$/InGaAs/Ge 的顶电池 $GaInP_2$时，加上 800 nm 以上的长波（顶电池的吸收波段在 700 nm 左右截止），这样就可以保证在顶电池吸收波段内测试其光谱响应时，整体电池电流受限于顶电池。测试多结电池光谱响应时加偏置光的场景如图 7.10 所示。

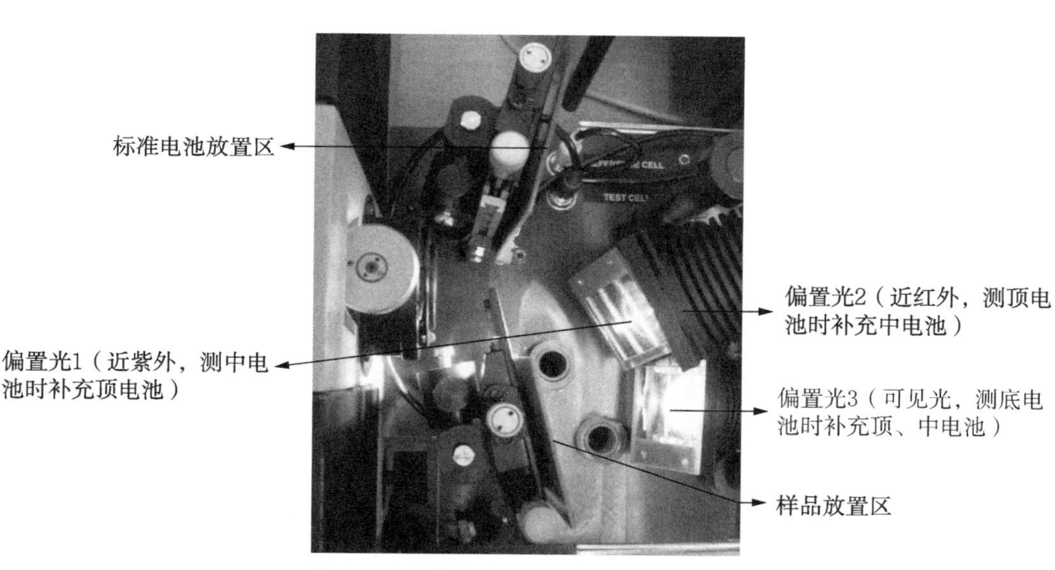

图 7.10　多结电池测试时加偏置光的场景

在测试电池光谱响应时，目前国际上均采用的是单色仪来产生单色光，但是中间会出现一个问题。因为单色仪出来的光一般都是弱光（目前国际上测试电池光谱响应时都是这种情况），而在 AM0 照射下其实是一种强光响应。多数太阳电池尤其是多结太阳电池，在强光和弱光下，其载流子流动存在着区别，而且其中还涉及一些杂质能级的问题，对于这个问题国际上还没有什么确切的说法，只是在光谱响应测试建议中，会加上一条“最好使用与 AM0 同等光强的单色光”的建议。

7.2 太阳电池其他参数的表征

7.2.1 太阳电池温度系数测试

在实际使用太阳电池时,光源的光强和电池的温度,都有变化。为了将电池的电性能统一到同一状态下,必须用相应的温度系数进行折算。为了获得这些系数,把电池放在温度可以控制的恒温器上,调节它和光源的距离获得不同光强对电池的照射。每固定一个光强,温度为-50~+100℃,在固定的温度间隔内测一组伏安曲线,再改变一个光强同样再测一组曲线。这样求得各个光强时电池的电流密度或电压与温度函数的关系曲线。

实际上不同的光强和不同的温度范围内电流密度或电压对温度的变化速率是不同的,因此,真正实用的温度系数是在标准测试状态附近测试的。如果各种电池或组件规定的标准状态 AM0 谱,光强为 136.7 mW·cm^{-2},电池温度为 25℃,那么被测电池应在标准光强和标准温度(T_0)下测电池的电流密度 J_{sc0} 和电压 V_{oc0},然后提高温度约 10℃,恒定后的电池温度为 T_1,此时测出的电流密度和电压为 J_{sc1} 和 V_{oc1};再把温度提高约 10℃,稳定后电池温度为 T_2,此时电池的电流密度和电压为 J_{sc2} 和 V_{oc2},则电流密度和电压的温度系数分别为

$$a=\frac{1}{2}\left[\frac{J_{sc1}-J_{sc0}}{T_1-T_0}+\frac{J_{sc2}-J_{sc1}}{T_2-T_1}\right] \tag{7.6}$$

$$b=\frac{1}{2}\left[\frac{V_{oc1}-V_{oc0}}{T_1-T_0}+\frac{V_{oc2}-V_{oc1}}{T_2-T_1}\right] \tag{7.7}$$

如果构成组件或太阳电池阵的单体电池与测试电池的材料和工艺都相同,那么它的电流密度和电压的温度系数 a', b'分别为

$$a'=N_p a \tag{7.8}$$

$$b'=N_s b \tag{7.9}$$

式中,N_p 为并联的单体电池数目;N_s 为串联的单体电池数目。

因此,精确测量电池的温度是很重要的。测量电池温度一般用热电偶直接测量。具体测试电池工作温度的示意图如图 7.11 所示。

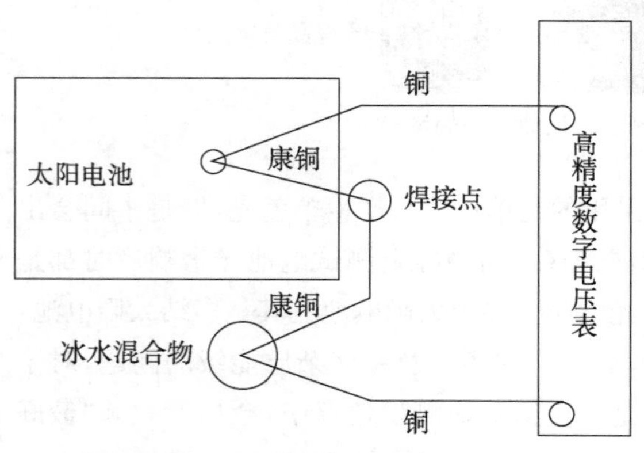

图 7.11　太阳电池工作温度测试示意图

7.2.2 太阳电池串联电阻测试

测量串联电阻的最简单的方法是在加载电流情况下,从电池的 $I-V$ 曲线的斜率求出。由于串联电阻是个分布函数,它的构成比较复杂,不能简单地用一个确

定的欧姆电阻来等效。在负载情况下，在最佳负载附近确定串联电阻较有实际意义。

目前使用较多的是在不同光强下负载曲线的比较法。如果太阳电池在工作光强下得到的负载曲线为 a，而当改变光强——把光强稍微降低一点后，得到电池的另一条负载曲线 b（图 7.12）。此时在曲线 a 上最佳工作点 P_a，对应的电流密度和电压分别为 J_a 和 V_a。在曲线 b 上选一点 P_b，让它所对应的 J_b 满足下列关系：

$$(J_{sc})_b - J_b = (J_{sc})_a - J_a \tag{7.10}$$

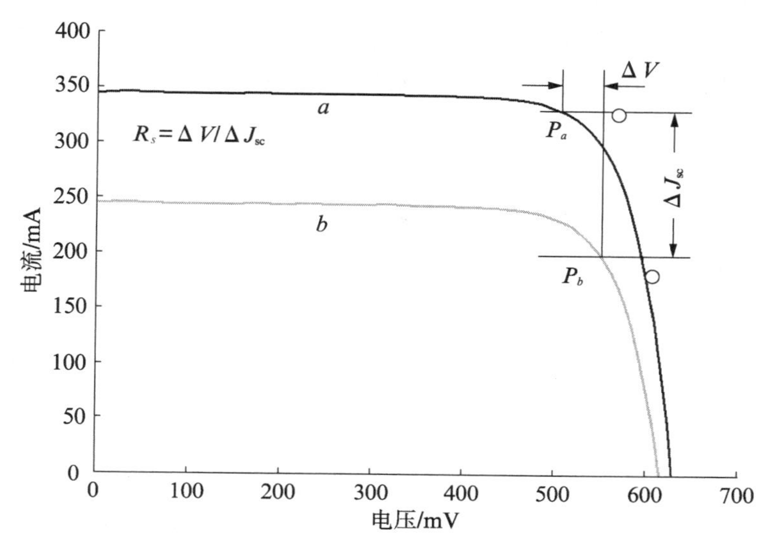

图 7.12　不同光强下的负载曲线比较法

换句话说，电池在两种光强照射时通过负载电压的改变，而让通过 pn 结的电流不变。两种光照和负载状态下结电流不变，当然结电压也应不变：

$$J_b R_s + V_b = J_a R_s + V_a \tag{7.11}$$

所以

$$R_s = \frac{V_b - V_a}{J_a - J_b} = \frac{V_b - V_a}{(J_{sc})_a - (J_{sc})_b} \tag{7.12}$$

式中，R_s 为串联电阻；V_a，J_a 分别为最佳工作点 P_a 处的电压和电流密度；V_b，J_b 分别为最佳工作点 P_b 处的电压和电流密度。

7.2.3　太阳电池辐射损伤测试

太阳电池辐照损伤是指它受到一定能量和剂量的粒子辐照后所引起的性能衰减，太阳电池辐照损伤测量的主要目的是获得太阳电池的辐照损失因子。测量一般都是在地面实验室人造辐照环境下进行的。即用 1 MeV 能量的单一能谱电子，垂直入射到测试样品上，总辐照通量可根据不同的运行轨道和工作寿命而定。进行电子辐照的主要设备是范德格拉夫(Van de Graaff)电子静电加速器。太阳电池经电子辐照后，在室温下放置 14 天（或者在 60℃温度环境下，放置 24 小时）；然后测量辐照后太阳电池的伏安特性曲线，从而求出电池的短路电流、开路电压及最大功率输出点的辐照损失因子。目前从实验室中得到的太阳电池辐照损失因子仅供设计太阳电池阵输出功率时参考。

质子辐照试验在质子回旋加速器中进行。由这种加速器产生的质子能量约在6～500 MeV内,总辐照通量可根据不同的运行轨道和工作寿命而定。

7.2.4 太阳电池吸收率和辐射率测试

太阳吸收率的测量分两步进行。首先测量电池的光谱反射率 $R(\lambda)$,常用的测试设备为一个爱德华兹式积分球和一台双波束分光光度计。然后进行第二步计算工作。先将光谱反射率对太阳光谱辐照度积分,求出电池的反射率后,根据式(7.13)计算出电池吸收率。

$$\alpha_s = 1 - R = 1 - \int_{0.28}^{2.5} R(\lambda) \cdot E(\lambda) \mathrm{d}\lambda \tag{7.13}$$

式中,α_s 为太阳吸收率;R 为太阳反射率;$R(\lambda)$ 为光谱反射率;$E(\lambda)$ 为太阳光谱辐照度。

对于背栅太阳电池还应考虑光谱中长波部分的透射 T,因此吸收率应采用式(7.14)计算:

$$\alpha_s = 1 - R - T \tag{7.14}$$

太阳电池的辐射率在液氮冷却的真空容器中测试,电池悬挂在容器中并通电流加热,使之恒温在300 K,测定并计算出单位面积的电池在单位时间内所需消耗的电能,与相同条件下加热普朗克黑体所消耗的电能相比,就可获得电池的总辐射率 ε。

7.3 太阳电池的质量检验及分析

7.3.1 太阳电池质量检验

在太阳电池检测中,无论硅太阳电池还是砷化镓太阳电池,主要集中在尺寸、质量、外观、电性能、可靠性等方面。以目前传统的三结砷化镓太阳电池为例,具体涉及项目如下。

(1) 材料包括电池材料、电极材料和减反射膜材料等。

(2) 设计包括材料极性设计、电极栅线宽度和厚度设计、减反射膜设计和电池规格尺寸设计等。

(3) 电池外观和机械缺陷包括电池表面缺陷、崩边与缺口、电极的外观、电极缺陷和电极的牢固度等。

(4) 性能测试包括电池电性能、电极可焊性、电池可靠性试验等,对三结砷化镓而言,还要包括二极管测试等。

在我们生产线实际运行中,由于设计、材料基本都是定型的,主要关注的是电池电性能、减反射膜和电极牢固度等方面;尤其正背面电极牢固度、焊接牢固度一直都是质量检验所关注的重点。

7.3.2　太阳电池质量问题分析

在太阳电池质量问题分析中，对于各种异常情况，需要通过参数判读、统计分析、测试表征、试验对比等方法开展分析研究，同时按照规范要求形成分析报告。针对过往经验，主要对电性能分析和电极牢固度两个方面进行简单的分析。

(1) 电性能异常分析。目前电池测试时，在正常情况下，电压、电流方面一致性较好(外延质量保持正常情况下)；出现电性能大幅下降的，一般主要出现在FF(填充因子)上，进而引起电流、电压变化。在实际生产过程中，导致FF下降主要原因出现在电池串、并联电阻上。例如，在刻槽腐蚀时，存在着由于表面保护胶有针孔，导致电池有缘层被腐蚀穿；又如在电池划片时，边缘造成损伤，都会引起电池电性能下降。

(2) 电极牢固度异常分析。在过往历史中，无论是硅电池还是在砷化镓电池，电极牢固度一直都是我们所关注的。在涉及电极牢固度，主要核心在于接触电极材料选择(尤其是在p型或n型欧姆接触方面)、正背面清洁度、蒸发工艺后材料致密性和环境相对湿度等都会影响电极牢固度控制。

7.4　太阳电池阵帆板电性能测量

7.4.1　大面积脉冲太阳模拟器

1. 太阳电池阵的测试光源

早期的太阳电池测试是在钨灯下进行的。钨灯光源稳定可靠，但是它的辐射光谱和太阳光谱相差较大，红外部分过强。为了减少钨灯的红外光谱部分，曾在光谱和测试样品中间增加水过滤器(水膜)，但是水的吸收波长随温度变化而变化，因光谱加温而产生的水泡以及水中的藻类都会造成测试的不稳定。

随后太阳模拟器的研制成功把太阳电池的测试提高到一个新的高度。对于太阳电池阵测试，目前国际上都是采用大面积脉冲式太阳模拟器(相对应单片电池测试称为稳定式太阳模拟器)，目前最权威的脉冲式模拟器就是美国光谱实验室生产的LAPSS(large area pulse solar simulator)脉冲模拟器(图7.13)。

大面积脉冲型太阳模拟器适宜用来进行大型太阳电池帆板和太阳电池阵的测试。这类脉冲型太阳模拟器使用脉冲线性氙弧闪光灯管。在触发时，光辐射上升形成一个平顶脉冲，其光辐照度在9 m处约为1个太阳常数、持续时间约为17 ms。在中间的1 ms时间内由计算机采集标准太阳电池的短路电流和太阳电池阵的输出。测量的太阳电池阵输出数据被自动换算成标准状态(1个太阳常数、标准温度)。这些数据可以用打印机打出。

光谱实验室研制的LAPSS系列第二代具有更加优越的性能。为了适应多结电池太阳电池阵，LAPSS Ⅱ还具备了分段调节光谱的功能，其具体技术指标如下：

(1) 测试平面面积：在距灯室13 m处直径为5 m的区域。

(2) 测试平面的辐照不均匀度：在2.5 m×2.5 m测试区域内，辐照不均匀度<±1.5%；直径为5 m的区域辐照不均匀度<±3%。

(3) 脉冲测试之间的重复性<±1.0%。

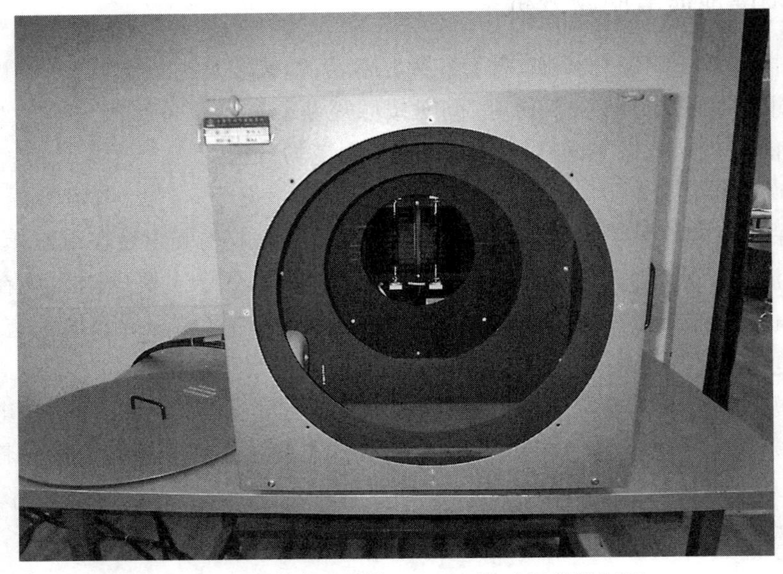

图7.13　光谱实验室的LAPSS脉冲模拟器灯源

(4) 系统测试误差<±1.5%。

(5) 相对于AM0条件下各标准电池的测试电流,在光谱中波波段(700～900 nm)标准电池校准精度在±1%以内;在短波部分(350～700 nm)标准电池的校准精度<±1.5%;在长波部分(900～1 850 nm)标准电池校准精度<±5%。

(6) 辐照均匀性。分别用3个二级标准电池(顶电池、中电池、底电池)在测试平面上进行测试,测试时辐照均匀性满足如下要求:

测试面积	短波波段	中波波段	长波波段
	350～700 nm	700～900 nm	900～1 850 nm
3.66 m×3.66 m	±3%	±3%	±5%

(7) 辐照稳定性:12 h之内光强的最大变化不超过±1%。

在用脉冲型太阳模拟器进行测量时,由于采用脉冲闪光,太阳电池阵的温升就很小,所以在测试时几乎可以不用考虑温升的影响。

尽管各类太阳模拟器都有各自的特点,但都是进行太阳电池测试的理想光源。不过理想天气条件下的自然阳光作测试光源仍不失为一种最佳选择。特别是非平板型的太阳电池阵,由于室内人造光源在法线方向的光强均匀度差,容易引起测试误差。

阳光测试要求的气象及阳光条件如下。

(1) 天气晴朗,太阳周围无云。

(2) 阳光总辐照度不低于标准总辐照度的80%。

(3) 散射光所占比例不大于总辐照度的15%。

(4) 在测试周期内,辐照度稳定在±1%。

阳光测试场地及周围环境要求如下。

(1) 测量场地周围应空旷,无遮光、反光及散光的任何物体。

(2) 测量场地周围的物体,最好铺黑色绒布。

(3) 测试场地周围应空气清洁,尽量避开灰尘、烟雾或其他大气污染。

2. 测试标准电池的选用

测量太阳电池阵的电性能就是测试它的伏安特性,由于伏安特性与测试条件有关,测试必须在标准测试条件下进行或换算到标准测试条件。标准测试条件包括标准光谱、标准辐照度和标准测试温度。总辐照度可以用标准电池的短路电流标定值来校准。为了减少光谱失配的误差,不仅测试光源的光谱要尽量接近标准阳光光谱,选用的标准太阳电池的光谱响应也应和被测电池光谱响应基本相同,因此选用的工作标准电池应与被测太阳电池阵所用的电池同材料、同结构、同工艺、封装结构也要基本相同。

7.4.2　太阳电池阵帆板 $I-V$ 测试

太阳电池阵的测试电路框图如图7.14所示。

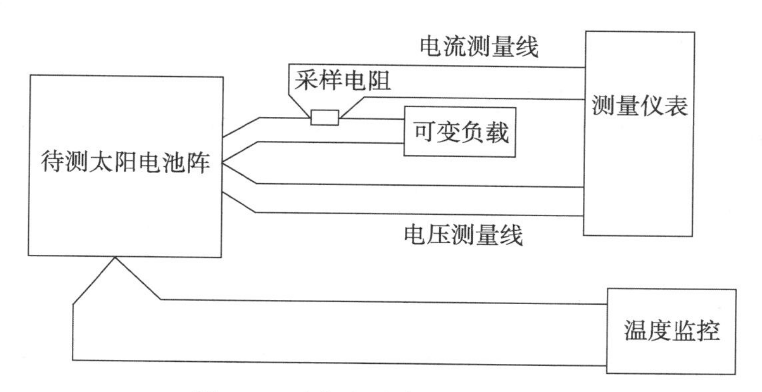

图7.14　太阳电池阵测试电路框图

太阳电池阵的测试已大量采用电子负载来代替传统的可变电阻器。电子负载是电子元器件构成的有源电路,它的偏压可以抵消电池引线压降的影响,使电池两端电压等于零,可读取短路电流。另一方面,电子负载中的晶体管截止时,漏电流很小,相当于太阳电池阵处于开路状态,这时可以读取太阳电池阵的开路电压。

如果应用脉冲式太阳模拟器作为测试光源,电子负载必须和计算机数据采集处理系统配合使用,否则无法在毫秒级的瞬间测量记录伏安特性曲线上的成百对电压和电流值。

与计算机配合使用的电子负载一般使用阶梯形的扫描电压。这样可以保证某一个电压阶梯上测量相对应的电流,测量的伏安特性曲线以电压电流对的方式贮存在计算机的存储器,最后处理成所要求的各项参数。

目前国内外已有各种各样的太阳电池阵测试系统。其主要特点是用数—模变换器代替可变电阻器,用模—数变换器测量太阳电池阵的电压和取样电阻上的电压降。这些原始数据可储存到磁盘上,处理成图形或数据输出,并能对由于光源被动引起的电流变化加以修正,重复性可达±0.1%。

7.5 太阳电池阵帆板的质量检验及分析

7.5.1 太阳电池阵帆板质量检验

在太阳电池阵帆板质量检验中,不同型号有相应的设计文件和规范文件,都按照对应型号管理文件进行;但是,其共性测试项目基本类似,主要集中在质量、外观、布片位置、太阳电池阵电性能测试、电绝缘测试、接地测试、电接口、温度接口、电池与基本温度和板间电缆等方面;在实际检测中,主要关注电性能测试、布片设计与实施等方面。具体涉及项目如下。

(1) 外观:包括叠层太阳电池、电缆及印制板、焊点、胶封等,尤其对于焊点牢固度、虚焊等问题,进行重点关注;

(2) 布片设计和位置:包括叠层电池布片实施、电缆布线、电缆固定夹等,都设定了详细技术要求;

(3) 太阳电池阵电性能测试:根据型号文件要求,会对不同太阳电池板进行测试,主要考核其核定母线电压下功率输出;

(4) 电绝缘:包括热敏电阻信号线与基板之间、铰链接地线与铰链接地前与基板之间、展开指示信号线与基板之间、太阳电池串与基板之间和各分阵之间、功率与信号、信号与信号之间绝缘要求;

(5) 接口:包括电接口、热接口方面,其中包含电池片半球向辐射率和太阳电池单片吸收率。

根据实际工程经验,对于太阳电池阵在轨运行出现的问题主要集中发生在电池串焊接断串上;尤其是在进行高低温循环等可靠性试验后,对于电池片连接接口方面,更加需要关注。

7.5.2 太阳电池阵帆板质量问题分析

太阳电池阵帆板在轨工作时,比较关注的是开短路问题和帆板可靠性问题。对于帆板质量问题及分析如下。

1) 单体太阳电池

(1) 开路。温度冲击导致焊接点脱落、工艺操作不规范引起碎片等,除了导致受损伤电池自身无功率输出,也会导致所在电路开路,损失一串电路功率。

(2) 短路。静电放电,有可能会将太阳电池击穿,使电池短路,它的影响是受损伤电池本身无功率输出,不影响所在电路其他电池的功率输出,影响为所在电路输出电压减小,损失一部分功率。

2) 集成式旁路二极管

(1) 开路。温度冲击、碎片或操作不规范等意外事故导致旁路二极管破裂,造成旁路二极管横向断裂开路,它的影响主要是丧失对其并联电池的保护作用。

(2) 短路。静电放电,有可能会将旁路二极管击穿,使旁路二极管短路,它的影响是将与其并联的太阳电池短路,不影响所在电路其他电池的功率输出,影响为所在电路输出电压减小，损失一部分功率。

3）隔离二极管

（1）开路。脱焊和二极管结坏会导致二极管开路，它的影响主要是导致所在电路开路，损失一串电路功率。

（2）短路。反向电压将二极管击穿或由于有多余物使得二极管出现短路，它的影响是当此串太阳电池输出电压低于其他电池串电压时，在光照期会变成负载分掉部分电流，影响功率的输出。

4）电连接器开路、短路、接触差

温度交变和振动导致电连接器开路、短路或接触不良，它的影响是损失部分功率输出。

7.6　太阳电池标定

7.6.1　太阳电池标定概况

太阳电池的关键性能指标是光电转换效率，定义为太阳电池的最佳输出电功率与辐射到太阳电池上的总光功率之比。电功率的测量比较容易且准确度高，但因涉及光谱等光学问题，光功率的测量就比较复杂。光照下太阳电池的电流—电压特性曲线基本概括了太阳电池的光电性能，也是反映其质量的关键技术指标。太阳电池的短路电流和光源光谱密切相关，和有效辐照度呈线性关系，而开路电压则与光源光谱无关，辐照度对其影响也基本可忽略。目前，国际上通常采用经标定得到标准测试条件下短路电流值的标准太阳电池，校准测试所用光源的辐照度，再在光源下测量被测太阳电池的电流—电压特性，计算获得光电转换效率。因此，太阳电池光电转换效率的测量准确性，归根结底取决于短路电流的标定准确性。标准测试条件下（standard test conditions, STC）太阳电池短路电流的标定，简称太阳电池标定。根据太阳电池的真实工作环境条件不同，如空间用（AM0）和地面用（AM1.5G），其相应的标定方法也有差异。

空间太阳电池的标定，也称为 AM0（即大气质量为 0）标定，国际上自 20 世纪 60 年代就开始着手研究太阳电池的空间 AM0 标定。国际标准 ISO 15387—2005（Space Systems-single-junction Solar Cells-measurement and Calibration Procedures）（航天系统-单结太阳电池-测量与标定程序）规定了单结太阳电池在 AM0 条件下的测量与标定要求，并将高空气球标定法、高空飞机标定法、地面直接阳光标定法、太阳模拟器法和差分光谱响应度法列入了正文。在此基础上，欧洲空间标准化合作组织发布的国际标准 ECSS-E-ST-20-08C（European Cooperation for Space Standardization Space Engineering: Photovoltaic Assemblies and Components）（航天工程：光伏组件及部件），则针对晶硅、单结和多结砷化镓太阳电池的光电性能、线性度及光谱响应度等的测量做了详细规定。

目前，常用的 AM0 标定方法包括空间站或卫星标定法、高空标定法及地面标定法，其中高空标定法又包括高空气球标定法、高空飞机标定法和高山标定法；地面标定法包括总辐射法、直接辐射法、差分光谱响应度法和太阳模拟器法。AM0 标定方法各有优缺点，以空间站标定法和高空标定法为例：① 空间站或卫星标定法是最贴近空间 AM0 真实光谱和辐照度条件的标定方法,适用于空间用的单结或多结各类太阳电池的标定,但是此方法发射成本高,不易于具体实施;② 高空气球标定法是除空间站标定法外最接近 AM0 真实条件的标定方法,也是世界上常用的标准太阳电池标定方法,美国和法国在此方面积累了较多的经验和数据,但是此方法受标定窗口时间限制,且样品回收有风险;③ 高空飞机标定法飞行高度不如高空气球,也是比较常用的标定方法,在可操控性方面优于高空气球标定法;④ 高山标定法相较于其他高空标定方法,比较容易实现,且成本不高,以前使用较多,但是这种方法在计算时引入了很多人为假定因素,因此会影响到测量准确度,尤其是对于多结太阳电池,更容易造成大误差。接下来,将针对各种标定方法逐一展开详细论述。

7.6.2 空间站或卫星标定方法

空间站(space station)又称航天站、太空站、轨道站。是一种在近地轨道长时间运行,可供多名航天员巡访、长期工作和生活的载人航天器。空间站分为单一式和组合式两种。单一式空间站可由航天运载器一次发射入轨,组合式空间站则由航天运载器分批将组件送入轨道,在太空组装而成。在空间站中要有人能够生活的一切设施,不再返回地球。自1971年苏联建造的人类一个空间站——礼炮一号以来,美国、俄罗斯和中国等国家先后发射了多个空间站。其中天宫一号是中国独立设计建造并发射运用的小型试验性空间站,它于2011年发射升空。另外,中国计划于2022年左右建成中国空间站(Chinese Space Station),预期成为中国空间科学和新技术研究实验的重要基地,预计在轨运营10年以上。国际空间站(International Space Station, ISS)是由美国国家航空航天局(National Aeronautics and Space Administration, NASA)、俄罗斯联邦航天局(Russian Federal Space Agency, RFSA)、日本宇宙航空研究开发机构(Japan Aerospace Exploration Agency, JAXA)、加拿大太空局(Canadian Space Agency, CSA)和欧洲空间局(European Space Agency, ESA)共同建造的空间站项目。ISS自1998年开始建造,各功能模块在其后被陆续送入轨道装配,目前还未建造完成,国际空间站将是目前人类拥有的规模最大的空间站。

卫星是指围绕一颗行星并按闭合轨道做周期性运行的天然天体,例如,地球的卫星——月球。人造卫星一般也简称为卫星,人造卫星是由人类建造,采用太空飞行载具如火箭、航天飞机等发射到太空中,并像天然卫星一样环绕地球或其他行星周期性运行的装置。

由此可见,空间站和卫星是目前人类所建造的最接近 AM0 真实光谱和辐照度的存在,同时也最能反映空间用太阳电池真实工作环境,最能满足各类空间用途的单结和多结 AM0 标定的条件。美国基于国际空间站,开展了太阳电池 AM0 标定研究。图 7.15 为 NASA 发布的国际空间站照片和太阳电池 AM0 标定实验对日照片,但暂无详细的标定数据结果公布。

我国已多次将太阳电池搭载在卫星上,进行 AM0 标定实验。但由于天上姿态和太阳对准等问题导致返回的数据分析困难。另外,此方法标定的样品无法回收,目前仅用于和地面标定实验做对比验证,无法执行初级标定任务。

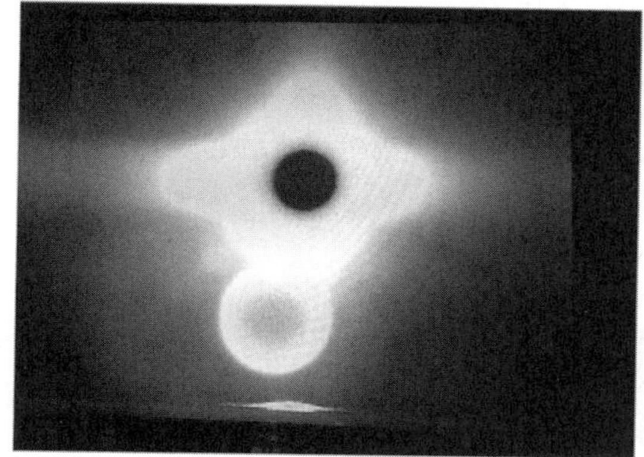

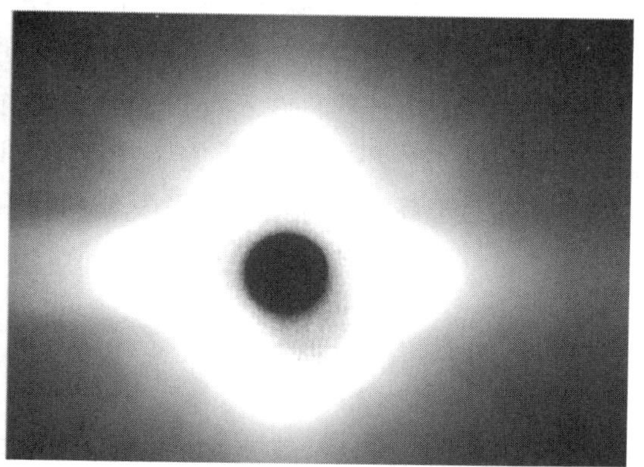

图 7.15 国际空间站照片和太阳电池 AM0 标定实验对日照片

7.6.3 高空标定方法

1. 高空气球标定法

AM0 标定，最优的方式是在大气层外或接近大气层外对太阳电池进行标定。除了火箭和空间站标定，高空气球标定法是最接近 AM0 条件的方法，它的飞行高度可超过 30 km到达 36 km 以上。而 99.5%的大气在 36 km 以下，在这个高度以上，几乎没有灰尘，没有水蒸气，也没有臭氧带，太阳光辐照基本近似于外太空的太阳光辐照。因此 36 km 以上的高度的平流层是标定 AM0 标准太阳电池的好地方。经高空气球标定的太阳电池也是各国公认的一级标准太阳电池，尤其是在多结砷化镓一级标准电池标定领域。

高空气球标定法是利用高空氦气球将太阳电池带到 36 km 或更高的高空测量其短路电流，然后收回作为标准太阳电池使用。标定的基本原理是在接近 AM0 的高空条件下测量飞行电池的短路电流。实际标定中，每个太阳电池通过一个负载电阻将电池的工作点设置在接近短路状态以便测量其短路电流值，也可以设定为测量太阳电池的整条 $I-V$ 曲线。搭载在高空气球上的太阳电池暴露在阳光辐照下，利用太阳跟踪器使得太阳电池始终正对着太阳。如忽略太阳跟踪误差，则只需考虑两项修正即可将测量值转换成 AM0 标准条件的量值，一项是日地平均距离修正，另一项是温度修正。太阳电池在阳光的持续辐照下会导致温升,如无控温装置,太阳电池的温度可超过70℃,故必须监测其温度并进行调控或/和温度修正。

在北半球,高空气球标定实验一般安排在6月至9月,因为每年这段时间太阳高度角最大,阳光照射到太阳电池穿过大气层的路径最短。为了尽量降低大气层对阳光光谱和辐照度的影响,高空气球标定测试一般应在35 km以上的高度进行。

国际上,较早从事气球标定的实验室有美国NASA的喷气推进实验室(Jet Propulsion Laboratory, JPL)和法国国家空间研究中心(French National Space Research Center, CNES)。JPL自1963年开始进行太阳电池的高空气球标定,每年至少会放一次气球升空标定,采取在气球顶部设置一个特制平台以安装太阳跟踪器使得太阳电池或组件能够始终对日定向(图7.16)。CNES于1975年开始进行AM0标准太阳电池的高空标定工作,是欧洲唯一一家进行高空标定的机构,与美国JPL不同的是,CNES将被太阳跟踪器和标定太阳电池或组件与设备都安装在气球下方的吊篮里(图7.17)。CNES能在高空标定时控制电池组件在不同的温度下工作,每年开展一次高空气球标定。这两种方式各有优缺点,太阳电池或组件安装在顶部可以避免高空气球反射等因素的影响,但安装在吊篮里更易于高空气球的制造及发放和回收实际操作。

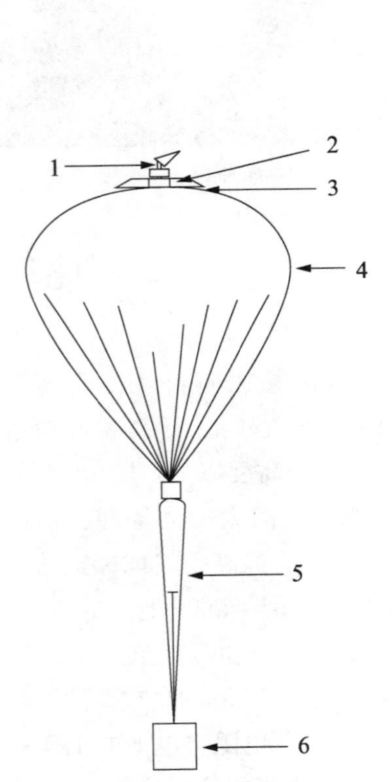

图7.16 JPL高空气球标定法装置示意图

1. 太阳电池或组件;2. 太阳跟踪器;3. 降落伞;4. 气球;5. 设备吊篮降落伞;6. 球下设备吊篮

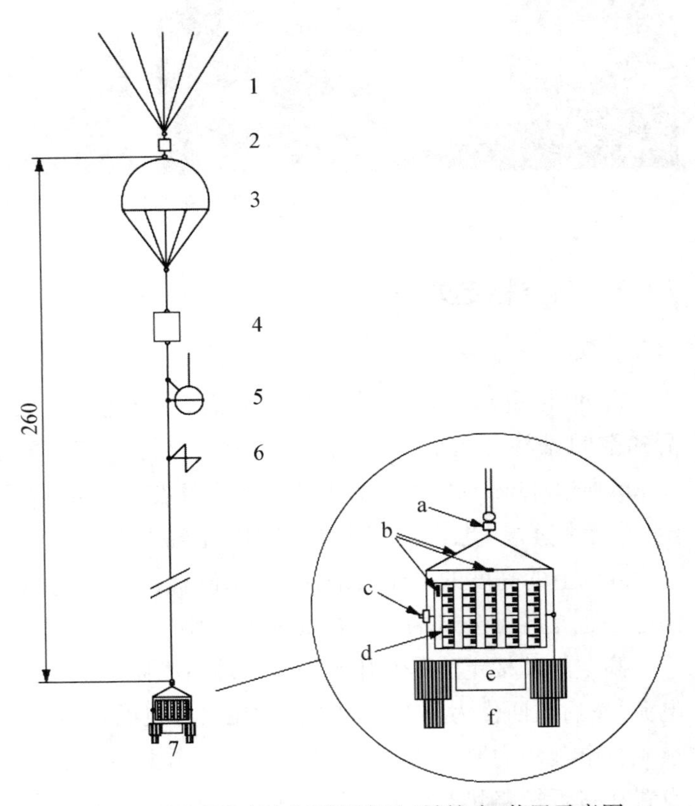

图7.17 CNES高空气球标定法(吊篮式)装置示意图

1. 气球;2. 爆破分离器;3. 降落伞;4. 定位吊船;5. 信标;6. 雷达反射器;7. 科学和TM/TC吊船;7(a). 马达;7(b). 吊篮框架;7(c). 太阳敏感器马达;7(d). 太阳电池;7(e) TM/TC吊船;7(f). 减震器

我国高空气球标定起步较晚，且都是采取将太阳跟踪器、太阳电池或组件都安装在吊篮里的方式，与 CNES 类似。2006 年 7 月，北京东方计量测试研究所首次成功开展了高空气球搭载太阳电池标定实验，飞行高度达到 31 km，实测到此高度的大气压已下降到地面的 1%以下；测试结果显示太阳电池的输出信号稳定，并且搭载的实验设备和太阳电池测试样品被完好回收。2018 年 8 月 8 日，中国科学院光电研究院联合中国计量科学研究院光学所，在 2017 年初次实验的基础上，于内蒙古成功开展了搭载三结砷化镓太阳电池的高空气球标定(图 7.18)，飞行高度超过 35 km。太阳电池标定系统位于氦气球下部，气球升空至平飞高度后开始工作，由太阳跟踪器跟踪对日定向，电机控制整个平台随太阳位置转动。太阳跟踪控制系统机械结构采用双轴跟踪方式，通过两个电机分别调整方位角和俯仰角，使太阳标定板与太阳光线垂直，以确保良好的太阳电池标定条件。此外，平台上安装有太阳电池标定样本和数据采集设备，主要采集参数包括开路电压、短路电流、最大功率点、太阳光辐照度、太阳电池温度等，参数数据通过气球通信链路实时传送至地面接收。本次实验共搭载了 25 只电池样品，包括三结砷化太阳电池各子结、全结构三结砷化镓太阳电池，以及新型太阳电池如钙钛矿太阳电池等。

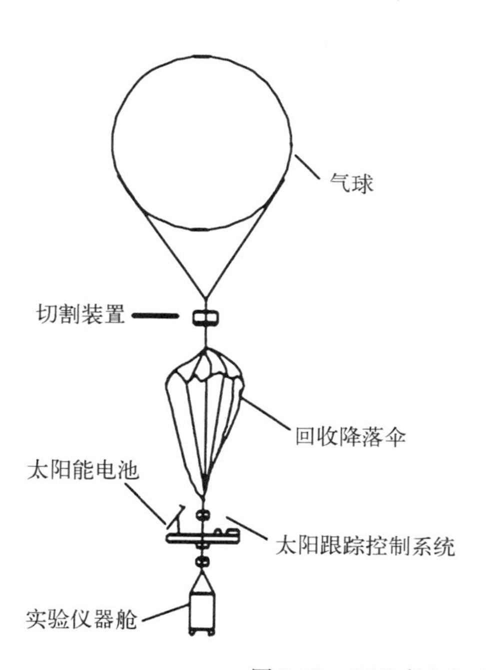

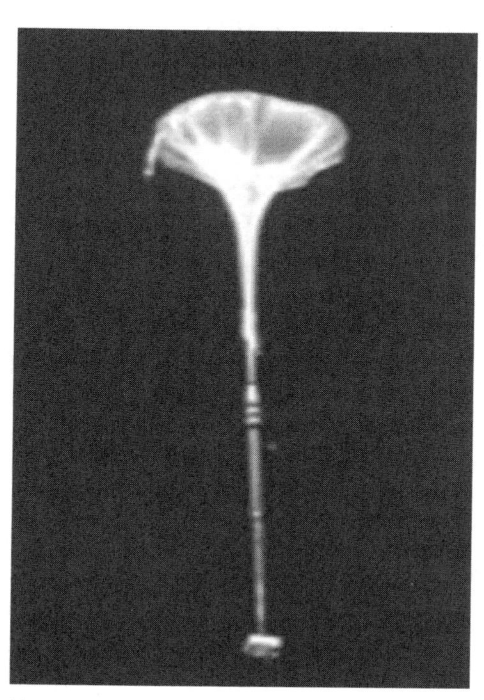

图 7.18　CAS 高空气球标定法装置示意图及工作照片

总而言之，高空气球标定系统主要分四部分：高空气球、太阳跟踪装置、遥测系统和太阳电池。以 JPL 的高空气球标定法为例，其主体为高空气球，球顶载荷包括太阳跟踪器、太阳角度传感器、直流电压标准、数据采集系统、摄像机、时钟装置、回收降落伞及蓄电池电源装置等，太阳电池或组件安装在太阳跟踪器上。球下载荷包括用于气球高度控制的压舱装置、经加固处理的电子设备、GPS 接收机、无线电应答机、回收降落伞及为球下载荷供电的蓄电池电源装置等。地面支持设备包括遥测接收和记录系统、GPS 接收机、用于解算气球位置、高度和姿态的计算机系统、专用气球施放车、追踪回收车技跟踪、搜索和回收飞机等。

值得一提的是,为了提高标定的准确度,高空气球标定前,首先应对电流、电压等数据采集系统进行计量校准。太阳电池的温度通过安装在电池底座中的铂电阻温度传感器进行测量,其监测系统也需要预先校准。上述校准如在室温条件下进行,在飞行标定前,还需在温控箱中对数据采集系统的稳定性进行测量。太阳跟踪装置和数据采集系统需要在模拟气球平飘高度对应的气压和温度条件下进行环境实验,以验证其能在上述环境中正常工作。

2. 高空飞机标定法

高空飞机标定法的原理:选择在一年当中太阳高度角最大的时期,使高空飞机飞至一个高空平流层区间,在一系列不同高度下测试太阳光直射时太阳电池的短路电流,绘制出太阳电池短路电流 I_{sc} 相对于大气质量 AM 的关系曲线,再采用 Langley 外推法得到 AM0 时太阳电池的短路电流 I_{sc}(AM0)。测试应在当地正午的一段较短时间内完成,以保证太阳高度角基本保持不变。太阳电池短路电流测量点的高度和大气质量可通过机舱外气压测量结果进行计算。太阳高度角(Solar Elevation Angle) H_c,指太阳光的入射方向和地平面之间的夹角,简称太阳高度角(物理含义为角度),太阳高度角和太阳天顶角互为余角。大气质量计算公式可写为

$$\mathrm{AM}=p/p_0\sec(90^\circ-H_c) \tag{7.15}$$

式中,AM 为短路电流测试点高度的大气质量;p 为短路电流测试点高度的大气压,单位为帕(Pa);p_0 为海平面的大气压,单位为帕(Pa);H_c 为太阳高度角,单位为度(°)。

高空飞机标定法需要如下设备。

(1) 一架飞行高度可达 15.4 km,下降时俯仰、偏航和滚动控制精度可达到 1°的高空飞机。

(2) 一个能够在高空飞机上安装,准直比为 5∶1 或更大的准直筒装置(图 7.19),准

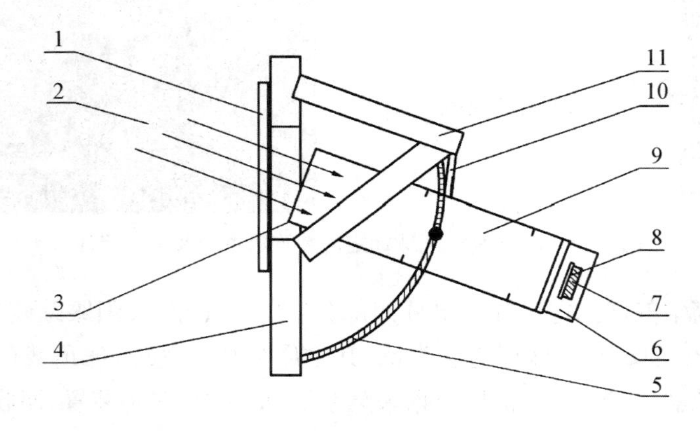

图 7.19 高空飞机准直筒装置示意图

1. 窗门;2. 太阳辐照;3. 旋转支点;4. 飞机机身;5. 准直筒角度标度;6. 可拆卸的电池安装底座;7. 控温模块;8. 标准太阳电池;9. 准直筒;10. 连接杆;11. 支撑框架

直筒安装在机舱的一个开敞的窗口处，窗口前端应安装窗门，以便在飞机起飞、着陆和低空飞行时对电池和准直筒装置进行保护。

(3) 一个经校准可溯源到世界辐射中心太阳辐照基准的腔体式绝对辐射计。

(4) 一套经校准的高灵敏度绝对气压传感器装置和安装在驾驶舱的阳光光点指示器。

(5) 一套经校准的数据采集系统和用于控制和数据存储的计算机系统。

标定实验完成后，绘制出太阳电池短路电流的对数与大气质量的关系曲线，进行地心距离和臭氧修正，并将曲线外推到大气质量为零(AM0)的坐标点，即可得到太阳电池短路电流的 AM0 标定结果，此外推法国际上称为 Langley 外推法(图 7.20)。

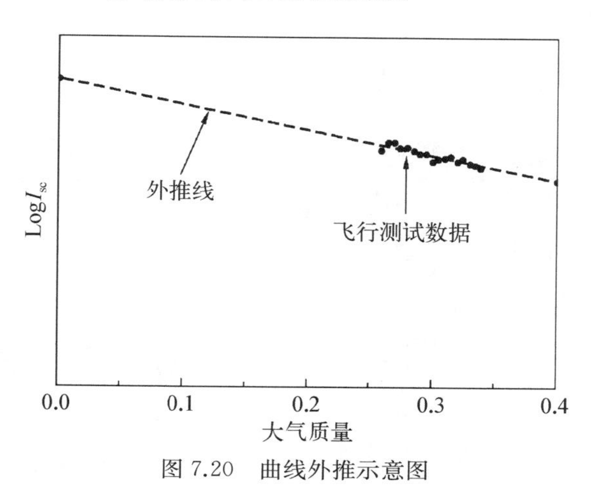

图 7.20　曲线外推示意图

外推法不能排除高层大气对太阳光的影响，需要对高层大气的特性及运动规律进行详细的了解。但与无人操纵的高空气球相比，高空飞机具有更大的灵活性，能够比较方便的实现对日定向、更换和回收太阳电池，并且受天气条件的影响较小。美国 NASA 仍将其作为 AM0 标准太阳电池的主要标定手段之一。图 7.21 所示为美国 NASA 的 GRC(Glenn Research Center)实验室的太阳电池高空标定 GRC/AFRC ER－2 飞机及典型的太阳电池安装平台，每年四月到九月执行常规飞行试验，飞行高度可超过 70 000 英尺[①]，太阳追踪器对太阳的对准偏差小于 2°，样品台辐照区域边长为 5.6 英尺，控温精度在 0.5℃，每次飞行最多可搭载 12 片太阳电池。飞机内对搭载有源表用于测量太阳电池的短路电流、开路电压和 $I-V$ 曲线，另外搭载有光谱仪等设备用于监测不同飞行高度的光谱数据。

3. 高山标定法

此方法与高空飞机标定法类似，为了获得 AM0 状态下太阳电池的短路电流值，利用大气对太阳光谱辐照度的衰减规律进行外推。只是由于靠近地面大气的浑浊度大，影响太阳辐射的因素太多，所以选择距离海平面相当高度的高山顶上进行实验，故名为高山标定法。从外推距离上来说，大气质量越小，不论用单色光外推或者用白光外推，外推的长度也就越短，从而也就越精确。在高山顶上的大气质量，除了和天顶角有关，还与气压有关。

设太阳光光谱辐照度 $e(\lambda)$，在通过大气层时，因大气质量变化了 $\mathrm{d}m$，使得辐照减小了 $\mathrm{d}e(\lambda)$，则有

$$\frac{\mathrm{d}e(\lambda)}{e(\lambda)}=-k(\lambda)\mathrm{d}m \tag{7.16}$$

式中，$k(\lambda)$是与 m 无关的常数。

---

① 1 英尺(ft)＝0.304 8 米(m)。

(a) NASA 的ER-2 高空飞机

(b) 飞机内样品台对准太阳

(c) 典型的太阳电池安装平台

图 7.21 NASA 的 ER-2 高空飞机,飞机内样品台对准太阳及典型的太阳电池安装平台

在大气质量由零变到 m 时,辐照度由 $e_0(\lambda)$变到 $e(\lambda)$:

$$\int_{e_0}^{e} \frac{\mathrm{d}e(\lambda)}{e(\lambda)} = -k(\lambda)\int_{0}^{m} \mathrm{d}m \tag{7.17}$$

故有

$$e(\lambda) = e_0(\lambda)\exp[-k(\lambda)m] \tag{7.18}$$

将式(7.18)两边乘以电池的光谱响应 $Q(\lambda)$:

$$e(\lambda)Q(\lambda) = e_0(\lambda)Q(\lambda)\exp[-k(\lambda)m] \tag{7.19}$$

即

$$j(\lambda) = j_0(\lambda)\exp[-k(\lambda)m] \tag{7.20}$$

式中,$j(\lambda)$和 $j_0(\lambda)$分别为太阳电池在大气质量为 m 和 0 时的光谱电流。

式(7.20)也可以变为另一种形式:

$$\ln j(\lambda) = \ln j_0(\lambda) - k(\lambda)m \tag{7.21}$$

以 $\ln j(\lambda)$ 和 m 作图时,得到一条纵坐标截距为 $\ln j_0(\lambda)$ 的直线(图 7.22)。直线的斜率 $k(\lambda)$为大气的吸收系数。大气状况不同时,$k(\lambda)$值也不同。各直线斜率虽然不同,但外推到 AM0 条件即 $m=0$ 时,应当相交在一共同点 $\ln j_0(\lambda)$ 上。根据上述原理,用一批波长不同的干涉滤波片到待标定的太阳电池上，测到各种大气质量下的光谱电流$j(\lambda)$，然后都外推到 AM0 状态，则分别得到各个波长下的$j_0(\lambda)$值：

$$j_{\mathrm{AM0}}=\sum j_0(\lambda_n),\ n=1,\ 2,\ 3\cdots \quad (7.22)$$

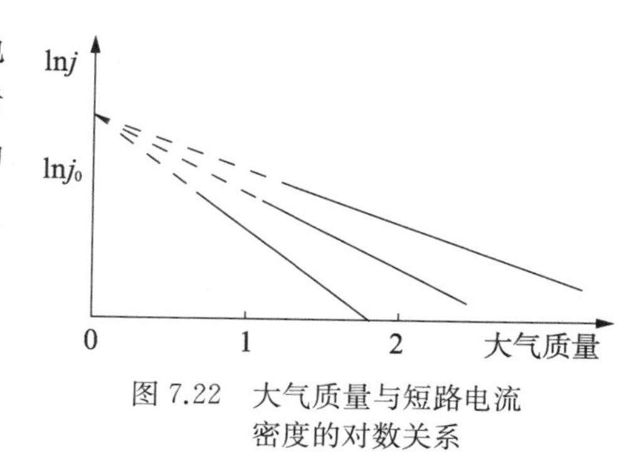

图 7.22　大气质量与短路电流密度的对数关系

对白光的情况，式(7.18)两边都乘以光谱响应$Q(\lambda)$并对整个波长积分：

$$\int_0^{\infty} e(\lambda)Q(\lambda)\mathrm{d}\lambda=\int_0^{\infty} e_0(\lambda)Q(\lambda)\exp[-k(\lambda)m]\mathrm{d}\lambda \quad (7.23)$$

按积分中值定理，总可以选择一个适当的k^*，使其满足：

$$\int_0^{\infty} e_0(\lambda)Q(\lambda)\exp[-k(\lambda)m]\mathrm{d}\lambda=\exp(-k^*m)\int_0^{\infty} e_0(\lambda)Q(\lambda)\mathrm{d}\lambda$$

即

$$j=j_0\exp(-k^*m)\ \text{或}\ \ln j=\ln j_0-k^*m \quad (7.24)$$

可以看出，如果直接用白光外推，大气状态必须经常稳定和有一个确定不变的等效大气吸收系数k^*。

在高山顶上的大气质量m，除了和天顶角Z有关外，还与气压p有关：

$$m=\frac{p}{p_0}\sec Z \quad (7.25)$$

式中，p_0为海平面标准气压，山越高，气压越小，从而大气质量也就越小；Z为天顶角，可由纬度φ，太阳倾角δ和时间t计算出来。

$$\cos Z=\sin\varphi\sin\delta+\cos\varphi\cos\delta\cos t \quad (7.26)$$

由于日地距离在标定时，不是一个天文单位(平均日地距离)，所以标定后的数值还需进行适当的修正。全部参加标定实验的太阳电池都放在能自动跟踪太阳的准直筒内，记录下当地真太阳时和被标定电池的短路电流密度，计算出短路电流密度与大气质量的关系从而把大气质量外推到零，求出 AM0 条件下的太阳电池短路电流密度值。

7.6.4　地面标定方法

1. 总辐射法

以西班牙 INTA - Spasolab 为代表，采取总辐射法对太阳电池进行标定。太阳电池与总辐射表均水平安装，通过同时读取太阳电池的短路电流输出和总辐射表的读数，修正后获得太阳电池的标定值。总辐射法主要包括如下步骤。

(1) 测量被标定太阳电池的相对光谱响应度。

(2) 将太阳电池和总辐射表同平面安装在温控台上，2π角度内无遮挡。

(3) 测量太阳电池的短路电流,同时测量读取短路电流时的总辐照度,及相对光谱辐照度分布。

(4) 计算标定值。

(5) 选取不同的三天内至少三次标定结果取平均值。

此方法无需安装准直筒,也不需要精确对准,因此便于实施。但是此方法对于 AM0 标定而言偏差较大,且对标定现场要求颇为严格,主要如下。

(1) 标定位置要求全半球范围内无遮挡,远离高大建筑物和空气污染。

(2) 水平面总辐照度不小于 800 W/m^2。

(3) 散射辐照度小于总辐照度的 25%。

(4) 太阳高度角不小于 54°以减小光谱仪和总辐射表的余弦误差。

(5) 太阳辐照足够稳定以便测量光谱辐照度分布。

(6) 优选好天气以便在不同的合适的三天内完成实验,避免过多的延误。

另外,总辐射法要求光谱辐射计能测量范围覆盖 200~2 500 nm。总辐射表和光谱辐射计在测量前需要标定,有效溯源至国际单位制。

2. 直接辐射法

直接辐射法也叫地面直接阳光方法,即在地面直接阳光下测试太阳电池短路电流、温度,以及地面阳光的总辐照度和光谱辐照度,通过总辐照度、光谱辐照度和温度修正,计算出太阳电池在标准温度下的 AM0 短路电流。"地面直接阳光标定法"为中国空间技术研究院(China Academy of Space Technology, CAST)提出的方法,被写入国际标准 ISO 15387。利用此方法,CAST 参加了两次太阳电池国际巡回比对,均为单结太阳电池,测试结果偏差在 1%以内。其采用的 AM0 标准光谱提取条件为国际标准公布的 AM0 标准光谱辐照度(IEC60904-3)。地面直接辐射标定法原理如图 7.23 所示。

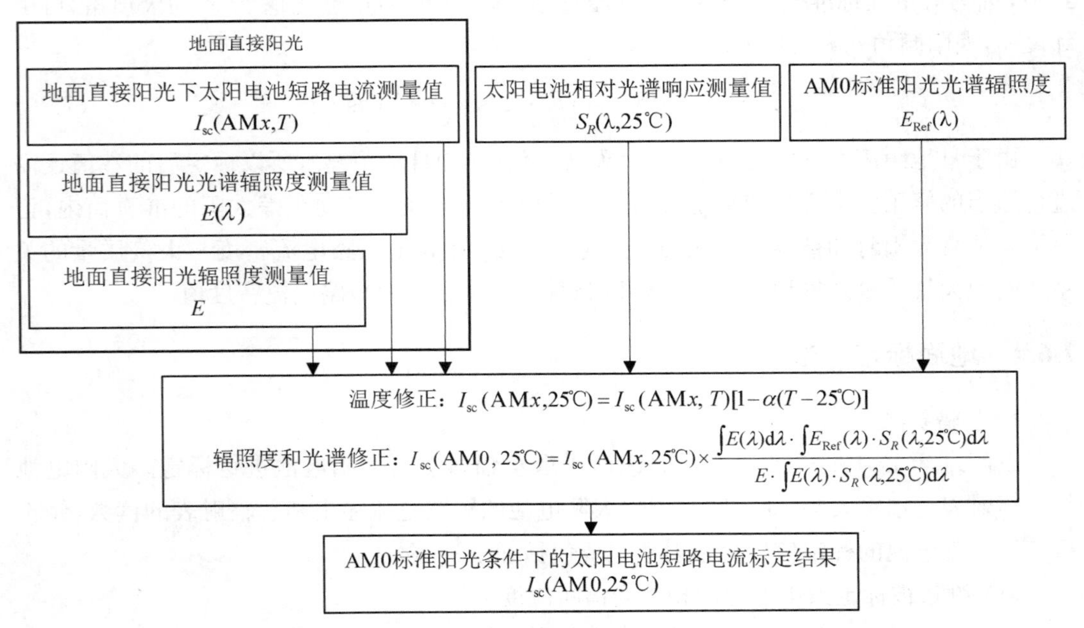

图 7.23 地面直接辐射标定法原理示意图

由图 7.23 可知，此标定方法需要对太阳电池的相对光谱响应度进行测量，并且需要采用有效溯源至国际单位制的腔体式绝对直接辐射计对地面直接阳光辐照度进行测量。另外，还需要便于安装在太阳跟踪器上的光谱辐射计对阳光光谱辐照度进行跟踪测量，光谱辐射计需满足波长范围覆盖 280～2 500 nm 的技术指标，更重要的是在使用前必须经过有效标定。

标定装置需要安装在太阳跟踪器上，且配备专用的准直筒。

图 7.24 为直接辐射法装置示意图。

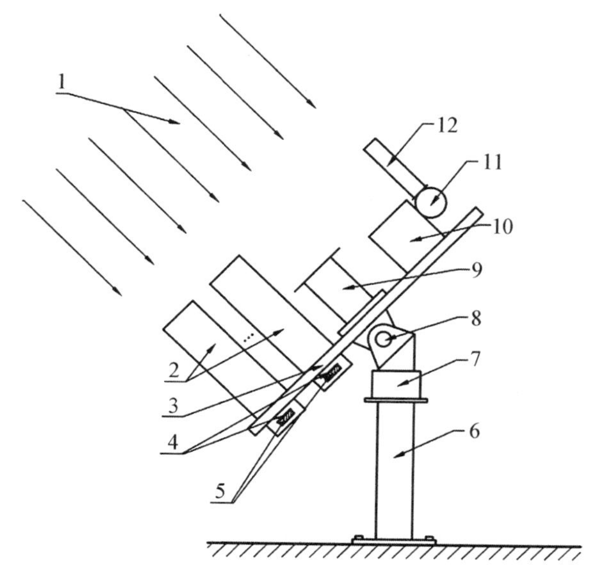

图 7.24　直接辐射法装置示意图

1. 直接阳光；2. 太阳电池准直筒；3. 安装板；4. 标准太阳电池；5. 控温模块；6. 立柱；7. 水平转台；8. 俯仰转台；9. 直接辐射计或绝对直接辐射计；10. 阳光光谱辐射计；11. 积分球；12. 光谱辐射计准直筒

由于地面阳光和 AM0 标准光谱偏差大，因此辐照度和光谱辐照度修正至关重要。其修正的计算公式为

$$I_{sc}(\mathrm{AM0}) = I_{sc}(\mathrm{AM}x) \times \frac{\int E(\lambda)\mathrm{d}\lambda \cdot \int E_{\mathrm{Ref}}(\lambda) \cdot S_R(\lambda)\mathrm{d}\lambda}{E \cdot \int E(\lambda) \cdot S_R(\lambda)\mathrm{d}\lambda} \tag{7.27}$$

式中，$I_{sc}(\mathrm{AM0})$ 为 AM0 标准阳光条件下的太阳电池短路电流值，单位为毫安(mA)；$I_{sc}(\mathrm{AM}x)$ 为地面直接阳光下的太阳电池短路电流测量值，单位为毫安(mA)；$E(\lambda)$ 为地面阳光光谱辐照度测量值，单位为瓦每平方米纳米[W/(m^2 · nm)]；$E_{\mathrm{Ref}}(\lambda)$ 为 AM0 标准阳光光谱辐照度，单位为瓦每平方米纳米[W/(m^2 · nm)]；E 为地面直接阳光辐照度，单位为瓦每平方米 W/m^2；$S_R(\lambda)$为太阳电池相对光谱响应测量值；λ 为波长，单位为纳米(nm)。

样品在阳光照射下不可避免会导致温度升高，若不能将太阳电池的温度控制在标准测试温度(25±1)℃，则需对利用太阳电池短路电流温度系数测量值，通过公式(7.28)进行修正。

$$I_{sc}^{25}(\mathrm{AM}x) = I_{sc}(\mathrm{AM}x)[1 - \alpha(T - 25℃)] \tag{7.28}$$

式中，$I_{sc}^{25}(\mathrm{AM}x)$ 为地面直接阳光下的太阳电池温度为 25℃时短路电流测量值，单位为毫安(mA)；α 为太阳电池短路电流温度系数，单位为每摄氏度(℃$^{-1}$)；T 为太阳电池温度测量值，单位为摄氏度(℃)。

此方法不需要高空气球或高空飞机等昂贵的运载工具，因此费用较低。但由于测试要求在地面良好的阳光条件下进行，受天气的限制较大，需要选择适当的季节、地点和气

象条件才能得到准确的标定结果。另外对于目前主流的多结砷化镓太阳电池,此方法仅适用于其子结电池的标定。

3. 太阳模拟器标定法

以日本国家空间开发署(National Space Development Agency of Japan, NASDA)为代表,采用太阳模拟器法对太阳电池进行标定,利用光谱与 AM0 标准光谱近似的太阳模拟器测量太阳电池的短路电流,然后修正到 AM0 光谱条件下的短路电流。该方法所用装置如图 7.25 所示。

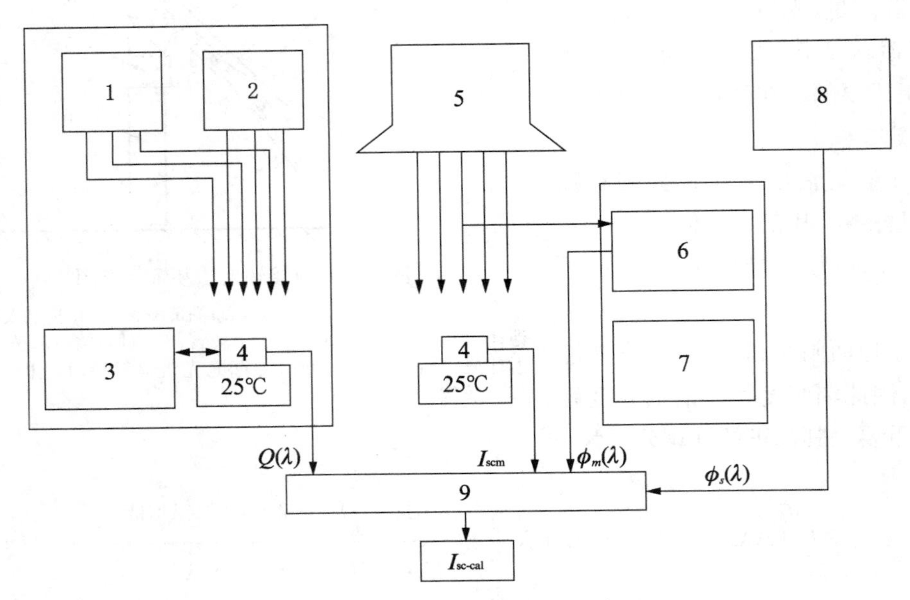

图 7.25 太阳模拟器法装置示意图

1. AM0 白光偏置光源;2. 单色光源;3. 热释电探测器;4. 太阳电池;5. 太阳模拟器;6. 光谱仪;7. 标准灯;8. AM0 空间标准光谱辐照度;9. 计算机系统

与直接阳光法类似,此方法需要事先测量被测太阳电池的相对光谱响应度,其所用太阳模拟器的光谱需由经标准灯标定的光谱仪测得。另外,太阳模拟器的测试面辐照度需要事先由合适的标准太阳电池或探测器标定至 1 367 W/m^2,并维持太阳电池的温度在(25±1)℃。最后,标定值由太阳电池的相对光谱响应度、太阳模拟器下太阳电池的短路电流、太阳模拟器的光谱辐照度及 AM0 光谱辐照度分析计算得出。

此方法不受自然天气等外界环境的影响,随时可用,但受限于人造太阳模拟器光谱与 AM0 标准光谱的匹配度等因素,对于日益多结化的空间太阳电池测量偏差较大,国际标准 ISO 15387 也明确规定此方法只适用于单结太阳电池。

4. 差分光谱响应度标定法

差分光谱响应度(differential spectral responsivity, DSR)方法,即通过测量太阳电池的光谱响应度 $s(\lambda)$ 与 IEC 发布的 AM0 标准太阳光谱辐照度光谱分布 $E(\lambda)_{\text{solar}}$ 进行积分,从而计算得到太阳电池在 AM0 标准测试条件下的短路电流 I_{STC}。

$$I_{\text{STC}}=\int s(\lambda)E(\lambda)_{\text{solar}}\mathrm{d}\lambda \tag{7.29}$$

太阳电池在波长 λ 的辐照度光谱响应度 $\tilde{s}(\lambda)$ 定义为太阳电池在辐照度为 E_b 的偏置光照射下，输出的短路电流 ΔI_{sc} 与接收到的辐照度为 $\Delta E(\lambda)$ 的单色光辐射的比值，即

$$\tilde{s}(\lambda)=\frac{\Delta I_{sc}}{\Delta E(\lambda)}\bigg|_{E_b} \tag{7.30}$$

综合公式(7.29)与公式(7.30)可得

$$I_{STC}=\int \tilde{s}(\lambda)E(\lambda)_{solar}\mathrm{d}\lambda \tag{7.31}$$

在某一确定 E_b 下，太阳电池的辐照度光谱响应度 $\tilde{s}(\lambda)$ 可表达为此时由单色光辐射照射产生的光电流 $\Delta I_{sc}[\lambda, I_{sc}(E_b)]$ 与单色光辐照度 $\Delta E(\lambda)$ 的比值，即

$$\tilde{s}[\lambda, I_{sc}(E_b)]=\frac{\Delta I_{sc}[\lambda, I_{sc}(E_b)]}{\Delta E(\lambda)}\bigg|_{E_b} \tag{7.32}$$

要想得到 IEC 60904－3(Ed2,2008)中所描述的 AM0 标准测试条件下的短路电流值 I_{STC}，需要将 AM0 条件下的太阳光谱辐照度分布数据引入计算此条件下的太阳电池光谱响应度 $\tilde{s}_{AM0}[I_{sc}(E_b)]$，即

$$\tilde{s}_{AM0}[I_{sc}(E_b)]=\frac{\int_0^{\infty}\tilde{s}[\lambda, I_{sc}(E_b)]\cdot E_{\lambda,AM0(\lambda)}\mathrm{d}\lambda}{\int_0^{\infty}E_{\lambda,AM0(\lambda)}\mathrm{d}\lambda}\bigg|_{E_b} \tag{7.33}$$

若在多个不同的偏置光 E_b 条件下进行测量，则能够获得一组对应的 $\tilde{s}_{AM0}[I_{sc}(E_b)]$ 值，同时每个偏置光条件下被测电池所产生的直流短路电流 $I_{sc}(E_b)$ 可以由直流电流表测量获得。根据测量获得数据，可由式(7.34)确定积分上限，即 AM0 标准测试条件下被测太阳电池的短路电流 I_{STC}。

$$E_{STC}=\int_0^{I_{STC}}\frac{1}{\tilde{s}_{AM0}[I_{sc}(E_b)]}\mathrm{d}[I_{sc}(E_b)] \tag{7.34}$$

对于空间太阳电池，工作环境为 AM0 条件，其 $E_{STC}=1\,367\ \mathrm{W/m^2}$。

差分光谱响应度法装置如图 7.26 所示。

基于 DSR 法，中国计量科学研究院(National Institute of Metrology, NIM)建立了适用于晶硅和多结砷化镓子结的空间标准太阳电池量子效率计量装置，测量所得光谱响应度与标准光谱积分计算出短路电流值(标定值)。如图 7.27 所示，装置采用氙灯和卤钨灯光源组合，波段范围覆盖 300～1 800 nm。其量值通过标准探测器和陷阱探测器溯源至低温辐射计。

差分光谱响应度法可在地面实验室内进行标定，不受外界自然环境条件的影响，使得标定工作更加方便实用。光谱响应度测量不确定度小，但在积分计算标定值时受制于所采用 AM0 标准光谱辐照度的不确定度。目前主要是德国联邦物理技研究院(PTB)、新加坡国家计量中心及中国计量科学研究院(NIM)等，采取此方法对标准太阳电池进行标定，其中 PTB 宣称的不确定度水平最高。NIM 基于此方法建立国家计量标准装置《标准太

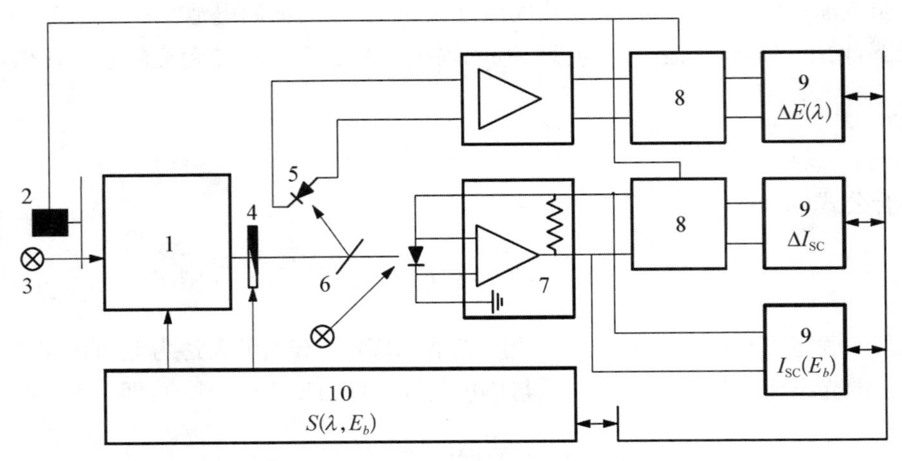

图 7.26　差分光谱响应度法装置示意图

1. 单色仪;2. 光学斩波器;3. 光源;4. 挡板;5. 监视光二极管;6. 分束器;7. 电流-电压转换器;8. 锁相放大器;9. 数字电压表;10. 数字电压多用表

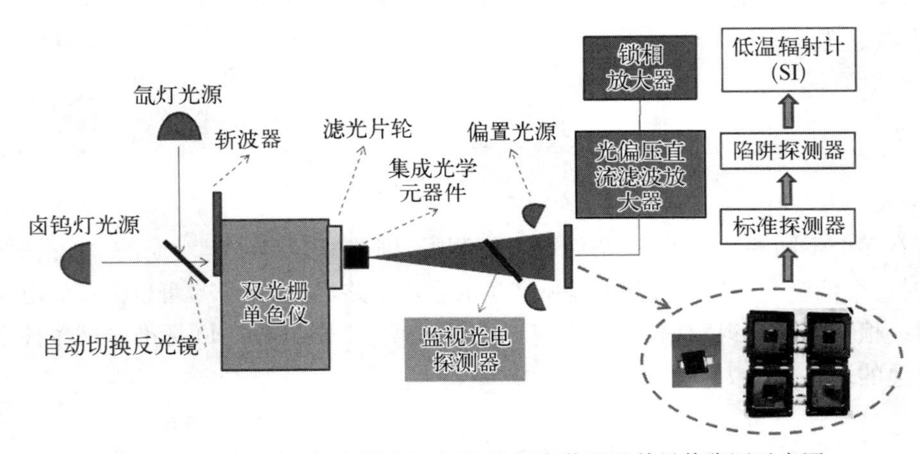

图 7.27　NIM 的空间太阳电池 DSR 法标定装置及其量值溯源示意图

阳电池校准装置》,标定值最优不确定度度为 0.9%($k=2$),并多次参加了国际比对,取得了国际互认。此外,PTB 和 NIM 还开展了基于激光的 Laser - DSR 标定方法,预期最佳不确定度优于 0.5%($k=2$)。

综上所述,对于太阳电池的标定至关重要,而不同的标定方法,无论是空间站和卫星标定法、高空标定法,还是地面标定法,均各有优势与不足,可根据实际情况选择适用的方法。

思　考　题

(1) 简述太阳电池 $I-V$ 测试方法。

(2) 简述多结太阳电池测试用模拟器光路设计原理。

(3) 简述多结太阳电池量子效率测试偏置光加置原理。

(4) 简述太阳电池温度系数测试方法及原理。

(5) 简述太阳电池串联电阻测试方法。

(6) 简述太阳电池吸收率测试方法及注意事项。

(7) 简述太阳电池阵质量检测注意事项和分析方法。

(8) 简述高空气球标定原理和注意事项。

第 8 章　太阳电池阵设计

8.1　设计依据

1. 产品用途

太阳电池阵作为航天器的主电源。

2. 基本功能要求及构成

1）基本功能

在光照期，为航天器负载供电，同时为储能电源充电。

2）构成

太阳电池阵是由若干个太阳电池组件或太阳电池板按一定的机械和电气方式组装在一起。太阳电池阵包括太阳电池阵结构（基板、压紧机构、展开机构和连接架）和太阳电池电路两部分。

3. 性能指标要求

1）寿命初期输出功率（P_{BOL}）

太阳电池阵寿命初期输出功率应符合任务书要求。

2）寿命末期输出功率（P_{EOL}）

太阳电池阵寿命末期输出功率应符合任务书要求。

3）寿命初期输出电压（V_{BOL}）

太阳电池阵寿命初期输出电压应符合任务书要求。

4）寿命末期输出电压（V_{EOL}）

太阳电池阵寿命末期输出电压应符合任务书要求。

5）太阳电池阵质量

太阳电池阵质量应符合任务书要求。

6）太阳电池阵面积

太阳电池阵面积符合任务书要求。

7）太阳电池阵工作温度

太阳电池阵电路在整个寿命期间的温度范围应符合任务书要求。

8）太阳电池阵设计寿命

太阳电池阵设计寿命应符合任务书或技术条件的要求。

9）太阳电池阵剩磁矩

太阳电池阵剩磁矩应符合任务书或技术条件的要求。

8.2　叠层太阳电池的性能设计

在叠层太阳电池性能设计时，首先要根据航天器的轨道参数和任务期限计算出寿命末期的辐照通量、工作温度范围，再根据不同类型的太阳电池在寿命末期提供的输出情况，选择合适的太阳电池类型，并计算出寿命末期太阳电池的电压和电流。

1. 单体太阳电池的选择

单体太阳电池是组成太阳电池阵的基础，正确合理地选择单体太阳电池对太阳电池阵的设计至关重要。选择单体太阳电池的基本原则是选取性能优良、技术成熟、能批量生产并经过飞行验证的电池。对水平先进，技术、工艺尚不成熟的新型高效太阳电池必须进行搭载试验，经过飞行考核验证后方可选用。

单体太阳电池关键的技术参数主要有光电转换效率、抗辐照能力、开路电压、短路电流、填充因子等电性能指标。目前，用于空间太阳电池阵的太阳电池主要有硅太阳电池和砷化镓太阳电池，不同种类太阳电池的典型性能参数如表 8.1 所示。

表 8.1　不同类型的空间太阳电池的典型性能参数

产品名称	常硅电池	高效 BSR 电池	高效 BSFR 电池	高效薄硅电池	单结砷化镓太阳电池	三结砷化镓太阳电池
结构特点	n^+/p	n^+/p，背反射器	$n^+/p/p^+$，背反射器，背场	$n^+/p/p^+$，陷光结构，点接触背场	GaAs/Ge	$GaInP_2$/GaAs/Ge
尺寸（长×宽×高）	(10～20)mm×(20～60)mm×0.2 mm	(20～80)mm×(20～80)mm×0.2 mm	(20～80)mm×(20～80)mm×0.2 mm	20 mm×40 mm×0.1 mm	40 mm×(20～30)mm×0.175 mm	40 mm×(30～80)mm×0.175 mm
质量/(mg·cm^{-2})	55	55	55	27.5	100	100
V_{oc}/mV	545	545	605	628	1 015	2 575
J_{sc}/(mA·cm^{-2})	34.7	38.6	42.5	45.8	31.0	16.9
V_{mp}/mV	450	450	495	528	900	2 275
J_{mp}/(mA·cm^{-2})	33.0	36.9	40.5	43.4	28.60	15.95
P_{mp}/(mW·cm^{-2})	14.8	16.6	20.0	22.9	25.74	36.3
FF	0.785	0.789	0.780	0.796	0.82	0.83
典型效率 η/(%)	11.0	12.3	14.8	16.9	19.0	26.8
效率范围 η/(%)	10.0～11.5	11.5～12.8	14.0～15.5	16.0～18.0	18.0～20.0	26～28.0
吸收系数 α	0.75	0.74	0.76	0.78	0.87	0.90
发射系数 ε	0.84	0.84	0.84	0.84	0.84	0.84
电压系数/(mV/℃)	−2.2	−2.2	−2.3	−2.3	−1.9	−6.8
电流系数/[μA/(℃·cm^{-2})]	+20	+20	+22	+30	+20	+9

2. 叠层太阳电池电性能设计

叠层太阳电池电性能设计主要包括寿命初期工作电压 V_{BOL}、寿命末期工作电压 V_{EOL}、寿命初期工作电流 I_{BOL} 和寿命末期工作电流 I_{EOL} 设计，计算公式分别为

$$V_{BOL} = V_{mp} + \Delta V_S + \beta_{VP}(T_{OP} - T_O) \tag{8.1}$$

式中，V_{BOL} 为叠层太阳电池在寿命初期的工作温度和光强条件下的最大功率点电压；V_{mp} 为叠层太阳电池在标准温度下的最大功率点电压；ΔV_S 为由于光强变化引起的与标准光强下最大功率点电压的差值。β_{VP} 为最大功率点电压温度系数(寿命初期)，为负值；T_{OP} 为太阳电池的工作温度(寿命初期)；T_O 为太阳电池标准测试温度。

$$V_{EOL} = V_{mp\phi} + \Delta V_S + \beta_{VP1}(T_{OP} - T_O) \tag{8.2}$$

式中，V_{EOL} 为叠层太阳电池寿命末期的工作温度和光强条件下的最大功率点电压；$V_{mp\phi}$ 为经辐照后的叠层太阳电池在标准温度下的最大功率点电压(辐射剂量由航天器的飞行轨道和寿命算出)；ΔV_S 为由于光强变化引起的与标准光强下最大功率点电压的差值；β_{VP1} 为最大功率点电压温度系数(寿命末期)，为负值；T_{OP} 为太阳电池的工作温度(寿命末期)；T_O 为太阳电池标准测试温度。

$$I_{BOL} = I_{mp} \cdot S'_i \cdot [1 + \beta'_{IP}(T_{OP} - T_O)] \cdot F_m \cdot (F_{SH})_i \tag{8.3}$$

式中，I_{BOL} 为太阳电池在寿命初期的工作温度和光强条件下的最大功率点电流；I_{mp} 为叠层太阳电池在标准温度下的最大功率点电流；S'_i 为第 i 个太阳电池组件的有效光强，包括日地距离和非法向入射的影响；β'_{IP} 为 I_{mp} 寿命初期的温度系数；T_{OP} 为太阳电池阵最高工作温度；F_m 为太阳电池阵的电流组合损失系数；$(F_{SH})_i$ 为第 i 个太阳电池组件的遮挡系数，对无遮挡组件遮挡系数为1。

$$I_{EOL} = I_{mp} \cdot S'_i \cdot [1 + \beta'_{IP1}(T_{OP} - T_O)] \cdot F_{m1} \cdot (F_{SH})_i \tag{8.4}$$

式中，I_{EOL} 为太阳电池在寿命末期的工作温度和光强条件下的最大功率点电流；I_{mp} 为叠层太阳电池在标准温度下的最大功率点电流；S'_i 为第 i 个太阳电池组件的有效光强，包括日地距离和非法向入射的影响；β'_{IP1} 为 I_{mp} 寿命末期的温度系数；T_{OP} 为太阳电池阵最高工作温度；F_{m1} 为太阳电池阵的电流辐照、温度交变、匹配损失等损失系数；$(F_{SH})_i$ 为第 i 个太阳电池组件的遮挡系数，对无遮挡组件遮挡系数为1。

8.3 太阳电池电路串并联设计

根据航天器电源系统提出的太阳电池阵输出电压、电流和功率的要求计算太阳电池阵的串并联数。

1. 太阳电池阵串联设计

太阳电池阵串联数 N_s 为

$$N_s = \frac{V_B + V_D + V_W}{V_{EOL}} \tag{8.5}$$

式中，V_B 为航天器的母线电压或蓄电池组最高充电电压；V_D 为太阳电池阵隔离二极管的正向电压降；V_W 为太阳电池阵与航天器负载或蓄电池之间全部线缆的电压降；V_{EOL} 为叠层太阳电池寿命末期的工作温度和光强条件下的最大功率点电压。

2. 太阳电池阵并联设计

太阳电池阵的并联数 N_P 为

$$N_P=\frac{I_L}{I_{\mathrm{EOL}}\cdot F_j} \tag{8.6}$$

式中，I_L 为航天器要求太阳电池阵提供的输出电流；I_{EOL} 为寿命末期最差光照条件下，太阳电池串在工作温度下的最大功率点输出电流；F_j 为几何因子(太阳电池阵在垂直于太阳光方向上的投影面积与太阳电池阵总面积之比)。

3. 寿命初期太阳电池阵最大输出功率

寿命初期太阳电池阵(或充电阵，或供电阵)最大输出功率 P_{BOL} (单位 W)为

$$P_{\mathrm{BOL}}=S_0\cdot X\cdot X_S\cdot X_e\cdot A_c\cdot N\cdot F_b\cdot \eta\cdot F_c(\beta_P\Delta T+1)\cos\theta \tag{8.7}$$

式中，S_0 为空间太阳常数，为 135.3 $\mathrm{mW\cdot cm^{-2}}$；θ 为太阳光与太阳电池阵法线方向的夹角；X 为太阳光斜照太阳电池阵时的修正因子，一般为 0.95～1.00；X_S 为太阳光季节性变化因子，春秋分时为 1.000 0，夏至为 0.967 3，冬季为 1.032 7；X_e 为地球反照对太阳电池阵输出功率的增益因子，地球同步轨道取 1，其他轨道取 1～1.06；A_c 为单体太阳电池的标称面积(单位为 $\mathrm{cm^2}$)；N 为太阳电池阵所有单体太阳电池总数；F_b 为太阳电池标定和测试损失因子，可取 1～1.02；η 为单体太阳电池光电转换效率；F_c 为太阳电池阵组合损失因子，是太阳电池阵由于单体太阳电池性能差异引起的匹配损失及安装、焊接等装配因素，导致输出功率衰减而需要考虑的计算因子；β_P 为太阳电池阵功率温度系数(单位为 $\%\cdot ℃^{-1}$)；ΔT 为太阳电池轨道工作温度与标准温度之差(单位为℃)。

4. 寿命末期太阳电池阵最大输出功率

寿命末期太阳电池阵的最大输出功率 P_{EOL} 为

$$P_{\mathrm{EOL}}=P_{\mathrm{BOL}}\cdot F_{\mathrm{RAD}}\cdot F_{\mathrm{UV}}\cdot F \tag{8.8}$$

式中，P_{BOL} 为寿命初期太阳电池阵最大输出功率；F_{RAD} 为太阳电池阵粒子辐照衰减因子，为寿命末期太阳电池阵受等效粒子辐照总通量之后的最大输出功率与寿命初期太阳电池阵在零通量时的最大输出功率之比；F_{UV} 为太阳电池阵紫外辐照衰减因子，为寿命末期太阳电池阵受紫外辐照总剂量之后的最大输出功率与寿命初期太阳电池阵在零紫外剂量时的最大输出功率之比，一般取 0.97～0.98；F 为太阳电池阵其他衰减因子，为寿命末期太阳电池阵受微流星体碰撞和冷热交变等因素影响之后的最大输出功率与寿命初期时的最大输出功率之比。

5. 太阳电池阵的布局设计

在进行太阳电池阵布局设计时，要在太阳电池阵基板上布贴尽可能多的太阳电池组件，以获得大的功率输出，并安排好太阳电池组件连接片、导线的安装位置。如果隔离二极管和旁路二极管必须安装在基板上，则还要留出必要的安装位置。在筒式太阳电池阵

中,太阳电池组件的串联方向必须和筒体的高度方向相一致。

为了提高单位面积内太阳电池阵的输出功率,必须压缩太阳电池组件间和相邻太阳电池之间的间隙,而相邻太阳电池之间的最小间隙是由太阳电池和玻璃盖片的装配尺寸、基板材料的热膨胀系数和星蚀阴影区出影温度来确定的。

太阳电池阵中并联电池之间的最小间隙可做到0.1 mm,弧型基板可根据基板的弧度大小放宽到0.2～0.3 mm,串联方向相邻电池间的最小间隙为0.5 mm。当使用的玻璃盖片尺寸不大于电池尺寸时,这间隙尺寸就是指电池间的尺寸,如果采用超尺寸玻璃盖片时,间隙尺寸就是指盖片与盖片间的间隙。在实际设计中还要考虑到工艺操作的可能性,不能一味追求最小间隙而造成电池间的短路,降低可靠性。

太阳电池阵电缆是功率收集线路的一部分,它包括电缆引线和接插件或接线头。太阳电池阵电缆设计除考虑可靠性以外最关心的就是电缆的质量。由于大多数航天器都受到质量的限制,一般都不会允许导线的尺寸大到使电缆的电压降接近于零,而是对增加的质量进行权衡,然后确定一个最大的功率损失允许值。对于输出功率为千瓦级的太阳电池阵,电缆的总功率损失控制在10^{-2}量级,其变化范围在0.5%～5.0%之间。

电缆线的芯线几乎无例外的使用铜导线。常用多股绞合线,而较少使用单股导线。电缆线护套用的绝缘材料必须能耐带电粒子和紫外辐射环境,还必须有低的放气特性。常用的绝缘材料有聚乙烯和聚酰亚胺,前者工作温度较低,可用电热方法剥离线头。聚乙烯安装线护套一般为白色,如在舱外使用为防止紫外辐射要制成黑色护套。后者工作温度高达250℃,耐辐射性能好,适用于航天器舱外应用,缺点是剥离线头必须用机械方法,操作不当易使芯线受伤,聚四氟乙烯工作温度亦较高,缺点是不耐辐射,不宜用于舱外,但是聚四氟乙烯丙烯(FEP)工作温度较高,而且耐辐射性能也好,常用作电缆绝缘护套材料。

太阳电池阵的电缆中除用圆线芯的安装线以外,还可以用特制的扁平电缆敷设在太阳电池阵背面。体装式太阳电池阵也可以应用环氧覆铜箔布,用化学蚀刻的方法制成一定图形的电缆条,直接黏结在壳体内壁作为太阳电池阵的母线,不仅不需要预设许多紧固件和绑扎固定导线,而且便于隔离二极管的安装。

选用电缆线时,除要计算导线的功率损失,选取导线截面积,还要考虑导线的载流能力,尤其是在空间的真空环境中应用,必须考虑由于电流引起导线温度升高的问题,在导线截面积选取时留有必要的安全系数。

电缆安装应注意下述准则。

(1) 平板上或壳体上设置的电缆穿线孔必须光滑,不能出现利刃,避免切穿电缆绝缘层,引起可能出现的短路故障。

(2) 要有足够数量的导线固定点(如黏结点、电缆卡)固定电缆。

(3) 电缆要有热应力环,避免因铜线芯和护套及基板材料不同,而在温度交变中,引起电缆的损坏。

(4) 单根导线的弯曲半径至少应该几倍于它的外径,而导线束的弯曲半径更应大于其外径的10倍;同时在整束电缆走线时应考虑温度对电缆收缩的影响,一般地球轨道卫星太阳电池板上电缆走线需采用15°的波浪形走线。

（5）通过可弯曲的对接面或铰接点的电缆应由多股绞合线制成，并绕着接点制成环状，避免接点活动时，电缆线发生大的变形，电缆的扭转力矩应满足展开机构的要求。

（6）太阳电池阵的电缆必须妥善接地，以避免引起电磁干扰，电缆走线也要合理，防止产生剩余磁场。

（7）太阳电池阵使用的接插件型号通常是由总体设计部门统一考虑选定的。导线和接插件接线头之间的连接方式一般采用压接，少量采用焊接。无论是焊接还是压接，都要按照导线和接插件生产厂家的操作规程进行操作，保证接点可靠，在电连接器内应采取导线减应力措施，确保不引入新的应力。

6. 太阳电池阵的EMC设计和剩磁矩计算

对于航天器电源系统而言，磁场的产生主要有以下三种途径。

（1）由磁性材料所产生的磁场。

（2）由电缆或太阳阵电路及设备所构成的供电回路所产生的杂散磁场。

（3）由电磁激励装备如继电器、阀门等电动部件所产生的磁场。

航天器是一个十分复杂的电子电气系统，载有许多电子电气设备，电源系统通过供电母线向各电子设备及火工品装置供电。各用电设备通过公用母线会引起相互干扰，电缆网又会吸收舱内外的电磁辐射，将会把这些干扰信号传输给各个电子设备，所以为了保证航天器的特殊要求，太阳电池阵的设计必须满足航天器的电磁兼容性要求，尽量减少帆板电流所产生的剩磁矩。在航天器电源系统对太阳电池阵的电磁兼容性和剩磁矩一般规定如下。

（1）太阳电池翼基板对航天器主结构应高阻连接，连接电阻为10～80 kΩ。

（2）插座及电缆安装支座与基板的导通电阻应小于1 kΩ。

（3）GEO航天器太阳电池阵剩磁矩一般不大于2.0 $A \cdot m^2$，LEO航天器太阳电池阵剩磁矩一般不大于0.4 $A \cdot m^2$。

在太阳电池阵的电磁兼容性设计中应考虑的几个问题。

（1）太阳电池基板与电路电绝缘隔离，太阳电池的电路与基板碳纤维、铝蜂窝、展开机构、铰链等应电隔离，其绝缘电阻不小于10 MΩ（100 V直流电压下）。

（2）基板接地要求。为了防止基板与航天器不等电位和产生高压静电，同时防止万一电路与基板短路的问题，在设计中将基板与航天器的地线用51 kΩ电阻相隔。在太阳电池阵上面积大于1 cm^2的金属件应接地，其接地电阻应小于1 kΩ。

（3）搭接。搭接是在两个金属表面建立低阻抗通路的措施，可以减少被搭接部件与结构地间阻抗，并可将部件的全部外壳相互搭接，提高屏蔽效应和良好的接地效果。帆板插件的外壳与帆板的碳纤维间良好的搭接，搭接电阻应不大于10 MΩ。

太阳电池阵在发电供电的过程中，要使太阳电池阵表面及电缆回路网周围的磁场减少到最低程度，并使可磁化的部件产生的感应磁力距达到最小，这样才能使航天器在运行的过程中尽可能的少受带电低能粒子及其他因素的干扰和影响。磁矩 B 的定义：在导体元素（太阳电池阵中所指主要是太阳电池元素）中 dl 的长度上，流过电流为 I，此时产生的微分磁矩 dB 为

$$dB = \frac{\mu_0}{4\pi} \cdot \frac{I\mathrm{d}l \times \boldsymbol{r}}{\boldsymbol{r}^3} \tag{8.9}$$

式中,μ_0 为真空空间的导磁率;$\boldsymbol{r}$ 为从电流元素 $I\mathrm{d}l$ 到空间中某点坐标为(X, Y, Z)的矢量。

由此可见,总的磁矩 B 由所有的电流元素 $I\mathrm{d}l$ 积分而得。在实际的设计和计算中很少用上述的方法。传统和简化的磁矩计算方法是设定电路中通过的电流为 I_i,电路所围的面积为 S_i,则这一电路所产生的磁矩(单位为 $\mathrm{A \cdot m^2}$)为

$$B_i = I_i \cdot S_i \tag{8.10}$$

在航天器太阳电池阵的设计中,必须充分考虑消磁设计。采用"镜面映射法",使相邻和相对的电路组件设计电流值相同或近似,电路电流所通过的面积也要相同,也就是电路的串并数间隔要求相同和等距,收集电流的方式也完全相同。这样使每个电路产生的磁矩受到相邻和相对电路的磁矩相抵消,这样可以使两翼、单翼、单板的剩磁矩达到指标的要求。图8.1是典型的网状电流回路双镜面映射补偿的示意电路图。

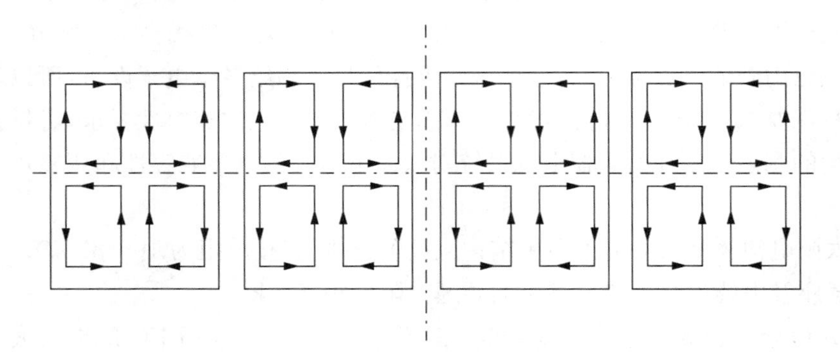

图8.1 网状电流回路双镜面映射补偿法

7. 太阳电池阵的热设计

太阳电池的转换效率、太阳电池阵的输出功率和电池的工作温度有直接关系。在入射到太阳电池阵表面的太阳总能量中,只有10%~30%左右的能量转换成电能,而其他部分的能量不能转换为电能而使太阳电池阵温度升高。太阳电池转换效率的温度系数是负值,太阳电池的温度越高,光电转换效率就越低。因此,为了提高太阳电池阵的输出功率,就必须设法降低太阳电池的工作温度。

根据单位面积上热平衡方程 $Q_{输入} = Q_{排出} + Q_{发电}$,若用铝基板且假定叠层太阳电池及基板的导热率很高,在太阳电池阵正面和背面温度相等的条件下可得

$$\alpha_{se}(1-\eta)S \cdot \cos\theta = (\bar{\varepsilon}_{HF} + \bar{\varepsilon}_{HB})\sigma T_{op}^4 \tag{8.11}$$

式中,α_{se} 为太阳电池的太阳吸收系数,为实测值;S 为太阳常数;θ 为太阳光对太阳电池的入射角;$\bar{\varepsilon}_{HF}$ 为有效的正面半球向辐射率;$\bar{\varepsilon}_{HB}$ 为有效的背面半球向辐射率;σ 为史蒂芬—玻耳兹曼常数;T_{op} 为太阳电池工作温度;η 为太阳电池的光电转换效率。

由式(8.11)可求得工作温度 T_{op} 为

$$T_{op}=\left[\frac{\alpha_{se}(1-\eta)}{\bar{\varepsilon}_{HF}+\bar{\varepsilon}_{HB}}\cdot\frac{S\cos\theta}{\sigma}\right]^{\frac{1}{4}} \tag{8.12}$$

在低地球轨道，太阳电池阵不仅接收太阳的直接辐射，还将接收到地球对太阳光的反射，接收的总能量将提高 20%～30%。展开式太阳电池阵的工作温度计算式为

$$\alpha_{se}(1-\eta)S\cdot\cos\theta+\alpha_{sel}S_1\cdot\cos A=\bar{\varepsilon}_{HF}\sigma T_0^4+\bar{\varepsilon}_{HB}\sigma T_1^4 \tag{8.13}$$

其中

$$\bar{\varepsilon}_{HB}\sigma T_1^4=\frac{\lambda(T_0-T_1)}{\delta} \tag{8.14}$$

式中，$\bar{\varepsilon}_{HB}$ 为基板背面对地球反照光的吸收率；S_1 为地球对太阳光的反照强度；A 为基板背面对地球反照的入射角；T_0 为太阳电池阵正面的工作温度；T_1 为基板背面的温度；λ/σ 为太阳电池和基板的总热导。

由式(8.12)可以看出，为有效地降低太阳电池阵的工作温度，可以采取提高太阳电池的转换效率、降低太阳吸收率和增大辐射率这三个途径。提高太阳电池光电转换效率是提高太阳电池阵功率输出的根本途径。

为了有效降低太阳电池阵的太阳吸收率，可以采取如下措施。

(1) 采用光谱选择型反射滤光层，而不用吸收型滤光层，把不能转换成电能的无用太阳光反射出去。

(2) 尽量减少玻璃盖片和盖片胶在任务期内的变黑程度。

(3) 用高效反光材料涂覆全部太阳电池阵不贴太阳电池的面积。

为了增大辐射率可采取如下措施。

(1) 增大玻璃盖片的辐射率。

(2) 用高辐射同时又是高反射的材料(如白色温控材料)涂覆太阳电池阵全部正面面积(太阳电池表面除外)。

(3) 用高辐射材料(白色或黑色涂料)涂覆太阳电池阵背面。

8.4　太阳电池板尺寸质量预计

1. 太阳电池板尺寸的估算

太阳电池阵尺寸的估算是建立在太阳电池阵物理和电气特性的分析过程上，从而使太阳电池阵满足寿命末期输出功率的需求。太阳电池阵尺寸估算的一般步骤如下。

(1) 在设计初期首先考虑使用的各种太阳电池阵元件，然后选取一个或一个以上可供选择组合方案，主要包括太阳电池类型、抗辐照玻璃盖片、隔离二极管、导线等电路部分的元件以及选用的太阳电池板基板类型。

(2) 对每一种组合方案根据式(8.15)计算叠层太阳电池在各种衰减后的最大功率输出 P_C 为

$$P_C=P_0\cdot S'\cdot F_{RAD}\cdot F_{TOP}\cdot F_M\cdot F_{SH}\cdot F_{BD}\cdot F_{CONF} \tag{8.15}$$

式中，P_0 为在单体太阳电池在标准测试条件下(AM0，135.3 mW/cm^2，25℃)的初始功率输出；S' 为有效太阳光强，考虑了包括贴玻璃盖片后的衰减、日地因子和太阳入射角等的影响；F_{RAD} 为太阳电池的辐照衰减系数；F_{TOP} 为太阳电池的温度衰减系数；F_M 为各种装配系数和衰减系数；F_{SH} 为太阳电池阵的遮挡系数，对无遮挡的太阳电池阵而言为1；F_{BD} 为隔离二极管和电缆损耗系数；F_{CONF} 为外形系数，对于展开平板式太阳电池阵而言，$F_{CONF}=1$，对于圆柱形的自旋太阳电池阵而言，$F_{CONF}=1/\pi$。

按单片电池分配，则有

$$F_{BD}=1-\frac{V_D+V_W}{V_B+V_D+V_W} \tag{8.16}$$

式中，V_D 为隔离二极管电压降；V_W 为太阳电池阵和负载之间布线的电压降，为航天器负载上的太阳电池阵母线电压；V_B 为航天器的母线电压或蓄电池组最高充电电压。

(3) 确定太阳电池阵的特性。

太阳电池的数量 N 为

$$N=P_A/P_C \tag{8.17}$$

式中，P_A 为太阳电池阵的输出功率需求。

基板的面积 A_S 为

$$A_S=A_CN/F_P \tag{8.18}$$

式中，F_P 为布片系数；A_C 为单体太阳电池的面积。

2. 太阳电池阵质量的估算

太阳电池阵电路部分主要包括太阳电池组件、电缆、二极管、电连接器、电缆固定夹、硅橡胶等，根据每个太阳电池组件的质量、元器件的质量、电缆的质量，可估算出整个太阳电池阵的质量。

3. 设计结果与指标符合性

在太阳电池阵设计完成后，需要对设计结果与指标进行比对，以确保设计结果可满足任务书的要求。功能设计符合性见表8.2。

表8.2　功能设计符合性

序　号	项　　目	任务书对太阳电池阵要求	设计结果	符合性
1	太阳电池阵初期最大输出功率			
2	太阳电池阵末期最大输出功率			
3	太阳电池阵初期输出电压			
4	太阳电池阵末期输出电压			
5	太阳电池阵质量			
6	太阳电池阵面积			
7	太阳电池阵剩磁			

8.5　典型设计案例

某卫星是一颗太阳同步轨道卫星，轨道高度 500 km，运行周期 92 min，采用三轴稳定的姿态工作方式。本节以此卫星太阳电池阵设计为例进行介绍。

1. 性能指标要求

1）寿命初期最大输出功率

在最大光照角 45°的条件下，太阳电池阵寿命初期最大输出功率不小于 630 W。

2）寿命末期最大输出功率

在最大光照角 45°的条件下，太阳电池阵寿命末期最大输出功率不小于 535 W。

3）寿命初期输出电压

太阳电池阵寿命初期输出电压应满足卫星母线电压 29.2 V 的技术要求。

4）寿命末期输出电压

太阳电池阵寿命末期输出电压应满足卫星母线电压 29.2 V 的技术要求。

5）太阳电池阵质量

太阳电池阵质量不大于 10.5 kg。

6）太阳电池阵面积

太阳电池阵面积不大于 7.5 m^2。

7）太阳电池阵工作温度

太阳电池阵电路在整个寿命期间的温度范围为－80℃～＋80℃。

8）太阳电池阵设计寿命

太阳电池阵设计寿命不小于 3 年。

9）太阳电池阵剩磁矩

太阳电池阵剩磁矩不大于 0.4 $A \cdot m^2$。

2. 叠层太阳电池的性能设计

1）单体太阳电池的选择

根据太阳电池阵的初期功率、面积和质量的输入要求，通过综合比较面积比功率、质量比功率和经济性，决定采用效率为 14.8%的硅太阳电池。

2）叠层太阳电池电性能设计

硅太阳电池的性能参数见表 8.3，选择的损失因子见表 8.4。

表 8.3　单体硅太阳电池设计参数

参 数 名 称	参 数 值
尺寸/mm	40.0×20.0
开路电压 V_{oc}/mV	605
短路电流 I_{sc}/mA	338
最佳工作电压 V_{mpo}/mV	500
最佳工作电流 I_{mpo}/mA	320
光电转换效率 η（AM0 135.3 mW/cm^2 25℃）	14.8%

表8.4　硅太阳电池阵损失因子

项　目	电　流	电　压	功　率
组合损失	0.98	1	0.98
辐照损失	0.94	0.95	0.893
紫外损失	0.98	1	0.98
温度交变损失	0.98	1	0.98
温度系数	+0.176 mA/℃	−2.2 mV/℃	−0.4%/℃
太阳入射角(45.0°)	0.707	1	0.707

$$V_{\mathrm{BOL}} = V_{\mathrm{mp}} + \Delta V_S + \beta_{\mathrm{VP}}(T_{\mathrm{OP}} - T_O) = 500 + 0 - 2.2 \times (80 - 25) = 379.0(\mathrm{mV})$$

$$V_{\mathrm{EOL}} = V_{\mathrm{mp}\phi} + \Delta V_S + \beta_{\mathrm{VP1}}(T_{\mathrm{OP}} - T_O) = 500 \times 0.95 + 0 - 2.2 \times (80 - 25) = 354.0(\mathrm{mV})$$

$$I_{\mathrm{BOL}} = I_{\mathrm{mp}} \cdot S'_i \cdot [1 + \beta'_{\mathrm{IP}}(T_{\mathrm{OP}} - T_O)] \cdot F_m \cdot (F_{\mathrm{SH}})_i = 228.4(\mathrm{mA})$$

$$I_{\mathrm{EOL}} = I_{\mathrm{mp}} \cdot S'_i \cdot [1 + \beta'_{\mathrm{IP1}}(T_{\mathrm{OP}} - T_O)] \cdot F_{\mathrm{m1}} \cdot (F_{\mathrm{SH}})_i = 206.2(\mathrm{mA})$$

3. 太阳电池电路串并联设计

1) 太阳电池阵串联设计

$N_s = \dfrac{V_B + V_D + V_W}{V_{\mathrm{EOL}}} = 96$，考虑串联余量取100串。

2) 太阳电池阵并联设计

$N_P = \dfrac{I_L}{I_{\mathrm{EOL}} \cdot F_j} = 74$，考虑5%～10%的余量，取值为80并。

3) 寿命初期太阳电池阵最大输出功率

$$P_{\mathrm{BOL}} = S_0 \cdot X \cdot X_S \cdot X_e \cdot A_c \cdot N \cdot F_b \cdot \eta \cdot F_c(\beta_P \Delta T + 1)\cos\theta = 692.5\ \mathrm{W}$$

4) 寿命末期太阳电池阵最大输出功率

$$P_{\mathrm{EOL}} = P_{\mathrm{BOL}} \cdot F_{\mathrm{RAD}} \cdot F_{\mathrm{UV}} \cdot F = 584\ \mathrm{W}$$

5) 太阳电池阵的布局设计

为了防止在实际生产过程中，由于串并联间隙过近造成太阳电池间的短路，在设计时将串并联间隙均取为1 mm，可充分保证工艺操作的可靠性。

在电缆设计时，充分考虑电缆的环境适应性和载流能力，选择适合空间用的宇航级电缆；在敷设时考虑减应力措施，保证电缆能满足空间温度交变的要求。

6) 太阳电池阵的EMC设计和剩磁矩计算

(1) 在太阳电池阵设计时，每块基板均与卫星主结构高阻连接，每个电阻为75 kΩ。

(2) 基板上所有大于1 cm^2的金属均接地，与基板的导通电阻小于1 kΩ。

(3) 太阳电池电路通过合理布局，使单板太阳电池串为偶数布局，相邻两电池串电流流向相反，磁矩相互抵消，所以可完全消磁。

4. 太阳电池板尺寸质量预计

1）太阳电池板尺寸的估算

根据太阳电池阵的串并联数和合理的布片设计，估算出太阳电池板的尺寸为 1.6 m×1.15 m，共需 4 块太阳电池板。

2）太阳电池阵质量的估算

太阳电池阵电路部分主要包括太阳电池组件、电缆、二极管、电连接器、电缆固定夹、硅橡胶等，根据每个太阳电池组件的质量、元器件的质量、电缆的质量，估算出太阳电池阵电路部分质量为 10.35 kg。

5. 设计结果与指标符合性

设计结果与技术指标的符合性情况见表 8.5，从表 8.5 可以看出太阳电池阵的设计结果均满足技术指标的要求。

表 8.5　功能设计符合性表

序　号	项　　目	任务书对太阳电池阵要求	设计结果	符合性
1	太阳电池阵初期最大输出功率	不小于 630 W	692.5 W	满足
2	太阳电池阵末期最大输出功率	不小于 535 W	584 W	满足
3	太阳电池阵初期输出电压	不小于 29.2 V	37.9 V	满足
4	太阳电池阵末期输出电压	不小于 29.2 V	35.4 V	满足
5	太阳电池阵质量	不大于 10.5 kg	10.35 kg	满足
6	太阳电池阵面积	不大于 7.5 m^2	7.36 m^2	满足
7	太阳电池阵剩磁	不大于 0.4 A・m^2	可完全消磁	满足

8.6　地面太阳光伏电站设计

8.6.1　太阳光伏发电系统主要设备构成

1. 组件方阵

实际的光伏并网发电系统中，直流断路器的额定工作电压直接关乎逆变器直流侧的最高电压，且其还受到环境位置等因素的影响。现如今，我国市场主流组件大都是单晶 360 W 和多晶 280 W。组件串联数量的计算过程中，首先需充分考虑组件工作电压和逆变器直流输入电压的范围；其次，结合各个组件的温度系数，才能够确定最佳串联数，进而在各种情况下，系统都能处于最佳工作状态，最终获得最大的发电量输出。例如，并网逆变器最大功率跟踪电压在 450～820 V，经过合理计算，最佳的串联数为 16、17…20。此外，需考虑当地光伏组件安装的最低温度，一般选择靠近 MPPT 的范围内，还要充分考虑开路电压的变化，需要保证组串开路电压不超过逆变器的最高直流输入电压，另外在设计太阳能电池板的同时要注意太阳能电池倾斜角的选择。倾斜角的设置需要根据纬度确定，这与太阳高度角有关。

在光伏方阵的设计时，为了避免前后组件阴影遮挡而引起的热斑效应，一定要选择合适的阵列间距。一般确定原则为冬至当天的9:00至下午3:00,太阳能方阵不应被遮挡。根据建设本系统的地区的地理位置、太阳运动情况、安装支架的高度等因素可以由下列公式计算出固定式支架前后排之间的距离:

$$D = 0.707H/\tan[\arcsin(0.648\cos\psi - 0.399\sin\psi)]$$

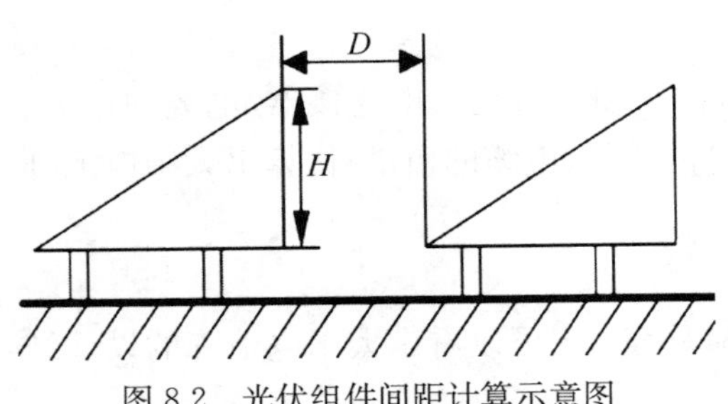

图8.2 光伏组件间距计算示意图

上式中ψ为安装太阳能光伏发电系统所在地区的纬度,H为前排最高点与后排组件最低点的高度差。如图8.2所示。

2. 汇流设计

通常情况下,分布式光伏发电系统大都采用二级汇流方式。太阳电池组件方阵中,合理安装汇流箱,通过汇流箱将符合各方面要求的路数和电流合理输出。设计屋顶汇流箱的过程中,应考虑户外放置、紫外线照射以及防腐生锈等因素。对汇流箱进出线方式来说,需选择下进下出方式,以便直接从底部穿线。此外,每一路的进线都需要设置堵头和防水螺母,在箱体门的部位设置密封条,每一个连接处和合叶部位都要设置防水装置,保证汇流箱防护等级不低于IP65。

3. 电缆设计

首先,合理选择直流电线电缆,这与光伏电站直流电线电缆的长度、环境以及光伏方阵串并联的方式息息相关。例如,某一项目在夏季开工建设,这一时间段温度较高,且直流侧系统最高工作电压能够达到1 000 V;因此,组串需要选择耐压性能好、耐候性能好的1 000 V导线,额定工作温度最好控制在−20～60℃,所选电缆规格为1 kV,型号为2PFG1169-1 mm×4 mm电缆。这种电缆的优势十分明显,不仅导体质地十分柔软,便于在各种地形施工,而且防火性能非常好,能够满足分布式光伏项目各方面的需求,能够在户外各种环境下开展工作。其次,选择交流电力电缆。交流电缆选择交联聚乙烯绝缘电力电缆,而用于微机保护的电压电流等信号节点的控制电缆,需选用阻燃型的屏蔽电缆。最后,电缆敷设。就建筑屋顶上部的电缆敷设而言,其一般都采用穿管、桥架的方式进行敷设,还要保障穿线管的内径大于电缆外径,以满足各方面的需求。

4. 光伏监控系统设计

监控系统对于分布式光伏发电系统来说十分重要,其主要的职责就是监控智能电度表、逆变器以及汇流箱等设备的信息数据。电气监控负责监控低压配电室中的各种电气设备。实际应用中,系统监控通常应用工控机集中控制,这种工控机十分可靠,还具备遥信、遥测以及遥控等多方面功能。此外,设置了LCD液晶屏显示,可以准确测量、清晰显示光伏发电系统的各种参数。通过键盘能够直接遥控开关,直接遥调逆变器。光伏监控系统具有数据查询和存储功能,相关人员查询和归档数据十分方便。

5. 太阳能支架系统设计

现如今,我国屋顶基本包含彩钢瓦屋面和混凝土屋面两种结构形式。其中,彩钢瓦屋面通常应用平铺的结构形式,混凝土屋面主要采用最佳倾角的结构形式。对分布式光伏方阵来说，其支架安装不仅需要符合建筑一体化美观要求、承力要求等，而且需要满足后期维护等各个方面的要求，还得具备良好的结构和防腐蚀性。具体可以结合当地气候情况，如风压、雪压等进行设计。

(1) 彩钢板瓦屋面结构形式。一般情况下，将电池板直接平铺在屋面上，但实际安装过程中，需要将组件铝合金结构支架合理设置在屋顶的彩钢板肋条上，并结合实际情况铺设太阳能组件。这种安装方式简单方便，后期管理、维护以及调整等工作开展便利。

(2) 混凝土屋面结构形式。安装混凝土屋面结构形式的支架需在混凝土的基础上进行施工。通常情况下，太阳电池组件支架表面结构基本都会采用热镀锌的方式合理处理，以此有效提升防腐蚀性能，之后通过不锈钢材质的螺栓进行固定，有效提升支架稳定性，抵御极限风速载荷。最后就是在电池板安装的过程中应该合理的设置两厘米的泄风口，其主要目的同样是为了提升支架的稳定性。支架实际设计过程中，必须严格贯彻落实"经济适用、安全可靠以及符合国情"的电站建设方针，还得积极落实、执行国家相关法律法规和政策。另外，需要总体规划布置，结合实际情况进行集中布置，如此安装时会更加方便、快捷。

6. 储能系统

储能装置可稳定光伏系统输出电压，防止负载大电流启动对光伏系统的冲击，增大功率因数，提高电能利用率储能技术的发展和应用，尤其对于独立型光伏发电系统，储能系统的应用打破了光伏发电在时间和地理位置上的限制，能够缓解电网调峰的压力。

储能系统的作用是将太阳能电池板通过光生伏特效应产生的电能存储起来，在夜幕降临时释放，因此蓄电池的性能显得尤为重要。好的蓄电池意味着投入成本高，如何选择蓄电池的种类及容量需要通过计算才能得出最合理的结果。蓄电池所能提供的能量除了受到本身容量的影响，还受到环境温度的影响，为了与太阳能电池匹配，要求蓄电池工作寿命长且后期保养维护方便、费用低。目前广泛采用 VRLA 蓄电池、普通铅酸蓄电池和碱性镍铬蓄电池 3 种电池。国内目前主要使用 VRLA 蓄电池，因为其固有的免维护特性及对环境污染较少的特点符合我国国情，适合要求性能可靠的太阳能光发电系统，特别是在无人看守的情况。普通铅蓄电池虽然前期投入成本低廉，但是需要经常维护且对环境污染大，主要用于有人力维护且低档场合使用。碱性镍铬蓄电池虽然有较好的低温、过充、过放性能，但是其价格较高，所以一般用在特殊场合。

8.6.2　离网光伏发电系统

1. 离网系统简介

离网型光伏发电系统不与电网相连接，其结构如图 8.3 所示，它由光伏组件阵列、控制器、蓄电池组、逆变器组成。当白天光照充足时，光伏发电系统为负载提供电能，多余的电能会存储在蓄电池中，当到了晚上或者阴雨天，存储在蓄电池的电能可以释放，保证负载正常运行。

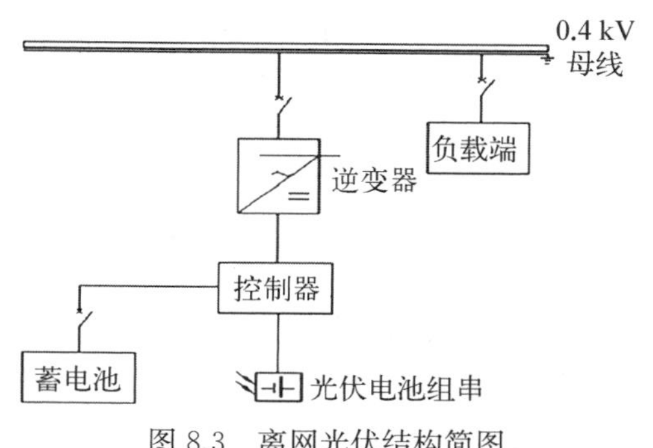

图 8.3　离网光伏结构简图

光伏发电系统涉及的主要器件包括，光伏电

池(将光能转换为电能)、蓄电池(储存电能)、变换器(将直流电能变换为交流电能、将直流电能变换为直流电能)、控制器(控制能量转换过程)等。光伏发电系统如图 8.4 所示。

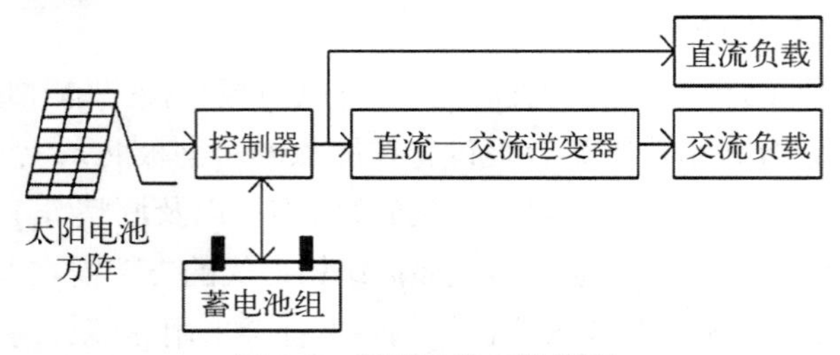

图 8.4 离网光伏系统简图

2. 蓄电池系统设计

对于离网型系统而言,必须要配备储能蓄电池,阳光充足的条件下,系统正常工作,光伏电池完成能量的转换过程,没有负载的情况下,控制器需要实现控制电能储存以备用;有负载需要供电的情况下,控制器控制系统产生的电能为负载供电,如果负载为交流负载,则需要利用变换器将直流电转换为负载所需的交流电;如果负载为直流负载,系统产生的电能与负载所需电能可能存在不匹配情况,则需要利用变换器将其转换为满足负载要求的直流电。阳光不足的条件下,太阳能电池板无法再产生电能,有负载需要供电的情况下,则由控制器控制蓄电池为负载供电并保持供电电压的稳定。

蓄电池组长期工作在充放电状态,频繁地过充电和过放电不仅会影响到组件的容量,而且会影响到组件的寿命,因此有必要对工作过程进行适当控制。控制器的作用就是通过电压检测判断其是否达到过充界点或者过放界点,根据电压检测结果实施响应的控制作用。控制逆变一体机的功能主要是既可以控制蓄电池充放电,又可以将光伏方阵所发的直流电转换为负载所需的交流电,因而在离网光伏系统中得以广泛应用。

蓄电池组的设计主要体现在蓄电池的种类、容量和串并联数目的选定。蓄电池组设计的最低要求为在太阳光照持续小于平均值的状况下仍不影响负载的电能需求。此时需要引进独立运行天数来进行计算,它的定义可表述为光伏系统在无任何外来能量的条件下蓄电池组供给负载正常工作的天数。

1) 蓄电池种类的确定

光伏系统对蓄电池的类型提出如下基本要求:自放电率低、深放电能力强大、循环时间长、充电效率高效、工作温度范围广、较少维护或免维护等。综合考虑,本设计采用铅酸蓄电池当做系统的蓄能设备,因为铅酸蓄电池的特性与上述要求最为符合。

2) 蓄电池组容量的确定

蓄电池组容量的设计由下面公式确定:

$$\text{蓄电池容量}=\frac{\text{独立运行天数}\times\text{日平均负载}}{\text{最大允许放电深度}\times\text{温度修正系数}}$$

(1) 最大允许放电深度:一般来讲,浅循环蓄电池和深度循环蓄电池的最大允许放电深度分别是 50%和 80%。若蓄电池工作于寒冷低温环境下,设计时要根据情况减小该数值,扩大蓄电池容量,以提高蓄电池的使用寿命。

(2) 温度修正系数：当环境温度下降时，蓄电池实际外送容量将减少。温度修正的目的即为确保蓄电池容量不小于按照 25℃标准情况下计算出的容量，以便使设计的蓄电池容量达到负载的电能要求。

(3) 独立运行天数：一般来讲，独立运行天数和负载应用场合的重要性、光伏系统安装处的最大持续阴雨天数这两个原因有关。负载对电能要求相当严格的场地，独立运行天数为 7～14 天，否则为 3～5 天。

8.6.3　并网光伏发电系统

1. 并网光伏系统简介

并网光伏发电系统与公共电网相连接，其结构如图 8.5 所示，整个系统由光伏组件阵列、逆变器、汇流箱、变压器等组成。这种发电方式比较灵活，当白天日照较强时，光伏发电系统不仅可以提供电能，多余的电能还能通过上网的方式卖给电网，增加收入；而当日照不足时，光伏发电系统可以提供部分电能，不够的部分再从电网索取。并网光伏系统又分为工商业光伏发电以及户用光伏发电，相对而言，工商业光伏发电更为适合，其屋顶面积大，发电量大，且工商业电费较为昂贵，白天光照条件好的情况下可以自给自足，不用再从电网购买电能，节约了资金。而户用发电较为灵活，投资较小，可以贴补家用。

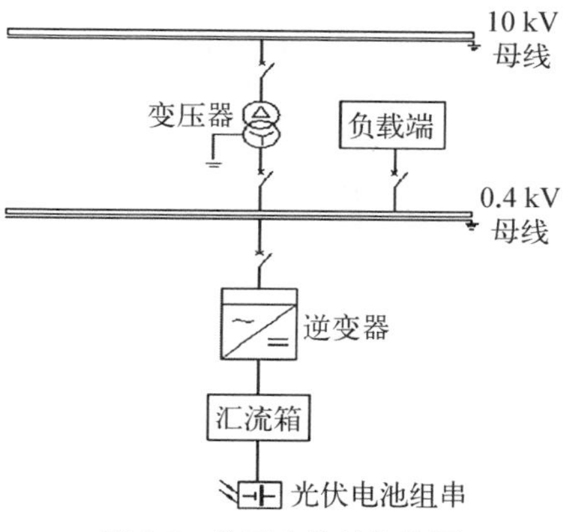

图 8.5　并网光伏结构简图

根据《国家电网公司分布式光伏发电并网服务工作的意见(暂行)》中对分布式光伏发电的界定，分布式光伏发电指的是位于用户附近且所发电能就地利用，单个并网点总装机容量不超过 6 MW 且以 10 kV 及以下电压等级接入电网的光伏发电项目。一般，分布式光伏发电的过程是：第一步是光伏组件接受太阳光照的照射完成太阳能到电能的转换；第二步是直流升压达到逆变所要求的电压后，通过控制逆变器将直流电转换为交流电；第三步是将逆变后的交流电经滤波后输送到配电网或直接供给附近负荷使用。并网光伏系统的系统简图如图 8.6 所示，其基本设备包括光伏组件(太阳能电池板)、逆变器、配电柜等，个别并网电站还配有储能电池、电池充放电控制器、变压器和太阳跟踪控制系统等设备。

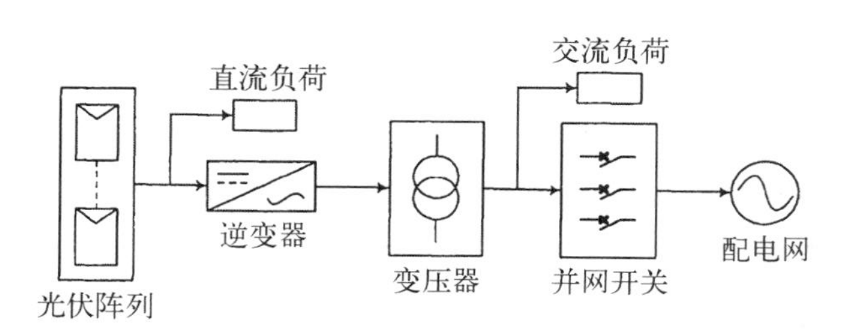

图 8.6　并网光伏系统简图

通常情况下,并网光伏电站分为集中式和分布式光伏电站,集中式以地面光伏电站为主,分布式光伏电站以工商业屋顶光伏电站为主。

2. 光伏支架类型

为保证光伏组件的倾斜面上最大程度地接收太阳辐射量,从而获得最多的发电量,推荐选用跟踪式电池阵列运行方式。一般情况下,水平单轴跟踪方式理论发电量最少可比固定式提高15%,斜单轴跟踪方式理论发电量最少可比固定式提高1/4,双轴跟踪方式理论发电量可提高1/3。然而实际工程中由于跟踪支架运行难以同步、因投射阴影组件间相互遮挡等原因,实际的效率往往比理论值小很多。

从已建相似工程得到的相关数据来看,与固定式相比斜单轴跟踪方式的系统可提高18%发电量,增加15%投资,双轴跟踪方式的系统可提高约25%发电量,增加24%投资,两种方式的运行维护都会相对增加工作量。表8.6以固定安装式为基准分别比较了斜单轴跟踪式及双轴跟踪式运行方式。

表8.6　固定式安装与斜单轴跟踪式及双轴跟踪式运行方式比较

项　目	固　定　式	斜单轴跟踪式	双轴跟踪式
发电量/%	100	118	125
占地面积/万 m^2	2.2	4.6	4.9
支架造价/(元/W)	0.72	1.8	3
直接投资增加百分比/%	100	115	124
运行维护	工作量小	有旋转机构,工作量大	有旋转结构,工作量大
支撑点	多点支撑	布置分散,需逐个清洗,清洗量较大	单点支撑
板面清洗	布置集中,清洗方便	布置分散,需逐个清洗,清洗量大	布置分散,需逐个清洗,清洗量大

对上表数据进行分析可知,固定式有其明显的优点,支架系统基本免维护并且初始投资较低;自动跟踪式相比在这两个方面占据劣势:需要一定的维护,初始投资也较高。但是在发电量方面,自动跟踪式较固定式相比有明显的优势,不考虑后期运行检修会增加相关费用支出的前提条件,自动跟踪式运行的光伏电站单位发电成本将比固定式运行的光伏电站占优势。斜单轴跟踪和双轴跟踪的光伏系统设备的可靠性和稳定性比固定式高,发电效率也明显比固定式高,但在支架造价和运行维护方面,自动跟踪式都有待进一步加强,支架造价相比固定式贵200%～300%;因此,要发挥自动跟踪式光伏阵列的优势,应当进一步降低跟踪式系统的支架造价。

3. 并网环节设计

以光伏电站系统10 kV并网为例,光伏组件经逆变后升压至10 kV,经集电线路接至光伏电站的10 kV配电装置由光伏电站配电装置接入电网系统。光伏电站10 kV配电装置优先选用单母线接线方式,出线1回。接入方式采用一级升压的方式,即直接由逆变电压升至10 kV。系统整体采用分块发电,集中并网,将系统分成若干个光伏并网发电单元,每个单元经过变压器升压至10 kV,并入电网。

为补偿站内消耗的无功，在并网系统的 10 kV 母线上配置 1 台容量为－2.5～5 Mvar 的无功补偿装置。无功补偿装置选用 SVG 装置。该装置可实现配电站无功的连续快速平滑无断点可调；实现系统的无功动态平衡，而且能滤出谐波电流，抑制电压波动，当系统发生电压跌落时，快速调整无功输出，促使电压恢复。

4. 并网影响及对策措施

光伏发电并网运行时会产生谐波、电压波动和闪变、直流注入、孤岛效应等问题，使电网电能质量下降，对电网造成不利影响，严重时会干扰供用电系统及光伏发电设备自身的安全稳定运行。

1）谐波影响

光伏发电是通过光伏组件将太阳能转化为直流电，再经过并网型逆变器将直流电变换成交流电实现并网。在光伏发电系统中，逆变器是产生谐波的主要设备。并网逆变器内部电力电子元件的大量应用，提升了系统的信息化和智能化处理，但也增加了大量的非线性负载，造成波形失真，给系统带来大量谐波。逆变器开关切换速度的延迟，也会影响电网系统内部整体动态性能的输出，产生小范围的谐波。如果在天气（辐照度、温度）变化较大的情况下，谐波的波动范围也会随之变大。尽管单台并网逆变器输出电流谐波较小，但是多台并网逆变器并联后输出电流的谐波会产生叠加，从而形成输出电流谐波超标现象。此外，逆变器并联容易产生并联谐振，进而导致耦合谐振现象，造成特定次并网谐波电流扩大，最终产生并网电流谐波含量超标问题。

针对光伏接入后的电能质量问题，提出抑制谐波的有效方法：① 从谐波产生的源头入手，对谐波源进行改造，减少谐波注入；② 装置有源或无源滤波器，以吸收某些特定次数的谐波电流；③ 装设附加的谐波补偿装置。

2）电压波动和闪变

在传统配电网中，有功功率、无功功率随时间变化才会引起系统电压波动。而对于光伏发电而言，光伏发电系统有功功率的变化是引起接入点电压波动和闪变的主要因素。光伏发电系统核心部件光伏电池板的最大功率点与辐照强度、天气、季节、温度等因素密切相关，这些自然因素的随机变化引起输出功率变化较大，致使负载功率在一定范围内变化频繁，从而引起并网用户负载端电压波动和闪变。

目前针对光伏电压波动和闪变问题的解决方法主要有：① 优化光伏并网逆变器控制策略，提高电压的稳定性；② 增大变电站母线短路容量；③ 在光伏电站容量确定的情况下，提高其功率因数，以增加有功功率总量，从而降低无功功率变化量，满足电压波动的限值要求。

3）直流注入问题

并网光伏发电系统中另一亟待解决的关键问题：直流注入。直流注入影响了电网电能质量，同时也给电网中的其他设备带来不利影响。IEEE Std929 - 2000 与 IEEE Std547 - 2000 明确规定，并网发电装置向电网注入的直流电流分量不能超过装置额定电流的 0.5％注入产生的主要原因有：① 电力电子器件自身分散性及驱动电路不一致不对称；② 最大功率控制器内部测量器件存在的零点漂移和非线性；③ 各开关器件线路阻抗的不对称，寄生参数和寄生电磁场的影响等。

目前抑制直流注入的主要方法包括:① 检测补偿法;② 优化设计逆变器并网结构;③ 电容隔直;④ 虚拟电容法;⑤ 装置隔离变压器等。

4) 孤岛效应的影响

孤岛效应是指由于人为因素或自然因素造成电网中断供电,但各个并网光伏发电系统没能及时检测出电网停电状态,从而光伏发电系统与其相连的负载仍独立运行的现象。随着并网光伏发电接入渗透率的不断扩大,孤岛效应发生的概率也逐渐增加。孤岛效应的形成对整个配电网电能质量造成不利影响,主要包括:① 在孤岛效应发生位置,其电压和频率波动性较大,降低了电能质量,且孤岛中的电压和频率不受电网控制,可能会造成系统电气设备损坏和重合闸故障等,同时可能会对电网维修人员造成个人安全隐患;② 在供电恢复过程中,由于电压相位之间不同步将会产生浪涌电流,有可能导致电网波形瞬间下跌;③ 光伏发电系统出现孤岛效应之后,如果原供电模式为单相供电模式,有可能使配电网发生三相负荷不对称的问题,进而降低其余用户的用电整体质量;④ 当配电网切换至孤岛方式,仅仅依靠光伏发电系统供应电能,若该供电系统容量太小或未安装储能装置,均有可能造成用户负荷出现电压不稳定和闪变问题。

针对孤岛效应产生的影响,主要有以下解决方法:① 优化并网光伏发电系统孤岛检测方法,分析光伏发电对配电网故障电流大小、方向及分布的影响,提高故障情况下负荷切除速度和孤岛划分的选择技术;② 提高孤岛检测技术的可靠性,配置快速有效的反孤岛保护功能,在异常情况下准确判断孤岛状态并迅速有效中断并网。

随着我国光伏发电产业的快速发展,并网光伏装机容量和数量的不断增加,致使电网电能质量受到很大影响。因此,深入研究并网光伏发电对电网电能质量的影响非常有必要。

思 考 题

(1) 航天器太阳电池阵的基本功能是什么?

(2) 航天器太阳电池阵设计依据有哪些?

(3) 试述某卫星太阳电池阵的具体设计步骤。

(4) 电缆安装时应注意的准则有哪些?

(5) 降低太阳电池阵的太阳吸收率和增大辐射率可采取的措施有哪些?

(6) 离网光伏电站和并网光伏电站的主要区别有哪些?

(7) 离网光伏电站蓄电池如何选配?

(8) 并网光伏电站对电网的影响有哪些?

第9章　薄膜太阳电池

自1973年世界能源危机以来，主要应用于空间领域的晶体硅太阳电池和砷化镓太阳电池逐步转向地面光伏发电应用。从20世纪90年代末开始，在世界各国政府可持续能源经济政策的推动下，太阳电池行业得到蓬勃的发展，并形成可观的产业规模，2018年底市场的累计光伏装机容量超过485 GW。近年来，晶体硅太阳电池效率进一步提升，价格也大幅下降，预计在未来两三年内实现平价上网，晶体硅太阳电池已成为国际光伏市场上的主流产品，占世界光伏电池产量的90%以上。

非晶硅、铜铟镓硒、碲化镉等薄膜电池与晶体硅太阳电池相比，具有以下特点：① 材料具有较高的吸收系数(约$10^5\ cm^{-1}$)，微米厚度就足以吸收绝大部分的太阳辐射，大大节省昂贵的半导体材料；② 材料和电池组件产品制备同步完成，材料沉积温度低、工艺简单，显著地降低能耗，并可实现大面积产品的连续化生产；③ 可制备在玻璃、不锈钢箔、聚合物塑料等廉价的异质衬底材料上，产品面积达1 m^2以上，在光伏建筑一体化(BIPV)、光伏电站、便携式电源等应用领域前景广阔，其中在不锈钢箔、聚合物塑料等柔性衬底上制备的薄膜太阳电池产品，具有轻质、可卷曲、高质量比功率等特点，在地面光伏、空间飞行器动力电源应用等市场领域具有独特的应用前景和优势。在玻璃、不锈钢箔等衬底上制备的薄膜材料，具有多晶、微晶、纳米晶或非晶态结构。按薄膜太阳电池主要使用材料的不同，可分为以下几类。

1）非晶硅薄膜太阳电池

非晶硅(a-Si：H)薄膜电池主要原材料在地球中含量丰富，电池制备成本低、工艺简单，对环境污染小；薄膜材料沉积温度只有200℃左右，电池厚度小于1 μm，远小于晶体硅太阳电池的厚度。自从1976年美国Radio Corporation of America(RCA)实验室制成世界上第一个单结(p-i-n结构)非晶硅太阳电池后不久就进入了产业化阶段，是最早实现产业化的薄膜太阳电池。但由于在光照下非晶硅材料中易于产生亚稳悬键缺陷态等现象，导致非晶硅薄膜材料光电特性和电池性能的退化，电池稳定性不够理想，这种光致亚稳变化现象由Stabler和Wronski发现，因而称为S-W效应。如何消除S-W效应是非晶硅薄膜电池所面临的一大挑战。近年来，非晶硅薄膜电池材料、电池结构等方面取得了较大进展，通过多结叠层电池结构的设计、微晶硅(μc-Si：H)和非晶硅锗合金(a-SiGe：H)等材料的引入，以及光管理等技术，使电池效率得到不断提升，并有效地改善了电池的稳定性。目前小面积非晶硅薄膜电池稳定效率超过13%(面积约1 cm^2)，大面积电池组件最高效率超过10%(面积>1m^2)。

2）多晶化合物薄膜太阳电池

多晶化合物薄膜太阳电池目前主要包括铜铟镓硒[$Cu(In,Ga)Se_2$，简称CIGS]和碲化镉(简称CdTe)电池。该类电池采用直接带隙材料的吸收层通常在2 μm左右，并可通过组分的工艺调整使材料带隙与太阳光谱得到最佳匹配。目前,基于铜铟硒和碲化镉薄膜太阳电池效率分别达到20.3%和17.3%(面积<1 cm^2),大面积组件(面积>0.7 m^2)稳定效率均超过11%,具有长寿命、抗辐射能力强、高性能等特点。

碲化镉薄膜太阳电池具有生产工艺比较简单、成本较低等优点,但由于有毒元素镉的大量使用,近年来市场份额一直徘徊在1%左右。为扩展碲化镉薄膜电池的市场空间,最近几年,国际上许多研究机构非常重视电池整个寿命周期内镉元素的控制和回收使用问题,同时研究新材料和新工艺,使电池在制备和应用中更加绿色环保。目前,碲化镉薄膜电池的市场累积安装量超过2 GW,年产能已超过1 GW。

铜铟镓硒薄膜太阳电池经过近15年的发展,光电转换效率目前居于各种薄膜太阳电池之首,电池组件稳定效率最高超过15%,其制造技术路线根据吸收层薄膜制备工艺主要分为溅射后硒化和共蒸发两种,但由于化合物材料复杂性导致工艺和设备成本较高,2006年已投入市场的商品化组件为3~5 MW。近几年来,由于吸收层工艺、设备等关键技术的突破,以及喷涂印刷、电沉积等新型低成本制备技术的出现,目前光伏市场累积安装量已超过1 GW。为进一步提高其市场竞争力,如何大幅降低材料、工艺等成本,减少铟等贵金属的用量,以及连续化、低成本镀膜设备和制备工艺等成为该类电池的主要研究方向。

3) 染料敏化太阳电池

染料敏化太阳电池是一种光电化学太阳电池,其电池基本结构由透明导电基底材料、纳米多孔二氧化钛(TiO_2,带隙宽度E_g约为3.2 eV)、染料光敏化剂、电解质和对电极所组成。当受太阳光照后,吸附于TiO_2薄膜表面的染料光敏化剂分子吸收光后,染料电子从基态(最高占据分子轨道,简称HOMO)向激发态跃迁并由激发态(最低未占据分子轨道,简称LUMO)注入TiO_2的导带,染料由于失去电子而带正电处于氧化态;注入TiO_2导带的电子转移到透明导电电极,形成负电荷积累,成为电池负极,并经外部回路传输至对电极;与染料相连的电解质注入电子把氧化态染料还原成基态,而失去电子的电解质在对电极处将获得电子而还原成电中性;对电极因失去电子而带正电,成为电池的正极。对于染料敏化太阳电池而言,光生电压来源于TiO_2的费米能级与电解质碘氧化还原对的化学势之差。该类太阳电池工作原理虽然不是基于半导体光伏材料形成pn结时所产生的内建电势将不同电荷分开的机制,但在某种程度上,它可以看作由LUMO与HOMO能级形成"类pn结"结构,LUMO与HOMO之间的能量差即相当于半导体pn结时的禁带宽度E_g,只不过不同专业有自己不同的术语。

由于染料敏化太阳电池成本低廉、工艺简单、材料来源丰富等特点十分突出,自从1991年Grätzel教授利用有机钌络合物染料与纳米多孔TiO_2膜结合,在光电转换效率上取得突破以来,受到国际上的广泛关注和重视,并得到迅速发展。目前,实验室小面积(面积<1 cm^2)电池转换效率已超过11%,面积大于100 cm^2的电池组件效率达8%以上,已接近非晶硅薄膜太阳电池水平,并进入产业化中试阶段。为了提高染料敏化电池的性能,发展新型的电极材料、染料光敏化剂和电解质等是该领域的主要研究方向,特别是研究固态或准固态电解质取代液态电解质,以避免液态电解质可能的挥发和渗漏,以及采用有机染料取代目前常用的无机类含贵金属钌络合物染料,对推动低成本、高效率、长寿命

的染料敏化纳米薄膜电池技术发展具有十分重要意义。

4）有机聚合物太阳电池

自从 1986 年柯达公司邓青云博士使用酞菁铜为给体、苝为受体制备的一种双层异质结有机聚合物太阳电池后，其廉价的生产成本和易于工业化生产的卷对卷(roll to roll)镀膜工艺技术，以及电池具有质量轻、柔性可卷曲等特点，市场应用前景广阔，吸引了诸多机构进行研究和开发，相关技术得到了迅速发展。目前电池结构已演变为制备工艺更为简单的可溶液加工的共轭聚合物/可溶性 C60 衍生物(PCBM)共混型“本体异质结”(bulk heterojunction)形式，电池工作原理属于由 LUMO 与 HOMO 能级描述的有机半导体“类 pn 结”结构。当太阳光通过透明氧化物薄膜(电池正极)入射到电池活性层中的共轭聚合物上(电子给体)，给体吸收入射光子产生激子，激子迁移至电子给体/电子受体(PCBM)界面处并进行光生电荷的扩散与分离，激子中的电子转移给电子受体的 LUMO 能级，空穴则分离在给体的 HOMO 能级上，然后在电池内部势场(其大小正比于正负电极的功函数之差、反比于电池活性层的厚度)的作用下，光生空穴、电子分别沿给体、受体输运至正负电极并被收集。目前，实验室小面积(约 1 cm^2)电池转换效率已超过 10%，面积大于 200 cm^2 的电池组件效率达 5%以上，相关机构已开始采用卷对卷镀膜技术进行中试线研发。与其他薄膜电池相比，有机聚合物太阳电池效率仍然较低，进一步提高共轭聚合物的太阳光利用率和电荷载流子迁移率，改善光生电荷输运与收集效率等，是进一步提升该类电池性能的主要研究方向。

目前，光伏领域的研究重点主要集中在低成本、高效率、高稳定性太阳电池和规模化应用系统上，为此出现了许多新材料、新结构、新技术、新装备、新系统，如多晶硅、砷化镓薄膜电池等，以及不同光伏材料和电池技术之间的交叉融合。总体来说，太阳电池薄膜化成为目前光伏技术发展的主要趋势。本章主要介绍目前已处于商业应用阶段的非晶硅、铜铟镓硒和碲化镉薄膜太阳电池及其发展趋势。

9.1　硅基薄膜太阳电池

具有光电器件应用价值的非晶硅(a-Si：H)薄膜材料研究起步于 20 世纪 60 年代末期，英国标准通信实验室首先用等离子体辉光放电法(glow discharge deposition, PECVD)又称等离子体增强化学气相法制备出氢化非晶硅(a-Si：H)薄膜，并发现有一定的掺杂效应。1975 年 W.E. Spear 等在 a-Si：H 材料中实现了替位式掺杂，首次做出了 pn 结。由于辉光放电法制备的 a-Si：H 材料中氢含量约为 5%～20%(原子分数)，这些进入 a-Si：H 材料中的氢具有饱和硅悬键的作用，使材料中缺陷态密度降低到约 10^{16} cm^{-3} 以下，因此作为薄膜电池用的非晶硅实际上是指氢化非晶硅(a-Si：H)。而在此之前采用蒸发或溅射技术制备的不含氢的非晶硅中，缺陷态密度一般达 10^{19} cm^{-3} 以上，没有器件应用价值。

自 1976 年美国 RCA 实验室制备出光电转换效率为 2.4%的 p-i-n 结构非晶硅薄膜太阳电池后，国际上掀起了研究非晶硅材料和器件的热潮。在日本三洋等公司推动下，非晶硅薄膜电池很快进入产业化阶段。除了在太阳电池方面的应用外，非晶硅半导体也广

泛应用于其他领域,如用于液晶平板显示和平面摄像器件的 a-Si:H 薄膜晶体管阵列,a-Si:H 静电成像器件及其在复印机和激光印刷方面的应用,a-Si:H CCD、摄像管和发光二极管等。

由于非晶硅(a-Si:H)存在光致材料光电性能退化(light induced degradation)的 S-W 效应,例如,非晶硅太阳电池的效率经长时间光照后,衰退达 30%之多,长期以来光致变化的微观机制及其抑制途径研究一直成为非晶硅领域的重要方向。经过十多年的努力,在非晶硅基薄膜材料改进与制备技术、电池性能提升与稳定性改善,以及产业化技术等方面取得了许多重要进展,主要体现在以下几个方面。

(1) 在辉光放电制备 a-Si:H 薄膜材料过程中,采用氢气稀释硅烷的方法可以显著改善 a-Si:H 材料的稳定性。通过增加源气体中硅烷的氢稀释度,可以降低 a-Si:H 的缺陷密度和改进材料的微结构,甚至可以促进氢化纳米硅(nc-Si:H)和氢化微晶硅(μc-Si:H)的形成。近年来发现,p-i-n 型或 n-i-p 型结构非晶硅薄膜电池本征层(i 层)可以增加氢稀释以趋近非晶到微晶相变阈的条件下获得。目前,氢稀释(hydrogen dilution)技术已成为改善非晶硅材料与电池的微结构和稳定性,以及形成微晶硅材料的一种有效手段。

(2) 在非晶硅材料中掺入不同量的锗或碳等元素,形成不同禁带宽度(E_g)的非晶硅锗合金(a-SiGe:H)、非晶硅碳(a-SiC:H)等合金薄膜,材料带隙在 1.1~2.0 eV 可调。将这些不同带隙材料进行叠合,可形成非晶硅/非晶硅锗、非晶硅/微晶硅等双结叠层结构电池,以及非晶硅/非晶硅锗/非晶硅锗、非晶硅/非晶硅锗/微晶硅、非晶硅/微晶硅/微晶硅等三结或三结以上结构电池,不仅拓宽了所吸收的太阳光谱范围,光谱响应可从仅用非晶硅作有源层时的光谱吸收限 700 nm 附近,拓宽至 1 100 nm 左右(图 9.1),而且可以降低各子电池的本征层厚度,进而提高电池性能和稳定性。目前,采用非晶硅/非晶硅锗/非晶硅锗三结叠层结构的小面积薄膜电池初始效率达到 14.6%,光照后稳定效率达到 13%;采用非晶硅/非晶硅锗/微晶硅三结叠层结构的小面积硅基薄膜电池初始效率达到 16.3%。此外,近期各研究机构开始基于硅基材料的四结结构电池研究,可有效电池开路电压,在玻璃衬底上的四结电池效率达到 15%以上。不同结构的非晶硅薄膜电池发展示意如图 9.2 所示。

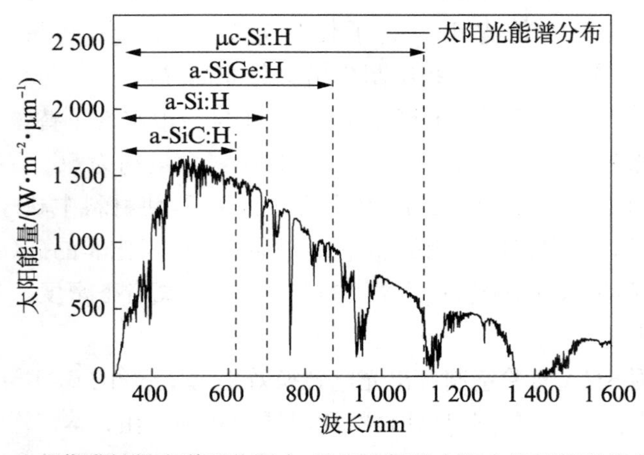

图 9.1 硅基薄膜材料光谱吸收限在 AM1.5 标准太阳太阳辐照度分布示意图

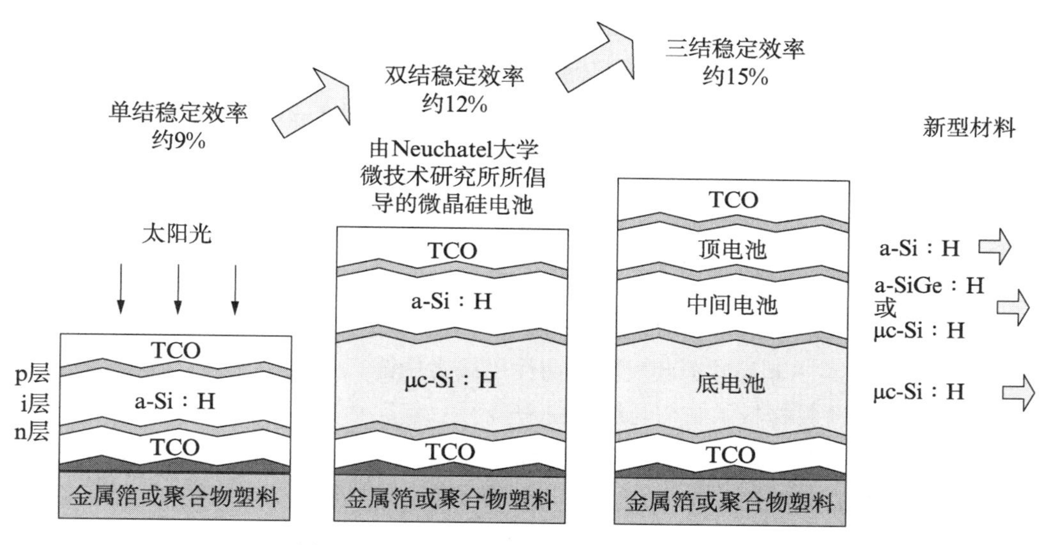

图 9.2　非晶硅薄膜电池的叠层结构示意图

(3) 采用光管理(light management)方式精细化设计多结叠层结构非晶硅薄膜电池中各子电池对太阳光谱响应谱段范围，消除电池受光的上表面处反射、加强电池内部以及电池背面的光反射，以实现对太阳光的最大化吸收和最小化光反射损失。主要采用以下方式：一是优化叠层结构电池中各子电池材料带隙，选择性地吸收太阳光谱的不同子域，实现子电池间的电流匹配，提高整体电池效率；二是在各子电池之间引入具有低折射率和一定导电性的中间反射薄层材料(interlayer)结构，对透过的太阳光短波谱段进行选择性反射，达到既降低顶电池的厚度，提高非晶硅顶电池的稳定性，又使各子电池层能够获得最佳的光学吸收效果与电流匹配；三是电池的受光上表面以及背表面采用陷光结构(light trapping)，提高太阳光再利用率。

陷光结构不仅降低表面的光反射，同时在薄膜内将入射光向各个方向上散射，甚至形成多次全内反射，从而增加对低吸收系数的长波光的吸收，如图 9.3(a)和 9.3(b)所示。理论计算表明，在理想的 Lambertian 散射表面情况下，对长波光的吸收率可以增加 $2n^2$ 倍，这里 n 是电池多层材料有效折射率。在实际的非晶硅电池结构中，存在玻璃衬底和不锈钢衬底上生长两种类型。采用玻璃衬底时，陷光结构的受光面为织构绒面化的透明导电 SnO_2膜，背面为透明导电 ZnO 和 Al 或 Ag 复合反射层；如采用不锈钢衬底，受光面为透

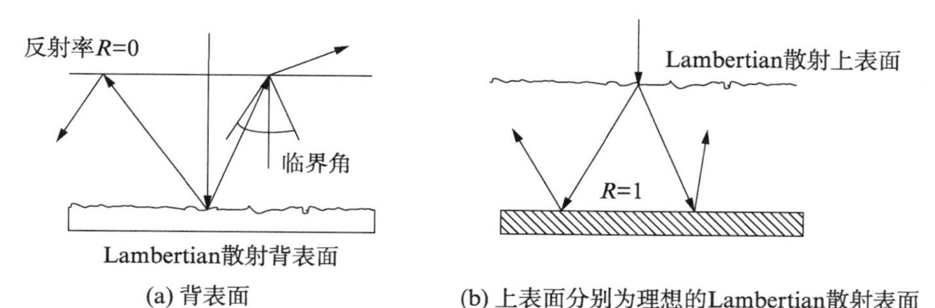

(a) 背表面　　(b) 上表面分别为理想的Lambertian散射表面

图 9.3　薄膜材料 Lambertian 散射表面示意图

明导电 ITO 减反射膜,背面为 ZnO 和织构绒面化 Al 或 Ag 复合反射层。

(4) 在辉光放电制备硅基薄膜材料的镀膜方法上,发展了许多新的材料沉积技术,如将等离子激发频率从传统的 13.56 MHz 提高到甚高频(VHF),采用甚高频电源激发等离子体,在较高气压和较大功率激发下,可以在较高的沉积速率下(约 3 nm/s)获得高质量的微晶硅薄膜材料。目前基于微晶硅材料的叠层结构小面积电池稳定效率超过 13%。

9.1.1 硅基薄膜材料物理基础

硅基薄膜材料是包括硅与其他元素构成合金的各种晶态(如纳米晶、微晶、多晶)和非晶态薄膜的统称,其中非晶硅薄膜材料目前使用最为广泛。

1) 非晶硅基薄膜材料的结构与能带模型

非晶硅与晶体硅的原子结构如图 9.4 所示。差别主要在于:晶体硅中硅原子的键合为 sp^3 共价键,原子排列为正四面体结构,具有严格的晶格周期性和长程序,其 X 射线衍射谱和电子衍射谱呈现明亮的点状(单晶)或环状(多晶),其电子态可以用能带表征。而非晶硅原子的排列不具有严格的周期性,只是原子的配位数、最近邻原子之间的键长和键角保持基本不变,即在一定范围(＜2～3 nm)短程有序,其 X 射线衍射谱和电子衍射谱呈现模糊的晕环,其电子态虽仍可用能带表征,但有定域化带尾和带隙态出现(表 9.1)。

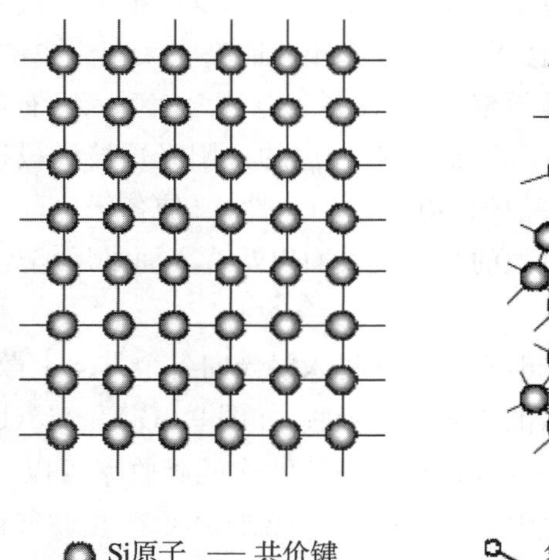

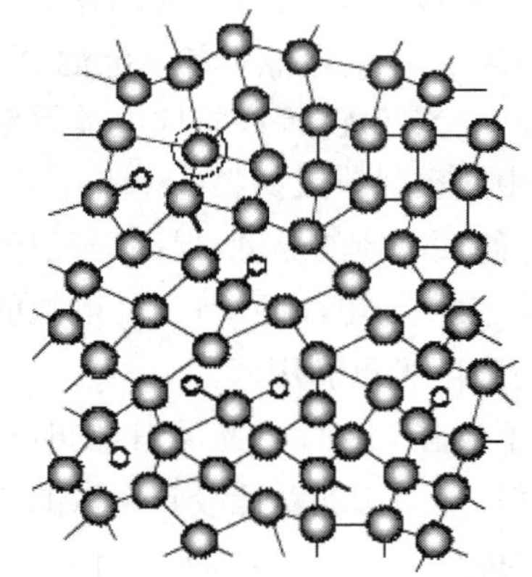

Si原子 — 共价键　　氢(H)钝化 — 未被钝化的悬键

(a) 晶体硅　　(b) 非晶硅(a-Si:H)

图 9.4　原子结构示意图

表 9.1　(非)晶态半导体的特点

	晶态半导体	非晶态半导体
晶格周期性	长程序	短程序(＜2～3 nm)
X 射线和电子衍射	点(单晶) 环(多晶)	模糊的晕环(包括微晶＜20 nm)
电子态	为能带所表征	带尾和能隙态出现

由于非晶硅结构无序,电子态已没有确定的波矢,电子在吸收光子从价带跃迁到导带

的过程中，也就不受准动量守恒的限制；或者说，在非晶硅中，由于电子的运动在晶格长度范围就会受到散射，按照测不准原理，其动量的分散量将遍布整个第一布里渊区，从而准动量守恒限制被大大放宽。因此非晶硅的本征光吸收要比晶体硅强得多。在太阳光谱最强的可见光谱范围，非晶硅的光吸收系数比晶体硅高 1～2 个数量级，电池厚度也相应地低于晶体硅电池，只需约 500 nm 即可充分吸收太阳光。但是非晶硅的电学性能低于晶体硅电池，即便有氢对硅悬键的钝化，非晶硅的载流子迁移率和少子寿命仍比较低。

非晶硅保持了与晶体硅同样的共价键数，或近邻数(即近程序)，其电子态具有晶体硅能带结构的基本特征。目前普遍接受的非晶硅 Mott - CFO 能带模型如图 9.5 所示，该图简单表明了能带边和带隙的电子态密度随能量的分布，它表现了能带结构的基本特征。由于非晶硅缺乏长程有序结构，即键长和键角存在涨落，形成定域态带尾。在定域态带尾与扩展态之间存在一条明显的分界线，即导带迁移率边 E_C 和价带迁移率边 E_V。在带隙中部存在由于悬键等缺陷造成的定域态密度分布 E_x 和 E_y，它们分别相当于硅悬键的双占据态(类受主态)和单占据态(类施主态)。但 E_x 和 E_y 不是分立的能级，而是两个小的能带，这是由于非晶硅的无序造成的，所有在晶体硅中应为分立能级的，在非晶材料中都将展宽成能带。E_x 和 E_y 分开的能量间隔为相关能，即获得第二个电子比获得第一个电子所需的能量差。

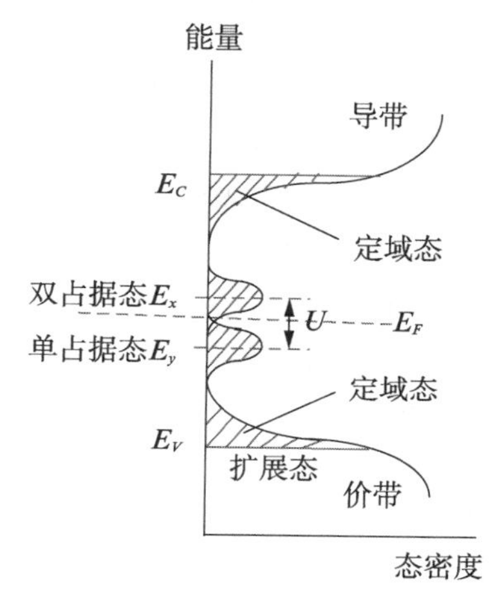

图 9.5　非晶硅 Mott - CFO 能带模型

悬键态中性时具有一个电子，E_y 代表获得或失去第一个电子时的能量状态，中性时是填满的，称单占据态，失去这个电子时带正电；E_x 代表获得或失去第二个电子时的能量状态，它再捕获一个电子时带负电，此时悬键上有两个电子，称双占据态。由于电子—电子之间的库伦相互作用，悬键捕获第二个电子比获得第一个电子需要更多的能量，此时 E_x 在 E_y 之上，相关能是正的；但由于非晶硅网络的不均匀性和无序性，有些区域可能比较松弛，当悬键捕获第二个电子时，伴随发生的晶格弛豫，会使总能量降低，可能导致负相关能的出现。在这些区域，带有两个电子的悬键态比带有一个电子的悬键态能量要低，因此稳定存在的将不是带有一个电子的中性悬键，而是带正电的空悬键态和带负电的双占据悬键态。

2) 非晶硅基薄膜材料的电学特性

用辉光放电分解硅烷(SiH_4)或乙硅烷(Si_2H_6)制备的非晶硅(a - Si ∶ H)薄膜材料特性密切依赖于生长的机制和沉积的条件。器件质量的本征非晶硅薄膜中，一般含有8%～12%(原子分数)的氢，光学带隙宽度 E_g 为 1.7～1.8 eV。在室温下，器件质量级本征非晶硅材料的暗电导率 σ_d 小于 $10^{-10}(\Omega \cdot cm)^{-1}$，暗电导激活能 E_a 在 0.8～0.9 eV；在 AM1.5、100mW · cm^{-2} 光照下的光电导率大于 $10^{-5}(\Omega \cdot cm)^{-1}$，相应的光灵敏度达到 10^5～10^6。

本征非晶硅材料的暗电导率 σ_d 主要由电子的输运特性决定，表现出弱 n 型电导特征。在非晶半导体中，定域态中的电子可以通过热激活跳跃到相邻的或更远的格点上去，称为跳跃电导(hoping conductivity)。如果定域化很强，电子将只跳到最近邻格点上，称

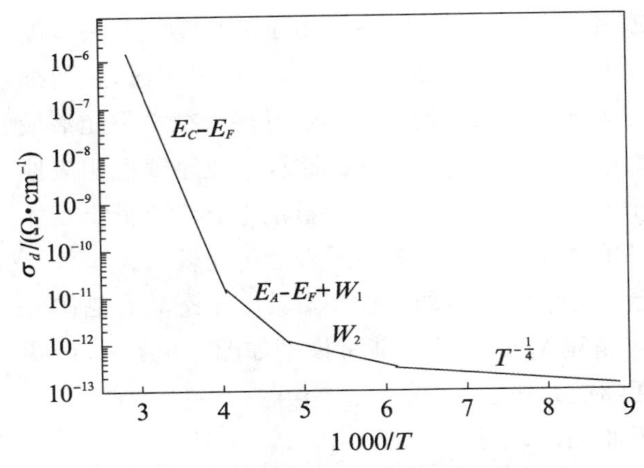

图 9.6　非晶硅直流电导率的温度依赖关系

近程跳跃。如果在足够低的温度下,常可观察到变程跳跃(variable-range hopping),即电子倾向于越过近邻跳到更远的格点上去,以求找到在能量上比较相近的格点。本征非晶硅的直流暗电导率 σ_d 随温度的变化关系大约可以区分为四种电导机制:迁移率边上的扩展态电导、带尾态跳跃电导、费米能级 E_F 附近的近程和变程跳跃电导,如图 9.6 所示,但这四种机制常常不是同时都能观察到的。

对于非晶硅薄膜电池来说,由于存在带尾定域态和带隙态,它们会起陷阱的作用,载流子在扩展态中漂移时常常被陷落,停留一段时间又被释放出来,整个漂移过程不断地被陷、被释放,总起来看,载流子会有相当长的时间停留在陷阱中,而不能对输运做出贡献,因而使载流子的漂移迁移率要比扩展态中自由载流子的迁移率低很多。常温下,电子漂移迁移率约为 $1\sim10\ cm^2\cdot(V\cdot s)^{-1}$,空穴的漂移迁移率则为 $0.1\sim0.01\ cm^2\cdot(V\cdot s)^{-1}$ 量级。同时,这种陷阱效应还使得载流子输运表现出弥散输运(dispersive transport)的特征,特别是对低迁移率的空穴,其弥散输运特征表现得更为明显。

弥散输运是与非晶态材料的无序性紧密联系的,有两种可能的弥散输运机构,一个是"跳跃机构",即输运是电子通过相邻格点之间的隧穿发生的,由于格点之间距离的无规分布而引起输运的弥散;另一种是"多次陷落机构",即在定域化格点上的电子必须首先热激发到迁移率边以上,然后才能运动到另一格点上去,由于定域态能级位置的无规分布造成输运的弥散。

氢化非晶硅(a-Si:H)具有较低的带隙态密度,可以用Ⅴ族元素磷或Ⅲ族元素硼分别进行 n 型和 p 型掺杂,使室温电导率的变化达几个数量级。在辉光放电分解硅烷制备 a-Si:H过程中,常掺入一定量的磷烷或硼烷气体,分别得到 n 型或 p 型非晶硅薄膜材料。但由于非晶硅的结构无序,磷和硼的掺杂效率很低,而且掺杂会在带隙中部引入缺陷态。因此,n 型和 p 型非晶硅材料中具有高的缺陷态密度,导致光生载流子复合速率较高,它们只能在非晶硅电池中用来建立内建电势和欧姆接触,而不能用作光吸收层。在非晶硅电池中吸收太阳光主要依靠本征层(i 层),电池结构采用 p-i-n 形式。

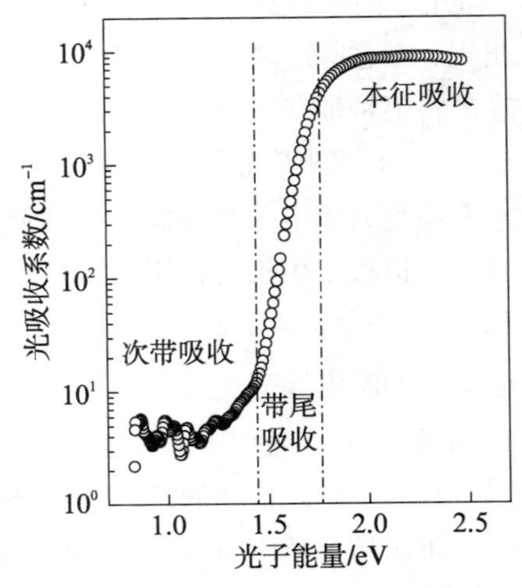

图 9.7　本征非晶硅的光吸收谱

3) 非晶硅基薄膜材料的光学特性

本征非晶硅的光吸收谱可分为三个区域,即本征吸收、带尾吸收和次带吸收,如图 9.7 所示。

(1) 本征吸收区:电子吸收能量大于光学带隙

E_g 的光子由价带跃迁到导带而引起的吸收。本征吸收存在一个长波限，也称吸收边，即光学带隙。E_g 与由电导激活能确定的电学带隙接近，但稍有不同。在这一区域，光吸收系数 $\alpha>10^3\ \mathrm{cm}^{-1}$。

(2) 带尾吸收区：相应于电子从价带扩展态到导带尾态或从价带尾态到导带扩展态的跃迁。在这一区域，$1<\alpha<10^3\ \mathrm{cm}^{-1}$，$\alpha$ 与光子能量 $h\nu$ 呈指数关系，$\alpha\propto\exp(h\nu/E_{t0})$，所以也称指数吸收区。这指数关系来源于带尾态的指数分布，特征能量 E_{t0} 与带尾结构有关，它标志着带尾的宽度和结构无序的程度，E_{t0} 越大，带尾越宽，结构越无序。E_{t0} 也称为 Urbach 能量，而指数分布的带尾也称为 Urbach 带尾。

(3) 次带吸收区：相应于电子从价带到带隙态或从带隙态到导带的跃迁。这部分光吸收能提供关于带隙态的信息。在这一区域，$\alpha<10\ \mathrm{cm}^{-1}$。

在光照下非晶硅的电导会增加，这部分增加的电导就是光电导。在室温下，非晶硅的光、暗电导比可达 10^5 甚至 10^6。依赖照射光波长的不同，光生载流子可以来源于从价带到导带的激发(本征激发)，也可以来源于从带隙态到扩展态(导带或价带)的激发。对于本征激发，同时产生电子和空穴，但由于非晶硅的空穴迁移率远小于电子的迁移率，光电导主要由电子贡献。

非晶硅光电导的大小不仅取决于光吸收和激发情况，还与复合和陷阱有关。因而，可以反过来通过对光电导的测量，确定光吸收和带隙态的情况。

4) 非晶硅基薄膜材料的光致变化及其抑制途径

1977 年 Staebler 和 Wronski 发现，用辉光放电法制备的非晶硅(a-Si∶H)薄膜经光照后暗电导和光电导逐渐减小，并趋于饱和；但经过 160℃温度下约两小时的退火处理后，光、暗电导又可恢复到原来的状态。这种非晶硅光致亚稳变化现象称为 Staebler-Wronski 效应(SWE)。SWE 起因于光照产生了新的亚稳悬键缺陷态，这些缺陷态的能量位置靠近带隙中部，主要起复合中心的作用，引起光电性能的下降。十多年后，美国 United Solar System 公司在光强为 $100\ \mathrm{mW\cdot cm^{-2}}$ 时，曾对所制备的单结非晶硅电池(本征 i 层厚度 260 nm)和三结叠层非晶硅电池进行光浸研究，与初始效率相比，发现在光照 1 000 h 后单结与多结电池效率分别降低 30%、15%，如图 9.8 所示。

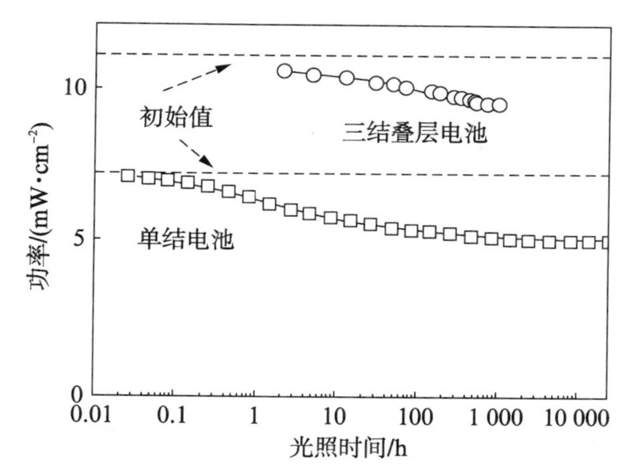

图 9.8　单结结构和三结叠层结构非晶硅薄膜电池性能随光照时间的变化(虚线为初始值)

对于光照导致非晶硅(a-Si∶H)亚稳悬键产生的微观机制，目前有较多模型进行解释，例如，Si-Si 弱键断裂模型、电荷转移模型(负相关能模型)、氢碰撞模型等。虽然对于光致衰退的产生机制还没有一致的结论，但总体上都认可非晶硅的光致亚稳变化与非晶硅的无序网络结构和氢的运动密切相关的观点。因此，非晶硅稳定性的改进应当从改善无序网络结构和降低氢含量入手。

然而,从热力学的观点看,无序网络结构的改善终将导致结构的微晶化,所以应在非晶到微晶的相变区去寻求稳定优质的薄膜。非晶到微晶的相变不是突变的,不仅存在非晶相与微晶相共存的复相区,而且在微晶晶粒出现于非晶硅基质之前,非晶硅网络虽仍是长程无序的,但其短程序和中程序均逐渐有所改善,比如键角和二面角均方差减少等。可以说,这时的材料是一种邻近非晶到微晶相变阈、而处于非晶一侧的材料,即所谓初晶态硅(protocrystalline silicon)。随着网络结构的进一步改善,在其非晶网络中开始形成一些微晶晶粒,这种含晶粒非晶硅(polymorphous silicon)已处于相变阈的微晶硅一侧,具有复相结构,在晶相比达到渗透阈值(约0.3)之前,非晶相的输运仍占支配地位。像初晶态非晶硅一样,含晶粒非晶硅同属相变域或结晶边缘(on the edge of crystallinity)材料,它的光电性质依赖于所含晶粒的大小、晶相比和氢含量等。在适当控制晶粒尺寸和晶相比的条件下,有望获得优良的光敏性和稳定性。

为制备稳定优质相变域非晶硅,近年来发展提出了化学退火、不间断生长退火、氢稀释等制备技术。其中,氢稀释技术可以改善了非晶硅的网络结构,降低了缺陷密度和光致退化幅度,甚至可以促进微晶硅的形成,目前在非晶硅材料与器件制备方面已得到了广泛的应用。通过氢稀释,可增强原子态氢与生长表面的反应,选择腐蚀掉一些能量较高的缺陷结构;或者使反应基团在生长表面的迁移率增加,从而容易找到低能量的生长位置;甚至一些原子态氢可扩散到薄膜体内,增强钝化效果。除氢稀释外,反应室的几何尺寸,激发频率、沉积温度、气体流量等沉积参数都对非晶硅薄膜材料的微结构有直接影响。

通过多年的努力,非晶硅薄膜和电池稳定性得到了显著的改善,非晶硅薄膜电池效率的衰退率已可限制为10%~15%。

5) 非晶硅碳和硅锗合金材料

像晶态材料一样,非晶硅材料的带隙宽度也可以通过与元素Ge、C、O、N等形成合金来调节。宽带隙非晶硅碳合金(a-SiC∶H)可用于异质结太阳电池的p型窗口层,由于其缺陷密度较高,不适合在太阳电池中用作本征层。而窄带隙的非晶硅锗合金(a-SiGe∶H)可用于叠层结构电池的本征层。

利用辉光放电分解硅烷(SiH_4)和甲烷(CH_4)或其他含C的混合气体,可制备非晶硅碳合金薄膜。元素硼掺杂易于与硅形成合金,使p型非晶硅薄膜的带隙宽度降低,而C的引入起到了补偿作用。合金膜的带隙宽度E_g随C含量而增加,p型a-SiC∶H合金材料的E_g可达2 eV以上(含C的原子分数约在15%以上),已广泛用作玻璃衬底非晶硅薄膜电池(p-i-n型结构)的宽带隙窗口层,明显提高了非晶硅薄膜电池的开路电压、短波光谱响应和电池效率。在E_g约为2 eV下,非晶硅碳合金材料的暗电导率σ_d约为$5\times 10^{-9}(\Omega\cdot cm)^{-1}$,暗电导激活能$E_a$约为0.54 eV;在AM1.5、100 mW·$cm^{-2}$光照下的光电导率约为$1\times 10^{-6}(\Omega\cdot cm)^{-1}$。利用高度氢稀释的混合气体,也可制备微晶和纳米晶硅碳薄膜材料。

利用辉光放电分解SiH_4和锗烷(GeH_4)混合气体,可制备窄带隙的非晶硅锗(a-SiGe∶H)合金薄膜材料,用作双结叠层结构电池的底电池吸收层,或三结叠层结构电池的底电池或中间电池的吸收层。非晶硅锗合金材料的带隙宽度E_g随锗含量的增加而降低,可在

1.0～1.7 eV 调节。然而，随着锗含量的增加，在降低材料 E_g 的同时，材料的缺陷态密度也上升。当材料的 E_g 降低到 1.4 eV 以下时，a-SiGe：H 中的缺陷态密度已高达 10^{17} cm^{-3} 以上，不好再用作 p-i-n 型光伏器件的本征层。因此，器件质量的 a-SiGe：H 材料带隙 E_g 一般不低于 1.4 eV。另外，SiH_4 和 GeH_4 在等离子体中的分解速率不同，GeH_4 分解较快，易造成 Ge 含量分布不均。而乙硅烷（Si_2H_6）的分解速率和 GeH_4 的相近，所以在工艺上，现常用 Si_2H_6 和 GeH_4 混合气体制备 a-SiGe：H 合金薄膜。利用高度氢稀释的混合气体，也可制备微晶锗硅膜。用作叠层结构底电池吸收层的 a-SiGe：H 合金薄膜，一般其 Tauc 光学带隙 E_g 为 1.4～1.5 eV，带尾 Urbach 能量小于 60 meV。室温暗电导率 $\sigma_d < 5\times10^{-8}$ $(\Omega\cdot cm)^{-1}$，暗电导激活能 E_a 约为 0.7 eV；在 AM1.5、100 $mW\cdot cm^{-2}$ 光照下的光电导率大于 10^{-5} $(\Omega\cdot cm)^{-1}$。

6）微晶硅及纳米硅薄膜材料

习惯上，氢化微晶硅（μc-Si：H）或简称微晶硅（μc-Si）划归为非晶硅基薄膜材料。微晶硅一词出现在 20 世纪 80 年代初期，它是由晶粒尺寸在数纳米至数十纳米的硅晶粒自镶嵌于氢化非晶硅基质中构成。在辉光放电分解硅烷和氢混合气体的过程中，适当增加氢稀释度和等离子体功率，可制得微晶硅薄膜。微晶硅的光电性质依赖于结构参数，特别是所含晶粒的尺寸、晶相比和氢含量。一般而言，同非晶硅相比较，微晶硅具有较高的电子迁移率、掺杂效率和光照稳定性。微晶硅的带隙宽度和光吸收系数，介于晶体硅和非晶硅之间。此外，在辉光放电制备的微晶硅中，一般含有高达 10^{17} cm^{-3} 的类施主态密度（可能与膜中 O 含量有关），导致未掺杂微晶硅具有较高的暗电导率和较低的光敏度。为提高微晶硅的光敏度，满足制备光伏电池器件本征吸收层的要求，应降低膜中氧含量（如提高系统的本底真空度和源气体的纯度），或进行微量硼补偿掺杂。此外，在高氢稀释下用 PECVD 技术制备微晶硅膜，其沉积速率很低（$<$0.03 nm），需采用 VHF-PECVD 或热丝化学气相沉积法（HW-CVD）以提高沉积速率。对于器件质量的本征微晶硅材料，要求一定的晶相比，（220）择优晶粒取向，暗电导率小于 1.5×10^{-7} $(\Omega\cdot cm)^{-1}$，暗电导激活能在 0.53～0.57 eV，光电导率大于 1.5×10^{-5} $(\Omega\cdot cm)^{-1}$。

纳米尺度的晶硅或纳米硅（nc-Si）一词出现在 20 世纪 80 年代中期，主要指晶粒尺寸为数纳米的硅晶粒自镶嵌于氢化非晶硅基质中形成的材料。在纳米硅与微晶硅之间并没有严格的区分和界限，甚至有人定义纳米硅的晶粒尺寸涵盖了 1～100 nm 的整个范围。不过，在习惯上，氢化纳米硅常指晶粒尺寸在数纳米、即可以同晶体硅中电子的德布罗意波长相比拟的尺寸范围，从而可以从中观测到明显的量子尺寸限制效应和量子输运现象。从狭义上来说，纳米硅所含纳米尺寸为 3～5 nm，其带隙宽度大于 1.9 eV，暗电导激活能约为 0.1 eV，从而可导致较高的内建电势和开路电压。纳米硅的光电性质和输运特性也密切依赖于其晶粒的大小、晶相比及氢含量。例如，氢化纳米硅薄膜的带隙宽度 E_g 随晶粒尺寸减小而增加，甚至可达 2.0 eV 以上，取决于膜中晶粒的尺寸和氢含量。氢化纳米硅也可以通过加大氢稀释、用辉光放电分解硅烷和氢气的方法制备，与氢化微晶硅的制备相似。不过，在制备纳米硅时为减少晶粒尺寸和在非晶态界面相中引入更多的氢，需采用更低的衬底温度和增加等离子体对生长表面的轰击。

9.1.2 电池结构及工作原理

单晶和多晶太阳电池主要采用pn结构,载流子的扩散长度很高,光生载流子运动以扩散方式为主。对于非晶硅基薄膜太阳电池,所用的材料通常为非晶和微晶材料,材料中载流子的迁移率和寿命都很低,载流子扩散长度也比较短,光生载流子运动以漂移方式为主。如果选用常用的pn结构,光生载流子在没有扩散到结区之前就会被复合;若用很薄的材料,光的吸收率会很低,产生的光生电流也很小。为了使光生载流子能有效地被收集,就要求在非晶硅薄膜太阳电池中光注入所及的整个范围内尽量布满电场。因此,非晶硅薄膜太阳电池主要采用p-i-n或n-i-p结构。p层和n层的作用,主要是建立内建电势和同电极形成良好的欧姆接触。通常采用p层作迎光面,以利光生空穴的收集。p层也起着窗口层的作用,常使用宽带隙非晶硅锗(a-SiGe:H)或硼掺杂材料。n层为磷掺杂的材料,i层为本征材料。

i层的作用主要是吸收阳光,将电子由价带激发到导带,以产生光生电子和空穴对。由于非晶硅对阳光中最强的可见光谱区有较强的吸收系数,所以不到1μm厚的i层就可以较充分地吸收阳光。同时,i层中内建电场的存在有助于光生载流子的收集。这时,光生载流子的收集不仅依靠扩散运动,还依赖于电场作用下的漂移运动,从而克服了非晶硅扩散长度小带来的限制,大大提高了光生载流子的收集效率。非晶硅中光生载流子的收集效率密切依赖于本征层中缺陷态的密度和分布,对本征层的厚度很敏感。对于非晶硅电池而言,存在一个最佳本征层厚度的范围。超过这一范围,单纯增加本征层厚度,虽然可增加对太阳光的一些吸收,但难以显著提高器件的短路电流,还会使电池的收集效率和填充因子下降。

非晶硅p-i-n结构电池的能带示意如图9.9所示,其中E_C和E_V分别是导带底和价带顶,E_F为费米能级。对于p-i-n结构,在没有光照的热平衡状态下,p-i-n三层中具有相同的费米能级,这是本征层导带和价带从p层向n层倾斜形成内建电势[图9.9(a)]。在理想情况下,p层和n层费米能级的差值决定电池内建电势的大小,这一内建电势在i

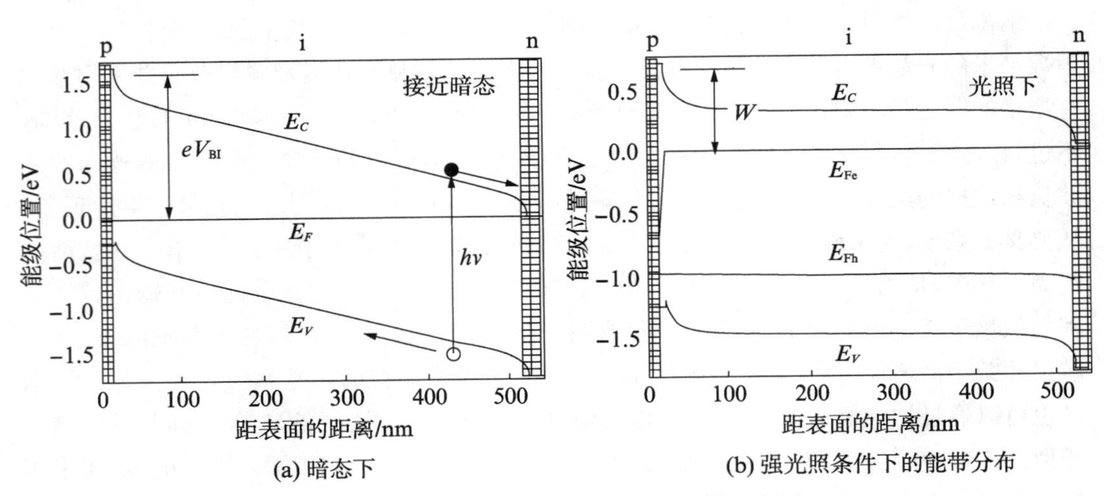

(a) 暗态下

(b) 强光照条件下的能带分布

图9.9 非晶硅p-i-n结构电池的能带示意图

层中形成了内建电场。

由于掺杂层中的缺陷态浓度很高,光生载流子主要产生在本征层中。太阳光照时,透射过p层的光在i层内产生电子—空穴对,在内建电场的作用下,光生空穴流向p层,光生电子流向n层,形成光生电流和光生电势[图9.9(b)]。在开路条件下,内建电势和光生电势达到动态平衡时,i层中没有净电流,此时光生电流为零,光生电势最大,称为开路电压。对于非晶硅基薄膜电池来说,开路电压不仅仅取决于p层和n层费米能级的差值,还与本征层的带隙宽度、掺杂层的材料特性等相关。

非晶硅基薄膜电池按电池材料制备的顺序,通常可以分为p-i-n和n-i-p结构。在单结非晶硅电池基础上,可以将不同带隙宽度的非晶硅基材料叠合起来,形成多结叠层结构电池,进一步提升电池的性能,如图9.10和图9.11所示。

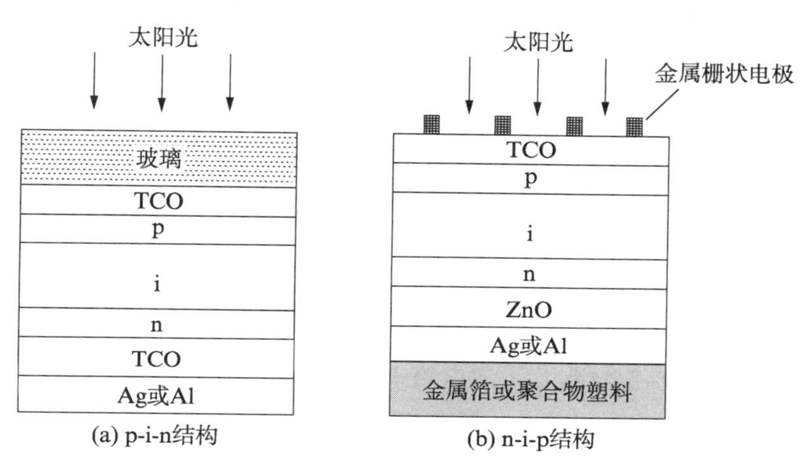

图9.10 单结非晶硅薄膜电池

对于p-i-n结构的非晶硅薄膜电池,一般制备在玻璃衬底上,以p、i、n的顺序连续沉积各层材料。对于单结电池,即在玻璃衬底上,顺序沉积透明氧化物导电层(transparent conductive oxides, TCO)、p层、i层、n层、背反射层[TCO/Ag(或Al)],如图9.10(a)所示。

n-i-p结构的非晶硅薄膜电池,通常制备在不透明的衬底材料上,如不锈钢箔、聚合物塑料,以n、i、p的顺序连续沉积各层材料。对于单结结构,即在不锈钢箔等衬底上,顺序沉积背反射层[TCO/Ag(或Al)]、n层、i层、p层、透明氧化物导电层(TCO)以及金属栅状电极,如图9.10(b)所示。

由多个p-i-n型(或n-i-p型)电池上下相叠,构成多结叠层结构电池是提高非晶硅基电池效率、改善稳定性的重要手段,目前常用的主要为双结和三结,如图9.11所示。以三结叠层电池为例,其结构是由三个p-i-n(或n-i-p)结串联而成。在理想情况下,整体器件的光电压等于三个子电池光电压之和,而光电流等于三个子电池光电流中较小的一个,整体器件的填充因子则由三个子电池的填充因子和三个子电池光电流的产值来决定。因此,在设计叠层结构电池时,不仅要考虑各子电池材料带隙匹配以最大化吸收太阳光谱,而且要实现各子电池之间的光电流匹配,从而获得最佳功率输出。另外,子电池

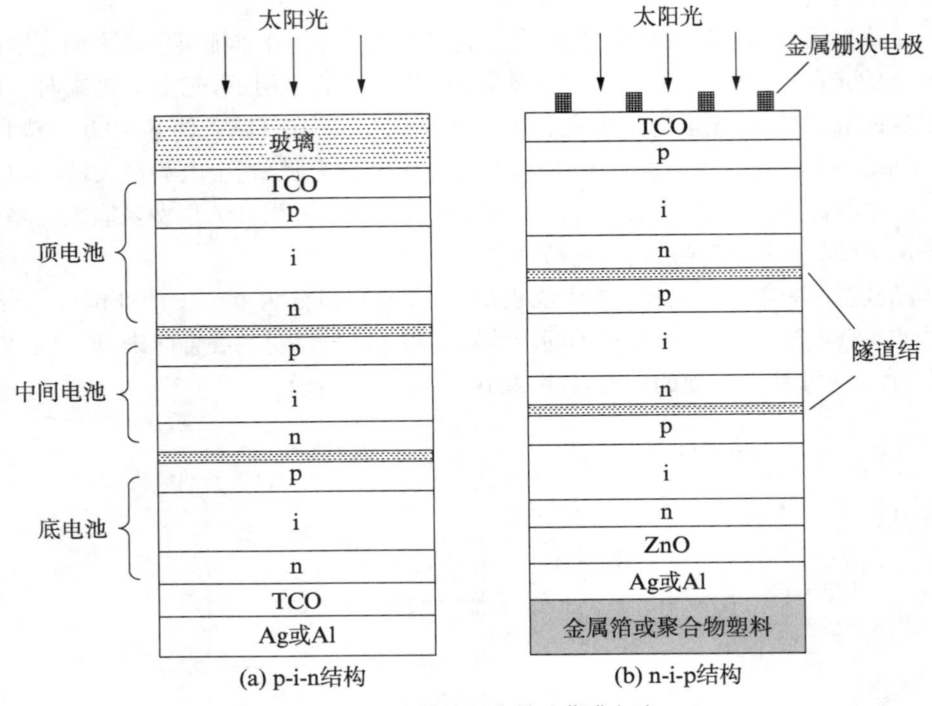

图 9.11　多结叠层非晶硅薄膜电池

之间采用高掺杂的隧道结连接，在等效电路中犹如加了一个分流电阻。目前常用的叠层电池结构主要有非晶硅(a-Si：H)/微晶硅(μc-Si：H)、非晶硅(a-Si：H)/非晶硅锗(a-SiGe：H)、非晶硅(a-Si：H)/非晶硅锗(a-SiGe：H)/非晶硅锗(a-SiGe：H)、非晶硅(a-Si：H)/非晶硅锗(a-SiGe：H)/微晶硅(μc-Si：H)、非晶硅(a-Si：H)/微晶硅(μc-Si：H)/微晶硅(μc-Si：H)、非晶硅碳(α-SiC：H)/非晶硅(a-Si：H)/非晶硅锗(a-SiGe：H)/微晶硅(μc-Si：H)、非晶硅(a-SiOx：H)/非晶硅(a-Si：H)/微晶硅(μc-Si：H)/微晶硅(μc-Si：H)等。

9.1.3　电池主要制备方法

在过去近30年中，出现了许多硅基薄膜材料的制备方法，主要包括化学气相沉积法(chemical vapor deposition，CVD)和物理气相沉积法(physicalvapor deposition，PVD)。成功应用于非晶硅薄膜电池材料制备的方法主要为化学气相沉积法，常用的技术有等离子体辉光放电法(glow discharge deposition)、热丝化学气相沉积法(hot-wire chemical vapor deposition，HW-CVD)、光诱导化学气相沉积法(Photo-CVD)等。下面简要介绍这些制备方法。

1) 等离子体辉光放电法

这是一种利用等离子体分解硅烷(SiH_4)或乙硅烷(Si_2H_6)以制备非晶硅(a-Si：H)薄膜材料的方法，这一方法又可以称为等离子体增强化学气相淀积(plasma enhanced chemical vapor deposition，PECVD)。利用辉光放电淀积a-Si：H薄膜材料，大体上包含三个基本过程：① 硅烷或乙硅烷与电子反应，分解为各种活性基团和离子的混合物，其中主要为 SiH_3、SiH_2、SiH 和 Si 等；② 反应产物向生长表面输运，同时相互作用，发生次级反应；③ 各种反应产物同生长表面发生反应，形成 a－Si∶H 薄膜。决定 a－Si∶H 材料质量的制备工艺参数，主要有衬底温度、气体压力、气体流速、等离子体频率和功率，以及平板电极间距等。衬底温度至关重要，它控制着 a－Si∶H 膜中氢的含量和氢的键合组态，对其带隙宽度和微结构也发生影响。通常最佳衬底温度为 150～250℃。源气体的压强也影响材料的性能，气压过低会导致离子对生长表面的严重轰击，而气压过高则在膜中导致 SiH_2 或 SiH_n 络合物的生成。源气体的流速也是一个重要的沉积参数，它决定了各种分子在等离子体中的驻留时间，从而影响生长的动力学过程。

制备叠层结构电池材料时可以用 SiH_4＋GeH_4，同时加入 B_2H_6 或 PH_3 可实现掺杂。SiH_4 和 GeH_4 在低温等离子体的作用下分解，然后沉积形成 a－Si∶H 或 a－SiGe∶H 薄膜。

等离子体辉光放电法具有许多优点，如采用低温工艺、可制备大面积薄膜等，适用于大规模生产。根据等离子体激发源的不同，等离子体辉光放电法又可以分为直流(DC)、射频(RF，13.56 MHz)、甚高频(VHF，30～100 MHz)到微波(约 2.45 GHz)等。不同的激发频率会影响等离子体的性质，特别是影响淀积的速率和离子轰击的强度。如在 VHF 和微波频率下淀积的速率会成倍增加，而离子轰击强度却会显著降低。激发功率在决定薄膜的结构和沉积速率方面有重要影响。

2) 热丝化学气相沉积法

热丝化学气相沉积法是在真空室中安装加热丝。常用的加热丝为钨丝或钽丝，让硅烷或乙硅烷通过炽热的钨丝或钽丝进行热解，可以在较低衬底温度下(≤300℃)沉积 a－Si∶H 甚至μc－Si∶H 膜。热丝的温度一般为 1 700～1 900℃，热丝的直径在 0.5 mm 左右。为提高热解的效率，一般将热丝盘成螺圈状，螺圈长度约数厘米或数十厘米不等，视反应室空间尺寸而定。

与等离子体辉光放电不同的是，热丝化学气相沉积不产生离子，虽然热丝释放出电子流，但是电子能量过低而不能引起离子化。在热丝化学气相沉积 a－Si∶H 过程中，因为热丝的温度高，硅烷或乙硅烷分解充分，所以制备的 a－Si∶H 材料中的氢含量一般仅为 1%～2%(原子分数)，光致退化效应弱，稳定性较好。另外，热丝化学气相沉积 a－Si∶H 薄膜材料的速率较高(>1 nm/s)，比 RF－PECVD 沉积速率高 10 倍以上。如果适当加高热丝的温度，则容易在较低温度的廉价衬底上沉积出微晶硅或多晶硅薄膜。

3) 光诱导化学气相沉积法

硅烷或乙硅烷还可以用紫外光光子激发来分解，以制备 a－Si∶H 膜。常用的紫外光子来自低压汞灯的两条强紫外线，波长分别为 253.7 nm 和 184.9 nm。为了提高其分解反应速率，常在反应气体中引入汞蒸汽作为催化剂。光诱导化学气相沉积法避免了正离子对生长表面的轰击，有利于生成缺陷态密度低的 a－Si∶H 薄膜材料。但这种方法也存在许多技术难点，例如，由于在材料制备时，紫外光要通过真空室窗口进入反应室，但薄膜在生长过程中也会沉积在窗口上，从而降低了入射紫外光的强度和薄膜的生长速率。另外，在大面积、高速沉积等方面仍有许多难点需要突破。

非晶硅基薄膜电池的制备设备可以分为以下两大类。

1) 单室系统

p、i、n三种薄膜材料在同一个真空室中制备,样品不需要在真空系统中移动。这种系统的优点是可以制备大面积样品,设备投资较低。缺点是沉积掺杂材料和本征材料时,为了获得高真空而需要的抽气时间较长。同时残留的杂质很可能会掺入材料,而且电极结构和沉积温度不能因为不同材料而随意改变,因而单室系统制备的电池性能不理想。目前非晶硅薄膜电池产业化的设备采用单室沉积系统的较多,虽然设备成本较低,其电池效率相对也较低。

2) 多室系统

多室系统可以控制掺杂和其他杂质,因而可以制备缓冲层,沉积温度和电源频率等参数可以根据p、i、n三层薄膜材料的不同需要而加以改变。缺点是样品尺寸有限,而且投资成本较高。多室系统主要分为线型系统、辐射型系统和卷对卷系统等。

(1) 线型系统。线型系统是将不同的真空室串联在一起,相邻两个真空室之间需要隔离室或闸板阀隔开,如图9.12所示。采用线型系统制备具有较高的电池产能,较好的薄膜均匀性。但设备投资也相当高,占地面积大,各层薄膜的顺序由腔室的顺序决定,不能对电池的结构进行调整,而且一个沉积室出现故障会影响整个系统的使用。

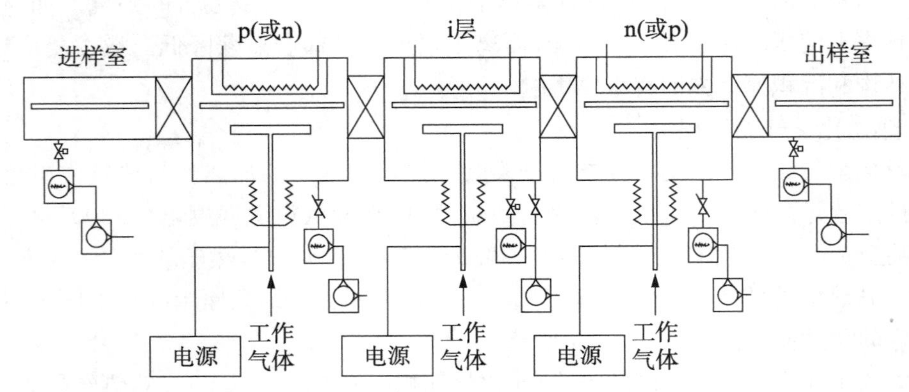

图9.12 线性PECVD系统结构示意图

(2) 辐射型系统。辐射型系统将多个真空沉积室与一个配备机械手的中央传输真空室组成一个成辐射状的真空室群,使样品可以方便地被输送到任意一个真空室进行薄膜沉积,具有高度的工艺灵活性,在同一台设备上可同时制备不同结构的半导体器件,克服了传统单室和线型真空室沉积系统一般只能制备单一结构的半导体器件的局限性,如图9.13所示。该系统主要用于实验室和中试线,设备价格相对其他多室系统低廉,因为隔离室和样品中转室可以被多个沉积反应室共用,即使一个沉积室出现故障,其他的沉积室也可以继续工作,可实现电池结构的调整。

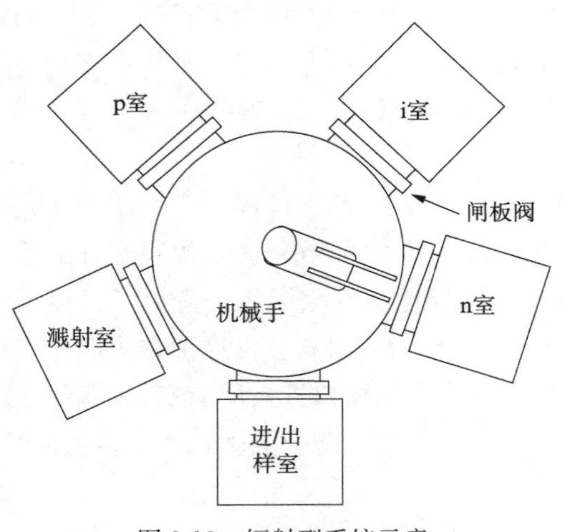

图9.13 辐射型系统示意

(3) 卷对卷系统。对于制备柔性衬底上的薄膜电池，常采用卷对卷(roll to roll)镀膜系统，具有很高的生产效率，例如，美国 United Solar System 公司在 1997 年就开始使用卷对卷系统制备不锈钢衬底上的三结叠层结构非晶硅薄膜电池，如图 9.14 所示。卷对卷系统使用的衬底材料可以是不锈钢箔、铝箔、聚合物塑料等，在一次走卷过程中可完成电池各层材料的制备。由于衬底是连续的，所有沉积室要连接在一起，为了防止气体的交叉污染，需要特殊的气体隔离室来隔离相邻两真空室。

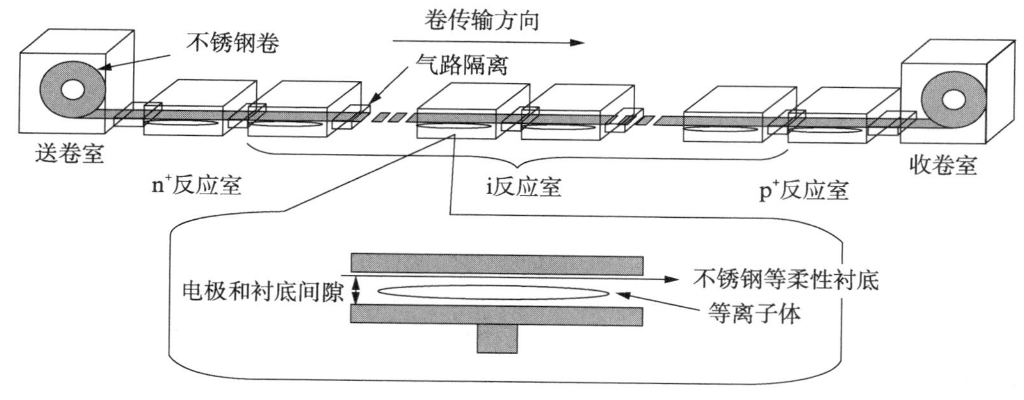

图 9.14　卷对卷镀膜系统示意

9.1.4　发展趋势

非晶硅薄膜电池具有原材料丰富低廉、沉积温度低等特点，经过多年的努力，在电池性能、产业化技术等方面取得了快速的进步，是光伏电池家族中的一个重要成员。与晶体硅等太阳电池相比，非晶硅薄膜电池目前的效率仍相对较低，电池稳定性仍需进一步改善。为进一步提高该类电池性价比，促进产品的竞争力，今后一段时间内非晶硅薄膜电池技术发展的重点在于改善电池结构和太阳光谱响应范围，通过新材料的引入、光管理技术和叠层电池结构的精细化处理等，以及耐环境型的封装材料与工艺研发，进一步提高电池的效率和稳定性、环境应用可靠性。此外，研发薄膜材料的高速制备技术，获得具有大面积一致性的器件质量非晶硅薄膜电池材料，达到提高产率、降低成本的目的。

9.2　铜铟镓硒薄膜太阳电池

Ⅰ-Ⅲ-Ⅵ族黄铜矿(Chalcopyrite)结构(Cu，Ag)(Al，Ga，In)(S，Se，Te)$_2$体系中铜铟硒($CuInSe_2$)、铜镓硒($CuGaSe_2$)、铜铟硫($CuInS_2$)等材料基本物理特性研究始于 20 世纪 60 年代，这些材料早期主要应用于光探测器领域。1974 年贝尔实验室 Shay 等采用单晶铜铟硒($CuInSe_2$)上蒸发硫化镉(CdS)工艺制备出效率为 12% 太阳电池，随后 Romeo 等采取相似的工艺研制出 5% 效率 $CuGaSe_2$(单晶铜镓硒)/CdS 太阳电池，但由于工艺成本等因素，该类电池的研发并未得到光伏领域的重视。自 20 世纪 80 年代初期美国波音公司利用两步共蒸工艺制备出效率为 9.4% 的多晶铜铟硒薄膜太阳电池后，在美国国家可再生能源实验室(National Renewable Energy Laboratory, NREL)、德国斯图加特大学、德国氢能与太阳能研究中心(ZSW)、日本东京工业大学等诸多研发机构推动下,经过多年的努力,铜铟镓硒基[$Cu(In,Ga)Se_2$]薄膜电池结构、材料、制备及产业化技术等方面取得了许多重要的进展,主要体现在以下几个方面。

(1) 电池衬底材料方面,采用含元素钠(Na)的钠钙普通玻璃(soda lime glass, SLG)替代普通硼硅酸盐玻璃。在电池吸收层 $Cu(In,Ga)Se_2$ 薄膜生长过程中,元素 Na 由玻璃衬底经背电极钼(Mo)膜晶界扩散进入吸收层,并在吸收层薄膜中形成一定的 Na 浓度分布梯度,有效地改善了吸收层薄膜材料的电学特性,提高了电池的开路电压和填充因子。

(2) 由于 $CuInSe_2$(带隙 E_g 约 1.04 eV)材料与太阳光谱的匹配并不理想,近年来通过对 $CuInSe_2$ 掺入适量的 Ga 或 S 来调整带隙(E_g 为 1.04~1.67 eV),形成多元化合物铜铟镓硒 $Cu(In_{1-x}Ga_x)(S_{1-y}Se_y)_2$ 薄膜,并通过材料内部梯度带隙结构精细设计与工艺实现,优化吸收层与其他材料界面层的能带匹配,使电池性能得到显著的提高。

(3) 电池 n 侧材料由化学水浴沉积(chemical bath deposition, CBD)CdS 缓冲薄层和溅射生长 ZnO 窗口层构成,而早期仅为 CdS,其制备方法为蒸发沉积。CBD 工艺的引入,有效地改善了电池异质结界面质量,降低了隧穿复合损失。

(4) 在两步共蒸工艺基础上,发展了基于 $Cu(In,Ga)Se_2$ 薄膜生长相变路径的三步共蒸工艺,能有效地利用元素蒸发速率、生长温度等工艺参数调整,控制 CIGS 薄膜生长过程中相反应路径和元素在材料中的组分分布,实现材料内部梯度带隙分布。

在上述研究基础上,玻璃和聚酰亚胺衬底上制备的小面积铜铟镓硒薄膜电池效率已分别达到 22.9%、20.3%,大面积电池组件最高效率突破 17.9%,其转换效率在薄膜类电池中遥遥领先。目前,电池产品在地面电站、光伏建筑一体化等领域已逐步得到应用;在空间环境考核验证中,表现出性能稳定、抗辐射能力强等特点。铜铟镓硒薄膜电池已成为光伏电池家族的一个重要成员。

9.2.1 铜铟镓硒薄膜材料物理基础

近年来,诸多Ⅰ-Ⅲ-Ⅵ族材料,如铜铟硒(CuInSe2)、铜镓硒(CuGaSe2)、铜铟镓硒[Cu(In,Ga)Se2]、铜铟硫(CuInS2)、铜铟镓硫硒[Cu(In1 - xGax)(S1 - ySey)2]和铜铟铝硒[$Cu(In,Al)Se_2$]等越来越得到重视,基于这些材料所制备的薄膜电池均取得了不错的光电转换效率。其中,目前广泛使用的铜铟镓硒材料可看作由铜铟硒和铜镓硒形成的混溶合金,铜铟硒薄膜基本材料特性参见表 9.2。

表 9.2 铜铟硒薄膜基本材料特性

材料特性	数值
密度/($g\cdot cm^{-3}$)	5.77
晶格常数 a/nm	0.578 9
晶格常数 c/nm	1.162
273 K 时 a 轴热膨胀/K^{-1}	8.32×10^{-6}

续表

材 料 特 性	数　值
273 K 时 c 轴热膨胀/K^{-1}	7.89×10^{-6}
富 Cu 薄膜电阻率/(Ω·cm)	0.001
富 In 薄膜电阻率/(Ω·cm)	>100
电子迁移率 μ_n/[$cm^2\cdot(V\cdot s)^{-1}$]	100～1 000
空穴迁移率 μ_p/[$cm^2\cdot(V\cdot s)^{-1}$]	50～180
电子有效质量 m_e	0.09
重空穴有效质量 m_e	0.71
轻空穴有效质量 m_e	0.092
带隙宽度 E_g/eV	1.04

1）铜铟硒和铜铟镓硒的晶体结构

对于闪锌矿结构 ZnSe(空间群 T_d^2)等Ⅱ-Ⅵ族化合物，如果将其原胞沿 z 方向加倍，并用Ⅰ-Ⅲ族原子替代Ⅱ族原子，可形成黄铜矿结构 $CuInSe_2$(空间群 D_{2d}^{12})等Ⅰ-Ⅲ-$Ⅴ_2$型化合物，如图 9.15 所示。$CuInSe_2$晶体中，每个阴离子 Se 周围存在最近邻的 2 个阳离子 Cu 和 2 个阳离子 In，形成 Cu_2In_2团簇(阳离子价电子总数 $k=8$)；每个阳离子(Cu，In)周围存在最近邻的 4 个阴离子 Se，出现 $CuSe_4$ 与 $InSe_4$ 两类团簇。由于两套阳离子次晶格的存在，以及 Cu 与 In 离子泡利(Pauli)半径的差别，Cu-Se 键与 In-Se 键的长度不同。室温下，$CuInSe_2$材料晶格常数 $a=0.578\ 9$ nm，$c=1.161\ 2$ nm，四方扭曲系数 $\eta=c/2a\approx1.003$。由于 Ga 原子半径小于 In，当 Ga 部分替代 $CuInSe_2$材料中 In 形成 $Cu(In,Ga)Se_2$时，随 Ga 含量的增加黄铜矿结构晶格常数值会逐渐变小。

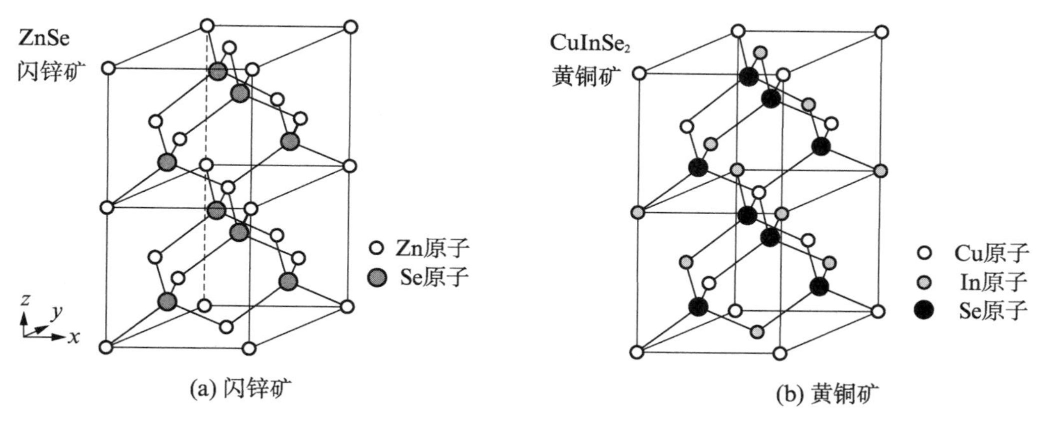

图 9.15　晶格结构示意图

2）铜铟硒和铜铟镓硒材料相关相图

多元化合物铜铟硒和铜铟镓硒的物理和化学性质与其结晶状态和组分密切相关。相图正是这些多元体系的状态随温度、压力及其组分的改变而变化的直观描述。目前普遍采用的三元 Cu-In-Se 相图主要由 1967 年 Palatnik 等提出的 Cu_2Se-In_2Se_3赝二元体系相图演化而来，并作为薄膜制备工艺中温度、组分等参数的重要选择依据，如图 9.16 所示。器件质

量的电池吸收层薄膜中,主相为黄铜矿结构 α 相 $CuInSe_2$,其形成区域并不是严格限定在等摩尔 Cu_2Se 和 In_2Se_3 处,实际上偏离一定的化学计量比范围 47.5%~55.0%(摩尔分数)。随着 Cu 含量的增加,薄膜为 Cu_2Se 和 α - $CuInSe_2$ 的两相混合物。相图 α 相 $CuInSe_2$ 另一侧,随着 Cu 含量的降低,依次存在着有序缺陷化合物 β 相及层状结构 γ - $CuIn_5Se_8$。这些偏离化学计量比化学比有序缺陷化合物(Ordered defect compound, ODC),分别位于 Cu_2Se - In_2Se_3 连线上(图 9.17),可以用 Cu 与 In 摩尔偏离来进行描述:

$$\Delta m = \frac{[Cu]}{[In]} - 1 \tag{9.1}$$

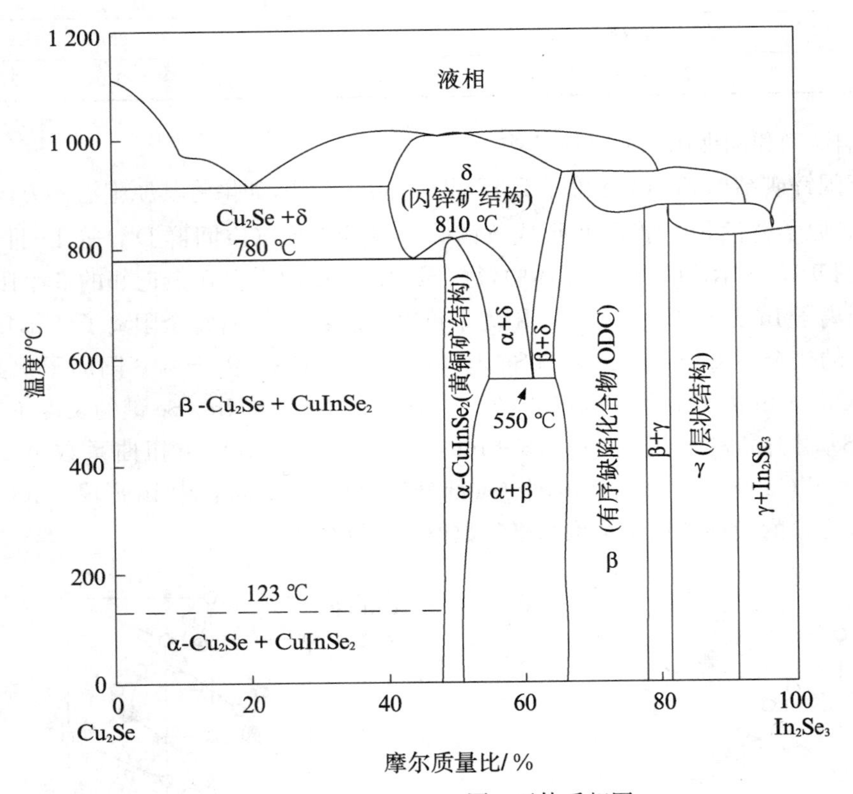

图 9.16 Cu_2Se - In_2Se_3 赝二元体系相图

这样按图 9.17 中所示的虚线,可将分为两个区域① ($\Delta m<0$) 和② ($\Delta m>0$),其中 ODC 位于贫 Cu 的区域①。在取得较高效率的电池中,其吸收层 Cu(In,Ga)Se_2 薄膜常稍微贫 Cu,位于区域①中。

四元化合物铜铟镓硒热力学反应较为复杂,目前对于其相图的理解仍然只能基于 1999 年 Beilharz 提出 Cu_2Se - In_2Se_3 - Ga_2Se_3 体系相图(550~810℃),如图 9.18 所示。该相图指出了获得高效率 CIGS 电池的相域[Ga 含量 10%~30%(原子分数)],与目前实际器件中 Ga 含量约 25%(原子分数)基本一致。对于三步共蒸制备铜铟镓硒薄膜来说,其材料相变过程基本沿着 Cu_2Se -$(Ga, In)_2Se_3$ 赝二元线从富 In 侧经历富 Cu 区域 α+ $Cu_{2-x}Se$ 最后形成 α+β 混合相。

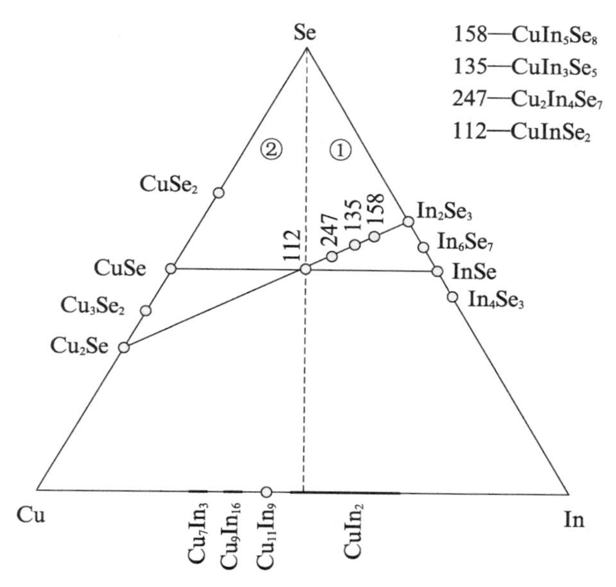

图 9.17　三元 Cu－In－Se 体系组分相图

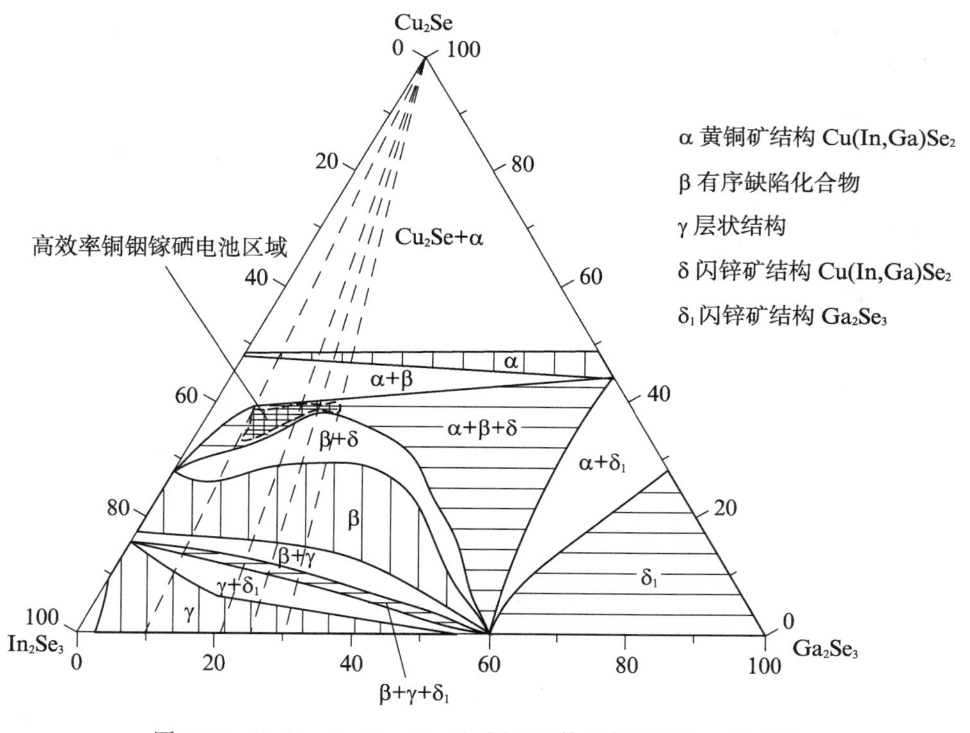

图 9.18　$Cu_2Se-In_2Se_3-Ga_2Se_3$ 赝三元体系相图(550～810℃)

3）铜铟镓硒薄膜材料的光学带隙

对于直接跃迁的半导体材料铜铟镓硒，其光吸收系数 α 与带隙宽度 E_g 存在

$$\alpha \cdot hv = A(hv - E_g)^{1/2} \tag{9.2}$$

式中,$h\nu$ 为入射光子能量;A 为与光子能量无关的常数。半导体薄膜的吸收系数 α,可以通过对这种薄膜的反射率、透过率及厚度的测量得到。

铜铟镓硒[$Cu(In,Ga)Se_2$]薄膜材料带隙与 Ga/(In+Ga)的比值直接相关,同时也和 Cu 的含量有关。假设薄膜中 Ga 的分布是均匀的,则 $Cu(In,Ga)Se_2$ 带隙 E_g 与薄膜 Ga 原子百分含量的关系式为

$$E_g(x)=(1-x)E_{g1}+xE_{g2}-bx(1-x) \tag{9.3}$$

式中,b 为弯曲系数,数值为 0.15~0.24, $x=\mathrm{Ga}/(\mathrm{In}+\mathrm{Ga})$;$E_{g1}$、$E_{g2}$ 分别为铜铟硒、铜镓硒材料带隙。

4) 铜铟镓硒薄膜材料的缺陷与导电类型

铜铟镓硒薄膜材料的导电类型与薄膜成分直接相关。CIGS 偏离化学计量比的程度可以表示为

$$\Delta x=\frac{[\mathrm{Cu}]}{[\mathrm{In}+\mathrm{Ga}]}-1$$
$$\Delta y=\frac{2[\mathrm{Se}]}{[\mathrm{Cu}]+3[\mathrm{In}+\mathrm{Ga}]}-1 \tag{9.4}$$

式中,Δx 为化合物中金属原子比的偏差;Δy 为化合物中化合价的偏差;[Cu]、[In+Ga]和[Se]分别为相应组分的原子百分比。根据 Δx 和 Δy 的值可以初步分析 CIGS 中存在的缺陷类型和导电类型。

(1) 当材料中 Se 含量低于化学计量比时,$\Delta y<0$,晶体中缺 Se 就会生成 Se 空位 V_{Se}。在黄铜矿结构的晶体中,Se 原子的缺失使得离它最近的一个 Cu 原子和一个 In 原子的一个外层电子失去了共价电子,从而变得不稳定。这时 V_{Se} 相当于施主杂质,向导带提供自由电子。当 Ga 部分取代 In,由于 Ga 的电子亲和势大,Cu 和 Ga 的外层电子相互结合形成电子对,这时 V_{Se} 就不会向导带提供自由电子。所以铜铟镓硒材料的 n 型导电性随 Ga 含量的增加而下降。

(2) 当材料中 Cu 含量低于化学计量比,即 $\Delta x<0$,$\Delta y=0$ 时,晶体内形成 Cu 空位,或者 In 原子替代 Cu 原子的位置,形成替位缺陷 In_{Cu}。Cu 空位有两种状态,一是 Cu 原子离开晶格点,形成的是中性的空位,即 V_{Cu};另一种是 Cu^+ 离子离开晶格点,将电子留在空位上,形成-1 价的空位 V_{Cu}^-。此外,替位缺陷 In_{Cu} 也有多种价态。Δx 和 Δy 取不同值时,CIS 中点缺陷的种类和数量有所不同,各种点缺陷如表 9.3 所示,表中还列出了铜铟硒材料中的一些点缺陷的形成能、能级在禁带中的位置和电性能。

表 9.3 铜铟硒材料中的点缺陷种类及形成能级

点缺陷类型	形成能/eV	在禁带中的位置/eV	电 性 质
V_{Cu}^0	0.6		
V_{Cu}^-	0.63	$E_V+0.03$	受主
V_{In}^0	3.04		
V_{In}^-	3.21	$E_V+0.17$	受主

续表

点缺陷类型	形成能/eV	在禁带中的位置/eV	电 性 质
V_{In}^{2-}	3.62	$E_V+0.41$	受主
V_{In}^{3-}	4.29	$E_V+0.67$	受主
Cu_{In}^{0}	1.54		
Cu_{In}^{-}	1.83	$E_V+0.29$	受主
Cu_{In}^{2-}	2.41	$E_V+0.58$	受主
In_{Cu}^{2+}	1.85		
In_{Cu}^{+}	2.55	$E_C-0.34$	施主
In_{Cu}^{0}	3.34	$E_C-0.25$	施主
Cu_i^{+}	2.04		
Cu_i^{0}	2.88	$E_C-0.2$	施主
V_{Se}	2.4	$E_C-0.08$	施主

Cu空位的生成能很低，容易形成，它的能级在铜铟硒价带顶上部30 meV的位置，属于浅受主能级(表9.3)。该能级在室温下即可激活，从而使铜铟硒材料呈现p型导电。在一定条件下，能起作用的受主型点缺陷的总和若大于同一条件下能起作用的施主型点缺陷的总和，则铜铟硒材料为p型，否则为n型。因此，通过调节铜铟镓硒材料的元素配比便可改变其点缺陷，从而调控其导电类型。

点缺陷V_{Cu}和In_{Cu}可以组合成复合缺陷对($2V_{Cu}^{-}+In_{Cu}^{2+}$)，这是一种中性缺陷。这种缺陷的形成能低，可以大量稳定地存在，对铜铟硒材料的电性能几乎没有影响。复合缺陷对($2V_{Cu}^{-}+In_{Cu}^{2+}$)在Cu-In-Se化合物中以一定的规则排列，每n个晶胞的$CuInSe_2$中有m个($2V_{Cu}^{-}+In_{Cu}^{2+}$)缺陷对，可用$Cu_{(n-3m)}In_{(n+m)}Se_{2n}$表示，其中$m=1, 2, 3, \cdots, n=3, 4, 5, \cdots$。Cu-In-Se化合物满足这个关系式，则可以稳定存在。如$CuIn_5Se_8$($n=4, m=1$)、$CuIn_3Se_5$($n=5, m=1$)和$Cu_2In_4Se_7$($n=7, m=1$)等，它们是Cu含量低于化学计量比的铜铟硒化合物。这类化合物也称作有序缺陷化合物(ordered defect compound, ODC)。

5) Na掺杂对薄膜电学性能的影响

自1993年Hedström等发现使用钠钙普通玻璃(SLG)衬底的CIGS薄膜质量和电池效率高于普通硼硅酸盐玻璃衬底后，在吸收层薄膜生长过程中引入适量的Na成为目前获得高效电池的重要方法之一。器件质量的铜铟镓硒薄膜体内Na含量通常在0.1%(原子分数)量级，而在表面及晶界处具有较高的Na浓度(原子分数1%～10%)。

加入Na的常用方式是采用钠钙普通玻璃为电池衬底材料，这种玻璃中含有的Na可以通过Mo背电极向CIGS薄膜中扩散。对于不含Na的衬底材料，如不锈钢箔、聚合物塑料等，需要必须采用适当的方法向铜铟镓硒薄膜中掺入Na。与目前的Na掺杂工艺发展及电池效率进步相比，引入Na对改善吸收层薄膜结构质量及电学性能的认识并不处于同一层面上。在Na对薄膜晶粒取向等结构特性影响方面，目前仍然存在较多的争议。但在薄膜电学性能方面，Na的作用得到了普遍的认可。在掺入适量Na情况下，通过消除In_{Cu}施主缺陷增加了铜铟镓硒有效空穴密度、导电性及开路电压，从而拓宽了获得高效

率电池的组分变化范围,使电池制备工艺呈现出较强的柔性能力。而高掺杂剂量 Na 在去除大部分 In_{Cu}后,开始消除 V_{Cu}受主缺陷而抑制了薄膜表层 ODC 的形成,导致电池性能的下降;另外,薄膜中形成的稳态层状结构 $NaInSe_2$增强了 CIGS(112)取向性。

Na 对改善电学性能的一个重要贡献在于减少了铜铟镓硒材料表面功函数,及通过降低吸附于材料表面分子氧 O_2的 O－O 键能,将其离解为原子氧,从而钝化施主缺陷 V_{Se},形成受主缺陷 O_{Se},增加了薄膜中有效空穴密度。

6) Ga 或 Ga/S 掺杂与梯度带隙

在吸收层铜铟镓硒材料的制备工艺中,通过掺杂适当的 Ga 形成 CIGS 化合物来调整带隙,实现太阳光谱的匹配优化,是提高电池性能的主要途径之一。对于获得较高效率的电池,其吸收层常为稍微贫 Cu。在生长 CIGS 薄膜的过程中,由于 Cu、In 和 Ga 等元素扩散反应的机制不同,以及受化学组分、反应温度影响的元素扩散速率差异,薄膜中自然形成的线性带隙梯度如图 9.19(a)所示,Mo 侧附近存在的高 Ga 梯度形貌所产生的 E_{g2},为提高光生电流收集提供了良好的背面场。进一步地优化带隙分布,使之形成双带隙梯度[图 9.19(b)],不仅可以增强薄膜在 $E_{g2} \leqslant h\upsilon < 2.42$ eV (CdS 材料带隙)区间的光生载流子收集,而且通过 E_{g1} 调整 ΔE_C将 pn 结界面复合最小化,以获得最佳的开路电压和短路电流。获得这种双带隙结构的关键在于表层梯度的形成,目前只有多元共蒸三步工艺,能有效地利用元素蒸发速率、生长温度等工艺参数调整,通过控制 CIGS 薄膜生长过程中材料相变反应路径、元素扩散速率和采用元素自掺,在薄膜表层形成宽带隙的 Cu 缺陷薄层来实现薄膜带隙的双梯度形式。利用后续的表层硫化工艺,可以将硒化工艺制备的薄膜带隙结构从图 9.19(a)形式转变为图 9.19(b),Ga/S 双掺杂是目前硒化法制备高效电池及组件产品的主要工艺。

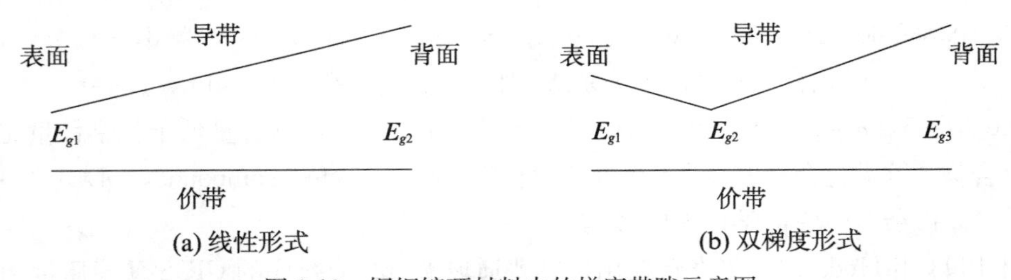

图 9.19 铜铟镓硒材料内的梯度带隙示意图

目前取得高效率电池的 Ga/(In+Ga) 比率相对较低,约为 0.2～0.3。当 Ga/(In+Ga)比率高于 0.5 后,离价带边 0.8 eV 缺陷能级移向带中形成附加的复合中心。而薄膜中大量形成深施主 Ga_{Cu}(相对于 In_{Cu}),一方面减少了电子的自补偿能力而导致薄膜过高的空穴密度,另一方面通过降低缺陷对(V_{Cu}+In_{Cu}/Ga_{Cu})的稳定性而抑制了 Cu 缺陷薄层的形成,导致薄膜表面 n 型薄层的丧失。在电池性能上,表现为随 Voc 变化的电流收集。因此,高 Ga 含量 Cu(In,Ga)Se_2 薄膜的表层改性,是提高 pn 结界面质量和电池效率的关键。

9.2.2 电池结构及工作原理

铜铟镓硒薄膜电池是在玻璃或金属箔、塑料等衬底上,经过真空沉积或化学方法,分别沉积若干层半导体及金属薄膜，以及封装引线而构成的光伏器件，薄膜总厚度约为 3～5 μm，其典型结构为：衬底/金属背电极（Mo）/吸收层[$Cu(In,Ga)(S,Se)_2$]/缓冲层（CdS）/窗口层（ZnO 和 ZnO∶Al）/金属栅状电极（Ni/Al），如图 9.20 所示。另外，通常在窗口层上引入厚度约为 100 nm MgF_2 减反射薄膜，来减少入射太阳光的反射损失。

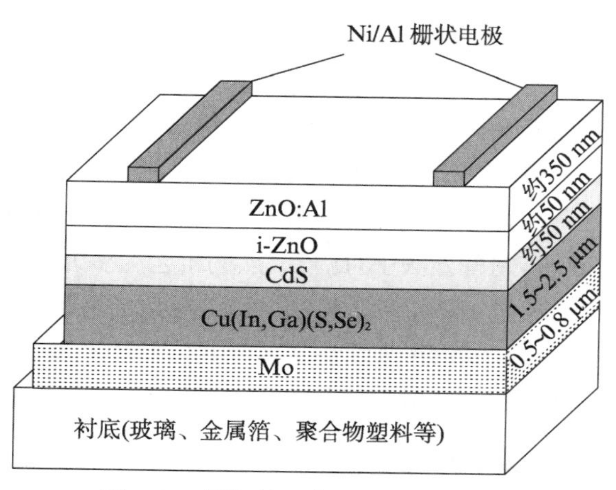

图 9.20　铜铟镓硒薄膜电池典型结构

铜铟镓硒薄膜电池为典型的异质结结构电池，主要利用半导体带隙递减而自动实现太阳光谱分离并逐层吸收，在空间电荷区的光生载流子即被其内建电场分离和扫出，并通过电池两端的金属电极所收集。当太阳光通过宽带隙 ZnO（E_g 约 3.3 eV）窗口层入射时，其中一部分光子被表面反射掉，其余部分则被半导体吸收或透过，只有入射光子能量介于 ZnO 和 $Cu(In,Ga)(S,Se)_2$ 带隙间区域时，异质结才有光响应，存在着异质结“窗口效应”。因此 n 侧 ZnO 和 CdS 材料厚度要尽可能地薄化，使得能量高于 ZnO 带隙的光子仍能透过宽带材料“窗口区”而被窄带区 $Cu(In,Ga)(S,Se)_2$ 所吸收，以提高电池效率。

在电池结构中，背电极不仅起到光生电流收集作用，而且在随后沉积 $Cu(In,Ga)(S,Se)_2$ 薄膜的高温工艺下能保持稳定性，因此金属 Mo 以其低电阻率和稳定性能成为背电极的优选材料。另外，在 $Cu(In,Ga)(S,Se)_2$/Mo 界面处形成的 p 型 $MoSe_2$（带隙 E_g 约 1.4 eV）薄层，为光生载流子收集提供了良好的背面场以及准欧姆接触。吸收层材料 $Cu(In,Ga)(S,Se)_2$ 在电池中扮演至关重要的作用，高效率电池中其成分、化学比存在一定的容差范围，即 $0.80<Cu/(In+Ga)<1$，$Ga/(In+Ga)$ 为 0.2～0.4，并利用元素化学比在薄膜厚度方向上的成分梯度调整，实现迎光薄膜表层一侧至背电极侧的“V”型带隙梯度（平均 E_g 约 1.2 eV）形式，从而最大化拓宽入射太阳光谱的响应范围。厚度约 50 nm 缓冲薄层 CdS（E_g 约 2.42 eV）是目前电池结构的常用形式，一方面与吸收层间建立 pn 结，同时在 ZnO 窗口层和吸收层之间形成一个过渡台阶，避免后续 ZnO 所采用的溅射工艺对吸收层表层所带来的损伤，特别是采用化学水浴沉积（CBD）工艺作为其制备方法，这对于改善 pn 结界面质量和电池性能起到了关键的作用。窗口层常由高阻 i-ZnO 和低阻 ZnO∶Al 双层薄膜所构成，基本扮演着“透光”的作用。

9.2.3　电池主要制备方法

近年来，为了获得低成本、高效率铜铟镓硒薄膜电池，诸多方法被应用到电池制作中，特别是吸收层铜铟镓硒薄膜材料的制备，涉及多元共蒸发法、溅射后硒化法、混合沉积法、电化学沉积、喷涂印刷法、化学气相沉积等多种工艺。下面主要介绍制备电池的常用方法。

1）背电极生长

直流磁控溅射法是制备背电极 Mo 薄膜的最常用方法，在溅射沉积过程中，工作气压、溅射功率等参数显著影响着 Mo 薄膜内应力状态、结构和电学特性等。作为背电极材料,Mo 薄膜不仅要具有较低的方块电阻($<0.3\ \Omega\cdot\square^{-1}$),提供准欧姆接触,而且应具有合理的内应力,保证电池具有良好的附着力。

2) 吸收层 $Cu(In,Ga)(S,Se)_2$ 薄膜沉积方法

铜铟镓硒薄膜电池最重要的制造技术是吸收层 $Cu(In,Ga)(S,Se)_2$ 薄膜的沉积,在目前众多制备方法中,比较成熟的工艺为多元共蒸发法和溅射后硒化法,所制作的电池效率均已超过 15%,并且在生产线上得到了可行性证实。

(1) 多元共蒸发法。多元共蒸发法原理为物理气相沉积法,是以 Cu、In、Ga 和 Se 等元素作源进行电阻式热蒸发,分步反应制备吸收层薄膜,薄膜沉积系统结构如图 9.21 所示。根据沉积过程中元素蒸发速率及衬底温度曲线的变化,多元共蒸可主要分为单步、两步及三步沉积工艺,如图 9.22 所示。与单步工艺相比,两步及三步工艺可利用薄膜生长过程出现的 $Cu_{2-x}Se$ 来促进大尺寸晶粒的形成,Cu 缺陷薄层可通过最后的贫 Cu 蒸发步骤获得。为了提高薄膜生长过程的工艺控制能力,在波音公司两步工艺基础上,美国 NREL 提出了三步工艺[图 9.22(c)],即在低温沉积 $(In,Ga)_xSe_y$(衬底温度为 300~400℃)预置层(Precursor)基础上,经过高温(衬底温度>500℃)共蒸 Cu-Se 形成富 Cu(>25 mol%)的组分,以及后续共蒸 In-Ga-Se 的化学比调节获得 Cu 含量介于 22~24 mol% 的 $Cu(In,Ga)Se_2$ 薄膜。这种改进后的三步工艺,使得薄膜相变路径基本沿着 $Cu_2Se-(Ga,In)_2Se_3$ 赝二元线从富 In 侧经历富 Cu 区域最后形成表层具有 Cu 缺陷薄层的高质量 $Cu(In,Ga)Se_2$ 薄膜,同时通过源蒸发速率及衬底温度曲线控制反应扩

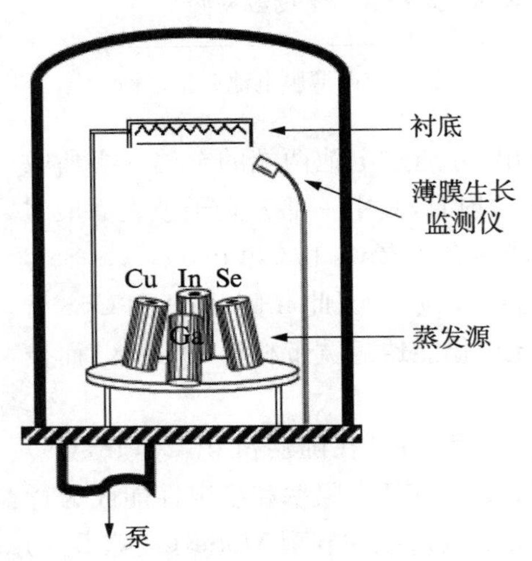

图 9.21 $Cu(In,Ga)(S,Se)_2$ 薄膜沉积系统结构示意图

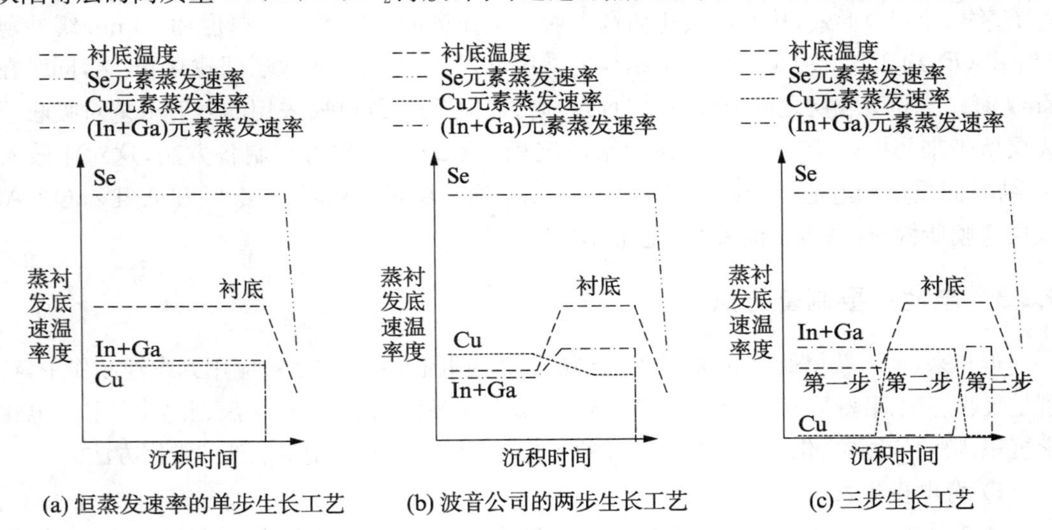

(a) 恒蒸发速率的单步生长工艺 (b) 波音公司的两步生长工艺 (c) 三步生长工艺

图 9.22 多元共蒸的多步生长工艺图

散速率以获得所需的“V”型带隙梯度结构及织构取向。因此，多元共蒸发法对制备光伏质量 CIGS 薄膜具有很高的工艺可控性，是当前制备小面积电池的最有效工艺，德国 Würth Solar 公司等选择该工艺进行大面积电池组件生产。但随着电池面积的放大，蒸发工艺存在着薄膜组分均匀性控制、材料利用率及较高的设备成本等问题。

(2) 溅射后硒化法。溅射后硒化法为典型的两步制备工艺，包括低衬底温度下溅射沉积合金靶获得特定化学比的 Cu－In－Ga 预置层，以及高衬底温度下(400～600℃)在 Se 和 S 蒸汽气氛下先后硒化和硫化预置层，以获得满足电池要求的 $Cu(In,Ga)(S,Se)_2$ 薄膜，如图 9.23 所示。早期的硒化主要利用 H_2Se 气体，考虑到 H_2Se 环保及毒性问题，近年来发展了以固态 Se 为硒化源的多种硒化技术。硒化后的薄膜一般利用 H_2S 进行薄膜表层硫化处理，来实现薄膜的“V”型带隙梯度形式，提高电池开路电压及电池效率。对于预置层沉积方法，除溅射技术外，目前还存在蒸发、电沉积、喷洒热解和化学涂层等多种方法(图 9.23)，其中溅射后硒化法已成为目前获得高效电池、组件的两步工艺主要路线，目前日本 Solar Frontier 等公司采用该工艺进行电池组件生产。相比于蒸发工艺，溅射后硒化法易于控制大面积薄膜均匀性，同时在设备选择和降低成本上，硒化工艺具有较大的优势，但整个制备过程中涉及多步工艺，引入了较多的工艺参数，需要较为复杂的工艺监测技术以保证薄膜的质量。

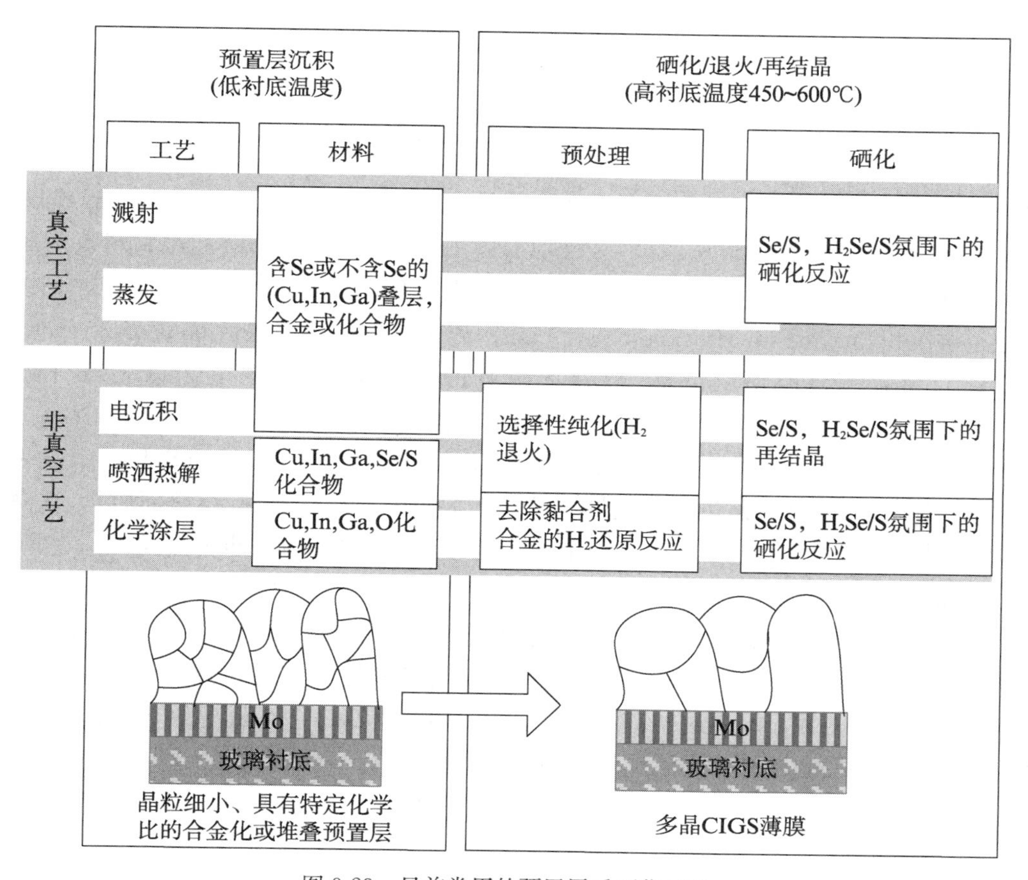

图 9.23　目前常用的预置层后硒化工艺

3) 缓冲层沉积

利用化学水浴沉积工艺(CBD)是制备缓冲层 CdS 薄膜的最常用方法,也是目前提高电池效率的关键步骤,沉积装置如图 9.24 所示。水浴温度常为 60～80℃,热偶和搅拌器控制与加热系统相连接,以维持水浴温度在实验所需的恒定值附近,利用搅拌器保持均匀沉积 CdS,通过酸度计标定反应溶液的 pH,反应溶液常为乙酸镉 $Cd(CH_3COO)_2$ 或硫酸镉 $CdSO_4$ 体系。例如,利用乙酸镉体系沉积 CdS 时,反应溶液由一定比例的乙酸镉、硫脲 $(NH_2)_2SC$、乙酸铵 $CH_3COO\ NH_4$ 和氨水 NH_4OH 混合而成,涉及 Cd^{2+} 的典型反应式如式(9.5)所示。

$$Cd(NH_3)_4^{2+} + (NH_2)_2SC + 2OH^- \longrightarrow CdS + H_2NCN + 4NH_3 + 2H_2O \quad (9.5)$$

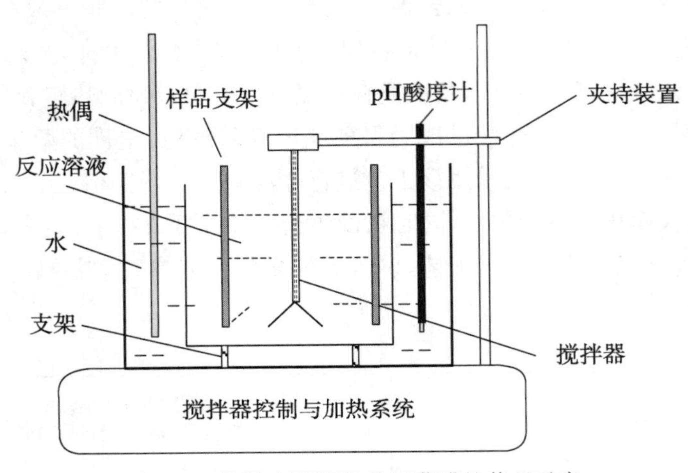

图 9.24　化学水浴沉积 CdS 薄膜的装置示意

无论从进一步提高电池效率角度,还是 CdS 所涉及的环保问题,发展宽带隙 $Zn_xMg_{1-x}O$、ZnO、SnO_2、SnS_2、ZnSe、ZnS、In_2S_3、$In_x(OH)_y$ 等无镉缓冲层材料电池越来越受到各研究机构的重视,沉积手段也拓展至与大面积电池组件连续化生产工艺相兼容的原子层沉积(atomic layer deposition, ALD)、离子层气相反应(ion layer gas reaction, ILGAR)、蒸发等真空制备方法,以及无硫脲的简化 CBD 滴浸工艺(Cd/Zn Partial Electrolyte-PE 处理)。但目前真空工艺所制备的无镉缓冲层电池效率仍不如 CBD 沉积 CdS 缓冲层的电池。因此,深入地理解 CBD 工艺对吸收层 $Cu(In,Ga)(S,Se)_2$ 薄膜表层改性的机制,通过选择合适的无镉宽带隙材料和沉积工艺来改善 pn 结界面质量,提高太阳光谱短波谱段的光生电流收集,才可能使铜铟镓硒电池效率进一步突破。

4) 窗口层生长工艺

窗口层 i-ZnO 和 ZnO∶Al 薄膜的制备方法很多,包括磁控溅射、ALD、ILGAR、CBD、电化学沉积等。其中,磁控溅射法具有较高沉积速率、重复性以及均匀性等特点,因此该工艺被普遍采用于窗口层制备中。目前,ZnO∶Ga、ZnO∶B、In_2O_3∶Sn 等宽带隙材料作为窗口层薄膜也逐渐应用到电池结构中。

9.2.4　发展趋势

与晶体硅太阳电池相比,铜铟硒薄膜太阳电池技术目前仍处于规模化生产的初步阶段，主要原因在于电池具有复杂的多层结构和敏感的元素掺杂能力，严格控制其成分、化学比、缺陷及相结构是制备高质量光伏器件的关键。当前国际发展铜铟镓硒电池除了进一步深入材料、工艺及器件实验与理论研究，寻求与产业化工艺相兼容、环保型的无镉缓冲层材料和工艺，简化电池结构，发展低铟、镓的铜铟镓硒电池技术或无贵金属的电池材料，如铜锌锡硫 $Cu_2ZnSn(S,Se)_4$ 等，降低材料、工艺等成本，进一步提高单体电池效率，为大面积电池开发提供技术支撑。

商业化生产的主要研究内容为：一是开发新的低成本大面积 CIGS 薄膜沉积系统；二是开发大规模连续化生产技术，特别是与连续化生产工艺相兼容、环保型的无镉缓冲层工艺，提高产能，降低成本（材料、工艺、制造等），提升产品竞争力。

9.3 碲化镉薄膜太阳电池

碲化镉（CdTe）等Ⅱ-Ⅵ族化合物半导体材料研究始于20世纪60年代。电池结构逐渐发展为“n-CdS（禁带宽度约2.42 eV）/p-CdTe”形式，不久采用这种结构的电池效率达到5%以上，1982年超过10%。由于p/n结界面、CdTe/金属电极材料界面（功函数间匹配）、CdTe材料质量等技术难点在短时间内难以突破，加之元素Cd在生产和应用中存在可能的环境污染问题，在随后的十几年里CdTe电池研究进展缓慢。2001年，美国可再生能源国家实验室（NREL）在玻璃衬底上制备出的小面积电池效率达到16.5%（开路电压845 mV，短路电流密度25.88 mA·cm^{-2}，填充因子75.5%），采用的电池结构为玻璃/Cd_2SnO_4/Zn_2SnO_4/CdS(CBD)/CdTe(CSS)/组分富Te的缓冲薄层 p^{++}-Cu_xTe/电极C∶HgTe。2016年初，美国First Solar公司制备的小面积玻璃衬底CdTe薄膜电池效率达22.1%。大面积玻璃衬底碲化镉薄膜电池组件产品最高效率超过18%，First Solar公司是目前唯一大规模量产且实现盈利的企业，2018年底，其累积出货量已突破20 GW。

柔性衬底CdTe薄膜电池研究始于20世纪90年代。制备柔性CdTe薄膜材料方法与玻璃衬底上采用的沉积技术类似，如近空间升华（closed space sublimation，CSS）、蒸发等。1999年NASA在钼箔衬底上制备小面积电池效率为5.3%（电池结构为：Mo/Cu/Te/热蒸发5 μm厚CdTe/CdS/500～600 nm厚度ITO），开路电压629 mV，其中Cu/Te薄层厚度合计约50 nm（高温下扩散形成 Cu_xTe 薄层），氮气氛围下 $CdCl_2$ 退火温度500℃。对于金属箔衬底的CdTe薄膜电池，由于金属材料与CdTe之间的功函数相差较大，而导致界面常为肖特基接触，主要难点在于金属电极/p-CdTe间如何形成欧姆接触。

最近几年，聚合物塑料衬底上的柔性CdTe薄膜电池技术得到了迅速发展。美国Telodo大学在厚度为7.5 μm的聚酰亚胺（PI）材料上，制备的CdTe薄膜电池效率达到10.5%，电池开路电压768 mV，其中CdTe材料主要采用溅射沉积工艺，采用的电池结构为PI/ZnO∶Al/90 nm厚度CdS/2.4 μm厚度CdTe/Cu-Au电极，其中CdS、CdTe生长温度约240℃，$CdCl_2$ 处理温度387℃。瑞士联邦材料科学与技术研究所（Empa）为保持12.5 μm以下厚度的PI材料平整度和后续镀膜材料质量，采用缓冲材料将PI与玻璃黏附在一起，经过后续的TCO（如ZnO∶Al、In_2O_3∶Sn）、CdS、CdTe、背电极材料沉积，完成电池的制备,然后将电池从玻璃上剥离下来,由此制备出较高质量比功率的电池(>3 000 W/kg);通过类似剥离工艺制备的铜铟镓硒薄膜电池质量比功率超过 6 000 W/kg。目前,Empa 在 7.5 μmKapton 材料制备的“倒衬底配置”电池效率达到 13.8%;电池面积为 31.9 cm^2 的内联式电池组件效率 8%(无减反射层,TCO 为 ZnO∶Al/ZnO 薄膜)。

2014 年,美国 NREL 采用超薄玻璃作为衬底,制备出效率高达 16.2%的柔性 CdTe 电池,且由于超薄玻璃可承受高温工艺过程,其制备过程与传统工艺兼容。NREL 已经据此在 2016 年初制定了采用超薄柔性玻璃卷对卷制备效率超 15%的柔性 CdTe 电池的规划。

9.3.1 碲化镉薄膜材料物理基础

具有面心立方闪锌矿结构的Ⅱ-Ⅵ族化合物碲化镉(CdTe),是直接带隙半导体材料,带隙宽度 E_g ~1.45 eV,相应的长波吸收限约 855 nm。碲化镉具有较高的吸收系数(约 10^{-6} cm^{-1}),薄膜厚度为 2 μm 时即可吸收 98%以上能量高于带隙宽度的光子。在所有Ⅱ-Ⅵ族化合物半导体材料中,CdTe 是很独特的,它具有最大的平均原子序数,最小的形成焓,最低的熔点,最大的晶格常数,和最高的离子性。在电学性质上,它表现出 n 型和 p 型导电性,导电类型可以通过掺杂控制,有利于 pn 结的制备。光强为 100 mW·cm^{-2} 时,碲化镉薄膜电池的最大光电流约为 30.5 mA/cm^2,理论极限效率可达 27%。因此,碲化镉材料是制备太阳电池的一种理想半导体材料。具有器件质量的 CdTe 和 CdS 薄膜材料电学参数,如表 9.4 所示。

表 9.4 器件质量 CdS 和 CdTe 薄膜的电学参数

参　数	CdS	CdTe
介电常数 ε_S	9.0	9.4
电子迁移率 μ_n/(cm^2·(V·s)$^{-1}$)	350	500
空穴迁移率 μ_p/(cm^2·(V·s)$^{-1}$)	50	60
导带有效态密度 N_c/cm^{-3}	1.8×10^{19}	7.5×10^{17}
价带有效态密度 N_v/cm^{-3}	2.4×10^{18}	1.8×10^{18}
寿命 τ/s	1×10^{-10}	1×10^{-8}
受主浓度 N_A/cm^{-3}	0	1×10^{15}
施主浓度 N_D/cm^{-3}	1×10^{17}	0
带隙宽度 E_g/eV	2.42	1.5
电子亲和能 χ/eV	4.5	4.28
厚度/μm	0.1	1~10

9.3.2 电池结构及工作原理

CdTe 薄膜太阳电池按各功能层薄膜沉积顺序,可分为顶衬(superstrate)及底衬

(substrate)两种结构，其基本结构如图 9.25 所示：顶衬结构是在玻璃衬底上依次生长透明氧化物(TCO)、CdS、CdTe 薄膜，太阳光是由玻璃衬底上方照射进入；而在底衬结构中，是先在不锈钢等衬底上依次生长 CdTe 薄膜，再接着生长 CdS 及 TCO 薄膜。无论哪种结构，太阳光在电池中都是先透过 TCO 层，再进入 CdS/CdTe 结被吸收的。通常衬底是不透光材料时，选择底衬结构，受衬底及工艺过程影响，目前，采用顶衬结构制备的电池效率较高，因此玻璃衬底上的高效率 CdTe 电池常采用顶衬结构。典型的高效率 CdTe 薄膜电池(>10%)的二极管品质因子为 1.4～1.8，暗态饱和电流密度 $J_0 < 3\times10^{-7}$ mA・cm^{-2}，背接触势垒 0.3～0.5 eV。

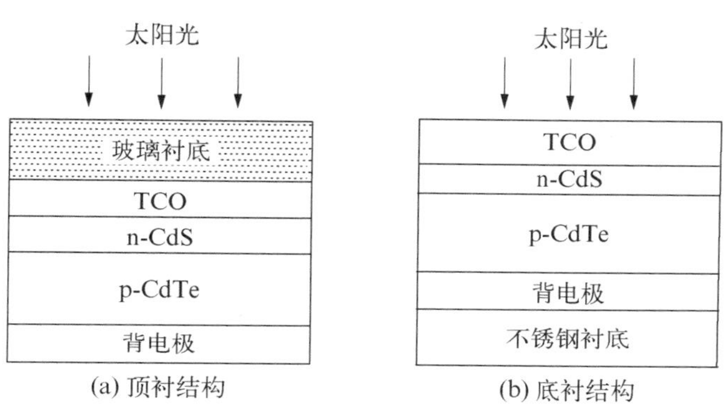

图 9.25　碲化镉薄膜电池基本结构

9.3.3　电池主要制备方法

高效率 CdTe/CdS 异质结薄膜电池一般是在玻璃衬底上制备的。电池的制备过程大致如下：首先是在玻璃衬底上沉积一层 TCO 薄膜，如 In_2O_3：Sn、Cd_2SnO_4 等。然后用 CBD 法或溅射技术等制备 CdS 层。为改善电池的蓝光响应，CdS 层的厚度必须很薄，但这很容易引起局部短路。因此，需要在 CdS 和高电导 TCO 之间增加一层高阻 TCO 层，这与 CIGS 电池制备时的情形相似。用近空间升华(closed space sublimation, CSS)法或气相输运沉积(vapor transport deposition, VTD)法制备 CdTe 层后，需要在 380～450℃温度下，在 $CdCl_2$ 蒸汽和空气中退火处理 15～30 min。为了形成良好的背面接触，需要先用选择腐蚀形成富 Te 的 p^+ 背表面层，再沉积 Cu 膜或含 Cu 的高电导合金。下面主要介绍制备电池的常用方法。

1) TCO 材料制备

磁控溅射法是制备 TCO 薄膜材料的最常用方法。理想的 TCO 材料透过率≥85%(400～860 nm 太阳光谱范围内)，方块电阻≤10 Ω・□$^{-1}$，具有良好的热稳定性，厚度为 200～300 nm。In_2O_3：F 材料具有较高的稳定性，但电阻率较高。采用 In_2O_3：Sn 时，需要附加厚度约 50 nm 的 SnO_2 或 Zn_2SnO_4 等薄层以阻止 In 元素扩散入 CdS 或 CdTe 层，在这种情况下 CdS 厚度需控制在 80 nm 以下，同时增加了电池对太阳光谱中蓝光收集效率。CdTe 电池常用的 TCO 与缓冲薄层材料如表 9.5 所示。

表 9.5 常用的 TCO 材料与缓冲薄层

材　料	电阻率/(Ω·cm)	透过率/%
SnO_2	8×10^{-4}	80
In_2O_3 : Sn	2×10^{-4}	80
In_2O_3 : Ga	2×10^{-4}	85
In_2O_3 : F	2.5×10^{-4}	85
Cd_2SnO_4	2×10^{-4}	85
Zn_2SnO_4	10^{-2}	90
ZnO : In	8×10^{-4}	85

2) CdS 材料制备

CdS 制备方法包括磁控溅射、真空蒸发、化学浴沉积法、近空间升华法等方法,各种方法都能制备效率超过 10%的电池。

(1) 磁控溅射。在覆盖有 TCO 材料的玻璃上,利用射频磁控溅射法制备 CdS,衬底温度为 220℃,衬底速率为 1 nm·s^{-1},Ar 的气压约为 0.1 Pa,靶的纯度为 99.995%。溅射完成后,真空中 500℃加热 30 min,这种方法制备的电池效率为 8%~10%,因为 CdS 的晶界能导通反向电流,所以反向饱和电流过大。溅射时在 Ar 中加入 3%CHF_3,这种方法制备的电池效率可达 15%以上。

溅射过程中可以通过适量的氧,形成 CdS : O 合金和纳米结构,以增加窗口层的带隙宽度。氧的引入还可抑制 CdS 与 CdTe 层之间的界面反应和互扩散。

(2) 真空蒸发。真空蒸发也可以制备器件质量的 CdS 材料,将真空室抽至高真空,衬底温度控制在 150~200℃,石墨坩埚的温度为 700~900℃。但蒸发沉积的 CdS 材料性质不稳定,不能用于制备高效电池。因此,在生长 CdTe 前,需将 CdS 薄膜放置在真空或氢气氛下,在 400~450℃退火 30 min。退火过程中,CdS 发生再结晶、晶粒生长、Cd 和 S 原子的再蒸发等等。退火后,CdS 薄膜的平均晶粒尺寸由 100~300 nm 增至 500 nm,但是仍不如溅射或电镀制备的薄膜紧密,厚度小于 200 nm 时容易出现针孔。

(3) 化学浴沉积法。由于 CdS 的溶度积($K_{sp}=1.4\times10^{-29}$)很小,在 Cd^{2+} 和 S^{2+} 直接反应时,薄膜的沉积速度较高。CBD 中 Cd^{2+} 和 S^{2-} 分别由氨络合镉离子 $Cd(NH_3)_4^{2+}$ 和硫脲$(NH_2)_2SC$ 提供,化学反应的方程如式(9.5)所示。该方法的成本较低,获得 CdS 薄膜质量较高。

3) CdTe 材料制备

多晶 CdTe 薄膜材料的制备方法有许多种,其中最常用的有 CSS 法和 VTD 法等。

(1) CSS 法。近空间升华沉积系统原理如图 9.26 所示。升华源靠近衬底,距离为 2~4 mm。CdTe 源支架与衬底同时被加热,衬底温度在 550℃以上,支架温度 650~750℃。较高的材料生长温度,有利于在 pn 结界面形成 CdS_xTe_{1-x} 渐变薄层,改善界面质量。材料生长在惰性气体气氛中进行,其中包含有微量的氧,有助于改善薄膜的质量。这样制备的薄膜晶粒尺寸与薄膜厚度相当,呈无规则取向。为减少 Cd 和 Te 从刚沉积的材料表面再蒸发,需增加气相的压力到 1.33 kPa 左右。但是,这样一来,从源到衬底的质量输运将受扩散限制，所以源与衬底之间要近距离。CdTe 材料厚度一般为 3～4 μm，这种厚度有利于形成准欧姆背接触，并降低表面复合速率。

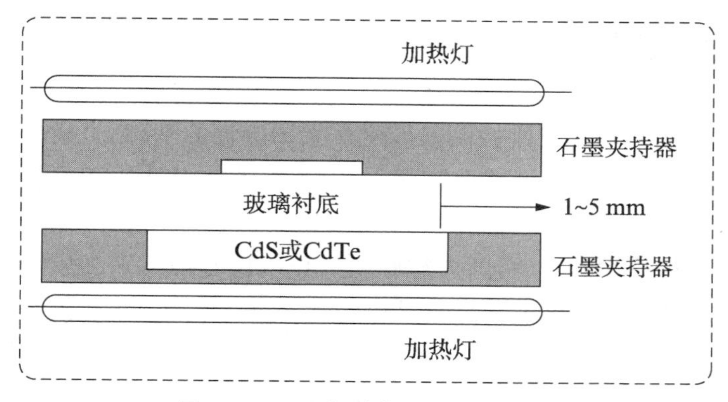

图 9.26　近空间升华沉积系统示意

(2) VTD 法。气相输运沉积法的特点是，将 CdTe 源在一个容器中加热到约 700℃，用惰性气体将 Cd 和 Te 的蒸气从一个喷口携带出，流向移动的衬底表面。这些过饱和的 Cd 和 Te 蒸汽在衬底表面凝聚和反应，形成 CdTe 薄膜。气体压力大约 0.01 MPa 大气压，喷口与衬底之间的距离大约 1 cm。近距离升华过程受扩散限制，而气相输运沉积受气体对流输运的限制。气相输运沉积源容器的几何结构影响到源蒸汽的利用率和沉积薄膜的均匀性。刚沉积的薄膜也呈无规则取向，晶粒大小与薄膜厚度相当。气相输运沉积法可以在移动衬底上高速沉积 CdTe 薄膜，为产业界所青睐，如 First Solar 采用此方法规模化生产 CdTe 薄膜电池组件产品。

4) 背接触电极材料制备

背接触电极通常采用含 Cu 元素材料，如 Cu‑Au、Cu_2Te、ZnTe：Cu 等，制备方法有磁控溅射、真空蒸发等。最近，一些可显著提高背接触质量和电池稳定性的新型材料，如含 Ni 材料、Sb_2Te_3/Mo 已逐渐应用到电池工艺中，如采用电阻率约 $2\times10^{-2}\ \Omega\cdot cm$ 的低带隙 p 型材料 Sb_2Te_3(E_g 约 0.3 eV)，所制备电池效率达到 15%以上。背接触电极材料的制备工艺，通常包括去除 CdTe 表层污染物、形成富 Te 薄层、沉积背电极材料、热处理形成准欧姆接触等。

9.3.4　发展趋势

目前，碲化镉薄膜电池在材料、器件性能和产业化技术等方面都取得了快速的进展。美国 First Solar 公司推出的系列 6 超大组件效率批产效率已达 17%，最高效率 18.6%，2020 年年产能已将突破 5 GW；中国建材集团在成都建设了年产 100 MW CdTe 电池示范生产线，并计划在 2～5 年内，在全国范围内建设 15 条生产线，形成 GW 级的产能。

近年来，晶体硅电池效率大幅提升的同时成本也进一步降低，CdTe 电池原有的成本优势也不复存在，后续需要在电池结构、材料、制备技术及降低成本等多方面进行深入的研究。例如，研发新型低电阻欧姆接触、性能稳定的背电极材料，改善 CdTe 的掺杂效率和 pn 结的质量，进一步提高电池效率；通过改进电池制备及组件工艺，如降低吸收层厚

度,采用超薄玻璃衬底通过卷对卷连续镀膜工艺,增大组件面积,降低材料、工艺及后续安装等成本,从而促进产品的竞争力。

9.4 砷化镓薄膜太阳电池

薄膜砷化镓太阳电池是在刚性高效砷化镓太阳电池的基础上,通过薄膜化器件工艺将太阳电池核心器件结构转移到柔性衬底上,实现电池的柔性化和薄膜化,具有高效率、高质量比功率以及轻质、柔性等特点。

由于目前半导体技术的发展,国外衬底剥离技术也变得越来越成熟。高效砷化镓太阳电池如果制作成薄膜电池就兼具高效率和高质量比功率的双重优点。同时考虑到高效太阳电池的衬底只是作为载体,当电池制作结束后就不再需要;而衬底是限制超高效太阳电池质量比功率的主要因素(约90%),因此为提高电池质量比功率和针对下一代柔性方阵技术,选择更薄的衬底材料也成为主要发展方向之一。其可以贴装到各类空间飞行器上作为主能源,或者应用到全柔性太阳电池阵领域,具有广阔的应用前景,成为太阳电池领域的又一研究热点。

目前,国外薄膜砷化镓太阳电池的研制机构主要包括:美国Emcore公司、美国Spectrolab公司、美国Alta Devices公司、美国MicroLink Devices公司、美国NanoFlex公司和日本Sharp公司等。美国MicroLink Devices公司研制了效率为30%(面积约8 cm^2)的InGaP/GaAs/InGaAs三结薄膜砷化镓太阳电池。2014年,日本Sharp公司在40th PVSC会议上报道了三结薄膜砷化镓太阳电池,该电池采用GaInP/GaAs/InGaAs倒装三结结构,通过外延层剥离技术制备,该电池效率达30.5%(AM0),面积达27.8 cm^2,质量比功率超过2 500 W/kg。采用1MeV电子辐照后(剂量$1\times10^{15}/cm^2$),电池效率衰降仅为13%左右。此外,日本Sharp公司采用剥离盖片、有机玻璃和薄膜层压三种方式进行了封装技术研究。其电池组件在−178~161℃下热循环840次,效率衰降小于0.5%。美国Spectrolab公司将Ge基三结电池衬底减薄技术制备了面积为12~24 cm^2的三结薄膜砷化镓电池,效率约29%(AM0),质量比功率1 300 W/kg左右(Ge衬底较重)。其采用的技术路径为Ge衬底减薄技术,将Ge基GaInP/GaAs/Ge的电池衬底减薄至70 μm以下,从而实现电池的薄膜化。但与柔性聚合物薄膜衬底相比,其得到的薄膜砷化镓太阳电池质量比功率较低,且弯曲性能有一定的差距。美国Emcore公司的四结薄膜砷化镓太阳电池用倒装多结生长技术和外延层剥离技术,效率最高可达33.6%(AM0),但面积仅为4 cm^2。该电池结构为$GaInP/GaAs/In_{0.3}Ga_{0.7}As/In_{0.6}Ga_{0.4}As$。该柔性高效太阳电池经过162次的温度交变试验后,性能没有明显变化。由于该样品制备在质量很轻的Kapton衬底上,电池质量比功率超过2 500 W/kg。

上海空间电源研究所早在“十一五”期间,就通过对衬底转移和剥离技术进行攻关,实现了小面积薄膜砷化镓太阳电池(4 cm^2)的研制。“十二五”期间通过对大面积薄膜砷化镓太阳电池的关键技术研究,实现了12 cm^2薄膜砷化镓太阳电池的研制,在标准AM0光谱模拟器下测试,电池的开路电压为3.01 V,短路电流密度为16.8 mA/cm^2,填充因子为0.845,光电转换效率达到了31.5%。国内乾照光电采用倒装三结电池结合外延层剥离的技术途径，实现薄膜砷化镓太阳电池效率 29%～30%(AM0)(报道中获得)。中国电子科技集团公司第十八研究所、三安光电目前正在开展三结薄膜砷化镓太阳电池的研究。在薄膜化过程中，中国电子科技集团公司第十八研究所采用的是外延层剥离工艺，三安光电采用的是衬底腐蚀工艺。

随着我国空间、临近空间整体技术的发展，对能源系统的要求越来越高。对太阳电池阵来说，一方面要求提高太阳电池阵的输出功率，另一方面要求不断降低自身质量以提高比功率。此外，以无人机为例，一些需要曲面贴装的应用工况越来越多。薄膜砷化镓太阳电池具有高效率、高质量比功率以及轻质、柔性等特点，在空间能源、临近空间飞行器以及地面光伏应用中均有着良好的应用前景。

薄膜砷化镓太阳电池可用于满足二代导航、高轨预警卫星、空间攻防卫星、深空探测等卫星型号对高效率、高质量比功率太阳电池的需求。薄膜砷化镓太阳电池的应用可以大幅降低太阳电池阵的质量和收拢体积，降低发射成本。

随着无人机等临近空间飞行器的迅速发展，能源技术已成为限制其航行时间和续航能力的瓶颈技术。考虑到对质量的苛刻要求和机翼的形状分布，需要研发可贴装的柔性、轻质高效太阳电池，提高无人机的能源供给能力。薄膜砷化镓太阳电池可用于满足无人机、平流层飞艇等临近空间飞行器对柔性、高效率、高质量比功率、轻质太阳电池阵的重大需求，推动临近空间技术的整体发展。

在地面武器装备能源领域，随着地面战争发展需要，单兵装备中对太阳能发电组件也提出了质量体积小、抗冲击能力好的要求。而传统刚性组件质量体积大、刚性易破碎、不可弯曲，在这两个方面具有先天不足。薄膜砷化镓太阳电池具有质量比功率高、抗冲击能力强、可弯曲、方便携带，是能够适应多种作战环境的特点的理想单兵能源。此外，薄膜砷化镓太阳电池还可以应用到便携式充电器、可穿戴设备、智慧城市建设、智能机器等各个领域，具有非常好的应用前景。

9.4.1　砷化镓薄膜材料物理基础

1. 太阳电池功能材料

薄膜砷化镓太阳电池是采用衬底剥离技术，将生长在刚性砷化镓晶圆上的外延层转移到柔性衬底上得到的，因此太阳电池功能材料与刚性砷化镓太阳电池基本一致，主要包括了 GaInP 子电池材料、GaAs 子电池材料、InGaAs 子电池材料等(参见第 5 章砷化镓太阳电池部分)。

2. 柔性衬底材料

薄膜砷化镓太阳电池是在传统的刚性电池制备的基础上将刚性的 GaAs 衬底转换成柔性衬底，因此柔性基底的选择尤为重要。由于柔性衬底薄膜是能卷绕的、作为镀膜基底的材料，且复杂的太阳电池器件工艺对柔性衬底材料也提出了严苛的要求：首先要求具有良好的耐温特性(>400℃)，这主要是由于薄膜砷化镓电池在制备过程中的键合工艺、光刻、蒸镀金属膜等过程均涉及较高的温度，因此对柔性衬底材料的耐温性提出较高的要求；其次要求柔性衬底具有较低的放气率。键合、蒸发等工艺均是在真空室中进行，如果放气率高，真空室将难以抽到足够低的本底真空度，从而影响成膜质量和键合质量，即使抽到了满足要求的本底真空度也会耗费较长时间，增加了工艺成本；第三是要求柔性衬底具有较小的内应力，在器件工艺过程中不能由于内应力的释放而使得薄膜砷化镓电池衬底产生伸缩或者拉伸现象；因此常用的柔性衬底主要包括金属薄膜或者聚合物薄膜材料，各类常用材料的基本特性如表9.6所示。

表9.6 常用柔性衬底基本材料特性

参　数	Cu	Kovar	PI
密度/g・cm^{-3}	8.92	7.98～8.17	1.39～1.45
热膨胀系数/℃	16×10^{-6}～17×10^{-6}	5×10^{-6}	10^{-5}～10^{-6}
电阻率/Ω・m	1.7×10^{-8}	4.6×10^{-5}	10^{14}～10^{15}
拉伸强度/MPa	245～315	480～850	180～400
弹性模量/GPa	100～130	116～142	2～4
耐温极限/℃	1 083	1 320	400
典型厚度/μm	20～40	20～40	25,50,100

金属薄膜比较常用的有铜衬底和可阀合金衬底。铜衬底具有良好的耐磨性、优异的耐腐蚀性和催化性能，导电性极好，且电流密度分布均匀。但铜粗糙的表面结构依然会对外延层的转移产生一些不良的影响：铜表面的台阶状结构可能会使外延层晶向发生偏转，从而形成晶界等缺陷。可阀合金具有良好的导电性、稳定性、耐腐蚀性和机械性能，且与砷化镓材料的热膨胀系数较为接近。

目前常用的聚合物薄膜材料以聚酰亚胺(PI)为最典型的代表。聚酰亚胺(PI)衬底具有优良的力学性能和优异的机械性能，能够耐高温、低温和辐射并且具有低介电常数和高电阻率等优异的性能，能够在250℃以上长期使用。但其表面亲水性差，导致其与胶黏剂、金属黏合性较差。

9.4.2 电池结构及工作原理

砷化镓薄膜太阳电池是在刚性砷化镓太阳电池基础上，采用外延剥离和衬底转移技术，将电池材料从生长衬底上剥离下来，并转移至柔性衬底上制作成的光电转换器件，其原理如图9.27所示。其中生长衬底是用于电池材料外延生长，要求其与Ⅲ-Ⅴ族电池材料具有良好的晶格匹配，由于砷化镓(GaAs)衬底、锗(Ge)衬底与砷化镓电池材料晶格匹配良好，常用于砷化镓薄膜太阳电池材料生长；柔性衬底是用于支撑电池材料，增强其机械性能，实现柔性化，可根据应用环境，选择塑料、金属或金属合金等轻质、柔性箔材作为衬底，目前常用于砷化镓薄膜太阳电池的柔性衬底有PI、Cu、Cu/Mo、Ni合金等几种。相对刚性砷化镓太阳电池，砷化镓薄膜太阳电池采用柔性材料作为衬底，具有超高质量比功率、轻质、柔性等特点，不仅适合对电池质量敏感的应用场景，而且可适应异型、曲面等复杂环境应用。

在电池材料生长方面，与刚性砷化镓太阳电池相似，可采用不同带隙的Ⅲ-Ⅴ族材料组合，生长多结砷化镓太阳电池材料，实现更高效率的光电转换。如AM0光谱下，采用单结GaAs(1.5 eV)电池效率达到19%以上、双结GaInP(1.9 eV)/GaAs(1.4 eV)电池效率达到25%以上、三结GaInP(1.9 eV)/GaAs(1.4 eV)/InGaAs(1.0 eV)电池效率达到30%

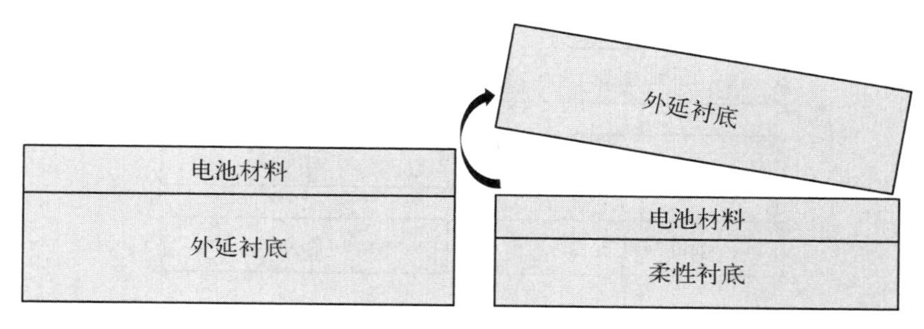

图 9.27　砷化镓薄膜太阳电池外延剥离-衬底转移原理示意图

以上，其典型电池结构如图 9.28 所示。在太阳电池器件方面，砷化镓薄膜太阳电池可根据选择柔性衬底材料特性，设计成共面电极和异面电极两种，极大地拓宽了砷化镓薄膜太阳电池的集成方式。其中采用金属或合金衬底则正、负电极可设计为异侧，即为异面电极；采用塑料衬底，则正、负电极可设计在同侧，即为共面电极。

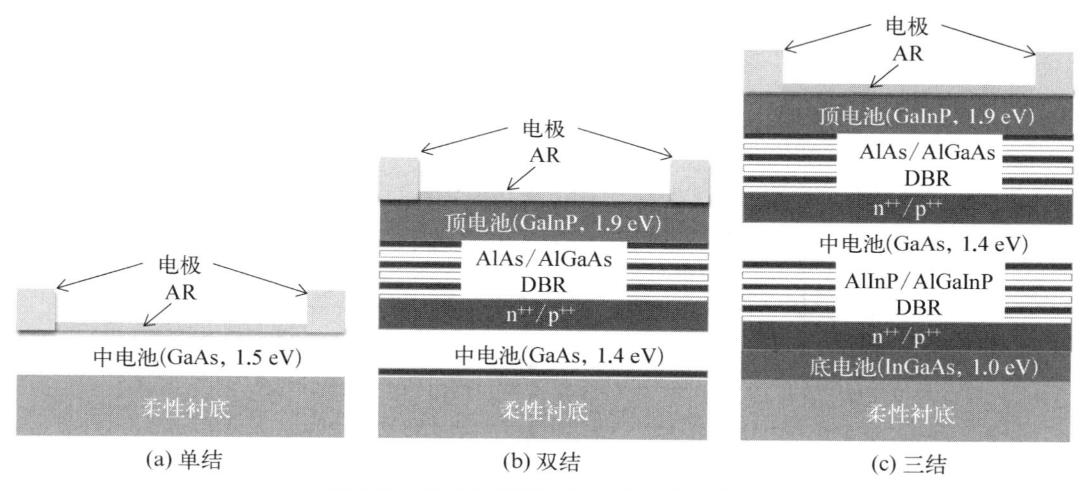

图 9.28　砷化镓薄膜电池基本结构示意图

9.4.3　电池主要制备方法

砷化镓薄膜太阳电池通用制备流程如图 9.29 所示，除了柔性衬底制作、刚性衬底支撑、外延衬底剥离、刚性衬底剥离外，其他工艺与刚性砷化镓太阳电池工艺一致(参见第 5 章砷化镓太阳电池部分)。

1）外延生长

薄膜砷化镓台电池是刚性砷化镓太阳电池设计结构的基础上通过外延层剥离技术，将三结砷化镓太阳电池常规刚性衬底换成柔性材料衬底，在保证较高转换效率的同时，实现太阳电池质量比功率大幅度提高的目的，并使其具有一定的柔性。薄膜砷化镓太阳电池的电池结构与空间三结砷化镓太阳电池的不同之处主要为：第三结子电池采用了晶格大失配材料，并且电池衬底采用了柔性 PI(聚酰亚胺)聚合物衬底。此外，电池生长方式不同，薄膜砷化镓太阳电池采用倒装生长，即在砷化镓衬底上依次生长顶、中、底电池，然后将其转移至聚酰亚胺衬底上，并去除砷化镓衬底，得到柔性三结砷化镓太阳电池。其详细结构如图 9.30 所示。

外延生长
柔性衬底制作
刚性衬底支撑
外延衬底剥离
光刻制备上电极图形
制备上电极
套刻上电极
清洗腐蚀
减反射膜制备
去胶及划片
刚性衬底剥离
合金
性能测试
存放

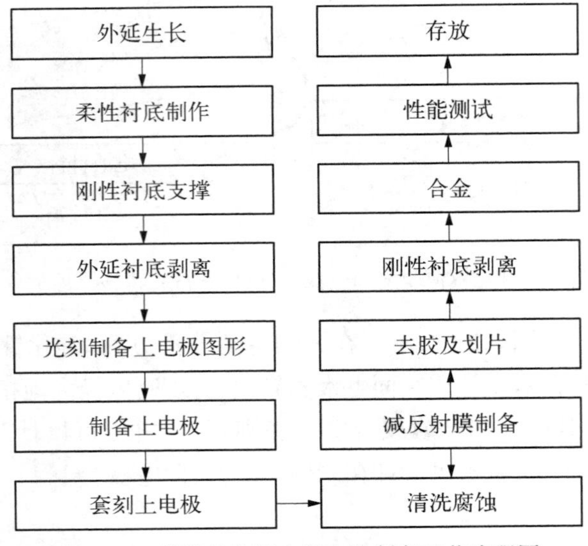

图 9.29　薄膜砷化镓太阳电池制备工艺流程图

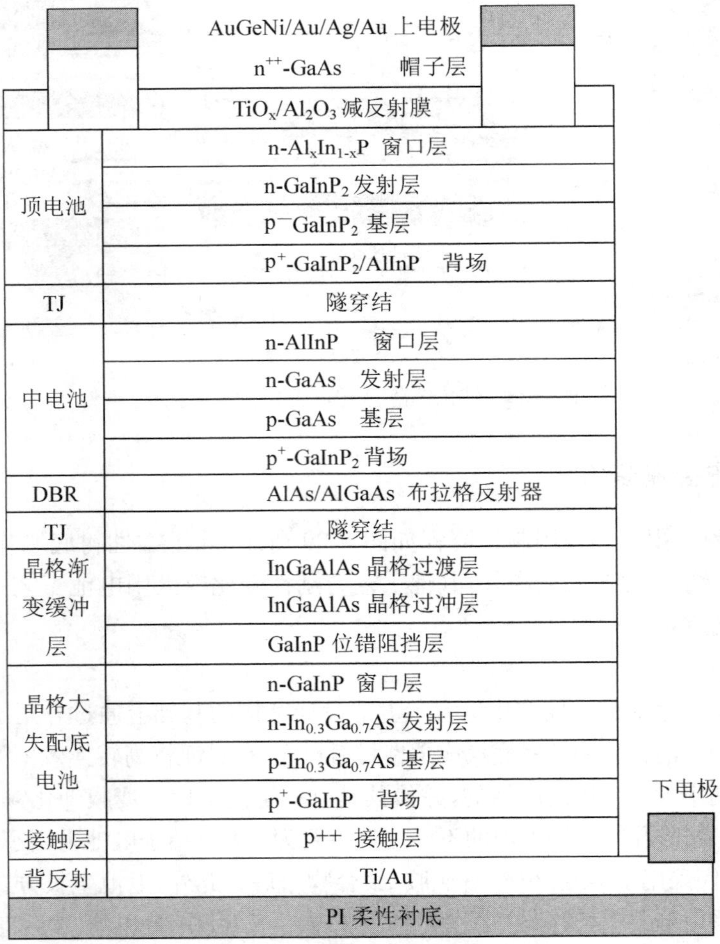

AuGeNi/Au/Ag/Au 上电极
n++-GaAs 帽子层
TiOx/Al2O3 减反射膜
顶电池
n-AlxIn1-xP 窗口层
n-GaInP2 发射层
p−GaInP2 基层
p+-GaInP2/AlInP 背场
TJ
隧穿结
中电池
n-AlInP 窗口层
n-GaAs 发射层
p-GaAs 基层
p+-GaInP2 背场
DBR
AlAs/AlGaAs 布拉格反射器
TJ
隧穿结
晶格渐变缓冲层
InGaAlAs 晶格过渡层
InGaAlAs 晶格过冲层
GaInP 位错阻挡层
晶格大失配底电池
n-GaInP 窗口层
n-In0.3Ga0.7As 发射层
p-In0.3Ga0.7As 基层
p+-GaInP 背场
下电极
接触层
p++ 接触层
背反射
Ti/Au
PI 柔性衬底

图 9.30　薄膜砷化镓太阳电池结构示意图

为了实现外延层剥离，首先需要在生长电池材料之前，先在 GaAs 生长衬底上制备一层剥离层（又叫牺牲层）。待整个电池外延完成后，通过对剥离层的化学侧向反应作用，将剥离层去除，实现外延层与衬底直接的剥离。因此要求剥离层材料和电池材料之间具有高度化学选择腐蚀特性。同时为不影响电池材料的生长质量，要求该剥离层厚度必须很薄，并且具有非常好的组分及厚度均匀性。柔性高效太阳电池的外延剥离层选择 AlAs 材料，厚度为 20～50 nm，选择 Si 作为 n 型掺杂剂，掺杂浓度为$(1\sim5)\times10^{18}\ \mathrm{cm^{-3}}$。

为了实现晶格常数由 GaAs 向 $In_{0.3}Ga_{0.7}As$ 的过渡，需要采用晶格渐变缓冲层进行过渡。本项目选择 InGaAlAs 四元材料作为晶格渐变缓冲层，每层厚度为 200～250 nm，总层数约为 8 层，采用 p 型掺杂，载流子浓度设计为$(3\sim5)\times10^{18}\ \mathrm{cm^{-3}}$左右。

为了进一步阻止位错向中电池和顶电池的穿透左右，需要采用位错阻挡层。选择 Ga0.22In0.78P 材料为位错阻挡层，厚度为 0.5～0.8 μm，采用 p 型掺杂，载流子浓度设计为$(3\sim5)\times10^{18}\ \mathrm{cm^{-3}}$左右。

$In_{0.3}Ga_{0.7}As$ 中电池采用倒装结构，即依次窗口层、发射区、基区和背场。厚度选择应保证充分吸收长波段的太阳光能量，一般选取 3.5 μm。$In_{0.3}Ga_{0.7}As$ 发射区的设计主要遵循保证高的开路电压 V_{oc} 和降低载流子复合两个原则，因此载流子浓度一般设计在 $1\times10^{18}\ \mathrm{cm^{-3}}$以上，厚度控制在 0.3 μm 以内。

2）柔性衬底制作

砷化镓薄膜太阳电池柔性衬底制作，是选择耐候性和半导体工艺兼容性的塑料或金属或金属合金材料，在背面电极上形成一层增强电池材料热力学性能的柔性衬底。根据制备方式的不同，柔性衬底制作分为间接制备和直接制备两种，其中间接制备一般采用金—金或共金键合方式，在电池材料和柔性衬底表面分别预先制备一定厚度的金属层，然后在真空环境下通过高温、高压使得临近表面金属原子互扩散连接，从而实现柔性衬底制作；直接制备是将柔性衬底材料直接复合在电池背面，可采用真空镀膜、电镀或涂覆等方式实现，相对前者，直接制备工艺成熟、制程简单。为实现半导体欧姆接触，降低光生电流损耗，通常选择钛作为砷化镓薄膜电池的背面接触金属层，图 9.31 为采用金—金键合方式和电镀方式制备柔性衬底。

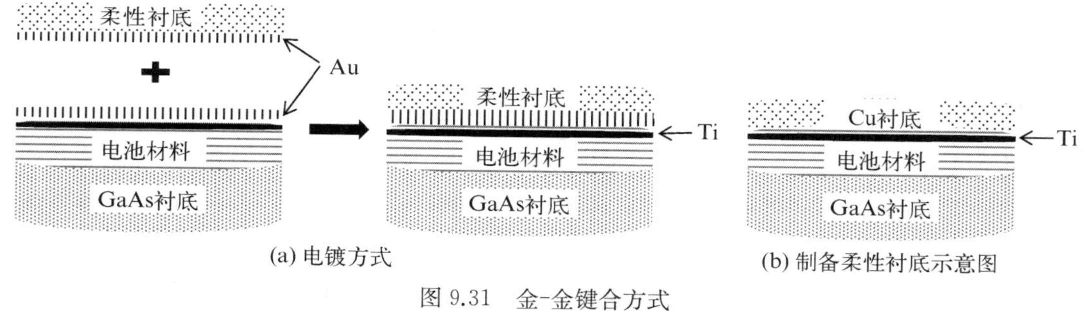

图 9.31　金-金键合方式

3）刚性衬底支撑

刚性衬底支撑是采用选择临时黏接材料，通过真空热压键合或真空黏接等方式将电池材料与刚性衬底绑定的过程，其目的是保证微米量级的电池材料可进行器件工艺，

图9.32为临时刚性衬底转移示意图。要求刚性衬底和临时黏接层材料的厚度、总厚度偏差(total thickness variation，TTV)满足光刻制程，耐温性、耐酸碱性、耐氧化性以及真空环境适应性等与半导体器件工艺兼容性，完成器件工艺制程后，砷化镓薄膜太阳电池容易从刚性衬底上剥离下来。常用的临时黏接材料有光敏感树脂和热敏感树脂材料，即通过光照或者加热控制临时黏接材料与刚性衬底黏附力。

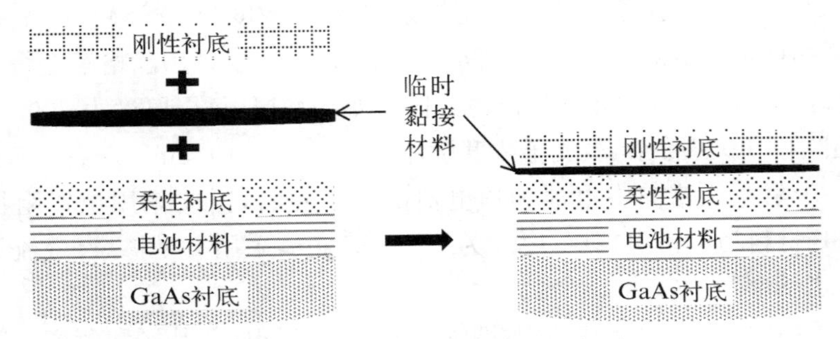

图9.32　临时刚性衬底转移示意图

4）外延衬底剥离

外延衬底剥离包括衬底可重复利用和非重复利用的剥离技术两种，前者是在电池材料与衬底之间生长一层剥离层(又叫牺牲层)和腐蚀截止层，利用牺牲层与截止层之间高度化学选择腐蚀特性，采用选择性腐蚀溶液对牺牲层进行侧向腐蚀，从而实现电池材料的无损剥离，如图9.33所示，该技术除了要求剥离层具有高度的选择性化学腐蚀比外，对其组分、厚度及其均匀性要求较高，常用的剥离层材料为AlAs，厚度约为20～50 nm，n型掺杂，掺杂浓度为$(1\sim 5)\times 10^{18}\ cm^{-3}$；后者是在电池材料与衬底之间生长一层腐蚀截止层，采用选择性腐蚀溶液将生长衬底完全腐蚀，从而实现电池材料的无损剥离，相对前者，衬底完全腐蚀工艺简单，效率高。

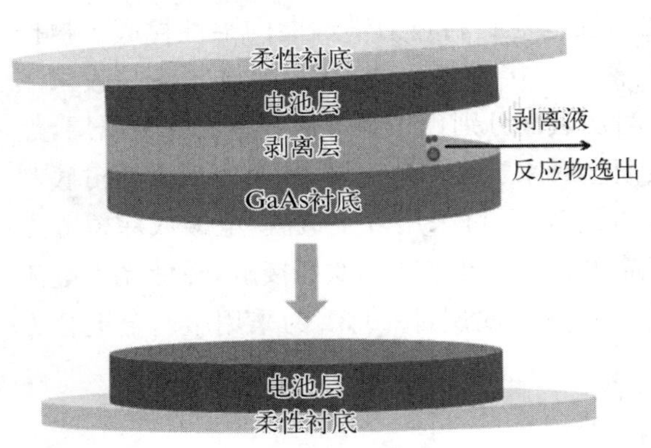

图9.33　外延衬底剥离示意图

9.4.4　发展趋势

随着未来临近空间飞行器等对薄膜砷化镓太阳电池的需求不断增加，迫切需要在提升电池性能的同时，开展可靠性和环境适应性研究，同时改进现有工艺技术进一步降低生产成本，具体如下。

(1) 目前我国研制的薄膜砷化镓太阳电池主要以双结、三结电池结构为主，根据国际先进经验，需要开展四结以及以上多结薄膜砷化镓太阳电池的研究，以提升电池光电转换效率。

(2) 未来需要结合应用技术的研究，对薄膜砷化镓太阳电池的材料、结构及工艺进行优化，并开展高低温循环、温度冲击、紫外辐照、电子辐照等可靠性试验研究，以提升薄膜砷化镓太阳电池的环境适应能力和可靠性。

(3) 此外，通过对大面积衬底快速剥离技术、柔性外延层器件工艺技术进行优化，不断简化器件工艺过程，并结合衬底重复利用技术，逐步减少研制周期和生产成本。

思　考　题

(1) 从能带分布方面说明直接带隙与间接带隙半导体的区别。

(2) pn结注入的少数载流子以扩散的方式运动，这称为扩散运动，为什么？

(3) 分析非晶硅薄膜电池、碲化镉薄膜电池、铜铟镓硒薄膜电池、染料敏化电池、有机聚合物电池的光生伏特机制的异同点。

(4) 非晶硅基薄膜材料光致亚稳变化的起因，以及抑制途径有哪些？

(5) 非晶硅薄膜电池与晶体硅太阳电池在工作原理上有什么差异？

(6) 分别画出铜铟镓硒与碲化镉薄膜电池结构示意图，说明工作原理。

(7) 为什么金属与重掺杂半导体接触可以形成欧姆接触？

(8) 薄膜砷化镓太阳电池的主要特点是什么？

(9) 分析非晶硅薄膜电池、碲化镉薄膜电池、铜铟镓硒薄膜电池、染料敏化电池、有机聚合物电池的光生伏特机制的异同点。

第10章　其他物理电源

10.1　新型太阳电池

10.1.1　概述

能源作为整个人类社会生存与发展的基础，和全球的经济增长息息相关。随着全球人口数量的逐渐增加，人们的生活越来越需要能源的支撑。可再生的绿色新能源已变成全世界关心的热点。太阳能作为一种普遍存在且能无限使用的无污染清洁能源，理所当然地成为世界各国政府和能源专家高度重视的能源。因此，开发以太阳能为代表的无公害可再生能源已成为世界能源研究和利用的必然趋势。

太阳电池的转换效率是与一个光子入射到电池上所产生的电子空穴对并输送到外电路的能量有关，目前的电池结构无论是对太阳光谱的吸收及能量的输出都是有限的。因此通过提出光电转换的新模型、新概念，期待有更高光电转换效率电池的出现，成为我们另一个新的期待。

10.1.2　新型叠层太阳电池

太阳光光谱的能量分布较宽，任何一种半导体材料都只能吸收其中能量比其禁带宽度值高的光子。太阳光中能量较小的光子透过电池被背电极金属吸收，转变成热能；而超出禁带宽度高能光子的多余能量，则通过光生载流子的能量热释作用传给电池材料本身的点阵原子，使材料本身发热。这些能量都不能通过光生载流子传给负载，变成有效电能。

因此为了更有效利用太阳光谱能量，可以将太阳光光谱分成连续的若干部分，采用具有不同禁带宽度电池材料与太阳光谱中的若干部分匹配起来，并按禁带宽度从大到小的顺序从外向里叠合，这种结构的电池就是叠层太阳电池。波长较短的光被最顶层的宽隙材料电池吸收，波长较长的光穿过顶层电池到达底层的较窄禁带宽度材料电池利用，这就最大限度地将能量分布较宽的光能变成电能。

1）钙钛矿/晶硅叠层太阳能电池

日本Kaneka公司报道的HBC结构晶硅电池效率达到了26.7%，已逼近其效率极限29.4%，是目前晶硅太阳电池研发效率的最高水平。为了使其超过这个极限，可以在晶硅电池顶层叠加宽带隙材料构成叠层电池，拓宽电池的光谱响应，最大限度地利用太阳能，提高太阳电池的效率。

钙钛矿和硅具有不同的带隙，为了充分利用太阳光谱，钙钛矿太阳能电池可作为顶电池与硅电池形成叠层太阳能电池，即钙钛矿/晶硅叠层太阳能电池，结构如图10.1所示。当钙钛矿的禁带宽度为1.55 eV时，它可以吸收波长小于800 nm的光子，而带隙为

1.12 eV的硅电池可吸收波长小于1 100 nm的光子。两者构成钙钛矿/晶硅叠层电池，可以实现吸收光谱互补，大大提高了太阳光谱的利用率。

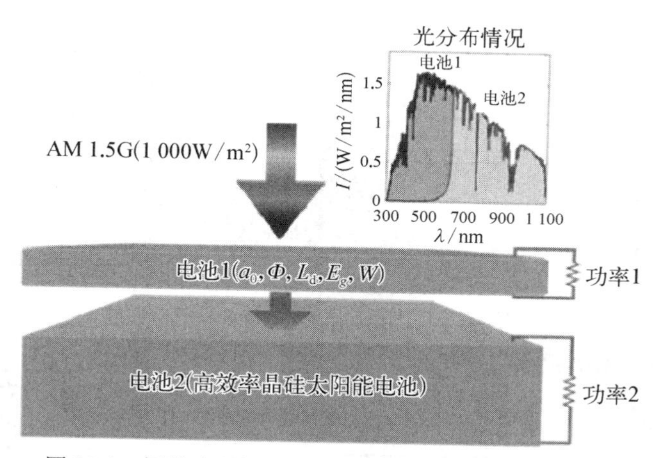

图10.1　钙钛矿/晶硅叠层太阳能电池光谱吸收示意图

在大量研究者的快速推进下，钙钛矿太阳能电池在不到十年的时间内已经实现了超过23%的效率。高效且廉价的钙钛矿顶部电池使得开发超过30%转换效率且低均化成本的叠层太阳能电池成为可能。Oxford PV公司报道了27.3%的两端钙钛矿/晶体硅叠层器件，正式击败了单结晶体硅器件的世界纪录(26.7%)。在这种电池结构中，高带隙钙钛矿顶部电池吸收大部分紫外和可见光子，而红外光子透过钙钛矿层并被底部晶体硅衬底吸收。英国牛津大学钙钛矿领域元老Henry J. Snaith教授团队通过在硅基电池和钙钛矿电池引入纳米晶氧化硅(nc-SiOx：H)界面进行红外光管理，制备的高效钙钛矿/硅异质结叠层太阳能电池器件效率在25.34%左右，其短路电流为19 mA cm^{-2}，开路电压为1 791 mV，填充因子为74.3。

2) 高效Ⅲ-Ⅴ族多结叠层太阳电池

Ⅲ-Ⅴ族材料的禁带比硅材料宽，使得它的光谱响应性匹配较好，光电转换效率较高。目前的GaInP/GaAs/Ge三结叠层太阳电池与AM0光谱不完全匹配，不能充分利用太阳中880 nm以外的红外部分，使GaAs中电池电流密度偏小。因此需要开发三结以上的多结叠层太阳电池，实现对太阳光谱的全光谱吸收，从而获得光谱匹配的高效率太阳电池。研究表明，多结结构是充分利用太阳光谱的有效途径，采用四结以上结构可将现有电池(三结结构)效率由32%提升至34%以上，五结电池效率可达到36%，未来六结电池可提升至38%(图10.2)。

20世纪90年代末期，Olson等在研究第三结材料方面已取得进展，发现$Ga_{1-x}In_xN_yAs$ ($y=0.35x$)与GaAs晶格匹配，并且当$y=3\%$时，其带隙宽度约为1.0 eV。理想电池的GaInNAs太阳电池的$V_{oc}=625$ mV，$J_{sc}=10$ mA · cm^{-2}，FF=0.84。实际获得的第三结电池初步结果显示$J_{sc}=7.4$ mA · cm^{-2}，远低于四结叠层太阳电池所需的电流理想值($J_{sc}>16.5$ mA · cm^{-2})，成为制约四结太阳电池发展的重要因素。

为此，国外先进研究机构已开始五结、六结太阳电池的研究工作。目前突出表现的有

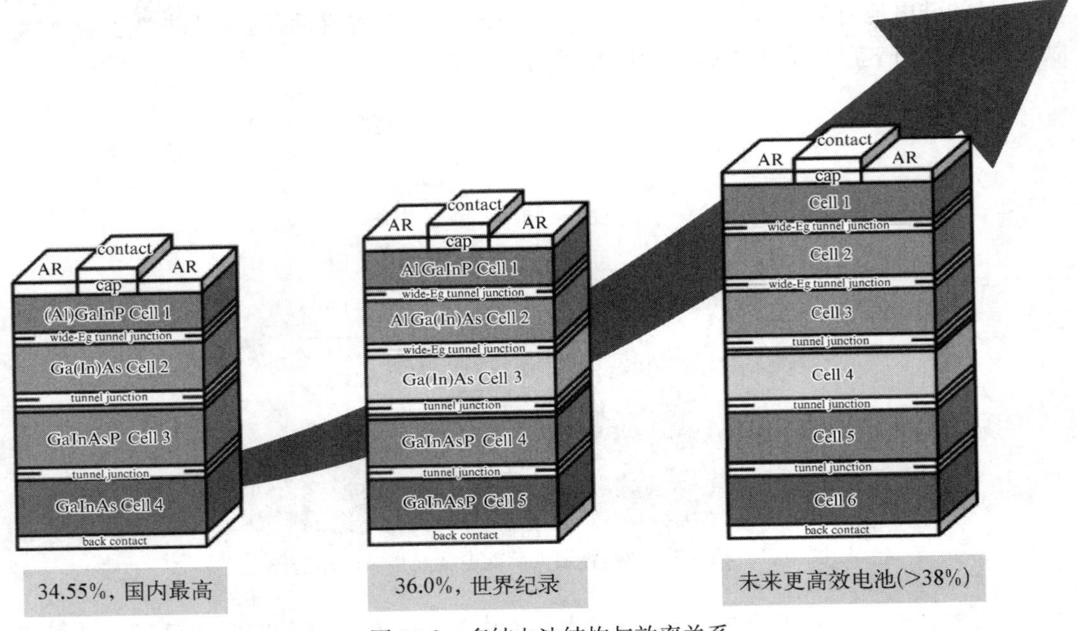

图 10.2　多结电池结构与效率关系

美国 Spectrolab 和德国的 ISE，他们以不同的研究思路分别实现获得更高的开路电压。五结电池是利用了叠层电池不同材料吸收限不同的原理来实现对太阳光谱不同波段的吸收，达到提高效率的目的，其原理如图 10.3 所示。它是由五个子电池通过隧穿结串接起来，五个子电池相互间的匹配直接决定了五结叠层太阳电池的整体性能。电池电压是五个子电池之和，电流由子电池中最小电流限制。

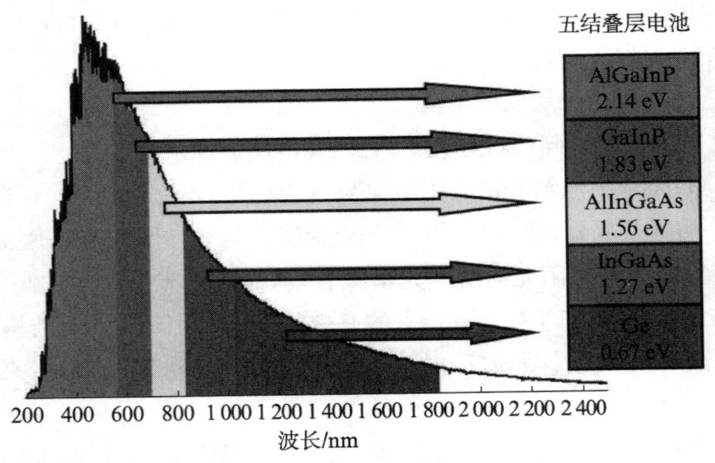

图 10.3　五结叠层太阳电池光谱原理图

在美国，光谱实验室(Spectrolab)在 NREL 关于 GaInNAs 材料研究的基础上，开始研究(Al)GaInP/AlGa(In)As/Ga(In)As/GaInNAs/Ge 五结和(Al)GaInP/GaInP/AlGa(In)As/Ga(In)As/GaInNAs/Ge 六结电池，其基本结构如图 10.4 所示。这种电池中，将带隙高于 InGaNAs 材料部分的光电流划分为 3～4 个子电池，从而构成五结或六结叠层电池。此时，由于电池的吸收层很薄，光电流将降低，正好能够弥补于 InGaNAs 子电池电流低的弱点，很好地实现各子电池间的电流匹配。此外，这种薄型吸收层的设计，对于提高电池的耐辐照性能有很好的作用。

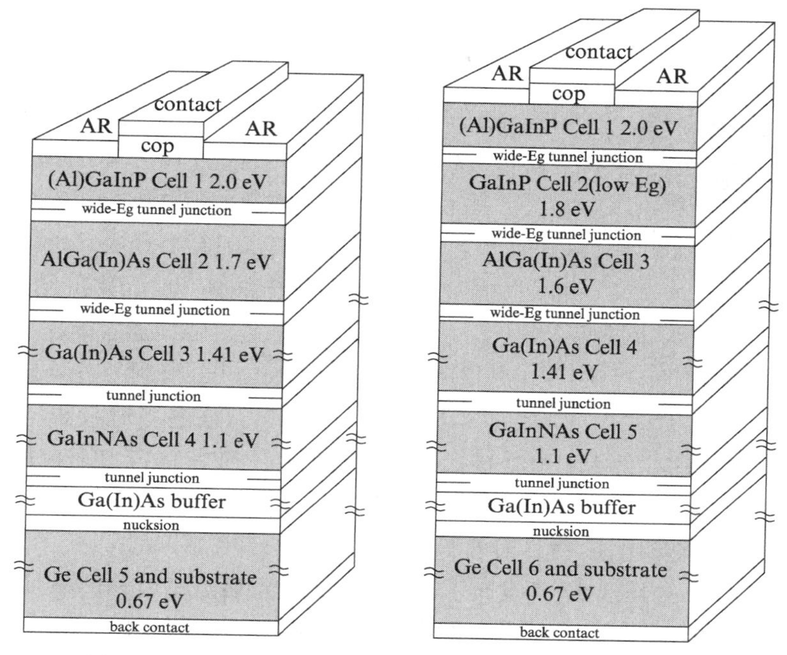

图 10.4　美国 Spectrolab 研究的五结和六结太阳电池结构图

为通过较高的光电压来弥补低电流的弱点，Spectrolab 开展的六结太阳电池研究中，InGaNAs 子电池部分的生长由 NREL 承担，电池材料其余部分的外延、电池的制造工艺及测试均在 Spectrolab 完成。(Al)GaInP/GaInP/AlGa(In)As/Ga(In)As/GaInNAs/Ge 各子电池的带隙及其与光谱的匹配情况如图 10.5 所示。美国光谱实验室基于半导体直接键合技术的高效五结太阳电池测试曲线如图 10.6 所示。

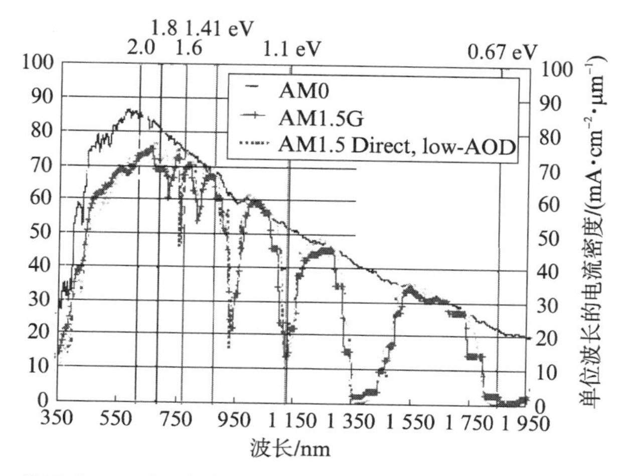

图 10.5　美国 Spectrolab 研究的六结太阳电池各材料带隙与光谱的匹配图

目前,国际上的高效多结太阳电池技术研究以美国的NREL、Spectrolab、Emcore公司、德国的Fraunhofer太阳能研究所、Azur Space公司和日本的Sharp公司为代表,其中,NREL作为基础前沿和新兴技术开发平台给各个企业提供技术支撑,比如在它所推行的高性能光伏项目中,把所开发的基于失配材料结构的三结太阳电池技术转让给了Emcore公司,通过该公司的持续努力,2011年实现太阳电池光电转换效率34.2%。同样2011年Spectrolab基于半导体键合技术也实现四结电池效率为33.5%。后续通过工艺优化,2013年Spectrolab研制的五结电池效率达到35.1%,这是当时世界上效率最高的太阳电池,标志了空间高效太阳电池技术进入了新时代。到2014年其研制的键合五结电池效率达到35.8%(AM0)。2015年Spectrolab公开报道,首次研制出效率突破36%(AM0)的键合五结太阳电池,为目前效率最高的高效多结电池。

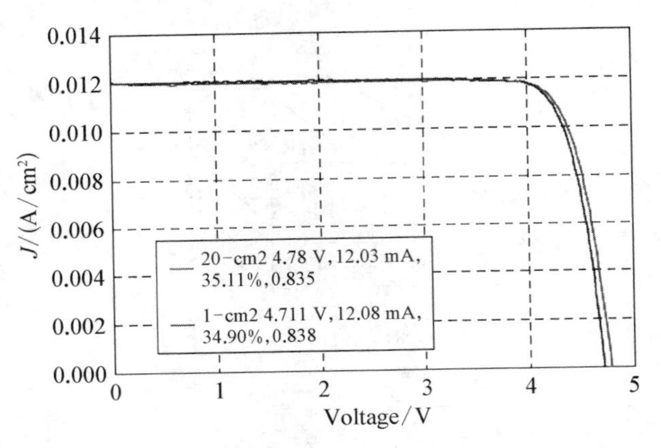

图10.6 美国光谱实验室基于半导体直接键合技术的高效五结太阳电池测试曲线

美国的SolAero公司2017年发布了其最新生产的倒装五结电池产品,最低平均效率为32%(AM0),开路电压为4.78 V,短路电流为10.66 mA,填充因子为0.85。该五结电池开路电压和短路电流均较高,短路电流较低,推测其结构为2.05 eV/1.7 eV/1.42 eV/1.0 eV/0.7 eV。短路电流低,可能是由于顶电池使用了质量较差的四元材料。如何提高顶电池的外延质量,提升顶电池的短路电流,进而提升整个电池的短路电流,是进一步提高电池量子效率,甚至到达理论效率37%的关键点。从上述代表性机构或公司的技术发展历程不难看出,多结技术是提升电池效率的有效途径,也是高效电池的发展趋势。

10.1.3 量子阱太阳电池

Barnham等首先提出在p-i-n型太阳电池的本征层中植入多量子阱(multiple quantum well, MQW)或超晶格低维结构,可以提高太阳电池的能量转换效率。含多量子阱的p-i(MQW)-n型太阳电池的能带结构如图10.7所示。电池的基质材料和垒层材料具有较宽的带隙E_b;阱层材料具有较窄的有效带隙E_a,E_a值的大小由阱层量子限制能级的基态决定。所以,p-i(MOW)-n型电池的吸收带隙可以通过阱层材料的选择和量子阱宽度(垒宽L_b,阱宽L_z)来剪裁,以扩展对太阳光谱长波长范围的吸收,从而提高光电流。

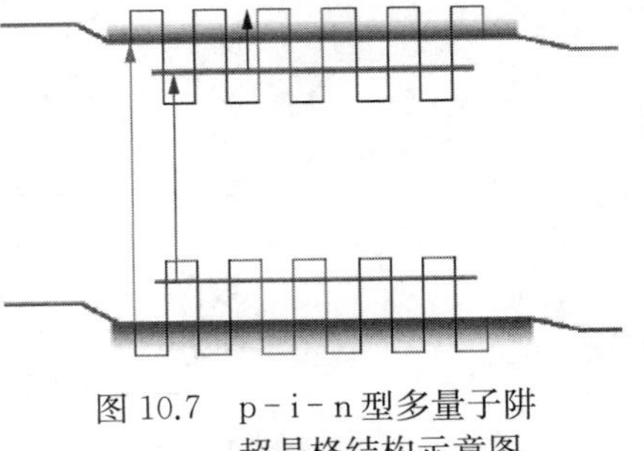

图10.7 p-i-n型多量子阱超晶格结构示意图

有关多量子阱电池的实验研究还不多,大体上集中在晶格匹配的AlGaAs/GaAs和InP/InGaAs系统,以及晶格不匹配的应变超晶格GaAs/InGaAs和InP/InAsP系统。多量子阱太阳电池的效率目前还不够高。日本丰田工业大学杨民举和 Yamaguchi 用 MBE 技术研制了应变超晶格 GaAs/InGaAs p-i(MQW)-n 太阳电池。在本征层中包含 11 个量子阱，阱宽 8 nm，垒宽 72 nm。对于 InGaAs 阱宽的选择，一般不应超过其应变阈值(约 20 nm)；而 GaAs 垒层宽度应大一些，以利于减少或消除因 InGaAs 阱层而引起的应变。他们得到的 MQW 电池的转换效率，在 AM1.5、标准太阳光强条件下为 18%，而在 4 倍光强下上升到 22%。强光下 MQW 效率的增加是由于复活中心得到填充，导致少子寿命增长。伦敦帝国学院(Emperial College London)的 Bushnell 等对 GaAs/InGaAs 多量子阱太阳电池进行了多年的研究，制备方法采用 MBE 和 MOCVD。他们采用 GaAs 衬底，用 GaAsP/InGaAs 应变超晶格系统来减轻 GaAs 和 InGaAs 之间的晶格失配应力，改进了 GaAs/InGaAs 多量子阱太阳电池的性能，获得了 21.9%(AM1.5)的效率。他们还研究了 GaAsP/InGaAs 应变超晶格量子阱数目对电池性能的影响，如表 10.1 所示。可以看出，当量子阱数目从 1 增加到 50 时，V_{oc}和 FF 略有降低，而 J_{sc}显著增加，导致电池的 AM0 效率从 18.4%增加到 19.4%。

表 10.1 GaAsP/InGaAs 应变超晶格；量子阱数目与电池性能的关系

样 品	量子阱数目	V_{oc}/V	J_{sc}/(A·m^{-2})	V_{mp}/V	J_{mp}/(A·m^{-2})	FF/%	η_{AM0}/%
Qt1631U	1	0.963	302	0.88	283	85.8	18.4
Qt1629	10	0.976	205	0.86	290	84.8	18.4
Qt1597	20	0.952	314	0.84	299	83.6	18.5
Qt1630	35	0.959	325	0.82	309	81.4	18.7
Qt1628	50	0.958	333	0.84	312	82.1	19.4

从总体来看，量子阱太阳电池还处于探索试验阶段。它可以扩展长波响应，在很薄的有源层(约 0.6 μm)中获得较高的光电流密度；它可以形成应变结构，扩充了晶格匹配的容限选择；但是器件的暗电流密度较大，影响了电池的开路电压，有赖于结构设计的进一步优化。

10.2 空间核电源

10.2.1 概述

空间核电源泛指在空间应用核能的装置，该装置将核能转化为热能、电能或者推进的动能满足航天器飞行任务的需求。空间核电源具有工作寿命长、生存能力强、结构紧凑、安全有保障等特点，是一种性能良好的空间电源。

空间使用核能包括放射性同位素热源、放射性同位素热电源和核反应堆。放射性同位素热源是利用放射性同位素在衰败过程中的发热特性为航天器提供热量，但还需额外解决航天器的供电问题。放射性同位素热电源在供热的同时，可以利用热电转换提供电力，尽管目前效率偏低，但基本能够满足一般航天器的供电需求。放射性同位素热电源已经在深空探测器中得到了广泛的应用，人类发射的最遥远的航天器——“先驱者 10 号”“先驱者 11 号”“旅行者 1 号”“旅行者 2 号”“新视野号”和“卡西尼号”等都使用这样的装置,"旅行者号"的放射性同位素热电源在工作超过30年后,仍然有电力输出。

空间核反应堆电源是把核反应堆的裂变热能转换为电能,与太阳能、化学能电源相比,可满足更大功率、更长寿命、全天候运行的需求。当前美俄两国均在推动空间核反应堆电源开展新一轮发展。美国重点发展千瓦级小功率电源,以满足深空探测和星体表面供电需求;俄罗斯重点发展兆瓦级大功率电源,以用于装备核电推进航天器。美俄正在研制的空间核反应堆电源运行寿命将大幅提升,可为推进器提供更多能源,为未来深空探索做好技术储备。

10.2.2 空间同位素热/电源

同位素热源(radioisotope heat unit, RHU)、同位素电源(radioisotope thermoelectric generator, RTG)也称同位素电池,在发展初期主要支持近地轨道卫星任务,并在深空探测任务中得到了持续应用。

1) RHU

美国开发了标准RHU用于深空探测极端环境下的航天器设备供热。RHU标准模块采用钚(Pu)238的氧化物(PuO2)作为RHU,初期热功率为1 W,如图10.8所示。整个单元长3.2 cm,直径2.6 cm,质量为40 g,其中燃料球重2.7 g。最早应用RHU的航天器是1989年发射的"伽利略"木星探测器,共装配了120个RHU。随后"探路者号"火星车(1996年)安装了3个,"卡西尼-惠更斯"土星探测器(1997年)安装了117个,"勇气号"(2003年)和"机遇号"(2003年)火星车各安装了8个。

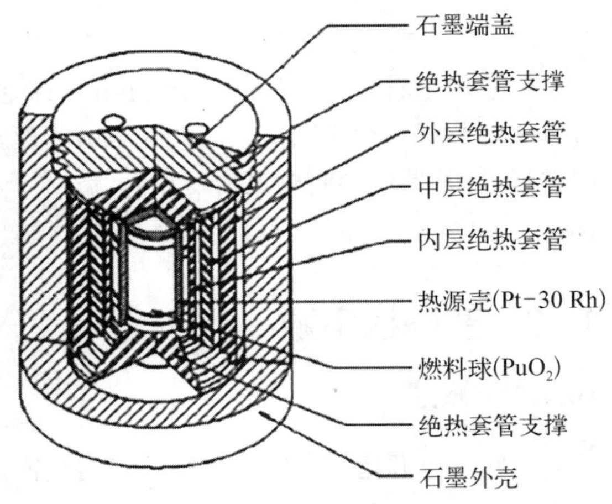

图10.8 美国开发的1W标准模块RHU结构图

苏联在月球表面探测中使用了RHU,分别是"月球17号"(Luna-17,1970年)和"月球21号"(Luna-21,1973年)。中国的CE-3月面探测任务(2013年),着陆器和巡视器均使用了RHU。

RHU使用灵活,可以较好地解决深空极端环境下的热控问题。随着RTG技术不断进步,可以有效利用RTG的废热,从2006年美国发射的"新视野号"冥王星探测器开始不再独立使用RHU。

2) RTG

RTG利用放射性同位素衰变时放射出来的高速带电粒子(如α粒子、β粒子)或γ光子与物质相互作用,射线的动能被阻止或吸收后转变为热能,再通过换能器转变为电能的一种装置。同位素电源的研制工作开始于20世纪50年代中期。美国在当时即制定了“空间核动力辅助计划”(SNAP),其中该计划的单数编号命名同位素发电器,以双数编号命名核反应堆。在日后的航天技术中,同位素电源不再是飞船上的辅助能源,而跃升为主要能源。美国共发射成功21艘载有同位素温差发电器的航天器(未包括发射失败的3艘)。其中8艘为不同类型的人造卫星,用于地球轨道飞行;5艘为登月飞船,用于“阿波罗”计划;8艘为星球探测器,用于外层行星探索。总计使用了37台同位素温差发电器。

RTG的中心部分是用放射性同位素制成的热源,外围紧贴着换能器,当热量通过换能器时,一部分热转变为电能输出,大部分热则通过外壳和散热器释放到周围环境。采用的同位素包括钋(Po)210、钚(Pu)238和镅(Am)241等,见表10.2。经比较其中Pu238性能最优,应用最多,它既具有较好的能量密度(0.55 W/g),又能充分保证长寿命条件下(半衰期87.7年)正常工作。RTG热电转换技术主要包括温差发电和斯特林发电技术。

表10.2 可用于同位素发电器的放射性同位素热源

放射源核素	半衰期/a	射线种类	比功率/(W/g)
^{60}Co	5.26	β,γ	5.54
^{90}Sr	28.5	β	0.223
^{137}Cs	30	β,γ	0.12
^{144}Ce	0.78	β,γ	0.284
^{210}Po	0.38	α	144.8
^{238}Pu	87.7	α	0.45

10.2.3 空间核反应堆电源

核反应堆电源系统与化学电源、太阳能电源、同位素电源相比,其优点是功率大(几千瓦至几兆瓦)、尺寸小、质量轻、寿命长(几个月至十几年)、机动性好、不受光照影响,抗辐射能力强。因此,它是未来军用卫星、空间预警系统、大功率通信卫星、大推力高效率的推进系统的首选电源,也是星际飞行和深空探测的理想电源。

世界上先进国家,特别是美、俄两国,对空间核电源已进行了大量研究。自20世纪60年代起.美国和苏联大力投资研制核反应堆电源,如核反应堆温差电源、核反应堆热离子电源等。1965年4月,美国将SNAP-10A核反应堆温差发电器作为卫星电源送入300 km的轨道,1967年12月,苏联将BUK核反应堆温差发电器作为“宇宙198号”侦察卫星的电源。1987年,苏联发射了2颗载有TOYIA3-1热离子反应堆电源的试验卫星,它的电功率为7 kW(自身消耗2 kW),热电转换效率为5.8%,总质量为1吨,比功率为0.42 kW/100 kg,在轨工作时间接近1年。

早期的小功率空间核反应堆电源包括美国的SNAP-10A,苏联的BUK和TOPAZ,主要是开展技术演示验证,并支持海洋监视任务。SNAP-10A和BUK采用温差发电方式,TOPAZ采用热离子发电方式,均是静态转换空间核电源。2010年后,美国开展了1 kWe级斯特林空间核电源的研究工作,主要目的是支持深空探测和行星际基地。

针对100 kWe大功率级空间核反应堆电源,美国重点发展了3种分别是SP-100,木星冰卫星轨道器(Jupiter IceMoon Orbiter, JIMO)和FSP(Fission Surface Power)项目,可分别应用于天基定向能武器、木星系探测和星表基地,并不同程度地完成了地面演示验证试验。木星冰卫星轨道器使用200 kWe的电推力器作为飞行动力,由核反应堆电源提供电推需要的能源。其中核反应堆电源采用气冷快堆和布雷顿发电方案,反应堆热功率为1 MW,出口温度为1 150 K,系统效率为20%,系统总质量为6 182 kg,设计寿命为20年。FSP项目采用了NaK冷却UO2快堆和斯特林发电方案,其中8台斯特林发电机分成4对两两对置,每台发电机输出电功率为6 kWe,反应堆热功率为186 kW,系统效率为21.5%,系统总质量为5 820 kg,设计寿命为8年。

进入21世纪,由于比冲上的数量级优势,可大幅度降低系统总质量。为此,美国、俄罗斯和欧盟都开展了兆瓦级空间核反应堆电源的探索研究。美国马歇尔航天中心开展了气冷堆和闭环磁流体发电方案研究,气冷堆输出热功率为5 MW,出口温度为1 800 K,选择He/Xe作为发电工质,系统输出电功率为2.76 MW,系统效率为55.2%。俄罗斯于2009年提出发展兆瓦级核动力飞船,计划2025年实现在轨飞行试验。该飞船由核电源系统供电,支持电推进系统实现载人深空探测等任务。空间核电源采用气冷快堆和布雷顿发电方案,其中4个布雷顿发电机两两对置布置,反应堆热功率为3.5 MW,系统输出电功率为1 MW,系统效率为28.6%。

目前,美国投巨资进行的核动力飞船计划,将用核动力飞航60天抵达火星。这种核发电机除了提供飞船所需要的电力外,还可为飞船上的电子设备以及休斯敦发射中心通信联系提供电力。除美俄两国外,法国、德国、日本等国都在积极研制空间核反应堆电源系统。

10.3 热电转换器件

10.3.1 概述

为了将热能转变成电能,目前有两大热电转换器件,即静态转换和动态转换。静态换能方式有以下4种:温差电换能器(thermoelectric, TE)、热光伏发电器(thermophotovoltaic, TPV)、热离子发电器(thermoionic, TI)、碱金属热电换能器(alkali metal thermal to electric converter, AMTEC);其中温差电型(热电型)研究较为成熟,应用最为广泛。动态的换能方式有以下3种:斯特林循环发电器(Sterling engine converter, SEC)、兰金循环发电器(Rankin engine converter, REC)、布雷顿循环发电器(Brayton engine converter, BEC),它们仍处于地面试验和持续观察的阶段。

10.3.2 温差发电器

放射性同位素温差发电器(radioisotope thermoelectric generator, RTG),也称放射性同位素温差电池,是利用塞贝克效应将放射性同位素的衰变热直接转换成电能的发电器件。其结构紧凑、可靠性高、能量—质量比高、寿命长，且无需维护、也不受环境影响。因此，在星际探测任务中(如月球表面和深太空)，它仍是目前的首选核电源。

温差发电是利用两种连接起来的导电体或者半导体的塞贝克效应(Seebeck effect)，将热能转换成电能的一种技术。由两种不同类型的半导体构成的回路如图 10.9 所示。

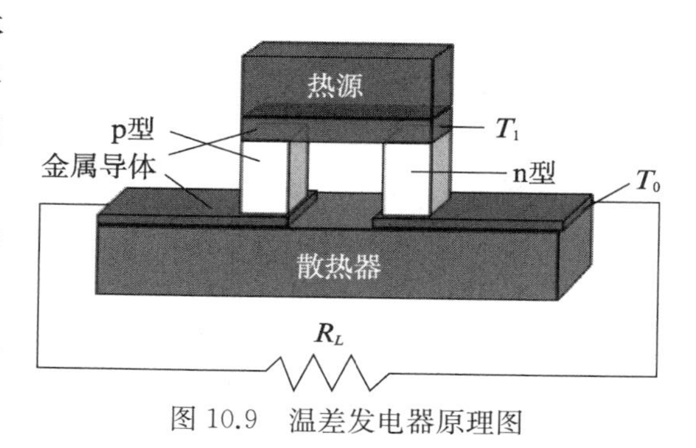

图 10.9　温差发电器原理图

按照热端工作温度的高低，温差发电器可分为以下 3 类：① 高温发电器(700℃以上)，所用温差电材料主要是硅锗合金(传统 GPHS RTG)；② 中温发电器(40～700℃)，所用温差电材料主要是碲化铅(MMRTG)；③ 低温发电器(400℃以下)，所用温差电材料主要是碲化铋。

从应用上讲，决定一种半导体热电材料的优劣不能仅凭其塞贝克系数的大小，热电转换效率很大程度上取决于其组成材料的性能，温差发电的电动势和高低温端间的温差 ΔT 和材料的导热率有关。另外输出电流还与材料的导电率有关。目前最常用的一个参数是材料的优值，其表达式为

$$Z = \alpha_S \sigma / k \tag{10.1}$$

式中，α_S 为塞贝克系数；σ 为电导率；k 为热导率；Z 的量纲为 K^{-1}，研究分析中优值又常采用优值 Z 和工作温度 T 的无量纲积 ZT 表征。提高材料的优值是开发高效热电转换材料的主要方向。目前已有的研究资料表明，在室温下热电转换材料的优值只要能大于 3，热电效率就可以达到令人较满意的水平并可以推广应用。

当前空间应用的温差发电材料主要有两种类型。一种低温热电材料即碲化铅(PbTe)系列，其热端温度和冷端温度分别为 550℃和 165℃，美国 SNAP 计划中 SNAP19 - RTG、SNAP27 - RTG 和 MHW - RTG 有使用。采用碲化铅(PbTe)材料的温差电池分别支持了气象和通信等近地卫星任务，以及“阿波罗计划”“海盗号”“先锋号”和“旅行者号”等深空探测任务。另一种是中温发电材料即 SiGe 系列，热端温度和冷端温度分别为 1 000℃ 和 300℃，美国的 GPHS - RTG (general-purpose heat source radioisotope thermoelectric generator) 和 MMRTG (multi-mission radioisotope thermoelectric generator)都有使用。

10.3.3　热光伏发电器

热光伏(thermo-photovoltaic, TPV)技术是将高温热辐射体的能量通过半导体 pn 结直接转换成电能的技术。也就是说是利用半导体 pn 结在近红外光照射下，产生光生伏特效应，其原理与太阳光伏发电技术相似，只是利用辐射源不同而已。太阳电池利用的光源是太阳光或可见光(400～800 nm)，而热光伏电池是利用红外线热辐射或火焰发出的红外线(800～2 000 nm)。太阳能光伏发电(solar photovoltaic, SPV)技术的辐射源来源于距离地球 1.5×10^8 千米、温度大约 6 000 K 的太阳，而热光伏发电技术接受来自相对低温的

辐射表面(如 1 500～1 800 K 的温度)的辐射能,辐射面与电池的距离可以是几厘米,单位面积电池所接受到的辐射功率远远大于太阳电池的,输出的电功率相应较大。

典型的热光伏系统包括以下几个部分:热源、热辐射器、光学滤波器、热光伏电池。热光伏发电技术可利用的热源非常广泛,如燃气、燃油、核能、工业废热等。同样,对于采用同位素热源的热光伏(radioisotope thermo-photovoltaic, RTPV)系统,辐射器是将热源发出的能量转化为红外辐射能的装置,主要分为黑体辐射器和选择性辐射器。黑体辐射器各个波段的发射率相同且光谱发射率较高(一般高达 90%),多选用耐高温的 SiC 和 SiN 作为材料。选择性辐射器的辐射光谱非常窄且具有单色性,在光伏电池可转化的波段有较高发射率,其他波段有较高反射率。目前研究的选择性辐射器主要包括稀土元素的选择性辐射器、钨光子晶体热辐射器、表面微结构热辐射器、表面带半导体二极管的选择性热辐射器。滤光器是一种光谱选择性透过器件,一般配合黑体辐射器一起使用,与光伏电池所对应波长范围内的热辐射可以透过滤光器到达电池表面,而其他波长范围的热辐射被返回继续加热辐射器,以提高热能源的利用效率,并且可以降低热光伏电池的工作温度。光伏电池的光电转换效率也是决定整个系统效率的重要因素,高效率的光伏电池要求能转化更宽波段的辐射光谱,一般选择禁带较低的转换器材料。现阶段用来作为转换器材料的Ⅲ-Ⅴ族混合物主要包括禁带宽度为 0.72 eV 的 GaSb,以及与 GaSb 相关的禁带宽度在 0.5～0.6 eV 间的三元四元合金(如 InGaSb、GalnAsSb 等)。另外由于热光伏电池本身属于电子产品,其工作效率和自身温度关系很大。因此在 TPV 系统电池的外部通常还要设计一个用来降低光伏电池表面温度的散热装置。

热光伏系统工作原理如图 10.10 所示,通过热源加热辐射器到高温(通常在 1 200 K 以上),辐射器发出的红外辐射一部分经过滤波器到达光伏电池,另一部分返回到辐射器继续加热辐射器,照射到光伏电池的辐射能将一部分被转化为电能,剩下的辐射能将转化为废热,电池通过散热器将废热排出以控制自身温度。

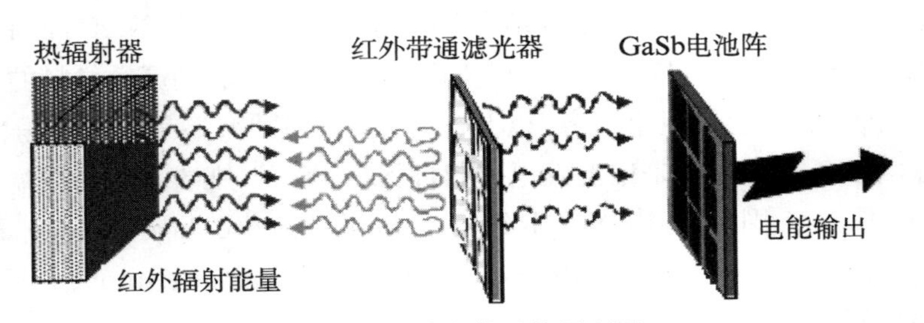

图 10.10　热光伏系统原理图

早在 19 世纪 60 年代,热光伏系统已经开始被研究,但直到 20 世纪 90 年代,随着低禁带的Ⅲ-Ⅴ族化合物(一种高效转换器材料)的出现,热光伏的优越性才得到了证实,并开始受到人们的广泛关注。热光伏电池在发电方面具有很多独特之处,使其在尖端科研领域和军事上有很大的潜在应用价值。目前热光伏技术的研究是个热点,美国、俄罗斯、德国、澳大利亚、英国、瑞士和日本等国的著名的光伏研究机构和大学都在积极开展热光伏系统的研究工作,力图通过基础研究使这项新技术进入实用化。

美国 Creare 研究所最早开始同位素热光伏系统(RTPV)的研究,采用同位素燃料

PuO_2作为热源设计了热光伏系统，该系统装有两个 GPHS 模块，采用氧化锆及多层绝热隔层封装，上下表面布置辐射器材料，可采用光子晶体或者表面刻蚀的选择性辐射器材料。辐射器表面发出辐射光子通过干涉/等离子体滤波器到达电池进行光电转换，电池为禁带宽度为 0.6 eV 的 InGaAs 电池，该系统转换效率达到 17%，输出功率为 100 W，质量比功率可以达到 14 W/kg。

10.3.4　热离子发电器

热离子能量转换器由承担放出电子的高温电极（发射极）和与其面对面放置的低温电极（集电极）构成。热离子发电原理如图 10.11 所示，将发射极（阴极）紧靠着反应堆中的核燃料元件，当核裂变产生的热量将发射极加热到 1 500～2 000℃ 的高温时，发射极中的自由电子得到足够的能量而飞出，由集电极（阳极）将电子收集起来，结果在阳极、阴极和负载之间形成通路，产生了电流。

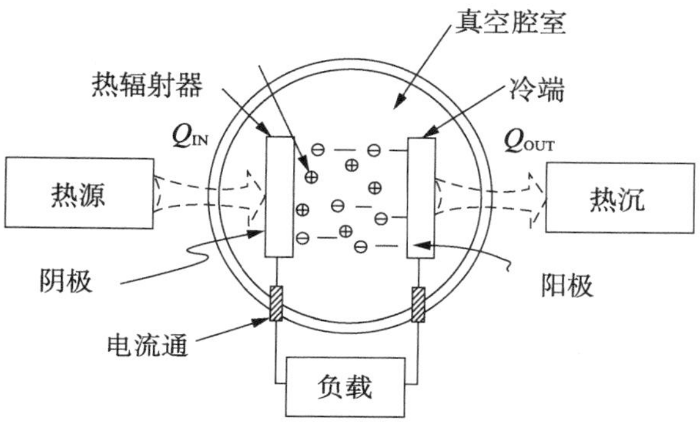

图 10.11　热离子发电器原理图

工程上应用的热离子能量转换器为圆柱形，分为单节和多节两种结构。单节热离子能量转换器结构简单，制造容易，利于核裂变产生的气体排放，辐照肿胀小，转换器寿命长。缺点是输出电流大，损失大。单节空间热离子反应堆电源功率一般在 5～40 kW。多节热离子能量转换器的优点是输出电压高，线路损失小，结构紧凑，当空间热离子反应堆电源功率超过 40 kW 时，多节串联是理想结构。其缺点是制造工艺复杂，核裂变气体排放困难，发射极辐照肿胀大，寿命较短。

热离子能量转换器与核反应堆的组合分为两类：堆内热离子反应堆和堆外热离子反应堆。堆内热离子反应堆热离子能量转换器既做热电转换器件，又作核反应堆的核燃料元件，核裂变燃料装入发射极的空腔中，用核裂变能直接加热发射极，使它发射电子。它是目前世界各国主要研究和发展的空间核反应堆，技术比较成熟，是一种很有发展前途的空间核反应堆。

堆外热离子反应堆是把热离子能量转换器放在反应堆活性区外，反应堆产生的热量用高温（1 500～1 700℃）热管或高温液态金属冷却回路，将热量带到热离子能量转换器的发射极上，使其发射电子。堆外热离子反应堆的最大优点是避免了发射极材料和电绝缘材料的辐照损伤，寿命长，其次，发射极和集电极材料的选择，不受中子吸收截面的限制，可选用热电转换性能更好的铼或铱做发射极，热电转换效率高。此外，反应堆活性区的结构材料减少，堆芯结构紧凑，体积缩小，系统质量大大降低。堆外热离子反应堆的关键问题是要研制高温（1 500℃以上）、长寿命的热管。高温热管要用铟、镓做工作介质，因此，热管材料的耐腐蚀、耐高温和高强度技术是研究的关键。

10.3.5 斯特林发电器

空间斯特林同位素发电系统的基本工作原理为：通过同位素衰变放出辐射能加热热管，热管中充满高压工质气体，工质在这里吸热膨胀、再回到位于吸热器外底部的自由活塞式斯特林发动机的膨胀腔中，推动活塞往复做功，经直流电机转变为电能输出，微波发射器再把电能转换成微波向用户发射。在宇宙空间中热量只能以辐射方式散出，液态冷却工质吸收热量后流经辐射换热器散热，工质经冷却器与冷却工质进行热量交换，冷却后流回发动机压缩腔压缩，从而完成一个循环，结构如图10.12所示。

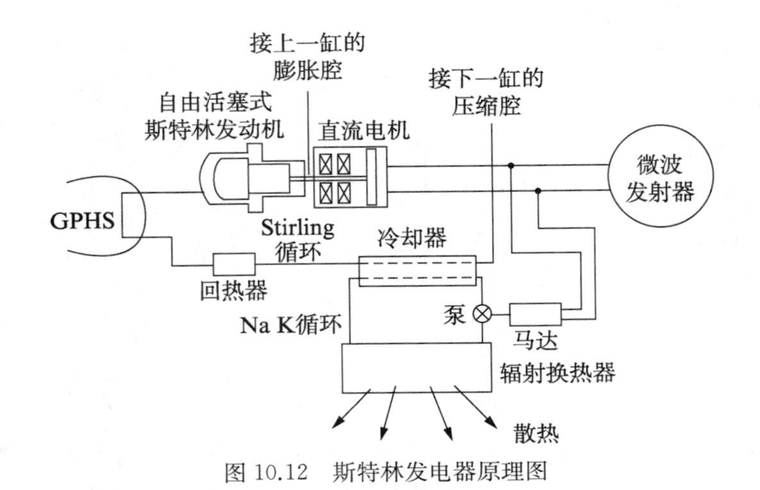

图10.12 斯特林发电器原理图

自1816年罗伯特·斯特林发明了闭式循环斯特林发动机以来，斯特林发动机的发展经历了三个阶段的起伏。斯特林发动机是一种外燃(或外部加热)封闭循环活塞式发动机，其对燃烧方式或外燃系统的特性无特殊要求，只要外燃温度高于闭式循环中的工质温度即可。根据发动机的设计要求，外部热源的温度有的高达2 300 K，低的只有几度温差。斯特林发动机的闭式循环系统由膨胀腔、加热器、回热器、冷却器和压缩腔组成，并依上列次序串接在一起组成循环回路，其内封入有很高热传递能力的工质，依靠活塞的运动使循环系统的有关容积发生周期性的变化，工质得以在循环系统中做周期性的往复流动。工质在较低温度下被压缩，然后在较高温度下发生膨胀做功。理想的斯特林循环等容加热—等温膨胀—等容冷却—等温压缩4个过程组成，其循环效率为卡诺效率。

10.3.6 布雷顿循环发电器

布雷顿循环(Braytom cycle)也称为焦耳循环。是以气体为工质的热交换循环，理想的布雷顿循环包括四个工作过程：等熵压缩，等压加热，等熵膨胀和等压吸热。布雷顿循环可以是开式循环，也可以是闭式循环。在核反应堆热源中只能采用闭式循环。闭式布雷顿循环发电系统主要由高、低温换热器，涡轮，压气机和发电机等部件组成，其利用率高、低温热源的能量输出轴功，进而带动发电机将机械能转化为电能，见图10.13。

布雷顿循环是美、俄发展大功率空间核动力的主要研究方向。核反应堆的热能传递

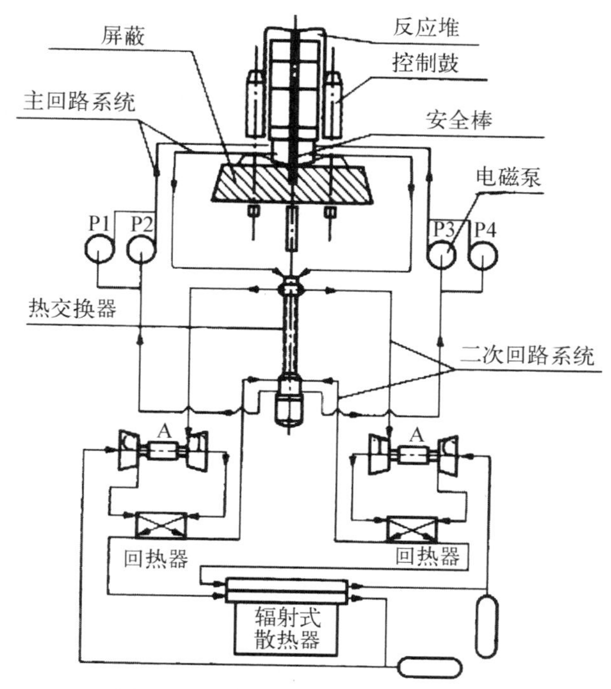

图 10.13　布雷顿循环发动机示意图

给布雷顿(Brayton)发动机实现热电转换。工质流体为惰性气体，低温低压循环工质气体经压气机压缩成高压气体后进入发动机，通过与燃烧室高温壁面进行热交换，气体温度大幅升高；高温高压气体进入涡轮膨胀做功，将热能转化为机械能带动压气机和发电机工作，通过发电机将机械能转化为电能；做功后的循环工质温度和压力都大大降低，再进入低温换热器与温度较低的燃料进行热交换，使循环工质温度达到最低点，燃料温度上升；经低温换热器冷却后的循环工质重新进入压气机开始新的循环。

闭合循环的布雷顿转换系统的主要优点在于它的转换效率高(达到 40%)、工作寿命长(达到 30 年)和循环费用低。这些优点对于要求提供大功率和压缩气体的系统来说是非常重要的。NASA 的 Glenn 中心已经用氙离子推进器演示了功率为 2 kW 的布雷顿循环机的能量转换装置。该项测试是作为核电推进器实验的一部分进行的。试验显示这种转换器可以提供高电压，并能把电压调节到离子推进器要求的范围。这种转换的功率范围宽，功率可以从数十千瓦(如法国国 20 kW 的空间核电源)到兆瓦级(如俄罗斯热功率为 3 MW，电功率为 0.8 MW 的电推进电源)，但它的轴速每分钟达到 3 万至 6 万转，如何防止转轴磨损、在空间条件下保持系统的正常运行等技术需要进一步研究突破。

10.4　激光电池

激光电池是激光传能技术最核心的技术，激光电池的转换效率是衡量激光电池性能和影响激光无线传能系统能量效率的关键因素。

目前，市场上常见的光电池有硅光电池、掺锂光电池、硫化镉光电池等，但转换效率都

不理想。图10.14是常见的半导体材料的光谱响应范围。GaAs室温下的禁带宽度E_g是1.425 eV,可吸收目前810～830 nm大功率激光并将光能转换为电能,而且内量子效率可达95%以上,是较为理想的激光光伏电池材料。基于GaAs材料的激光电池研究一直占据激光无线传能技术的主要地位。

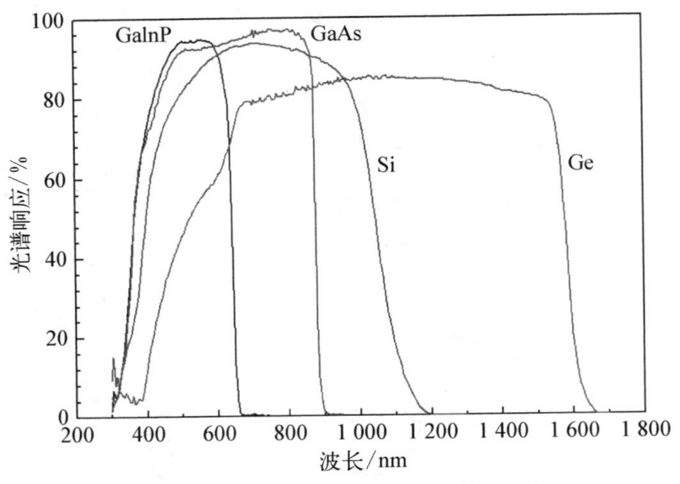

图10.14　不同半导体材料的光谱响应曲线

激光电池与太阳电池相仿,是通过半导体材料吸收入射光子,形成电子空穴对,然后通过pn结实现载流子的有效分离形成电流输出。由于激光光谱的单色性,与太阳光谱相比,可以实现没有长波波段的光学透射损失,因此,经过光伏电池进行光电转换时,能量热损失,因而光电转换效率高。图10.15是不同波长下激光电池的理论效率。

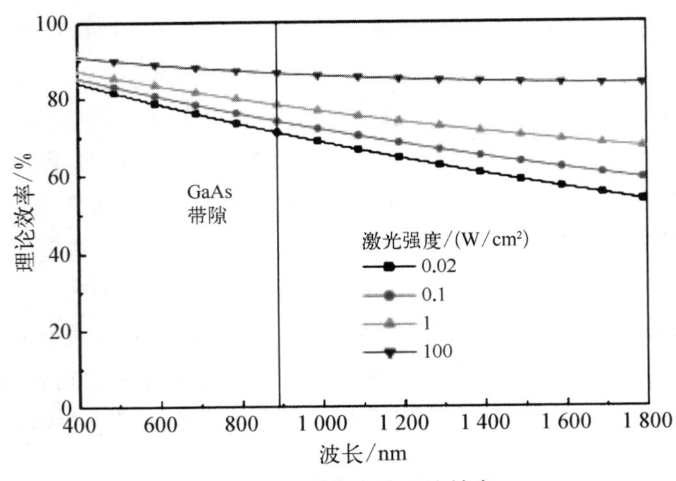

图10.15　激光电池理论效率

考虑实际半导体材料器件工艺技术影响,经过仿真计算,面向常见的不同波长的激光电池效率如表10.3所示。另一方面,激光电池的特点是电流大,在1 000 W/m^2的激光辐照条件下,光电池的电流密度通常在60 mA/cm^2以上,因此如何克服电路中的电阻热损耗至关重要。

表 10.3　面向不同波长的激光电池转换效率

激光波长/nm	电池开压/V	转换效率/%
632	1.56	64
808	1.14	59.7
1 300	0.56	47
1 550	0.4	38

尽管在激光电池应用方面各国有不同的实验研究，但是其电池技术并没有太大差异。传统的激光电池结构一般为单结电池，如 808 nm 的砷化镓激光电池的开路电压只有 1 V 左右，通常不能直接驱动用电器。在进一步工程化应用时，主要是通过外部串并联的方式，实现多个激光电池的串联。而常规外联方式存在焊接及布片率的损耗问题，特别是对于大功率的激光辐照，需要尽可能提高布片率，在有限的面积上提高激光电池的开压及输出功率。

过去，采用内联组件技术，在单片电池上采用光刻腐蚀和多次套刻的办法，制作多个子电池，在单片内部进行互联，可以有效提高电池的布片率，并能够降低串并联损耗。但其器件工艺复杂，可靠性不高，难以实现工程化应用。

2003 年西班牙报道了直径为 2 mm、4 个扇形区或 6 个扇形区构成、开路电压分别为 4 V 和 6 V 的两种激光光伏电池，4 V 电池在 150 mW、808 nm 激光照射下获得最大转换效率 45.4%，而 6 V 激光光伏电池在激光功率为 240 mW 时得到最大转换效率 43.7%。

2009 年德国弗朗霍夫报道了直径为 1 mm、由 2 个半圆串联的激光光伏电池器件，在 180 mW、810 nm 激光照射下转换效率达 47%；由 6 个扇形串联、开路电压为 6 V 的激光光伏电池的效率为 42%，如图 10.16 所示。

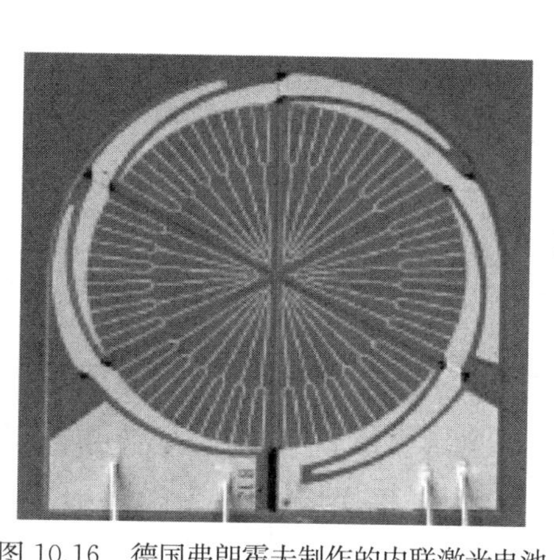

图 10.16　德国弗朗霍夫制作的内联激光电池

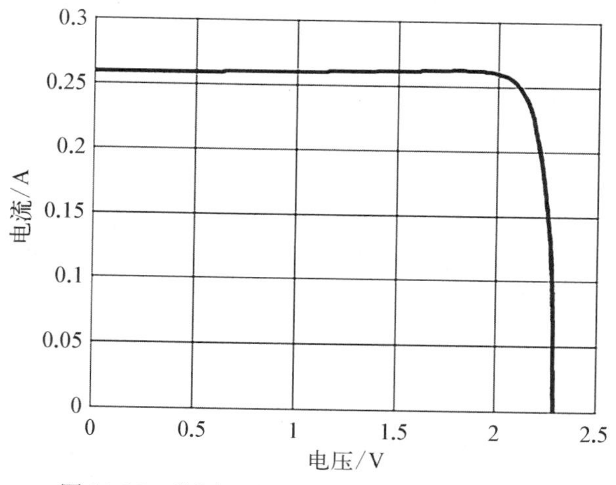

图 10.17　美国 Spectrolab 激光电池 $I-V$ 曲线

2002 年美国 Spectrolab 报道了直径为 1.5 mm 的两个半圆形子电池串联的激光光伏电池，在 450 mW 激光照射下的开路电压达 2 V，效率为 40%。2007 年 Spectrolab 继而报道采用 810 nm 激光入射的光电池效率为 53%。图 10.17 是其电池的 $I-V$ 电学测试曲线。

此外,俄罗斯科学院约飞物理技术研究所采用新型 AlGaAs 材料研制了 AlGaAs/GaAs 激光电池,最高效率达到 54%。

国际上近年来发展出多结串联叠层电池技术,能够实现单片电池的开路电压 5V 以上输出,兼容常规电池器件工艺,是未来电池的发展方向。具体是根据多结叠层电池的原理,将电池吸收层分解为多个子电池(图 10.18),每个子电池均匀吸收同等比例的光,产生同样大小的光生电流,然后通过隧穿结进行连接。

图 10.19 是电池吸收深度与相对光强关系图,光强随着吸收深度的增加呈指数衰减,前三个结分别采用不同的吸收层厚度逐次吸收 1/4 的入射光,最底层的一结子电池将最后的光线全部吸收,四个子电池产生的光电流大小相等,最后整体电池串联后电压得到提升,进行电性能输出。

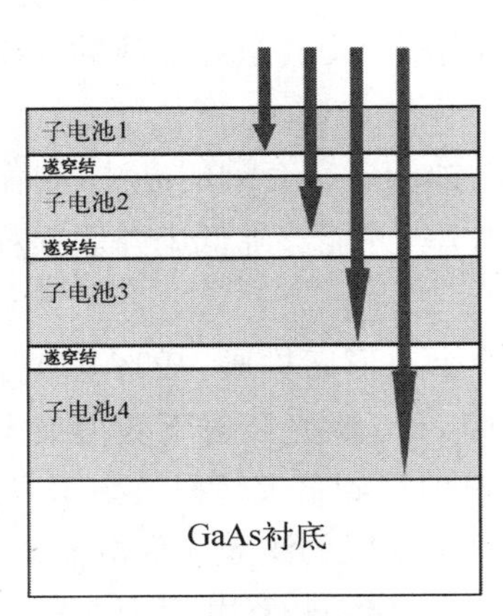

图 10.18　串联叠层结构示意图

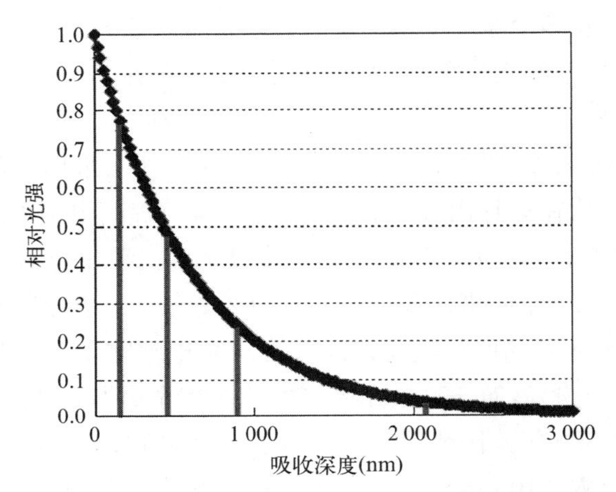

图 10.19　电池吸收深度与相对光强关系图

整体激光电池的开路电压近似等于各个子电池的开压之和,从而实现具有高开压的单片串联激光电池研制。这种新型激光电池结构复杂,外延技术难度大,但是单片输出电压高,短路电流密度低,电路回路中的热损耗较小,同时器件工艺兼容现有常规太阳电池,适合大面积电池片的制作。因此,多结串联叠层激光电池是未来激光电池进一步推广应用的发展方向,研究具有一定的前沿性和开创性。

2015 年,加拿大 Sunlab 报道了直径 2.1 mm 小面积的采用多结串联叠层集成连接技术的激光电池,入射波长 835 nm,获得 60.1%的光电转换效率,开路电压大于 5 V,其 $I-V$ 曲线见图 10.20。

国内在激光电池器件研究方面,中国电子科技集团第十八所研究了激光供能的 GaAs 电池,如图 10.21 所示,采用对称的 6 个扇形电池组装成微电池。电池直径 2 mm,针对 830 nm 的 JSDU 激光器采用了 GaAs 材料,获得 5.94 V 开路电压,效率为 33.77%。

上海空间电源研究所研制的 GaAs 激光电池,在 808 nm 激光照射下光电转换效率达到 50%,开展了基于 InGaAs 失配材料的面向 1 070 nm 长波长激光波长的光电转换电池,转换效率达到 35.7%。

中国科学院苏州纳米技术与纳米仿生研究所研制的六瓣型 GaAs 内联激光电池转换效率接近 40%,此外,采用叠层串联技术制作出开路电压高于 6 V 的多结 GaAs 激光电

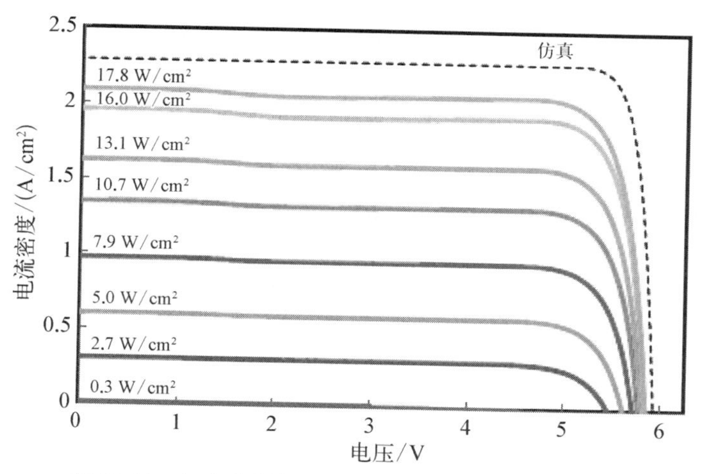

图 10.20　加拿大制作的多结叠层激光电池 $I-V$ 曲线

图 10.21　激光供能 GaAs 电池

池，效率超过 50%。

10.5　钙钛矿电池

10.5.1　概述

随着能源枯竭问题及环境污染问题的日益加剧，新能源的开发和利用迫在眉睫。近几年来，有机—无机杂化钙钛矿型太阳电池因其简便的制备方法、极低的成本以及不断被刷新的效率纪录，吸引了众多科研人员的关注，其光电转化效率在短短十年内就已飙升至 25.2%。

2009 年日本的 Miyasaka 首次将钙钛矿材料 $CH_3NH_3PbI_3$ 及 $CH_3NH_3PbBr_3$ 作为敏化剂引入到染料敏化太阳电池中，拉开了科研人员对钙钛矿太阳电池的研究序幕。然而由于液态电解液对钙钛矿层的腐蚀，他们仅获得了 3.81% 的光电效率。随后，韩国的 Park 等对钙钛矿材料性能进行了优化，将效率提升至 6.54%。2012 年，Park 与 Grätzel 采用钙钛矿材料 $CH_3NH_3PbI_3$ 为光吸收层、spiro-MeOTAD 作为空穴收集材料，制备出了 9.7% 的全固态钙钛矿敏化太阳电池。至 2013 年，Grätzel 采用两步溶液法制备的全固

态钙钛矿太阳电池的光电转化效率高达15%。2013年Science杂志将钙钛矿太阳电池评为十大科学突破之一。基于有机—无机杂化钙钛矿材料的钙钛矿太阳电池从此开启了飞速发展的时代。美国加利福尼亚大学洛杉矶分校的Yang利用PEIE界面修饰ITO以及Y元素掺杂TiO_2作为电子收集材料,制备得到了19.3%的器件。2015年,韩国的Seok等人报道了分子间交换工艺制备$FAPbI_3$钙钛矿薄膜取代常用的MAPbI3钙钛矿薄膜,获得了20.2%的效率。2016年,Grätzel采用真空闪蒸法制备得到了>1 cm^2大面积钙钛矿太阳电池,其器件效率为20.5%。目前,根据NREL最新的统计,钙钛矿太阳电池的效率已高达25.2%。一个典型的钙钛矿太阳电池截面扫描电镜图如图10.22所示。有机—无机钙钛矿太阳电池从发明至跻身高效太阳电池行列只用了短短几年时间,这不仅得益于钙钛矿材料的优异光电性能,器件制备工艺的不断改进优化亦发挥了关键作用。

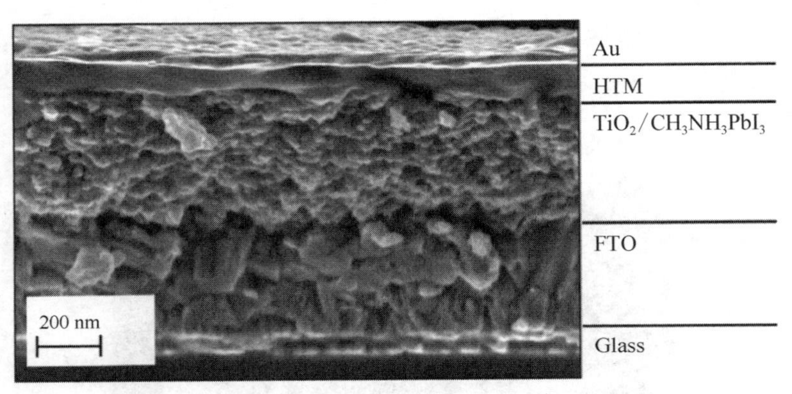

图10.22 钙钛矿太阳电池截面扫描电镜图

资料来源:Burschka等,2013

10.5.2 钙钛矿材料结构简介

有机—无机杂化钙钛矿材料是钙钛矿太阳电池的核心部分,具有非常优异的光电性能,主要包括较高的消光系数、较长的载流子寿命及较高的电荷迁移率等。与此同时,在加工性能上具有易合成、器件制备简单、成本低廉等优点。

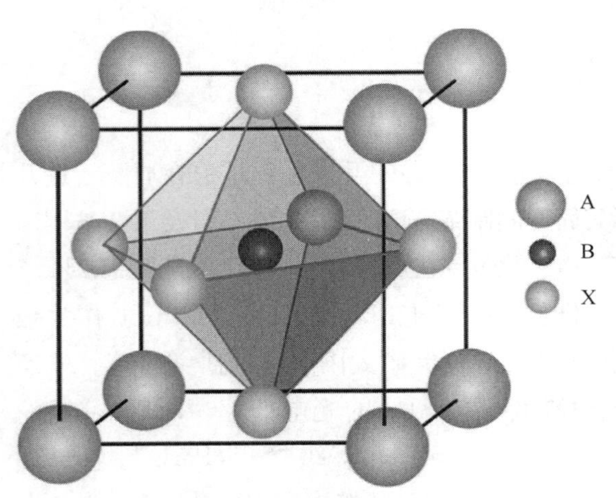

图10.23 ABX_3型钙钛矿材料晶体结构图

资料来源:Kim等,2014

有机—无机杂化钙钛矿材料的晶体结构式为ABX_3,晶体结构通常是八面体或立方体,其晶体结构如图10.23所示。其中A处在立方体晶胞的8个顶角位置,与X离子构成配位八面体。A通常是指有机阳离子,如$CH_3NH_3^+$离子、$NH_2CH{=}NH_2^+$离子等,还包括了无机阳离子Cs^{2+}等。B处在晶胞的中心,B通常是指金属阳离子,如Pb^{2+}、Sn^{2+}、Fe^{2+}、Cu^{2+}

等。X处在立方体晶胞的面心位置，X通常指卤素阴离子，如 Cl^-、Br^-、I^-。有机—无机杂化钙钛矿材料上述独特的结构表现出优异的光电学特性，如较小的激子束缚能、较大的介电常数、较快的载流子扩散速度、较宽的光吸收范围、简单制备易结晶等，既可保证对光的充分吸收，又可降低光电转化过程中激子损耗，推动着器件效率的纪录不断被刷新。

对于 ABX_3 型结构钙钛矿的晶体材料，衡量其晶体结构稳定性的重要参数为容忍因子 t，其定义公式为

$$t=\frac{R_A+R_X}{\sqrt{2}(R_B+R_X)}$$

式中，R_A、R_B、R_X 分别为相对应的 A、B、X 的离子半径。为保证钙钛矿的晶体结构及完美对称性，t 的值应为 0.813～1.107。在卤化铅体系结构中，B 位为金属离子，因此 A 位的离子半径需足够大以保证容忍因子值在正常范围。目前大部分针对 A 位的研究为 MA^+ 以及 FA^+，B 位主要是 Pb 和 Sn，常用的钙钛矿材料容忍因子大小值如图 10.24 所示。对于 $MAPbI_3$，当温度在 100 K 时，为一个稳定的 γ 相。在 160 K 时，会发生由 β 相向 γ 斜方晶相的相变过程。在常温时，$MAPbI_3$ 为四方晶相结构。在 329 K 时，$MAPbI_3$ 会发生由 α 立方晶相至 β 四方晶相的可逆相变转变。FA 系钙钛矿材料体系中同样存在类似的相转变，但相变温度较高，因此，FA 系钙钛矿材料的热稳定性好于 MA 系钙钛矿材料。

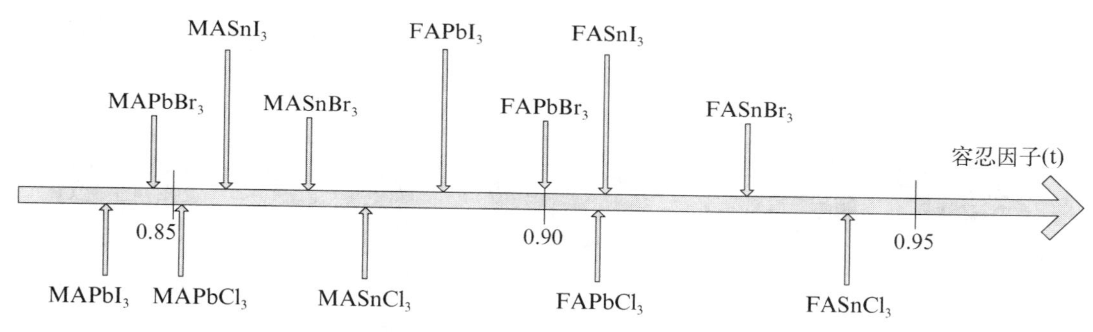

图 10.24　常用的钙钛矿材料容忍因子大小分布

有机—无机杂化钙钛矿材料属于直接带隙半导体，其中 $MAPbI_3$ 的禁带宽度为 1.55 eV，$FAPbI_3$ 的禁带宽度为 1.48 eV，非常接近理想的 1.4 eV 半导体光伏材料带隙（表 10.4）。与此同时，通过改变 ABX_3 中相关部分的成分配比，如改变金属离子、卤素离子或正离子半径，可有效调节带隙宽度，实现带隙的自主优化调控。韩国的 Seok 等人通过调节 $MAPbX_3$ 中 I^- 和 Br^- 离子的比例从而获得了带隙在 1.5～2.2 eV 的钙钛矿材料。

表 10.4　不同钙钛矿材料带隙值

钙钛矿材料	$MAPbI_3$	$FAPbI_3$	$MAPbBr_3$	$MAPbCl_3$
带隙(E_g/eV)	1.55	1.48	2.32	3.09

随着有机-无机钙钛矿太阳电池在全球范围内研究热度的增加，钙钛矿材料的研究已

经不再局限于 MA 或 FA 基材料的研发。由 ABX_3 基本的晶体构型衍生出了许多新的钙钛矿材料的研究,且其应用于钙钛矿电池上的光电性能可与传统 $MAPbI_3$ 材料相媲美。

10.5.3 钙钛矿材料制备

高效率有机—无机钙钛矿太阳电池的关键问题之一便是合成高质量的钙钛矿薄膜。因此,不断优化钙钛矿吸光层的制备工艺、获得完整覆盖、平滑连续的钙钛矿吸光层对于提高器件的光电转化效率具有重要意义。目前,已报道的有机—无机杂化钙钛矿薄膜的制备方法主要可归结为两大类:一步法和两步法。

1. 一步法

钙钛矿薄膜一步制备法又可分为一步溶液沉积法和双源共蒸法(气相沉积法)等。

一步溶液沉积法方法简单、易于操作,是实验室最常使用的钙钛矿薄膜制备方法之一。一步溶液沉积法使用的前驱体溶液是 MAI 和 PbI_2 按摩尔比 1∶1 或者 MAI 和 $PbCl_2$ 按摩尔比 3∶1 配制,通过直接旋涂的方法将其沉积到基体上,待溶剂蒸发,退火完成后即可实现钙钛矿晶体薄膜的制备。溶剂挥发、溶质析出以及钙钛矿结晶可在较短时间内完成。一步溶液法操作相对简单、有利于批量制备,其薄膜质量经近几年的积累已达到了比较高的水平。然而由于成膜过快,在反应过程中极易出现成膜不均匀、晶粒大小不均等缺陷。为解决这一问题,韩国的 SEOK 等人发明了溶剂工程法(图 10.25),即利用反溶剂萃取的方法,在一步成型过程中通过滴加反溶剂调控钙钛矿薄膜的结晶成型,获得了 16.22%的效率。目前,通过对一步沉积法的不断优化和改进,使用一步法沉积的钙钛矿晶体薄膜可获得超过 20%转化效率的钙钛矿太阳电池。

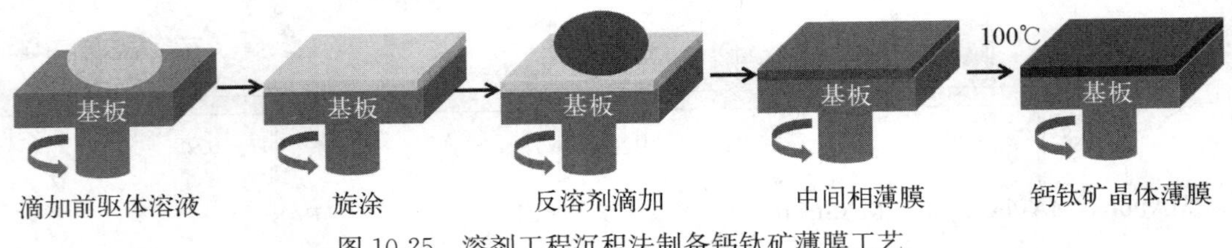

图 10.25 溶剂工程沉积法制备钙钛矿薄膜工艺

双源共蒸法是指在一定温度下,在高真空蒸镀室中同时按反应的摩尔配比蒸镀钙钛矿薄膜。2013 年,英国的 Snaith 采用双源共蒸法在致密空穴阻挡层 TiO_2 上沉积了高质量的钙钛矿薄膜,制成了无多孔层的 FTO/TiO_2/$CH_3NH_3PbI_3-xCl_3$/Spiro-OMeTAD/Ag 平面钙钛矿太阳电池,得到了 15.4%的器件效率。使用双源共蒸法可以有效控制钙钛矿薄膜的组成及成膜均匀性,得到高效率的器件,然而设备昂贵,成本较高。

2. 两步法

钙钛矿薄膜两步制备法主要有两步溶液沉积法、浸泡法、蒸汽辅助溶液加工法等。

两步溶液沉积法是先将 PbI_2 的前驱体溶液通过涂布方式沉积到基底上,待 PbI_2 薄膜结晶完成后,继续旋涂 MAI 的前驱体溶液,对旋涂后的薄膜通过加热辅助结晶,得到钙钛矿晶体。两步溶液浸泡法的区别是在涂布完 PbI_2 之后,将结晶完成的 PbI_2 薄膜浸入到 MAI 的异丙醇溶液中一定时间,之后按加热辅助结晶。两步法可有效控制钙钛矿层进入到纳米多孔支架层，得到更平整的吸光层薄膜，然而 PbI_2 薄膜内外部结晶速度的不一致易导致钙钛矿的结晶晶粒尺寸不均匀。

蒸汽辅助溶液加工法是先将 PbI_2 前驱体溶液旋涂于基底上并加热使之结晶，之后将结晶的 PbI_2 薄膜置于 CH_3NH_3I 的蒸汽气氛下，退火完成后形成高致密度、高薄膜覆盖率的钙钛矿吸光薄膜(图 10.26)。该法由美国的 Yang 于 2014 年提出，该课题组使用蒸汽辅助法得到了超微米级的钙钛矿晶粒，并制得了 12.1％的器件效率。蒸汽辅助法可在预沉积的无机结构上通过蒸发来沉积另一种有机材料，所得薄膜致密均匀，能量损耗少。

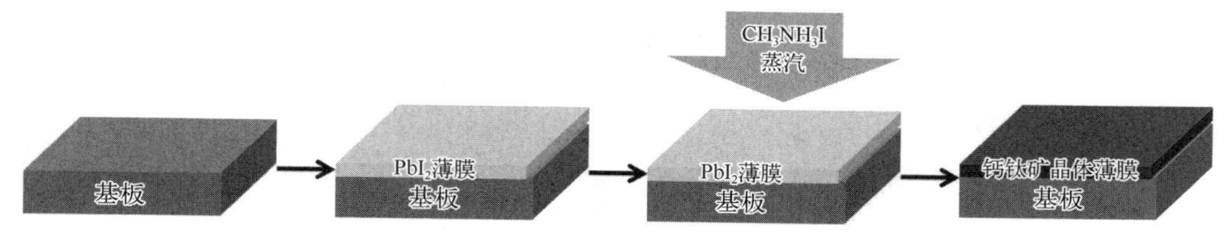

图 10.26 蒸汽辅助溶液加工法制备工艺

有机—无机钙钛矿材料制备过程如反应公式为

$$CH_3NH_3I + PbI_2 \longleftrightarrow CH_3NH_3PbI_3 \tag{10.2}$$

尽管钙钛矿材料的光电性能优异，然而其稳定性还有待提升。钙钛矿薄膜材料的稳定性受环境因素影响较大。其中水会加速钙钛矿晶体薄膜的分解，研究表明，已结晶的钙钛矿薄膜会因为水分子的作用而分解成 CH_3NH_2、HI 及 PbI_2。具体的分解反应方程式为

$$CH_3NH_3PbI_3(s) \xleftrightarrow{H_2O} CH_3NH_3I(aq) + PbI_2(s) \tag{10.3}$$

$$CH_3NH_3I(aq) \longleftrightarrow CH_3NH_2(aq) + HI(aq) \tag{10.4}$$

$$4HI(aq) + O_2 \longleftrightarrow 2I_2(s) + 2H_2O(l) \tag{10.5}$$

$$2HI(aq) \xleftrightarrow{hv} H_2(g) + I_2(s) \tag{10.6}$$

10.5.4 器件基本结构及工作原理

有机—无机杂化钙钛矿太阳电池的基本结构包括：透明导电玻璃、电子传输层、钙钛矿吸光层、空穴传输层、金属电极层，如图 10.27 所示。其中，钙钛矿吸光层通常为 $MAPbX_3$，X=Cl、Br、I 等。电子传输层通常为 TiO_2、Al_2O_3 等无机材料纳米薄膜。空穴传输层通常为 Spiro - OMeTAD、P_3HT 等有机小分子。金属电极层通常为蒸镀的 Au 或 Ag。

在太阳光照射期，有机—无机钙钛矿太阳电池光电转化工作原理可分为以下三个步骤，如图 10.28 所示。

(1) 当入射光子能量大于钙钛矿半导体材料的带隙 E_g 时，由于钙钛矿材料为直接带隙半导体，钙钛矿材料中吸收了光子能量的电子从 HOMO 能级跃迁至 LUMO 能级，即

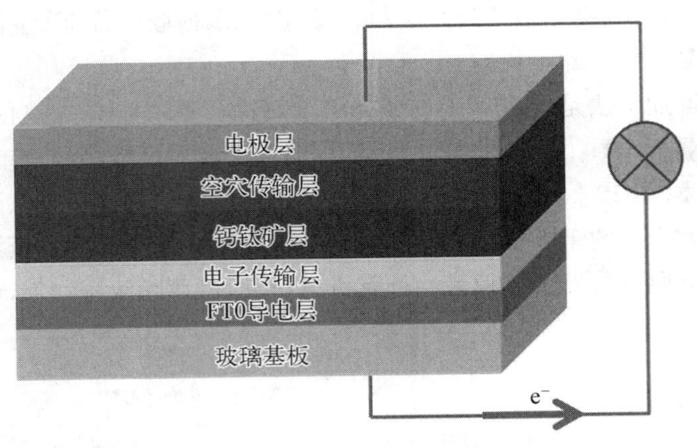

图 10.27　钙钛矿太阳电池的基本结构

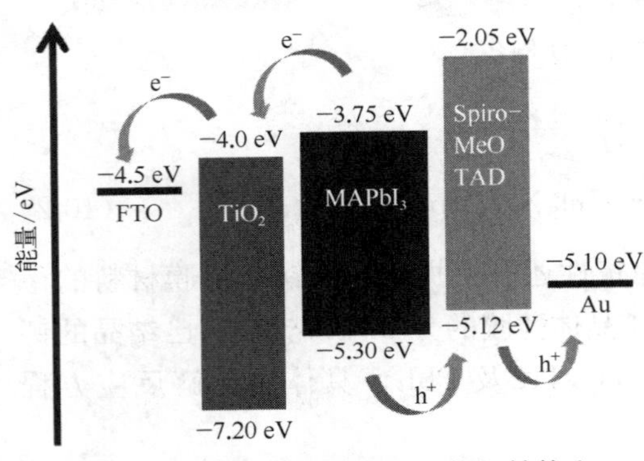

图 10.28　钙钛矿太阳电池的能级结构和电子转移示意图

电子由价带跃迁到导带,并留下空穴,形成了空穴—电子对,也称激子。

(2) 光生激子在扩散过程中电子和空穴分离,形成可以自由移动的载流子。钙钛矿材料中载流子的扩散距离可长达 1 μm。空穴传输层用于收集空穴并阻挡电子输入,电子传输层用于收集电子并阻挡空穴。

(3) 被电子和空穴传输层收集的电子和空穴分别传输至导电玻璃及金属电极,最后进入外电路,产生光电流,完成一个循环过程。这样,在光照下就会有源源不断地光生电流产生。

10.5.5　钙钛矿太阳电池分类

有机—无机杂化钙钛矿太阳电池在短短几年时间取得迅猛发展不仅取决于其优异的光电性能,在染料敏化太阳电池上积累的研究成果和经验是钙钛矿电池取得效率突破的又一关键因素。在过去的十年中,大部分研究集中在钙钛矿材料沉积工艺调整,电子传输层材料的选择及制备工艺,对空穴传输层的修饰以及界面带隙工程的推进,对钙钛矿吸光层的结构及结晶的研究,以及器件大面积生产、器件稳定性以及产业化等方面。

钙钛矿太阳电池结构主要可分为两种:平面异质结结构(planer-structured)和介孔结构(meso-structured)钙钛矿电池,如图 10.29 所示。根据器件电荷传递方向的不同,平面异质结钙钛矿电池又可分为正式结构钙钛矿电池和反式结构钙钛矿电池。

早期的有机—无机杂化钙钛矿太阳电池借鉴了染料敏化太阳电池的结构,利用钙钛矿料为敏化染料,通常在沉积了一层阻挡层之后,为充分沉积钙钛矿吸光层,会再继续沉积多孔支架层,钙钛矿的结晶主要受该介孔支架层控制,然而多孔层通常需要在 500 度左右退火,这对基底的选择提出了更严苛的要求,同时在制作过程中由于该高温步骤会造成资源的浪费,且不利于柔性器件的制备。多孔 TiO_2 是最常使用的多孔材料。直到 2012

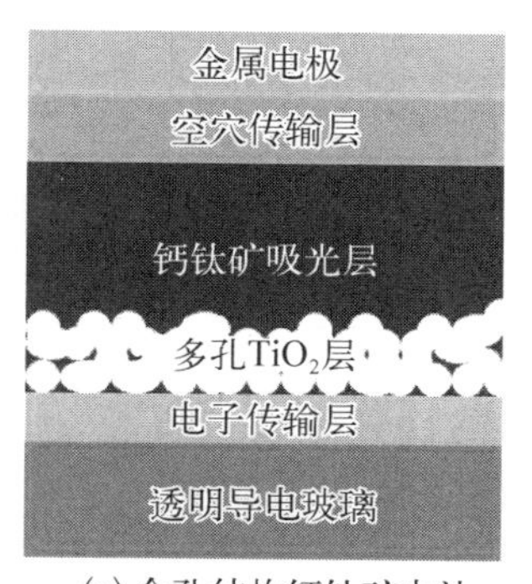

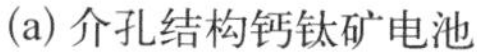
(a) 介孔结构钙钛矿电池

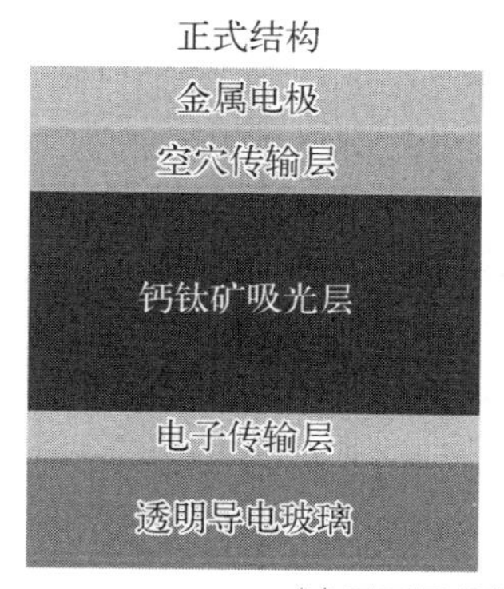

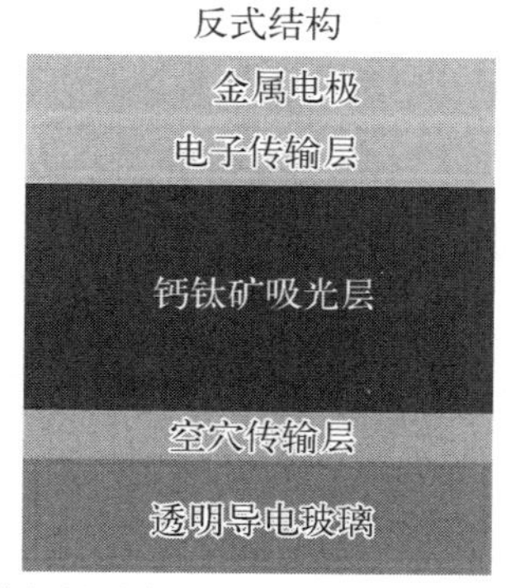

(b) 平面异质结构钙钛矿电池

图 10.29　钙钛矿太阳电池的结构分类示意图

年，英国 Snaith 首次报道了介孔 Al_2O_3 多孔层的钙钛矿电池，取得了当时世界领先的10.9%的转化效率，成功证明多孔 TiO_2 并非钙钛矿太阳电池必要组成。平面异质结电池和介孔结构电池的不同之处在于平面异质结钙钛矿电池省去了制作介孔支架层的过程。2013 年，Snaith 在前期介孔材料研究基础上利用气相沉积的方法创新性地制备了不含介孔支架层的钙钛矿电池，取得了 15%的光电效率。平面异质结太阳电池的研究从此开始迅速发展起来。

由于钙钛矿材料本身既可传导电子同时又可传导空穴，因此钙钛矿材料在器件中既可用作 p 型材料，又可用作 N 型材料。对于平面异质结结构电池，正式结构钙钛矿电池分别由导电玻璃、电子传输层、钙钛矿吸收层、空穴传输层以及金属电极层，该结构也可简称为 n－i－p 结构。反式结构钙钛矿电池分别由导电玻璃、空穴传输层、钙钛矿吸收层、电子传输层以及金属电极层，该结构也可简称为 p－i－n 结构。平面异质结电池由于没有了多孔层，省去了高温退火的步骤，因此可广泛应用于大面积柔性太阳电池和平面叠层电池中。

电子传输材料（electron transport material，ETM）用于空穴阻挡并收集传输自由电子，电子传输材料通常为 n 型半导体，已应用于钙钛矿电池的材料主要有 TiO_2、ZnO、SnO_2、CdSe、Zn_2SnO_4 等无机纳米材料。其中应用较广的为 TiO_2，围绕 TiO_2 开展的研究主要集中在纳米材料制备、纳米薄膜沉积、分子界面修饰、形貌控制等。由于 TiO_2 需要高温退火处理完成结晶，目前许多研究小组研发低温 TiO_2 纳米薄膜，应用于柔性钙钛矿太阳电池。有机半导体电子传输材料主要是富勒烯及其衍生物 PCBM，均取得了较高的光电转化效率。后续研究可从载流子传输、能级匹配、界面修蚀等方面来设计新的电子传输材料，以进一步提高钙钛矿太阳电池效率和稳定性。

空穴传输材料（hole transport material，HTM）用于传输空穴并阻挡电子通过，空穴传输材料的功函数要求与钙钛矿材料的价带相匹配，且具有较高的空穴传输速率。常用的空穴传输材料主要包含有机和无机两大类。有机类主要是三苯胺类的衍生物如 Spiro－MeOTAD，基于该空穴传输材料的钙钛矿太阳电池器件效率已超过 19%，但 Spiro－MeOTAD 生产成本昂贵，不适应于大规模的应用。PTAA、PEDOT：PSS、P3HT、TTF－

1 等有机小分子材料应用于钙钛矿电池中也取得了优异光电性能，如图 10.30 所示。无机空穴传输材料主要有 NiO_X、CuO、CuI、CuSCN、GO 等。

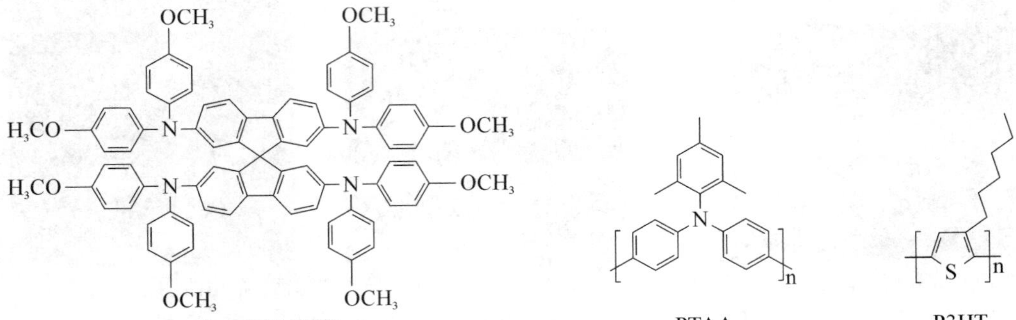

spiro-OMeTAD　　PTAA　　P3HT

图 10.30　常见空穴传输材料结构图

电极材料用于钙钛矿太阳电池的两极，用于对载流子的传输，因此，电极材料的应选择低方块电阻、高透光率、合适功函数(表 10.5)等因素。目前，应用于钙钛矿太阳电池电极材料主要有金属电极、透明导电氧化物、碳电极等。

表 10.5　钙钛矿太阳电池中常用电极的功函数

电　极	ITO	FTO	Ag	Al	Au	C	
功函数/eV	−4.6	−4.5	−4.26	−4.28	−5.1	−5.0	

10.5.6　展望

有机—无机杂化钙钛矿太阳电池在近十年获得了极大的突破，其优异的光电学性能和简便的制备工艺帮助科研工作者不断刷新着钙钛矿电池的光电效率纪录。然而，太阳电池器件的长期稳定性及金属铅的毒性等问题仍未得到完全解决。展望未来，有机一无机杂化钙钛矿太阳电池的研究将围绕在钙钛矿新材料的设计研发、器件及吸光材料稳定性提升、载流子复合损耗降低、电子空穴长寿命传输、吸光材料与各层级间能级匹配、电子/空穴传输材料界面修饰、新型钙钛矿叠层电池、光电转化效率进一步提升、钙钛矿吸光层微观缺陷减少等方面开展。

参考文献

安鹏，2019.分布式光伏发电系统优化设计分析[J].通信电源技术，36(02)：145－146.

安艳龙，刘世元，2016.晶体硅太阳能电池的丝网印刷技术[J].电子技术与软件工程，(22)：253.

蔡善钰，1994.空间同位素发点体系的应用现状与展望[J].核科学与工程，14(4)：373－378.

曹占兴，2018.山地光伏发电场光伏组件安装技术[J].安装，(10)：49－52.

陈东坡，2018.2017—2018年中国光伏市场回顾与展望[J].电子产品世界，25(4)：11－13.

陈俊帆，赵生盛，高天，等，2019.高效单晶硅太阳电池的最新进展及发展趋势[J].材料导报，33(1)：110－116.

陈丽，杨进，梁玲，2018.多晶硅太阳电池丝网印刷工艺优化研究[J].山西化工，38(5)：89－90，93.

陈永辉，2015.10 kV光伏并网发电系统设计研究[D].济南：山东大学.

电子元器件专业技术培训教材编写组，1985.物理电源[M].北京：电子工业出版社：1－7，64－145.

杜丽云，兰李宁，陈泉，等，2014.分次印刷在多晶硅太阳电池中的应用[C].北京：第十四届中国光伏大会暨2014中国国际光伏展览会论文集：73－76.

冯兴荣，2017.光伏发电系统三相离网逆变器设计[D].哈尔滨：东北农业大学.

高鹏，2006.单晶硅太阳电池丝网印刷烧结工艺研究[D].厦门：厦门大学.

高慎斌，1998.卫星制造技术(下)[M].北京：中国宇航出版社：1－72.

龚文晶，2018.一种简易光伏发电系统的设计[J].企业科技与发展，(10)：110－111.

顾鑫，2013.低成本高效晶体硅材料及太阳电池研究[D].杭州：浙江大学.

国家能源局，2019.2018年全国光伏发电统计信息[J].太阳能，(3)：76－77.

何德良，贾宏伟，2018.浅析并网光伏发电系统对电网电能质量的影响[J].电子产品世界，25(12)：74，81－82.

何敬文，刘斌，刘雅言，等，1987.低成本绒面硅太阳电池新工艺[J].太阳能学报，(2)：125－128.

胡子琦，2013.晶体硅太阳能电池丝网印刷工艺的研究[D].北京：北京交通大学.

黄昆，韩汝琦，2004.固体物理学[M].北京：高等教育出版社：1－48.

姜磊，2018.平屋顶用光伏组件安装支架初步设计[J].中国科技投资，(6)：36.

李春静，2018.钙钛矿/晶硅叠层太阳能电池的研究进展[J].物理.47(6)：367－375.

李国欣，2008.航天器电源系统技术概论[M].北京：中国宇航出版社：29－108，335－655，702－746.

李海龙，黄红兵，谭晓东，2019.并网光伏发电对电网电能质量的影响分析[J].电气技术与经济，7(1)：70－72.

李凯晗，2019.光伏发电并网逆变器供电稳定性控制研究[J].通信电源技术，36(2)：26－27.

李良，李化阳，闻震利，等，2013.基于分步印刷的晶体硅太阳电池正面电极印刷技术[J].太阳能，(23)：16－18.

李林菲，2017.晶体硅太阳电池的丝网印刷技术及质量控制[J].大陆桥视野，(18)：81.

李鹏辉，陈建林，凌永志，等，2019.储能在光伏发电系统中的应用[J].电源技术，43(2)：279－282.

李钟实，2012.太阳能光伏组件生产制造工程技术[M].北京：人民邮电出版社：30－55.

刘斌辉，刘家敬，沈辉，2013.等离子刻蚀工艺制备背面钝化局域接触太阳电池[C].北京：第13届中国光伏大会论文集：133－138.

刘恩科，朱秉升，罗晋生，1994.半导体物理学[M].北京：国防工业出版社：1－176，270－275.

柳青，任明淑，刘子英，等，2012.晶体硅太阳能电池正面银导电浆料的研究进展[J].信息记录材料，13

(2)：39 - 46.

陆超，杨松，张良利，等，2018.中国东三省光伏发电系统投资效益分析[J].中国新技术新产品，(23)：133 - 135.

陆大成，段树坤，2009.金属有机化合物气相外延基础及应用[M].北京：科学出版社：1 - 28.

马丁·格林，1987.太阳电池工作原理、工艺和系统应用[M].李秀文等译.北京：电子工业出版社：1 - 120.

马世俊，2001.卫星电源技术[M].北京：中国宇航出版社：193 - 213.

马腾波，春平，苏建超，2017.离网型太阳能光伏发电系统设计[J].移动电源与车辆，(1)：5 - 8.

马小芳，2018.太阳能光伏发电系统设计及安装要点分析[J].科学与信息化，(34)：18.

穆肯德·R·帕特尔，2013.航天器电源系统[M].韩波，陈琦，崔晓婷，译.北京：中国宇航出版社：533.

潘森，张寅博，陈朝，2013.低成本多晶硅太阳电池性能的模拟[J].太阳能学报，34(4)：628 - 632.

潘晓贝，2018.光伏发电并网系统的孤岛效应及反孤岛策略[J].济源职业技术学院学报，17(2)：42 - 46.

乔永力，徐红伟，孙坚，2019.家庭并网光伏发电系统仿真研究与分析[J].电源技术，43(01)：133 - 135.

邱燕，2015.多晶硅太阳电池片生产中的管式 PECVD 研究[J].自动化技术与应用，34(2)：85 - 87，96.

邱燕，2015.晶体硅太阳电池的丝网印刷技术及质量控制[J].太阳能，(1)：74 - 76.

沈辉，刘家敬，邹禧武，等，2012.一种基于等离子刻蚀技术的背面接触晶体硅太阳电池的制备方法：CN102593248A[P].

施敏，1992.半导体器件物理与工艺[M].北京：科学出版社：1 - 50.

石磊，陈立东，曹耀辉，等，2018.全自动太阳能电池组件封装生产线方案的设计[J].科技视界，(4)：16 - 17，51.

唐伟忠，1998.薄膜材料制备原理、技术及应用[M].北京：冶金工业出版社：162 - 193.

王长贵，崔容强，周篁，2003.新能源发电技术[M].北京：中国电力出版社：17 - 137.

王举亮，宋志成，郭永刚，等，2017.无网结技术在分步印刷中的应用研究[J].电子世界，(21)：195，197.

王林杰，2017.多晶硅太阳电池烧结工艺及微观机理的研究[D].北京：北京交通大学.

王孟，王仕鹏，黄纬，等，2018.基于 ANSYS 的光伏组件不共面安装可靠性分析[J].电源技术，42(9)：1376 - 1378.

王鑫，2014.等离子刻蚀周边工艺与冶金硅太阳电池的漏电[D].呼和浩特：内蒙古大学.

王兴荣，2017.多晶硅太阳电池生产中 PECVD 的工艺与技术[J].大陆桥视野，(18)：88.

吴伟仁，2013.放射性同位素热源/电源在航天任务中的应用[J].航天器工程，22(2)：1 - 6.

谢非，2018.光伏并网发电系统接入电网的设计分析[J].居业，(4)：7 - 8.

熊绍珍，朱美芳，2009.太阳能电池基础与应用[M].北京：科学出版社：50 - 150，500 - 640.

徐福祥，2004.卫星工程概论[M].北京：中国宇航出版社：449 - 452.

许烁烁，刘良玉，舒庆予，2016.晶硅太阳电池氧化铝钝化膜的 PECVD 沉积工艺：CN106435522A[P].

杨德仁，2007.太阳电池材料[M].北京：化学工业出版社：78 - 94.

杨德仁，2010.半导体材料测试与分析[M].北京：科学出版社：5 - 12.

杨福勇，2017.家用 5 kW 离网型光伏发电系统的设计[D].兰州：兰州理工大学.

杨亦强，张于，陆剑峰，等，2017.航天用太阳电池标定方法[S].GB/T 6496—2017.

叶良修，1984.半导体物理学[M].北京：高等教育出版社：1 - 150.

佚名.2011.兼具高效率与低成本的完美组合 Manz 关注晶硅太阳电池的大规模经济型生产[J].太阳能，(20)：46 - 47.

于静，2008.太阳能发电技术综述[J].世界科技研究与发展，30(1)：56 - 59.

袁怀亮，李俊鹏，王鸣魁，2015.有机无机杂化固态太阳能电池的研究进展[J].物理学报，64(3)：038405.
袁万强，于宁宁，2018.分布式光伏电站光伏组件电气安装案例分析及改进措施[J].安装，(3)：58-60.
张厥宗，2005.硅单晶抛光片的加工技术[M].北京：化学工业出版社：55-83.
张妹玉，翁铭华，周笔，2013.绒面结构对低成本多晶硅太阳电池性能的影响[J].闽江学院学报，34(5)：38-42.
张群芳，2007.高效率 n-nc-Si：H/p-c-Si 异质结太阳能电池[J].半导体学报，28(1)：96-99.
赵佳锴，朱健雍，杨松，等，2018.光伏发电系统防孤岛检测方法分析[J].中国新技术新产品，(22)：29-31.
朱安文，2017.空间核动力在深空探测中的应用及发展综述[J].深空探测学报，4(5)：397-403.
总装备部电子信息基础部，2009.军用电子元器件[M].北京：国防工业出版社：556-565.
Barnham K W J, Duggan G, 1990. A new approach to high-efficiency multi-band-gap solar cells[J]. Journal of Applied Physics, 67(7): 3490-3493.
Burschka J, Pellet N, Moon S J, et al., 2013. Sequential deposition as a route to high-performance perovskite-sensitized solar cells[J]. Nature, 499(7458): 316.
Cataldo R L, Bennett G L, 2012. U.S. space radioisotope power systems and applications: past, present and future[R]. Glenn ResearchCenter.
Charles D, 2002. Elements of spacecraft design[M]. Reston: American Institute of Aeronautics and Astronautics: 332-350.
Chen Q, Zhou H, Hong Z, et al., 2014. Planar heterojunction perovskite solar cells via vapor-assisted solution process[J]. J Am Chem Soc, 136(2): 622-625.
Chen W, Wu Y, Yue Y, et al., 2015. Efficient and stable large-area perovskite solar cells with inorganic charge extraction layers[J]. Science, 350(6263): 944-948.
Chiu P T, Law D C, Singer S B, et al., 2015. High performance 5J and 6J direct bonded (SBT) space solar cells[C]. New Orleans: 42nd Photovoltaic Specialist Conference, IEEE: 1-3.
Cousins P J, Smith D D, Luan H C, et al., 2010. Generation 3: improved performance at lower cost[C]. Hawaii: 35th IEEE Photovoltaic Specialists Conference: 275-278.
Crotty G T, Verlinden P J, Cudzinovic M, et al., 1997. 18.3% efficient silicon solar cells for space applications[C]. New York: 26th IEEE Photovoltaic Specialists Conference, IEEE: 1035-1038.
Dimroth F, Baur C, Bett A W, et al., 2006. Thin 5-Junction solar cells with improved radiation hardness [C]. Hawaii: IEEE World Conference on Photovoltaic Energy Conversion: 1777-1780.
ECSS-E-ST-20-08C Rev.1, 2012. European cooperation for space standardization space engineering: Photovoltaic assemblies and components [S]. ECSS Secretariat, 80-88.
Fan Z, Sun K, Wang J, 2015. Perovskites for photovoltaics: a combined review of organic - inorganic halide perovskites and ferroelectric oxide perovskites [J]. Journal of Materials Chemistry A, 3: 18809-18828.
Geisz J F, Friedman D J, Olson J M, et al., 1998. Photocurrent of 1 eV GaInNAs lattice-matched to GaAs[J]. Journal of Crystal Growth, 195(1/2/3/4): 401-408.
Green M A, 1995. Crystalline silicon solar cells[M]. Sydney: University of New South Wales.
Green M A, 1995. Silicon solar cells: advanced principles and practice[M]. Sydney: Bridge Printery.
He Y W, Xiong LM, Zhang J C, et al., 2015. Primary calibration of solar cells based on DSR method at the national institute of metrology of china[J]. Proceedings of SPIE - The International Society for

Optical Engineering, 9623, 96230S - 96230S - 5.

Hong Y G, Tu C W, Ahrenkiel R K, 2001. Improving properties of GaInNAs with a short-period GaInAs/GaNAs superlattice[J]. Journal of Crystal Growth, 227(1): 536 - 540.

Inomata Y, Fukui K, Shirasawa K, 1997. Surface texturing of large area multicrystalline silicon solar cells using reactive ion etching method[J]. Solar Energy Materials and Solar Cells, 48(1): 237 - 242.

Internationl Organization for Standardization, 2005. Space systems-Single-junction solar cells-Measurement and calibration procedures[S]. ISO 15387.

Jeon N J, Noh J H, Kim Y C, et al., 2014. Solvent engineering for high-performance inorganic-organic hybrid perovskite solar cells[J]. Nature materials, 13(9): 897 - 903.

Katsu T, Shimada K, Washio H, et al., 1995. Development of high efficeency silicon space solar cells [J], IEEE First World Conference On Photovoltaic Energy Conversion: 2133 - 2136.

Keatch R, 1996. Principles of plasma discharges and material processing[J]. Microelectronics Journal, 27 (8): 804.

Kim H S, Im S H, Park N G, 2014. Organolead halide perovskite: new horizons in solar cell research [J]. The Journal of Physical Chemistry C, 118(11): 5615 - 5625.

Kim H S, Lee C R, Im J H, et al., 2012. Lead iodide perovskite sensitized all-solid-state submicron thin film mesoscopic solar cell with efficiency exceeding 9%[J]. Scientific Reports, 2: 591.

Kojima A, Teshima K, Shirai Y, et al., 2009. Organometal halide perovskites as visible-light sensitizers for photovoltaic cells[J]. Journal of the American Chemical Society, 131(17): 6050 - 6051.

Lange R G, Carroll W P, 2008. Review of recent advances of radioisotope power systems[J]. Energy Conversion and Management, 49(3): 393 - 401.

Lee M M, Teuscher J, Miyasaka T, et al., 2012. Efficient hybrid solar cells based on meso-superstructured organometal halide perovskites[J]. Science, 338(6107): 643 - 647.

Litchford R J, Harada N, 2011. Multi-MW closed cycle mhd nuclear space power via nonequilibrium He/Xe working plasma[Z]. Albuquerque, NM.

Liu M, Johnston M B, Snaith H J, 2013. Efficient planar heterojunction perovskite solar cells by vapour deposition[J]. Nature, 501(7467): 395 - 398.

Li X, Bi D, Yi C, et al., 2016. A vacuum flash-assisted solution process for high-efficiency large-area perovskite solar cells[J]. Science, 353(6294): 58 - 62.

Luque A, Hegedus S, 2003. Handbook of photovoltaic science and engineering[M]. Hoboken: John Wiley & Sons: 413 - 446.

Matsuda S, Flood D, Gomez T, et al., 1997. Results from the first international round robin calibration and measurement of space solar cells[C]. Anaheim: IEEE Photovoltaic Specialists Conference: 1043 - 1047.

Mazzarella L, Lin Y H, Kirner S, et al., 2019. Infrared light management using a nanocrystalline silicon oxide interlayer in monolithic perovskite/silicon heterojunction tandem solar cells with efficiency above 25% s[J]. Advanced Energy Materials, 9(14): 401 - 408.

Myers M G, Piszczor M F, 2015. ER - 2 high altitude solar cell calibration flights[C]. New Orleans: Photovoltaic Specialist Conference, IEEE: 1 - 5.

Noh J H, Im S H, Heo J H, et al., 2013. Chemical management for colorful, efficient, and stable inorganic-organic hybrid nanostructured solar cells[J]. Nano Lett, 13(4): 1764 - 1769.

Ranschenbach H S，1987.太阳电池阵设计手册[M].张金熹等译.北京：中国宇航出版社：13－123.

Smith D D，1999. Review of back contact silicon solar cells for low-cost application[R]. Office of Scientific & Technical Information Technical Reports.

Snyder D B，2012. Solar cell short circuit current errors and uncertainties during high altitude calibrations [C]. Austin：Photovoltaic Specialists Conference，IEEE：2840－2845.

Wayne A W，2004. Advanced radioisotope power conversion technology research and development[C]. Rhode Island：2nd International Energy Conversion Engineering Conference：1－7.

Wolf H F，1975.硅半导体工艺数据手册[M].天津半导体器件厂译.北京：国防工业出版社：144－146.

Wu Y，Yang X，Chen W，et al.，2016. Perovskite solar cells with 18.21% efficiency and area over 1 cm2 fabricated by heterojunction engineering[J]. Nature Energy，1：16148.

Yang W S，Noh J H，Jeon N J，et al.，2015. High-performance photovoltaic perovskite layers fabricated through intramolecular exchange[J]. Science，348(6240)：1234－1237.

Yoo J，2010. Reactive ion etching（RIE）technique for application in crystalline silicon solar cells[J]. Solar Energy，84(4)：730－734.

Yoshikawa K，Kawasaki H，Yoshida W，et al.，2017. Silicon heterojunction solar cell with interdigitated back contacts for a photoconversion efficiency over 26%[J]. Nature Energy，2：17032.

Zhao Y，Zhu K，2016. Organic-inorganic hybrid lead halide perovskites for optoelectronic and electronic applications[J]. Chemical Society reviews，45(3)：655－689.

Zhou H，Chen Q，Li G，et al.，2014. Interface engineering of highly efficient perovskite solar cells[J]. Science，345(6196)：542－546.